建设幕墙门窗实用技术手册丛书

石材幕墙实用技术手册

中国建设幕墙门窗商会联盟　组　编

侯钦超　主编　刘嘉玮　李怀亮　副主编

中国建材工业出版社

图书在版编目（CIP）数据

石材幕墙实用技术手册/中国建设幕墙门窗商会联盟组编.
—北京：中国建材工业出版社，2013．2
（建设幕墙门窗实用技术手册丛书）
ISBN 978-7-5160-0271-1

Ⅰ．①石…　Ⅱ．①中…　Ⅲ．①石料－幕墙－建筑工程－
技术手册　Ⅳ．①TU227－62

中国版本图书馆 CIP 数据核字（2012）第 209131 号

内　容　简　介

　　本书主要内容涉及建设幕墙领域中的石材幕墙部分，包括石材幕墙所使用的主要材料、石材幕墙主要材料的生产、石材幕墙的设计和计算、石材幕墙的施工安装、石材幕墙的质量验收等。

　　本书是一本具有很强的实用性和可操作性的技术应用手册，对于石材幕墙设计、施工、监理、养护、质量检验和主要材料生产、采购、供应等广大从业人员具有广泛的借鉴性和指导性。

石材幕墙实用技术手册

中国建设幕墙门窗商会联盟　组　编

侯钦超　主编　刘嘉玮　李怀亮　副主编

出版发行：中国建材工业出版社
地　　址：北京市西城区车公庄大街 6 号
邮　　编：100044
经　　销：全国各地新华书店
印　　刷：北京航天伟业印刷有限公司
开　　本：787mm×1092mm　1/16
印　　张：34.75
字　　数：860 千字
版　　次：2013 年 2 月第 1 版
印　　次：2013 年 2 月第 1 次
定　　价：200.00 元

《建设幕墙门窗实用技术手册丛书》编委会

《石材幕墙实用技术手册》参编单位

发展出版传媒　服务经济建设
传播科技进步　满足社会需求

中国建材工业出版社

China Building Materials Press

序

石材是人类发展史上最早开发与应用的建筑材料，人类进入现代文明社会以后，石材成为世界各国竞相发展和应用的材料，并逐渐发展成为重要产业。

我国市场经济的深入和各项现代化建设事业的发展，为石材产业的科技进步和壮大发展创造了可靠条件。我国石材产业近三十年来发展迅速，石材产业在国民经济中的地位不断攀升，目前我国已发展成为世界第一石材大国。

石材幕墙是建设幕墙领域中的重要组成部分。在产业结构调整和转型升级的阶段，我们要善于总结石材幕墙产业发展壮大的经验，优化石材幕墙建设中的各项技术和实施环节，这对于加强和规范石材幕墙材料的生产、工程设计、施工安全、提高质量，以及扩大石材应用范围等具有显著的重要意义。

《石材幕墙实用技术手册》一书系统地汇聚了石材幕墙设计、安装和材料的生产与应用过程中的科技成果与实践经验，体现了最新的国家规范与行业标准，关联了建筑建材其他产业，是石材幕墙产业内具有权威性、专业性、实用性和综合性的工具书，具有广泛的参考价值和借鉴意义。

本书的编写者侯钦超、刘嘉玮、李怀亮同志，都是多年从事幕墙与石材应用科技研究与生产工作的行业专家，在石材产业和石材幕墙行业内拥有较高知名度。本书的出版发行，是行业内值得庆贺的重要事项，也是专家们为石材幕墙和石材产业发展做出的重要贡献。

我相信，本书的出版发行，会受到石材幕墙产业、石材生产领域，以及相关行业广大读者的欢迎与好评。

张文波

2013 年 1 月

前　言

　　我国是世界上最大的石材生产国和消费国。石材产品应用于建设幕墙领域在我国至今已有三十多年。这期间，我国完成了石材从单纯的建筑基础材料到建筑装饰材料全面应用的转变。目前，石材幕墙已经成为我国楼宇建筑立面主要装饰形式之一，在充分利用石材做为高档建材的优良性能的同时，也直接展示了石材源于大自然的绝美风韵。我国装饰石材年产值已经接近千亿元人民币，是石材行业的主体产品之一。

　　编者在建设幕墙与石材行业工作几十年，一直以来总想找机会把这些年的幕墙工程设计与施工经验总结出来，撰写成文字资料贡献给行业的同仁们。中国建材工业出版社为我们提供了出版此书的机会，同时也构建了一个编者与行业同仁共同提升自我专业水准的业务平台，并让我们以此互相交流，谋求共同发展。

　　本书主要内容涉及建设幕墙领域中的石材幕墙部分，包括石材幕墙所使用的主要材料、石材幕墙主要材料的生产、石材幕墙的设计和计算、石材幕墙的施工安装、石材幕墙的质量验收等。本书是一本具有很强的实用性和可操作性的技术应用手册，对于石材幕墙设计、施工、监理、养护、质量检验和主要材料生产、采购、供应等广大从业人员具有广泛的借鉴性和指导性。

　　本书由中国建设幕墙门窗商会联盟组织专家编写，由侯钦超独立执笔完成初稿，刘嘉玮改写有关石材与石材防护剂章节的部分内容并同李怀亮多方协助编撰成书。全国工商联石材业商会张文波荣誉会长拨冗作序，尤为本书增色。全书经西新、韩宏忠等业内专家通篇审校，在此深表感谢！

　　本书虽经作者几番修改完善，但依旧存有遗憾。因为随着我国建筑高度的增加和各种不同功能建筑品质的提高，石材作为一种高档的装饰材料，其在工程中的使用量也在不断增加。用户对石材幕墙的质量要求越来越高，新型石材幕墙材料也不断涌入市场，新技术、新工艺层出不穷，有关资料浩若烟海，且涉及多领域、多学科的知识。由于本书编写时间较紧，有些内容还没有及时编入，但笔者已列入近期编写计划，并将陆续出书以飨读者。由于编者学识水平和时间所限，书中难免有不足和错漏之处，敬请行业同仁指正。

编　者

2013 年 1 月

目　　录

第一章 石材概述

第一节 石材在我国的应用发展

在我国，天然石材作为建筑材料可以追溯到新石器晚期。这一时期在辽东半岛海城等地用巨石建筑的石棚，距今已有三千多年的历史。殷墟出土的大量石柱、石梁、石鸟兽装饰品，证明夏商时期石材已用于建筑及建筑装饰。安阳出土的商代石磬，则是石材用于乐器的例证。陕西凤翔县出土的十面石鼓，石鼓上分刻十首四言诗，是我国最早的石刻文字工艺品。到秦汉时期，人工剁斧的条石、块石及石像大量用于古长城、古园陵及墓地的建筑和装饰。

魏晋南北朝时期，佛教文化空前盛行，隋唐时期达到登峰造极的程度，以后绵延至宋朝、明朝，建寺立庙凿窟造像遍及中华大地，如著名的敦煌石窟（图1-1）、云冈石窟（图1-2）、龙门石窟（图1-3）、大足石刻（图1-4）等。

图 1-1　敦煌石窟

隋唐盛世，我国建筑工艺进入了一个新时期，石材开始用于造桥及建塔。如隋初落成的赵州安济大石桥（图1-5），距今已有一千四百多年；隋大业七年的山东历城四门塔，距今一千三百多年，是我国现存最早的石塔，开创了我国世代石桥、石塔的建筑艺术。

图 1-2　云冈石窟

图 1-3　龙门石窟

图 1-4　大足石刻

图1-5 赵州安济大石桥

隋唐之后至民国，随着建筑业的发展，石材开发和应用规模不断扩大，我国各地分布的古陵园、古建筑、名胜古迹，无不使用大量石材进行装饰装修，可以说石材建筑和装饰构成了我国石文化极为丰富的艺术宝库。

清代历时一百余年陆续建成的著名大型皇家园林圆明园（图1-6），总面积约350公顷，周长约为10km。园内建筑壮观、气势雄伟，集中华建筑艺术之精华，是我国与世界建筑史上的精品，有"万园之园"美称。这一建筑艺术瑰宝于咸丰十年（1860年）遭到英法联军毁灭性掠夺、焚毁，现仅存西洋楼部分石雕与其他建筑遗迹。

图1-6 皇家园林圆明园

1929 年建成的南京中山陵园（图 1-7），成为民国时期最大的石材工程项目。

除这些公共建筑外，在我国历史上好多民间建筑房屋，也同样用上石材这个天然资源，把石材作为建筑房屋的基础材料，上面再利用青砖等其他材料建造房屋（图 1-8）。还有距离石材矿山资源比较近的，更是合理地利用了这些资源，不但房屋建筑的基础采用石材，就连家庭院落的围墙也采用石材砌筑（图 1-9）。

图 1-7　南京中山陵园

图 1-8　石材用作建筑基础材料

图 1-9 石材用作民间庭院围墙

第二节 石材在世界的应用发展

除中国外，世界上许多古建筑都是由天然石材建造而成的。公元前 30 世纪中叶，在尼罗河三角洲的吉萨地方造了三座大金字塔（图 1-10），哈夫拉金字塔是世界最大的金字塔。它高达 146.6m，底边长 230.4m，用了 230 万块平均 2.5t 重的大石块。石块凿磨得非常平整，石缝间不用胶结材料，严密得连刀片都插不进去。整个塔身外面又贴着一层磨光的白色大理石板，在沙漠地带呈现出一片神话般壮观景象。

图 1-10 埃及金字塔

1816年，在哈夫拉金字塔不远处，人们发现了被沙漠掩埋达四千多年的斯芬克斯狮身人面像，这是世界上最古老最巨大的巨石像。它长达57m，高20余米，除狮爪外，用整块石头雕成，成为世界七大奇迹之一。

古希腊是欧洲文化的摇篮，也是欧洲文化的开拓者。早在公元前5世纪，希腊就开始开采、加工、应用石材作为建筑材料，其中雅典卫城是希腊古典建筑的代表作。雅典卫城建造在雅典城内的一座小山岗上，四周用乱石砌成围墙，东西长约280m，南北最宽处约130m，呈橄榄形。这里地势险要，在山岗70～80m高处有一个天然的大平台，山门、胜利神庙、帕提侬神庙、伊瑞克先神庙和雅典娜雕像等建筑物，分布在平台的周围。

帕提侬神庙是卫城最大的主要建筑物（图1-11）。它的周围是用46根刚劲挺拔的陶立克式石柱构成的柱廊，里面分东西两部分。东面的神殿中央有一座用象牙和宝石做成的光彩照人的雅典娜女神像。室外石墙的下部以及屋顶的檐口和山花上，刻满了鲜艳明快的生动浮雕。

图1-11　帕提侬神庙

在帕提侬神庙以北不远处，是造型灵活的伊瑞克先神庙。神庙的北面和东西各有一个入口，门前都有表现女性纤巧柔美的爱奥尼式石柱构成的门廊。南面，一片洁白平整的大理石墙面衬托出由6根神志娴静端庄的女郎柱组成的小柱廊。

古罗马直接继承了古希腊的建筑成就，并在多方面广泛创新。凯旋门、纪功柱、神庙、皇宫、剧场、竞技场等一大批具有古罗马建筑风格的建筑艺术品，大量使用了天然石材作为结构材料和装饰材料。

罗马万神庙便是其中最著名的一座。万神庙由一个圆形神殿和一个门廊组成。门廊的正面有8根柱子，柱头用白色大理石，柱身用磨光的红色花岗岩做成。圆形神殿的穹隆直径达43.4m，神殿墙厚6.2m。为减轻重量，墙壁中空，穹隆顶上做了许多方斗状凹穴。殿内装饰十分华丽，沿墙排列着神龛、神像和雕刻精美的柱子，地面用各色的大理石拼成图案，在建筑上很有特色。

在中世纪的西欧，教会的权力至高无上，教堂成为最重要的建筑物。巴黎圣母院便是世界第一座典型的哥特式教堂。巴黎圣母院的装修堪称豪华奢侈。从外部看，大量的雕刻使整座教堂变成了一座镂空的巨石艺术品。从内部看,祭坛、歌台、屏风都是精雕细琢,珠光宝气。巨大的彩色玻璃窗拼镶出圣经故事的图案,当阳光照射时,便显示出五彩斑斓的"天堂境界"。

17 世纪后半叶,法国国王路易十四成了至高无上的统治者,号称"太阳王"。这时期法国成为欧洲文明的中心,它的建筑也表现出伟大的气概。凡尔赛宫是西欧最大的宫殿,它南北长 580m,中央部分的西面有一个长 73m、宽 9.7m、高 13m 的大厅,大厅墙面用白色大理石板贴面,镶有淡雅的彩色大理石构成的图案,壁柱用绿色大理石做成,铜制的柱头,镀上厚厚一层黄金。西墙上有 17 个圆额大窗子,东墙上有 17 面大镜子,用精雕细琢的镜框镶嵌起来。天花板是圆筒形的,上面有大面积的绘画。

在用石材作为建筑和装饰的建筑艺术珍品中,还有欧洲文艺复兴时期的代表作罗马城圣彼得大教堂,美国国会大厦,法国马赛公园等。

第三节　石材在我国现代建筑中的应用发展

现代建筑中,天然石材是建筑师衷情的建材之一。如著名的人民英雄纪念碑、人民大会堂(图 1-12)、北京火车站、毛主席纪念堂(图 1-13)、世界级建筑设计大师贝聿铭的收笔力作北京西单的中国银行大厦(图 1-14)等,成为大力使用天然石材的建筑典范。

图 1-12　人民大会堂

天然石材应用成为高档建筑的象征,其天然的色泽、自然的纹理,不可再生的特性是人造材料无法比拟的,用天然石材建造的建筑能产生出独特的艺术效果,石材的应用领域也由过去的基础、台阶、栏杆、石桌、雕塑、石碑、地面、墙体等扩大到墙面装饰板、卫生洁具、组合型新型地面装饰石材等,高档石材在建筑中的"点睛",使建筑的等级得以提升,这是人们公认的。建筑师利用石材建造假山林石、装饰室内外、雕塑设计意境,使石材这一古老的材料发挥出独特的自然美,在许多建筑师的心目中,用石头雕琢的景观表现的概念和内涵,是用其他材料难以表现的。石材的自然,千万年来与人类的感情交融,在建筑中巧用妙用石材使人们能从现代钢筋混凝土的森林中解脱出来，让人们重新在现代化中寻找到自然的气息。

图 1-13　毛主席纪念堂

图 1-14　北京西单中国银行大厦

第二章 石 材 幕 墙 概 述

第一节 石材幕墙特点与分类

一、石材幕墙的特点

幕墙是由外装饰板材及结构传递受力龙骨构件组成、悬挂依附在建筑主体结构上、不承担建筑主体荷载的一种外围护结构。它的自重和所承受的风荷载、地震作用等，通过转接构件以点传递方式传至建筑物主体框架上。

一般而言，我们所提到的幕墙不同于一般的外装饰墙面，主要是我们所指的幕墙是由"外装饰面板和支承结构构件"共同组成的完整结构体系。

因此石材幕墙就是由石材（天然石材、人造石材、复合石材等）作为外装饰面板与其所连接的支撑受力结构所形成的完整结构受力体系。

石材幕墙同其他幕墙一样，具备以下特点：

1. 石材幕墙具有自身平面内的变形能力，相对于建筑主体结构有一定的位移能力。

2. 石材幕墙是一个完整的幕墙结构体系，从外装饰面板到建筑主体结构，它可以通过很多构造设计去实现自身平面内的变形和相对于主体结构的位移能力。例如：面板之间存在板缝；面板与挂件之间有弹性的环氧树脂胶缝，使面板与挂件之间可以相对移动；面板安装挂件与横梁之间具有长圆孔设计构造同时采用螺栓固定，使安装挂件与横梁之间可以相对移动。

3. 横梁与立柱之间的连接、立柱与建筑主体结构之间通过悬挑转接构件的连接、上下层立柱之间设置的滑动芯套的连接等，既可以采用螺栓连接方式也可以采用现场焊接方式，当采用现场焊接的连接方式时要做好有效的防腐处理。

二、石材幕墙的分类

1. 按石材面板之间的缝隙效果分为：密缝式石材幕墙、开缝式石材幕墙。

2. 按石材面板的挂件构造分为：T 型挂件式、SE 型挂件式、R 型挂件式、后切背栓挂件式。

3. 按工厂加工程度分为：构件式石材幕墙、小单元式石材幕墙、大单元式石材幕墙。

第二节 石材幕墙发展与安装构造

一、石材幕墙在建筑上的应用

中国是石材幕墙的生产和使用大国。据不完全统计，我国年均石材板材用于墙面装饰的约 3000 万 m^2，并呈现上升趋势。石材在建筑幕墙上的使用部位由过去的底层建筑、裙楼建筑逐步使用到高层建筑，同时随着建筑幕墙技术的发展，使用高度还在逐年提高，石材幕墙在单体建筑上使用的面积也由过去的几百、几千平方米上升到当今的几万平方米，并且还在逐年提高。我国比较典型的石材幕墙建筑见图 2-1 ~ 图 2-7。

图 2-1　毛主席纪念堂

图 2-2　中国银行新疆乌鲁木齐支行

根据相关资料数据显示，20 世纪 90 年代中期，金属（石材）面板（40 万 m^2）占建筑幕墙面板不到 10%，2003 年我国建筑幕墙已达到 900 万 m^2，其中采用玻璃面板的约占 60%，即约 550 万 m^2，金属（石材）面板约占 40%，即约 350 万 m^2，十年时间绝对用量翻了近四番。使用金属（石材）幕墙建筑的高度也在不断提升，一个工程的金属（石材）幕墙的用量纪录也在不断刷新。上海浦东国际金融大厦背栓式花岗石幕墙安装高度（最高点）

图 2-3 国家美术馆东馆

图 2-4 上海华府天地

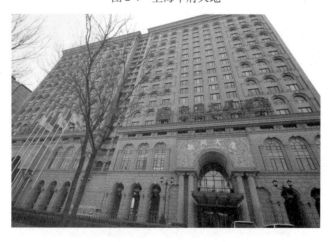

图 2-5 中国新闻大厦

图 2-6　新保利大厦

图 2-7　银泰中心

（北京银泰中心 2008 年建成投入使用，石材幕墙的设计及安装高度达 249.9m）

为139m，深圳时代广场大厦通槽式石材幕墙高达170m，上海交银大厦背栓式花岗石幕墙安装高度（最高点）为196m，广州合银大厦石材幕墙最高点达220m，上海银行更高，达230m，东莞行政中心一个工程使用石材幕墙10万 m^2。

随着现代新材料科学技术不断进步，这就要求建筑行业不仅要用技术进步、工艺改进、产品升级换代实现产业化，更重要的是要实现技术集成，从而达到产品集成走综合型发展的新型工业化道路，进而开发"绿色—健康—安全"环保型产品。石材幕墙作为建筑领域的专业产品，走绿色生态新型工业化的道路是时代赋予我们专业工作者的使命。

二、石材幕墙的安装构造

在我国，将石材生产成板材应用于建筑装饰领域起初只是用于建筑的裙体或踢脚部位，由于当时技术的局限性，只能采用铜丝与水泥灌浆相结合的工艺，将不同表面的板材安装在建筑结构的表面，见图2-8。

如图2-8所示，这种初期的安装方法施工虽然方便，但是石材板块安装后的牢固性较差。因为铜丝的拉力是有限的，而且在潮湿的环境下比较容易锈蚀失效，抗震、抗压和承重效果较差，时间长久以后板材容易脱落，同时由于石材板块与建筑主体之间灌注水泥砂浆，水泥砂浆极易给石材带来"病症"，一旦出现很难"治愈"，施工质量将无法保证。因此该方法仅适用于低层建筑的石材安装。

图 2-8　采用铜丝与水泥灌浆相结合的工艺安装石材幕墙

随着石材生产机械、技术的不断更新，石材作为一种装饰材料在建筑领域的使用部位逐步扩展，同时安装的高度也在随着建筑高度而增高，最初的铜丝与水泥灌浆工艺已经不能满足建筑技术的需要，进而就产生了销钉式技术（图2-9），即采用钢销固定石材板的干法工艺将板材安装在建筑主体的墙面上。

随着建筑高度的不断提高，采用销钉的技术也越来越不能满足需要。原因有二：第一是

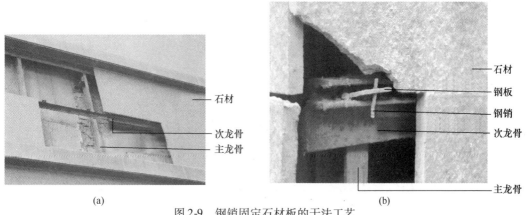

(a)　　　　　　　　　　　　　　　　　　(b)

图 2-9　钢销固定石材板的干法工艺

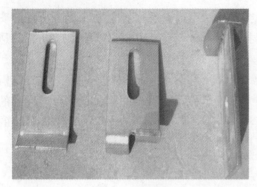

图 2-10　板式 T 形挂件

在石材厚度切面上打孔难度较大；第二由于建筑高度的提高，再采用销钉安装在安全上难度也较大。这时就出现了采用不锈钢金属钢板冲压、折弯制作而成标准板式挂件，见图 2-10。同时在安装石材板块之前首先根据石材板块的划分规格、使用部位等，在建筑外立面墙上安装金属龙骨，将板式挂件首先安装在金属龙骨上，再来安装石材板块，相比而言受力状态比销钉要好得多，而且使用起来比较方便，见图 2-11 和图 2-12。

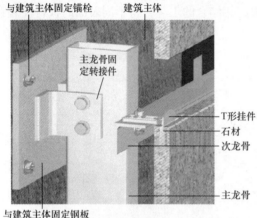

图 2-11　T 形挂件在安装中的位置

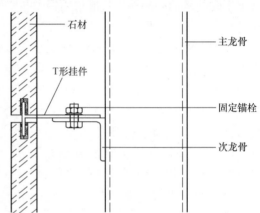

图 2-12　T 形挂件安装标准示意

随着石材幕墙在建筑领域的设计及安装高度不断增加，石材幕墙的安装体系构造也在不断发生改变。钢销式、不锈钢或其他材料的短槽式已经远远不能满足使用高度的需要，在我国就出现了背栓体系构造应用于石材幕墙。

背栓体系构造在石材幕墙的发展应用领域的确起着较大的促进作用，当然在实际工程应用上也经常由于背栓体系选择不当出现过安全隐患。

如图 2-13 所示是一组旋进式背栓，它是通过一支机械螺杆拧紧旋入背栓套筒的根部，背栓套筒的根部自身设计成飞边构造，在金属套筒的顶部设计出尼龙类材料的柔性摩擦垫。

如图 2-14 所示是一组旋进式背栓，它也是通过一支机械螺杆拧紧旋入背栓套筒的根部，

图 2-13　旋进式背栓

图 2-14　旋进式背栓

背栓套筒的根部自身设计成飞边构造，在金属套筒的外侧附加设计出局部尼龙类的外套管。

如图 2-15 所示是一组旋进式背栓，它也是通过一支机械螺杆拧紧旋入背栓套筒的根部，背栓套筒的根部自身设计成飞边构造，在金属套筒的外侧没有设计出局部尼龙类的外套管。

图 2-15 是一组经常见到的背栓构造样式之一，它们具有一个共同的构造特点——"旋进式"结构体系，也就是提醒我们设计者、施工安装者，在实际使用时只有将旋进机械螺杆完全旋进到背栓套筒的底部，背栓套筒才会自然完全扩充满石材背栓孔，而且所扩充的直径大小在安装完毕以后将不再会因其他可能出现的外在因素而变化。

如图 2-16 所示是一组膨胀式背栓，它是通过一支机械螺杆从背栓套筒的一端穿入，在机械螺杆的其中一端设计出扩充构造，螺杆顶部采用配套机械螺母与之拧紧固定，同时在机械螺杆与金属套筒根部之间还设有金属弹性填充构造。

图 2-15　旋进式背栓　　　　　　　　　图 2-16　膨胀式背栓

如图 2-17 所示是一组膨胀式背栓，它也是通过一支机械螺杆从背栓套筒的一端穿入，在机械螺杆的其中一端设计出扩充构造，螺杆顶部采用配套机械螺母与之拧紧固定，同时在机械螺杆与金属套筒根部之间还设有金属弹性填充构造，但是在背栓套筒的一端增加了尼龙垫构造设计。

如图 2-18 所示是一组特殊膨胀式背栓，虽然它也是通过一支机械螺杆从背栓套筒的一端穿入，在机械螺杆的其中一端设计出扩充构造，但这个背栓套筒却是一种尼龙材料通过机械加工成的与构造垫为一体结构设计，而且为了让背栓拧紧后更安全还增加了内螺母固定。

图 2-17　膨胀式背栓　　　　　　　　　图 2-18　膨胀式背栓

图 2-16 ～图 2-18，都是我们经常见到的背栓构造样式，它们也具有一个共同的构造特点，即"膨胀式"结构体系，都在不同的套筒根部设计出金属弹性扩充构造弹簧垫圈。图 2-17 的弹簧垫圈与其他两个不同，它采用的是部分金属套管制作，其完全扩充能力及变化能力具有一定的局限性。图 2-16 套筒与固定螺母之间是金属垫片，相比而言在弹性变化方面具有一定的局限性。图 2-18 的构造体系考虑比较全面，将套筒与垫片都采用一种具有一定弹性的材料设计为一体，安装背栓时采用内螺母固定拧紧，在挂石材体系时再使用一件外螺母固定拧紧。

如图 2-19 所示，背栓是通过与金属转接件连接并牢固固定形成的一个挂接体系，金属转接件在现场安装时是直接悬挂在水平横向龙骨上的，在石材板块的分格缝隙处是没有横向水平龙骨的，每一块石材板块都是各自独立的两件平行的水平横向龙骨，在金属转接件的上部还设置安装一个螺栓杆件，通过这个螺栓杆件可以微调石材板块的水平高低偏差。

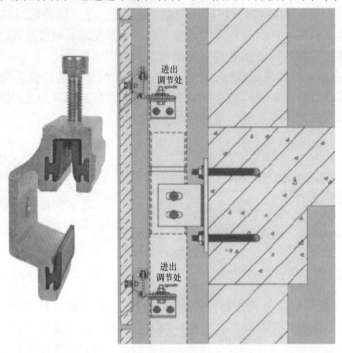

图 2-19　背栓体系石材剖面图

如图 2-20 所示，是另外一组背栓石材的剖面图及一种系统金属转接件构造图，通过此图我们可以认识到，背栓是通过与其中的一组金属转接件连接并牢固固定形成的一个挂接体

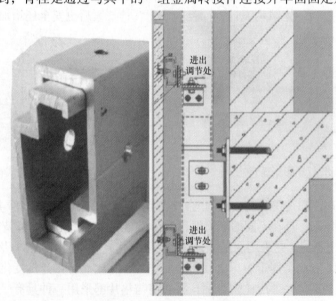

图 2-20　背栓体系石材剖面图

系，与背栓连接的金属转接件在现场安装时是直接悬挂在与之相配套的另外一件金属转接件构造内，另外一件金属转接件通过机械螺栓组与水平横向龙骨连接固定，同样在石材板块的分格缝隙处是没有横向水平龙骨的，每一块石材板块都是各自独立的两件平行的水平横向龙骨，通过另外一件转接构造件在水平横向龙骨上的安装高度来微调石材板块的水平高低偏差。

由于石材幕墙在我国的年生产量呈逐年增加趋势，而且石材用于建筑幕墙的设计及安装高度也是逐年增高，现有的石材幕墙干挂体系已经远远不能满足实际生产量的需要。我国的石材专业者根据石材施工安装的经验开发出一种新的干挂体系"分离式可拆卸干挂体系"构件，该体系在《干挂饰面石材及其金属挂件》（JC 830.2—2005）标准中就已经编入，这就是常说的 R 型、SE 型组合挂件，见图 2-21 ~ 图 2-26。

图 2-21　R 型组合挂件实物照片

图 2-22　SE 型组合挂件实物照片

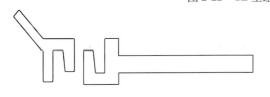

图 2-23　R 型组合挂件分离图

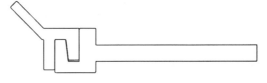

图 2-24　R 型组合挂件组合图

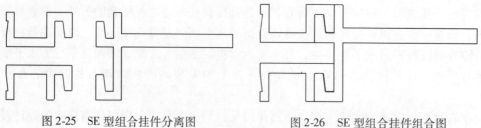

图 2-25　SE 型组合挂件分离图　　　　　图 2-26　SE 型组合挂件组合图

　　石材幕墙的实际工程验证，分离式可拆卸石材干挂体系，能够让石材幕墙中的每一块石材板块都可以自由拆卸、自由安装，解决过去由于石材板块生产供货不及时而无法大面积展开幕墙安装的难题，同时该体系还满足建筑抗震、单体板块的位移及变形要求，如图 2-27 ~ 图 2-29 所示。

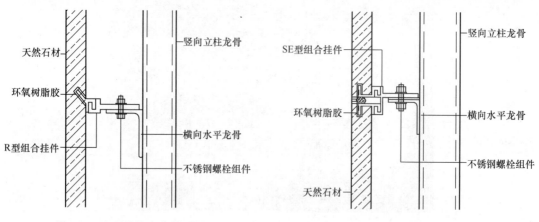

图 2-27　R 型挂件安装剖面图　　　　　图 2-28　SE 型挂件安装剖面图

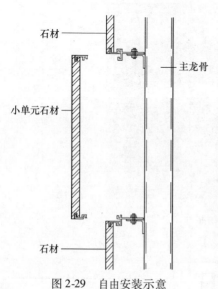

图 2-29　自由安装示意

　　目前诸多的石材幕墙，无论采用哪种结构形式设计与施工，其实都是采用干挂石材体系结构，已经将传统意义的装饰性幕墙演变成为真正意义上的结构性幕墙。干挂石材工法各异，从外观所达到的构造效果可分为开缝式和密缝式；从干挂所使用的挂件结构体系上分为 T 形 L 形短槽式、后切背栓式、SE 型 R 型分离式等，技术特性各有千秋。

　　真正意义上的石材幕墙应该是可移动、可拆装式的。根据当前石材幕墙设计及其安装的领域，结合《干挂饰面石材及其金属挂件》（JC 830.2—2005）的要求，应采用国标铝矽镁合金 SE 型 R 型分离式干挂体系和后切背挂式干挂体系，低层部位或特殊部位采用国标 304 不锈钢短槽式挂件。

第三章 石材幕墙材料

第一节 钢　　材

一、钢材的机械性质

1. 屈服点与名义屈服点

对普通钢材进行拉伸试验，可以观察到如图 3-1 所示的标准应力-应变曲线图。纵轴的应力，是将荷载用试件初始截面相除得到的名义应力；横轴的应变，是将试件标距间的伸长量用拉伸前的标距长度相除的结果。因此，将应力-应变曲线图的纵横两轴所表示的刻度分别乘上试件的初始截面和拉伸前的标距长度，就变成荷载-变形曲线。

如图 3-1 所示，加载的初期阶段，应力随应变的增加而成比例地增加，到达 A 点后开始塑性变形，应力急速下降至 B 点。称 A 点为上屈服点，B 点为下屈服点。通常，将上屈服点简单地称之为屈服点。不锈钢没有明显的屈服点，如图 3-2 所示，材料由弹性变形光滑地过渡到塑性变形。此外，经历淬火、回火处理的调质钢也呈现屈服点不明显的倾向。这种情况，将对应于残余应变为 0.2% 时的应变力称为名义屈服点。

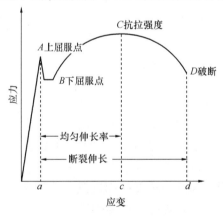

图 3-1　应力-应变曲线图

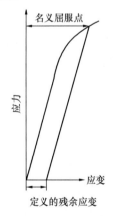

图 3-2　屈服曲线图

2. 抗拉强度

图 3-1 中，超过屈服点之后，继续加大荷载，到达某点时应力为最大，此后应力逐渐下降，直至最终试件破断。这一最大应力称为抗拉强度。

3. 屈强比

用抗拉强度除屈服点（屈服点/抗拉强度）便得到屈强比。一般地，随材料的高强化屈强比增大，但因为屈强比越小塑性变形能力越大，建筑结构用热轧钢材其屈强比规定在80%以下。

4. 均匀伸长和断裂伸长（伸长率）

在图3-1中，从上屈服点到最大荷载点对应的变形，整个试件内（指标距范围内）是均匀的，这一变形量称为均匀伸长。超过最大荷载点后，试件内的某一部分变形集中，最终在这一局部部位截面收缩而断裂。从上屈服点到断裂为止的变形量称为断裂伸长，通常简称伸长率。

均匀伸长的大小随材料变化，屈强比越小，一般均匀伸长越大。伸长率（断裂伸长）则是均匀伸长和变形集中的局部截面收缩处的局部伸长相加的结果，这种局部伸长很大程度上受到试件形状的影响。即使同一材料，伸长率也随试件形状而变化。试件截面越大，标距越小，伸长率越大。伸长率与试件尺寸相关关系的代表性公式如下：

$$E = K(\sqrt{A/L})n$$

式中　　E——伸长率，A 标距内截面面积；

　　　　L——标距距离；

　　K，n——与材料有关的常数。

根据上式，两个不同试件之间的伸长率可采用下式换算：

$$E_2 = E_1 \left[(L_1/\sqrt{A_1})/(L_2/\sqrt{A_2}) \right] n$$

式中用到的 n 值，普通钢材及低合金钢的轧制钢，以及经过高温回火的钢材，取 $n = 0.4$，$600 N/mm^2$ 级的调质低合金钢，则取 $n = 0.55$ 为宜。

5. 冲击韧性

通常为确定钢材的冲击韧性值而进行的试验是夏比（charpy）冲击试验。在矩形截面试件的中央开一 V 形缺口，试验时通过施加冲击荷载使其产生弯曲断裂，测定断裂所需的能量，将该能量值称为夏比冲击吸收功。该能量值随着温度的降低而减少。规定钢材当试验温度为零度时的吸收功须到达27J以上。

此外，在研究钢材脆性破坏特征时，变化试验温度，进行冲击试验，可以求得如图3-3所示的夏比冲击韧性温度转移曲线。

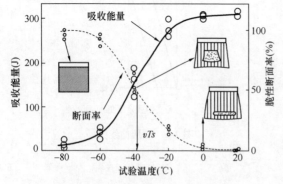

图3-3　夏比冲击韧性温度转移曲线

6. 硬度

根据测试方法的不同，有多种硬度的定义，如维氏硬度、布氏硬度、洛氏硬度、肖氏硬度等。其中维氏硬度试验因其压痕小精度好而广泛使用，建筑结构钢材以及焊缝部位的硬度测定常用维氏硬度试验方法。

维氏硬度试验使用钻石四角锥压头，其上施加试验荷载和凹坑表面积处维氏硬度。硬度和钢材抗拉强度之间是有相关关系的，当难以进行材料拉伸试验时，可以由测定钢材硬度推算钢材的抗拉强度。钢材抗拉强度（N/mm^2）约是维氏硬度的3.3倍。

二、钢材的产品牌号表示方法

1. 基本原则

（1）凡列入国家标准和行业标准的钢铁产品，均应按标准规定的牌号表示方法编写牌号。

（2）钢铁产品牌号的表示，通常采用大写汉语拼音字母、化学元素符号和阿拉伯数字相结合的方法表示。为了便于国际交流和贸易的需要，也可采用大写英文字母或国际惯例表示符号。常用化学元素符号见表 3-1。

（3）采用汉语拼音字母或英文字母表示产品名称、用途、特性和工艺方法时，一般从产品名称中选取有代表性的汉字的汉语拼音的首位字母或英文单词的首位字母。当和另一产品所取字母重复时，改取第二个字母或第三个字母，或同时选取两个（或多个）汉字或英文单词的首位字母。

（4）产品牌号中各组成部分的表示方法应符合相应规定，各部分按顺序排列，如无必要可省略相应部分。除有特殊规定外，字母、符号及数字之间应无间隙。

（5）产品牌号中的元素含量用质量分数表示。

表 3-1　钢铁化学元素符号表

元素名称	化学元素符号	元素名称	化学元素符号	元素名称	化学元素符号	元素名称	化学元素符号
铁	Fe	锂	Li	钐	Sm	铝	Al
锰	Mn	铍	Be	锕	Ac	铌	Nb
铬	Cr	镁	Mg	硼	B	钽	Ta
镍	Ni	钙	Ca	碳	C	镧	La
钴	Co	锆	Zr	硅	Si	铈	Ce
铜	Cu	锡	Sn	硒	Se	钕	Nd
钨	W	铅	Pb	碲	Te	氮	N
钼	Mo	铋	Bi	砷	As	氧	O
钒	V	铯	Cs	硫	S	氢	H
钛	Ti	钡	Ba	磷	P	—	—

注：混合稀土元素符号用"RE"表示。

2. 牌号表示方法

（1）生铁

生铁产品牌号通常由两部分组成：

第一部分：表示产品用途、特性及工艺方法的大写汉语拼音字母；

第二部分：表示主要元素平均含量（以千分之几计）的阿拉伯数字。炼钢用生铁、铸造用生铁、球墨铸铁用生铁、耐磨生铁为硅元素平均含量。脱碳低磷粒铁为碳元素平均含量，含钒生铁为钒元素平均含量。

示例见表 3-2。

表 3-2　生铁牌号表示方法

序号	产品名称	第一部分			第 二 部 分	牌号示例
		采用汉字	汉语拼音	采用字母		
1	炼钢用生铁	炼	LIAN	L	含硅量为 0.85%～1.25% 的炼钢用生铁，阿拉伯数字为 10	L10
2	铸造用生铁	铸	ZHU	Z	含硅量为 2.80%～3.20% 的铸造用生铁，阿拉伯数字为 30	Z30
3	球墨铸铁用生铁	球	QIU	Q	含硅量为 1.00%～1.40% 的球墨铸铁用生铁，阿拉伯数字为 12	Q12
4	耐磨生铁	耐磨	NAIMO	NM	含硅量为 1.60%～2.00% 的耐磨生铁，阿拉伯数字为 18	NM18
5	脱碳低磷粒铁	脱粒	TUOLI	TL	含碳量为 1.20%～1.60% 的炼钢用脱碳低磷粒铁，阿拉伯数字为 14	TL14
6	含钒生铁	钒	FAN	F	含钒量不小于 0.40% 的含钒生铁，阿拉伯数字为 04	F04

（2）碳素结构钢和低合金结构钢

① 碳素结构钢和低合金结构钢的牌号通常由四部分组成：

第一部分：前缀符号 + 强度值（以 N/mm^2 或 MPa 为单位），其中通用结构钢前缀符号为代表屈服强度的拼音的字母"Q"，专用结构钢的前缀符号见表 3-3；

第二部分（必要时）：钢的质量等级，用英文字母 A、B、C、D、E、F…表示；

第三部分（必要时）：脱氧方式表示符号，即沸腾钢、半镇静钢、镇静钢、特殊镇静钢分别以"F"、"b"、"Z"、"TZ"表示，镇静钢、特殊镇静钢表示符号通常可以省略；

第四部分（必要时）：产品用途、特性和工艺法表示符号，见表 3-4。

示例见表 3-5。

表 3-3　专用结构钢的前缀符号

产品名称	采用的汉字及汉语拼音或英文单词			采用字母	位置
	汉字	汉语拼音	英文单词		
热轧光圆钢筋	热轧光圆钢筋	—	Hot Rolled Plain Bars	HPB	牌号头
热轧带肋钢筋	热轧带肋钢筋	—	Hot Rolled Ribbed Bars	HRB	牌号头
细晶粒热轧带肋钢筋	热轧带肋钢筋 + 细	—	Hot Rolled Ribbed Bars + Fine	HRBF	牌号头
冷轧带肋钢筋	冷轧带肋钢筋	—	Cold Rolled Ribbed Bars	CRB	牌号头
预应力混凝土用螺纹钢筋	预应力、螺纹、钢筋	—	Prestressing、Screw、Bars	PSB	牌号头
焊接气瓶用钢	焊瓶	HAN PING	—	HP	牌号头
管线用钢	管线	—	Line	L	牌号头
船用锚链钢	船锚	CHUAN MAO	—	CM	牌号头
煤机用钢	煤	MEI	—	M	牌号头

② 根据需要，低合金高强度结构钢的牌号也可以采用二位阿拉伯数字（表示平均含碳量，以万分之几计）加表 3-1 规定的元素符号及必要时加代表产品用途、特性和工艺方法的表示符号，按顺序表示。

示例：碳含量为 0.15% ~ 0.26% ，锰含量为 1.20% ~ 1.60% 的矿用钢牌号为 20MnK。

表3-4 钢材按产品用途、特性、工艺法表示符号

产品名称	采用的汉字及汉语拼音或英文单词			采用字母	位置
	汉字	汉语拼音	英文单词		
锅炉和压力容器用钢	容	RONG	—	R	牌号尾
锅炉用钢（管）	锅	GUO	—	G	牌号尾
低温压力容器用钢	低容	DIRONG	—	DR	牌号尾
桥梁用钢	桥	QIAO	—	Q	牌号尾
耐候钢	耐候	NAIHOU	—	NH	牌号尾
高耐候钢	高耐候	GAONAIHOU	—	GNH	牌号尾
汽车大梁用钢	梁	LIANG	—	L	牌号尾
高性能建筑结构用钢	高建	GAOJIAN	—	GJ	牌号尾
低焊接裂纹敏感性钢	低焊接裂纹敏感性	—	Crack Free	CF	牌号尾
保证淬透性钢	淬透性	—	Hardenability	H	牌号尾
矿用钢	矿	KUANG	—	K	牌号尾
船用钢	采用国际符号				

表3-5 碳素结构钢和低合金结构钢的牌号表示方法

序号	产品名称	第一部分	第二部分	第三部分	第四部分	牌号示例
1	碳素结构钢	最小屈服强度 235N/mm²	A 级	沸腾钢	—	Q235AF
2	低合金高强度结构钢	最小屈服强度 345N/mm²	D 级	特殊镇静钢	—	Q345D
3	热轧光圆钢筋	屈服强度特征值 235N/mm²	—	—	—	HPB235
4	热轧带肋钢筋	屈服强度特征值 335N/mm²	—	—	—	HRB335
5	细晶粒热轧带肋钢筋	屈服强度特征值 335N/mm²	—	—	—	HRBF335
6	冷轧带肋钢筋	最小抗拉强度 550N/mm²	—	—	—	CRB550
7	预应力混凝土用螺纹钢筋	最小屈服强度 830N/mm²	—	—	—	PSB830
8	焊接气瓶用钢	最小屈服强度 345N/mm²	—	—	—	HP345
9	管线用钢	最小规定总延伸强度 415MPa	—	—	—	L415
10	船用锚链钢	最小抗拉强度 370MPa	—	—	—	CM370
11	煤机用钢	最小抗拉强度 510MPa	—	—	—	M510
12	锅炉和压力容器用钢	最小屈服强度 345N/mm²	—	特殊镇静钢	压力容器"容"的汉语拼音首位字母"R"	Q345R

（3）优质碳素结构钢和优质碳素弹簧钢

① 优质碳素结构钢牌号通常由五部分组成：

第一部分：以二位阿拉伯数字表示平均碳含量（以万分之几计）；

第二部分（必要时）：较高含锰量的优质碳素结构钢，加锰元素符号 Mn；

第三部分（必要时）：钢材冶金质量，即高级优质钢、特级优质钢分别以 A、E 表示，

优质钢不用字母表示；

第四部分（必要时）：脱氧方式表示符号：即沸腾钢、半镇静钢、镇静钢分别以"F"、"b"、"Z"表示，但镇静钢表示符号通常可以省略；

第五部分（必要时）：产品用途、特性或工艺方法表示符号，见表3-4。

示例见表3-6。

② 优质碳素弹簧钢的牌号表示方法与优质碳素结构钢相同。示例见表3-6。

表3-6　优质碳素钢牌号表示方法

序号	产品名称	第一部分	第二部分	第三部分	第四部分	第五部分	牌号示例
1	优质碳素结构钢	碳含量 0.05%~0.11%	锰含量 0.25%~0.50%	优质钢	沸腾钢	—	08F
2	优质碳素结构钢	碳含量 0.47%~0.55%	锰含量 0.50%~0.80%	高级优质钢	镇静钢	—	50A
3	优质碳素结构钢	碳含量 0.48%~0.56%	锰含量 0.70%~1.00%	特级优质钢	镇静钢	—	50MnE
4	保证淬透性用钢	碳含量 0.42%~0.50%	锰含量 0.50%~0.85%	高级优质钢	镇静钢	保证淬透性钢表示符号"H"	45AH
5	优质碳素弹簧钢	碳含量 0.62%~0.70%	锰含量 0.20%~0.90%	优质钢	镇静钢	—	65Mn

（4）易切削钢

易切削钢牌号通常由三部分组成：

第一部分：易切削钢表示符号"Y"；

第二部分：以二位阿拉伯数字表示平均碳含量（以万分之几计）；

第三部分：易切削元素符号，如：含钙、铅、锡等易切削元素的易切削钢分别以Ca、Pb、Sn表示。加硫和加磷易切削钢，通常不加易切削元素符号S、P。较高锰含量的加硫或加磷易切削钢本部分为锰元素符号Mn。为区分牌号，对较高硫含量的易切削钢，在牌号尾部加硫元素符号S。

例如：碳含量为0.42%~0.50%、钙含量为0.002%~0.006%的易切削钢，其牌号表示为Y45Ca；

碳含量为0.40%~0.48%、锰含量为1.35%~1.65%、硫含量为0.16%~0.24%的易切削钢，其牌号表示为Y45Mn；

碳含量为0.40%~0.48%、锰含量为1.35%~1.65%、硫含量为0.24%~0.32%的易切削钢，其牌号表示为Y45MnS。

（5）合金结构钢和合金弹簧钢

① 合金结构钢牌号通常由四部分组成：

第一部分：以二位阿拉伯数字表示平均碳含量（以万分之几计）；

第二部分：合金元素含量，以化学元素符号及阿拉伯数字表示。具体表示方法为：平均含量小于1.50%时，牌号中仅标明元素，一般不标明含量；平均含量为1.50%~2.49%、2.50%~3.49%、3.50%~4.49%、4.50%~5.49%…时，在合金元素后相应写成2、3、4、

5…；

注：化学元素符号的排列顺序推荐按含量值递减排列，如果两个或多个元素的含量相等时，相应符号位置按英文字母的顺序排列。

第三部分：钢材冶金质量，即高级优质钢、特级优质钢分别以 A、E 表示，优质钢不用字母表示；

第四部分（必要时）：产品用途、特性或工艺方法表示符号，见表3-4。

示例见表3-7。

② 合金弹簧钢的表示方法与合金结构钢相同，示例见表3-7。

表3-7 合金结构钢的牌号表示方法

序号	产品名称	第一部分	第二部分	第三部分	第四部分	牌号示例
1	合金结构钢	碳含量 0.22%~0.29%	铬含量 1.50%~1.80% 钼含量 0.25%~0.35% 钒含量 0.15%~0.30%	高级优质钢	—	25Cr2MoVA
2	锅炉和压力容器用钢	碳含量 ≤0.22%	锰含量 1.20%~1.60% 钼含量 0.45%~0.65% 铌含量 0.025%~0.050%	特级优质钢	锅炉和压力容器用钢	18MnMoNbER
3	优质弹簧钢	碳含量 0.56%~0.64%	硅含量 1.60%~2.00% 锰含量 0.70%~1.00%	优质钢	—	60Si2Mn

（6）非调质机械结构钢

非调质机械结构钢牌号通常由四部分组成：

第一部分：非调质机械结构钢表示符号"F"；

第二部分：以二位阿拉伯数字表示平均碳含量（以万分之几计）；

第三部分：合金元素含量，以化学元素符号及阿拉伯数字表示，表示方法同合金结构钢第二部分；

第四部分（必要时）：改善切削性能的非调质机械结构钢加硫元素符号 S。

示例见表3-8。

（7）工具钢

工具钢通常分为碳素工具钢、合金工具钢、高速工具钢三类。

① 碳素工具钢

碳素工具钢牌号通常由四部分组成：

第一部分：碳素工具钢表示符号"T"；

第二部分：阿拉伯数字表示平均碳含量（以千分之几计）；

第三部分（必要时）：较高含锰量碳素工具钢，加锰元素符号 Mn；

第四部分（必要时）：钢材冶金质量，即高级优质碳素工具钢以 A 表示，优质钢不用字母表示。

示例见表3-8。

② 合金工具钢

合金工具钢牌号通常由两部分组成：

第一部分：平均碳含量小于1.00%时，采用一位数字表示碳含量（以千分之几计）。平均碳含量不小于1.00%时，不标明含碳量数字；

第二部分：合金元素含量，以化学元素符号及阿拉伯数字表示，表示方法同合金结构钢第二部分。低铬（平均铬含量小于1%）合金工具钢，在铬含量（以千分之几计）前加数字"0"。

示例见表3-8。

③ 高速工具钢

高速工具钢牌号表示方法与合金结构钢相同，但在牌号头部一般不标明表示碳含量的阿拉伯数字。为了区别牌号，在牌号头部可以加"C"表示高碳高速工具钢。

示例见表3-8。

（8）轴承钢

轴承钢分为高碳铬轴承钢、渗碳轴承钢、高碳铬不锈轴承钢和高温轴承钢等四大类。

① 高碳铬轴承钢

高碳铬轴承钢牌号通常由两部分组成：

第一部分：（滚珠）轴承钢表示符号"G"，但不标明碳含量。

第二部分：合金元素"Cr"符号及其含量（以千分之几计）。其他合金元素含量，以化学元素符号及阿拉伯数字表示，表示方法同合金结构钢第二部分。

示例见表3-8。

② 渗碳轴承钢

在牌号头部加符号"G"，采用合金结构钢的牌号表示方法。高级优质渗碳轴承钢，在牌号尾部加"A"。

例如：碳含量为0.17%～0.23%，铬含量为0.35%～0.65%，镍含量为0.40%～0.70%，钼含量为0.15%～0.30%的高级优质渗碳轴承钢，其牌号表示为"G20CrNiMoA"。

③ 高碳铬不锈轴承钢和高温轴承钢

在牌号头部加符号"G"，采用不锈钢和耐热钢的牌号表示方法。

例如：碳含量为0.90%～1.00%，铬含量为17.0%～19.0%的高碳铬不锈轴承钢，其牌号表示为G95Cr18；碳含量为0.75%～0.85%，铬含量为3.75%～4.25%，钼含量为4.00%～4.50%的高温轴承钢，其牌号表示为G80Cr4Mo4V。

（9）钢轨钢、冷镦钢

钢轨钢、冷镦钢牌号通常由三部分组成：

第一部分：钢轨钢表示符号"U"、冷镦钢（铆螺钢）表示符号"ML"；

第二部分：以阿拉伯数字表示平均碳含量，优质碳素结构钢同优质碳素结构钢第一部分；合金结构钢同合金结构钢第一部分；

第三部分：合金元素含量，以化学元素符号及阿拉伯数字表示，表示方法同合金结构钢第二部分。

示例见表3-8。

（10）不锈钢和耐热钢

牌号采用表3-1规定的化学元素符号和表示各元素含量的阿拉伯数字表示。

① 碳含量

用两位或三位阿拉伯数字表示碳含量最佳控制值（以万分之几或十万分之几计）。

只规定碳含量上限者，当碳含量上限不大于 0.10% 时，以其上限的 3/4 表示碳含量；当碳含量上限大于 0.10% 时，以其上限的 4/5 表示碳含量。

例如：碳含量上限为 0.08%，碳含量以 06 表示；碳含量上限为 0.20%，碳含量以 16 表示；碳含量上限为 0.15%，碳含量以 12 表示。

对超低碳不锈钢（即碳含量不大于 0.030%），用三位阿拉伯数字表示碳含量最佳控制值（以十万分之几计）。

例如：碳含量上限为 0.030% 时，其牌号中的碳含量以 022 表示；碳含量上限为 0.020% 时，其牌号中的碳含量以 015 表示。

规定上、下限者，以平均碳含量×100 表示。

例如：碳含量为 0.16% ~0.25% 时，其牌号中的碳含量以 20 表示。

② 合金元素含量

合金元素含量以化学元素符号及阿拉伯数字表示，表示方法同合金结构钢第二部分。钢中有意加入的铌、钛、锆、氮等合金元素，虽然含量很低，也应在牌号中标出。

例如：碳含量不大于 0.08%，铬含量为 18.00% ~20.00%，镍含量为 8.00% ~11.00% 的不锈钢，牌号为 06Cr19Ni10。

碳含量不大于 0.030%，铬含量为 16.00% ~19.00%，钛含量为 0.10% ~1.00% 的不锈钢，牌号为 022Cr18Ti。

碳含量为 0.15% ~0.25%，铬含量为 14.00% ~16.00%，锰含量为 14.00% ~16.00%，镍含量为 1.50% ~3.00%，氮含量为 0.15% ~0.30% 的不锈钢，牌号为 20Cr15Mn15Ni2N。

碳含量为不大于 0.25%，铬含量为 24.00% – 26.00%，镍含量为 19.00% – 22.00% 的耐热钢，牌号为 20Cr25Ni20。

（11）焊接用钢

焊接用钢包括焊接用碳素钢、焊接用合金钢和焊接用不锈钢等。

焊接用钢牌号通常由两部分组成：

第一部分：焊接用钢表示符号"H"；

第二部分：各类焊接用钢牌号表示方法。其中优质碳素结构钢、合金结构钢和不锈钢应分别符合以上相关规定。

示例见表3-8。

（12）冷轧电工钢

冷轧电工钢分为取向电工钢和无取向电工钢，牌号通常由三部分组成：

第一部分：材料公称厚度（单位：mm）100 倍的数字；

第二部分：普通级取向电工钢表示符号"Q"、高磁导率级取向电工钢表示符号"QG"或无取向电工钢表示符号"W"；

第三部分：取向电工钢，磁极化强度在 1.7T 和频率在 50Hz，以 W/kg 为单位及相应厚度产品的最大比总损耗值的 100 倍；无取向电工钢，磁极化强度在 1.5T 和频率在 50Hz，以 W/kg 为单位及相应厚度产品的最大比总损耗值的 100 倍。

例如：公称厚度为 0.30mm、比总损耗 $P1.7/50$ 为 1.30W/kg 的普通级取向电工钢，牌号为 30Q130。

公称厚度为 0.30mm、比总损耗 $P1.7/50$ 为 1.10W/kg 的高磁导率级取向电工钢，牌号为 30QG110。

公称厚度为 0.50mm、比总损耗 $P1.5/50$ 为 4.0W/kg 的无取向电工钢，牌号为 50W400。

（13）电磁纯铁

电磁纯铁牌号通常由三部分组成：

第一部分：电磁纯铁表示符号"DT"；

第二部分：以阿拉伯数字表示不同牌号的顺序号；

第三部分：根据电磁性能不同，分别采用加质量等级表示符号"A"、"C"、"E"。

示例见表 3-8。

（14）原料纯铁

原料纯铁牌号通常由两部分组成：

第一部分：原料纯铁表示符号"YT"；

第二部分：以阿拉伯数字表示不同牌号的顺序号。

示例见表 3-8。

（15）高电阻电热合金

高电阻电热合金牌号表示方法与不锈钢和耐热钢的牌号表示方法相同（镍铬基合金不标出含碳量）。

例如：铬含量为 18.00% ~ 21.00%，镍含量为 34.00% ~ 37.00%，碳含量不大于 0.08% 的合金（其余为铁），其牌号表示为"06Cr20Ni35"。

表 3-8　特种钢材元素符号表

产品名称	第一部分			第二部分	第三部分	第四部分	牌号示例
	汉字	汉语拼音	采用字母				
车辆车轴用钢	辆轴	LiANG ZHOU	LZ	碳含量 0.40% ~ 0.48%	—	—	LZ45
机车车辆用钢	机轴	JIZHOU	JZ	碳含量 0.40% ~ 0.48%	—	—	JZ45
非调质机械结构钢	非	FEI	F	碳含量 0.32% ~ 0.39%	钒含量 0.06% ~ 0.13%	硫含量 0.035% ~ 0.075%	F35VS
碳素工具钢	碳	TAN	T	碳含量 0.80% ~ 0.90%	锰含量 0.40% ~ 0.60%	高级优质钢	T8MnA
合金工具钢	碳含量 0.85% ~ 0.95%			硅含量 1.20% ~ 1.60% 铬含量 0.95% ~ 1.25%	—	—	9SiCr
高速工具钢	碳含量 0.80% ~ 0.90%			钨含量 5.50% ~ 6.75% 钼含量 4.50% ~ 5.50% 铬含量 3.80% ~ 4.40% 钒含量 1.75% ~ 2.20%	—	—	W6Mo5Cr4V2

产品名称	第一部分			第二部分	第三部分	第四部分	牌号示例
	汉字	汉语拼音	采用字母				
高速工具钢				钨含量 5.90%~6.70% 钼含量 4.70%~5.20% 铬含量 3.80%~4.50% 钒含量 1.75%~2.10%	—	—	CW6Mo5Cr4V2
高碳铬轴承钢	滚	GUN	G	铬含量 1.40%~1.65%	硅含量 0.45%~0.75% 锰含量 0.95%~1.25%	—	GCr15SiMn
钢轨钢	轨	GUI	U	碳含量 0.66%~0.74%	硅含量 0.85%~1.15% 锰含量 0.85%~1.15%	—	U70MnSi
冷镦钢	铆螺	MAOLUO	ML	碳含量 0.26%~0.34%	铬含量 0.80%~1.10% 钼含量 0.15%~0.25%	—	ML30CrMo
焊接用钢	焊	HAN	H	碳含量 ≤0.10 的高级优质碳素结构钢	—	—	H08A
焊接用钢	焊	HAN	H	碳含量≤0.10% 铬含量 0.80%~1.10% 钼含量 0.40%~0.60% 高级优质合金结构钢	—	—	H08CrMoA
电磁纯铁	电铁	DIANTIE	DT	顺序号4	磁性能 A 级	—	DT4A
原料纯铁	原铁	YUANTIE	YT	顺序号1	—	—	YT1

三、钢材的分类

钢按化学成分分类：非合金钢；低合金钢；合金钢。

1. 基本原则

（1）当标准、技术条件或订货单对钢的熔炼分析化学成分规定最小值或范围时，应以最小值作为规定含量进行分类。

（2）当标准、技术条件或订货单对钢的熔炼分析化学成分规定最大值时，应以最大值的0.7 倍作为规定含量进行分类。

（3）在没有标准、技术条件或订货合同规定钢的化学成分时，应按生产厂报出的熔炼分析值作为规定含量进行分类；在特殊情况下，只有钢的成品分析值时，可按成品分析值作为规定含量进行分类，但当处在两类临界情况下，要考虑化学成分允许偏差的影响，对钢的原来预定的类别应准确地予以证明。

（4）标准、技术条件或订货单中规定的或在钢中实际存在的不作为合金化元素有意加入钢中的残余元素含量，不应作为规定含量对钢进行分类。

（5）对每一种合金元素，规定的、计算的或实际的熔炼分析值（以质量分数表示），均应表示到所示界限值的小数点相同位数。

2. 分类方法

（1）处于表3-9中所列非合金钢、低合金钢或合金钢相应元素的界限值范围内的这些钢分别为非合金钢、低合金钢或合金钢。

（2）当Cr、Cu、Mo、Ni四种元素，有其中两种、三种或四种元素同时规定在钢中时，对于低合金钢，应同时考虑这些元素中每种元素的规定含量；所有这些元素的规定含量总和，应不大于表3-9中规定的两种、三种或四种元素中每种元素最高界限值总和的70%。如果这些元素的规定含量总和大于表3-9中规定的元素中每种元素最高界限值总和的70%，即使这些元素每种元素的规定含量低于规定的最高界限值，也应划入合金钢。

示例：

某一产品标准中规定某一牌号的熔炼分析化学成分（质量分数）分别为：Cr：0.40%~0.49%、Ni：0.40%~0.49%、Mo：0.05%~0.08%、Cu：0.35%~0.45%；其余为残余元素。

首先，该牌号Cr、Ni、Mo、Cu四种元素的"规定含量（质量分数）"分别为：Cr 0.40%、Ni 0.40%、Mo 0.05%、Cu 0.35%，均在表3-9规定的"低合金钢"范围内，应划为低合金钢。

其次，按照Cr、Ni、Mo、Cu"规定含量总和"与"每种元素最高界限值总和的70%"比较（以质量分数表示）。

该牌号Cr、Ni、Mo、Cu"规定含量总和"为：

0.40%+0.40%+0.05%+0.35%=1.20%

表3-9中低合金钢Cr、Ni、Mo、Cu"最高界限值总和的70%"为：

（0.50%+0.50%+0.10%+0.50%）×70%=1.12%

显然，Cr、Ni、Mo、Cu四种元素的"规定含量总和"（1.20%）大于该四种元素"最高界限值总和的70%（1.12%）"。从这方面讲，该牌号已超出"低合金钢"的规定范围，应列入"合金钢"。

表3-9 非合金钢、低合金钢和合金钢合金元素规定含量界限值

合金元素	合金元素规定含量界限值（质量分数）（%）		
	非合金钢	低合金钢	合金钢
Al	<0.10	—	≥0.10
B	<0.0005	—	≥0.0005
Bi	<0.10	—	≥0.10
Cr	<0.30	0.30~<0.50	≥0.50
Co	<0.10		≥0.10

合金元素	合金元素规定含量界限值（质量分数）（%）		
	非合金钢	低合金钢	合金钢
Cu	<0.10	0.10～<0.50	≥0.50
Mn	<1.00	1.00～<1.40	≥1.40
Mo	<0.05	0.05～<0.10	≥0.10
Ni	<0.30	0.30～<0.50	≥0.50
Nb	<0.02	0.02～<0.06	≥0.06
Pb	<0.40	—	≥0.40
Se	<0.10	—	≥0.10
Si	<0.50	0.50～<0.90	≥0.90
Te	<0.10	—	≥0.10
Ti	<0.05	0.05～<0.13	≥0.13
W	<0.10	—	≥0.10
V	<0.04	0.04～<0.12	≥0.12
Zr	<0.05	0.05～<0.12	≥0.12
La系（每一种元素）	<0.02	0.02～<0.05	≥0.05
其他规定元素（S、P、C、N除外）	<0.05	—	≥0.05

注：1. 因为海关关税的目的而区分非合金钢、低合金钢和合金钢时，除非合同或订单中另有协议，表中 Bi、Pb、Se、Te、La系和其他规定元素（S、P、C 和 N 除外）的规定界限值可不予考虑。

2. La系元素含量，也可作为混合稀土含量总量。

3. 表中"—"表示不规定，不作为划分依据。

附：

ISO 4948—1 标准非合金钢与合金钢中元素规定含量的界限值（附表）

附表　非合金钢与合金钢中元素规定含量的界限值

合金元素	界限值（质量分数）（%）	合金元素	界限值（质量分数）（%）
Al	0.10	Pb	0.40
B	0.0008	Se	0.10
Bi	0.10	Si	0.50
Cr	0.30	Te	0.10
Co	0.10	Ti	0.05
Cu	0.40	W	0.10
Mn	1.65[a]	V	0.10
Mo	0.08	Zr	0.05
Ni	0.30	La系（每一种元素）	0.05
Nb	0.06	其他规定元素（S、P、C、N除外）	0.05

注：因为海关关税的目的而区分非合金钢、低合金钢和合金钢时，除非合同或订单中另有协议，表中 Bi、Pb、Se、Te、La系和其他规定元素（S、P、C 和 N 除外）的规定界限值可不予考虑。

a 如果钢中锰含量仅规定最大值时，分类的界限值应为 1.80。

四、不锈钢和耐热钢牌号及化学成分

1. 术语及定义

（1）不锈钢（Stainless steel）：以不锈、耐蚀性为主要特性，且铬含量至少为 10.5%，碳含水量最大不超过 1.2% 的钢。

（2）奥氏体型不锈钢（austenitic grade stainless steel）：基体以面心立方晶体结构的奥氏体组织（γ 相）为主，有磁性，主要通过冷加工使其强化（并可能导致一定的磁性）的不锈钢。

（3）奥氏体－铁素体（双相）型不锈钢（austenitic-ferritic（duplex）grade stainless steel）：是指不锈钢中既有奥氏体又有铁素体组织的钢种，而且此两种组织要独立存在，且含量较大。一般认为，在奥氏体基体上有大于 15% 的铁素体或在铁素体基体上有大于 15% 的奥氏体，均可称为奥氏体—铁素体双相不锈钢。

（4）铁素体型不锈钢（ferritic grade stainless steel）：基体以体心立方晶体结构的铁素体组织（α 相）为主，有磁性，一般不能通过热处理硬化但冷加工可使其轻微强化的不锈钢。

（5）马氏体型不锈钢（martensitic grade stainless steel）：基体以马氏体组织，有磁性，通过热处理可调整其力学性能的不锈钢。

（6）沉淀硬化型不锈钢（precipitation hardenlng grade stainless steel）：基体为奥氏体或马氏体组织，并能通过沉淀硬化（又称时效硬化）处理使其硬（强）化的不锈钢。

（7）耐热钢（heat-resisting steel）：在高温下具有良好的化学稳定性或较高强度的钢。

2. 确定化学成分极限值的一般准则

（1）碳：在碳含量大于或等于 0.04% 时，推荐取两位小数；在碳含量不大于 0.030% 时，推荐取 3 位小数。

（2）锰：除 Cr-Ni-Mn 钢牌号外，对各类型钢的其他牌号分别推荐用 2.00% 和 1.00%（最大值），但不包括含高硫或硒的易切削钢或需提高氮固溶度的牌号。

（3）磷：除非由于技术原因有关生产厂推荐用较低的极限值外，奥氏体型钢推荐磷含量不大于 0.045%，其他类型钢牌号磷含量不大于 0.040% 但不包括易切削钢牌号。

（4）硫：除非由于特殊技术原因需规定较低的极限值外，各类型钢牌号推荐硫含量不大于 0.030%，但不包括易切削钢牌号。

（5）硅：扁平材和管材推荐硅含量不大于 0.75%，长条材和锻件推荐硅含量不大于 1.00%，对于同时产生长条和扁平产品的牌号推荐选用硅含量不大于 1.00%。选用较低极限值还是较高极限值由具体产品技术要求确定。

（6）铬：成分上下限范围推荐为 2%，如原有成分范围大于 3%，则压缩后的成分范围应不小于 3%。

（7）镍：除非由于特殊技术要求较宽的成分范围（一般含量较高），成分上下范围推荐不大于 3%。

（8）钼：除非由于特殊技术要求较宽的成分范围，成分上下范围推荐不大于 1%，除特殊技术要求外，钼含量一般应规定上、下限。

（9）氮：除特殊技术要求外，氮含量一般应规定上、下限。

（10）铜：除特殊技术要求外，铜含量一般应规定上、下限。

（11）铌和钽：除非有特殊用途要求标明钽，同时列入铌和钽两个元素时，推荐只列入铌元素。

注：Cb（columbium）和 Nb（niobium）表示的是同一种元素，标准一般用 Nb（niobium）。

3. 不锈钢和耐热钢牌号的化学成分与应用

（1）不锈钢和耐热钢牌号按冶金学分类列表，即奥氏体－铁素体型、铁素体型、马氏体型和沉淀硬化型等。

（2）标准规定的化学成分是用于测定每个牌号总成分中每个元素成分极限值的一种导则。列入了确定每个元素的成分的一般准则，标准中规定的化学成分是依据这些准则确定的，见表3-33～表3-37。

（3）标准中的化学成分在被产品标准采用之前，不作为对任何产品化学成分的要求。

（4）由于特殊的技术原因，同一牌号在各产品标准中成分要求会有小的变化，允许在产品标准或合同、协议中适当调整化学成分范围，或对残余元素、有害杂质含量作特殊限制规定。如果可能，同一牌号在各不锈钢和耐热钢产品标准之间化学成分最好统一。

（5）牌号的统一数字代号

《不锈钢和耐热钢　牌号及化学成分）（GB/T 20878—2007）对每个牌号编制了统一数字代号，统一数字代号为 S＊＊＊＊。S 为 stainless and heat resisting steel 的首位字母。铁素体型钢 S1＊＊＊，奥氏体－铁素体型钢 S2＊＊＊，奥氏体型钢 S3＊＊＊，马氏体型钢 S4＊＊＊，沉淀硬化型钢 S5＊＊＊。具体编号方法除奥氏体－铁素体型钢常用牌号采用与美国 AISI 和 UNS 体系的四位数字一致外，其他类型钢编号方法同《钢铁及合金牌号统一数字代号体系》（GB/T 17616—1998）编号规则，具体说明如下：

铁素体型钢 S1＊＊＊第二、三位数字表示铬含量（铬含量中间值的一百倍），第四位（表3-10）和第五位（表3-11）数字分别表示钢中含有不同元素或区别顺序号。

奥氏体－铁素体型钢 S2＊＊＊第二、三位数字表示铬含量（铬含量中间值的一百倍），第四位（表3-10）和第五位（表3-11）数字分别表示钢中含有不同元素或区别顺序号；但某些牌号考虑与美国 AISI 和 UNS 体系的一致，前四位数字可能所有变化。

奥氏体型钢 S3＊＊＊第一、二、三位数字作为钢组，常用牌号与美国 AISI 和 UNS 体系的三位数字一致；美国没有的牌号，第一、二位数字作为钢组，按靠近 UNS 系列编排（Cr-Mn-Ni 系为 35，Cr-Ni-W(-Mo)为 32，Cr-Ni-Si 为 38），第三位数字为区别顺序号；第四位(表3-10)和第五位(表3-11)数字分别表示钢中含有不同元素或区别顺序号，或表示平均碳含量的千分之几。注意：Cr-Mn-Ni-N 钢美国放在 S2＊＊＊，我国放在 S3＊＊＊。

表3-10　铁素体型钢各元素顺序表

0 顺序号	5 含 N
1 顺序号	6 含 Ti（或 AiTi、MoTi）
2 顺序号	7 含 Nb（或 NbTi）
3 顺序号	8 含 Cu
4 含 Al、Si	9 含 Mo

表3-11　奥氏体－铁素体型钢各元素顺序表

0 顺序号	5 低碳钢：C≤0.05%
1 极低碳钢：C≤0.01%	6 顺序号
2 超低碳钢：C≤0.025%	7 易切削钢
3 超低碳钢：C≤0.030%	8 低碳钢：C≤0.08%
4 低碳钢：C≤0.04%	9 耐热或顺序号

马氏体型钢 S4＊＊＊第一、二、三位数字作为钢组，常用牌号与美国 AISI 和 UNS 体系的三位数字一致；美国没有的牌号，第一、二位数字作为钢组（Cr-Mo 系为 45，Cr-Mo-V

（-Nb）系为46，Cr（-Ni）-W-Mo-V（-Nb）系为47，Cr（-Ni）-Si（-Mo）系为48），第三位数字为区别顺序号；第四位数字作为不同牌号区别顺序号，主要以平均碳含量千分之几来编排（但含N钢仍用"5"）；第五位数字含义按表3-11表示。注意：美国S4＊＊＊＊中包括铁素体型钢，我国放在S1＊＊＊＊。

沉淀硬化型钢S5＊＊＊＊第二、三、四、五位数字按Cr-Ni二元素及含量顺序、编号，其中铬含量（铬含中间值的一百倍）占第二、三数字，镍含量（镍含量中间值的一百倍）占第四、五位数字或占第四位＋顺序号。

五、不同钢材的产品标准

1.《碳素结构钢》（GB/T 700—2006）规定了碳素结构钢牌号、技术要求等。

（1）牌号表示方法

钢的牌号由代表屈服强度的字母、屈服强度数值、质量等级符号、脱氧方法符号等4个部分按顺序组成。例如：Q235AF。

Q——钢材屈服强度"屈"字汉语拼音首位字母；

A、B、C、D——分别为质量等级；

F——沸腾钢"沸"字汉语拼音首位字母；

Z——镇静钢"镇"字汉语拼音首位字母；

TZ——特殊镇静钢"特镇"两字汉语拼音首位字母；

在牌号组成表示方法中"Z"与"TZ"符号可以省略。

（2）技术要求

① 牌号和化学成分

钢的牌号和化学成分（熔炼分析）应符合表3-12的规定。

表3-12　碳素结构钢的牌号和化学成分表

牌号	统一数字代号[a]	等级	厚度（或直径）（mm）	脱氧方法	化学成分（质量分数）（%），不大于				
					C	Si	Mn	P	S
Q195	U11952	—	—	F、Z	0.12	0.30	0.50	0.035	0.040
Q215	U12152	A	—	F、Z	0.15	0.35	1.20	0.045	0.050
	U12155	B							0.045
Q235	U12352	A		F、Z	0.22	0.35	1.40	0.045	0.050
	U12355	B			0.20[b]				0.045
	U12358	C		Z	0.17			0.040	0.040
	U12359	D		TZ				0.035	0.035
Q275	U12752	A	—	F、Z	0.24	0.35	1.50	0.045	0.050
	U12755	B	≤40	Z	0.21			0.045	0.045
			>40		0.22				
	U12758	C		Z	0.20			0.040	0.040
	U12759	D		TZ				0.035	0.035

a　表中为镇静钢、特殊镇静钢牌号的统一数字，沸腾钢牌号的统一数字代号如下：
Q195F——U11950
Q215AF——U12150　Q215BF——U12153
Q235AF——U12350　Q235BF——U12353
Q275AF——U12750

b　经需方同意，Q235B的碳含量可不大于0.22%。

② D 级钢应有足够细化晶粒的元素，并在质量证明书中注明细化晶粒元素的含量。当采用铝脱氧时，钢中酸溶铝含量应不小于 0.015%，或总铝含量应不小于 0.020%。

③ 钢中残余元素铬、镍、铜含量应各不大于 0.30%，氮含量应不大于 0.008%。如供方能保证，均可不做分析。

④ 氮含量允许超过 C 规定值，但氮含量每增加 0.001%，磷的最大含量应减少 0.005%，熔炼分析氮的最大含量应不大于 0.012%；如果钢中的酸溶铝含量不小于 0.015% 或总量铝含量不小于 0.020%，氮含量的上限值可以不受限制。固定氮的元素应在质量证明书中注明。

⑤ 经需方同意，A 级钢的铜含量可不大于 0.35%。此时供方应做铜含量的分析，并在质量证明书中证明其含量。

⑥ 钢中砷的含量应不大于 0.080%。用含砷矿冶炼生铁所冶炼的钢，砷含量由供需双方协议规定。如原料中不含砷，可不做砷的分析。

⑦ 在保证钢材力学性能符合本标准规定的情况下，各牌号 A 级钢的碳、锰、硅含量可以不作为交货条件，但其含量应在质量证明书中注明。

⑧ 在供应商品连铸坯、钢锭和钢坯时，为了保证轧制钢材各项性能达到标准要求，可以根据需方要求规定各牌号的碳、锰含量下限。

⑨ 沸腾钢成品钢材和钢坯的化学成分偏差不作保证。

（3）冶炼方法

钢由氧气转炉或电炉冶炼。除非需方有特殊要求并在合同中注明，冶炼方法一般由供方自行选择。

（4）交货状态

钢材一般以热轧、控轧或正火状态交货。

（5）力学性能

① 钢材的拉伸和冲击试验结果应符合表 3-13 的规定，弯曲试验结果应符合表 3-14 的规定。

② 用 Q195 和 Q235B 级沸腾钢轧制的钢材，其厚度（或直径）不大于 25mm。

③ 做拉伸和冷弯试验时，型钢和钢棒取纵向试样；钢板、钢带取横向试样，断后伸长率允许比表 3-15 降低 2%（绝对值）。窄钢带取横向试样如果受宽度限制时，可以取纵向试样。

④ 如供方能保证冷弯试验符合表 3-14 的规定，可不作试验，A 级钢冷弯试验合格时，抗拉强度上限可以不作为交货条件。

⑤ 厚度不小于 12mm 或直径不小于 16mm 的钢材应做冲击试验，试样尺寸为 10mm × 10mm × 55mm。经供需双方协议，厚度为 6~12mm 或直径为 12~16mm 的钢材可以做冲击试验，试样尺寸为 10mm × 7.5mm × 55mm 或 10mm × 5mm × 55mm 或 10mm × 产品厚度 × 55mm。规定的冲击吸收功值，如：当采用 10mm × 5mm × 55mm 试样时，其试验结果应不小于规定值的 50%。

⑥ 夏比（V 形缺口）冲击吸收功值按一组 3 个试样单值的算术平均值计算，允许其中 1 个试样的单个值低于规定值，但不得低于规定值的 70%。

如果没有满足上述条件，可从同一抽样产品上再取 3 个试样进行试验，先后 6 个试样的平均值不得低于规定值，允许有 2 个试样低于规定值，但其中低于规定值 70% 的试样只允许 1 个。

表 3-13　碳素结构钢的抗拉强度和冲击强度表

牌号	等级	屈服强度[a] R_{eH} （N/mm²），不小于						抗拉强度[b] R_m （N/mm²）	断后伸长率 A （%），不小于					冲击试验 （V 形缺口）	
		厚度（或直径）（mm）							厚度（或直径）（mm）					温度 （℃）	冲击吸收功（纵向）（J）不小于
		≤16	>16 ~40	>40 ~60	>60 ~100	>100 ~150	>150 ~200		>40	>40 ~60	>60 ~100	>100 ~150	>150 ~200		
Q195	—	195	185	—	—	—	—	315 ~430	33	—	—	—	—	—	—
Q215	A	215	205	195	185	175	165	335 ~450	31	30	29	27	26	—	—
	B													+20	27
Q235	A	235	225	215	215	195	185	370 ~500	26	25	24	22	21	—	—
	B													+20	27[c]
	C													0	
	D													-20	
Q275	A	275	265	255	245	225	215	410 ~540	22	21	20	18	17	—	—
	B													+20	27
	C													0	
	D													-20	

a　Q195 的屈服强度值仅供参考，不作交货条件。
b　厚度大于 100mm 的钢材，抗拉强度下限允许降低 20N/mm²。宽带钢（包括剪切钢板）抗拉强度上限不作交货条件。
c　厚度小于 25mm 的 Q235B 级钢材，如供方能保证冲击吸收值合格，经需方同意，可不作检验。

表 3-14　碳素结构钢的弯曲强度表

牌　号	试样方向	冷弯试验180° B = 2a[a]	
		钢材厚度（或直径）[b]（mm）	
		≤60	>60 ~100
		弯心直径 d	
Q195	纵	0	—
	横	0.5a	
Q215	纵	0.5a	1.5a
	横	a	2a
Q235	纵	a	2a
	横	1.5a	2.5a
Q275	纵	1.5a	2.5a
	横	2a	3a

a　B 为试样宽度，a 为试样厚度（或直径）。
b　钢材厚度（或直径）大于 100mm 时，弯曲试验由双方协商确定。

（6）表面质量

钢材的表面质量应分别符合钢板、钢带、型钢和钢棒等有关产品标准的规定。

（7）试验方法

①每批钢材的检验项目、取样数量、取样方法和试验方法应符合表3-15的规定。

表3-15 碳素结构钢的取样和验收要求

序号	检验项目	取样数量（个）	取样方法	试验方法
1	化学分析	1（每炉）	《钢和铁 化学成分测定用试样的取样和制样方法》（GB/T 20066—2006）	第二章中GB/T 223系列标准、《碳素钢和中低合金钢火花源原子发射光谱分析方法（常规法）》（GB/T 4336—2002）
2	拉伸	1	《钢及钢产品 力学性能试验取样位置及试样制备》（GB/T 2975—1998）	《金属材料 拉伸试验 第1部分：室温试验方法》（GB/T 228.1—2010）
3	冷弯			《金属材料 弯曲试验方法》（GB/T 232—2010）
4	冲击	3		《金属材料夏比摆锤冲击试验方法》（GB/T 229—2007）

② 拉伸和冷弯试验，钢板、钢带试样的纵向轴线应垂直于轧制方向；型钢、钢棒和受宽度限制的窄钢带试样的纵向轴线应平行于轧制方向。

③ 冲击试样的纵向轴线应平行于轧制方向。冲击试样可以保留一个轧制面。

2.《低合金高强度结构钢》（GB/T 1591—2008）规定了低合金高强度结构钢的牌号、技术要求等。

（1）术语和定义

① 热机械轧制（thermomechanical rolling）

最终变形在一定温度范围内进行，使材料获得仅仅依靠热处理不能获得的特性的轧制工艺。

注1：轧制后如果加热到580℃可能导致材料强度值的降低。如果确实需要加热到580℃以上，则应由供方进行。

注2：热机械轧制交货状态可以包括加速冷却，或加速冷却并回火（包括自回火），但不包括直接淬火或淬火加回火。

② 正火轧制（normalizing rolling）

最终变形是在一定温度范围内进行，使材料获得与正火后性能相当的轧制工艺。

（2）牌号表示方法

钢的牌号由代表屈服强度的汉语拼音字母、屈服强度数值、质量等级符号三部分组成。例如：Q345D。

其中：

Q——钢的屈服强度的"屈"字汉语拼音的首位字母；

345——屈服强度数值，单位MPa；

D——质量等级为D级。

当需方要求钢板具有厚度方向性能时，则在上述规定的牌号后加上代表厚度方向（Z向）性能级别的符号，例如：Q345DZ15。

（3）技术要求

① 牌号及化学成分

a. 钢的牌号及化学成分（熔炼分析）应符合表3-16的规定。

b. 当需要加入细化晶粒元素时，钢中应至少含有 Al、Nb、V、Ti 中的一种。加入的细化晶粒元素应在质量证明书中注明含量。

c. 当采用全铝（Al_t）含量表示时，Al_t 应不小于 0.020%。

d. 钢中氮元素含量应符合表 3-16 的规定，如供方保证，可不进行氮元素含量分析。如果钢中加入 Al、Nb、V、Ti 等具有固氮作用的合金元素，氮元素含量不作限制，固氮元素含量应在质量证明书中注明。

e. 各牌号的 Cr、Ni、Cu 作为残余元素时，其含量各不大于 0.30%，如供方保证，可不作分析；当需要加入时，其含量应符合表 3-16 的规定或由供需双方协议规定。

表 3-16 低合金高强度结构钢的牌号和化学成分表

牌号	质量等级	化学成分（质量分数）（%）													
		C	Si	Mn	P	S	Nb	V	Ti	Cr	Ni	Cu	N	Mo	B	AlS
					不大于											不小于
Q345	A	≤0.20	≤0.50	≤1.70	0.035	0.035	0.07	0.15	0.20	0.30	0.50	0.30	0.012	0.10	—	—
	B				0.035	0.035										
	C				0.030	0.030										
	D	≤0.18			0.030	0.025										0.015
	E				0.025	0.020										
Q390	A	≤0.20	≤0.50	≤1.70	0.035	0.035	0.07	0.20	0.20	0.30	0.50	0.30	0.015	0.10	—	—
	B				0.035	0.035										
	C				0.030	0.030										
	D				0.030	0.025										0.015
	E				0.025	0.020										
Q420	A	≤0.20	≤0.50	≤1.70	0.035	0.035	0.07	0.20	0.20	0.30	0.80	0.30	0.015	0.20	—	—
	B				0.035	0.035										
	C				0.030	0.030										
	D				0.030	0.025										0.015
	E				0.025	0.020										
Q460	C	≤0.20	≤0.60	≤1.80	0.030	0.030	0.11	0.20	0.20	0.30	0.80	0.55	0.015	0.20	0.004	0.015
	D				0.030	0.025										
	E				0.025	0.020										
Q500	C	≤0.18	≤0.60	≤1.80	0.030	0.030	0.11	0.12	0.20	0.60	0.80	0.55	0.015	0.20	0.004	0.015
	D				0.030	0.025										
	E				0.025	0.020										
Q550	C	0.18	≤0.60	≤2.00	0.030	0.030	0.11	0.12	0.20	0.80	0.80	0.80	0.015	0.30	0.004	0.015
	D				0.030	0.025										
	E				0.025	0.020										

牌号	质量等级	化学成分（质量分数）（%）															
		C	Si	Mn	P	S	Nb	V	Ti	Cr	Ni	Cu	N	Mo	B	AlS
							不大于									不小于
Q620	C	≤0.18	≤0.60	≤2.00	0.030	0.030	0.11	0.12	0.20	1.00	0.80	0.80	0.015	0.30	0.004	0.015
	D				0.030	0.025										
	E				0.025	0.020										
Q690	C	≤0.18	≤0.60	≤2.00	0.030	0.030	0.11	0.12	0.20	1.00	0.80	0.80	0.015	0.30	0.004	0.015
	D				0.030	0.025										
	E				0.025	0.020										

a 型材及棒材 P、S 含量可提高 0.005%，其中 A 级钢上限可为 0.045%。

b 当细化晶粒元素组合加入时，20（Nb + V + Ti）≤0.22%，20（Mo + Cr）≤0.30%。

f. 为改善钢的性能，可加入 RE 元素时，其加入量按钢水重量的 0.02% ~ 0.20% 计算。

g. 在保证钢材力学性能符合标准规定的情况下，各牌号 A 级钢的 C、Si、Mn 化学成分可不作交货条件。

h. 各牌号除 A 级钢以外的钢材，当以热轧、控轧状态交货时，其最大碳当量值应符合表 3-17 的规定；当以正火、正火轧制、正火加回火状态交货时，其最大碳当量值应符合表 3-18 的规定，当以热机械轧制（TMCP）或热机械轧制加回火状态交货时，其最大碳当量值应符合表 3-19 的规定，碳当量（CEV）应由熔炼分析成分并采用公式（3-1）计算。

$$CEV = C + Mn/6 + [Cr + Mo + V/5 + (Ni + Cu)/15] \tag{3-1}$$

表 3-17 热轧、控轧状态交货钢材的碳当量

牌 号	碳当量（CEV）（%）		
	公称厚度或直径≤63mm	公称厚度或直径 >63 ~ 250mm	公称厚度 >250mm
Q345	≤0.44	≤0.47	≤0.47
Q390	≤0.45	≤0.48	≤0.48
Q420	≤0.45	≤0.48	≤0.48
Q460	≤0.45	≤0.49	—

表 3-18 正火、正火轧制、正火加回火状态交货钢材的碳当量

牌 号	碳当量（CEV）（%）		
	公称厚度≤63mm	公称厚度 >63 ~ 120mm	公称厚度 >120 ~ 250mm
Q345	≤0.45	≤0.48	≤0.48
Q390	≤0.46	≤0.48	≤0.49
Q420	≤0.48	≤0.50	≤0.52
Q460	≤0.53	≤0.54	≤0.55

表 3-19　热机械轧制（TMCP）或热机械轧制加回火状态交货钢材的碳当量

牌　号	碳当量（CEV）（%）		
	公称厚度≤63mm	公称厚度 >63～120mm	公称厚度 >120～150mm
Q345	≤0.44	≤0.45	≤0.45
Q390	≤0.46	≤0.47	≤0.47
Q420	≤0.46	≤0.47	≤0.47
Q460	≤0.47	≤0.48	≤0.48
Q500	≤0.47	≤0.48	≤0.48
Q550	≤0.47	≤0.48	≤0.48
Q620	≤0.48	≤0.49	≤0.49
Q690	≤0.49	≤0.49	≤0.49

　　i. 热机械轧制（TMCP）或热机械轧制加回火状态交货钢材的碳当量不大于 0.12% 时，可采用焊接裂纹敏感性指数（Pcm）代替碳当量评估钢材的可焊性。Pcm 应由熔炼分析成分并采用公式（3-2）计算，其值应符合表 3-20 的规定。

$$Pcm = C + Si/30 + Mn/20 + Ni/60 + Cr/20 + Mo/15 + V/10 + 5B \qquad (3-2)$$

　　经供需双方协商，可指定采用碳当量或焊接裂纹敏感性指数作为衡量可焊性指标，当未指定时，供方可任选其一。

表 3-20　热机械轧制（TMCP）或热机械轧制加回火状态交货钢材 Pcm 值

牌　号	Pcm（%）	牌　号	Pcm（%）
Q345	≤0.20	Q500	≤0.25
Q390	≤0.20	Q550	≤0.25
Q420	≤0.20	Q620	≤0.25
Q460	≤0.20	Q690	≤0.25

　　j. 钢材、钢坯的化学成分允许偏差应符合《钢的化学成分允许偏差》（GB/T 222—2006）的规定。

　　k. 当需方要求保证厚度方向性能钢材时，其化学成分应符合《厚度方向性能钢板》（GB/T 5313—2010）的规定。

　　（4）冶炼方法

　　钢由转炉或电炉冶炼，必要时加炉外精炼。

　　钢材以热轧、控轧、正火、正火轧制或正火加回火、热机械轧制（TMCP）或热机械轧制加回火状态交货。

　　（5）力学性能及工艺性能

　　① 拉伸试验

　　钢材拉伸试验的性能应符合表 3-21 的规定。

　　② 夏比（V 形）冲击试验

　　钢材的夏比（V 形）冲击试验的试验温度和冲击吸收能量应符合表 3-22 的规定。

　　③ 厚度不小于 6mm 或直径不小于 12mm 的钢材应做冲击试验，冲击试样尺寸取 10mm

表 3-21 钢材的拉伸性能 mm

拉伸试验 a、b、c

牌号	质量等级	以下公称厚度（直径、边长）下屈服强度（ReL）（MPa）									以下公称厚度（直径、边长）抗拉强度（Rm）（MPa）							断后伸长率（A）（%）公称厚度（直径、边长）					
		≤16	>16~40	>40~63	>63~80	>80~100	>100~150	>150~200	>200~250	>200~400	≤40	>40~63	>63~80	>80~100	>100~150	>150~250	>250~400	≤40	>40~63	>63~100	>100~150	>150~250	>250~400
Q345	A / B	≥345	≥335	≥325	≥315	≥305	≥285	≥275	≥265		470~630	470~630	470~630	470~630	450~600	450~600		≥20	≥19	≥19	≥18	≥17	
	C																	≥21	≥20	≥20	≥19	≥18	
	D / E							≥265									450~600						≥17
Q390	A / B / C / D / E	≥390	≥370	≥350	≥330	≥330	≥310				490~650	490~650	490~650	490~650				≥20	≥19	≥19	≥18		
Q420	A / B / C / D / E	≥420	≥400	≥380	≥360	≥360	≥340				520~680	520~680	520~680	520~680				≥19	≥18	≥18	≥18		
Q460	C / D / E	≥460	≥440	≥420	≥400	≥400	≥380				550~720	550~720	550~720	550~720				≥17	≥16	≥16	≥16		
Q500	C / D / E	≥500	≥480	≥470	≥450	≥440					610~770	600~760	590~750	540~730				≥17	≥17	≥17			
Q550	C / D / E	≥550	≥530	≥520	≥500	≥490					670~830	620~810	600~790	590~780				≥16	≥16	≥16			
Q620	C / D / E	≥620	≥600	≥590	≥570						710~880	690~880	970~870					≥15	≥15	≥15			
Q690	C / D / E	≥690	≥670	≥660	≥640						770~940	750~920	730~900					≥14	≥14	≥14			

a 当屈服不明显时，可测量 $R_{p0.2}$ 代替下屈服强度。

b 宽度不小于 600mm 扁平材拉伸试验取横向试样；宽度小于 600mm 的扁平材、型材及棒材取纵向试样，断后伸长率最小值相应提高 1%（绝对值）。

c 厚度 >250~400mm 的数值适用于扁平材。

表 3-22　夏比（V 形）冲击试验的试验温度和冲击吸收能量

牌　号	质量等级	试验温度（℃）	冲击吸收能量（kV$_2$）[a]（J）		
			公称厚度（直径、边长）		
			12 ~ 150mm	> 150 ~ 250mm	> 250 ~ 400mm
Q345	B	20	≥34	≥27	—
	C	0			27
	D	− 20			
	E	− 40			
Q390	B	20	≥34	—	—
	C	0			
	D	− 20			
	E	− 40			
Q420	B	20	≥34	—	—
	C	0			
	D	− 20			
	E	− 40			
Q460	C	0	≥34	—	—
	D	− 20		—	—
	E	− 40		—	—
Q500、Q550 Q620、Q690	C	0	≥55	—	—
	D	− 20	≥47	—	—
	E	− 40	≥31	—	—

a 冲击试验取纵向试样。

×10mm ×55mm 的标准试样；当钢材不足以制取标准试样时，应采用 10mm ×7.5mm × 55mm 或 10mm ×5mm ×55mm 小尺寸试样，冲击吸收能量应分别为不小于表 3-15 规定值的 75% 或 50%，优先采用较大尺寸试样。

④ 钢材的冲击试验结果按一组 3 个试样的算术平均值进行计算，允许其中有 1 个试验值低于规定值，但不应低于规定值的 70%，应从同一抽样产品上再取 3 个试样进行试验，先后 6 个试样试验结果的算术平均值不得低于规定值，允许有 2 个试样的试验结果低于规定值，但其中低于规定值 70% 的试样只允许有一个。

⑤ Z 钢厚度方向断面收缩率应符合《厚度方向性能钢板》（GB/T 5313—2010）的规定。

⑥ 当需方要求做弯曲试验时，弯曲试验应符合 GB/T 1591—2008 的规定。当供方保证弯曲合格时，可不做弯曲试验。

3.《耐候结构钢》（GB/T 4171—2008）规定了耐候结构钢的牌号、技术要求等。

（1）术语和定义

耐候钢（atmospheric corrosion resisting steel）：通过添加少量的合金元素如 Cu、P、Cr、Ni 等，使其在金属基本表面上形成保护层，以提高耐大气腐蚀性能的钢。

（2）分类、牌号

① 分类：各牌号的分类及用途见表3-23。

表3-23 耐候结构钢的分类及用途

类别	牌 号	生产方式	用 途
高耐候钢	Q295GNH、Q355GNH	热轧	车辆、集装箱、建筑、塔架或其他结构件等结构用，与焊接耐候钢相比，具有较好的耐大气腐蚀性能
	Q265GNH、Q310GNH	冷轧	
焊接耐候钢	Q235NH、Q295NH、Q355NH Q415NH、Q460NH、Q500NH Q550NH	热轧	车辆、桥梁、集装箱、建筑或其他结构件等结构用，与高耐候钢相比，具有较好的焊接性能

② 牌号表示方法

钢的牌号由"屈服强度"、"高耐候"或"耐候"的汉语拼音首位字母"Q""GNH"或"NH"、屈服强度的下限值以及质量等级（A、B、C、D、E）组成。

例如：Q355GNHC

Q—屈服强度中"屈"字汉语拼音的首位字母；

355—钢的下屈服强度的下限值，单位为 N/mm^2；

GNH—分别为"高"、"耐"和"候"字汉语拼音的首位字母；

C—质量等级。

（3）尺寸

① 不同牌号的供货尺寸范围见表3-24。经供需双方协商，可以供表3-24以外的规格。

表3-24 不同牌号耐候结构钢的尺寸范围 mm

牌 号	厚度或直径	
	钢板和钢带	型 钢
Q235NH	≤100	≤100
Q295NH	≤100	≤100
Q295GNH	≤20	≤40
Q355NH	≤100	≤100
Q355GNH	≤20	≤40
Q415NH	≤60	—
Q460NH	≤60	—
Q500NH	≤60	—
Q550NH	≤60	—
Q265GNH	≤3.5	—
Q310GNH	≤3.5	—

② 尺寸允许偏差

a. 热轧钢板和钢带的尺寸、外形、重量及允许偏差应符合《热轧钢板和钢带的尺寸、外形、重量及允许偏差》（GB/T 709—2006）的规定。

b. 冷轧钢板和钢带的尺寸、外形、重量及允许偏差应符合《冷轧钢板和钢带的尺寸、外形、重量及允许偏差》（GB/T 708—2006）的规定。

  c. 型钢的尺寸、外形、重量及允许偏差应符合有关产品标准的规定。

（4）技术要求

① 钢的牌号和化学成分（熔炼分析）应符合表 3-25 的规定。

表 3-25　耐候钢的牌号和化学成分

牌 号	化学成分（质量分数）（%）								
	C	Si	Mn	P	S	Cu	Cr	Ni	其他元素
Q265GNH	≤0.12	0.10～0.40	0.20～0.50	0.07～0.12	≤0.020	0.20～0.45	0.30～0.65	0.25～0.50[e]	a, b
Q295GNH	≤0.12	0.10～0.40	0.20～0.50	0.07～0.12	≤0.020	0.25～0.45	0.30～0.65	0.25～0.50[e]	a, b
Q310GNH	≤0.12	0.25～0.75	0.20～0.50	0.07～0.12	≤0.020	0.20～0.50	0.30～1.25	≤0.65	a, b
Q355GNH	≤0.12	0.20～0.75	≤1.00	0.07～0.15	≤0.020	0.25～0.55	0.30～1.25	≤0.65	a, b
Q235NH	≤0.13[f]	0.10～0.40	0.20～0.60	≤0.030	≤0.030	0.25～0.55	0.40～0.80	≤0.65	a, b
Q295NH	≤0.15	0.10～0.50	0.30～1.00	≤0.030	≤0.030	0.25～0.55	0.40～0.80	≤0.65	a, b
Q355NH	≤0.16	≤0.50	0.50～1.50	≤0.030	≤0.030	0.25～0.55	0.40～0.80	≤0.65	a, b
Q415NH	≤0.12	≤0.65	≤1.10	≤0.025	≤0.030[d]	0.20～0.55	0.30～1.25	0.12～0.65[e]	a, b, c
Q460NH	≤0.12	≤0.65	≤1.50	≤0.025	≤0.030[d]	0.20～0.55	0.30～1.25	0.12～0.65[e]	a, b, c
Q500NH	≤0.12	≤0.65	≤2.0	≤0.025	≤0.030[d]	0.20～0.55	0.30～1.25	0.12～0.65[e]	a, b, c
Q550NH	≤0.16	≤0.65	≤2.0	≤0.025	≤0.030[d]	0.20～0.55	0.30～1.25	0.12～0.65[e]	a, b, c

a 为了改善钢的性能，可以添加一种或一种以上的微量合金元素，Nb0.015%～0.060%，V0.02%～0.12%，Ti0.02%～0.10%，Al₁≥0.020%。若上述元素组合使用时，应至少保证其中一种元素含量达到上述化学成分的下限规定。

b 可以添加下列合金元素，Mo≤0.80%，Zr≤0.15%。

c Nb、V、Ti 等三种合金元素的添加总量不应超过 0.22%。

d 供需双方协商，S 的含量可以不大于 0.008%。

e 供需双方协商，Ni 含量的下限可不做要求。

f 供需双方协商，C 的含量可以不大于 0.15%。

② 成品钢材化学成分的允许偏差应符合《钢的成品化学成分允许偏差》（GB/T 222—2006）的规定。

（5）冶炼方法

钢采用转炉或电炉冶炼，且为镇静钢。除非需方有特殊要求，冶炼方法由供方选择。

（6）交货状态

热轧钢材以热轧、控轧或正火状态交货，牌号为 Q460NH、Q500NH、Q550NH 的钢材可以淬火加回火状态交货，冷轧钢材一般以退火状态交货。

（7）力学性能和工艺性能

① 钢材的力学性能和工艺性能应符合表 3-26 的规定。

② 钢材的冲击性能应符合表 3-27 的规定。

③ 经供需双方协商，高耐候钢可以不作冲击试验。

④ 冲击试验结果按三个试样的平均值计算，允许其中一个试样的冲击吸收能量小于规定值，但不得低于规定值的 70%。

表 3-26　耐候钢的力学性能

牌　号	拉伸试验[a]									180°弯曲试验 弯心直径		
	下屈服强度 R_{El}（N/mm²）不小于				抗拉强度 R_m（N/mm²）	断后伸长率 A（%）不小于						
	≤16	>16~40	>40~60	>60		≤16	>16~40	>40~60	60	≤6	>6~16	>16
Q235NH	235	225	215	215	360~510	25	25	24	23	a	a	$2a$
Q295NH	295	285	275	255	430~560	24	24	23	22	a	$2a$	$3a$
Q295GNH	295	285	—	—	430~560	24	24	—	—	a	$2a$	$3a$
Q355NH	355	345	335	325	490~630	22	22	21	20	a	$2a$	$3a$
Q355GNH	355	345	—	—	490~630	22	22	—	—	a	$2a$	$3a$
Q415NH	415	405	395		520~680	22	22	20		a	$2a$	$3a$
Q460NH	460	450	440		570~730	20	20	19		a	$2a$	$3a$
Q500NH	500	490	480	—	600~760	18	16	15		a	$2a$	$3a$
Q550NH	550	540	530	—	620~780	16	16	15		a	$2a$	$3a$
Q265GNH	265	—	—	—	≥410	27	—	—	—	a	—	—
Q310GNH	310	—	—	—	≥450	26	—	—	—	$α$	—	—

注：a 为钢材厚度。

a　当屈服现象不明显时，可以采取 $R_{p0.2}$。

表 3-27　耐候钢结构钢的冲击性能

质量等级	V 形缺口冲击试验[a]		
	试样方向	温度（℃）	冲击吸收能量 kV_2（J）
A	纵向	—	—
B		+20	≥47
C		0	≥34
D		-20	≥34
E		-40	≥27[b]

a　冲击试样尺寸为 10mm×10mm×55mm；

b　经供需双方协商，平均冲击功值可以 ≥60J。

⑤厚度不小于 6mm 或直径不小于 12mm 的钢材应做冲击试验。对于 6mm≤厚度 <12mm 或 12mm≤直径 <16mm 的钢材做冲击试验时，应采用 10mm×5mm×55mm 或 10mm×7.5mm×55mm 小尺寸试样，其试验结果应不小于表 3-15 规定值的 50% 或 75%。应尽可能取较大尺寸的冲击试样。

⑥ 其他要求

根据需方要求，经供需双方协商，并在合同中注明，可增加以下检验项目。

a. 晶粒度：钢材的晶粒度应不小于 7 级，晶粒度不均匀性应在三个相邻级别范围内。

b. 非金属夹杂物：钢材的非金属夹杂物应按《钢中非金属夹杂物含量的测定——标准评级图显微检验法》（GB/T 10561—2005）的 A 法进行检验，其结果应符合表 3-28 的规定。

表 3-28　耐候结构钢的非金属杂物

A	B	C	D	DS
≤2.5	≤2.0	≤2.5	≤2.0	≤2.0

（8）表面质量

① 钢材表面不得有裂纹、结疤、折叠、气泡、夹杂和分层等对使用有害的缺陷。如有上述缺陷，允许清除，清除的深度不得超过钢材厚度公差之半。清除处应圆滑无棱角。型钢表面缺陷不得横向铲除。

② 热轧钢材表面允许存在其他不影响使用的缺陷，但应保证钢材的最小厚度。

③ 冷轧钢板和钢带表面允许有轻微的擦伤、氧化色、酸洗后浅黄色薄膜、折印、深度或高度不大于公差之半的局部麻点、划伤和压痕。

④ 钢带允许带缺陷交货，但有缺陷的部分不得超过钢带总长度的8%。

4.《碳素结构钢冷轧薄钢板和钢带》（GB/T 11253—2007）规定了碳素结构钢冷轧薄钢板和钢带的牌号、技术要求等。

（1）分类及代号

① 钢板及钢带按表面质量分为：

较高级表面　FB

高级表面　FC

② 钢板及钢带按表面结构分为：

光亮表面　B：其特征为轧辊经磨床精加工处理。

粗糙表面　D：其特征为轧辊磨床加工后喷丸等处理。

（2）技术要求

① 牌号和化学成分

钢的牌号和化学成分（熔炼分析）应符合表3-29规定。

表3-29　碳素结构钢冷轧薄钢板和钢带牌号和化学成分

牌　　号	化学成分（质量分数）（%），不大于				
	C	Si	Mn	P[a]	S
Q195	0.12	0.30	0.50	0.035	0.035
Q215	0.15	0.35	1.20	0.035	0.035
Q235	0.22	0.35	1.40	0.035	0.035
Q275	0.24	0.35	1.50	0.035	0.035

　a　经需方同意，P为固溶强化元素添加时，上限应不大于0.12%。

② 当采用铝脱氧时，钢中酸溶铝含量应不小于0.015%，或总铝含量应不小于0.020%。

③ 钢中残余元素铬、镍、铜含量应各不大于0.30%，氮含量应不大于0.008%。如供方能保证，均可不做分析。

④ 钢中砷的含量应不大于0.080%。用含砷矿冶炼生铁所冶炼的钢，砷含量由供需双方协议规定。如原料中不含砷，可不做砷的分析。

⑤ 在保证钢材力学性能符合标准规定情况下，各牌号碳、锰、硅含量可以不作为交货条件，但其含量应在质量证明书中注明。

⑥ 成品钢材的化学成分允许偏差应符合《钢的成品化学成分允许偏差》（GB/T 222—2006）的规定。

氮含量允许超过规定值，成品分析氮含量的最大值应不大于0.014%；如果钢中的铝含量达到规定的含量，并在质量证明书中注明，氮含量上限值可不受限制。

（3）冶炼方法：钢由氧气转炉或电炉冶炼，除非需方有特殊要求，并在合同中注明，冶炼方法一般由供方自行决定。

（4）交货状态：

① 钢板及钢带以退火后平整状态交货。经供需双方协议，亦可以其他热处理状态交货，此时力学性能由供需双方协议规定。

② 钢板及钢带通常涂油后供货，所涂油膜应能用碱性或其他常用的除油液去除。在通常的包装、运输、装卸及贮存条件下，供方应保证对涂油产品自出厂之日起6个月内不生锈。经供需双方协议并在合同中注明，也可不涂油供货。

（5）力学性能

① 钢板及钢带的横向拉伸试验结果应符合表3-30的规定。

表3-30 碳素结构钢冷轧薄钢板和钢带横向拉伸性能

牌　号	下屈服强度	抗拉强度	断后伸长率（%）	
	R_{el}^{a}（N/mm²）	R_m（N/mm²）	A_{50mm}	A_{80mm}
Q195	≥195	315～430	≥26	≥24
Q215	≥215	335～450	≥24	≥22
Q235	≥235	370～500	≥22	≥20
Q275	≥275	410～540	≥20	≥18

a 无明显屈服时采用 $R_{p0.2}$。

② 钢板及钢带应作180°弯曲试验，弯心直径应符合表3-31的规定。试样弯曲处的外面和侧面不应有肉眼可见的裂纹。

表3-31 碳素结构钢冷轧薄钢板和钢带弯曲试验表

牌　号	弯曲试验[a,b]	
	试样方向	弯心直径 d
Q195	横	0.5a
Q215	横	0.5a
Q235	横	1a
Q275	横	1a

a 试样宽度 B≥20mm，仲裁试验时 B = 20mm。

b a 为试样厚度。

③ 如供方能保证其弯曲性能，可不进行该试验。

（6）表面质量

① 钢板及钢带表面不得有气泡、裂纹、结疤、折叠和夹杂等对使用有害的缺陷。钢板及钢带不应有分层。

② 钢板及钢带各表面质量级别的特征见表3-32的规定。

表3-32 碳素结构钢冷轧薄钢板和钢带表面质量

级　别	名　　称	特　　征
FB	较高级表面	表面允许有少量不影响成型性的缺陷，如小气泡、小划痕、小辊印、轻微划伤及氧化色允许存在
FC	高级表面	产品两面中较好的一面应对缺陷进一步限制，无目视可见的明显缺陷，另一面应达到FB表面的要求

③对于钢带，在连续生产过程中，由于局部的表面缺陷不易发现和去除，因此允许带缺陷交货，但有缺陷部分应不超过每卷总长度的 6%。

5.《不锈钢棒》（GB/T 1220—2007）规定了不锈钢棒的尺寸个数、外形及技术要求。

（1）分类

① 钢棒按组织特征分为奥氏体形、奥氏体 – 铁素体形、铁素体形、马氏体形和沉淀硬化型等五种类型。

② 钢棒按使用加工方法不同分为下列两类。钢棒的使用加工方法应在合同中注明，未注明者按切削加工用钢供货。

a. 压力加工用钢 UP

（ⅰ）热压力加工 UHP

（ⅱ）热顶锻用钢 UHF

（ⅲ）冷拔坯料 UCD

b. 切削加工用钢 UC

（2）牌号及化学成分

① 钢的牌号、统一数字代号及化学成分（熔炼分析）应符合相关规定。

② 钢棒的化学成分允许偏差应符合《钢的成品化学成分允许偏差》（GB/T 222—2006）的规定。

（3）冶炼方法：除非在合同中另有规定，一般应采用初炼钢（水）加炉外精炼等工艺。

（4）交货状态

① 钢棒可以热处理或不热处理状态交货，未注明者按不热处理交货。

② 切削加工用奥氏体形、奥氏体 – 铁素体形钢棒应进行因溶处理，经供需双方协商，也可以不进行处理。热压力加工用钢棒不进行因溶处理。

③ 铁素体形钢棒应进行退火处理，经供需双方协商，也可不进行处理。

④ 马氏体形钢棒应进行退火处理。

⑤ 沉淀硬化型钢棒应根据钢的组织选择固溶处理或退火处理，退火制度由供需双方协调确定，无协议时，退火温度一般为 650～680℃。经供需双方协商，沉淀硬化型钢棒（除 05Cr17Ni4Cu4Nb 外）可不进行处理。

（5）力学性能

① 各类型钢棒或试样的热处理用试样毛坯的尺寸一般为 25mm。当钢棒尺寸小于 25mm 时，用原尺寸钢棒进行热处理。

② 经热处理的钢棒（除马氏体钢退火外），试样不再进行热处理，其力学性能应分别符合表 3-33 的规定。

③ 不经热处理的钢棒，试样毛坯经热处理后，其力学性能应分别符合相关规定。

④ 沉淀硬化型钢棒的力学性能应在合同中注明热处理组别，未注明时，按 1 组执行。

⑤ 若供方能保证力学性能合格时，可省去部分或全部力学性能试验。

（6）耐腐蚀性能

根据需方要求，并由供需双方协商采用合适的试验方法，且在合同中注明，奥氏体 – 铁素体型不锈钢棒可进行晶间腐蚀试验，其耐腐蚀性能由供需双方协商确定，参照表 3-34～表 3-44。

表 3-33 奥氏体型不锈钢的化学成分

GB/T 20878中序号	新牌号	旧牌号	化学成分（质量分数）（%）										
			C	Si	Mn	P	S	Ni	Cr	Mo	Cu	N	其他元素
1	12Cr17Mn6Ni5N	1Cr17Mn6Ni5N	0.15	1.00	5.50~7.50	0.050	0.030	50~5.50	16.00~18.00	—	—	0.05~0.25	—
3	12Cr18Mn9Ni5N	1Cr18Mn8Ni5N	0.15	1.00	7.50~10.00	0.050	0.030	00~6.00	17.00~19.00	—	—	0.05~0.25	—
9	12Cr17Ni7	1Cr17Ni7	0.15	1.00	2.00	0.045	0.030	6.00~8.00	16.00~18.00	—	—	0.10	—
13	12Cr18Ni9	1Cr18Ni9	0.15	1.00	2.00	0.045	0.030	8.00~10.00	17.00~19.00	—	—	0.10	—
15	Y12Cr18Ni9	Y1Cr18Ni9	0.15	1.00	2.00	0.20	≥0.15	8.00~10.00	17.00~19.00	(0.60)	—	—	—
16	Y12Cr18Ni9Se	Y1Cr18Ni9Se	0.15	1.00	2.00	0.20	0.060	8.00~10.00	17.00~19.00	—	—	—	Se≥0.15
17	06Cr19Ni10	0Cr18Ni9	0.08	1.00	2.00	0.045	0.030	8.00~11.00	18.00~20.00	—	—	—	—
18	022Cr19Ni10	00Cr19Ni10	0.030	1.00	2.00	0.045	0.030	8.00~12.00	18.00~20.00	—	—	—	—
22	06Cr18Ni9Cu3	0Cr18Ni9Cu3	0.08	1.00	2.00	0.045	0.030	8.50~10.50	17.00~19.00	—	3.00~4.00	—	—
23	06Cr19Ni10N	0Cr19Ni9N	0.08	1.00	2.00	0.045	0.030	8.00~11.00	18.00~20.00	—	—	0.10~0.16	—
24	06Cr19Ni9NbN	0Cr19Ni10NbN	0.08	1.00	2.00	0.045	0.030	7.50~10.50	18.00~20.00	—	—	0.15~0.30	Nb0.15
25	022Cr19Ni10N	00Cr18Ni10N	0.030	1.00	2.00	0.045	0.030	800~11.00	18.00~20.00	—	—	0.10~0.16	—
26	10Cr18Ni12	1Cr18Ni12	0.12	1.00	2.00	0.045	0.030	10.50~13.00	17.00~19.00	—	—	—	—
32	06Cr23Ni13	0Cr23Ni13	0.08	1.00	2.00	0.045	0.030	12.00~15.00	22.00~24.00	—	—	—	—
35	06Cr25Ni20	0Cr25Ni20	0.08	1.50	2.00	0.045	0.030	19.00~22.00	24.00~26.00	—	—	—	—

续表

GB/T 20878 中序号	统一数字代号	新 牌 号	旧 牌 号	化学成分（质量分数）（%）										
				C	Si	Mn	P	S	Ni	Cr	Mo	Cu	N	其他元素
38	S31608	06Cr17Ni12Mo2	0Cr17Ni12Mo2	0.08	1.00	2.00	0.045	0.030	10.00~14.00	16.00~18.00	2.00~3.00	—	—	—
39	S31603	022Cr17Ni12Mo2	00Cr17Ni14Mo2	0.030	1.00	2.00	0.045	0.030	10.00~14.00	16.00~18.00	2.00~3.00	—	—	—
40	S31668	06Cr17Ni12Mo2Ti	0Cr18Ni12Mo3Ti	0.08	1.00	2.00	0.045	0.030	10.00~14.00	16.00~18.00	2.00~3.00	—	—	Ti≥5C
41	S31658	06Cr17Ni12Mo2N	0Cr17Ni12Mo2N	0.08	1.00	2.00	0.045	0.030	10.00~13.00	16.00~18.00	2.00~3.00	—	0.10~0.16	—
42	S31653	022Cr17Ni12Mo2N	00Cr17Ni13Mo2N	0.030	1.00	2.00	0.045	0.030	10.00~13.00	16.00~18.00	2.00~3.00	—	0.10~0.16	—
43	S31688	06Cr18Ni12Mo2Cu2	0Cr18Ni12Mo2Cu2	0.08	1.00	2.00	0.045	0.030	10.00~14.00	17.00~19.00	1.20~2.75	1.00~2.50	—	—
44	S31683	022Cr18Ni14Mo2Cu2	00Cr18Ni14Mo2Cu2	0.030	1.00	2.00	0.045	0.030	12.00~16.00	17.00~19.00	1.20~2.75	1.00~2.50	—	—
45	S31708	06Cr19Ni13Mo3	0Cr19Ni13Mo3	0.08	1.00	2.00	0.045	0.030	11.00~15.00	18.00~20.00	3.00~4.00	—	—	—
56	S31703	022Cr19Ni13Mo3	00Cr19Ni13Mo3	0.030	1.00	2.00	0.045	0.030	11.00~15.00	18.00~20.00	3.00~4.00	—	—	—
47	S31794	03Cr18Ni16Mo5	0Cr18Ni16Mo5	0.04	1.00	2.00	0.045	0.030	15.00~17.00	16.00~19.00	4.00~6.00	—	—	—
48	S32168	06Cr18Ni11Ti	0Cr18Ni10Ti	0.08	1.00	2.00	0.045	0.030	9.00~12.00	17.00~19.00	—	—	—	Ti5C~0.70
49	S34778	06Cr18Ni11Nb	0Cr18Ni11Nb	0.08	1.00	2.00	0.045	0.030	9.00~12.00	17.00~19.00	—	—	—	Nb10C~1.10
50	S38148	06Cr18Ni13Si4 a	0Cr18Ni13Si4	0.08	3.00~5.00	2.00	0.045	0.030	11.50~15.00	15.00~20.00	—	—	—	—

注：1. 表中所列成分除表明范围或最小值外，其余均为最大值，括号内数值为可加入或允许含有的最大值。
2. 标准牌号与国外标准牌号对照参见《不锈钢和耐热钢 牌号及化学成分》（GB/T 20878—2007）。
a 必要时，可添加上表以外的合金元素。

表 3-34　奥氏体-铁素体型不锈钢的化学成分

GB/T 20878 中序号	统一数字代号	新牌号	旧牌号	化学成分（质量分数）（%）										
				C	Si	Mn	P	S	Ni	Cr	Mo	Cu	N	其他元素
67	S21860	14Cr18Ni11Si4AlTi	1Cr18Ni11Si4AlTi	0.10～0.18	3.40～4.00	0.80	0.035	0.030	10.00～12.00	17.50～19.50	—	—	—	Ti0.40～0.70 Al0.10～0.30
68	S21953	022Cr19Ni5Mo3Si2N	00Cr18Ni5Mo3Si2	0.030	1.30～2.00	1.00～2.00	0.035	0.030	4.50～5.50	18.00～19.50	2.50～3.00	—	0.050～0.12	—
70	S22253	022Cr22Ni5Mo3N		0.030	1.00	2.00	0.030	0.020	4.50～6.50	21.00～23.00	2.50～3.50	—	0.08～0.20	—
71	S22053	022Cr23Ni5Mo3N		0.030	1.00	2.00	0.030	0.020	4.50～6.50	22.00～23.00	3.00～3.50	—	0.14～0.20	—
73	S22553	022Cr25Ni6Mo2N		0.030	1.00	2.00	0.035	0.030	5.50～6.50	24.00～26.00	1.20～2.50	—	0.10～0.20	—
75	S25554	03Cr25Ni6Mo3Cu2N		0.04	1.00	1.50	0.035	0.030	4.50～6.50	24.00～27.00	2.90～3.90	1.50～2.50	0.10～0.25	—

注：1. 表中所列成分除标明范围或最小值外，其余均为最大值。
2. 标准牌号与国外标准牌号对照参见《不锈钢和耐热钢　牌号及化学成分》（GB/T 20878—2007）。

表 3-35　铁素体型不锈钢的化学成分

GB/T 20878 中序号	统一数字代号	新牌号	旧牌号	化学成分（质量分数）（%）										
				C	Si	Mn	P	S	Ni	Cr	Mo	Cu	N	其他元素
78	S11348	06Cr13Al	0Cr13Al	0.08	1.00	1.00	0.040	0.030	(0.60)	11.50～14.50	—	—	—	Al 0.10～0.30
83	S11203	022Cr12	00Cr12	0.030	1.00	1.00	0.040	0.030	(0.60)	11.00～13.50	—	—	—	—
85	S11710	10Cr17	1Cr17	0.12	1.00	1.00	0.040	0.030	(0.60)	16.00～18.00	—	—	—	—

续表

GB/T 20878 中序号	统一数字代号	新牌号	旧牌号	化学成分（质量分数）（%）										
				C	Si	Mn	P	S	Ni	Cr	Mo	Cu	N	其他元素
86	S11717	Y10Cr17	Y1Cr17	0.12	1.00	1.25	0.060	≥0.15	(0.60)	16.00~18.00	(0.60)	—	—	—
88	S11790	10Cr17Mo	1Cr17Mo	0.12	1.00	1.00	0.040	0.030	(0.60)	16.00~18.00	0.75~1.25	—	—	—
94	S12791	008Cr27Mo^a	00Cr27Mo^a	0.010	0.40	0.40	0.030	0.020	—	25.00~27.50	0.75~1.50	—	0.015	—
95	S13091	008Cr30Mo2^a	00Cr30Mo2^a	0.010	0.40	0.40	0.030	0.020	—	28.50~32.00	1.50~2.50	—	0.015	—

注：1. 表中所列成分除标明范围或最小值外，其余均为最大值。括号内数值为可加入或允许含有的最大值。

2. 标准牌号与国外标准牌号对照参见《不锈钢和耐热钢 牌号及化学成分》（GB/T 20878—2007）。

a 允许含有小于或等于0.50%镍，小于或等于0.20%铜，而Ni+Cu≤0.50%，必要时，可添加上表以外的合金元素。

表3-36 马氏体型不锈钢的化学成分

GB/T 20878 中序号	统一数字代号	新牌号	旧牌号	化学成分（质量分数）（%）										
				C	Si	Mn	P	S	Ni	Cr	Mo	Cu	N	其他元素
96	S40310	12Cr12	1Cr12	0.15	0.50	1.00	0.040	0.030	(0.60)	11.50~13.00	—	—	—	—
97	S41008	06Cr13	0Cr13	0.08	1.00	1.00	0.040	0.030	(0.60)	11.50~13.50	—	—	—	—
98	S41010	12Cr13^a	1Cr13^a	0.08~0.15	1.00	1.00	0.040	0.030	(0.60)	11.50~13.50	(0.60)	—	—	—
100	S41617	Y12Cr13	Y1Cr13	0.15	1.00	1.25	0.060	≥0.15	(0.60)	12.00~14.00	—	—	—	—
101	S42020	20Cr13	2Cr13	0.16~0.25	1.00	1.00	0.040	0.030	(0.60)	12.00~14.00	—	—	—	—
102	S42030	30Cr13	3Cr13	0.26~0.35	1.00	1.00	0.040	0.030	(0.60)	12.00~14.00	—	—	—	—
103	S42037	Y30Cr13	Y3Cr13	0.26~0.35	1.00	1.25	0.060	≥0.15	(0.60)	12.00~14.00	(0.60)	—	—	—
104	S42040	40Cr13	4Cr13	0.36~0.45	0.60	0.80	0.040	0.030	(0.60)	12.00~14.00	—	—	—	—
106	S43110	14Cr17Ni2	1Cr17Ni2	0.11~0.17	0.80	0.80	0.040	0.030	1.50~2.50	16.00~18.00	—	—	—	—
107	S43120	17Cr16Ni2	1Cr16Ni2	0.12~0.22	1.00	1.50	0.040	0.030	1.50~2.50	15.00~17.00	—	—	—	—

续表

GB/T 20878中序号	统一数字代号	新牌号	旧牌号	化学成分（质量分数）（%）										其他元素
				C	Si	Mn	P	S	Ni	Cr	Mo	Cu	N	
108	S44070	68Cr17	7Cr17	0.60~0.75	1.00	1.00	0.040	0.030	(0.60)	16.00~18.00	(0.75)	—	—	—
109	S44080	85Cr17	8Cr17	0.75~0.95	1.00	1.00	0.040	0.030	(0.60)	16.00~18.00	(0.75)	—	—	—
110	S44096	108Cr17	11Cr17	0.95~1.20	1.00	1.00	0.040	0.030	(0.60)	16.00~18.00	(0.75)	—	—	—
111	S44097	Y108Cr17	Y11Cr17	0.95~1.20	1.00	1.25	0.060	≥0.15	(0.60)	16.00~18.00	(0.75)	—	—	—
112	S44090	95Cr18	9Cr18	0.90~1.00	0.80	0.80	0.040	0.030	(0.60)	17.00~19.00	—	—	—	—
115	S45710	13Cr13Mo	1Cr13Mo	0.08~0.18	0.60	1.00	0.040	0.030	(0.60)	11.50~14.00	0.30~0.60	—	—	—
116	S45830	32Cr13Mo	3Cr13Mo	0.28~0.35	0.80	1.00	0.040	0.030	(0.60)	12.00~14.00	0.50~1.00	—	—	—
117	S45990	102Cr17Mo	9Cr18Mo	0.95~1.10	0.80	0.80	0.040	0.030	(0.60)	16.00~18.00	0.40~0.70	—	—	—
118	S46990	90Cr18MoV	9Cr18MoV	0.85~0.95	0.80	0.80	0.040	0.030	(0.60)	17.00~19.00	1.00~1.30	—	—	V0.07~0.12

注: 1. 表中所列成分除明范围或用最小值外，其余均为最大值。括号内数值为可加入或允许含有的最大值。
2. 标准牌号与国外标准牌号对照参见《不锈钢和耐热钢 牌号及化学成分》（GB/T 20878—2007）。
a 相对于《不锈钢和耐热钢 牌号及化学成分》（GB/T 20878—2007）调整成分牌号。

表3-37 沉淀硬化型不锈钢的化学成分

GB/T 20878中序号	统一数字代号	新牌号	旧牌号	化学成分（质量分数）（%）										其他元素
				C	Si	Mn	P	S	Ni	Cr	Mo	Cu	N	
136	S51550	05Cr15Ni5Cu4Nb	—	0.07	1.00	1.00	0.040	0.030	3.50~5.50	14.00~15.50	—	2.50~4.50	—	Nb0.15~0.45
137	S51740	05Cr17Ni4Cu4Nb	0Cr17Ni4Cu4Nb	0.07	1.00	1.00	0.040	0.030	3.00~5.00	15.00~17.50	—	3.00~5.00	—	Nb0.15~0.45
138	S51770	07Cr17Ni7Al	0Cr17Ni7Al	0.09	1.00	1.00	0.040	0.030	6.50~7.75	16.00~18.00	—	—	—	Al0.75~1.50
139	S51570	07Cr15Ni7Mo2Al	0Cr15Ni7Mo2Al	0.09	1.00	1.00	0.040	0.030	6.50~7.75	14.00~16.00	2.00~3.00	—	—	Al0.75~1.50

表 3-38　经固溶处理的奥氏体型钢棒或试样的力学性能[a]

GB/T 20878 的序号	统一数字代号	新牌号	旧牌号	规定非比例延伸强度 $R_{p0.2}$ [b] (N/mm²)	抗拉强度 R_m (N/mm²)	断后伸长率 A (%)	断面收缩率 Z [c] (%)	硬度[b] 不小于		
								HBW	HRB	HV
1	S35350	12Cr17Mn6Ni5N	1Cr17Mn6Ni5N	275	520	40	45	241	100	253
3	S35450	12Cr18Mn9Ni5N	1Cr18Mn9Ni5N	275	520	40	45	207	95	218
9	S30110	12Cr17Ni7	1Cr17Ni7	205	520	40	60	187	90	200
13	S30210	12Cr18Ni9	1Cr18Ni9	205	520	40	60	187	90	200
15	S30317	Y1Cr18Ni9	Y1Cr18Ni9	205	520	40	50	187	90	200
16	S30327	Y1Cr18Ni9Se	Y1Cr18Ni9Se	205	520	40	50	187	09	200
17	S30408	0Cr18Ni9	0Cr18Ni9	205	520	40	60	187	90	200
18	S30403	00Cr19Ni10	00Cr19Ni10	175	480	40	60	187	90	200
22	S30488	0Cr18Ni9Cu3	0Cr18Ni9Cu3	175	480	40	60	187	90	200
23	S30458	0Cr19Ni9N	0Cr19Ni9N	275	550	35	50	217	95	220
24	S30478	06Cr19Ni9NbN	0Cr19Ni10NbN	345	685	35	50	250	100	260
25	S30453	022Cr19Ni10N	00Cr18Ni10N	245	550	40	50	217	95	220
26	S30510	10Cr18Ni12	1Cr18Ni12	175	480	40	60	187	90	200
32	S30908	06Cr23Ni13	0Cr23Ni13	205	520	40	60	187	90	200
35	S31008	06Cr25Ni20	0Cr25Ni20	205	520	40	50	187	90	200
38	S31608	06Cr17Ni12Mo2	0Cr17Ni12Mo2	205	520	40	60	187	90	200
39	S31603	022Cr17Ni12Mo2	00Cr17Ni14Mo2	175	480	40	60	187	90	200
41	S31668	06Cr17Ni12Mo2Ti	0Cr18Ni12Mo3Ti	205	530	40	55	187	90	200
43	S31658	06Cr17Ni12Mo2N	0Cr17Ni12Mo2N	275	550	35	50	217	95	220
44	S31653	022Cr17Ni12Mo2N	00Cr17Ni13Mo2N	245	550	40	50	217	95	220
45	S31688	06Cr18Ni12Mo2Cu2	0Cr18Ni12Mo2Cu2	205	520	40	60	187	90	200
46	S31683	022Cr18Ni14Mo2Cu2	00Cr18Ni14Mo2Cu2	175	480	40	60	187	90	200

续表

GB/T 20878 的序号	统一数字代号	新牌号	旧牌号	规定非比例延伸强度 $R_{p0.2}$ [b] (N/mm²)	抗拉强度 R_m (N/mm²)	断后伸长率 A (%)	断面收缩率 Z [c] (%)	硬度[b]		
								HBW	HRB	HV
				不小于				不小于		
49	S31708	06Cr19Ni13Mo3	0Cr19Ni13Mo3	205	520	40	60	187	90	200
50	S31703	022Cr19Ni13Mo3	00Cr19Ni13Mo3	175	480	40	60	187	90	200
52	S31794	03Cr18Ni16Mo5	0Cr18Ni16Mo5	175	480	40	45	187	90	200
55	S32168	06Cr18Ni11Ti	0Cr18Ni10Ti	205	520	40	50	187	90	200
62	S34778	06Cr18Ni11Nb	0Cr18Ni11Nb	205	520	40	50	187	90	200
64	S38148	06Cr18Ni13Si4	0Cr18Ni13Si4	205	520	40	60	207	95	218

a 大于180mm的钢棒，可改锻成180mm的样坯检验，规定允许降低其力学性能的数值。
b 规定非比例延伸强度和硬度，仅当需方要求时（合同中注明）才进行测定，且供方可根据钢棒的尺寸或状态任选一种方法测定硬度。
c 扁钢不适用，但需方有要求时，由供需双方协商。

表 3-39 经固溶处理的奥氏体-铁素体型钢棒或试样的力学性能[a]

GB/T 20878 中序号	统一数字代号	新牌号	旧牌号	规定非比例延伸强度 $R_{p0.2}$ [b] (N/mm²)	抗拉强度 R_m (N/mm²)	断后伸长率 A (%)	断面收缩率 Z [c] (%)	冲击吸收功 A_{ku2} [d] (J)	硬度[b]		
									HBW	HRB	HV
				不小于					不大于		
67	S2:860	14Cr18Ni11Si4AlTi	1Cr18Ni11Si4Ti	440	715	25	40	63	—	—	—
68	S21953	022Cr19Ni5Mo3Si2N	00Cr18Ni5Mo3Si2	390	590	20	40	—	290	30	300
70	S22253	022Cr22Ni5Mo3N	—	450	620	25	—	—	290	—	—
71	S22053	022Cr23Ni5Mo3N	—	450	655	25	—	—	290	—	—
73	S22553	022Cr25Ni6Mo2N	—	450	620	20	—	—	260	—	—
75	S25554	03Cr25Ni6Mo3Cu2N	—	550	750	25	—	—	290	—	—

a 大于75mm的钢棒，可改锻成75mm的样坯检验或由供需双方协调，规定允许降低其力学性能的数值。
b 规定非比例延伸强度和硬度，仅当需方要求时（合同中注明）才进行测定，且供方可根据钢棒的尺寸或状态任选一种方法测定硬度。
c 扁钢不适用，但供方有要求时，有供需双方协商确定。
d 直径或对边距离小于等于16mm的圆钢、六角钢、八角钢和边长或厚度小于等于12mm的方钢，扁钢不做冲击试验。

表 3-40　经退火处理的铁素体型钢棒或试样的力学性能[a]

GB/T 20878 中序号	统一数字代号	新牌号	旧牌号	规定非比例延伸强度 $R_{p0.2}$[b] (N/mm²)	抗拉强度 R_m (N/mm²)	断后伸长率 A (%) 不小于	断面收缩率 Z (%) 不小于	冲击吸收功 A_{ku2}[d] (J)	硬度[b] HBW 不大于
78	S11348	06Cr13Al	0Cr13Al	175	410	20	60	78	183
83	S11203	022Cr12	00Cr12	195	360	22	60	—	183
85	S11710	10Cr17	1Cr17	205	450	22	50	—	183
86	S11717	Y10Cr17	Y1Cr17	205	450	22	50	—	183
88	S11790	10Cr17Mo	1Cr17Mo	205	450	22	60	—	183
94	S12791	008Cr27Mo	00Cr27Mo	245	410	20	45	—	219
95	S13091	008Cr30Mo2	00Cr30Mo2	245	450	20	45	—	228

a 大于 75mm 的钢棒，可改锻成 75mm 的样坯检验或由供需双方协调，规定允许降低其力学性能的数值。

b 规定非比例延伸强度和硬度，仅当需方要求时（合同中注明）才进行测定，且供方可根据钢棒的尺寸或状态任选一种方法测定硬度。

c 扁钢不适用，但供需方要求时，有供需双方协商确定。

d 直径或对边距离小于等于 16mm 的圆钢、六角钢、八角钢和边长或厚度小于等于 12mm 的方钢、扁钢不做冲击试验。

表 3-41　经热处理的马氏体型钢棒或试样的力学性能[a]

GB/T 20878 中序号	统一数字代号	新牌号	旧牌号	组别	经淬火回火后试样的力学性能和硬度							退火后钢棒的硬度[c]
					规定非比例延伸强度 $R_{p0.2}$[b] (N/mm²)	抗拉强度 R_m (N/mm²)	断后伸长率 A (%) 不小于	断面收缩率 Z[c] (%) 不小于	冲击吸收功 A_{ku2}[d] (J)	HBW	HRC	HBW 不大于
96	S40310	12Cr12	1Cr12		390	590	25	55	118	170	—	200
97	S41008	06Cr13	0Cr13		345	490	24	60	—	—	—	183
98	S41010	12Cr13	1Cr13		345	540	22	55	78	159	—	200
100	S41617	Y12Cr13	Y1Cr13		345	540	17	45	55	159	—	200

续表

| GB/T 20878 中序号 | 统一数字代号 | 新牌号 | 旧牌号 | 组别 | 经淬火回火后试样的力学性能和硬度 | | | | | | | 退火后钢棒的硬度[c] |
| | | | | | 规定非比例延伸强度 $R_{p0.2}^b$ (N/mm²) | 抗拉强度 R_m (N/mm²) | 断后伸长率 A (%) | 断面收缩率 Z^c (%) | 冲击吸收功 A_{KU2}^d (J) | HBW | HRC | HBW |
					不小于							不大于
101	S42020	20Cr13	2Cr13		440	640	20	50	63	192	—	223
102	S42030	30Cr13	3Cr13		540	735	12	40	24	217	—	235
103	S42037	Y30Cr13	Y3Cr13		540	735	8	35	24	217	—	235
104	S42040	40Cr13	4Cr13		—	—	—	—	—	—	50	235
106	S43110	14Cr17Ni2	1Cr17Ni2		—	1080	10	—	39	—	—	285
107	S43120	17Cr16Ni2[e]		1	700	900～1050	12	—	—	—	—	295
				2	600	800～950	14	45	25 (A_{KV})	—	—	
108	S44070	68Cr17	7Cr17		—	—	—	—	—	—	54	255
109	S44080	85Cr17	8Cr17		—	—	—	—	—	—	56	255
110	S44096	108Cr17	11Cr17		—	—	—	—	—	—	58	269
111	S44097	Y108Cr17	Y11Cr17		—	—	—	—	—	—	58	269
112	S44090	95Cr18	9Cr18		—	—	—	—	—	—	55	255
115	S45710	13Cr13Mo	1Cr13Mo		490	690	20	60	78	192	—	200
116	S45830	32Cr13Mo	3Cr13Mo		—	—	—	—	—	—	50	207
117	S45990	102Cr17Mo	9Cr18Mo		—	—	—	—	—	—	55	269
118	S46990	90Cr18MoV	9Cr18MoV		—	—	—	—	—	—	55	269

a 大于75mm的钢棒，可改锻成75mm的样坯检验或取样坯双方协调，规定允许降低其力学性能的数值。

b 扁钢不适用，但需方要求时，有供需双方协商。

c 采用750℃退火时，其硬度由供需双方协商。

d 直径或对边距离小于等于16mm的圆钢、六角钢，八角钢和边长或厚度小于等于12mm的方钢，扁钢不做冲击试验。

e 17Cr16Ni2钢的性能组别应在合同中注明，未注明时，由供方自行选择。

表3-42 沉淀硬化型钢棒或试样的力学性能[a]

GB/T 20878 中序号	统一数字代号	新牌号	旧牌号	热处理 类型	热处理 组别	规定非比例延伸强度 $R_{p0.2}$[b] (N/mm²) 不小于	抗拉强度 R_m (N/mm²) 不小于	断后伸长率 A (%) 不小于	断面收缩率 Z[c] (%) 不小于	硬度[c] HBW	硬度[c] HRC
136	S51550	05Cr15Ni5Cu4Nb		固溶处理	0	—	—	—	—	≤363	≤38
				480℃时效	1	1180	1310	10	35	≥375	≥40
				550℃时效	2	1000	1070	12	45	≥331	≥35
				580℃时效	3	865	1000	13	45	≥302	≥31
				620℃时效	4	725	930	16	50	≥277	≥28
137	S51740	05Cr17Ni4Cu4Nb	0Cr17Ni4Cu4Nb	固溶处理	0	—	—	—	—	≤363	≤38
				480℃时效	1	1180	1310	10	35	≥375	≥40
				550℃时效	2	1000	1070	12	45	≥331	≥35
				580℃时效	3	865	1000	13	45	≥302	≥31
				620℃时效	4	725	930	16	50	≥277	≥28
138	S51770	07Cr17Ni7Al	0Cr17Ni7Al	固溶处理	0	≤380	≤1030	20	—	≤229	—
				510℃时效	1	1030	1230	4	10	≥388	—
				565℃时效	2	960	1140	5	25	≥363	—
139	S51570	07Cr15Ni7Mo2Al	0Cr15Ni7Mo2Al	固溶处理	0	—	—	—	—	≤269	—
				510℃时效	1	1210	1320	6	20	≥388	—
				565℃时效	2	1100	1210	7	25	≥375	—

a 大于75mm的钢棒，可改锻成75mm的样坯检验或由供需双方检验或由供需双方协调，规定允许降低其力学性能的数值。
b 扁钢不适用，但需方要求时，有供需双方协调。
c 供方可根据钢棒的尺寸或状态任选一种方法测定硬度。

表3-43　10%草酸浸蚀试验与热酸试验的关系（GB/T 4334—2008）

热酸试验	用10%草酸浸蚀试验，判定是否需要做热酸试验的不锈钢种	用热酸试验检验铬碳化合物或σ相与不锈钢种的关系
硫酸－硫酸铁试验	0Cr18Ni9、00Cr19Ni10 0Cr17Ni12Mo2Cu2、00Cr17Ni14Mo2 0Cr18Ni12Mo2Cu2 00Cr18Ni14Mo2Cu2 0Cr19Ni13Mo3、00Cr19Ni13Mo3	铬碳化合物： 0Cr18Ni9、00Cr19Ni10、0Cr17Ni12Mo2Cu2、 00Cr17Ni14Mo2、0Cr18Ni12Mo2Cu2、00Cr18Ni14Mo2Cu2、 0Cr19Ni13Mo3、00Cr19Ni13Mo3 铬碳化合物与σ相： 0Cr18Ni11Ti
65%硝酸试验	0Cr18Ni9、00Cr19Ni10	铬碳化合物： 0Cr18Ni9、00Cr19Ni10 铬碳化合物与σ相： 0Cr18Ni12Mo2Cu2、00Cr18Ni14Mo2Cu2、0Cr17Ni14Mo2、 0Cr17Ni12Mo2、0Cr19Ni13Mo3、00Cr19Ni13Mo3、 0Cr18Ni10Ti、0Cr18Ni11Nb
硝酸－氢氟酸试验	0Cr17Ni12Mo2、00Cr17Ni14Mo2 0Cr18Ni12Mo2Cu2 00Cr18Ni14Mo2Cu2 0Cr19Ni13Mo3、00Cr19Ni13Mo3	铬碳化合物： 0Cr17Ni12Mo2、00Cr17Ni14Mo2、0Cr18Ni12Mo2Cu2、 00Cr18Ni14Mo2Cu2、0Cr19Ni13Mo3、00Cr19Ni13Mo3
硫酸－硝酸铜试验	0Cr18Ni9、00Cr19Ni10 0Cr17Ni12Mo2、00Cr17Ni14Mo2 0Cr18Ni12Mo2Cu2 00Cr18Ni14Mo2Cu2、0Cr19Ni13Mo3 00Cr19Ni13Mo3、0Cr18Ni10Ti 00Cr18Ni11Nb、1Cr18Ni9Ti 0Cr18Ni10Ti	铬碳化合物： 0Cr18Ni9、00Cr19Ni10、 0Cr17Ni12Mo2、00Cr17Ni14Mo2 0Cr18Ni12Mo2Cu2、 00Cr18Ni14Mo2Cu2、0Cr19Ni13Mo3、 00Cr19Ni13Mo3、0Cr18Ni10Ti、 00Cr18Ni11Nb、1Cr18Ni9Ti、0Cr18Ni10Ti

表3-44 《金属和合金的腐蚀 不锈钢晶间腐蚀试验方法》晶界形态的分类（GB/T 4334—2008）

类 别	名 称	组 织 特 征
一类	阶梯组织	晶界无腐蚀沟，晶粒间呈台阶状
二类	混合组织	晶界有腐蚀沟，但没有一个晶粒被腐蚀沟包围
三类	沟状组织	晶界有腐蚀沟，个别或全部晶粒被腐蚀沟包围
四类	游离铁素体组织	铸钢件及焊接接头晶界无腐蚀沟，铁素体被显现
五类	连续沟状组织	铸钢件及焊接接头，沟状组织很深，并形成连续沟状组织
六类	凹坑组织1	浅凹坑多，深凹坑少的组织
七类	凹坑组织2	浅凹坑少，深凹坑多的组织

（7）低倍组织

① 钢棒的横截面酸浸低倍试片上不允许有目视可见的缩孔、气泡、裂纹、夹杂、翻皮及白点。对切削加工用的钢棒允许有深度不大于公称尺寸公差之半的皮下夹杂等缺陷。

② 酸浸低倍组织合格级别应符合表3-45的规定。当需方要求1组时，应在合同中注明。尺寸大于200mm钢棒，其低倍组织合格级别由供需双方协商确定。

③ 供方若能保证，允许采用超声波探伤法或其他无损伤法代替低倍检验。

表3-45 低倍组织合格级别

组别	一般疏松	中心疏松	锭型偏析
1 组	≤2 级	≤2 级	≤2 级
2 组	≤3 级	≤3 级	≤3 级

（8）热顶锻

① 热顶锻用钢（在合同中注明）应作热顶锻试验，热顶锻后的试样高度为原试样高度的三分之一。顶锻后的试样上不得有裂口和裂缝。

② 尺寸大于8mm的钢棒，供方若能保证顶锻试验合格，可不进行试验。

（9）表面质量

① 压力加工用钢棒的表面不允许有裂纹、结疤、折叠及夹杂，如有上述缺陷必须清除，清除深度应符合表3-46的规定，清除宽度不小于深度的5倍，同一截面达到最大清除深度不得多于一处，允许有从实际尺寸算起不超过公称尺寸公差之半的个别细小划痕、压痕、麻点及深度不超过0.20mm的小裂纹存在。根据供需双方协议，压力加工用圆钢棒，表面可以车削或剥皮。

表3-46 压力加工用钢棒表面缺陷允许清除深度

钢棒公称尺寸（mm）	允许清除深度
≤80	钢棒公称尺寸公差之半
>80 ~ 140	钢棒公称尺寸公差
>140 ~ 200	钢棒公称尺寸的5%
>200 ~ 250	钢棒公称尺寸的6%

② 切削加工用钢棒允许有从公称尺寸算起不超过表3-47规定的局部缺陷。

表 3-47 切削加工用钢棒表面局部缺陷允许深度

钢棒公称尺寸（mm）	局部缺陷允许深度
< 100	钢棒公称尺寸的负偏差
≥100	钢棒公称尺寸的公差

③ 经供需双方协商，并在合同中注明，可规定采用酸洗、车削等方法去除热处理产生的黑皮。

5.《不锈钢冷轧钢板及钢带》（GB/T 3280—2007）规定了不锈钢冷轧钢板及钢带的技术要求。

（1）尺寸及允许偏差

① 宽钢带及卷切钢板、纵剪宽钢带及卷切钢带Ⅰ、窄钢带及卷切钢带Ⅱ的公称尺寸范围见表 3-48，其具体规定应执行《冷轧钢板和钢带的尺寸、外形、重量及允许偏差》（GB/T 708—2006）。如需方要求并经双方协商可供应其他尺寸的产品。

表 3-48 公称尺寸范围   mm

形 态	公称厚度 t	公称宽度 a
宽钢带、卷切钢板	$0.10 \leqslant t \leqslant 8.00$	$600 \leqslant a \leqslant 2100$
纵剪宽钢带、卷切钢板Ⅰ	$0.10 \leqslant t \leqslant 8.00$	$a < 600$
窄钢带、卷切钢板Ⅱ	$0.10 \leqslant t \leqslant 8.00$	$a < 600$

② 宽钢带及卷切钢板、纵剪宽钢带及卷切钢带Ⅰ的厚度允许偏差应符合表 3-48 普通精度的规定，如需方要求并在合同中注明时，可执行表 3-49 中较高精度（PT）的规定。

表 3-49 宽钢带及卷切钢板、纵剪宽钢带及卷切钢带Ⅰ的厚度允许偏差   mm

公称厚度 t	厚度允许偏差					
	宽度≤1000		1000<宽度≤1300		1300<宽度≤2100	
	普通精度	较高精度	普通精度	较高精度	普通精度	较高精度
$0.10 \leqslant t < 0.20$	±0.025	±0.015	—	—	—	—
$0.20 \leqslant t < 0.30$	±0.030	±0.020	—	—	—	—
$0.30 \leqslant t < 0.50$	±0.04	±0.025	±0.045	±0.030	—	—
$0.50 \leqslant t < 0.60$	±0.045	±0.030	±0.05	±0.035	—	—
$0.60 \leqslant t < 0.80$	±0.05	±0.035	±0.055	±0.040	—	—
$0.80 \leqslant t < 1.00$	±0.055	±0.040	±0.06	±0.045	±0.065	±0.050
$1.00 \leqslant t < 1.20$	±0.06	±0.045	±0.07	±0.050	±0.075	±0.055
$1.20 \leqslant t < 1.50$	±0.07	±0.050	±0.08	±0.055	±0.09	±0.060
$1.50 \leqslant t < 2.00$	±0.08	±0.055	±0.09	±0.060	±0.10	±0.070
$2.00 \leqslant t < 2.50$	±0.09	—	±0.10	—	±0.11	—
$2.50 \leqslant t < 3.00$	±0.11	—	±0.12	—	±0.12	—
$3.00 \leqslant t < 4.00$	±0.13	—	±0.14	—	±0.14	—
$4.00 \leqslant t < 5.00$	±0.14	—	±0.15	—	±0.15	—
$5.00 \leqslant t < 6.50$	±0.15	—	±0.16	—	±0.16	—
$6.50 \leqslant t \leqslant 8.00$	±0.16	—	±0.17	—	±0.17	—

③ 宽钢带头尾部正常部分（总长度尾部大于 25000mm）的厚度偏差值允许比正常部分增加 50%。

④ 窄钢带及卷切钢带Ⅱ的厚度及允许偏差应符合表 3-48 中普通精度的规定，如需方要求并在合同中注明时，可执行表 3-50 中较高精度（PT）的规定。

表 3-50　窄钢带及卷切钢带Ⅱ的厚度允许偏差　　　　mm

公称厚度 t	厚度允许偏差					
	宽度 < 125		125 ≤ 宽度 < 250		250 ≤ 宽度 < 600	
	普通精度	较高精度	普通精度	较高精度	普通精度	较高精度
0.05 ≤ t < 0.10	±0.10t	±0.06t	±0.12t	±0.10t	±0.15t	±0.10t
0.10 ≤ t < 0.20	±0.010	±0.008	±0.015	±0.012	±0.020	±0.015
0.20 ≤ t < 0.30	±0.015	±0.012	±0.020	±0.015	±0.025	±0.020
0.30 ≤ t < 0.40	±0.020	±0.015	±0.025	±0.020	±0.030	±0.025
0.40 ≤ t < 0.60	±0.025	±0.020	±0.030	±0.025	±0.035	±0.030
0.60 ≤ t < 1.00	±0.030	±0.025	±0.035	±0.030	±0.040	±0.035
1.00 ≤ t < 1.50	±0.035	±0.030	±0.040	±0.035	±0.045	±0.040
1.50 ≤ t < 2.00	±0.040	±0.035	±0.050	±0.040	±0.060	±0.050
2.00 ≤ t < 2.50	±0.050	±0.040	±0.060	±0.050	±0.070	±0.060
2.50 ≤ t ≤ 3.00	±0.060	±0.050	±0.070	±0.060	±0.080	±0.070

注：供需双方协商，偏差值可全为正偏差、负偏差或正负偏差不对称分布，但公差值应在表列范围之内。

厚度小于 0.05 时，由供需双方协定。

如需方要求较高精度时，应保证钢带任意一点的厚度偏差。

钢带边部毛刺高度应小于或等于产品公称厚度 ×10%。

⑤ 切边（EC）宽钢带及卷切钢板、纵剪宽钢带及卷切钢带Ⅰ的宽度允许偏差应符合表 3-51 普通精度的规定，如需方要求并在合同中注明时，可执行表 3-53 中的较高精度（PW）的规定。

表 3-51　切边（EC）宽钢带及卷切钢板、纵剪宽钢带及卷切钢带Ⅰ的宽度允许偏差　　mm

公称厚度 t	宽度允许偏差							
	宽度 ≤ 125		125 < 宽度 ≤ 250		250 < 宽度 ≤ 600		600 < 宽度 ≤ 1000	宽度 > 1000
	普通精度	较高精度	普通精度	较高精度	普通精度	较高精度	普通精度	普通精度
t < 1.00	+0.5 0	+0.3 0	+0.5 0	+0.3 0	+0.7 0	+0.6 0	+1.5 0	+2.0 0
1.00 ≤ t < 1.50	+0.7 0	+0.4 0	+0.7 0	+0.5 0	+1.0 0	+0.7 0	+1.5 0	+2.0 0
1.50 ≤ t < 2.50	+1.0 0	+0.6 0	+1.0 0	+0.7 0	+1.2 0	+0.9 0	+2.0 0	+2.5 0

公称厚度 t	宽度允许偏差							
	宽度≤125		125<宽度≤250		250<宽度≤600		600<宽度≤1000	宽度>1000
	普通精度	较高精度	普通精度	较高精度	普通精度	较高精度	普通精度	普通精度
2.50≤t<3.50	+1.2 0	+0.8 0	+1.2 0	+0.9 0	+1.5 0	+1.0 0	+3.0 0	+3.0 0
3.50≤t<8.00	+2.0 0	—	+2.0 0	—	+2.0 0	—	+4.0 0	+4.0 0

注：1. 经需方同意，产品可小于公称宽度交货，但不应超出表列公差范围。

　　2. 经需方同意，对于需二次修边的纵剪产品其宽度偏差可增加到5。

⑥ 不切边（EM）宽钢带及卷切钢板的宽度允许偏差应符合表3-52的规定。

表 3-52　不切边宽钢带及卷切钢板宽度允许偏差　　　　　　　mm

边缘状态	宽度允许偏差		
	600≤宽度<1000	600≤宽度<1000	宽度≥1500
轧制边缘	+25 0	+30 0	+30 0

⑦ 切边（EC）窄钢带及卷切钢带Ⅱ的宽度允许偏差，如需方要求并在合同中注明时，可执行表3-53中较高精度（PW）的规定。

表 3-53　切边窄钢带及卷切钢带Ⅱ宽度允许偏差　　　　　　　mm

公称宽度 a	宽度允许偏差							
	宽度≤40		40<宽度≤125		125<宽度≤250		250<宽度≤600	
	普通精度	较高精度	普通精度	较高精度	普通精度	较高精度	普通精度	较高精度
0.05≤a<0.25	+0.17 0	+0.13 0	+0.20 0	+0.15 0	+0.25 0	+0.20 0	+0.50 0	+0.50 0
0.25≤a<0.50	+0.20 0	+0.15 0	+0.25 0	+0.20 0	+0.30 0	+0.22 0	+0.60 0	+0.50 0
0.50≤a<1.00	+0.25 0	+0.20 0	+0.30 0	+0.22 0	+0.40 0	+0.25 0	+0.70 0	+0.60 0
1.00≤a<1.50	+0.30 0	+0.22 0	+0.35 0	+0.25 0	+0.50 0	+0.30 0	+0.90 0	+0.70 0
1.50≤a<2.50	+0.35 0	+0.25 0	+0.40 0	+0.30 0	+0.60 0	+0.40 0	+1.0 0	+0.80 0
2.50≤a<3.00	+0.40 0	+0.30 0	+0.50 0	+0.40 0	+0.65 0	+0.50 0	+1.2 0	+1.0 0

注：经供需双方协商，宽度偏差可全为正偏差或负偏差，但公差值应不超出表列范围。

⑧ 不切边（EM）窄钢带及卷切钢带Ⅱ的宽度允许偏差由供需双方协商确定。

⑨ 卷切钢板及卷切钢带上的长度允许偏差，如需方要求并在合同中注明时，可执行表3-54较高精度（PL）的规定。

表 3-54　卷切钢板及卷切钢带 I 的长度允许偏差　　　　　　mm

公称长度	长度允许偏差	
	普通精度	较高精度
≤2000	+5 0	+3 0
>2000	+0.0025×公称长度	+0.0015×公称长度

⑩ 卷切钢带Ⅱ的长度允许偏差，如需方要求并在合同中注明时，可执行表 3-55 较高精度（PL）的规定。

表 3-55　卷切钢带Ⅱ的长度允许偏差　　　　　　mm

公称长度	长度允许偏差	
	普通精度	较高精度
≤2000	+3 0	+1.5 0
>2000 ~ ≤4000	+5 0	+2 0

注：公称长度大于4000的卷切钢带Ⅱ的长度允许偏差由供需双方协商确定。

（2）外形

① 不平度

a. 卷切钢板及卷切钢带 I 的不平度应符合表 3-56 普通级的规定，如需方要求在合同中注明时，可执行表 3-56 中较高级（PF）的规定。

表 3-56　卷切钢板及卷切钢带 I 的不平度　　　　　　mm

公称长度	不平度	
	普通级	较高级
≤3000	≤10	≤7
>3000	≤12	≤8

b. 卷切钢带Ⅱ的不平度应符合表 3-57 普通级的规定，如需方要求并在合同中注明时，可执行表 3-57 中较高级（PF）的规定。

表 3-57　卷切钢带Ⅱ的不平度　　　　　　mm

公称长度	不平度	
	普通级	较高级
任意长度	≤10	≤7

注：不适用于冷作硬化钢板及2D产品。

c. 对冷作硬化处理后的卷切钢板不平度应符合表 3-58 规定。

表 3-58　不同冷作硬化状态下卷切钢板的不平度　　　　　　mm

公称宽度 a	厚度 t	不平度		
		H1/4	H1/2	H、H2
600≤a<900	0.10≤t<0.40	≤19	≤23	按供需双方协议规定
	0.40≤t<0.80	≤16	≤23	
	t≥0.80	≤13	≤19	

公称宽度 a	厚度 t	不 平 度		
		H1/4	H1/2	H、H2
900≤a<1219	0.10≤t<0.40	≤26	≤29	按供需双方协议规定
	0.40≤t<0.80	≤19	≤29	
	t≥0.80	≤16	≤26	

注：适用于奥氏体型和奥氏体-铁素体型出软板及深冲板之外的钢种。

② 镰刀弯

a. 宽钢带级卷切钢板、纵剪宽钢带及卷切钢带Ⅰ的镰刀弯应符合3-59的规定。冷作硬化卷切钢板的镰刀弯由供需双方协商确定。

表3-59　宽钢带级卷切钢板、纵剪宽钢带及卷切钢带Ⅰ的镰刀弯　　　　mm

公称宽度 a	任意 1000 长度上的镰刀弯
10≤a<40	≤2.5
40≤a<125	≤2.0
128≤a<600	≤1.5
600≤a<2100	≤1.0

b. 窄钢带及卷切钢带Ⅱ的镰刀弯应符合表3-60普通精度的规定，如需方要求并在合同中注明时，可执行表3-60中较高精度的规定。冷作硬化卷切钢板的镰刀弯由供需双方协商确定。

表3-60　窄钢带及卷切钢带Ⅱ的镰刀弯　　　　mm

公称宽度 a	任意 1000 长度上的镰刀弯	
	普通精度	较高精度
10≤a<25	≤4.0	≤1.5
25≤a<40	≤3.0	≤1.25
40≤a<125	≤2.0	≤1.0
125≤a<600	≤1.5	≤0.75

③ 切斜度

a. 卷切钢板及卷切钢带Ⅰ的切斜度应不大于产品工程宽度×0.5%或符合表3-61的规定。

表3-61　卷切钢板及卷切钢带Ⅰ的切斜度　　　　mm

卷切钢板长度 l	对角线最大差值
l≤10	≤6
3000<l≤6000	≤10
l>6000	≤15

b. 卷切钢带Ⅱ的切斜度应符合表3-62的规定。

表3-62　卷切钢带Ⅱ的切斜度　　　　mm

公 称 宽 度	切 斜 度
≥250	≤公称宽度×0.5%
<250	供需双方协商

c. 宽钢带、纵剪宽钢带、窄钢带的边浪应符合如下规定：边浪＝浪高 h/浪形长度 L，经平整或矫直后的窄钢带：厚度小于等于1.0mm，边浪小于等于0.03mm；厚度大于

1.0mm，边浪小于等于 0.02；宽钢带或纵剪宽钢带：边浪小于等于 0.03。

冷作硬化钢带及 2D 产品的边浪由供需双方协商确定。

④ 钢卷外形

a. 钢卷应牢固成卷并尽量保持圆柱形和不卷边。钢卷内径应在合同中注明。

b. 钢卷塔形应符合：切边钢卷及纵剪宽钢带不大于 35mm；不切边钢卷不大于 70mm。

c. 单张轧制钢板的尺寸、外形及允许偏差由供需双方协商确定。

（3）测量方法

① 厚度测量

宽钢带及卷切钢板、纵剪宽钢带及卷切钢带Ⅰ：

a. 不切边状态距钢带边都不小于 30mm 的任意点测量；切边状态距钢带边部不小于 20mm 的任意点测量。

b. 纵剪宽钢带积及卷切钢带Ⅰ，宽度部大于 30mm 时，沿钢带宽度方向的中心部位测量。

窄钢带及卷切钢带Ⅱ：宽度大于 20mm 时，距边部不小于 10mm 任意点测量；宽度不大于 20mm 时，沿钢带宽度方向的中心部位测量。

② 外形的测量

a. 不平度：钢板在自重状态下平放于平台上，测量钢板任意方向的下表面与平台间的最大距离。

b. 镰刀弯：测量方法见图 3-4，可用 1m 直尺测量。窄钢带的测量位置在钢卷尺头尾 3 圈之外。

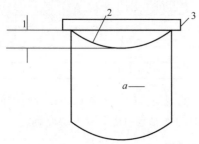

图 3-4　镰刀弯测量方法

1—镰刀弯；2—钢带边沿；3—平直基准；a—轧制方向

c. 切斜度：测量方法见图 3-5。

d. 边浪：测量方法见图 3-6。

钢带的边浪测量仅适用于产品边部。

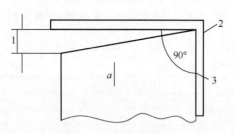

图 3-5　切斜度测量方法

1—切斜度；2—直角尺；3—侧边；a—轧制方向

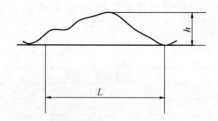

图 3-6　边浪测量方法

h—边浪高度；L—边浪波长

（4）重量：钢板和钢带按实际重量或理论重量交货。按理论重量交货时，钢的密度按《不锈钢和耐热钢　牌号及化学成分》（GB/T 20878—2007）附录 A 计算，未规定者，由供需双方协商。

（5）技术要求

① 牌号、分类及化学成分

a. 钢的牌号、分类及化学成分（熔炼分析）应符合表 3-63 ~ 表 3-67 的内容规定。

表 3-63 奥氏体型钢的化学成分

GB/T 20878 中序号	新牌号	旧牌号	化学成分（质量分数）（%）										
			C	Si	Mn	P	S	Ni	Cr	Mo	Cu	N	其他元素
9	12Cr17Ni7	1Cr17Ni7	0.15	1.00	2.00	0.045	0.030	6.00~8.00	16.00~18.00	—	—	0.10	—
10	022Cr17Ni7[a]		0.030	1.00	2.00	0.045	0.030	6.00~8.00	16.00~18.00	—	—	0.20	—
11	022Cr17Ni7N[a]		0.030	1.00	2.00	0.045	0.030	6.00~8.00	16.00~18.00	—	—	0.07~0.20	—
13	12Cr18Ni9	1Cr18Ni9	0.15	0.75	2.00	0.045	0.030	8.00~10.00	17.00~19.00	—	—	0.10	—
14	12Cr18Ni9Si3	1Cr18Ni9Si3	0.15	2.00~3.00	2.00	0.045	0.030	8.00~10.00	17.00~19.00	—	—	0.10	—
17	06Cr19Ni10[a]	0Cr18Ni9	0.08	0.75	2.00	0.045	0.030	8.00~10.50	18.00~20.00	—	—	0.10	—
18	022Cr19Ni10[a]	00Cr19Ni10	0.030	0.75	2.00	0.045	0.030	8.00~12.00	18.00~20.00	—	—	0.10	—
19	07Cr19Ni10[a]		0.04~0.10	0.75	2.00	0.045	0.030	8.00~10.50	18.00~20.00	—	—	—	—
20	05Cr19Ni10Si2N		0.04~0.06	1.00~2.00	0.80	0.045	0.030	9.00~10.00	18.00~19.00	—	—	0.12~0.18	Ce: 0.03~0.08
23	06Cr19Ni10N[a]	0Cr19Ni9N	0.08	0.75	2.00	0.045	0.030	8.00~10.50	18.00~20.00	—	—	0.10~0.16	—
24	06Cr19Ni9NbN[a]	0Cr19Ni10NbN	0.08	1.00	2.50	0.045	0.030	7.50~10.50	18.00~20.00	—	—	0.15~0.30	Nb: 0.15
25	022Cr19Ni10N[a]	00Cr18Ni10N	0.030	0.75	2.00	0.045	0.030	8.00~12.00	18.00~20.00	—	—	0.10~0.16	—
26	10Cr18Ni12	1Cr18Ni12	0.12	0.75	2.00	0.045	0.030	10.50~13.00	17.00~19.00	—	—	—	—
32	06Cr23Ni13	0Cr23Ni13	0.08	0.75	2.00	0.045	0.030	12.00~15.00	22.00~24.00	—	—	—	—
35	06Cr25Ni20	0Cr25Ni20	0.08	1.50	2.00	0.045	0.030	19.00~22.00	24.00~26.00	—	—	—	—
36	022Cr25Ni22Mo2N[a]		0.020	0.50	2.00	0.030	0.010	20.50~23.50	24.00~26.00	1.60~2.60	—	0.09~0.15	—
38	06Cr17Ni12Mo2[a]	0Cr17Ni12Mo2	0.08	0.75	2.00	0.045	0.030	10.00~14.00	16.00~18.00	2.00~3.00	—	0.10	—

续表

GB/T 20878 中序号	新牌号	旧牌号	化学成分（质量分数）（%）										
			C	Si	Mn	P	S	Ni	Cr	Mo	Cu	N	其他元素
39	022Cr17Ni12Mo2[a]	00Cr17Ni14Mo2	0.030	0.75	2.00	0.045	0.030	10.0~14.00	16.00~18.00	2.00~3.00	—	0.10	—
41	06Cr17Ni12Mo2Ti[a]	0Cr17Ni12Mo2Ti	0.08	0.75	2.00	0.045	0.030	10.0~14.00	16.00~18.00	2.00~3.00	—	—	Ti≥5C
42	06Cr17Ni12Mo2Nb	0Cr17Ni12Mo2Nb	0.08	0.75	2.00	0.045	0.030	10.0~14.00	16.00~18.00	2.00~3.00	—	0.10	Nb: 10C~1.10
43	06Cr17Ni12Mo2N[a]	0Cr17Ni12Mo2N	0.08	0.75	2.00	0.045	0.030	10.0~14.00	16.00~18.00	2.00~3.00	—	0.10~0.16	—
44	022Cr17Ni12Mo2N[a]	00Cr17Ni13Mo2N	0.030	0.75	2.00	0.045	0.030	10.0~14.00	16.00~18.00	2.00~3.00	—	0.10~0.16	—
45	06Cr18Ni12Mo2Cu2	0Cr18Ni12Mo2Cu2	0.08	1.00	2.00	0.045	0.030	10.0~14.00	17.00~19.00	1.20~2.75	1.00~2.50	0.10	—
48	015Cr21Ni26Mo5Cu2		0.020	1.00	2.00	0.045	0.035	23.00~28.00	19.00~23.00	4.00~5.00	1.00~2.00	0.10	—
49	06Cr19Ni13Mo3[a]	0Cr19Ni13Mo3	0.08	0.75	2.00	0.045	0.030	11.00~15.00	18.00~20.00	3.00~4.00	—	0.10	—
50	022Cr19Ni13Mo3	00Cr19Ni13Mo3	0.030	0.75	2.00	0.045	0.030	11.00~15.00	18.00~20.00	3.00~4.00	—	0.10	—
53	022Cr19Ni16Mo5N		0.030	0.75	2.00	0.045	0.030	13.50~17.50	17.00~20.00	4.00~5.00	—	0.10~0.20	—
54	022Cr19Ni13Mo4N		0.030	0.75	2.00	0.045	0.030	11.00~15.00	18.00~20.00	3.00~4.00	—	0.10~0.20	—
55	06Cr18Ni11Ti[a]	0Cr18Ni10Ti	0.08	0.75	2.00	0.045	0.030	9.00~12.00	17.00~19.00	—	—	0.10	Ti≥5C
58	015Cr24Ni22Mo8Mn3CuN		0.020	0.50	2.00~4.00	0.030	0.005	21.00~23.00	24.00~25.00	7.00~8.00	0.30~0.60	0.45~0.55	—
61	022Cr24Ni17Mo5Mn6NbN		0.030	1.00	5.00~7.00	0.030	0.010	16.00~18.00	23.00~25.00	4.00~5.00	—	0.40~0.60	Nb: 0.10
62	06Cr18Ni11Nb[a]	0Cr18Ni11Nb	0.08	0.75	2.00	0.045	0.030	9.00~13.00	17.00~19.00	—	—	—	Nb: 10C~1.00

注：表中所列成分除明确范围或最小值，其余均为最大值。

a 为相对于《不锈钢和耐热钢 牌号及化学成分》（GB/T 20878—2007）调整化学成分的牌号。

表3-64 奥氏体-铁素体型钢的化学成分

GB/T 20878 中序号	新牌号	旧牌号	化学成分（质量分数）（%）										
			C	Si	Mn	P	S	Ni	Cr	Mo	Cu	N	其他元素
67	14Cr18Ni11Si4AlTi	1Cr18Ni11Si4AlTi	0.10~0.18	3.40~4.00	0.80	0.035	0.030	10.00~12.00	17.50~19.50	—	—	—	Ti: 0.40~0.70 Al: 0.10~0.30
68	022Cr19Ni5Mo3Si2N	00Cr18Ni5Mo3Si2	0.030	1.30~2.00	1.00~2.00	0.030	0.030	4.50~5.50	18.00~19.50	2.50~3.00	—	0.05~0.10	—
69	12Cr21Ni5Ti	1Cr21Ni5Ti	0.09~0.14	0.80	0.80	0.035	0.030	4.80~5.80	20.00~22.00	—	—	—	Ti: 5 (C−0.02) ~0.80
70	022Cr22Ni5Mo3N		0.030	1.00	2.00	0.030	0.020	4.50~6.50	21.00~23.00	2.50~3.50	—	0.08~0.20	—
71	022Cr23Ni5Mo3N		0.030	1.00	2.00	0.030	0.020	4.50~6.50	22.00~23.00	3.00~3.50	—	0.14~0.20	—
72	022Cr23Ni4MoCuN		0.030	1.00	2.50	0.040	0.030	3.00~5.50	21.50~24.50	0.05~0.60	0.05~0.60	0.05~0.20	—
73	022Cr25Ni6Mo2N		0.030	1.00	2.00	0.030	0.030	5.50~6.50	24.00~26.00	1.50~2.50	—	0.10~0.20	—
74	022Cr25Ni7Mo4WCuN		0.030	1.00	1.00	0.030	0.010	6.00~8.00	24.00~26.00	3.00~4.00	0.50~1.00	0.20~0.30	W: 0.50~1.00
75	03Cr25Ni6Mo3Cu2N		0.04	1.00	1.50	0.040	0.030	4.50~6.50	24.00~27.00	2.90~3.90	1.50~2.50	0.10~0.25	—
76	022Cr25Ni7Mo4N		0.030	0.80	1.20	0.035	0.020	6.00~8.00	24.00~26.00	3.00~5.00	0.50	0.24~0.32	—

注：表中所列成分除标明范围或最小值，其余均为最大值。

表3-65 铁素体型钢的化学成分

GB/T 20878 中序号	新牌号	旧牌号	化学成分（质量分数）（%）										
			C	Si	Mn	P	S	Ni	Cr	Mo	Cu	N	其他元素
78	06Cr13Al	0Cr13Al	0.08	1.00	1.00	0.040	0.030	(0.60)	11.50~14.50	—	—	—	Al: 0.10~0.30
80	022Cr11Ti		0.030	1.00	1.00	0.040	0.020	(0.60)	10.50~11.70	—	—	0.030	Ti≥8 (C+N), Ti: 0.15~0.50; Cb: 0.10
81	022Cr11NbTi		0.030	1.00	1.00	0.040	0.020	(0.60)	10.50~11.70	—	—	0.030	Ti+Nb: (C+N) +0.08~0.75
82	022Cr12Ni		0.030	1.00	1.00	0.040	0.015	0.30~1.00	10.50~12.50	—	—	0.030	—
83	022Cr12	00Cr12	0.030	1.00	1.00	0.040	0.030	(0.60)	11.00~13.50	—	—	—	—
84	10Cr15	1Cr15	0.12	1.00	1.00	0.040	0.030	(0.60)	14.00~16.00	—	—	—	—
85	10Cr17	1Cr17	0.12	1.00	1.00	0.040	0.030	0.75	16.00~18.00	—	—	—	—
87	022Cr17Ti[a]	00Cr17	0.030	0.75	1.00	0.035	0.030	—	16.00~19.00	—	—	—	Ti 或 Nb: 0.10~1.00
88	10Cr17Mo	1Cr17Mo	0.12	1.00	1.00	0.040	0.030	—	16.00~18.00	0.75~1.25	—	—	—
90	019Cr18MoTi		0.025	1.00	1.00	0.040	0.030	—	16.00~19.00	0.75~1.50	—	0.025	Ti, Nb, Zr 或其组合: 8×(C+N) ~0.80
91	022Cr18NbTi		0.030	1.00	1.00	0.040	0.015	—	17.50~18.50	—	—	—	Ti: 0.10~0.60 Nb: ≥0.30+3C
92	019Cr19Mo2NbTi	00Cr18Mo2	0.025	1.00	1.00	0.040	0.030	1.00	17.50~19.50	1.75~2.50	—	0.035	(Ti+Nb): [0.20+ 4 (C+N)] ~0.80
94	008Cr27Mo	00Cr27Mo	0.010	0.40	0.40	0.030	0.020	—	25.00~27.50	0.75~1.50	—	0.015	(Ni+Cu) ≤0.50
95	008Cr30Mo2	00Cr30Mo2	0.010	0.40	0.40	0.030	0.020	—	28.50~32.00	1.50~2.50	—	0.015	(Ni+Cu) ≤0.50

注：表中所列成分除标明范围或最小值，其余均为最大值。括号内值为允许含有的最大值。
a 为相对于《不锈钢和耐热钢 牌号及化学成分》（GB/T 20878—2007）调整化学成分的牌号。

表 3-66　马氏体型钢的化学成分

GB/T 20878 中序号	新牌号	旧牌号	化学成分（质量分数）（%）										
			C	Si	Mn	P	S	Ni	Cr	Mo	Cu	N	其他元素
96	12Cr12	1Cr12	0.15	0.50	1.00	0.040	0.030	(0.60)	11.50~13.00	—	—	—	—
97	06Cr13	0Cr13	0.08	1.00	1.00	0.040	0.030	(0.60)	11.50~13.50	—	—	—	—
98	12Cr13[a]	1Cr13	0.15	1.00	1.00	0.040	0.030	(0.60)	11.50~13.50	—	—	—	—
99	04Cr13Ni5Mo		0.05	0.60	0.50~1.00	0.030	0.030	3.50~5.50	11.50~14.00	0.50~1.00	—	—	—
101	20Cr13	2Cr13	0.16~0.25	1.00	1.00	0.040	0.030	(0.60)	12.00~14.00	—	—	—	—
102	30Cr13	3Cr13	0.26~0.35	1.00	1.00	0.040	0.030	(0.60)	12.00~14.00	—	—	—	—
104	40Cr13	4Cr13	0.36~0.45	0.80	0.80	0.040	0.030	(0.60)	12.00~14.00	—	—	—	—
107	17Cr16Ni2[a]		0.12~0.20	1.00	1.00	0.025	0.015	2.00~3.00	15.00~18.00	—	—	—	—
108	68Cr17	7Cr17	0.60~0.75	1.00	1.00	0.040	0.030	(0.60)	16.00~18.00	(0.75)	—	—	—

注：表中所列成分除标明范围或最小值，其余均为最大值。括号内值为允许含有的最大值。

a 为相对于（GB/T 20878—2007）调整化学成分的牌号。

表 3-67　沉淀硬化型钢的化学成分

GB/T 20878 中序号	新牌号	旧牌号	化学成分（质量分数）（%）										
			C	Si	Mn	P	S	Ni	Cr	Mo	Cu	N	其他元素
134	04Cr13Ni8Mo2Al[a]		0.05	0.10	0.20	0.010	0.008	7.50~8.50	12.30~13.25	2.00~2.50	—	0.01	Al: 0.90~1.35
135	022Cr12Ni9Cu2NbTi[a]		0.05	0.50	0.50	0.040	0.030	7.50~9.50	11.00~12.50	0.50	1.50~2.50	—	Ti: 0.80~1.40 (Nb+Ta): 0.10~0.50
138	07Cr17Ni7Al	0Cr17Ni7Al	0.09	1.00	1.00	0.040	0.030	6.50~7.75	16.00~18.00	—	—	—	Al: 0.75~1.50
139	07Cr15Ni7Mo2Al	0Cr15Ni7Mo2Al	0.090	1.00	1.00	0.040	0.030	6.50~7.75	14.00~16.00	2.00~3.00	—	—	Al: 0.75~1.50
141	09Cr17Ni5Mo3N[a]		0.07~0.11	0.50	0.50~1.25	0.040	0.030	4.00~5.00	16.00~17.00	2.50~3.20	—	0.07~0.13	—
142	06Cr17Ni7Al		0.08	1.00	1.00	0.040	0.030	6.00~7.50	16.00~17.50	—	—	—	Al: 0.40 Ti: 0.40~1.20

注：表中所列成分除标明范围或最小值，其余均为最大值。

a 为相对于《不锈钢和耐热钢 牌号及化学成分》（GB/T 20878—2007）调整化学成分及牌号。

b. 成品化学成分允许偏差应符合《钢的成品化学成分允许偏差》（GB/T 222—2007）的规定。

② 冶炼方法：优先采用粗炼钢水加炉外精炼。

（6）交货状态

① 钢板和钢带经冷轧后，可经热处理及酸洗或类似处理后交货。

② 根据需方要求，钢板和钢带可按不同冷作硬化状态交货。

③ 对于沉淀硬化型钢的热处理，需方应在合同中注明热处理的种类，并应说明是对钢带、钢板本身还是对试样进行热处理。

④ 必要时可进行矫直、平整或研磨。

（7）力学性能

经热处理的各类型钢板和钢带的力学性能应符合相关规范的规定。各类钢板和钢带的规定非比例延伸强度及硬度试验、退火状态的铁素体型和马氏体型钢的弯曲试验，仅当需方要求并在合同中注明时才进行检验。对于几种硬度试验，可根据钢板和钢带的不同尺寸和状态选择其中一种方法试验。

① 经固溶处理的奥氏体型钢板和钢带的力学性能应符合表 3-68 的规定。

表 3-68　经固溶处理的奥氏体型钢板和钢带的力学性能

GB/T 20878 中序号	新 牌 号	旧 牌 号	规定非比例延伸强度 $R_{p0.2}$（MPa）	抗拉强度 R_m（MPa）	断后伸长率 A（%）	硬 度 值		
						HBW	HRB	HV
			不小于			不大于		
9	12Cr17Ni7	1Cr17Ni7	205	515	40	217	95	218
10	022Cr17Ni7		220	550	45	241	100	
11	022Cr17Ni7N		240	550	45	241	100	
13	12Cr18Ni9	1Cr18Ni9	205	515	40	201	92	210
14	12Cr18Ni9Si3	1Cr18Ni9Si3	205	515	40	217	95	220
17	06Cr19Ni10	0Cr18Ni9	205	515	40	201	92	210
18	022Cr19Ni10	00Cr19Ni10	170	485	40	201	92	210
19	07Cr19Ni10		205	515	40	201	92	210
20	05Cr19Ni10Si2NbN		290	600	40	217	95	
23	06Cr19Ni10N	0Cr19Ni9N	240	550	30	201	92	220
24	06Cr19Ni9NbN	0Cr19Ni10NbN	345	685	35	250	100	260
25	022Cr19Ni10N	00Cr18Ni10N	205	515	40	201	92	220
26	10Cr18Ni12	1Cr18Ni12	170	485	40	183	88	200
32	06Cr23Ni13	0Cr23Ni13	205	515	40	217	95	220
35	06Cr25Ni20	0Cr25Ni20	205	515	40	217	95	220
36	022Cr25Ni22Mo2N		270	580	25	217	95	
38	06Cr17Ni12Mo2	0Cr17Ni12Mo2	205	515	40	217	95	220
39	022Cr17Ni12Mo2	00Cr17Ni14Mo2	170	485	40	217	95	220

续表

GB/T 20878 中序号	新 牌 号	旧 牌 号	规定非比例延伸强度 $R_{p0.2}$ (MPa)	抗拉强度 R_m (MPa)	断后伸长率 A（%）	硬 度 值		
						HBW	HRB	HV
			不小于			不大于		
41	06Cr17Ni12Mo2Ti	0Cr18Ni12Mo3Ti	205	515	40	217	95	220
42	06Cr17Ni12Mo2Nb		205	515	30	217	95	
43	06Cr17Ni12Mo2N	0Cr17Ni12Mo2N	240	550	35	217	95	220
44	022Cr17Ni12Mo2N	00Cr17Ni13Mo2N	205	515	40	217	95	220
45	06Cr18Ni12Mo2Cu2	0Cr18Ni12Mo2Cu2	205	520	40	187	90	220
48	015Cr18Ni12Mo2Cu2		220	490	35	—	90	—
49	06Cr19Ni13Mo3	06Cr19Ni13Mo3	205	515	35	217	95	220
50	022Cr19Ni13Mo3	00Cr19Ni13Mo3	205	515	40	217	95	220
53	022Cr19Ni16Mo5N		240	550	40	223	96	
54	022Cr19Ni13Mo4N		240	550	40	217	95	
55	06Cr18Ni11Ti	0Cr18Ni10Ti	205	515	40	217	95	220
58	015Cr24Ni22Mo8Mn3CuN		430	750	40	250		
61	022Cr24Ni17Mo5Mn6NbN		415	795	35	241	100	
62	06Cr18Ni11Nb	0Cr18Ni11Nb	205	515	40	201	92	210

② 不同冷作硬化状态钢板和钢带的力学性能应符合以下表 3-69～表 3-71 内容规定。表中未列的牌号以冷作硬化状态交货时的力学性能及硬度由供需双方协商确定并在合同中注明。

表 3-69　H1/4 状态的钢材力学性能

GB/T 20878 中序号	新 牌 号	旧 牌 号	规定非比例延伸强度 $R_{p0.2}$ (MPa)	抗拉强度 R_m (MPa)	断后伸长率 A（%）		
					厚度< 0.4mm	0.4mm ≤厚度 <0.8mm	厚度≥ 0.8mm
					不小于		
9	12Cr17Ni7	1Cr17Ni7	515	860	25	25	25
10	022Cr17Ni7		515	825	25	25	25
11	022Cr17Ni7N		515	825	25	25	25
13	12Cr18Ni9	1Cr18Ni9	515	860	10	10	12
17	06Cr19Ni10	0Cr18Ni9	515	860	10	10	12
18	022Cr19Ni10	00Cr19Ni10	515	860	8	8	10
23	06Cr19Ni10N	0Cr19Ni9N	515	860	12	12	12
25	022Cr19Ni10N	00Cr18Ni10N	515	860	10	10	12
38	06Cr17Ni12Mo2	0Cr17Ni12Mo2	515	860	10	10	10
39	022Cr17Ni12Mo2	00Cr17Ni14Mo2	515	860	8	8	8
41	06Cr17Ni12Mo2Ti	0Cr18Ni12Mo3Ti	515	860	12	12	12

表 3-70　H1/2 态的钢材力学性能

GB/T 20878 中序号	新 牌 号	旧 牌 号	规定非比例延伸强度 $R_{p0.2}$（MPa）	抗拉强度 R_m（MPa）	断后伸长率 A（%）		
					厚度＜0.4mm	0.4mm≤厚度＜0.8mm	厚度≥0.8mm
					不小于		
9	12Cr17Ni7	1Cr17Ni7	760	1035	15	18	18
10	022Cr17Ni7		690	930	20	20	20
11	022Cr17Ni7N		690	930	20	20	20
13	12Cr18Ni9	1Cr18Ni9	760	1035	9	10	10
17	06Cr19Ni10	0Cr18Ni9	760	1035	6	7	7
18	022Cr19Ni10	00Cr19Ni10	760	1035	5	6	6
23	06Cr19Ni10N	0Cr19Ni9N	760	1035	6	8	8
25	022Cr19Ni10N	00Cr18Ni10N	760	1035	6	7	7
38	06Cr17Ni12Mo2	0Cr17Ni12Mo2	760	1035	6	7	7
39	022Cr17Ni12Mo2	00Cr17Ni14Mo2	760	1035	5	6	6
43	06Cr17Ni12Mo2N	0Cr17Ni12Mo2N	760	1035	6	8	8

表 3-71　H 状态的钢材力学性能

GB/T 20878 中序号	新 牌 号	旧 牌 号	规定非比例延伸强度 $R_{p0.2}$（MPa）	抗拉强度 R_m（MPa）	断后伸长率 A（%）		
					厚度＜0.4mm	0.4mm≤厚度＜0.8mm	厚度≥0.8mm
					不小于		
9	12Cr17Ni7	1Cr17Ni7	930	1205	10	12	12
13	12Cr18Ni9	1Cr18Ni9	930	1205	5	6	6

③ 经固溶处理的奥氏体-铁素体型钢力学性能应符合表 3-72 的规定。

表 3-72　经固溶处理的奥氏体-铁素体型钢力学性能

GB/T 20878 中序号	新 牌 号	旧 牌 号	规定非比例延伸强度 $R_{p0.2}$（MPa）	抗拉强度 R_m（MPa）	断后伸长率 A（%）	硬 度 值	
						HBW	HRC
			不小于			不大于	
67	14Cr18Ni11Si4AlTi	1Cr18Ni11Si4AlTi	—	715	25	—	—
68	022Cr19Ni5Mo3Si2N	00Cr18Ni5Mo3Si2	440	630	25	290	31
69	12Cr21Ni5Ti	1Cr21Ni5Ti	—	635	20	—	—
70	022Cr22Ni5Mo3N		450	620	25	293	31
71	022Cr23Ni5Mo3N		450	620	25	293	31

续表

GB/T 20878 中序号	新 牌 号	旧 牌 号	规定非比例延伸强度 $R_{p0.2}$（MPa）	抗拉强度 R_m（MPa）	断后伸长率 A（%）	硬 度 值	
						HBW	HRC
			不小于			不大于	
72	022Cr23Ni4MoCuN		400	600	25	290	31
73	022Cr25Ni6Mo2N		450	640	25	295	31
74	022Cr25Ni7Mo4WCuN		550	750	25	270	—
75	03Cr25Ni6Mo3Cu2N		550	760	15	302	32
76	022Cr25Ni7Mo4N		550	795	15	310	32

注：奥氏体-铁素体双相不锈钢不需要做冷弯试验。

④ 经退火处理的铁素体型、马氏体型钢和钢带的力学性能应符合表3-73和表3-74内容规定。

表3-73 经退火处理的铁素体型钢的力学性能

GB/T 20878 中序号	新 牌 号	旧 牌 号	规定非比例延伸强度 $R_{p0.2}$（MPa）	抗拉强度 R_m（MPa）	断后伸长率 A（%）	冷弯 180°	硬度值		
							HBW	HRB	HV
			不小于				不大于		
78	06Cr13Al	0Cr13Al	170	415	20	$d=2a$	179	88	200
80	022Cr11Ti		275	415	20	$d=2a$	197	92	200
81	022Cr11NbTi		275	415	20	$d=2a$	197	92	200
82	022Cr12Ni		280	450	18	—	180	88	
83	022Cr12	00Cr12	195	360	22	$d=2a$	183	88	200
84	10Cr15	1Cr15	205	450	22	$d=2a$	183	89	200
85	10Cr17	1Cr17	205	450	22	$d=2a$	183	89	200
87	022Cr18Ti	00Cr17	175	360	22	$d=2a$	183	88	200
88	10Cr17Mo	1Cr17Mo	240	450	22	$d=2a$	183	89	200
90	019Cr18MoTi		245	410	20	$d=2a$	217	96	230
91	022Cr18NbTi	—	250	430	18	—	180	88	—
92	019Cr19Mo2NbTi	00Cr18Mo2	275	415	20	$d=2a$	217	96	230
94	008Cr27Mo	00Cr27Mo	245	410	22	$d=2a$	190	90	200
95	008Cr30Mo2	00Cr30Mo2	295	450	22	$d=2a$	209	95	220

注："—"表示目前尚无数据提供，需在生产使用过程中积累数据。d—弯芯直径；a—钢板厚度。

表 3-74　经退火处理的马氏体型钢的力学性能

GB/T 20878 中序号	新 牌 号	旧 牌 号	规定非比例延伸强度 $R_{p0.2}$ （MPa）	抗拉强度 R_m （MPa）	断后伸长率 A （%）	冷弯 180°	硬度值[a]		
							HBW	HRB	HV
			不小于				不大于		
96	12Cr12	1Cr12	205	485	20	$d=2a$	217	96	210
97	06Cr13	0Cr13	205	415	20	$d=2a$	183	89	200
98	12Cr13	1Cr13	205	450	20	$d=2a$	217	96	210
99	04Cr13Ni5Mo		620	795	15	—	302	32[a]	—
101	20Cr13	2Cr13	225	520	18	—	223	97	234
102	30Cr13	3Cr13	225	540	18	—	235	99	247
104	40Cr13	4Cr13	225	590	15	—	—	—	—
107	17Cr16Ni2[b]		690	880～1080	12	—	262～326		
			1050	1350	10	—	388		
108	68Cr17	1Cr12	245	590	15	—	255	25[a]	269

注：d—弯芯直径；a—钢板厚度。

a　为 HRC 硬度值。

b　表列为淬火、回火后的力学性能。

⑤ 经固溶处理的沉淀硬化型钢板和钢带的试样的力学性能应符合表 3-75 的规定，根据需方指定并经时效处理的试样的力学性能应符合表 3-76 的规定。

表 3-75　经固溶处理的沉淀硬化型钢试样的力学性能

GB/T 20878 中序号	新 牌 号	旧 牌 号	钢材厚度 t （mm）	规定非比例延伸强度 $R_{p0.2}$ （MPa）	抗拉强度 R_m （MPa）	断后伸长率 A （%）	硬 度 值	
							HRC	HBW
				不大于		不小于	不大于	
134	04Cr13Ni8Mo2Al		$0.10 \leqslant t < 8.0$	—	—	—	38	363
135	022Cr12Ni9Cu2NbTi		$0.30 \leqslant t \leqslant 8.0$	1105	1205	3	36	331
138	07Cr17Ni7Al	0Cr17Ni7Al	$0.10 \leqslant t < 0.30$	450	1035	—	92[a]	—
			$0.30 \leqslant t \leqslant 8.0$	380	1035	20	92[a]	—
139	07Cr15Ni7Mo2Al	0Cr15Ni7Mo2Al	$0.10 \leqslant t \leqslant 8.0$	450	1035	25	100[a]	—
141	09Cr17Ni5Mo3N		$0.10 \leqslant t < 0.30$	585	1380	8	30	—
			$0.30 \leqslant t \leqslant 8.0$	585	1380	12	30	—
142	06Cr17Ni7AlTi		$0.10 \leqslant t < 1.50$	515	825	4	32	—
			$1.50 \leqslant t \leqslant 8.0$	515	825	5	32	—

a　为 HRB 硬度值。

表 3-76 沉淀硬化处理后的沉淀硬化型钢试样的力学性能

GB/T 20878 中序号	新牌号	旧牌号	钢材厚度 t (mm)	处理[a] 温度 (℃)	非比例延伸强度 $R_{p0.2}$ (MPa)	抗拉强度 R_m (MPa)	断后[b] 伸长率 A (%)	硬度值 HRC	硬度值 HB
					不小于	不小于	不小于	不小于	不小于
134	04Cr13Ni8Mo2Al		0.10≤t<0.50	510±6	1410	1515	6	45	—
			0.50≤t<5.0		1410	1515	8	45	—
			5.0≤t≤8.0		1410	1515	10	45	—
			0.10≤t<0.50	538±6	1310	1380	6	43	—
			0.50≤t<5.0		1310	1380	8	43	—
			5.0≤t≤8.0		1310	1380	10	43	—
135	022Cr12Ni9Cu2-NbTi		0.10≤t<0.50	510±6 或 482±6	1410	1525	—	44	—
			0.50≤t<1.50		1410	1525	3	44	—
			1.50≤t≤8.0		1410	1525	4	44	—
138	07Cr17Ni7Al	0Cr17Ni7Al	0.10≤t<0.30	760±15	1035	1240	3	38	—
			0.30≤t<5.0	15±3	1035	1240	5	38	—
			5.0≤t≤8.0	566±6	965	1170	7	43	352
			0.10≤t<0.30	954±8	1310	1450	1	44	—
			0.30≤t<5.0	−73±6	1310	1450	3	44	—
			5.0≤t≤8.0	510±6	1240	1380	6	43	401
139	07Cr15Ni7Mo2Al	0Cr15Ni7Mo2Al	0.10≤t<0.30	760±15	1170	1310	3	40	—
			0.30≤t<5.0	15±3	1170	1310	5	40	—
			5.0≤t≤8.0	566±6	1170	1310	4	40	375
			0.10≤t<0.30	760±15	1380	1550	2	46	—
			0.30≤t<5.0	15±3	1380	1550	4	46	—
			5.0≤t≤8.0	566±6	1380	1550	1	45	429
			0.10≤t≤1.2	冷轧	1205	1380	1	41	—
			0.10≤t≤1.2	冷轧±482	1580	1655	1	46	—
141	09Cr17Ni5Mo3N		0.10≤t<0.30	455±8	1035	1275	6	42	—
			0.30≤t≤5.0		1035	1275	8	42	—
			0.10≤t<0.30	540±8	1000	1140	6	36	—
			0.30≤t≤5.0		1000	1140	8	36	—
142	06Cr17Ni7AlTi		0.10≤t<0.80	510±8	1170	1310	3	39	—
			0.80≤t<1.50		1170	1310	4	39	—
			1.50≤t≤8.0		1170	1310	5	39	—
			0.10≤t<0.80	538±8	1105	1240	3	37	—
			0.80≤t<1.50		1105	1240	4	37	—
			1.50≤t≤8.0		1105	1240	5	37	—
			0.10≤t<0.80	566±8	1035	1170	3	35	—
			0.80≤t<1.50		1035	1170	4	35	—
			1.50≤t≤8.0		1035	1170	5	35	—

a 为推荐性热处理温度，供方应向需方提供推荐性热处理制度。

b 适用于沿宽度方向的试验，垂直于轧制方向且平行于钢板表面。

⑥沉淀硬化型钢固溶处理状态的弯曲试验应符合表3-77 的规定。

表 3-77　沉淀硬化型钢固溶处理状态的弯曲试验

GB/T 20878 中序号	新牌号	旧牌号	厚度 a（mm）	冷弯角度（°）	弯芯直径 d
135	022Cr12Ni9Cu2NbTi		$0.10 \leqslant a \leqslant 5.0$	180	$d = 6a$
138	07Cr17Ni7Al	0Cr17Ni7Al	$0.10 \leqslant a < 5.0$	180	$d = a$
			$5.0 \leqslant a \leqslant 7.0$	180	$d = 3a$
139	07Cr15Ni7Mo2Al	0Cr15Ni7Mo2Al	$0.10 \leqslant a < 5.0$	180	$d = a$
			$5.0 \leqslant a \leqslant 7.0$	180	$d = 3a$
141	09Cr17Ni5Mo3N		$0.10 \leqslant a \leqslant 5.0$	180	$d = 2a$

注：d—弯芯直径，a—试验钢板厚度。

（8）耐腐蚀性能

① 钢板和钢带按表3-78 ~ 表3-81 内容规定进行耐晶间腐蚀试验，试验方法由供需双方协商确定并在合同中注明，未注明时，可不作试验。对于 Mo≥3％的低碳不锈钢，试验前的敏化处理应由供需双方协商。

② 如需方要求其他耐腐蚀试验，或对以下表未列入的牌号需进行耐腐蚀试验时，其试验方法和要求，由供需双方协商确定并在合同中注明。

表 3-78　10％草酸浸蚀试验的判别

GB/T 20878 中序号	新牌号	旧牌号	试验状态	硫酸-硫酸铁腐蚀试验	65％硝酸腐蚀	硫酸-硫酸钢腐蚀试验
17	06Cr19Ni10	0Cr18Ni9	固溶处理（交货状态）	沟状组织	沟状组织 凹状组织 II	沟状组织
19	07Cr19Ni10					
38	06Cr17Ni12Mo2	0Cr17Ni12Mo2				
45	06Cr18Ni12Mo2Cu2	0Cr18Ni12Mo2Cu2			—	
49	06Cr19Ni13Mo3	0Cr19Ni13Mo3				
18	022Cr19Ni10	00Cr19Ni10	敏化组织	沟状组织	沟状组织 凹状组织 II	沟状组织
39	022Cr17Ni12Mo2	00Cr17Ni14Mo2			—	
50	022Cr19Ni13Mo3	00Cr19Ni13Mo3				
41	06Cr17Ni12Mo2Ti	0Cr18Ni12Mo3Ti			—	
55	06Cr18Ni11Ti	0Cr18Ni10Ti				
62	06Cr18Ni11Nb	0Cr18Ni11Nb				

表 3-79　硫酸-硫酸铁腐蚀试验的腐蚀减量

GB/T 20878 中序号	新牌号	旧牌号	试验状态	腐蚀减量 [g/（m²·h）]
17	06Cr19Ni10	0Cr18Ni9	固溶处理（交货状态）	按供需双方协议
19	07Cr19Ni10			
38	06Cr17Ni12Mo2	0Cr17Ni12Mo2		
45	06Cr18Ni12Mo2Cu2	0Cr18Ni12Mo2Cu2		
49	06Cr19Ni13Mo3	0Cr19Ni13Mo3		

GB/T 20878 中序号	新 牌 号	旧 牌 号	试验状态	腐蚀减量 $[g/(m^2 \cdot h)]$
18	022Cr19Ni10	00Cr19Ni10	敏化处理	按供需双方协议
39	022Cr17Ni12Mo2	00Cr17Ni14Mo2		
50	022Cr19Ni13Mo3	00Cr19Ni13Mo3		

表 3-80 65%硝酸腐蚀试验的腐蚀减量

GB/T 20878 中序号	新 牌 号	旧 牌 号	试验状态	腐蚀减量 $[g/(m^2 \cdot h)]$
17	06Cr19Ni10	0Cr18Ni9	固溶处理（交货状态）	按供需双方协议
19	07Cr19Ni10			
18	022Cr19Ni10	00Cr19Ni10	固溶处理（交货状态）	按供需双方协议

表 3-81 硫酸-硫酸铜腐蚀试验后弯曲面状态

GB/T 20878 中序号	新牌号	旧牌号	试验状态	试验后弯曲面状态
17	06Cr19Ni10	0Cr18Ni9	固溶处理（交货状态）	不得有晶间腐蚀裂纹
19	07Cr19Ni10			
38	06Cr17Ni12Mo2	0Cr17Ni12Mo2		
45	06Cr18Ni12Mo2Cu2	0Cr18Ni12Mo2Cu2		
49	06Cr19Ni13Mo3	0Cr19Ni13Mo3		
18	022Cr19Ni10	00Cr19Ni10	敏化处理	不得有晶间腐蚀裂纹
39	022Cr17Ni12Mo2	00Cr17Ni14Mo2		
41	06Cr17Ni12Mo2Ti	0Cr18Ni12Mo3Ti		
50	022Cr19Ni13Mo3	00Cr19Ni13Mo3		
55	06Cr18Ni11Ti	0Cr18Ni10Ti		
62	06Cr18Ni11Nb	0Cr18Ni11Nb		

③ 如需方要求并在合同中注明可对钢板和钢带进行盐雾腐蚀试验，试验方法执行《人造气氛腐蚀试验 盐雾试验》（GB/T 10125—1997）的规定。

（9）表面加工及质量要求。

① 表面加工类型见表 3-82，需方应根据使用要求指定钢板表面加工类型，并在合同中注明。

表 3-82 表面加工类型

简 称	加工类型	表面状态	备 注
2D 表面	冷轧、热处理、酸洗或除鳞	表面均匀、呈亚光状	冷轧后热处理、酸洗。亚光表面经酸洗或除鳞产生。可用毛面辊进行平整。毛面加工便于在深冲时将润滑剂保留在钢板表面。这种表面适用于加工深冲部件，但这些部件成型后还需进行抛光处理

简　称	加工类型	表面状态	备　注
2B 表面	冷轧、热处理、酸洗或除鳞、光亮加工	较 2D 表面光滑平直	在 2D 表面的基础上，对经热处理、除鳞后的钢板用抛光辊进行小压下量的平整，属最常用的表面加工。除极为复杂的深冲外，可用于任何用途
BA 表面	冷轧、光亮退火	平滑、光亮、反光	冷轧后在可控气氛炉内进行光亮退火。通常采用干氢或干氢与干氮混合气氛，以防止退火过程中的氧化现象，也是后工序再加工常用的表面加工
3#表面	对单面或双面进行刷磨或亚光抛光	无方向纹理、不反光	需方可指定抛光带的等级或表面粗糙度。由于抛光带的等级或表面粗糙度的不同，表面所呈现的状态不同。这种表面适用于延伸产品还需进一步加工的场合。若钢板或钢带做成的产品不进行另外的加工或抛光处理时，建议用4#表面
4#表面	对单面或双面进行通用抛光	无方向纹理、反光	经粗磨料磨砺后，再用粒度为 120 ~ 150#或更细的研磨料进行经磨。这种材料被广泛用于餐馆设备、厨房设备、店铺门面、乳制品设备等
6#表面	单面或双面亚光缎面抛光，坦皮科研磨	呈亚光状、无方向纹理	表面反光率较4#表面差。是用4#表面加工的钢板在中粒度研磨料和油的介质中经坦皮科刷磨而成。适用于不要求光泽度的建筑物和装饰。研磨粒度可由需方指定
7#表面	高光泽度表面加工	光滑、高反光度	是由优良的基础表面进行擦磨而成。但表面磨痕无法消除。该表面主要适用于要求高光泽度的建筑物外墙装饰
8#表面	镜面加工	无方向纹理、高反光度、影像清晰	该表面是用逐步细化的磨料抛光和用极细的铁丹大量擦磨而成。表面不留任何擦磨痕迹。该表面被广泛用于模压板、镜面
TR 表面	冷作硬化处理	应材质及冷作量的大小而变化	对退火除鳞或光亮退火的钢板进行足够的冷作硬化处理。大大提高强度水平
HL 表面	冷轧、酸洗、平整、研磨	呈连续性磨纹状	用适当粒度的研磨材料进行抛光，使表面呈连续性磨纹

注：单面抛光的钢板，另一面需进行粗磨，以保证必要的平直度。

标准的抛光工艺在不同的钢种上所产生的效果不同。对于一些关键性的应用，订单中需要附"典型标样"做参照，以便于取得一致的看法。

② 钢板及钢带表面质量

a. 钢板不得有影响使用的缺陷，允许有个别深度小于厚度公差之半的轻微麻点、擦划伤、压痕、凹坑、辊印和色差等不影响使用的缺陷。允许局部修磨，但应保证钢板最小厚度。

b. 钢带不得有影响使用的缺陷。但成卷交货的钢带由于一般没有除去缺陷的机会，允许有少量不正常的部分。对不经抛光的钢带，表面允许有个别深度小于厚度公差之半的轻微麻点、擦划伤、压痕、凹坑、辊印和色差。

c. 钢带边缘应平整。切边钢带边缘不允许有深度大于宽度公差之半的切割不齐和大于钢带厚度公差的毛刺；不切边钢带不允许有大于宽度公差的裂边。

第二节 铝 及 铝 合 金

一、铝及铝合金

钢铁通常称为黑色金属。除钢铁以外的铝、铜、镁、锌等金属及其所形成的合金称为有色金属。与黑色金属相比，有色金属的产量和使用量都比较低，价格相比也比较昂贵。但是由于它们具有某些特殊的性能，因而也不断成为现代工业、建筑业中不可缺少的重要材料。由于铝的化学性质比较活泼，所以直到1886年在美国和在法国各自独立发现一种经济的电解提取铝之前，铝都没有成为一种工业用材料，然而从那之后，在较短的时间内铝的产量获得显著增长，从而被广泛使用。今天，铝已经发展成为继钢铁材料之后的第二位广泛应用于工业、建筑业的建筑材料。

1. 铝材

铝和铝合金经加工成一定形状的材料统称铝材，包括板材、带材、箔材、管材、棒材、线材、型材等。

2. 铝合金

铝合金是工业中应用最广泛的一类有色金属结构材料，在航空、航天、汽车、机械制造、船舶及化学工业中已大量应用。随着近年来科学技术以及工业经济的飞速发展，对铝合金焊接结构件的需求日益增多，使铝合金的焊接性研究也随之深入。铝合金的广泛应用促进了铝合金焊接技术的发展，同时焊接技术的发展又拓展了铝合金的应用领域，因此铝合金的焊接技术正成为研究的热点之一。

纯铝的密度小（$\rho = 2.7 \text{g/cm}^3$），大约是铁的1/3，熔点低（660℃），铝是面心立方结构，故具有很高的塑性（δ：32%～40%，ψ：70%～90%），易于加工，可制成各种型材、板材。抗腐蚀性能好；但是纯铝的强度很低，退火状态σ_b值约为8kgf/mm^2，故不宜作结构材料。通过长期的生产实践和科学实验，人们逐渐以加入合金元素及运用热处理等方法来强化铝，这就得到了一系列的铝合金。添加一定元素形成的合金在保持纯铝质轻等优点的同时还能具有较高的强度，σ_b值分别可达24～60kgf/mm^2。这样使得其"比强度"（强度与比重的比值σ_b/ρ）胜过很多合金钢，成为理想的结构材料，广泛用于机械制造、运输机械、动力机械及航空工业等方面，飞机的机身、压气机等常以铝合金制造，以减轻自重。采用铝合金代替钢板材料的焊接，结构重量可减轻50%以上。

铝合金密度低，但强度比较高，接近或超过优质钢，塑性好，可加工成各种型材，具有优良的导电性、导热性和抗蚀性，工业上广泛使用，使用量仅次于钢。

二、铝合金的分类及表面处理

铝合金分两大类：①铸造铝合金，在铸态下使用；②变形铝合金，能承受压力加工，可加工成各种形态、规格的铝合金材。主要用于制造航空器材、建筑用幕墙、门窗等。

铝合金按加工方法可以分为变形铝合金和铸造铝合金。变形铝合金又分为不可热处理强化型铝合金和可热处理强化型铝合金。不可热处理强化型铝合金不能通过热处理来提高机械性能，只能通过冷加工变形来实现强化，它主要包括高纯铝、工业高纯铝、工业纯铝以及防锈铝等。可热处理强化型铝合金可以通过淬火和时效等热处理手段来提高机械性能，它可分为硬铝、锻铝、超硬铝和特殊铝合金等。

一些铝合金可以采用热处理获得良好的机械性能，物理性能和抗腐蚀性能。

铸造铝合金按化学成分可分为铝硅合金、铝铜合金、铝镁合金、铝锌合金和铝稀土合金，其中铝硅合金又有简单铝硅合金（不能热处理强化，力学性能较低，铸造性能好），特殊铝硅合金（可热处理强化，力学性能较高，铸造性能良好）。

一系：1000系列铝合金代表1050、1060、1100系列。在所有系列中1000系列属于含铝量最多的一个系列，纯度可以达到99.00%以上。由于不含有其他技术元素，所以生产过程比较单一，价格相对比较便宜，是目前常规工业中最常用的一个系列。目前市场上流通的大部分为1050以及1060系列。1000系列铝板根据最后两位阿拉伯数字来确定这个系列的最低含铝量，比如1050系列最后两位阿拉伯数字为50，根据国际牌号命名原则，含铝量必须达到99.5%以上方为合格产品。我国的铝合金技术标准《一般工业用铝及铝合金板、带材》（GB/T 3880.1~3880.3—2006）中也明确规定1050含铝量达到99.5%。同样的道理，1060系列铝板的含铝量必须达到99.6%以上。

二系：2000系列铝合金代表2024、2A16（LY16）、2A02（LY6）。2000系列铝板的特点是硬度较高，其中以铜元素含量最高，大概在3%~5%。2000系列铝棒属于航空铝材，目前在常规工业中不常应用。

三系：3000系列铝合金代表3003、3A21为主。我国3000系列铝板生产工艺较为优秀。3000系列铝棒是由锰元素为主要成分。含量在1.0%~1.5%，是一款防锈功能较好的系列。

四系：4000系列铝棒代表为4A01，4000系列的铝板属于含硅量较高的系列。通常硅含量在4.5%~6.0%。属建筑用材料，机械零件，锻造用材，焊接材料；低熔点，耐蚀性好。产品描述：具有耐热、耐磨的特性。

五系：5000系列铝合金代表5052、5005、5083、5A05系列。5000系列铝棒属于较常用的合金铝板系列，主要元素为镁，含镁量在3%~5%，又可以称为铝镁合金。主要特点为密度低，抗拉强度高，延伸率高。在相同面积下铝镁合金的重量低于其他系列。在常规工业中应用也较为广泛。在我国5000系列铝板属于较为成熟的铝板系列之一。

六系：6000系列铝合金代表6061，主要含有镁和硅两种元素，故集中了4000系列和5000系列的优点。6061是一种冷处理铝锻造产品，适用于对抗腐蚀性、氧化性要求高的应用。可使用性好，容易涂层，加工性好。

七系：7000系列铝合金代表7075，主要含有锌元素。也属于航空系列，是铝镁锌铜合金，是可热处理合金，属于超硬铝合金，有良好的耐磨性。目前基本依靠进口，我国的生产工艺还有待提高。

八系：8000系列铝合金较为常用的为8011，属于其他系列，大部分应用为铝箔，生产铝棒方面不太常用。

九系：9000系列铝合金是备用合金。

1. 铸造铝合金

铸造铝合金（ZL）按成分中铝以外的主要元素硅、铜、镁、锌分为四类，代号编码分别为100、200、300、400。

为了获得各种形状与规格的优质精密铸件，用于铸造的铝合金一般具有以下特性：

（1）有填充狭槽窄缝部分的良好流动性；

（2）有比一般金属低的熔点，但能满足极大部分情况的要求；

（3）导热性能好，熔融铝的热量能快速向铸模传递，铸造周期较短；

（4）熔体中的氢气和其他有害气体可通过处理得到有效的控制；

（5）铝合金铸造时，没有热脆开裂和撕裂的倾向；

（6）化学稳定性好，抗蚀性能强；

（7）不易产生表面缺陷，铸件表面有良好的表面光洁度和光泽，而且易于进行表面处理；

（8）铸造铝合金的加工性能好，可用压模、硬模、生砂和干砂模、熔模石膏型铸造模进行铸造生产，也可用真空铸造、低压和高压铸造、挤压铸造、半固态铸造、离心铸造等方法成形，生产不同用途、不同品种规格、不同性能的各种铸件。

铸造铝合金在轿车上是得到了广泛应用，如发动机的缸盖、进气管、活塞、轮毂、转向助力器壳体等。

2. 高强度铝合金（变形铝合金）

高强度铝合金指其抗拉强度大于 480MPa 的铝合金，主要是压力加工铝合金中防锈铝合金类、硬铝合金类、超硬铝合金类、锻铝合金类、铝锂合金类。

3. 铝合金的表面处理

铝合金板材按表面处理方式可分为非涂漆产品和涂漆产品两大类。

（1）非涂漆类产品

① 可分为锤纹铝板（无规则纹样）、压花板（有规则纹样）和预钝化氧化铝表面处理板。

② 此类产品在板材表面不做涂漆处理，对表面的外观要求不高，价格也较低。

（2）涂漆类产品

① 分类：

按涂装工艺可分为：喷涂板产品和预辊涂板；

按涂漆种类可分为：聚酯、聚氨酯、聚酰胺、改性硅、环氧树脂、氟碳等。

② 多种涂层中，主要性能差异是对太阳光紫外线的抵抗能力，其中在正面最常用的涂层为氟碳漆（PVDF），其抵抗紫外线的能力较强；背面可选择聚酯或环氧树脂涂层作为保护漆。另外正面还可贴一层可撕掉的保护膜。

4. 时效处理

为了消除精密量具或模具、零件在长期使用中尺寸、形状发生变化，常在低温回火后（低温回火温度 150～250℃）精加工前，把工件重新加热到 100～150℃，保持 5～20h，这种为稳定精密制件质量的处理，称为时效。对在低温或动荷载条件下的钢材构件进行时效处理，以消除残余应力，稳定钢材组织和尺寸，尤为重要。

时效处理指合金工件经固溶处理，冷塑性变形或铸造，锻造后，在较高的温度放置或室温保持其性能、形状、尺寸随时间而变化的热处理工艺。若采用将工件加热到较高温度，并较短时间进行时效处理的时效处理工艺，称为人工时效处理，若将工件放置在室温或自然条件下长时间存放而发生的时效现象，称为自然时效处理。第三种方式是振动时效，振动时效从上世纪 80 年代初起逐步进入实用阶段，振动时效处理则在不加热也不像自然时效那样费时的情况下，用给工作施加一定频率的振动使其内应力得以释放，从而达到时效的目的。时效处理的目的，消除工件的内应力，稳定组织和尺寸，改善机械性能等。

在机械生产中，为了稳定铸件尺寸，常将铸件在室温下长期放置，然后才进行切削加工。这种措施也被称为时效。但这种时效不属于金属热处理工艺。

三、铝合金的典型用途介绍

1050 食品、化学和酿造工业用挤压盘管，各种软管，烟花粉。

1060 要求抗蚀性与成形性均高的场合，但对强度要求不高，化工设备是其典型用途。

1100 用于加工需要有良好的成形性和高的抗蚀性但不要求有高强度的零件部件，例如化工产品、食品工业装置与贮存容器、薄板加工件、深拉或旋压凹形器皿、焊接零部件、热交换器、印刷板、铭牌、反光器具。

1145 包装及绝热铝箔，热交换器。

1199 电解电容器箔，光学反光沉积膜。

1350 电线、导电绞线、汇流排、变压器带材。

2011 螺钉及要求有良好切削性能的机械加工产品。

2014 应用于要求高强度与硬度（包括高温）的场合。飞机重型、锻件、厚板和挤压材料，车轮与结构元件，多级火箭第一级燃料槽与航天器零件，卡车构架与悬挂系统零件。

2017 是第一个获得工业应用的 2XXX 系合金，目前的应用范围较窄，主要为铆钉、通用机械零件、结构与运输工具结构件，螺旋桨与配件。

2024 飞机结构、铆钉、导弹构件、卡车轮毂、螺旋桨元件及其他结构件。

2036 汽车车身钣金件。

2048 航空航天器结构件与兵器结构零件。

2124 航空航天器结构件。

2218 飞机发动机和柴油发动机活塞，飞机发动机汽缸头，喷气发动机叶轮和压缩机环。

2219 航天火箭焊接氧化剂槽，超音速飞机蒙皮与结构零件，工作温度为 $-270 \sim 300℃$。焊接性好，断裂韧性高，T8 状态有很高的抗应力腐蚀开裂能力。

2319 焊拉 2219 合金的焊条和填充焊料。

2618 模锻件与自由锻件。活塞和航空发动机零件。

2A01 工作温度小于等于 100℃ 的结构铆钉。

2A02 工作温度 200 ~300℃ 的涡轮喷气发动机的轴向压气机叶片。

2A06 工作温度 150 ~250℃ 的飞机结构及工作温度 125 ~250℃ 的航空器结构铆钉。

2A10 强度比 2A01 合金的高，用于制造工作温度小于等于 100℃ 的航空器结构铆钉。

2A11 飞机的中等强度的结构件、螺旋桨叶片、交通运输工具与建筑结构件。航空器的中等强度的螺栓与铆钉。

2A12 航空器蒙皮、隔框、翼肋、翼梁、铆钉等，建筑与交通运输工具结构件。

2A14 形状复杂的自由锻件与模锻件。

2A16 工作温度 250 ~300℃ 的航天航空器零件，在室温及高温下工作的焊接容器与气密座舱。

2A17 工作温度 225 ~250℃ 的航空器零件。

2A50 形状复杂的中等强度零件。

2A60 航空器发动机压气机轮、导风轮、风扇、叶轮等。

2A70 飞机蒙皮，航空器发动机活塞、导风轮、轮盘等。

2A80 航空发动机压气机叶片、叶轮、活塞、涨圈及其他工作温度高的零件。

2A90 航空发动机活塞。

3003 用于加工需要有良好的成形性能、高抗蚀性、可焊性好的零件部件，或既要求有这些性能又需要有比 1XXX 系合金强度高的工作，如厨具、食物和化工产品处理与贮存装置，运输液体产品的槽、罐，以薄板加工的各种压力容器与管道。

3004 全铝易拉罐罐身，要求有比 3003 合金更高强度的零部件，化工产品生产与贮存装置，薄板加工件，建筑加工件，建筑工具，各种灯具零部件。

3105 房间隔断、挡板、活动房板、檐槽和落水管，薄板成形加工件，瓶盖、瓶塞等。

3A21 飞机油箱、油路导管、铆钉线材等；建筑材料与食品等工业装备等。

5005 与 3003 合金相似，具有中等强度与良好的抗蚀性。用作导体、炊具、仪表板、壳与建筑装饰件。阳极氧化膜比 3003 合金上的氧化膜更加明亮，并与 6063 合金的色调协调一致。

5050 薄板可作为致冷机与冰箱的内衬板，汽车气管、油管与农业灌溉管；也可加工厚板、管材、棒材、异形材和线材等。

5052 此合金有良好的成形加工性能、抗蚀性、可烛性、疲劳强度与中等的静态强度，用于制造飞机油箱、油管，以及交通车辆、船舶的钣金件，仪表、街灯支架与铆钉、五金制品等。

5056 镁合金与电缆护套铆钉、拉链、钉子等；包铝的线材广泛用于加工农业捕虫器罩，以及需要有高抗蚀性的其他场合。

5083 用于需要有高的抗蚀性、良好的可焊性和中等强度的场合，诸如舰艇、汽车和飞机板焊接件；需严格防火的压力容器、致冷装置、电视塔、钻探设备、交通运输设备、导弹元件、装甲等。

5086 用于需要有高的抗蚀性、良好的可焊性和中等强度的场合，例如舰艇、汽车、飞机、低温设备、电视塔、钻井装置、运输设备、导弹零部件与甲板等。

5154 焊接结构、贮槽、压力容器、船舶结构与海上设施、运输槽罐。

5182 薄板用于加工易拉罐盖，汽车车身板、操纵盘、加强件、托架等零部件。

5252 用于制造有较高强度的装饰件，如汽车等的装饰性零部件。在阳极氧化后具有光亮透明的氧化膜。

5254 过氧化氢及其他化工产品容器。

5356 焊接镁含量大于 3% 的铝 - 镁合金焊条及焊丝。

5454 焊接结构，压力容器，海洋设施管道。

5456 装甲板、高强度焊接结构、贮槽、压力容器、船舶材料。

5457 经抛光与阳极氧化处理的汽车及其他装备的装饰件。

5652 过氧化氢及其他化工产品贮存容器。

5657 经抛光与阳极氧化处理的汽车及其他装备的装饰件，但在任何情况下必须确保材料具有细的晶粒组织。

5A02 飞机油箱与导管，焊丝，铆钉，船舶结构件。

5A03 中等强度焊接结构，冷冲压零件，焊接容器，焊丝，可用来代替 5A02 合金。

5A05 焊接结构件，飞机蒙皮骨架。

5A06 焊接结构，冷模锻零件，焊拉容器受力零件，飞机蒙皮骨部件。

5A12 焊接结构件，防弹甲板。

6005 挤压型材与管材，用于要求强度大于 6063 合金的结构件，如梯子、电视天线等。

6009 汽车车身板。

6010 薄板：汽车车身。

6061 要求有一定强度、可焊性与抗蚀性高的各种工业结构性，如制造卡车、塔式建筑、船舶、电车、夹具、机械零件、精密加工等用的管、棒、型材、板材。

6063 建筑型材，灌溉管材以及供车辆、台架、家具、栏栅等用的挤压材料。

6066 锻件及焊接结构挤压材料。

6070 重载焊接结构与汽车工业用的挤压材料与管材。

6101 公共汽车用高强度棒材、电导体与散热器材等。

6151 用于模锻曲轴零件、机器零件与生产轧制环，供既要求有良好的可锻性能、高的强度，又要有良好抗蚀性之用。

6201 高强度导电棒材与线材。

6205 厚板、踏板与耐高冲击的挤压件。

6262 要求抗蚀性优于 2011 和 2017 合金的有螺纹的高应力零件。

6351 车辆的挤压结构件，水、石油等的输送管道。

6463 建筑与各种器具型材，以及经阳极氧化处理后有明亮表面的汽车装饰件。

6A02 飞机发动机零件，形状复杂的锻件与模锻件。

7005 挤压材料，用于制造既要有高的强度又要有高的断裂韧性的焊接结构，如交通运输车辆的桁架、杆件、容器；大型热交换器，以及焊接后不能进行固熔处理的部件；还可用于制造体育器材如网球拍与垒球棒。

7039 冷冻容器、低温器械与贮存箱，消防压力器材，军用器材、装甲板、导弹装置。

7049 用于锻造静态强度与 7079-T6 合金的相同而又要求有高的抗应力腐蚀开裂能力的零件，如飞机与导弹零件——起落架液压缸和挤压件。零件的疲劳性能大致与 7075-T6 合金的相等，而韧性稍高。

7050 飞机结构件用中厚板、挤压件、自由锻件与模锻件。制造这类零件对合金的要求是：抗剥落腐蚀、应力腐蚀开裂能力、断裂韧性与抗疲劳性能都高。

7072 空调器铝箔与特薄带材；2219、3003、3004、5050、5052、5154、6061、7075、7475、7178 合金板材与管材的包覆层。

7075 用于制造飞机结构及期货：它要求强度高、抗腐蚀性能强的高应力结构件、模具制造。

7175 用于锻造航空器用的高强度结构。T736 材料有良好的综合性能，即强度、抗剥落腐蚀与抗应力腐蚀开裂性能、断裂韧性、疲劳强度都高。

7178 供制造航空航天器的要求抗压屈服强度高的零部件。

7475 机身用的包铝的与未包铝的板材，机翼骨架、桁条等。其他既要有高的强度又要有高的断裂韧性的零部件。

7A04 飞机蒙皮、螺钉，以及受力构件，如大梁桁条、隔框、翼肋、起落架等。

四、铝及铝合金的产品标准

1. 《变形铝及铝合金状态代号》（GB/T 16475—2008）规定了变形铝及铝合金的状态代号

（1）一般规定

① 状态代号分为基础状态代号和细分状态代号。基础状态代号用一个英文大写字母表示。细分状态代号用基础状态代号后缀一位或多位阿拉伯数字或英文大写字母来表示，这些阿拉伯数字或英文大写字母表示影响产品特性的基本处理或特殊处理。

② 本标准示例状态代号中的"X"表示未指定的任意一位阿拉伯数字，如"H2X"可表示"H21～H29"之间的任何一种状态，"HXX4 可表示"H114～H194"，或"H224～H294"，或"H324～H394"之间的任何一种状态；"－"表示未指定的任意一位或多位阿拉伯数字，如"T-51"可表示末位两位数字为"51"的任何一种状态，如"T351、T651、T6151、T7351、T7651"等。

（2）基础状态代号

① F——自由加工状态

适用于在成型过程中，对于加工硬化和热处理条件无特殊要求的产品，该状态产品对力学性能不作规定。

② O——退火状态

适用于经完全退火后获得最低强度的产品状态。

③ H——加工硬化状态

适用于通过加工硬化提高强度的产品。

④ W——固溶热处理状态

适用于经固溶热处理后，在室温下自然时效的一种不稳定状态。该状态不作为产品交货状态，仅表示产品处于自然时效阶段。

⑤ T——不同于F、O或H状态的热处理状态

适用于固溶热处理后，经过（或不经过）加工硬化达至稳定状态。

（3）状态的细分状态代号

① 高温退火后慢速冷却状态

适用于超声波检验或尺寸稳定化前，将产品或试样加热至近似固溶热处理规定的温度并进行保温（保温时间与固溶热处理规定的保温时间相近），然后出炉置于空气中冷却的状态。该状态产品对力学性能不作规定，一般不作为产品的最终交货状态。

② 热机械处理状态

适用于使用方在产品进行热机械处理前，将产品进行高温（可至固溶热处理规定的温度）退火，以获得良好成型性的状态。

③ 均匀化状态

适用于连续铸造的拉线坯或铸带，为消除或减少偏析和利于后继加工变形，而进行的高温退火状态。

④ H 状态的细分状态代号

H 后面第一位数字表示的状态

a. H 后面的第一位数字表示获得该状态的基本工艺，用数字 1~4 表示。

b. H1X—单纯加工硬化状态。适用于未经附加热处理，只经加工硬化即获得所需强度的状态。

c. H2X—加工硬化后不完全退火的状态。适用于加工硬化程度超过成品规定要求后，经不完全退火，使强度降低到规定指标的产品。对于室温下自然时效软化的合金，H2X 与对应的 H3X 具有相同的最小极限抗拉强度值；对于其他合金，H2X 与对应的 H1X 具有相同的最小极限抗拉强度值，但延伸率比 H1X 稍高。

d. H3X—加工硬化后稳定化处理的状态。适用于加工硬化后经低温热处理或由于加工过程中的受热作用致使其化学性能达到稳定状态的产品。H3X 状态仅适用于在室温下逐渐时效软化（除非经稳定化处理）的合金。

e. H4X—加工硬化后涂漆（层）处理的状态。适用于加工硬化后，经涂漆（层）处理导致了不完全退火的产品。

⑤ H 后面的第 2 位数字表示的状态。

a. H 后面的第 2 位数字表示产品的最终加工硬化程度，用数字 1~9 来表示。

b. 数字 8 表示硬状态。通常采用 0 状态的最小抗拉强度与表 3-83 规定的强度差值之和，来确定 H×8 状态的最小抗拉强度值。

表 3-83　状　态　比　较

0 状态的最小抗拉强度（MPa）	H×8 状态与 0 状态的最小抗拉强度差值（MPa）
≤40	55
45~60	65
65~80	75
85~100	85
105~120	90
125~160	95
165~200	100
205~240	105
245~280	110
285~320	115
≥325	120

c. 0（退火）状态与 H×8 状态之间的状态见表 3-84。

表 3-84　状　态　比　较

细分状态代号	加工硬化程度
H×1	最终抗拉强度极限，为 0 与 H×2 状态的中间值
H×2	最终抗拉强度极限，为 0 与 H×4 状态的中间值
H×3	最终抗拉强度极限，为 H×2 与 H×4 状态的中间值
H×4	最终抗拉强度极限，为 0 与 H×8 状态的中间值
H×5	最终抗拉强度极限，为 H×4 与 H×6 状态的中间值
H×6	最终抗拉强度极限，为 H×4 与 H×8 状态的中间值
H×7	最终抗拉强度极限，为 H×6 与 H×8 状态的中间值

d. 数字9为超硬状态，用HX9表示。HX9状态的最小抗拉强度极限值，超过HX8状态至少10MPa及以上。

⑥ H后面第3位数字表示的状态

H后面的第3位数字或字母，表示影响产品特性，但产品特性仍接近其两位数字状态（H112、H116、H321状态除外）的特殊处理。

a. HX11——适用于退火后又进行了适量的加工硬化，但加工硬化程度又不及H11状态的产品。

b. H112——适用于经热加工成型但不经冷加工而获得一些加工厨师化的产品，该状态产品对力学性能有要求。

c. H116——适用于镁含量≥3.0%的5×××系合金制成的产品。这些产品最终经加工硬化后，具有稳定的拉伸性能和在快速腐蚀试验中具有合适的抗腐蚀能力。腐蚀试验包括晶间腐蚀试验和剥落腐蚀试验。这种状态的产品适用于温度不高于650℃的环境。

d. H321——适用于镁含量≥3.0%的5×××系合金制成的产品。这些产品最终经热稳定化处理后，具有稳定的拉伸性能和快速腐蚀试验中具有合适的抗腐蚀能力。腐蚀试验包括晶间腐蚀试验和剥落腐蚀试验。这种状态的产品适用于温度不高于650℃的环境。

e. HXX4——适用于HXX状态坯料制作花纹板或花纹带材的状态。这些花纹板或花纹带材的力学性能与坯料不同。如H22状态的坯料经制作成花纹板后的状态为H224。

f. HXX5——适用于HXX状态带坯制作的焊接管。管材的几何尺寸和合金与带坯相一致，但力学性能可能与带坯不同。

g. H32A——是对H32状态进行强度和弯曲性能改良的工艺改进状态。

⑦ T状态的细分状态代号

T后面的附加数字1~10表示的状态。

a. T后面数字1~10表示基本处理状态，T1~T10状态见表3-85。

表3-85 状态说明与应用

状态代号	说 明 与 应 用
T1	高温成型+自然时效 适用于由高温成型后冷却、自然时效，不再进行冷加工（或影响力学性能极限的矫平、矫直）的产品
T2	高温成型+冷加工+自然时效 适用于由高温成型后冷却，进行冷加工（或影响力学性能极限的矫平、矫直）以提高强度，然后自然时效的产品
T3[a]	固溶热处理+冷加工+自然时效 适用于在固溶热处理后，进行冷加工（或影响力学性能极限的矫平、矫直）以提高强度，然后自然时效的产品
T4[a]	固溶热处理+自然时效 适用于在固溶热处理后，不再进行冷加工（或影响力学性能极限的矫平、矫直），然后自然时效的产品
T5	由高温成型+人工时效 适用于由高温成型后冷却，不经过冷加工（或影响力学性能极限的矫平、矫直），然后进行人工时效的产品

续表

状态代号	说　明　与　应　用
T6[a]	固溶热处理 + 人工时效 适用于在固溶热处理后，不再进行冷加工（或影响力学性能极限的矫平、矫直），然后进行人工时效的产品
T7[a]	固溶热处理 + 过时效 适用于在固溶热处理后，进行过时效至稳定化状态。为获取除力学性能外的其他某些重要特性，在人工时效时，强度在时效曲线上越过了最高峰点的产品
T8[a]	固溶热处理 + 冷加工 + 人工时效 适用于固溶热处理后，经冷加工（或影响力学性能极限的矫平、矫直）以提高强度，然后进行人工时效的产品
T9[a]	固溶处理 + 人工时效 + 冷加工 适用于固溶热处理后，人工时效，然后进行冷加工（或影响力学性能极限的矫平、矫直）以提高强度的产品
T10	高温成型 + 冷加工 + 人工时效 适用于高温成型后冷却，经冷加工（或影响力学性能极限的矫平、矫直）以提高强度，然后进行人工时效的产品

a　某些6×××系或7×××的合金，无论是炉内固溶热处理，还是从高温成型过程急冷以保留可溶性组分在固溶体中，均能达到相同的固溶热处理效果，这些合金的 T3、T4、T5、T6、T7、T8、T9 状态可采用上述两种处理方法的任一种，但应保证产品的力学性能和其他性能（如抗腐蚀性能）。

b. T1 ~ T10 后面的附加数字表示的状态

c. T1 ~ T10 后面的附加数字表示影响产品特性的特殊处理。

d. T-51、T-510 和 T-511——拉伸消除应力状态，见表3-86。T1、T4、T5、T6 状态的材料不进行冷加工或影响力学性能极限的矫直、矫平，因此拉伸消除应力状态中应无 T151、T1510、T1511、T451、T4510、T4511、T551、T5510、T5511、T651、T6510、T6511 状态。

表3-86　状态代号释义

状态代号	代　号　释　义
T-51	适用于固溶热处理或高温成型后冷却，按规定量进行拉伸的厚板、薄板、轧制棒、冷精整棒、自由锻件、环形锻件或轧制环，这些产品拉伸后不再进行矫直，其规定的永久拉伸变形量如下： ——厚板：1.5% ~ 3% ——薄板：0.5% ~ 3% ——轧制棒或冷精整棒：1% ~ 3% ——自由锻件、环形锻件或轧制：1% ~ 5%
T-510	适用于固溶热处理或高温成型后冷却，按规定量进行拉伸的挤压棒材、型材和管材，以及拉伸（或拉拔）管材，这些产品拉伸后不再进行矫直，其规定的永久拉伸变形量如下： ——挤压棒材、型材和管材：1% ~ 3% ——拉伸（或拉拔）管材：0.5% ~ 3%
T-511	适用于固溶热处理或高温成型后冷却，按规定量进行拉伸的挤压棒材、型材和管材，以及拉伸（或拉拔）管材，这些产品拉伸后可轻微矫直以符合标准公差，其规定的永久拉伸变形量如下： ——挤压棒材、型材和管材：1% ~ 3% ——拉伸（或拉拔）管材：0.5% ~ 3%

e. T-52——压缩消除应力状态。适用于固溶热处理或高温成型后冷却，通过压缩来消除应力，以产生 1% ~5% 的永久变形量的产品。

f. T54——拉伸与压缩相结合消除应力状态。适用于在终锻模内通过冷整形来消除应力的模锻件。

g. T7X——过时效状态，见表 3-87。T7X 状态过时效阶段材料的性能曲线如图 3-7（图曲线仅示意的规律，真实的变化曲线应按合金来具体描绘）所示。

表 3-87　状态代号释义

状态代号	代　号　释　义
T79	初级过时效状态。具有较高强度、好的抗应力腐蚀和剥落腐蚀性能
T76	中级过时效状态。其强度、抗应力腐蚀和抗剥落腐蚀性能介于 T73 与 T76 之间
T74	中级过时效状态
T73	完全过时效状态。具有最好的抗应力腐蚀和抗剥落腐蚀性能

h. T81——适用于固溶热处理后，经 1% 左右的冷加工变形提高强度，然后进行人工时效的产品。

i. T87——适用于固溶热处理后，经 7% 左右的冷加工变形提高强度，然后进行人工时效的产品。

性能	T79	T76	T74	T73
抗拉强度				
抗应力腐蚀				
抗剥落腐蚀				

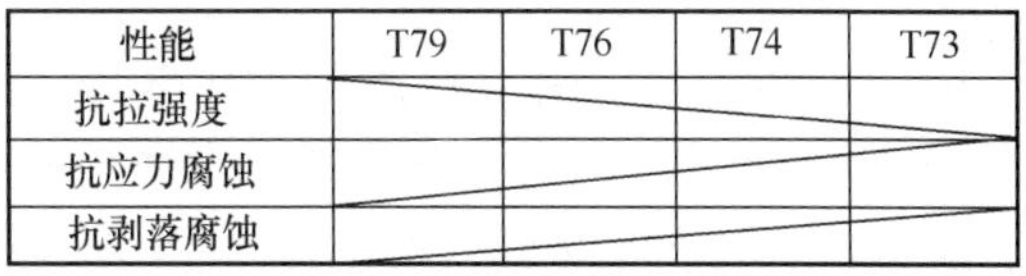

图 3-7　T7X 状态过时效阶段材料的性能曲线

⑧ W 状态的细分状态代号

W 的细分状态 W-h

a. W-h——室温下具体自然时效时间的不稳定状态。如 W2h，表示产品淬火后，在室温自然时准备 2h。

b. W 的细分状态 W-h/-51、W-h/-52、W-h/-54、W-h/-51、W-h/-52、W-h/-54——表示室温下具体自然时效时间的不稳定消除应力状态。如 W2h/351，表示产品淬火后，在室温下自然时效 2h 便开始拉伸的消除应力状态。

（4）T 状态的热处理验证

T 状态的热处理验证参见本节"附：热处理验证"。

（5）新、旧状态代号的对照见表 3-88。

表 3-88　新旧状态代号对照表

旧代号	新　代　号	旧代号	新代号
M	O	CYS	T-51、T-52 等
R	热处理不可强化合金：H112 或 F	CZY	T2
R	热处理可强化合金：T1 或 F	CSY	T9
Y	H×8	MCS	T62[a]
Y1	H×6	MCZ	T42[a]

旧代号	新 代 号	旧代号	新 代 号
Y2	H×4	CGS1	T73
Y4	H×2	CGS2	T76
T	H×9	CGS3	T74
CZ	T4	RCS	T5
CS	T6		

a 原以 R 状态交货的、提供 CZ、CS 式样性能的产品，其状态可分别对应新代号 T62、T42。

附：

热 处 理 验 证

A.1 生产厂（或供应商）的试验室状态验证

对 0 状态（如 0、01）或 F 状态的产品，生产厂或（供应商）往往通过炉内热处理来进行下述试验室状态验证：

a）T42 状态——将 0 状态或 F 状态的材料，进行炉内固溶热处理，然后自然时效至稳定状态；

b）T62 状态——将 0 状态或 F 状态的材料，进行炉内固溶热处理，然后人工时效；

c）T7-2 状态——将 0 状态或 F 状态的材料，进行炉内固溶热处理，然后进行过时效处理，其力学性能和抗腐蚀性能应达到 T7-状态的要求。

A.2 生产厂（或供应商）的状态转换验证

当订购方需要对 T 状态的材料验证时，生产厂（或供应商）可以将材料通过炉内热处理转换为 T-2 状态进行验证，并标注"能力验证"标志，例如：

——T3 状态的材料通过时效转换为 T82 状态，进行能力验证；

——T4 状态的材料通过时效转换为 T62 状态，进行能力验证；

——T4 状态的材料通过时效转换为 T762 状态，进行能力验证；

——T6 状态的材料通过时效转换为 T732 状态，进行能力验证；

——T351 状态的材料通过重新固溶热处理转换为 T42 状态，进行能力验证。

A.3 订购商（或使用方）的热处理验证

T-2 状态也适用于订购商（或使用方）对产品按热处理规范完成最终热处理状态，进行材料验证。

2.《变形铝及铝合金化学成分》（GB/T 3190—2008）

（1）范围

标准规定了变形铝及铝合金的化学成分。

标准适用于以压力加工方法生产的铝及铝合金加工产品（板、带、箔、管、棒、型、线和锻件）及其所用的铸锭和坯料。

（2）化学成分

① 变形铝及铝合金的化学成分应符合《变形铝及铝合金化学成分》（GB/T 3190—2008）的规定，见表 3-89。表中"其他"一栏是指表中未列出的金属元素。表中含量为单个数值者，铝为最低限，其他元素为最高限，极限数值表示方法如下：

　　1XXX牌号的铁、硅之和的极限值···············0. XX 或 1. XX；
其他极限值：

$$<0.001\% ···············0.000X$$
$$0.001\% \sim <0.01\% ···············0.00X$$
$$0.01\% \sim <0.10\% ···············0.0X$$
$$0.10\% \sim 0.55\% ···············0.XX$$
$$>0.55 ···············0.X、X、X、XX、X 等$$

　　② 食品行业用铝及铝合金材料应控制 $w(Cd + Hg + Pb + Cr^{6+}) \leq 0.01\%$、$w(As) \leq 0.01\%$；电器、电子设备行业用铝及铝合金材料应控制 $w(Pb) \leq 0.1\%$、$w(Hg) \leq 0.1\%$、$w(Cd) \leq 0.01\%$、$w(Cr^{6+}) \leq 0.1\%$。

　　（3）取样

　　① 生产厂应按溶次在溶体中取化学成分分析试样；对连续铸造，每班应至少取样一次。

　　② 使用厂在加工产品上取化学成分分析试样。采样时，应尽量使样品具有代表性，采取的样品应清洁干净，去掉氧化皮、包覆层、脏物、油污及润滑油等，并应避免因腐蚀、氧化或污染改变样品的成分。

　　③ 试样应取双份，一份分析、一份备查。备查试样的保存期限少于一年1。

　　（4）成分分析

　　① 生产厂应对食品行业用铝及铝合金材料中的（Cd + Hg + Pb）、As元素及电器、电子设备行业用铝及铝合金材料中的 Pb、Hg、Cd、Cr^{6+} 元素进行监控分析，确保上述元素符合标准要求。

　　② 当某些"其他"元素的质量分数超出了标准对其"单个"或"合计"的限定值时，生产者可对这些元素进行分析。

　　③ 铝含量（质量分数）大于或等于99.90%时，但小于或等于99.99%时，应由计算确定，用100.00%减去所有含量不小于0.010%的元素总和的差值而得，求和前各元素数值要表示到0.0X%。

　　④ 铝含量（质量分数）大于或等于99.90%，但小于或等于99.99%时，应由计算确定，用100.00%减去所有含量不小于0.0010%的元素总和的差值而得，求和前各元素数值要表示到0.0XX%，求和后将总和修约到0.0X%。

　　⑤ 化学成分按《铝及铝合金光电直读发射光谱分析方法》（GB/T 7999—2007）或《铝及铝合金化学分析方法》（GB/T 20975—2008）系列规定的方法进行分析，也可采用其他准确可靠的方法。有争议时，必须采用《铝及铝合金化学分析方法》（GB/T 20975—2008）系列或双方另行商定的方法作仲裁分析。

　　⑥ 第一次分析结果不合格，允许进行第二次分析，并以第二次分析结果作为生产厂出厂时、验收的判定依据。

　　（5）其他

　　① 化学成分分析报告给出的元素含量的位数，应与表3-91、表3-92中规定的相应牌号的位数一致。

　　②数值修约方法按《数值修约规则与极限数值的表示和判定》（GB/T 8170—2008）的规定。

　　③新旧牌号对照关系见表3-93。

表3-89　变形铝化学成分

| 序号 | 牌号 | 化学成分（质量分数）（%） | | | | | | | | | | 其他 | | Al |
		Si	Fe	Cu	Mn	Mg	Cr	Ni	Zn	Ti	Zr	单个	合计	
1	1035	0.35	0.6	0.10	0.05	0.05	—	—	0.10	0.03	—	0.03	—	99.35
2	1040	0.3	0.50	0.10	0.05	0.05	—	—	0.10	0.03	—	0.03	—	99.40
3	1045	0.3	0.45	0.10	0.05	0.05	—	—	0.05	0.03	—	0.03	—	99.45
4	1050	0.25	0.4	0.05	0.05	0.05	—	—	0.05	0.03	—	0.03	—	99.50
5	1050A	0.25	0.4	0.05	0.05	0.05	—	—	0.07	0.05	—	0.03	—	99.50
6	1060	0.25	0.35	0.05	0.03	0.03	—	—	0.05	0.03	—	0.03	—	99.60
7	1065	0.25	0.3	0.05	0.03	0.03	—	—	0.05	0.03	—	0.03	—	99.65
8	1070	0.2	0.25	0.04	0.03	0.03	—	—	0.04	0.03	—	0.03	—	99.70
9	1070A	0.2	0.25	0.03	0.03	0.03	—	—	0.07	0.03	—	0.03	—	99.70
10	1080	0.15	0.15	0.03	0.02	0.02	—	—	0.03	0.03	—	0.02	—	99.80
11	1080A	0.15	0.15	0.03	0.02	0.02	—	—	0.06	0.02	—	0.02	—	99.8
12	1085	0.10	0.12	0.03	0.02	0.02	—	—	0.03	0.02	—	0.01	—	99.85
13	1100	0.95Si+Fe		0.05~0.20	0.05	—	—	—	0.10	—	—	0.05	0.15	99.00
14	1200	1.00Si+Fe		0.05	0.05	—	—	—	0.10	0.05	—	0.05	0.15	99.00
15	1200A	1.00Si+Fe		0.10	0.30	0.30	0.10	—	0.10	—	—	0.05	0.15	99.00
16	1120	0.10	0.40	0.05~0.35	0.01	0.20	0.01	—	0.05	—	—	0.03	0.10	99.20
17	1230	0.70Si+Fe		0.10	0.05	0.05	—	—	0.10	0.03	—	0.03	—	99.30
18	1235	0.65Si+Fe		0.05	0.05	0.05	—	—	0.10	0.06	—	0.03	—	99.35
19	1435	0.15	0.30~0.50	0.02	0.05	0.05	—	—	0.10	0.03	—	0.03	—	99.35
20	1145	0.55Si+Fe		0.05	0.05	0.05	—	—	0.05	0.03	—	0.03	—	99.45
21	1345	0.3	0.4	0.10	0.05	0.05	—	—	0.05	0.03	—	0.03	—	99.45
22	1350	0.1	0.4	0.05	0.01	—	0.01	—	0.05	—	—	0.03	0.1	99.50

续表

序号	牌号	化学成分（质量分数）（%）										其他		Al
		Si	Fe	Cu	Mn	Mg	Cr	Ni	Zn	Ti	Zr	单个	合计	
23	1450	0.25	0.4	0.05	0.05	0.05	—	—	0.07	0.10~0.20	—	0.03	—	99.50
24	1260	0.40Si+Fe		0.04	0.01	0.03	—	—	0.05	0.03	—	0.03	—	99.60
25	1370	0.1	0.25	0.02	0.01	0.02	0.01	—	0.04	—	—	0.02	0.10	99.70
26	1275	0.08	0.12	0.05~0.10	0.02	0.02	—	—	0.03	0.02	—	0.01	—	99.75
27	1185	0.15Si+Fe		0.01	0.02	0.02	—	—	0.03	0.02	—	0.01	—	99.85
28	1285	0.08	0.08	0.02	0.01	0.01	—	—	0.03	0.02	—	0.01	—	99.85
29	1385	0.05	0.12	0.02	0.01	0.02	0.01	—	0.03	—	—	0.01	—	99.85
30	2004	0.20	0.20	5.5~6.5	0.10	0.50	—	—	0.10	0.05	0.30~0.50	0.05	0.15	余量
31	2011	0.4	0.7	5.0~6.0	—	—	—	—	0.3	—	—	0.05	0.15	余量
32	2014	0.50~1.2	0.7	3.9~5.0	0.40~1.2	0.20~0.8	0.10	—	0.25	0.15	—	0.05	0.15	余量
33	2014A	0.50~0.9	0.50	3.9~5.0	0.40~1.2	0.20~0.8	0.10	0.10	0.25	0.15	0.20Zr+Ti	0.05	0.15	余量
34	2214	0.50~1.2	0.30	3.9~5.0	0.40~1.2	0.20~0.8	0.10	—	0.25	0.15	—	0.05	0.15	余量
35	2017	0.20~0.8	0.7	3.5~4.5	0.40~1.0	0.40~0.8	0.10	—	0.25	0.15	—	0.05	0.15	余量
36	2017A	0.20~0.8	0.7	3.5~4.5	0.40~1.0	0.40~1.0	0.10	—	0.25	—	0.25Zr+Ti	0.05	0.15	余量
37	2117	0.8	0.7	2.2~3.0	0.20	0.20~0.50	0.10	—	0.25	—	—	0.05	0.15	余量
38	2218	0.9	1.0	3.5~4.5	0.2	1.2~1.8	0.10	1.7~2.3	0.25	—	—	0.05	0.15	余量
39	2618	0.10~0.25	0.9~1.3	1.9~2.7	—	1.3~1.8	—	0.9~1.2	0.10	0.04~0.10	—	0.05	0.15	余量
40	2618A	0.15~0.25	0.9~1.4	1.8~2.7	0.25	1.2~1.8	—	0.8~1.4	0.15	0.20	0.25Zr+Ti	0.05	0.15	余量
41	2219	0.20	0.30	5.8~6.8	0.20~0.40	0.02	—	—	0.10	0.02~0.10	0.10~0.25	0.05	0.15	余量
42	2519	0.25	0.30	5.3~6.4	0.10~0.50	0.0~0.40	—	—	0.10	0.02~0.10	0.10~0.25	0.05	0.15	余量
43	2024	0.50	0.50	3.8~4.9	0.30~0.9	1.2~1.8	0.10	—	0.25	0.15	—	0.05	0.15	余量
44	2024A	0.15	0.20	3.7~4.5	0.15~0.8	1.2~1.5	0.10	—	0.25	0.15	—	0.05	0.15	余量

续表

序号	牌号	化学成分（质量分数）（%）										其他		Al
		Si	Fe	Cu	Mn	Mg	Cr	Ni	Zn	Ti	Zr	单个	合计	
45	2124	0.20	0.30	3.8~4.9	0.3~0.9	1.2~1.8	0.10	—	0.25	0.15	—	0.05	0.15	余量
46	2324	0.10	0.12	3.8~4.4	0.30~0.9	1.2~1.8	0.10	—	0.25	0.15	—	0.05	0.15	余量
47	2524	0.06	0.12	4.0~4.5	0.45~0.7	1.2~1.6	0.05	—	0.15	0.10	—	0.05	0.15	余量
48	3002	0.08	0.10	0.15	0.05~0.25	0.05~0.20	—	—	0.05	0.03	—	0.03	0.1	余量
49	3102	0.4	0.7	0.10	0.05~0.40	—	—	—	0.30	0.10	—	0.05	0.15	余量
50	3003	0.6	0.7	0.05~0.20	1.0~1.5	—	—	—	0.10	—	—	0.05	0.15	余量
51	3103	0.50	0.7	0.10	0.9~1.5	0.30	0.10	—	0.20	—	0.10Zr+Ti	0.05	0.15	余量
52	3103A	0.50	0.7	0.10	0.7~1.4	0.30	0.10	—	0.20	0.1	0.10Zr+Ti	0.05	0.15	余量
53	3203	0.6	0.7	0.05	1.0~1.5	—	—	—	0.10	—	—	0.05	0.15	余量
54	3004	0.30	0.7	0.25	1.0~1.5	0.8~1.3	—	—	0.25	—	—	0.05	0.15	余量
55	3004A	0.40	0.7	0.25	0.8~1.5	0.8~1.5	0.10	—	0.25	0.05	—	0.05	0.15	余量
56	3104	0.6	0.8	0.05~0.25	0.8~1.4	0.8~1.3	—	—	0.25	0.10	—	0.05	0.15	余量
57	3204	0.30	0.7	0.10~0.25	0.8~1.5	0.8~1.5	—	—	0.25	—	—	0.05	0.15	余量
58	3005	0.6	0.7	0.30	1.0~1.5	0.20~0.6	0.10	—	0.25	0.10	—	0.05	0.15	余量
59	3105	0.6	0.7	0.30	0.30~0.8	0.20~0.8	0.20	—	0.40	0.10	—	0.05	0.15	余量
60	3105A	0.6	0.7	0.3	0.30~0.8	0.20~0.8	0.20	—	0.25	0.10	—	0.05	0.15	余量
61	3006	0.50	0.7	0.10~0.30	0.50~0.8	0.30~0.6	0.20	—	0.15~0.40	0.10	—	0.05	0.15	余量
62	3007	0.5	0.7	0.05~0.30	0.30~0.8	0.6	0.20	—	0.40	0.10	—	0.05	0.15	余量
63	3107	0.6	0.7	0.05~0.15	0.40~0.9	—	—	—	0.20	0.10	—	0.05	0.15	余量
64	3207	0.30	0.45	0.10	0.40~0.8	0.10	—	—	0.10	—	—	0.05	0.15	余量
65	3207A	0.35	0.6	0.25	0.30~0.8	0.40	0.20	—	0.25	—	—	0.05	0.15	余量
66	3307	0.6	0.8	0.30	0.50~0.9	0.30	0.20	—	0.40	0.10	—	0.05	0.15	余量

第三章 石 材 幕 墙 材 料

续表

序号	牌号	化学成分（质量分数）（%）										其他		Al
		Si	Fe	Cu	Mn	Mg	Cr	Ni	Zn	Ti	Zr	单个	合计	
67	4004²	9.0~10.5	0.8	0.25	0.10	1.0~2.0	—	—	0.20	—	—	0.05	0.15	余量
68	4032	11.0~13.5	1	0.50~1.3	—	0.8~1.3	0.10	0.50~1.3	0.25	—	—	0.05	0.15	余量
69	4043	4.5~6.0	0.8	0.30	0.05	0.05	—	—	0.10	0.2	—	0.05	0.15	余量
70	4043A	4.5~6.0	0.6	0.30	0.15	0.20	—	—	0.10	0.15	—	0.05	0.15	余量
71	4343	6.8~8.2	0.8	0.25	0.10	—	—	—	0.20	—	—	0.05	0.15	余量
72	4045	9.0~11.0	0.8	0.30	0.05	0.05	—	—	0.10	0.20	—	0.05	0.15	余量
73	4047	11.0~13.0	0.8	0.30	0.15	0.1	—	—	0.2	—	—	0.05	0.15	余量
74	4047A	11.0~13.0	0.6	0.3	0.15	0.10	—	—	0.20	0.15	—	0.05	0.15	余量
75	5005	0.30	0.7	0.20	0.20	0.50~1.1	0.10	—	0.25	—	—	0.05	0.15	余量
76	5005A	0.30	0.45	0.05	0.15	0.7~1.1	0.10	—	0.20	—	—	0.05	0.15	余量
77	5205	0.15	0.7	0.03~0.10	0.1	0.6~1.0	0.1	—	0.05	—	—	0.05	0.15	余量
78	5006	0.40	0.8	0.10	0.40~0.8	0.8~1.3	0.10	—	0.25	0.10	—	0.05	0.15	余量
79	5010	0.40	0.7	0.25	0.10~0.3	0.20~0.6	0.15	—	0.30	0.10	—	0.05	0.15	余量
80	5019	0.40	0.50	0.10	0.10~0.6	4.5~5.6	0.20	—	0.20	0.20	—	0.05	0.15	余量
81	5049	0.40	0.50	0.10	0.50~1.1	1.6~2.5	0.30	—	0.20	0.10	—	0.05	0.15	余量
82	5050	0.40	0.7	0.20	0.10	1.1~1.8	0.10	—	0.25	—	—	0.05	0.15	余量
83	5050A	0.40	0.7	0.20	0.30	1.1~1.8	0.10	—	0.25	—	—	0.05	0.1	余量
84	5150	0.08	0.10	0.10	0.03	1.3~1.7	—	—	0.10	0.06	—	0.03	0.1	余量
85	5250	0.08	0.10	0.10	0.04~0.15	1.3~1.80	—	—	0.05	—	—	0.03	0.15	余量
86	5051	0.40	0.7	0.25	0.20	1.7~2.2	0.10	—	0.25	0.10	—	0.05	0.15	余量
87	5251	0.40	0.50	0.15	0.10~0.50	1.7~2.4	0.15	—	0.15	0.15	—	0.05	0.15	余量
88	5052	0.25	0.40	0.10	0.10	2.2~2.8	0.15~0.35	—	0.10	—	—	0.05	0.15	余量

石材幕墙实用技术手册

续表

序号	牌号	化学成分（质量分数）（%）										其他		Al
		Si	Fe	Cu	Mn	Mg	Cr	Ni	Zn	Ti	Zr	单个	合计	
89	5154	0.25	0.40	0.10	0.10	3.1~3.9	0.15~0.35	—	0.20	0.20	—	0.05	0.15	余量
90	5154A	0.50	0.50	0.10	0.50	3.1~3.9	0.25	—	0.20	0.20	—	0.05	0.15	余量
91	5454	0.25	0.40	0.10	0.50~1.0	2.4~3.0	0.05~0.20	—	0.25	0.20	—	0.05	0.15	余量
92	5554	0.25	0.40	0.10	0.50~1.0	2.4~3.0	0.05~0.20	—	0.25	0.05~0.20	—	0.05	0.15	余量
93	5754	0.40	0.40	0.10	0.50	2.6~3.6	0.30	—	0.20	0.15	—	0.05	0.15	余量
94	5056	0.30	0.40	0.10	0.05~0.20	4.5~5.6	0.05~0.20	—	0.10	—	—	0.05	0.15	余量
95	5356	0.25	0.40	0.10	0.05~0.20	4.5~5.5	0.05~0.20	—	0.10	0.06~0.20	—	0.05	0.15	余量
96	5456	0.25	0.40	0.10	0.50~1.0	4.7~5.5	0.05~0.20	—	0.25	0.20	—	0.05	0.15	余量
97	5059	0.45	0.50	0.25	0.6~1.2	5.0~6.0	0.25	—	0.40~0.9	0.20	0.05~0.25	0.05	0.15	余量
98	5082	0.20	0.35	0.15	0.15	4.0~5.0	0.15	—	0.25	0.10	—	0.05	0.15	余量
99	5182	0.20	0.35	0.15	0.20~0.50	4.0~5.0	0.10	—	0.25	0.10	—	0.05	0.15	余量
100	5083	0.40	0.40	0.10	0.40~1.0	4.0~4.9	0.05~0.25	—	0.25	0.15	—	0.05	0.15	余量
101	5183	0.40	0.40	0.10	0.50~1.0	4.3~5.2	0.05~0.25	—	0.25	0.15	—	0.05	0.15	余量
102	5383	0.25	0.25	0.20	0.7~1.0	4.0~5.2	0.25	—	0.4	0.15	0.20	0.05	0.15	余量
103	5086	0.40	0.50	0.10	0.20~0.7	3.5~4.5	0.05~0.25	—	0.25	0.15	—	0.05	0.15	余量
104	6101	0.30~0.7	0.50	0.10	0.03	0.35~0.8	0.03	—	0.10	—	—	0.03	0.1	余量
105	6101A	0.30~0.7	0.40	0.05	—	0.40~0.9	—	—	—	—	—	0.03	0.1	余量
106	6101B	0.30~0.6	0.10~0.30	0.05	0.05	0.35~0.6	—	—	0.10	—	—	0.03	0.1	余量
107	6201	0.50~0.9	0.50	0.10	0.03	0.6~0.9	0.03	—	0.10	—	—	0.03	0.1	余量

98

续表

化学成分（质量分数）（%）

序号	牌号	Si	Fe	Cu	Mn	Mg	Cr	Ni	Zn	Ti	Zr	其他		Al
												单个	合计	
108	6005	0.6~0.9	0.35	0.10	0.10	0.40~0.6	0.10	—	0.10	0.10	—	0.05	0.15	余量
109	6005A	0.50~0.9	0.35	0.30	0.50	0.40~0.7	0.30	—	0.20	0.10	—	0.05	0.15	余量
110	6105	0.6~1.0	0.35	0.10	0.15	0.45~0.8	0.10	—	0.10	0.10	—	0.05	0.15	余量
111	6106	0.30~0.6	0.35	0.25	0.05~0.20	0.40~0.8	0.20	—	0.10	—	—	0.05	0.15	余量
112	6009	0.6~1.0	0.50	0.15~0.6	0.20~0.8	0.40~0.8	0.10	—	0.25	0.10	—	0.05	0.15	余量
113	6010	0.8~1.2	0.50	0.15~0.6	0.20~0.8	0.6~1.0	0.10	—	0.25	0.10	—	0.05	0.15	余量
114	6111	0.6~1.1	0.40	0.50~0.9	0.10~0.45	0.50~1.0	0.10	—	0.15	0.10	—	0.05	0.15	余量
115	6016	1.0~1.5	0.50	0.20	0.20	0.25~0.6	0.10	—	0.20	0.15	—	0.05	0.15	余量
116	6043	0.40~0.9	0.50	0.30~0.9	0.35	0.6~1.2	0.15	—	0.20	0.15	—	0.05	0.15	余量
117	6351	0.7~1.3	0.50	0.10	0.40~0.8	0.40~0.8	—	—	0.20	0.20	—	0.05	0.15	余量
118	6060	0.30~0.6	0.10~0.30	0.10	0.10	0.35~0.6	0.05	—	0.15	0.10	—	0.05	0.15	余量
119	6061	0.40~0.8	0.7	0.15~0.40	0.15	0.8~1.2	0.04~0.35	—	0.25	0.15	—	0.05	0.15	余量
120	6061A	0.40~0.8	0.7	0.15~0.40	0.15	0.8~1.2	0.04~0.35	—	0.25	0.15	—	0.05	0.15	余量
121	6262	0.40~0.8	0.7	0.15~0.40	0.15	0.8~1.2	0.04~0.14	—	0.25	0.15	—	0.05	0.15	余量
122	6063	0.20~0.6	0.35	0.10	0.10	0.45~0.9	0.10	—	0.10	0.10	—	0.05	0.15	余量
123	6063A	0.30~0.6	0.15~0.35	0.10	0.15	0.6~0.9	0.05	—	0.15	0.10	—	0.05	0.15	余量
124	6463	0.20~0.6	0.15	0.20	0.05	0.45~0.9	—	—	0.05	—	—	0.05	0.15	余量
125	6463A	0.20~0.6	0.15	0.25	0.05	0.30~0.9	—	—	0.05	—	—	0.05	0.15	余量

续表

序号	牌号	化学成分（质量分数）（%）										其他		Al
		Si	Fe	Cu	Mn	Mg	Cr	Ni	Zn	Ti	Zr	单个	合计	
126	6070	1.0~1.7	0.50	0.15~0.40	0.40~1.0	0.50~1.2	0.10	—	0.25	0.15	—	0.05	0.15	余量
127	6181	0.8~1.2	0.45	0.10	0.15	0.6~1.0	0.10	—	0.20	0.10	—	0.05	0.15	余量
128	6181A	0.7~1.1	0.15~0.50	0.25	0.40	0.6~1.0	0.15	—	0.30	0.25	—	0.05	0.15	余量
129	6082	0.7~1.3	0.50	0.10	0.40~1.0	0.6~1.2	0.25	—	0.20	0.10	—	0.05	0.15	余量
130	6082A	0.7~1.3	0.50	0.10	0.40~1.0	0.6~1.2	0.25	—	0.20	0.10	—	0.05	0.15	余量
131	7001	0.35	0.40	1.6~2.6	0.20	2.6~3.4	0.18~0.35	—	6.8~8.0	0.20	—	0.05	0.15	余量
132	7003	0.30	0.35	0.20	0.30	0.50~1.0	0.20	—	5.0~6.5	0.20	0.05~0.25	0.05	0.15	余量
133	7004	0.25	0.35	0.05	0.20~0.7	1.0~2.0	0.05	—	3.8~4.6	0.05	0.10~0.20	0.05	0.15	余量
134	7005	0.35	0.40	0.10	0.20~0.7	1.0~1.8	0.06~0.20	—	4.0~5.0	0.01~0.06	0.08~0.20	0.05	0.15	余量
135	7020	0.35	0.40	0.20	0.05~0.50	1.0~1.4	0.10~0.35	—	4.0~5.0	—	—	0.05	0.15	余量
136	7021	0.25	0.40	0.25	0.10	1.2~1.8	0.05	—	5.0~6.0	0.10	0.08~0.18	0.05	0.15	余量
137	7022	0.50	0.50	0.50~1.0	0.10~0.40	2.6~3.7	0.10~0.30	—	4.3~5.2	—	0.20Ti+Zr	0.05	0.15	余量
138	7039	0.30	0.40	0.10	0.10~0.40	2.3~3.3	0.15~0.25	—	3.5~4.5	0.10	—	0.05	0.15	余量
139	7049	0.25	0.35	1.2~1.9	0.20	2.0~2.9	0.10~0.22	—	7.2~8.2	0.10	—	0.05	0.15	余量
140	7049A	0.40	0.50	1.2~1.9	0.50	2.1~3.1	0.05~0.25	—	7.2~8.4	—	0.25Zr+Ti	0.05	0.15	余量
141	7050	0.12	0.15	2.0~2.6	0.10	1.9~2.6	0.04	—	5.7~6.7	0.06	0.08~0.15	0.05	0.15	余量
142	7150	0.12	0.15	1.9~2.5	0.10	2.0~2.7	0.04	—	5.9~6.9	0.06	0.08~0.15	0.05	0.15	余量
143	7055	0.10	0.15	2.0~2.6	0.05	1.8~2.3	0.04	—	7.6~8.4	0.06	0.08~0.25	0.05	0.15	余量

续表

| 序号 | 牌号 | 化学成分（质量分数）（%） | | | | | | | | | | 其他 | | Al |
		Si	Fe	Cu	Mn	Mg	Cr	Ni	Zn	Ti	Zr	单个	合计	
144	7072	0.7Si+Fe		0.10	0.10	0.10	—	—	0.8~1.3	—	—	0.05	0.15	余量
145	7075	0.40	0.50	1.2~2.0	0.30	2.1~2.9	0.18~0.28	—	5.1~6.1	0.20	—	0.05	0.15	余量
146	7175	0.15	0.20	1.2~2.0	0.10	2.1~2.9	0.18~0.28	—	5.1~6.1	0.10	—	0.05	0.15	余量
147	7475	0.10	0.12	1.2~1.9	0.06	1.9~2.6	0.18~0.25	—	5.2~6.2	0.06	—	0.05	0.15	余量
148	7085	0.06	0.08	1.3~2.0	0.04	1.2~1.8	0.04	—	7.0~8.0	0.06	0.08~0.15	0.05	0.15	余量
149	8001	0.17	0.45~0.7	0.15	—	—	—	0.9~1.3	0.05	—	—	0.05	0.15	余量
150	8006	0.40	1.2~2.0	0.30	0.30~1.0	0.10	—	—	0.10	—	—	0.05	0.15	余量
151	8011	0.50~0.9	0.6~1.0	0.10	0.20	0.05	0.05	—	0.10	0.08	—	0.05	0.15	余量
152	8011A	0.40~0.8	0.50~1.0	0.10	0.10	0.10	0.10	—	0.10	0.05	—	0.05	0.15	余量
153	8014	0.30	1.2~1.6	0.20	0.20~0.6	0.10	—	—	0.10	0.10	—	0.05	0.15	余量
154	8021	0.15	1.2~1.7	0.05	—	—	—	—	—	—	—	0.05	0.15	余量
155	8021B	0.40	1.1~1.7	0.05	0.03	0.01	0.03	—	0.05	0.05	—	0.03	0.1	余量
156	8050	0.15~0.30	1.1~1.2	0.05	0.45~0.55	0.05	0.05	—	0.10	—	—	0.05	0.15	余量
157	8150	0.30	0.9~1.3	—	0.20~0.7	—	—	—	—	0.05	—	0.05	0.15	余量
158	8079	0.05~0.30	0.7~1.3	0.05	—	—	—	—	0.10	—	—	0.05	0.15	余量
159	8090	0.20	0.30	1.0~1.6	0.10	0.6~1.3	0.10	—	0.25	0.10	0.04~0.16	0.05	0.15	余量

表3-90 铝合金化学成分

化学成分（质量分数）（%）

序号	牌号	Si	Fe	Cu	Mn	Mg	Cr	Ni	Zn	Ti	Zr	其他		Al	备注
												单个	合计		
1	1A99	0.003	0.003	0.005	—	—	—	—	0.001	0.002	—	0.002	—	99.99	LG5
2	1B99	0.0013	0.0015	0.0030	—	—	—	—	0.001	0.001	—	0.001	—	99.993	—
3	1C99	0.0010	0.0010	0.0015	—	—	—	0.001	—	0.001	—	0.001	—	99.995	—
4	1A97	0.015	0.015	0.005	—	—	—	—	0.001	0.002	—	0.005	—	99.97	LG4
5	1B97	0.015	0.030	0.005	—	—	—	—	0.001	0.005	—	0.005	—	99.97	—
6	1A95	0.030	0.030	0.010	—	—	—	—	0.003	0.008	—	0.005	—	99.95	—
7	1B95	0.030	0.040	0.010	—	—	—	—	0.003	0.008	—	0.005	—	99.95	LG3
8	1A93	0.040	0.040	0.010	—	—	—	—	0.005	0.010	—	0.007	—	99.93	LG2
9	1B93	0.040	0.050	0.010	—	—	—	—	0.005	0.010	—	0.007	—	99.93	—
10	1A90	0.060	0.060	0.010	—	—	—	—	0.008	0.015	—	0.01	—	99.90	LG1
11	1B90	0.060	0.060	0.010	—	—	—	—	0.008	0.010	—	0.01	—	99.90	—
12	1A85	0.08	0.10	0.01	—	—	—	—	0.01	0.01	—	0.01	—	99.85	—
13	1A80	0.15	0.15	0.03	0.02	0.02	—	—	0.03	0.03	—	0.02	—	99.80	—
14	1A80A	0.15	0.15	0.03	0.02	0.02	—	—	0.06	0.02	—	0.02	—	99.80	—
15	1A60	0.11	0.25	0.01	—	—	—	—	—	0.02V+Ti+Mn+Cr	—	0.03	—	99.60	—
16	1A50	0.30	0.30	0.01	0.05	0.05	—	—	0.03	—	—	0.03	—	99.50	LB2
17	1R50	0.11	0.25	0.01	—	—	—	—	—	0.02V+Ti+Mn+Cr	—	0.03	—	99.50	—
18	1R35	0.25	0.35	0.05	0.03	0.03	—	—	0.05	0.03	—	0.03	—	99.35	—
19	1A30	0.10~0.20	0.15~0.30	0.05	0.01	0.01	—	0.01	0.02	0.02	—	0.03	—	99.3	L4-1
20	1B30	0.05~0.15	0.20~0.30	0.03	0.12~0.18	0.03	—	—	0.03	0.02~0.05	—	0.03	—	99.3	—

续表

序号	牌号	化学成分(质量分数)(%)										其他		Al	备注
		Si	Fe	Cu	Mn	Mg	Cr	Ni	Zn	Ti	Zr	单个	合计		
21	2A01	0.50	0.50	2.2~3.0	0.20	0.20~0.50	—	—	0.10	0.15	—	0.05	0.10	余量	LY1
22	2A02	0.30	0.30	2.6~3.2	0.45~0.7	2.0~2.4	—	—	0.10	0.15	—	0.05	0.10	余量	LY2
23	2A04	0.30	0.30	3.2~3.7	0.50~0.8	2.1~2.6	—	—	0.10	0.05~0.40	—	0.05	0.10	余量	LY4
24	2A06	0.50	0.50	3.8~4.3	0.50~1.0	1.7~2.3	—	—	0.10	0.03~0.15	—	0.05	0.10	余量	LY6
25	2B06	0.20	0.30	3.8~4.3	0.40~0.9	1.7~2.3	—	—	0.10	0.10	—	0.05	0.10	余量	—
26	2A10	0.25	0.20	3.9~4.5	0.30~0.50	0.15~0.30	—	—	0.10	0.15	—	0.05	0.10	余量	LY10
27	2A11	0.7	0.7	3.8~4.8	0.4~0.8	0.40~0.8	—	0.10	0.30	0.15	—	0.05	0.10	余量	LY11
28	2B11	0.50	0.50	3.8~4.5	0.40~0.8	0.40~0.8	—	—	0.10	0.15	—	0.05	0.10	余量	LY8
29	2A12	0.50	0.50	3.8~4.9	0.30~0.9	1.2~1.8	—	0.10	0.30	0.15	—	0.05	0.10	余量	LY12
30	2B12	0.50	0.50	3.8~4.5	0.30~0.7	1.2~1.6	—	—	0.10	0.15	—	0.05	0.10	余量	LY9
31	2D12	0.20	0.30	3.8~4.9	0.30~0.9	1.2~1.8	—	0.05	0.10	0.10	—	0.05	0.10	余量	—
32	2E12	0.06	0.12	4.0~4.6	0.40~0.7	1.2~1.8	—	—	0.15	0.10	—	0.10	0.15	余量	—
33	2A13	0.7	0.6	4.0~5.0	—	0.30~0.50	—	—	0.6	0.15	—	0.05	0.10	余量	LY13
34	2A14	0.6~1.2	0.7	3.9~4.8	0.40~1.0	0.40~0.8	—	0.10	0.30	0.15	—	0.05	0.10	余量	LD10
35	2A16	0.30	0.30	6.0~7.0	0.40~0.8	0.05	—	—	0.10	0.10~0.20	0.20	0.05	0.10	余量	LY16
36	2B16	0.25	0.30	5.8~6.8	0.20~0.40	0.05	—	—	—	0.08~0.20	0.10~0.25	0.05	0.10	余量	LY16-1
37	2A17	0.30	0.30	6.0~7.0	0.40~0.8	0.25~0.45	—	—	0.10	0.10~0.20	—	0.05	0.10	余量	LY17
38	2A20	0.20	0.30	5.8~6.8	—	0.02	—	—	0.10	0.07~0.16	0.10~0.25	0.05	0.15	余量	LY20
39	2A21	0.20	0.20~0.6	3.0~4.0	0.05	0.8~1.2	—	1.8~2.3	0.20	0.05	—	0.05	0.15	余量	—
40	2A23	0.05	0.06	1.8~2.8	0.20~0.6	0.6~1.2	—	—	0.15	0.15	0.06~0.16	0.10	0.15	余量	—
41	2A24	0.20	0.30	3.8~4.8	0.6~0.9	1.2~1.8	0.10	—	0.25	0.20 Ti+Zr	0.08~0.12	0.05	0.15	余量	—

续表

序号	牌号	化学成分（质量分数）（%）										其他		Al	备注
		Si	Fe	Cu	Mn	Mg	Cr	Ni	Zn	Ti	Zr	单个	合计		
42	2A25	0.06	0.06	3.6~4.2	0.50~0.7	1.0~1.5	—	0.06	—	—	—	0.05	0.10	余量	—
43	2B25	0.05	0.15	3.1~4.0	0.20~0.8	1.2~1.8	—	0.15	0.10	0.03~0.07	0.08~0.25	0.05	0.10	余量	—
44	2A39	0.05	0.06	3.4~5.0	0.30~0.8	0.30~0.8	—	—	0.30	0.15	0.10~0.25	0.05	0.15	余量	—
45	2A40	0.25	0.35	4.5~5.2	0.40~0.6	0.50~1.0	0.10~0.20	—	—	0.04~0.12	0.10~0.25	0.05	0.15	余量	—
46	2A49	0.25	0.8~1.2	3.2~3.8	0.30~0.6	1.8~2.2	—	0.8~1.2	—	0.08~0.12	—	0.05	0.15	余量	—
47	2A50	0.7~1.2	0.7	1.8~2.6	0.40~0.8	0.40~0.8	—	0.10	0.30	0.15	—	0.10	0.10	余量	LD5
48	2B50	0.7~1.2	0.7	1.8~2.6	0.40~0.8	0.40~0.8	0.0~0.20	0.10	0.30	0.02~0.10	—	0.05	0.10	余量	LD6
49	2A70	0.35	0.9~1.5	1.9~2.5	0.20	1.4~1.8	—	0.9~1.5	0.30	0.02~0.10	—	0.05	0.10	余量	LD7
50	2B70	0.25	0.9~1.4	1.8~2.7	0.20	1.2~1.8	—	0.8~1.4	0.15	0.10	0.20Ti+Zr	0.05	0.15	余量	—
51	2D70	0.10~0.25	0.9~1.4	2.0~2.6	0.10	1.2~1.8	0.10	0.9~1.4	0.10	0.05~0.10	—	0.10	0.10	余量	—
52	2A80	0.50~1.2	1.0~1.6	1.9~2.5	0.20	1.4~1.8	—	0.9~1.5	0.30	0.15	—	0.05	0.10	余量	LD8
53	2A90	0.50~1.0	0.50~1.0	3.5~4.5	0.20	0.40~0.8	—	1.8~2.3	0.30	0.15	—	0.05	0.10	余量	LD9
54	2A97	0.15	0.15	2.0~3.2	0.20~0.6	0.25~0.50	—	—	0.17~1.0	0.001~0.10	0.08~0.20	0.05	0.15	余量	—
55	3A21	0.6	0.7	0.20	1.0~1.6	0.05	—	—	0.10^2	0.15	—	0.05	0.10	余量	LF21
56	4A01	4.5~6.0	0.6	0.20	—	—	—	—	0.10Zn+Sn	0.15	—	0.05	0.15	余量	LT1
57	4A11	11.5~13.5	1.0	0.50~1.3	0.20	0.8~1.3	0.10	0.50~1.3	0.25	0.15	—	0.05	0.15	余量	LD11
58	4A13	6.8~8.2	0.50	0.15Cu+Zn	0.50	0.05	—	—	—	0.15	—	0.05	0.15	余量	LT13
59	4A17	11.0~12.5	0.50	0.15Cu+Zn	0.50	0.05	—	—	—	0.15	—	0.05	0.15	余量	LT17
60	4A91	1.0~4.0	0.7	0.7	1.2	1.0	0.20	0.20	1.2	0.20	—	0.05	0.15	余量	—
61	5A01	0.40Si+Fe	0.10	0.30~0.7	6.0~7.0	0.10~0.20	—	0.25	—	0.10~0.20	0.05	0.15	余量	LF15	—

续表

序号	牌号	化学成分（质量分数）（%）										其他		Al	备注
		Si	Fe	Cu	Mn	Mg	Cr	Ni	Zn	Ti	Zr	单个	合计		
62	5A02	0.40	0.40	0.10	或C0.15~0.40	2.0~2.8	—	—	—	0.15	—	0.05	0.15	余量	LF2
63	5B02	0.40	0.40	0.10	0.20~0.6	1.8~2.6	—	—	0.20	0.10	—	0.05	0.10	余量	—
64	5A03	0.50~0.8	0.50	0.10	0.30~0.6	3.2~3.8	—	—	0.20	0.15	—	0.05	0.10	余量	LF3
65	5A05	0.50	0.50	0.10	0.30~0.6	4.8~5.5	—	—	0.20	—	—	0.05	0.10	余量	LF5
66	5B05	0.40	0.40	0.20	0.20~0.6	4.7~5.7	—	—	—	0.15	—	0.05	0.10	余量	LF10
67	5A06	0.40	0.40	0.10	0.50~0.8	5.8~6.8	—	—	—	0.02~0.10	—	0.05	0.10	余量	LF6
68	5B06	0.40	0.40	0.10	0.50~0.8	5.8~6.8	—	—	—	0.10~0.30	—	0.05	0.10	余量	LF14
69	5A12	0.30	0.30	0.05	0.40~0.8	8.3~9.6	—	0.10	0.20	0.05~0.15	—	0.05	0.10	余量	LF12
70	5A13	0.30	0.30	0.05	0.40~0.8	9.2~10.5	—	0.10	0.20	0.05~0.15	—	0.05	0.10	余量	LF13
71	5A25	0.20	0.30	—	0.05~0.50	5.0~6.3	—	—	—	0.10	0.06~0.20	0.10	0.15	余量	—
72	5A30	0.40Si+Fe	0.10	—	0.50~1.0	4.7~5.5	—	—	0.25	0.03~0.15	—	0.05	0.10	余量	LF16
73	5A33	0.35	0.35	0.10	0.10	6.0~7.5	—	—	0.50~1.5	0.05~0.15	0.10~0.30	0.05	0.10	余量	LF33
74	5A41	0.40	0.40	0.10	0.30~0.6	6.0~7.0	—	—	0.20	0.02~0.10	—	0.05	0.10	余量	LT41
75	5A43	0.40	0.20	0.10	0.15~0.40	0.6~1.4	—	—	—	0.15	—	0.05	0.15	余量	LF43
76	5A56	0.15	0.20	0.10	0.30~0.40	5.5~6.5	0.10~0.20	—	0.50~1.0	0.10~0.18	—	0.05	0.15	余量	—
77	5A66	0.005	0.01	0.005	—	1.5~2.0	—	—	—	—	—	0.05	0.10	余量	LT66
78	5A70	0.15	0.25	0.05	0.30~0.7	5.5~6.3	—	—	0.02~0.05	0.05~0.15	0.05	0.15	余量	—	—

续表

序号	牌号	化学成分（质量分数）（%）										其他		Al	备注
		Si	Fe	Cu	Mn	Mg	Cr	Ni	Zn	Ti	Zr	单个	合计		
79	5B70	0.10	0.20	0.05	0.15~0.40	5.5~6.5	—	—	0.05	0.02~0.05	0.10~0.20	0.05	0.15	余量	—
80	5A71	0.20	0.30	0.05	0.30~0.7	5.8~6.8	0.10~0.20	—	0.05	0.05~0.15	0.05~0.15	0.05	0.15	余量	—
81	5B71	0.20	0.30	0.10	0.30	5.8~6.8	0.30	—	0.30	0.02~0.05	0.08~0.15	0.05	0.15	余量	—
82	5A90	0.15	0.20	0.05	—	4.5~6.0	—	—	—	0.10	0.08~0.15	0.05	0.15	余量	—
83	6A01	0.40~0.9	0.35	0.35	0.50	0.40~0.8	0.30	—	0.25	—	—	0.05	0.10	余量	6N01
84	6A02	0.50~1.2	0.50	0.20~0.6	或Cr0.15~0.35	0.45~0.9	—	—	0.20	0.15	—	0.05	0.10	余量	LD2
85	6B02	0.7~1.1	0.40	0.10~0.40	0.10~0.30	0.40~0.8	—	—	0.15	0.01~0.04	—	0.05	0.10	余量	LD2-1
86	6R05	0.40~0.9	0.30~0.50	0.15~0.25	0.10	0.20~0.6	0.10	—	—	0.10	—	0.05	0.15	余量	—
87	6A10	0.7~1.1	0.50	0.30~0.8	0.30~0.9	0.7~1.1	0.05~0.25	—	0.20	0.02~0.10	0.04~0.20	0.05	0.15	余量	—
88	6A51	0.50~0.7	0.50	0.1~0.35	—	0.45~0.6	—	—	0.25	0.01~0.04	—	0.05	0.15	余量	—
89	6A60	0.7~1.1	0.30	0.6~0.8	0.50~0.7	0.7~1.0	—	0.10	0.20~0.40	0.04~0.12	0.10~0.20	0.05	0.15	余量	—
90	7A01	0.30	0.30	0.01	—	—	—	—	0.9~1.3	—	—	0.03	—	余量	LB1
91	7A03	0.20	0.20	1.8~2.4	0.10	1.2~1.6	0.05	—	6.0~6.7	0.02~0.08	—	0.05	0.10	余量	LC3
92	7A04	0.50	0.50	1.4~2.0	0.20~0.6	1.8~2.8	0.10~0.25	—	5.0~7.0	0.10	—	0.05	0.10	余量	LC4
93	7B04	0.10	0.05~0.25	1.4~2.0	0.20~0.6	1.8~2.8	0.10~0.25	0.10	5.0~6.5	0.05	—	0.05	0.10	余量	—
94	7C04	0.30	0.30	1.4~2.0	0.30~0.50	2.0~2.6	0.10~0.25	—	5.5~6.5	—	—	0.05	0.10	余量	—

续表

化学成分（质量分数）（%）

序号	牌号	Si	Fe	Cu	Mn	Mg	Cr	Ni	Zn	Ti	Zr	其他		Al	备注
												单个	合计		
95	7D04	0.10	0.15	1.4~2.2	0.10	2.0~2.6	0.05	—	5.5~6.7	0.10	0.08~0.16	0.05	0.10	余量	—
96	7A05	0.25	0.25	0.20	0.15~0.40	1.1~1.7	0.05~0.15	—	4.4~5.0	0.02~0.06	0.10~0.25	0.05	0.15	余量	—
97	7B05	0.30	0.35	0.20	0.20~0.7	1.0~2.0	0.30	—	4.0~5.0	0.20	0.25	0.05	0.10	余量	7N01
98	7A09	0.50	0.50	1.2~2.0	0.15	2.0~3.0	0.16~0.30	—	5.1~6.1	0.10	—	0.05	0.10	余量	LC9
99	7A10	0.30	0.30	0.50~1.0	0.20~0.35	3.0~4.0	0.10~0.20	—	3.2~4.2	0.10	—	0.05	0.10	余量	LC10
100	7A12	0.10	0.06~0.15	0.8~1.2	0.10	1.6~2.2	0.05	—	6.3~7.2	0.03~0.06	0.10~0.18	0.05	0.10	余量	—
101	7A15	0.50	0.50	0.50~1.0	0.10~0.40	2.4~3.0	0.10~0.30	—	4.4~5.4	0.05~0.15	—	0.05	0.15	余量	LC15
102	7A19	0.30	0.40	0.08~0.30	0.30~0.50	1.3~1.9	0.10~0.20	—	4.5~5.3	—	0.08~0.20	0.05	0.15	余量	LC19
103	7A31	0.30	0.6	0.10~0.40	0.20~0.40	2.5~3.3	0.10~0.20	—	3.6~4.5	0.02~0.10	0.08~0.25	0.05	0.15	余量	—
104	7A33	0.25	0.30	0.25~0.55	0.05	2.2~2.7	0.10~0.20	—	4.6~5.4	0.05	—	0.05	0.10	余量	—
105	7B50	0.12	0.15	1.8~2.6	0.10	2.0~2.8	0.04	—	6.0~7.0	0.10	0.08~0.16	0.05	0.15	余量	—
106	7A52	0.25	0.30	0.05~0.20	0.20~0.50	2.0~2.8	0.15~0.25	—	4.0~4.8	0.05~0.18	0.05~0.15	0.05	0.15	余量	LC52
107	7A55	0.10	0.10	1.8~2.5	0.05	1.8~2.8	0.04	—	7.5~8.5	0.01~0.05	0.08~0.20	0.10	0.15	余量	—
108	7A68	0.15	0.35	2.0~2.6	0.15~0.40	1.6~2.5	0.10~0.20	—	6.5~7.2	0.05~0.20	0.05~0.20	0.05	0.15	余量	—
109	7B68	0.05	0.05	2.0~2.6	0.05	1.8~2.8	0.04	—	7.8~8.0	0.01~0.05	0.08~0.25	0.10	0.15	余量	—
110	7D68	0.12	0.25	2.0~2.6	0.10	2.3~3.0	0.05	—	8.0~9.0	0.03	0.10~0.20	0.05	0.10	余量	7A60
111	7A85	0.05	0.08	1.2~2.0	0.10	1.2~2.0	0.05	—	7.0~8.2	0.05	0.08~0.16	0.05	0.15	余量	—
112	7A88	0.50	0.75	1.0~2.0	0.20~0.6	1.5~2.8	0.05~0.20	—	4.5~6.0	0.10	—	0.10	0.20	余量	—
113	8A01	0.05~0.30	0.18~0.40	0.15~0.35	0.08~0.35	—	—	0.20	—	0.01~0.03	—	0.05	0.15	余量	—
114	8A06	0.55	0.50	0.10	0.10	0.10	—	—	0.10	—	—	0.05	0.15	余量	L6

1 铍含量均按规定加入，可不作分析。

2 做铆钉线材的3A21合金，锌含量不大于0.03%。

表 3-91　所涉字符牌号与其曾用牌号对照表

表3-96 所涉字符牌号	曾用牌号	表3-96 所涉字符牌号	曾用牌号	表3-96 所涉字符牌号	曾用牌号
1A99	LG5	2A21	214	5A66	LT66
1B99	—	2A23	—	5A70	—
1C99	—	2A24	—	5B70	—
1A97	LG4	2A25	225	5A71	—
1B97	—	2B25	—	5B71	—
1A95	—	2A39	—	5A90	—
1B95	—	2A40	—	6A01	6N01
1A93	LG3	2A49	149	6A02	LD2
1B93	—	2A50	LD5	6B02	LD2-1
1A90	LG2	2B50	LD6	6R05	
1B90	—	2A70	LD7	6A10	—
1A85	LG1	2B70	LD7-1	6A51	651
1A80	—	2D70	—	6A60	
1A80A	—	2A80	LD8	7A01	LB1
1A60	—	2A90	LD9	7A03	LC3
1A50	LB2	2A97	—	7A04	LC4
1R50	—	3A21	LF21	7B04	—
1R35	—	4A01	LT1	7C04	—
1A30	L4-1	4A11	LD11	7D04	—
1B30	—	4A13	LT13	7A05	705
2A01	LY1	4A17	LT17	7B05	7N01
2A02	LY2	4A91	491	7A09	LC9
2A04	LY4	5A01	2102、LF15	7A10	LC10
2A06	LY6	5A02	LF2	7A12	—
2B06	—	5B02		7A15	LC15、157
2A10	LY10	5A03	LF3	7A19	919、LC19
2A11	LY11	5A05	LF5	7A31	183-1
2B11	LY8	5B05	LF10	7A33	LB733
2A12	LY12	5A06	LF6	7B50	
2B12	LY9	5B06	LF14	7A52	LC52、5210
2D12	—	5A12	LF12	7A55	—
2E12	—	5A13	LF13	7A68	
2A13	LY13	5A25	—	7B68	—
2A14	LD10	5A30	2103、LF16	7D68	7A60
2A16	LY16	5A33	LF33	7A85	
2B16	LY16-1	5A41	LT41	7A88	
2A17	LY17	5A43	LF43	8A01	—
2A20	LY20	5A56	—	8A06	L6

3.《铝合金建筑型材 第1部分：基材》（GB 5237. 1—2008）

（1）术语、定义

① 基材（mill finish profiles）：基材是指表面未经处理的铝合金建筑型材。

② 装饰面（exposed surfaces）：装饰面指型材经加工、制作并安装在建筑物上后，处于开启和关闭状态时，仍可看得见的表面。

（2）产品分类

① 牌号、状态

合金牌号、供应状态应符合表3-92的规定。

表3-92 合金牌号及供应状态

合 金 牌 号	供 应 状 态
6005、6060、6063、6063A、6463、6463A	T5、T6
6061	T4、T6

注：1. 订购其他牌号或状态时，需供需双方协商。

2. 如果同一建筑结构型材同时选用6005、6060、6061、6063等不同合金（或同一合金不同状态），采用同一工艺进行阳极氧化，将难以获得颜色一致的阳极氧化表面，建议选用合金牌号和供应状态时，充分考虑颜色不一致性对建筑结构的影响。

② 规格

型材的横截面规格应符合《铝合金建筑型材图样图册》（YS/T 436—2000）的规定或以供需双方签订的技术图样确定，且由供方给予命名；型材的长度由供需双方商定，并在合同中注明。

③ 标记

型材标记按产品名称、合金牌号、供应状态、产品规格（由型材代号与定尺长度两部分组成）和本部分编号的顺序表示。标记示例如下：

用6063合金制造的，供应状态为T5，型材代号为421001、定尺长度为6000mm的铝型材，标记为：基材 6063-T5

421001×6000 GB 5237. 1—2008

④ 化学成分

6463、6463A牌号的化学成分应符合表3-93规定。其他牌号的化学成分应符合GB/T 3190的规定。

表3-93 6463、6463A合金牌号的化学成分

牌 号	质量分数[a]（%）								
	Si	Fe	Cu	Mn	Mg	Zn	其他杂质		Al
							单个	合计	
6463	0.20~0.60	≤0.15	≤0.20	≤0.05	0.45~0.90	≤0.05	≤0.05	≤0.15	余量
6463A	0.20~0.60	≤0.15	≤0.25	≤0.05	0.30~0.90	≤0.05	≤0.05	≤0.15	余量

a 含量有上下限者为合金元素；含量为单个数值者，铝为最低限。"其他杂质"一栏系指未列出或未规定数值的金属元素。铝含量应由计算确定，即由100.00%减去所有含量不小于0.010%的元素总和的差值而得，求和前各元素数值要表示到0.0X%。

资料：

关于 6063 铝合金化学成分的讨论

6063 合金属低合金化的 Al-Mg-Si 系高塑性材料，可高速挤压成断面复杂、壁厚各异的型材。淬火温度宽、淬火敏感性低，可实现在线强制风冷淬火。经人工时效后具有中等强度，且挤压后型材表面光洁，容易阳极氧化和着色。因此在建筑型材用材中具有垄断地位。然而 6063 合金的化学成分范围较宽，标准规定的力学性能较低，这就给生产厂家留下了较大的成分选择空间。如何兼顾力学性能、挤压性能和表面处理性能（氧化、着色、电泳涂漆等），合理制定 6063T 型材的化学成分控制范围，将直接影响生产厂家的成本、质量和效益。

A. Mg、Si 总量及 Mg/Si 的影响

a. 现状分析

6063 合金的标准成分，其镁硅总量在 0.65% ~ 1.5% 之间，镁硅比在 0.75 ~ 4.5 之间，可选择的成分空间很大。关于镁硅总量的控制及镁硅比的选择，众多专家仁者见仁、智者见智，看法各有不同。典型实例如下：

Mg：0.45% ~ 0.70%；Si：0.35% ~ 0.50%；Mg/Si = 1.2 ~ 1.4 且 Mg2Si 质量分数控制在 0.65% ~ 0.80% 之间；国外厂家很重视镁硅含量及镁硅比，镁硅元素总量不超过 1%，在 0.95% ~ 1% 之间；Mg/Si = 1 ~ 1.3。我国厂家倾向于镁硅比高，多数厂家 Mg：0.55% ~ 0.65%，Si：0.38% ~ 0.43%，Mg/Si = 1.2 ~ 1.6。

郑州某研究院开发的 6063 合金材：Mg：0.50% ~ 0.65%，Si：0.35% ~ 0.45%，Mg/Si >1.3；广州某厂开发的 6063 合金：Mg：0.45% ~ 0.55%，Si：0.40% ~ 0.50%；Mg/Si = 0.90 ~ 1.38。

b. 镁硅元素最佳含量的确定

6063T5 型材的最佳成分范围的确定，一方面应满足《变形铝及铝合金化学成分》GB/T 3190—2008）的成分范围和《铝合金建筑型材》系列（GB/T 5237—2008）标准中所规定的 $R_m \geqslant 160MPa$、$R_{p0.2} \geqslant 110MPa$、$A \geqslant 8\%$ 的要求，同时又要保证挤压性能良好；另一方面，不必追求过高的强度即使合金元素含量增大，应该兼顾力学性能、挤压性能和氧化性能。生产实践证明，较低合金含量的 6063 铸锭不仅挤压性能好，挤出的型材表面较好，氧化处理后色调也较好。

由以上分析，建筑型材用 6063 合金的元素含量可按如下成分确定范围：Mg：0.48% ~ 0.56%，Si：0.42% ~ 0.56%，Mg/Si 为 1.0 ~ 1.3，同时控制 Mg + Si ≤1%。

c. 成分优化的分析讨论

Mg/Si = 1.0 ~ 1.3，确保 6063 合金处于 α（Al）+ Mg2Si +（过剩）Si 的三相区，且硅有一定量的过剩。众所周知，Al-Mg-Si 系的强化相是 Mg2Si，其镁硅比为 1.73。总会有 Mg 或 Si 过剩。由于 Mg 过剩将降低 Mg2Si 在 α（Al）中的固溶度，从而恶化 6063 合金的时效性能，因此应避免 Mg 过剩的情况出现。反之，Si 过剩几乎不影响 Mg2Si 的溶解度，且一定量的过剩硅还将提高 6063 合金的力学性能，并对合金的铸造性能及焊接性能有利。

此外，合金中不可避免地会存在 Fe 和 Mn（Mn 比 Fe 少），在合金中它们都能先于 Mg 和 Si 化合，生成 AlFeSi 或 AlFeSiAlMnSi 化合物，这将耗去一定量的 Si，使与 Mg 化合的硅量减少，尤其是在熔铸工序中添加废旧铝型材时 Fe 量总体水平升高。如果 Mg/Si 较高，就

有可能出现 Mg 过剩从而导致时效后硬度不合格。

Mg：0.48% ~ 0.56%，Si：0.42% ~ 0.50% 且 Mg + Si ≤ 1%，即选择 Mg + Si 总量在 0.9% ~ 1.0% 之间，Mg2Si 质量分数在 0.76% ~ 0.88% 之间。

虽然上述规定 Mg 的下限似乎低了一些，但是当 Mg 为 0.48%，Si 为 0.42% 时，Mg + Si 总量达到 0.90%，Mg2Si 质量分数可达到 0.76%。即使 Fe 达到 0.35%，Mn 达到 0.1% 的国标极限值，Si 仍富余 0.03%，不会出现 Mg 过剩。R_m 完全可以大于 160MPa，达到《铝合金建筑型材》系列（GB/T 5237—2008）的要求。时效后的硬度值视人工时效制度而定。为提高生产效率，采用高温时人工时效制度，即（200 ± 5）℃ × 2h。按上述成分控制范围组织生产的 6063T5 型材经人工时效后，H_w 在 8 ~ 13 之间，换算成强度达 166 ~ 216MPa，完全能达到国标要求。

B. 杂质含量的控制与工艺性能

6063 合金 Mg、Si 为合金元素，Ti、B 为添加晶粒细化剂，含量很低，其他元素均为杂质。常见的可以检测到的杂质有 Fe、Zn、Cu、Mn，它们均对型材的工艺性能有影响。

a. Fe 元素

在 6063 合金中 Fe 以 AlFeSi 化合物存在，有 α（Fe2SiAl8）、β（FeSiAl5）两种形态。α（Fe2SiAl8）相通常被报道为 Fe3Si2Al12，属六方晶系，呈骨骼状（汉字状），密度 3580kg/m³，显微硬度 3300 ~ 3600MPa。β（FeSiAl5）相属单斜晶系，密度为 3300 ~ 3350kg/m³，显微硬度 5800MPa，外形呈薄片状（针状）。由于 AlFeSi 化合物是硬脆相，且在一般均热化温度下不溶解，既影响挤压模具寿命，又由于 α 或 β 相与基体电极电位不一致，影响阳极氧化膜的性能和型材着色的色调，故应对 Fe 含量进行限制，对银白色型材，Fe 含量可以放宽一些，按 <0.35% 控制，而对着色型材，则必须控制在 0.25% 以下。

b. Zn 元素

如果用 99.70% 的原铝锭来生产 6063 合金型材，那么合金中的 Zn 含量约为 0.03%，这个数量的 Zn 不会影响型材的力学性能和表面处理性能。如果使用废型材，卷帘门或铝线等废旧金属作原料，那么 Zn 含量可能突破 0.02%，这时 Zn 虽然不影响力学性能，但却显著降低型材的耐蚀性。如果硫酸阳极氧化工艺参数调配不当的话，将产生雪花状腐蚀缺陷，从而造成废品。如果工艺参数调配得当，那么 Zn 即使接近国标的上限也不会出现雪花状腐蚀缺陷。

c. Cu、Mn 元素

Cu、Mn 为重金属元素，一方面影响着色型材的色调，另一方面也增加中和出光时型材表面的"挂灰"，所以应对其含量进行控制。对于着色型材应控制在 0.05% 以下，而银色型材按国标控制即可。

C. 结论

Mg、Si 总含量及 Mg/Si 是决定 6063T5 型材力学性能的主要因素，选择成分时应满足 $R_m \geq 160MPa$，$A \geq 8\%$ 《铝合金建筑型材》系列（GB/T 5237—2008）低限要求。考虑到 Fe、Mn 对参与生成 Mg2Si 的硅量的影响及硅过剩的有利因素，应当将 Mg/Si 选择的低一些，同时控制成分区间也不应太狭窄而影响生产效率。

综合以上因素，推荐的控制范围是：Mg：0.48% ~ 0.56%，Si：0.42% ~ 0.50%；Mg/Si = 1.0 ~ 1.3；Mg + Si ≤ 1%。Fe、Zn、Cu、Mn 杂质元素对型材的力学性能有一些影响，但主要是影响型材的表面处理性能，可按国标控制，而着色型材则应按 Fe < 0.25%、Cu < 0.05%、Mn < 0.05% 控制。

D. 材料壁厚

a. 型材壁厚偏差应符合表3-94的规定。

表3-94 壁厚允许偏差

级别	公称厚度 （mm）	对应于下列外接圆直径的型材壁厚尺寸允许偏差（mm）[a,b,c,d]					
		≤100		>100~250		>250~350	
		A	B、C	A	B、C	A	B、C
普通级	≤1.50	0.15	0.23	0.20	0.30	0.38	0.45
	>1.50~3.00	0.15	0.25	0.23	0.38	0.54	0.57
	>3.00~6.00	0.18	0.30	0.27	0.45	0.57	0.60
	>6.00~10.00	0.20	0.60	0.30	0.90	0.62	1.20
	>10.00~15.00	0.20	—	0.30	—	0.62	—
	>15.00~20.00	0.23	—	0.35	—	0.65	—
	>20.00~30.00	0.25	—	0.38	—	0.69	—
	>30.00~40.00	0.30	—	0.45	—	0.72	—
高精级	≤1.50	0.13	0.21	0.15	0.23	0.30	0.35
	>1.50~3.00	0.13	0.21	0.15	0.25	0.36	0.38
	>3.00~6.00	0.15	0.26	0.18	0.30	0.38	0.45
	>6.00~10.00	0.17	0.51	0.20	0.60	0.41	0.90
	<10.00~15.00	0.17	—	0.20	—	0.41	—
	>15.00~20.00	0.20	—	0.23	—	0.43	—
	>20.00~30.00	0.21	—	0.25	—	0.46	—
	>30.00~40.00	0.26	—	0.30	—	0.48	—
超高精级	≤1.50	0.09	0.10	0.10	0.12	0.15	0.25
	>1.50~3.00	0.09	0.13	0.10	0.15	0.15	0.25
	>3.00~6.00	0.10	0.21	0.12	0.25	0.18	0.35
	>6.00~10.00	0.10	0.34	0.13	0.40	0.20	0.70
	<10.00~15.00	0.12	—	0.14	—	0.22	—
	>15.00~20.00	0.13	—	0.15	—	0.23	—
	>20.00~30.00	0.15	—	0.17	—	0.25	—
	>30.00~40.00	0.17	—	0.20	—	0.30	—

a 表中无数值处表示偏差不要求。

b 含封闭空腔的空心型材（如图3-8~图3-10所示型材），或含不完全封闭空腔、但所包围空腔截面积不小于豁口尺寸平方的2倍的空心型材（如图3-11、图3-12所示型材，$S \geqslant 2H_1^2$），当空腔某一边的壁厚大于或等于其对边壁厚的3倍时，其壁厚允许偏差由供需双方协商；当空腔对边壁厚不相等，且厚边壁厚小于其对边壁厚的3倍时，其任一边壁厚的允许偏差均应采用两对边平均壁厚对应的B组允许偏差值。

c 如图3-11、图3-12所示的型材，当型材所包围的空腔截面积（S）不小于70mm^2，且大于等于豁口尺寸（H_1）平方的2倍时（见图3-11，$S \geqslant 2H_1^2$），未封闭的空腔周壁壁厚允许偏差采用壁厚允许偏差。

d 含封闭空腔的空心型材，见图3-13~图3-19。所包围的空腔截面积（S）小于70mm^{2}时，其空腔周壁壁厚允许偏差采用A组壁厚允许偏差。

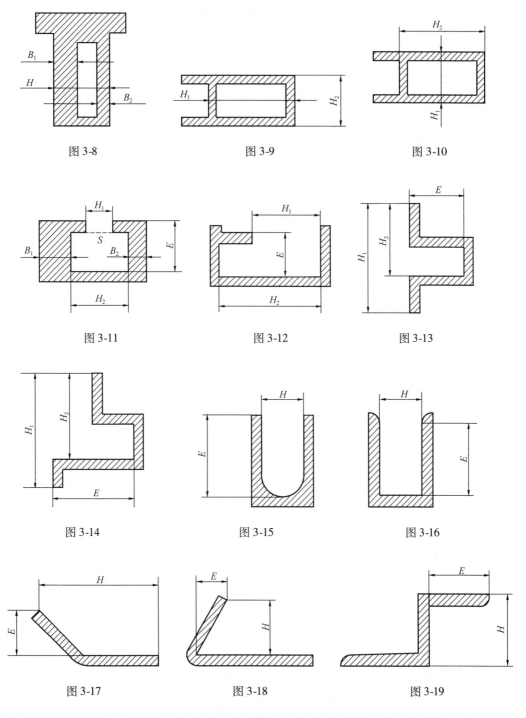

图 3-8   图 3-9   图 3-10

图 3-11   图 3-12   图 3-13

图 3-14   图 3-15   图 3-16

图 3-17   图 3-18   图 3-19

b. 壁厚偏差等级由供需双方商定，但有装配关系的 6060-T5、6063-T5、6063A-T5、6463-T5、6463A-T5 型材壁厚偏差，应选择表 3-95 ~ 表 3-97。

c. 壁厚偏差选择高精级或超高精级时，其允许偏差值应在型材图样中注明，图样中不注明允许偏差值，但可以直接测量的壁厚，其偏差按普通级执行。

d. 壁厚公称尺寸及允许偏差相同的各个面的壁厚差应不大于相应的壁厚公差之半。

e. 非壁厚尺寸偏差分为普通级、高精级和超高精级。偏差等级由供需双方商定，但有装配关系的 6060-T5、6063-T5、6063A-T5、6463-T5、6463A-T5 型材尺寸偏差，应选择高精级或超高精级。选择高精级或超高精级时，其允许偏差值应在型材图样中注明，图样中未注明允许偏差值，但可以直接测量的部位的尺寸，其偏差按普通级执行。经供需双方商定，可供应严于超高精级的型材，但其允许偏差应在合同或图样中注明。

f. 由两个以上的分尺寸组成一个尺寸时，该尺寸的允许偏差为各分尺寸允许偏差之和。

表 3-95　非壁厚尺寸 (H) 允许偏差 (普通型)　　　　　　　　　　　mm

外接圆直径	H 尺寸	实体金属部分不小于75%的 H 尺寸的允许偏差[g,h]，±	实体金属部分小于75%的 H 尺寸对应于下列 E 尺寸的允许偏差[a,b,c,d,e,f]，±					
			>6～15	>15～30	>30～60	>60～100	>100～150	>150～200
	1 栏	2 栏	3 栏	4 栏	5 栏	6 栏	7 栏	8 栏
≤100	≤3.00	0.15	0.25	0.30	—	—		
	>3.00～10.00	0.18	0.30	0.36	0.41	—		
	>10.00～15.00	0.20	0.36	0.41	0.46	0.51		
	>15.00～30.00	0.23	0.41	0.46	0.51	0.56		
	>30.00～45.00	0.30	0.53	0.58	0.66	0.76		
	>45.00～60.00	0.36	0.61	0.66	0.79	0.91		
	>60.00～100.00	0.61	0.86	0.97	1.22	1.45		
>100～250	≤3.00	0.23	0.33	0.38	—	—		
	>3.00～10.00	0.27	0.39	0.45	0.51	—		
	>10.00～15.00	0.30	0.47	0.51	0.58	0.61		
	>15.00～30.00	0.35	0.53	0.58	0.64	0.67		
	>30.00～45.00	0.45	0.69	0.73	0.83	0.91	1.00	—
	>45.00～60.00	0.54	0.79	0.83	0.99	1.10	1.20	1.40
	>60.00～90.00	0.92	1.10	1.20	1.50	1.70	2.00	2.30
	>90.00～120.00	0.92	1.10	1.20	1.50	1.70	2.00	2.30
	>120.00～150.00	1.30	1.50	1.60	2.00	2.40	2.80	3.20
	>150.00～200.00	1.70	1.80	2.00	2.60	3.00	3.60	4.10
	>200.00～250.00	2.10	2.10	2.40	3.20	3.70	4.30	4.90
>250～350	≤3.00	0.54	0.64	0.69	—	—		
	>3.00～10.00	0.57	0.67	0.76	0.89	—		
	>10.00～15.00	0.62	0.71	0.82	0.95	1.50		—
	>15.00～30.00	0.65	0.78	0.93	1.30	1.70	—	
	>30.00～45.00	0.72	0.85	1.20	1.90	2.30	3.00	—
	>45.00～60.00	0.92	1.20	1.50	2.20	2.60	3.30	4.60
	>60.00～90.00	1.30	1.60	1.80	2.50	2.90	3.60	4.90
	>90.00～120.00	1.30	1.60	1.80	2.50	2.90	3.60	4.90
	>120.00～150.00	1.70	1.90	2.20	2.90	3.20	3.80	5.20
	>150.00～200.00	2.10	2.30	2.50	3.20	3.50	4.10	5.40
	>200.00～250.00	2.40	2.60	2.90	3.50	3.80	4.40	5.70
	>250.00～300.00	2.80	3.00	3.20	3.80	4.10	4.70	6.00
	>300.00～350.00	3.20	3.30	3.60	4.10	4.40	5.00	6.20

a　当偏差不采用对称的"±"偏差时，则正、负偏差的绝对值之和应为表中对应数值的两倍。

b　表中无数值处表示偏差不要求。

表3-96　非壁厚尺寸（*H*）允许偏差（高精级）　　　　　mm

外接圆直径	*H*尺寸	实体金属部分不小于75%的*H*尺寸的允许偏差[g,h]，±	实体金属部分小于75%的*H*尺寸对应于下列*E*尺寸的允许偏差[a,b,c,d,e,f]，±					
			>6~15	>15~30	>30~60	>60~100	>100~150	>150~200
	1栏	2栏	3栏	4栏	5栏	6栏	7栏	8栏
≤100	≤3.00	0.13	0.21	0.25	—	—	—	—
	>3.00~10.00	0.15	0.26	0.31	0.35	—	—	—
	>10.00~15.00	0.17	0.31	0.35	0.39	0.43	—	—
	>15.00~30.00	0.21	0.35	0.39	0.43	0.48	—	—
	>30.00~45.00	0.26	0.45	0.49	0.56	0.65	—	—
	>45.00~60.00	0.31	0.52	0.56	0.67	0.77	—	—
	>60.00~100.00	0.52	0.73	0.82	1.04	1.23	—	—
>100~250	≤3.00	0.15	0.25	0.30	—	—	—	—
	>3.00~10.00	0.18	0.30	0.36	0.41	—	—	—
	>10.00~15.00	0.20	0.36	0.41	0.46	0.51	—	—
	>15.00~30.00	0.23	0.41	0.46	0.51	0.56	—	—
	>30.00~45.00	0.30	0.53	0.58	0.66	0.76	0.89	—
	>45.00~60.00	0.36	0.61	0.66	0.79	0.91	1.07	1.27
	>60.00~90.00	0.61	0.86	0.97	1.22	1.45	1.73	2.03
	>90.00~120.00	0.61	0.86	0.97	1.22	1.45	1.73	2.03
	>120.00~150.00	0.86	1.12	1.27	1.63	1.98	2.39	2.79
	>150.00~200.00	1.12	1.37	1.57	2.08	2.51	3.05	3.56
	>200.00~250.00	1.37	1.63	1.88	2.54	3.05	3.68	4.32
>250~350	≤3.00	0.36	0.46	0.51	—	—	—	—
	>3.00~10.00	0.38	0.48	0.56	0.71	—	—	—
	>10.00~15.00	0.41	0.51	0.61	0.76	1.27	—	—
	>15.00~30.00	0.43	0.56	0.69	1.02	1.52	—	—
	>30.00~45.00	0.48	0.61	0.86	1.52	2.03	2.54	—
	>45.00~60.00	0.61	0.86	1.12	1.78	2.29	2.79	4.32
	>60.00~90.00	0.86	1.12	1.37	2.03	2.54	3.05	4.57
	>90.00~120.00	0.86	1.12	1.37	2.03	2.54	3.05	4.57
	>120.00~150.00	1.12	1.37	1.63	2.29	2.79	3.30	4.83
	>150.00~200.00	1.37	1.63	1.88	2.54	3.05	3.56	5.08
	>200.00~250.00	1.63	1.88	2.13	2.79	3.30	3.81	5.33
	>250.00~300.00	1.88	2.13	2.39	3.05	3.56	4.06	5.59
	>300.00~350.00	2.13	2.39	2.64	3.30	3.81	4.32	5.84

a　当偏差不采用对称的"±"偏差时，则正、负偏差的绝对值之和应为表中对应数值的两倍。
b　表中无数值处表示偏差不要求。

表 3-97　非壁厚尺寸（H）允许偏差（超高精级）　　mm

外接圆直径	H尺寸	实体金属部分不小于75%的H尺寸的允许偏差[g,h]，±	实体金属部分小于75%的H尺寸对应于下列E尺寸的允许偏差[a,b,c,d,e,f]，±		
			>6～15	>15～60	>60～120
	1栏	2栏	3栏	4栏	5栏
≤100	≤3.00	0.11	0.14	0.14	—
	>3.00～10.00	0.11	0.14	0.14	—
	>10.00～15.00	0.14	0.18	0.18	—
	>15.00～30.00	0.15	0.22	0.22	—
	>30.00～45.00	0.18	0.27	0.27	0.41
	>45.00～60.00	0.27	0.36	0.36	0.50
	>60.00～100.00	0.37	0.41	0.41	0.59
>100～350	≤3.00	0.12	0.15	0.15	—
	>3.00～10.00	0.12	0.15	0.15	—
	>10.00～15.00	0.15	0.20	0.20	—
	>15.00～30.00	0.17	0.25	0.25	—
	>30.00～45.00	0.20	0.30	0.30	0.45
	>45.00～60.00	0.30	0.40	0.40	0.55
	>60.00～90.00	0.41	0.45	0.45	0.65
	>90.00～120.00	0.45	0.60	0.60	0.80
	>120.00～150.00	0.57	0.80	0.80	1.00
	>150.00～200.00	0.75	1.00	1.00	1.30
	>200.00～250.00	0.91	1.20	1.20	1.50
	>250.00～300.00	1.30	1.50	1.50	1.80
	>300.00～350.00	1.56	1.73	1.73	2.16

a　当偏差不采用对称的"±"偏差时，则正、负偏差的绝对值之和应为表中对应数值的两倍。

b　表中无数值处表示偏差不要求。

⑤ 角度

a. 图样上有标注，且能直接测量的角度，其角度偏差应符合表 3-98 的规定，精度等级需在图样或合同中注明，未注明时，6060-T5、6063-T5、6063A-T5、6463-T5、6463A-T5 型材角度偏差按高精级执行，其他型材按普通级执行。不采用对称的"±"偏差时，正、负偏差的绝对值之和应为表中对应数值的两倍。

b. 倒角半径（r）及圆角半径（R）

c. 型材横截面上的倒角（或过渡圆角）半径（r）及圆角半径（R）如图 3-20 所示。

d. 型材图样上标注有倒角半径"r"字样时，倒角半径（r）应不大于 0.5mm。要求倒

表 3-98　横截面的角度允许偏差

级　别	允许偏差（°）
普通级	±1.5
高精级	±1.0
超高精级	±0.5

角半径为其他数值时，应将该数值标注在图样上。

e. 型材图样上标注有圆角半径（R）值时，圆角半径（R）的允许偏差应符合表 3-99 的规定。不采用对称的"±"偏差时，正、负偏差的绝对值之和应为表 3-99 中对应数值的两倍。

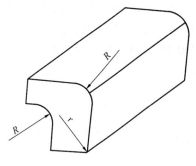

图 3-20　型材截面上的倒角半径

表 3-99　圆角半径允许偏差　　mm

圆角半径（R）	圆角半径允许偏差
≤5.0	±0.5
>5.0	±0.1R

f. 曲面间隙

对曲面间隙有要求时，应双方协商曲面弧样板。任意 25mm 弦长上的圆弧曲面间隙不超过 0.13mm。当横截面圆弧部分的圆心角不大于 90°时，曲面间隙不超过 0.13×弦长/25mm，弦长不足 25mm 时，按 25mm 计算；当横截面圆弧部分的圆心角大于 90°时，型材的曲面间隙不超过：0.13×（90°圆心角对应弦长＋其余数圆心角对应弦长）/25mm，弦长不足 25mm 时，按 25mm 计算。

g. 平面间隙

型材的平面间隙应符合表 3-100 的规定，精度等级需在图样或合同中注明，未注明时，6060-T5、6063-T5、6063A-T5、6463-T5、6463A-T5 高精级执行，其他型材按普通级执行。

表 3-100　允许的平面间隙　　mm

型材公称宽度（W）	平面间隙，不大于		
	普通级	高精级	超高精级
≤25	0.20	0.15	0.10
>25~100	0.80%×W	0.60%×W	0.40%×W
>100~350	0.80%×W	0.60%×W	0.33%×W
任意 25mm 宽度上	0.20	0.15	0.10

h. 弯曲度

弯曲度应符合表 3-101 的规定，精度等级需在图样或合同中注明，未注明时，6060-T5、6063-T5、6063A-T5、6463-T5、6463A-T5 型材平面间隙按高精级执行，其他型材按普通级执行。

表 3-101　允许的弯曲度　　mm

外接圆直径	最小厚度	弯曲度，不大于					
		普通级		高精级		超高精级	
		任意 300mm 长度上 h_S	全长 L 米 h_t	任意 300mm 长度上 h_S	全长 L 米 h_t	任意 300mm 长度上 h_S	全长 L 米 h_t
≤38	≤2.4	1.5	4×L	1.3	3×L	0.3	0.6×L
	>2.4	0.5	2×L	0.3	1×L	0.3	0.6×L
>38	—	0.5	1.5×L	0.3	0.8×L	0.3	0.5×L

i. 扭拧度

公称长度小于等于 7m 的型材，扭拧度应符合表 3-102 规定。公称长度大于 7m 时，型材扭拧度由供需双方协商。扭拧度精度等级需在图样或合同中注明，未注明精度等级时，6060-T5、6063-T5、6063A-T5、6463-T5、6463A-T5 型材按高精级执行，其他型材按普通级执行。

表 3-102　允许的扭拧度

精度等级	公称宽度 W（mm）	下列长度 L（m）上的扭拧度（mm）					
		≤1m	>1~2m	>2~3m	>3~4m	>4~5m	>5~7m
		不大于					
普通级	≤25.00	1.30	2.00	2.30	3.10	3.30	3.90
	25.00~50.00	1.80	2.60	3.90	4.20	4.70	5.50
	50.00~75.00	2.10	3.40	5.20	5.80	6.30	6.80
	75.00~100.00	2.30	3.50	6.20	6.60	7.00	7.40
	100.00~125.00	3.00	4.50	7.80	8.20	8.40	8.60
	125.00~150.00	3.60	5.50	9.80	9.90	10.10	10.30
	150.00~200.00	4.40	6.60	11.70	11.90	12.10	12.30
	200.00~350.00	5.50	8.20	15.60	15.80	16.00	16.20
高精级	≤25.00	1.20	1.80	2.10	2.60	2.60	3.00
	25.00~50.00	1.30	2.00	2.60	3.20	3.70	3.90
	50.00~75.00	1.60	2.30	3.90	4.10	4.30	4.70
	75.00~100.00	1.70	2.60	4.00	4.40	4.70	5.20
	100.00~125.00	2.00	2.90	5.10	5.50	5.70	6.00
	125.00~150.00	2.40	3.60	6.40	6.70	7.00	7.20
	150.00~200.00	2.90	4.30	7.60	7.90	8.10	8.30
	200.00~350.00	3.60	5.40	10.20	10.40	10.70	10.90
超高精级	≤25.00	1.00	1.50	1.50	2.00	2.00	2.00
	25.00~50.00	1.00	1.20	1.50	1.80	2.00	2.00
	50.00~75.00	1.00	1.20	1.20	1.50	2.00	2.00
	75.00~100.00	1.00	1.20	1.50	2.00	2.20	2.50
	100.00~125.00	1.00	1.50	1.80	2.20	2.50	3.00
	125.00~150.00	1.20	1.50	1.80	2.20	2.50	3.00
	150.00~200.00	1.50	1.80	2.20	2.60	3.00	3.50
	200.00~350.00	1.80	2.50	3.00	3.50	4.00	4.50

j. 长度

（i）要求定尺时，应在合同中注明，公称长度小于或等于 6m 时，允许偏差为 +15mm；长度大于 6m 时，允许偏差由双方协商确定。

（ii）以倍尺交货的型材，其总长度允许偏差为 +20mm，需要加锯口余量时，应在合同中注明。

k. 端头切斜度：端头切斜度不应超过2°。

l. 力学性能

（i）室温力学性能应符合表3-103的规定。

（ii）取样部位的公称壁厚小于1.20mm时，不测定断后伸长率。

表3-103 室温力学性能

合金牌号	供应状态		壁厚（mm）	拉伸性能				硬度[a]		
				抗拉强度 R_m（N/mm²）	规定非比例延伸强度 $R_{p0.2}$（N/mm²）	断后伸长率（%）		试样厚度（mm）	维氏硬度 HV	韦氏硬度 HW
						A	A_{50mm}			
				不小于						
6005	T5		≤6.3	260	240	—	8	—	—	—
	T6	实心型材	≤5	270	225	—	6	—	—	—
			>5~10	260	215	—	6	—	—	—
			>10~25	250	200	8	6	—	—	—
		空心型材	≤5	255	215	—	6	—	—	—
			>5~15	250	200	8	6	—	—	—
6060	T5		≤5	160	120	—	6	—	—	—
			>5~25	140	100	8	6	—	—	—
	T6		≤3	190	150	—	6	—	—	—
			>3~5	170	140	8	6	—	—	—
6061	T4		所有	180	110	16	16	—	—	—
	T6		所有	265	245	8	8	—	—	—
6063	T5		所有	160	110	8	8	0.8	58	8
	T6		所有	205	180	8	8	—	—	—
6063A	T5		≤10	200	160	—	5	0.8	65	10
			>10	190	150	5	5	0.8	65	10
	T6		≤10	230	190	—	5	—	—	—
			>10	220	180	4	4	—	—	—
6463	T5		≤50	150	110	8	6	—	—	—
	T6		≤50	195	160	10	8	—	—	—
6463A	T5		≤12	150	110	—	6	—	—	—
	T6		≤3	205	170	—	6	—	—	—
			>3~12	205	170	—	8	—	—	—

a 硬度仅作参考。

m. 外观质量

（i）型材表面应整洁，不允许有裂纹、起皮、腐蚀和气泡等缺陷存在。

（ii）型材表面上允许有轻微的压坑、碰伤、擦伤存在，其允许深度见表3-104；模具挤压痕的深度见表 3-105。装饰面要在图纸中注明，未注明时按非装饰面执行。

表 3-104 型材表面缺陷允许深度   mm

状　态	缺陷允许深度，不大于	
	装饰面	非装饰面
T5	0.03	0.07
T4、T6	0.06	0.10

表 3-105 模具挤压痕的允许深度   mm

合金牌号	模具挤压痕深度，不大于
6005、6061	0.06
6060、6063、6063A、6463、6463A	0.03

（iii）型材端头允许有因锯切产生的局部变形，其纵向长度不应超过 10mm。

4.《铝合金建筑型材　第 2 部分：阳极氧化型材》（GB 5237.2—2008）

（1）装饰面（exposed surfaces）：装饰面是指型材经加工、制作并安装上建筑物后，处于开启和关闭状态时，仍可看得见的表面。

（2）局部膜厚（local thickness）：在型材装饰面上某个面积不大于 $1cm^2$ 的考察面内作若干次（不小于 3 次）膜厚测量所得的测量值的平均值。

（3）平均膜厚（average thickness）：在型材装饰面上测出的若干个（不小于 5 处）局部膜厚的平均值。

（4）牌号、状态、规格：型材的合金牌号、供应状态和规格应符合《铝合金建筑型材　第 1 部分：基材》（GB 5237.1—2008）的规定

（5）阳极氧化膜膜厚级别、典型用途、表面处理方式

阳极氧化膜厚级别、典型用途、表面处理方式如表 3-106 所示。膜厚级别应在合同中注明，未注明膜厚级别时，按 AA10 供货。

表 3-106 阳极氧化膜膜厚级别、典型用途、表面处理方式

膜厚级别	典型用途	表面处理方式
AA10	室内、外建筑或车辆部件	阳极氧化 阳极氧化加电解着色 阳极氧化加有机着色
AA15	室外建筑或车辆部件	
AA20	室外苛刻环境下使用的建筑部件	
AA25		

（6）标记

型材标记按产品名称、合金牌号、供应状态、产品规格（由型材代号与定尺长度两部分组成）、颜色、膜厚级别和本部分编号的顺序表示，标记示例如下：

用 6063 合金制造的，T5 状态，型材代号为 421001，定尺长度为 3000mm，表面经阳极氧化电解着色处理，古铜色，膜厚级别为 AA15 的型材，标记为：

阳极氧化型材　6063-T5 421001×3000 古铜 AA15 GB 5237.2—2008

（7）化学成分、力学性能

型材的化学成分、力学性能应符合《铝合金建筑型材　第 1 部分：基材》GB 5237.1—2008 的规定。

（8）尺寸偏差

型材的尺寸偏差（包括氧化膜在内）应符合《铝合金建筑型材　第 1 部分：基材》（GB 5237.1—2008）的规定。

（9）膜厚

阳极氧化膜平均膜厚、局部膜厚应符合表 3-107 规定。

表 3-107　阳极氧化膜平均膜厚、局部膜厚

膜厚级别	平均膜厚（μm），不小于	局部膜厚（μm），不小于
AA10	10	8
AA15	15	12
AA20	20	16
AA25	25	20

（10）封孔质量

阳极氧化膜经硝酸预浸的磷铬酸试验，其质量损失值应不大于 $30mg/dm^2$。

（11）颜色和色差

阳极氧化膜的颜色应与供需双方商定的色板基本一致，或处在供需双方商定的上、下限色标所限定的颜色范围之内。若需方要求采用仪器法测定阳极氧化膜的颜色，允许色差应由供需双方商定。

（12）耐盐雾腐蚀性能

阳极氧化膜的 CASS 试验结果应符合表 3-108 的规定。

（13）耐磨性

阳极氧化膜的落砂试验结果应符合表 3-108 的规定。

表 3-108　阳极氧化膜耐盐雾腐蚀性能和耐磨性

膜厚级别	耐盐雾腐蚀性能		耐磨性
	CASS 试验结果		落砂试验结果
	时间（h）	级别	磨耗系数 f（g/μm）
AA10	16	≥9	≥300
AA15	24	≥9	≥300
AA20	48	≥9	≥300
AA25	48	≥9	≥300

（14）耐候性

① 加速耐候性

经 313B 荧光紫外灯人工加速老化试验后，电解着色膜变色程度应至少达到 1 级，有机着色膜变色程度应至少达到 2 级。具体色差级别应根据颜色的不同，由供需双方协商确定。

② 自然耐候性

需方要求自然耐候性能时，试验条件和验收标准由供需双方商定，并在合同中注明。

（15）其他

① 当需方对阳极氧化膜的耐盐雾腐蚀性、耐磨性、耐候性有特殊要求时，供需双方可参照《铝及铝合金阳极氧化膜与有机聚合物膜　第 1 部分：阳极氧化膜》（GB/T 8013.1—2007）具体商定性能要求，并在合同中注明。

② 需方要求其他性能时，由供需双方参照（GB/T 8013.1—2007）具体商定。

（16）外观质量

型材表面不允许有电灼伤、氧化膜脱落等影响使用的缺陷，但距型材端头 80mm 以内允许局部无膜。

5.《铝合金建筑型材　第 4 部分：粉末喷涂型材》（GB 5237.4—2008）

（1）涂层（coating）：喷涂在金属基体表面上经固化的热固性有机聚合物粉末覆盖层。

（2）装饰面（exposed surfaces）：装饰面指型材经加工、制作并安装在建筑物上后，处于开启和关闭状态时，仍可看得见的表面。

（3）局部膜厚（local thickness）：在型材装饰面上某个面积不大于 1cm^2 的测量区内，作若干次（不少于 3 次）膜厚测量所得到的测量值的平均值。

（4）最小局部膜厚（minimum local thickness）：型材装饰面上测量的若干个局部膜厚中最小的 1 个。

（5）牌号、状态、规格：合金牌号、供应状态和规格应符合《铝合金建筑型材　第 1 部分：基材》（GB 5237.1—2008）的规定。

（6）型材标记按产品名称、合金牌号、供应状态、产品规格（由型材代号与定尺长度两部分组成），颜色代号和本部分编号的顺序表示。标记示例如下：

用 6063 合金制造的，供应状态为 T5，型材代号为 421001，定尺长度为 6000mm，颜色代号为 3003 的型材，标记为：

喷粉型材　6063-T5　421001×6000　色 3003 GB 5237.4—2008

（7）预处理：型材的预处理应符合《铝及铝合金阳极氧化膜与有机聚合物膜　第 3 部分：有机聚合物喷涂膜》（GB/T 8013.3—2007）中第 5 章的规定。

（8）化学成分、力学性能：化学成分、室温力学性能应符合《铝合金建筑型材　第 1 部分：基材》（GB 5237.1—2008）的规定。

（9）尺寸偏差：型材去掉涂层后，尺寸偏差应符合《铝合金建筑型材　第 1 部分：基材》（GB 5237.1—2008）的规定。型材因涂层引起的尺寸变化应不影响其装配和使用。

（10）涂层性能

① 光泽

涂层的 60 度光泽值及其允许偏差应符合表 3-109 的规定。

表 3-109　光泽值及允许偏差　　光泽单位

光泽值范围	允许偏差
3～30	±5
21～70	±7
71～100	±10

② 颜色和色差

涂层颜色应与供需双方商定的样板基本一致。当使用色差仪测定时，单色涂层与样板间的色差 ΔEab＊≤1.5，同一批（指交货批）型材之间的色差 ΔEab＊≤1.5。

③ 涂层厚度

装饰面上涂层最小局部厚度≥40μm。

注：由于挤压型材横截面形状的复杂性，致使型材某些表面（如内角、横沟等）的涂层厚度低于规定值是允许的。

型材非装饰面如需喷涂，应在合同中注明。

④ 压痕硬度

涂层抗压痕性≥80。

⑤ 附着性

涂层的干附着性、湿附着性和沸水附着性均应达到 0 级。

⑥ 耐冲击性

a. 经冲击试验，涂层无开裂或脱落现象。

b. 当供需双方商定采用具有某些特殊性能而耐冲击性稍差的涂层时，允许冲击试验后的涂层有轻微开裂现象，但采用粘胶带进一步检验时，涂层表面应无粘落现象。

⑦ 抗杯突性

a. 经杯突试验，涂层无开裂或脱落现象。

b. 当供需双方商定采用具有某些特殊性能而抗杯突性能稍差的涂层时，允许杯突试验后的涂层有轻微开裂现象，但采用粘胶带进一步检验时，涂层表面应无粘落现象。

⑧ 抗弯曲性

a. 经抗弯曲试验，涂层表面无裂纹或脱落现象。

b. 当供需双方商定采用具有某些特殊性能而抗弯曲性稍差的涂层时，允许抗弯曲试验后的涂层有轻微开裂现象，但采用粘胶带进一步检验时，涂层表面应无粘落现象。

⑨ 耐磨性：经落砂试验，磨耗系数 $\geqslant 0.8 L / \mu m$。

⑩ 耐沸水性：经耐沸水性试验后，目视检查试验后的涂层表面，应无脱落、起皱等现象，但允许肉眼可见的、极分散的非常微小的气泡存在，并允许颜色和光泽稍有变化。

⑪ 耐盐酸性：经耐盐酸性试验后，目视检查试验后的涂层表面，不应有气泡及其他明显变化。

⑫ 耐砂浆性：经耐砂浆性试验后，目视检查试验后的涂层表面，不应有脱落或其他明显变化。

⑬ 耐溶剂性：耐溶剂性试验结果宜为 3 级或 4 级。

⑭ 耐洗涤剂性：经耐洗涤剂性试验后，目视检查试验后的涂层表面，应无起泡、脱落或其他明显变化。

⑮ 耐盐雾腐蚀性：经 1000h 的乙酸盐雾试验后，目视检查试验后的涂层表面，应无起泡、脱落或其他明显变化，划线两侧膜下单边渗透腐蚀宽度应不超过 4mm。

⑯ 耐湿热性：经 1000h 的湿热试验后，目视检查试验后的涂层表面，应无起泡、脱落或其他明显变化。

⑰ 耐候性

a. 加速耐候性：耐候性根据氙灯照射人工加速老化试验时间和试验结果，划分为两个等级，见表 3-110。耐候性等级由需方选定，并在合同中注明，未注明时，按 I 级供货。

表 3-110　耐候性等级

耐候性等级	试验时间[a]	试验结果[a]	
		变色程度	光泽保持率[b]
I	1000h	ΔEab * ≤5	>50%
II	1000h	ΔEab * ≤2.5	>90%

a　黑色、黄色、橙色等鲜艳色涂层的试验时间和试验结果由供需双方商定，并在合同中注明。

b　光泽保持率为涂层试验后的光泽值相对于其试验前的光泽值的百分比。

b. 自然耐候性：需方对自然耐候性有要求时，试验条件和验收标准由供需双方商定，并在合同中注明。

（11）其他

① 需方对耐冲击性、耐磨性、耐沸水性、耐盐雾腐蚀性、耐湿热性、耐候性有其他特殊要求时，供需双方可参照《铝及铝合金阳极氧化膜与有机聚合物　第3部分：有机聚合物喷涂膜》（GB/T 8013.3—2007）具体商定性能要求，并在合同中注明。

② 需方要求其他性能时，由供需双方参照《铝及铝合金阳极氧化膜与有机聚合物　第3部分：有机聚合物喷涂膜》（GB/T 8013.3—2007）具体商定。

（12）外观质量

型材装饰面上的涂层应平滑、均匀，不允许有皱纹、流痕、鼓泡、裂纹等影响使用的缺陷。允许有轻微的桔皮现象，其允许程度应由供需双方商定。

6.《铝合金建筑型材　第5部分：氟碳漆喷涂型材》（GB 5237.5—2008）

（1）漆膜（film）：漆膜指涂覆在金属基体表面上，经固化的氟碳漆的膜，也可称为涂层。

（2）装饰面（exposed surfaces）：装饰面指型材经加工、制作安装在建筑物上后，处于开启和关闭状态时，仍可看得见的表面。

（3）膜厚（thickness of coating）：膜厚指涂覆在金属基体表面上，经固化的氟碳漆的厚度。

（4）局部膜厚（local thickness）：在型材装饰面上某个面积不大于$1cm^2$的考察面内作若干次（不少于3次）膜厚测量所得的测量值的平均值。

（5）最小局部膜厚（minimum local thickness）：型材装饰面上测量的若干个局部膜厚中最小的一个。

（6）平均膜厚（average thickness）：平均膜厚是指在型材装饰面上测量的若干个（不小于5个）局部膜厚的平均值。

（7）产品分类

① 牌号、状态、规格和涂层种类：合金牌号、状态、规格应符合《铝合金建筑型材　第1部分：基材》（GB 5237.1—2008）的规定。涂层种类应符合表3-111的规定。

表3-111　涂层种类及要求

二 涂 层	三 涂 层	四 涂 层
底漆加面漆	底漆、面漆加清漆	底漆、阻挡漆、面漆加清漆

② 标记

型材标记按产品名称、合金牌号、供应状态、型材规格（由型材代号与定尺长度两部分组成）、颜色代号（用色XXXX表示）和本部分号的顺序表示。标记示例如下：

用6063合金制造的，供应状态为T5，型材代号为421001、定尺长度为6000mm，涂层颜色为灰色（代号8399）的型材，标记为：

氟碳漆喷涂型材　6063-T5　421001×6000 色8399　GB 5237.5—2008。

（8）预处理：型材的预处理应符合《铝及铝合金阳极氧化膜与有机聚合物　第3部分：有机聚合物喷涂膜》（GB/T 8013.3—2007）中第5章的规定。

（9）化学成分、力学性能：化学成分、力学性能应符合《铝合金建筑型材　第1部分：基材》（GB 5237.1—2008）的规定。

（10）尺寸偏差：型材去掉漆膜后的尺寸允许偏差应符合《铝合金建筑型材　第 1 部分：基材》（GB 5237.1—2008）的规定。型材因涂层引起的尺寸变化应不影响装配和使用。

（11）涂层性能

③ 光泽

涂层的 60 度光泽值应与合同规定一致，其允许偏差为 ±5 个光泽单位。

④ 颜色和色差

涂层颜色应与供需双方商定的样板基本一致。使用色差仪测定时，单色涂层与样板间的色差 $\Delta Eab* \leqslant 1.5$，同一批（指交货批）型材之间的色差 $\Delta Eab* \leqslant 1.5$。

涂层厚度，装饰面上的涂膜厚度应符合表 3-112 的规定。非装饰面如需要喷漆应在合同中注明。

表 3-112　涂 膜 厚 度 规 定

涂 层 种 类	平均膜厚（μm）	最小局部膜厚（μm）
二涂	≥30	≥25
三涂	≥40	≥34
四涂	≥65	≥55

注：由于挤压型材横截面形状的复杂性，在型材某些表面（如内角、横沟等）的漆膜厚度允许低于本表的规定值，但不允许出现露底现象。

⑤ 硬度：涂层经铅笔划痕试验，硬度≥1H。

⑥ 附着性：涂层的干、湿和沸水附着性均应达到 0 级。

⑦ 耐冲击性：经冲击试验后，受冲击的涂层允许有微小裂纹，但粘胶带上不允许有粘落的涂层。

⑧ 耐磨性：经落砂试验，磨耗系数≥1.6L/μm。

⑨ 耐盐酸性：经耐盐酸性试验后，目视检查试验后的涂层表面，不应有气泡及其他明显变化。

⑩ 耐硝酸性：单层涂层经耐硝酸性试验后，颜色变化 $\Delta Eab* \leqslant 5$。

⑪ 耐砂浆性：经耐砂浆性试验后，目视检查试验后的涂层表面，不应有脱落或其他明显变化。

⑫ 耐溶剂性：经耐溶剂性试验后，涂层应无软化及其他明显变化。

⑬ 耐洗涤剂性：经耐洗涤剂性试验后，目视检查试验后的涂层表面，应无起泡、脱落或其他明显变化。

⑭ 耐盐雾腐蚀性：经 4000h 中性盐雾试验后，划线两侧膜下单边渗透腐蚀宽度应不超过 2mm，划线两侧 2.0mm 以外部分的涂层不应有腐蚀现象。

⑮ 耐湿热性：涂层经 4000h 湿热试验后，其变化≤1 级。

⑯ 耐候性

a. 加速耐候性

涂层经 2000h 氙灯照射人工加速老化试验后，不应产生粉化现象（0 级），光泽保持率（涂层试验后的光泽值相对于其试验前的光泽值的百分比）≥85%，变色程度至少达到 1 级。

b. 自然耐候性

需方对自然耐候性有要求时，试验条件和验收标准由供需双方商定，并在合同中注明。

（12）其他

a. 需方对耐冲击性、耐磨性、耐盐雾腐蚀性、耐湿热性、耐侯性有其他特殊要求时，供需双方可参照《铝及铝合金阳极氧化膜与有机聚合物膜　第 3 部分：有机聚合物喷涂膜》（GB/T 8013.3—2007）具体商定性能要求，并在合同中注明。

b. 需方要求其他性能时，由供需双方参照《铝及铝合金阳极氧化膜与有机聚合物膜 第 3 部分：有机聚合物喷涂膜》（GB/T 8013.3—2007）具体商定。

（13）外观质量

型材装饰面上的涂层应平滑、均匀，不允许有流痕、皱纹、气泡、脱落及其他影响使用的缺陷。

第三节　石　材

石材，记载着人类社会的早期文明，传承着人类祖先最早的智慧。在远古时期人类先祖已经把石材制作成生活中的工具使用，而今石材广泛运用在建筑装饰领域；从这个意义上讲，是石材缔造了人类社会，是石材创造、记录了人类文化，是石材美化了人类生活的空间环境。今天，人类用聪明智慧丰富和发展了石材的应用及其内涵，使石材在建筑、装饰领域呈现出丰富多彩的发展局面。

一、应用于建筑领域的石材主要是天然石材

天然石材是最古老的建筑材料之一，我国在战国时代就有石基、石阶，东汉时就有全部由石材建成的建筑；隋唐时代我国的石材建筑更是达到鼎盛时期，宫殿、石窟、石塔、石碑都有相当杰出的代表作；宋代工匠在惠安建成了全石结构的崇武石城，石砌的古城墙高 7m，长达 2455m，异常壮观；被称为世界文化遗产的北京明、清两朝代故宫的宫殿基座、栏杆都是用汉白玉、青白石等大理石材建造的。

现代建筑中，天然石材是建筑师喜欢的建材之一，著名的北京人民英雄纪念碑、人民大会堂、北京火车站、毛主席纪念堂及世界级建筑设计大师贝聿铭的收笔力作北京西单的中国银行大厦等，成为大量使用天然石材的建筑典范。天然石材在建筑项目中的应用成为高档建筑的象征，其天然的色泽、天成的纹理，不可再生的特性是人造材料无法比拟的。用天然石材建造的建筑能产生出独特的艺术效果，石材的应用领域也由过去的基础、台阶、栏杆、石桌、雕刻、石碑、地面、墙体等扩大到墙面装饰板、卫生洁具、组合型新型地面装饰等，高档石材在建筑中的"点睛"使建筑的等级提升是人们公认的建筑理论之一。建筑师利用石材建造假山林石，包封建筑外墙面，装饰建筑室内墙、地面，雕塑设计意境，使石材这一古老的材料发挥出独特的自然美，在许多建筑师的心目中，用石头雕琢的景观表现的概念和内涵，是用其他材料难以展示的设计理念。石材的自然，千万年来与人类的感情交融，在建筑中巧用妙用石材使人们能从现代钢筋混凝土的森林中解脱出来，让人们重新在现代化中寻找到回归自然的气息。

石材是一种古老的建筑材料，由于石材的外在魅力和内在的质朴，石材在当今早已由过去的结构材料发展运用到主要建筑装饰材料。随着现代人们物质生活水平的提高，建筑材料加工技术的进步，石材在建筑装饰领域涉及越来越广阔。

对中国的建筑装饰市场而言，可供使用石材的资源丰富，花色品种齐全，质地优良。主要为大理石材和花岗石材、板石材三类，近年来，天然砂岩建筑板材和天然石灰石建筑板材由于市场应用越来越多，也有发展成为独立大类的趋势。目前世界石材产业中，大理石材约有 800 个品种，花岗石材有 1000 多个品种，板石材、砂岩石材、石灰石材各约有 100 个品种，随着人类建筑文化的发展与石材开采加工科技能力的提高，新的石材品种还在不断涌现。

二、在建筑幕墙领域应用的天然石材的岩石类型

目前在建筑石材幕墙领域主要应用的天然石材有天然大理石建筑板材、天然花岗石建筑板材和天然板石建筑板材，近年来，天然砂岩建筑板材和天然石灰石建筑板材的应用也越来越多。

天然石材的科学分类方法应该是根据石材的矿物成分、结构构造和生成原因来划分其种类。从地质岩石学的角度来看，岩石是在地壳发展过程中由各种地质作用形成的地质体，是构成地壳的物质基础。按照其成因分为三大类：

1. 岩浆岩（火成岩）

岩浆岩是由高温熔融的岩浆在地下或喷出地表面后冷凝固结而形成的岩石。岩浆在地下活动冷凝固结形成的岩石叫侵入岩，按照其形成的深度又可分为深层岩和浅层岩。在火山活动过程中岩浆喷到地表面后冷凝固结形成的岩浆岩叫喷出岩又叫火山岩。

岩浆岩的种类繁多，常见的花岗岩、闪长岩、辉绿岩、玄武岩等都是岩浆岩中的岩石品种。组成岩浆岩的矿物成分也各不相同，其中最常见的矿物是石英、长石、角闪石、辉石、橄榄石及云母。岩浆岩多为块状构造，其特点是岩石各个方向的强度相近，从而增加了岩石的坚固性，但值得注意的是岩浆岩具有原生节理（即岩浆岩冷凝收缩所产生的裂隙），这些节理的存在降低了岩石的整体稳定性。根据岩浆岩的化学成分、矿物成分、结构构造及产状将岩浆岩归纳为六大类：①超基性岩类，②基性岩类，③中性岩类，④酸性岩类，⑤碱性岩类，⑥脉岩。

2. 沉积岩

沉积岩是在地表或近地表的常温常压条件下，由风化作用、生物作用和火山作用的产物，经过介质的搬运、沉积形成的松散沉积物，再经压实、胶结而成的层状岩石。沉积岩的质量仅占地壳的 5%，但其出露面积约占大陆面积的 75%。在我国有 77.3% 的面积被各种沉积岩所覆盖，其中页岩分布最广，其次是砂岩和石灰岩。

层理是由沉积岩的颜色、成分和结构等在垂直沉积方向上的变化而显现出来的一种层状构造，是沉积岩一种最重要的构造特征，也是区别于岩浆岩和变质岩的主要标志。

按照成分、结构及成因将沉积岩可分为碎屑岩类、黏土岩类、化学岩和生物化学岩类三大类型。在碎屑岩类中的砂岩及凝灰岩是建筑领域常用的一种材料，在化学岩和生物化学岩类中的石灰岩是建筑领域常用的一种材料。

3. 变质岩

变质岩是地壳中已形成的岩浆岩、沉积岩由于物理化学条件发生变化而形成的岩石。由岩浆岩变质形成的岩石叫正变质岩，由沉积岩变质形成的岩石叫副变质岩。变质岩的矿物成分比岩浆岩、沉积岩复杂得多，而且差距极大，不但具有一定的继承性，而且在变质过程中

可产生一系列新的矿物。

变质岩的结构按照其成因分为四大类：

（1）变余结构：由于变质作用不彻底而残留有原岩石的结构。

（2）变晶结构：岩石在固体状态下，由原来的物质发生重结晶或变质结晶所形成的结构。如常见的石英岩、大理岩。

（3）交代结构：岩石在发生交代变质作用时，由于物质成分的带入和带出使原有矿物质被取代或消失，而被新生矿物所替代而形成的结构。

（4）碎裂结构：岩石在定向压力作用下发生碎裂而形成的结构。

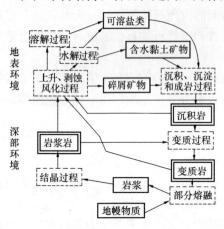

图 3-21　地壳中岩石的形成环境和形成过程

从以上可以看出，岩石的三大种类岩浆岩（火成岩）、沉积岩、变质岩的成因区别是明显的，涵盖了地球上所有的岩石品种（图 3-21）。但是，由于用于建筑的天然石材的品种非常多，它们的外观颜色、花纹千变万化，非经过地质矿物、岩石学专业学习的人很难正确认识与区分它们。而在建筑装饰装修工作中，并不需要非常细致精确地把石材产品都认识到地质岩石学定名的程度，往往只要区分开现场所用石材产品属于哪个岩石大类，以便采用正确的施工、存储、养护方法即可。

为了使从事建筑装饰装修工作的广大技术和施工人员在具体工作中能快速、正确区分所用天然石材产品的基本岩石大类，在建材领域内一般将天然石材归类简化，只分为天然大理石石材类（简称大理石材）、天然花岗石石材类（简称花岗石材）、天然板石石材类（简称板石材）三大种类。近年来，由于砂岩和石灰石（石灰华）类石材在建筑装饰中越来越广泛应用，而其本身又具有吸水率高、强度较低的特殊物理性能，行业内已经逐步将砂岩石材和石灰石（石灰华）石材各单独列成一大新种类。

三、建筑装饰装修常用的石材品种

1. 花岗石材

所有岩浆岩（火成岩）和以岩浆岩为原岩的变质岩所形成的建筑装饰石材品种的统称。商业上指以花岗岩为代表的包括岩浆岩和各种硅酸盐类变质岩的一大类石材为花岗石材。

花岗石材主要由硅酸盐和部分铝硅酸盐类所构成，由于含有铁、钠、钾、钛、锰、铜等金属离子以及不同的结晶结构而具有不同的颜色和花纹，花岗石材的基本组成矿物是石英、长石、云母、角闪石、辉石等。主要化学成分 SiO_2、Al_2O_3，还含有 MgO、CaO、FeO、Na_2O、K_2O 等成分。花岗石材的物理性能和化学性能都相当稳定，各种矿石晶体镶嵌严密，质地坚硬，耐酸、碱、盐的腐蚀，化学稳定性好。部分酸或中性岩浆岩构成的花岗石材品种因其矿物成分中含有石英，在高温下易膨胀碎裂，宜于加工火烧板等粗面石材产品；此外有些含铁量较高的花岗石材表面会出现锈斑。花岗石材多数结构紧密，体积密度一般为 2.6 ~ 3.0g/cm³，呈现出美丽的自然构造纹理，具有很强的装饰性。

天然花岗石荒料按长度、宽度和高度尺寸极差，外观质量分为一等品（Ⅰ）、二等品（Ⅱ）两个等级。

荒料的最小规格尺寸应符合表3-113要求。

表3-113 花岗石荒料最小规格尺寸要求

部位	长度	宽度	高度
尺寸	≥65cm	≥40cm	≥70cm

2. 大理石材

沉积岩和以沉积岩为原岩的碳酸盐类变质岩所形成的石材品种的统称。商业上指以大理岩为代表的包括沉积岩和各种结晶的碳酸盐类岩石与质地较软的其他变质岩类石材为大理石材。

大理岩是碳酸盐矿物（方解石、白云石为主）质量分数大于50%的变质岩，因曾盛产于我国云南大理而得名。现在所说的大理石材实际上包括所有能作饰面石材的沉积岩和各种结晶的碳酸盐类岩石与质地较软的其他变质岩类石材品种。大理石材成分以碳酸钙为主，另外含有碳酸镁、氧化钙、氧化镁等。当空气潮湿并含有二氧化硫气体时，有些大理石材品种表面会发生化学反应生成石膏，呈现较强的被风化现象。

大理石材主要由碳酸盐类矿物组成，特别是钙质碳酸盐含量最多，容易被酸性物质所腐蚀，在雨水和大气中的水分作用下表面光泽度会不断降低，因此比较适合用作建筑室内装修，可以长期保存色泽和图案的美观。大理石材一般硬度较低，耐磨性较差，一般晶粒较小，颜色不均匀、变化较大，会有纹理、色斑、杂质等，适用于建筑室内墙面装饰，当用于铺设地面时应该采取防磨损的保护措施。

目前在我国被广泛应用的各类米黄大理石材，产地为古地中海地质沉积带，大部分石材品种岩性为生物碎屑灰岩，镜下观察：

结构构造：生物碎屑结构，块状构造；

矿物成分：碎屑约60%（生物碎屑60%），胶结物约40%。

岩石为生物碎屑灰岩，呈黄白—浅黄褐色，由大量的生物碎屑被钙质碳酸盐胶结而成，含少量氧化铁质成分。岩石中的生物碎屑含量和种类极为丰富，以有孔虫为主，其次为腕足类、腹足类和棘皮生物海胆类及介形虫等。岩石成分中含大量生物碎屑，因而定名为生物碎屑灰岩。生物碎屑中的灰质粒度大部分极为细小，仅在0.001mm左右，属原始未经重结晶海洋碳酸盐沉淀物，经后期压实作用而成的岩石。而分布于碎屑壳壁上的灰质则呈纤维状或超显微鳞片状集合体产出，个别局部略有重结晶而呈微粒状现象，岩石属于地质时代较新的平静浅海相沉积的生物碎屑灰岩。

3. 石灰石石材

商业上指主要由方解石、白云石或两者混合化学沉淀形成的石灰华类石材。

石灰华是在大气条件下从含碳酸盐的泉水（通常是热泉）中沉淀而成的一种钙质材料。含有二氧化碳的循环地下水中含有较大量的钙质碳酸盐，当地下水到达地表形成泉水时，一些二氧化碳释放出来就导致了一些钙质碳酸盐沉淀而成为石灰华（通常在浅池塘的底部和边部）。与在远古的海洋中形成的石灰岩不同的是，石灰华是从河流或池塘里富含钙质碳酸盐的饱和水中通过碳酸盐的快速沉淀而形成的。这一快速沉淀限制了有机物和气体，在石灰华中产生了孔隙及明显的沉积层理面特征，这就形成了石灰华的美丽纹理。与此同时不利的一面上，这些孔隙及层理面特征使得石灰华在空气中暴露时会产生内部的裂缝和分层，发生沿层理面的腐蚀和风化，进一步降低了石材弱方向的强度。但是如果石灰华得到很好的化学与物理方法处理加固，它在尺寸稳定性、抗冻融能力、压缩强度等方面的物理性能就可以被认为与一般大理石材类似。而且除了孔隙以外，石灰华自身通常是密实和不透水的。

4. 大理石材和花岗石材的区别

大理石材和花岗石材虽同为岩石"家族"，但其成因和组成矿物成分各异，见表 3-114，因而在材质特性上有明显的区别，见表 3-115。

表 3-114　大理石材、花岗石材的组织成分

石材名称 比较项目	大理石材	花岗石材
主要成因	沉积和沉积变质，矿物重新结晶而成，属中、低硬度石材	由岩浆在地下或流出地表冷凝或后期变质而成，属高硬度石材
组成	由白云石与方解石等矿物组成	由石英、长石、云母、角闪石、辉石等矿物组成

表 3-115　大理石材、花岗石材的物理性能参数一般范围

物理力学指标 石材名称	体积密度 （g/cm³）	压缩强度 （MPa）	干燥弯曲强度 （MPa）	水饱和弯曲强度 （MPa）
大理石材	2.3~2.8	50.00~110.00	6.00~12.00	
花岗石材	2.5~3.0	100.00~260.00	8.00~35.00	

（1）花色的区别

大理石材和花岗石材的颜色由所含矿物成分中的金属离子不同而表现出来不同的自然色泽。依其基本颜色由浅到深可划分为白、黄、绿、灰、赭、红、棕、黑等大类色系，大理石材的颜色一般较为单纯，有很多如纯黑、纯白的单色品种；花岗石材的颜色一般以复合色居多，如灰白色、棕黄色、黑红色等品种。

（2）加工方法的差别

大理石材和花岗石材在加工时，虽然基本工作程序步骤相同，如对荒料进行锯切，再进行研磨、抛光和切割等工艺加工，然后制成饰面板材成品。但是实际在加工设备、材料、工具、技术参数选择、操作规程等方面有很大的不同，不能搞错。如发生错误轻则生产效益低下，重则机坏料毁，更甚则可能发生人身安全事故，千万不可掉以轻心。

经抛光的大理石材、花岗石材其表面光度可达 80~110 光泽度单位，可应用于各种建筑装饰装修工作。

上述情况说明，大理石材和花岗石材的成因、成分、物理性能、外观效果有着很大的差别，这些基本条件决定了二者用途的差异。

大理石材和花岗石材都是高级装饰材料。大理石材主要应用于建筑物内饰面，其色彩、花纹丰富多彩，绚丽美观；而花岗石材主要应用于建筑物、各种高级公共建筑及民用建筑的

室内外饰面装饰，其饰面往往给人一种庄重大方、高贵豪华之感。在装修造价及施工操作要求上，花岗石材一般高于大理石材。

四、花岗石建筑板材的技术要求

1. 天然花岗石建筑板材物理性能

（1）体积密度不小于 2.56g/cm³。

（2）吸水率不大于 0.6%。

（3）干燥压缩强度不小于 100MPa。

（4）干燥（水饱和）弯曲强度不小于 8MPa。

2. 天然花岗石建筑板材普通型板材规格尺寸允许偏差应符合表 3-116 的规定。

表 3-116　普通型板材规格尺寸允许偏差　　　　mm

分类与等级 项　目		亚光面和镜面板材			粗面板材		
		优等品	一等品	合格品	优等品	一等品	合格品
长度、宽度		0 −1.0	0 −1.5		0 −1.0		0 −1.5
厚度	≤12	±0.5	±1.0	+1.0 −1.5	—		
	>12	±1.0	±1.5	±2.0	+1.0 −2.0	±2.0	+2.0 −3.0

3. 天然花岗石建筑普通型板材平面度允许极限公差应符合表 3-117 的规定。

表 3-117　普通型板材平面度允许极限公差　　　　mm

板材长度 l	亚光面和镜面板材			粗面板材		
	优等品	一等品	合格品	优等品	一等品	合格品
≤400	0.20	0.35	0.50	0.60	0.80	1.00
400 < l ≤ 800	0.50	0.65	0.80	1.20	1.50	1.80
>800	0.70	0.85	1.00	1.50	1.80	2.00

4. 天然花岗石建筑普通型板材的角度允许极限公差应符合表 3-118 的规定。

表 3-118　普通型板材的角度允许极限公差　　　　mm

板材边长	优等品	一等品	合格品
≤400	0.30	0.50	0.80
>400	0.40	0.60	1.00

5. 天然花岗石建筑板材圆弧板壁厚最小值应不小于 18mm，规格尺寸允许偏差应符合表 3-119 的规定。圆弧板各部位名称及尺寸标注如图 3-22 所示。

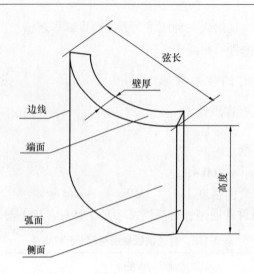

图 3-22　圆弧板部位名称

表 3-119　圆弧板规格尺寸允许偏差　　　　　　　　　　　　mm

项　目	镜面和细面板材			粗面板材		
	优等品	一等品	合格品	优等品	一等品	合格品
弦长	0		0	0 −1.5	0 −2.0	0 −2.0
高度	−1.0		−1.5	0 −1.0	0 −1.0	0 −1.5

6. 天然花岗石建筑异型板材规格尺寸由供需双方商定。

7. 天然花岗石建筑圆弧板直线度与线轮廓度允许公差应符合表 3-120 规定。

表 3-120　圆弧板直线度与线轮廓度允许公差　　　　　　　　mm

项　目		镜面和细面板材			粗面板材		
		优等品	一等品	合格品	优等品	一等品	合格品
直线度（按板材高度）	≤800	0.80	1.00	1.20	1.00	1.20	1.50
	>800	1.00	1.20	1.50	1.50	1.50	2.00
线轮廓度		0.80	1.00	1.20	1.00	1.50	2.00

8. 拼缝板材正面与侧面的夹角不得大于 90°。

9. 圆弧板侧面角 α（图 3-25）应不小于 90°。

10. 镜面板材的镜面光泽度不低于 80 光泽单位，特殊需要和圆弧板由供需双方商定。

11. 天然花岗石建筑板材外观质量

（1）同一批板材的色调应基本调和，花纹应基本一致。

（2）板材正面外观缺陷应符合表 3-121 规定，毛光板外观缺陷不包括缺棱和缺角。

表3-121　外观质量缺陷规定

缺陷名称	规定内容	优等品	一等品	合格品
缺棱	长度不超过10mm，宽度不超过1.2mm（长度＜5mm、宽度＜1.0mm不计），周边每米长允许个数（个）	0	1	2
缺角	沿板材边长，长度≤3mm，宽度≤3mm（长度≤2mm、宽度≤2mm不计），每块板允许个数（个）	0	1	2
裂纹	长度不超过两端顺延至板边总长度的1/10（长度小于20mm的不计），每块板允许条数（条）	0	1	2
色斑	面积不超过15mm×30mm（面积小于10mm×10mm不计），每块板允许个数（个）	0	2	3
色线	长度不超过两端顺延至板边总长度的1/10（长度小于40mm的不计），每块板允许条数（条）	0	2	3

注：干挂板材不允许裂纹存在。

五、天然花岗石荒料的产品分类和技术要求

天然花岗石荒料（图3-23），其产品分类、技术要求如下：

1. 产品分类

（1）按规格尺寸将荒料分为三类，见表3-122。

表3-122　荒料规格尺寸　　　　　　　　　　　　cm

类别	大料	中料	小料
长度×宽度×高度	≥245×100×150	≥185×60×95	≥65×40×70

（2）标记

标记示例采用《天然石材统一编号》（GB/T 17670—2008）的规定，标记顺序为：
名称、编号、规格尺寸、大面标识（←→）[①]、标准编号。

注：①大面指能够反应石材主要装饰特征的面，见图3-24。一般情况下，大面与石材的花纹或劈理方向平行。

示例：石岛红 G3786，规格尺寸为250cm×75cm×130cm的荒料标记如下：

名称：石岛红花岗石

标记：G3786 250×75×130←→JC/T 204—2011

2. 技术要求

（1）荒料各部位名称见图3-24。

图3-23　天然花岗石荒料的图片

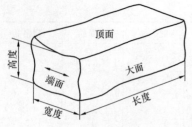

图 3-24　石材荒料各部分名称

（2）荒料的最小规格尺寸应符合表 3-123 的规定。

表 3-123　荒料的最小规格尺寸　　　　cm

项目	长度	宽度	高度
指标，≥	65	40	70

（3）荒料的长度、宽度、高度极差应符合表 3-124 的规定。

表 3-124　荒料的长度、宽度、高度极差　　　　cm

尺寸范围	≤160	>160
极差，≤	4	6

3. 外观质量

（1）同一批荒料的色调、花纹应基本一致。

（2）荒料的外观缺陷应符合表 3-125 的规定。

表 3-125　荒料的外观质量要求

缺陷名称	规　定　内　容	技术指标
裂纹	允许条数（条）	2
色斑	面积小于 $10cm^2$（面积小于 $3cm^2$ 不计），每面允许个数（个）	3
色线	长度小于 50cm，每面允许条数（条）	3

注：裂纹所造成的荒料体积损失按《天然花岗石荒料》（JC/T 204—2011）中 6.2.2 项的规定进行扣除。扣除体积损失后每块荒料的规格尺寸应满足表 3-123 的规定。

4. 物理性能指标

（1）荒料的物理性能应符合表 3-126 的规定，工称对石材物理性能项目及指标有特殊要求的，按工程要求执行。

表 3-126　荒料的物理性能指标

项　　目		技术指标	
		一般用途	功能用途
体积密度（g/cm^3）	≥	2.56	2.56
吸水率（%）	≤	0.60	0.40
压缩强度（MPa）（干燥与水饱和）	≥	100	131
弯曲强度（MPa）	干燥　≥	8.0	8.3
	水饱和　≥		

（2）荒料中放射性核素的比活度应符合《建筑材料放射性核素限量》（GB 6566）的规定。

六、天然大理石建筑板材的产品分类和技术要求

1. 产品分类：按形状分以下三类：

（1）普型板（PX）

（2）圆弧板（HM）：装饰面轮廓线的曲率半径处处相同的饰面板材。

（3）异型板（YX）：普型板和圆弧板以外的其他形状的板材。

2. 等级

（1）按普通型板规格尺寸偏差、平面度公差、角度公差及外观质量将板材分为优等品（A）、一等品（B）、合格品（C）三个等级。

（2）按圆弧板规格尺寸偏差、直线度公差、线轮廓度公差及外观质量将板材分为优等品（A）、一等品（B）、合格品（C）三个等级。

3. 标记

标记顺序：荒料产地地名、花纹色调特征描述、大理石；编号（采用《天然石材统一编号》GB/T 17670—2008 的规定）、类别、规格尺寸、等级、标准号。

例如：用房山汉白玉大理石荒料加工的 600mm × 600mm × 20mm、普型、优等品板材示例如下：

房山汉白玉大理石：M1101　PX　600 × 600 × 20　A　GB/T 19766—2005

4. 技术要求

（1）普型板和圆弧板的技术指标须符合技术要求相关内容的规定，异型板材的规格尺寸等技术指标可由供需双方协商确定。

（2）普型板规格尺寸允许偏差见表 3-127。

表 3-127　普型板规格尺寸允许偏差　　　　　　　　　　　　　mm

项　　目		允　许　偏　差		
		优等品	一等品	合格品
长度、宽度		0 − 1.0		0 − 1.5
厚度	≤12	± 0.5	± 0.8	± 1.0
	>12	± 1.0	± 1.5	± 2.0
干挂板厚度		+2.0 0		+3.0 0

（3）圆弧板壁厚最小值应小于 18mm，规格尺寸允许偏差见表 3-128。圆弧板各部位名称如图 3-25 所示。

表 3-128　圆弧板规格尺寸允许偏差　　　　　　　　　　　　　mm

项　　目	等　　级		
	优等品	一等品	合格品
弦长	0 − 1.0		0 − 1.5
高度	0 − 1.0		0 − 1.5

（4）普型板平面度允许公差见表 3-129。

表 3-129　普型板平面度允许公差　　　　mm

板材长度 l	优等品	一等品	合格品
≤400	0.20	0.30	0.5
400 < l ≤800	0.50	0.60	0.8
>800	0.70	0.80	1.00

（5）圆弧板直线度与线轮廓度允许公差见表 3-130。

表 3-130　圆弧板直线度与线轮廓度允许公差　　　　mm

项　　目		允许公差		
		优等品	一等品	合格品
直线度（按板材高度）	≤800	0.6	0.8	1.00
	>800	0.8	1.00	1.20
线轮廓度		0.8	1.00	1.20

（6）普型板角度允许公差见表 3-131。

表 3-131　普型板角度允许公差　　　　mm

板材长度	优等品	一等品	合格品
≤400	0.30	0.40	0.50
>400	0.40	0.50	0.70

（7）圆弧板端面角度允许公差：优等品为 0.40mm，一等品为 0.60mm，合格品为 0.80mm。

（8）普型板拼缝板材正面与侧面的夹角不得大于 90°。

（9）圆弧板侧面角 α（图 3-25）应不小于 90°。

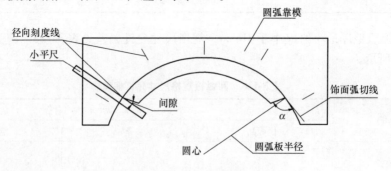

图 3-25　侧面角测量

5. 外观质量

（1）同一批板材的色调应基本调和，花纹应基本一致。

（2）板材正面的外观缺陷的质量要求应符合表 3-132 规定。

表3-132 板材正面的外观缺陷的质量要求

名称	规 定 内 容	优等品	一等品	合格品
裂纹	长度超过10mm的不允许条数（条）	0		
缺棱	长度不超过8mm，宽度不超过1.5mm（长度≤4mm，宽度≤1mm不计），每米长允许个数（个）	0	1	2
缺角	沿板材边长顺延方向，长度≤3mm，宽度≤3mm（长度≤2mm，宽度≤2mm不计），每块板允许个数（个）			
色斑	面积不超过6cm²（面积小于2cm²不计），每块板允许个数（个）			
砂眼	直径在2mm以下		不明显	有，不影响装饰效果

（3）板材允许粘结和修补。粘结和修补后应不影响板材的装饰效果和物理性能。

6. 物理性能

（1）镜面板材的镜向光泽值应不低于70光泽单位或由供需双方协商确定。

（2）板材的物理性能指标应符合表3-133的规定。

表3-133 板材的物理性能指标

项 目		指 标
体积密度（g/cm³）	≥	2.30
吸水率（%）	≤	0.50
干燥压缩强度（MPa）	≥	50.0
干燥	弯曲强度（MPa） ≥	7.0
水饱和		
耐磨度（1/cm³）	≥	10

注：以两块或多块大理石组合拼接时，耐磨度差异应不大于5，建议在经受严重踩踏的阶梯、地面和月台使用的石材耐磨度最小为12。

（3）工程对物理性能指标有特殊要求的，按工程要求执行。

七、天然大理石荒料的产品分类和技术要求

天然大理石荒料（图3-26），其产品分类、技术要求如下：

1. 产品分类

按规格尺寸将荒料分为三类，见表3-134。

表3-134 荒 料 类 别　　　　　　　　　　　　　　　cm

类别	大料	中料	小料
长度×宽度×高度	≥280×80×160	≥200×80×130	≥100×50×40

2. 标记

标记示例采用《天然石材统一编号》（GB/T 17670—2008）的规定，标记顺序为：

图 3-26　天然大理石荒料的图片

名称、编号、规格尺寸、大面标识 ←
→、标准编号。

示例：房山高庄汉白玉 M1101，规格尺
寸为 250cm × 120cm × 100cm 的荒料标记
如下：

名称：房山高庄汉白玉大理石

标记：M1101 250 × 120 × 100← → JC/T
202—2011

3. 技术要求

（1）荒料各部位名称见图 3-24。

（2）荒料的最小规格尺寸应符合表 3-135 的规定。

表 3-135　荒料的最小规格尺寸
cm

项目	长度	宽度	高度
指标，≥	100	50	40

（3）荒料的长度、宽度、高度极差应符合表 3-136 的规定。

表 3-136　荒料的长度、宽度、高度极差
cm

尺寸范围	≤160	>160
极差，≤	6.0	10.0

4. 外观质量

（1）同一批荒料的色调、花纹应基本一致。

（2）裂纹所造成的荒料体积损失按图 3-27 的规定进行扣除，带有裂纹的荒料验收时应
减去图 3-27（a）或图 3-27（b）中虚线所包含的立方体体积。扣除体积损失后每块荒料的
规格尺寸应满足表 3-135 的规定。

（3）荒料的色斑缺陷的质量要求应符合表 3-137 的规定。

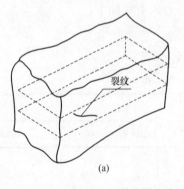

(a)

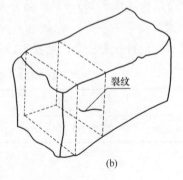

(b)

图 3-27　裂纹所造成的荒料体积损失扣除方法

表 3-137 荒料的外观质量要求

缺陷名称	规 定 内 容	技术指标
色斑	面积小于 6cm² （面积小于 2cm² 不计），每面允许个数（个）	3

5. 物理性能指标

（1）荒料的物理性能指标应符合表 3-138 的规定。

表 3-138 大理石材荒料的物理性能指标

项 目		技 术 指 标		
岩 矿		方解石大理石	白云石大理石	蛇纹石大理石
体积密度（g/cm³） ≥		2.60	2.80	2.56
吸水率（%） ≤		0.50	0.50	0.60
压缩强度（MPa） ≥	干燥	52.0	52.0	69.0
	水饱和			
弯曲强度（MPa） ≥	干燥	7.0	7.0	6.9
	水饱和			

（2）荒料中放射性核素的比活度应符合 GB 6566 的规定。

八、天然砂岩建筑板材的技术要求（GB/T 23452—2009）

1. 产品分类

（1）按矿物组成种类分

① 杂砂岩：石英含量 50%～90%；

② 石英砂岩：石英含量大于 90%；

③ 石英岩：经变质的石英砂岩。

（2）按形状分为

① 毛板（MB）

② 普型板（PX）

③ 圆弧板（HM）

④ 异型板（YX）

2. 等级

（1）毛板按厚度偏差、平面度公差、外观质量等将板材分为优等品（A）、一等品（B）、合格品（C）三个等级；

（2）普通型板按规格尺寸偏差、平面度公差、角度公差及外观质量将板材分为优等品（A）、一等品（B）、合格品（C）三个等级；

（3）圆弧板按规格尺寸偏差、直线度公差、线轮廓度公差及外观质量将板材分为优等品（A）、一等品（B）、合格品（C）三个等级。

3. 标记

（1）名称：采用 GB/T 17670—2008 规定的名称或编号。

（2）标记顺序：名称、类别、规格尺寸、等级、标准号。

（3）示例：用四川红砂岩荒料加工的 600mm×600mm×20mm、普型、优等品板材示例

如下：标记：四川红砂岩（Q5193）PX　600×600×20　A　GB/T 23452—2009

4. 技术要求

（1）天然砂岩建筑板材的岩矿结构应符合商业砂岩的定义范畴。

（2）普型板和圆弧板的技术指标须符合技术要求相关内容的规定，圆弧板、异型板和特殊要求的普型板材的规格尺寸等技术指标可由供需双方协商确定。

（3）毛板平面度公差和厚度偏差应符合表3-139的规定。

表3-139　毛板平面度公差和厚度偏差　　　　mm

项　　目		技　术　指　标		
		优等品	一等品	合格品
平面度公差		1.50	1.80	2.00
厚度偏差	≤12	±0.5	±0.8	±1.0
	>12	±1.0	±1.5	±2.0

（4）普型板规格尺寸允许偏差应符合表3-140的规定。

表3-140　普型板规格尺寸允许偏差　　　　mm

项　　目		允　许　偏　差		
		优等品	一等品	合格品
长度、宽度		0 −1.0		0 −1.5
厚度	≤12	±0.5	±0.8	±1.0
	>12	±1.0	±1.5	±2.0

（5）圆弧板壁厚最小值应不小于18mm，规格尺寸允许偏差见表3-141。圆弧板各部位名称如图3-25所示。

表3-141　圆弧板规格尺寸允许偏差　　　　mm

项　　目	等　　级		
	优等品	一等品	合格品
弦长	0 −1.0		0 −1.5
高度	0 −1.0		0 −1.5

（6）普型板平面度允许公差见表3-142。

表3-142　普型板平面度允许公差　　　　mm

板材长度 l	优等品	一等品	合格品
≤400	0.60	0.80	1.00
400<l≤800	1.20	1.50	1.80
>800	1.50	1.80	2.00

（7）圆弧板直线度与线轮廓度允许公差见表3-143。

表 3-143　圆弧板直线度与线轮廓度允许公差　　　　　　　　　　mm

项　　目		允 许 公 差		
		优等品	一等品	合格品
直线度（按板材高度）	≤800	1.00	1.20	1.50
	>800	1.50	1.50	2.00
线轮廓度		1.00	1.50	2.00

（8）普型板角度允许公差见表 3-144。

表 3-144　普型板角度允许公差　　　　　　　　　　　　　　　mm

板材长度	优等品	一等品	合格品
≤400	0.30	0.50	0.80
>400	0.40	0.60	1.00

（9）圆弧板端面角度允许公差：优等品为 0.40mm，一等品为 0.60mm，合格品为 0.80mm。

（10）普型板拼缝板材正面与侧面的夹角不得大于 90°。

（11）圆弧板侧面角 α（图 3-25）应不小于 90°。

5. 外观质量

（1）同一批板材的色调应基本调和，花纹应基本一致。

（2）板材正面的外观缺陷应符合表 3-145 规定。

表 3-145　板材正面的外观缺陷的质量要求

名称	规 定 内 容	优等品	一等品	合格品
裂纹	长度≥10mm 的条数（条）	0		
缺棱	长度≤8mm，宽度≤1.5mm（长度≤4mm，宽度≤1mm 不计），每米长允许个数（个）	0	1	2
缺角	沿板材边长顺延方向，长度≤3mm，宽度≤3mm（长度≤2mm，宽度≤2mm 不计），每块板允许个数（个）			
色斑	面积≤6cm² （面积＜2cm² 不计），每块板允许个数（个）			
砂眼	直径＜2mm		不明显	有，不影响装饰效果

注：对毛板不做缺棱、缺角要求。

（3）板材允许粘结和修补，粘结和修补后应不影响板材的装饰效果和物理性能。

6. 物理性能

板材的物理性能指标应符合表 3-146 的规定。工程对天然砂岩建筑板材物理性能及项目有特殊要求的，按工程要求执行。

表 3-146 天然砂岩板材的物理性能指标

项 目			杂砂岩	石英砂岩	石英岩
体积密度（g/cm³）		≥	2.00	2.40	2.56
吸水率（%）		≤	8	3	1
干燥	压缩强度（MPa）	≥	12.6	68.9	137.9
水饱和					
干燥	弯曲强度（MPa）	≥	2.4	6.9	13.9
水饱和					
耐磨性（1/cm³）		≥	2	8	8

注：耐磨性仅适用在地面、阶梯和台面等易磨损部位使用的砂岩石材。

九、天然石灰石建筑板材的技术要求（GB/T 23453—2009）

GB/T 23453—2009 适用于建筑装饰用天然石灰石和石灰华板材，其他用途的天然石灰石和石灰华板材可参照采用。石灰华石材是化学沉积形成的一种黄白浅色多孔的天然石灰石类的石材。

1. 产品分类

（1）按密度分为

① 低密度石灰石：密度不小于 1.76g/cm³，且不大于 2.16g/cm³；

② 中密度石灰石：密度不小于 2.16g/cm³，且不大于 2.56g/cm³；

③ 高密度石灰石：密度不小于 2.56g/cm³。

（2）按形状分为

① 毛光板（MG）；

② 普型板（PX）；

③ 圆弧板（HM）；

④ 异型板（YX）。

2. 等级

按加工和外观质量分为：

（1）毛光板按厚度偏差、平面度公差、外观质量等将板材分为优等品（A）、一等品（B）、合格品（C）三个等级；

（2）普型板按规格尺寸偏差、平面度公差、角度公差及外观质量将板材分为优等品（A）、一等品（B）、合格品（C）三个等级；

（3）圆弧板按规格尺寸偏差、直线度公差、线轮廓度公差及外观质量将板材分为优等品（A）、一等品（B）、合格品（C）三个等级。

3. 标记

（1）名称：采用《天然石材统一编号》（GB/T 17670—2008）规定的名称或编号。

（2）标记顺序：名称、类别、规格尺寸、等级、标准号。

（3）示例：用河南黑石灰石荒料加工的 600mm×600mm×20mm、普型、优等品板材示例如下：

标记：河南黑石灰石（L4113）　　PX　600×600×20　A　GB/T　23453—2009

4. 技术要求

（1）普型板和圆弧板的技术指标须符合技术要求相关内容的规定，圆弧板、异型板和特殊要求的普型板材的规格尺寸等技术指标可由供需双方协商确定。

（2）毛光板平面度公差和厚度偏差应符合表3-147的规定。

表 3-147　毛板平面度公差和厚度偏差　　　　　　　　　　　　mm

项　　目		技 术 指 标		
		优等品	一等品	合格品
平面度公差		1.50	1.80	2.00
厚度偏差	≤12	±0.5	±0.8	±1.0
	>12	±1.0	±1.5	±2.0

（3）普型板规格尺寸允许偏差应符合表3-148的规定。

表 3-148　普型板规格尺寸允许偏差　　　　　　　　　　　　mm

项　　目		允 许 偏 差		
		优等品	一等品	合格品
长度、宽度		0 -1.0		0 -1.5
厚度	≤12	±0.5	±0.8	±1.0
	>12	±1.0	±1.5	±2.0

（4）圆弧板壁厚最小值应不小于20mm，规格尺寸允许偏差见表3-149。圆弧板各部位名称如图3-25所示。

表 3-149　圆弧板规格尺寸允许偏差　　　　　　　　　　　　mm

项　　目	等　　级		
	优等品	一等品	合格品
弦长	0 -1.0		0 -1.5
高度	0 -1.0		0 -1.5

（5）普型板平面度允许公差见表3-150。

表 3-150　普型板平面度允许公差　　　　　　　　　　　　mm

板材长度 l	优等品	一等品	合格品
≤400	0.20	0.30	0.50
400<l≤800	0.50	0.60	0.80
>800	0.70	0.80	1.00

（6）圆弧板直线度与线轮廓度允许公差见表3-151。

表3-151　圆弧板直线度与线轮廓度允许公差　　　　mm

项　　目		允　许　公　差		
		优等品	一等品	合格品
直线度 （按板材高度）	≤800	0.60	0.80	1.00
	>800	0.80	1.00	1.20
线轮廓度		0.80	1.00	1.20

（7）圆弧板端面角度允许公差：优等品为0.40mm，一等品为0.60mm，合格品为0.80mm。

（8）普型板拼缝板材正面与侧面的夹角不得大于90°。

（9）圆弧板侧面角 α（图3-25）应不小于90°。

（10）普型板角度允许公差见表3-152。

表3-152　普型板角度允许公差　　　　mm

板材长度	优等品	一等品	合格品
≤400	0.30	0.40	0.50
>400	0.40	0.50	0.70

（11）板材的镜向光泽度值由供需双方协商确定。

5. 外观质量

（1）同一批板材的色调应基本调和，花纹应基本一致。

（2）板材正面的外观缺陷应符合表3-153规定。

表3-153　板材正面的外观缺陷的质量要求

名称	规　定　内　容	优等品	一等品	合格品
裂纹	长度≥10mm的条数（条）	0		
缺棱	长度≤8mm，宽度≤1.5mm（长度≤4mm，宽度≤1mm不计），每米长允许个数（个）	0	1	2
缺角	沿板材边长顺延方向，长度≤3mm，宽度≤3mm（长度≤2mm，宽度≤2mm不计），每块板允许个数（个）			
色斑	面积≤6cm²（面积<2cm²不计），每块板允许个数（个）			
砂眼	直径<2mm		不明显	有，不影响装饰效果

注：对毛光板不做缺棱、缺角要求。

（3）板材允许粘结和修补，粘结和修补后应不影响板材的装饰效果和物理性能。

6. 物理性能

天然石灰石板材的物理性能指标应符合表3-154的规定。工程对天然石灰石建筑板材物理性能及项目有特殊要求的，按工程要求执行。

表 3-154 天然石灰石板材的物理性能指标

项 目		低密度石灰石	中密度石灰石	高密度石灰石
吸水率（%） ≤		12.0	7.5	3.0
干燥	压缩强度（MPa）≥	12	28	55
水饱和				
干燥	弯曲强度（MPa）≥	2.9	3.4	6.9
水饱和				
耐磨性（1/cm³） ≥		10	10	10

注：耐磨性仅适用在地面、阶梯和台面等易磨损部位使用的石灰石石材。

十、天然石材产品放射性核素限量

《建筑材料放射性核素限量》（GB 6566—2010）国家标准于 2011 年 7 月 1 日实施，新标准替代《建筑材料放射性核素限量》（GB 6566—2001），删除了原标准中"检验规则"部分，新标准中测量不确定度采用了《国际计量学基本和通用术语词汇表》中术语定义。

《建筑材料放射性核素限量》（GB 6566—2010）规定：

1. 内照射指数

$$I_{Ra} = C_{Ra}/200$$

式中　I_{Ra}——内照射指数；

　　C_{Ra}——建筑材料中天然放射性核素镭-226 的放射性比活度（Bq/kg）；

　　200——仅考虑内照射情况下，本标准规定的建筑材料中放射性核素镭-226 的放射性比活度限量（Bq/kg）。

2. 外照射指数

$$I_r = (C_{Ra}/370) + (C_{Th}/260) + (C_K/4200)$$

式中　　　　I_r——外照射指数；

C_{Ra}、C_{Th}、C_K——分别为建筑材料中天然放射性核素镭-226、钍-232 和钾-40 的放射性比活度（Bq/kg）；

　370、260、4200——分别为仅考虑外照射情况下，本标准规定的建筑材料中天然放射性核素镭-226、钍-232 和钾-40 在其各自单独存在时本标准规定的限量（Bq/kg）。

3. 建筑主体材料

用于建造建筑物主体工程所使用的建筑材料，包括水泥与水泥制品、砖瓦、混凝土、混凝土预制构件、砌块、墙体保温材料、工业废渣、掺工业废渣的建筑材料及各种新型建筑墙体材料。

当建筑主体材料中天然放射性核素镭-226、钍-232 和钾-40 的放射性比活度同时满足 $I_{Ra} \leq 1.0$ 和 $I_r \leq 1.0$ 时，其产销与使用范围不受限制。

对于空心率大于 25% 的建筑主体材料，其天然放射性核素镭-226、钍-232 和钾-40 的放射性比活度同时满足 $I_{Ra} \leq 1.0$ 和 $I_r \leq 1.3$ 时，其产销与使用范围不受限制。

4. 装修材料的放射性水平类别

用于建筑物室内外饰面用的建筑材料包括：花岗石、建筑陶瓷、石膏制品、吊顶材料、粉刷材料及其他新型饰面材料等，GB 6566—2010 根据装修材料放射性水平大小划分为以下三类：

（1）A 类装修材料

装修材料中天然放射性核素镭-226、钍-232 和钾-40 的放射性比活度同时满足 $I_{Ra} \leqslant 1.0$ 和 $I_r \leqslant 1.3$ 要求的为 A 类装修材料。A 类装修材料产销与使用范围不受限制。

（2）B 类装修材料

不满足 A 类装修材料要求，但同时满足 $I_{Ra} \leqslant 1.3$ 和 $I_r \leqslant 1.9$ 要求的为 B 类装修材料。B 类装修材料不可用于 I 类民用建筑（如住宅、老年公寓、托儿所、医院和学校等）的内饰面，但可用于 I 类民用建筑的外饰面及其他一切建筑物的内外饰面。

（3）C 类装修材料

不满足 A、B 类装修材料要求，但满足 $I_r \leqslant 2.8$ 要求的为 C 类装修材料。C 类装修材料只可用于建筑物的外饰面及室外其他用途。

（4）超 C 类装修材料

所有 $I_r > 2.8$ 要求的装修材料为超 C 类装修材料。$I_r > 2.8$ 的花岗石材只可用于碑石、海堤、桥墩等人类很少涉及的地方。

第四节　紧固件及石材干挂件

一、石材幕墙紧固件

石材幕墙中所使用的锚固件应选用不锈钢制品，其规格、型号应符合设计要求，其材质质量应符合相关规范的要求。

不锈钢是指在钢中加铬元素，而且形成钝化状态，具有不锈特性的钢材。以不锈、耐蚀性为主要特性，且铬含量至少为 10.5%，碳含水量最大不超过 1.2% 的钢。

1. 类型和牌号：

（1）奥氏体型不锈钢

基体以面心立方晶体结构的奥氏体组织（γ相）为主，有磁性，主要通过冷加工使其强化（并可能导致一定的磁性）的不锈钢。

（2）奥氏体-铁素体（双相）型不锈钢

基体兼有奥氏体和铁素体两相组织（其中较少相的含量一般大于 15%），有磁性，可通过冷加工使其强化的不锈钢。

（3）铁素体型不锈钢

基体以体心立方晶体结构的铁素体组织（α相）为主，有磁性，一般不能通过热处理硬化，但冷加工可使其轻微强化的不锈钢。

（4）马氏体型不锈钢

基体以马氏体组织，有磁性，通过热处理可调整其力学性能的不锈钢。

（5）沉淀硬化型不锈钢

基体为奥氏体或马氏体组织，并能通过沉淀硬化（又称时效硬化）处理使其硬（强）化的不锈钢。

2. 不锈钢材料的化学成分及力学性能应符合表 3-155 ~ 表 3-165 要求。

表3-155 不锈钢材料的化学成分

序号	牌号	化学成分										
		C	Si	Mn	P	S	Ni	Cr	Mo	Cu	N	其他
1	1Cr17Mn6Ni5N	≤0.15	≤1.00	5.50~7.50	≤0.060	≤0.030	3.50~5.50	16.00~18.00			≤0.25	
2	1Cr18Mn8Ni5N	≤0.15	≤1.00	7.50~10.00	≤0.060	≤0.030	4.00~6.00	17.00~9.00			≤0.25	
3	1Cr17Ni7	≤0.15	≤1.00	≤2.00	≤0.035	≤0.030	6.00~8.00	16.00~18.00				
4	1Cr18Ni9	≤0.15	≤1.00	≤2.00	≤0.035	≤0.030	8.00~10.00	17.00~19.00				
5	Y1Cr18Ni9	≤0.15	≤1.00	≤2.00	≤0.020	≤0.15	8.00~10.00	17.00~19.00	①			Se≥0.15
6	Y1Cr18Ni9Se	≤0.15	≤1.00	≤2.00	≤0.020	≤0.060	8.00~10.00	17.00~19.00				
7	0Cr19Ni9	≤0.08	≤1.00	≤2.00	≤0.035	≤0.030	8.00~10.50	18.00~20.00				
8	00Cr19Ni11	≤0.030	≤1.00	≤2.00	≤0.035	≤0.030	9.00~13.00	18.00~20.00				
9	0Cr19Ni9N	≤0.08	≤1.00	≤2.00	≤0.035	≤0.030	7.00~10.50	18.00~20.00			0.10~0.25	
10	0Cr19Ni10NbN	≤0.08	≤1.00	≤2.00	≤0.035	≤0.030	7.00~10.50	18.00~20.00			0.15~0.30	Nb≤0.15
11	00Cr18Ni10N	≤0.030	≤1.00	≤2.00	≤0.035	≤0.030	8.50~11.50	17.00~19.00			0.12~0.22	
12	1Cr18Ni12	≤0.12	≤1.00	≤2.00	≤0.035	≤0.030	10.50~13.00	17.00~19.00				
13	0Cr23Ni13	≤0.08	≤1.00	≤2.00	≤0.035	≤0.030	12.00~15.00	22.00~24.00				
14	0Cr25Ni20	≤0.08	≤1.00	≤2.00	≤0.035	≤0.030	19.50~22.00	24.00~26.00				
15	0Cr17Ni12Mo2	≤0.08	≤1.00	≤2.00	≤0.035	≤0.030	10.00~14.00	16.00~18.50	2.00~3.00			
16	0Cr18Ni12Mo2Ti	≤0.08	≤1.00	≤2.00	≤0.035	≤0.030	11.00~14.00	16.00~19.00	1.80~2.50			Ti*C~0.70
17	00Cr17Ni14Mo2	≤0.030	≤1.00	≤2.00	≤0.035	≤0.030	12.00~15.00	16.00~18.00	2.00~3.00			
18	00Cr17Ni12Mo2N	≤0.08	≤1.00	≤2.00	≤0.035	≤0.030	10.00~14.00	16.00~18.00	2.00~3.00		0.10~0.22	
19	00Cr17Ni13Mo2N	≤0.030	≤1.00	≤2.00	≤0.035	≤0.030	10.50~14.50	16.00~18.50	2.00~3.00		0.12~0.22	
20	0Cr18Ni12Mo2Cu2	≤0.08	≤1.00	≤2.00	≤0.035	≤0.030	10.00~14.00	17.00~19.00	1.20~2.75	1.00~2.50		
21	00Cr18Ni14Mo2Cu2	≤0.030	≤1.00	≤2.00	≤0.035	≤0.030	12.00~16.00	17.00~19.00	1.20~2.75	1.00~2.50		
22	0Cr19Ni13Mo3	≤0.08	≤1.00	≤2.00	≤0.035	≤0.030	11.00~15.00	18.00~20.00	3.00~4.00			
23	00Cr19Ni13Mo3	≤0.030	≤1.00	≤2.00	≤0.035	≤0.030	11.00~15.00	18.00~20.00	3.00~4.00			
24	0Cr18Ni16Mo5	≤0.040	≤1.00	≤2.00	≤0.035	≤0.030	15.00~17.00	16.00~19.00	4.00~6.00			
25	1Cr18Ni9Ti	≤0.12	≤1.00	≤2.00	≤0.035	≤0.030	8.00~11.00	17.00~19.00				Ti5×(C%－0.02)~0.80
26	0Cr18Ni11Ti	≤0.08	≤1.00	≤2.00	≤0.035	≤0.030	9.00~13.00	17.00~19.00				Ti≥5×C%
27	0Cr18Ni11Nb	≤0.08	≤1.00	≤2.00	≤0.035	≤0.030	9.00~13.00	17.00~19.00				Nb≥10×C%
28	0Cr18Ni9Cu3	≤0.08	≤1.00	≤2.00	≤0.035	≤0.030	8.50~10.50	17.00~19.00		3.00~4.00		
29	0Cr18Ni13Si4	≤0.08	3.00~5.00	≤2.00	≤0.035	≤0.030	11.50~15.00	15.00~20.00				②

①可加入小于或等于0.60%钼。

②除00Cr30Mo2 和00Cr27Mo 外，其余各牌号允许含有小于或等于0.60%钼。而00Cr30Mo2 和00Cr27Mo 允许含有小于或等于0.20%铜，而 Ni＋Cu 小于或等于0.50%镍。小于或等于0.50%；必要时，可添加本表以外的合金元素。

表 3-156 奥氏体－铁素体型不锈钢化学成分（%）

序号	牌号	C	Si	Mn	P	S
30	0Cr26Ni5Mo2	≤0.08	≤1.00	≤1.50	≤0.035	≤0.030
31	1Cr18Ni11Si4AlTi	0.10~0.18	3.40~4.00	≤1.80	≤0.035	≤0.030
32	00Cr18Ni5Mo3Si2	≤0.03	1.30~2.00	1.00~2.00	≤0.035	≤0.030

序号	牌号	Ni	Cr	Mo	Al	Ti
30	0Cr26Ni5Mo2	3.00~6.00	23.00~28.00	1.00~3.00	—	—
31	1Cr18Ni11Si4AlTi	10.00~12.00	17.50~19.50	—	0.10~0.30	0.40~0.70
32	00Cr18Ni5Mo3Si2	4.50~5.50	18.00~19.50	2.50~3.00	—	—

注：必要时，0Cr26Ni5Mo2 钢可添加上表以外的合金元素。

表 3-157 铁素体型不锈钢化学成分（%）

序号	牌号	C	Si	Mn	P	S	Cr	Mo	其他②
33	0Cr13Al	≤0.08	≤1.00	≤1.00	≤0.035	≤0.030	11.50~14.50	—	Al 0.10~0.30
34	00Cr12	≤0.03	≤1.00	≤1.00	≤0.035	≤0.030	11.00~13.00	—	
35	1Cr17	≤0.12	≤0.75	≤1.00	≤0.035	≤0.030	16.00~18.00	—	
36	Y1Cr17	≤0.12	≤1.00	≤1.25	≤0.060	≤0.15	16.00~18.00	①	
37	1Cr17Mo	≤0.12	≤1.00	≤1.00	≤0.035	≤0.030	16.00~18.00	0.75~1.25	
38	00Cr30Mo2	≤0.010	≤0.40	≤0.40	≤0.030	≤0.020	28.50~32.00	1.50~2.50	N≤0.015
39	00Cr27Mo	≤0.010	≤0.40	≤0.40	≤0.030	≤0.020	25.00~27.50	0.75~1.50	N≤0.015

①可加入小于或等于 0.60% 铝。

②除 00Cr30Mo2 和 00Cr27Mo 外，其余各牌号允许含有小于或等于 0.60% 镍。而 00Cr30Mo2 和 00Cr27Mo 允许含有各自小于或等于 0.50% 镍，小于或等于 0.20% 铜，而 Ni + Cu 小于或等于 0.50%；必要时，可添加表以外的合金元素。

表3-158 马氏体型不锈钢化学成分 (%)

序号	牌号	化学成分 (%)							
		C	Si	Mn	P	S	Ni	Cr	Mo
40	1Cr12	≤0.15	≤0.50	≤1.00	≤0.035	≤0.030	①	11.50~13.00	—
41	1Cr13	≤0.15	≤1.00	≤1.00	≤0.035	≤0.030	①	11.50~13.50	—
42	1Cr13Mo	0.08~0.18	≤0.60	≤1.00	≤0.035	≤0.030	①	11.50~14.00	0.30~0.60
43	Y1Cr13	≤0.15	≤1.00	≤1.25	≤0.060	≤0.15	①	12.00~14.00	②
44	2Cr13	0.16~0.25	≤1.00	≤1.00	≤0.035	≤0.030	①	12.00~14.00	—
45	3Cr13	0.26~0.40	≤1.00	≤1.00	≤0.035	≤0.030	①	12.00~14.00	—
46	3Cr13Mo	0.28~0.35	≤0.80	≤1.00	≤0.035	≤0.30	①	12.00~14.00	0.50~1.00
47	Y3Cr13	0.26~0.40	≤0.80	≤1.25	≤0.060	≤0.15	①	12.00~14.00	②
48	1Cr17Ni2	0.11~0.17	≤0.80	≤0.80	≤0.035	≤0.030	1.50~2.50	16.00~18.00	—
49	7Cr17	0.60~0.75	≤1.00	≤1.00	≤0.035	≤0.030	①	16.00~18.00	③
50	8Cr17	0.75~0.95	≤1.00	≤1.00	≤0.035	≤0.030	①	16.00~18.00	③
51	11Cr17	0.95~1.20	≤1.00	≤1.00	≤0.035	≤0.030	①	16.00~18.00	③
52	Y11Cr17	0.95~1.20	≤1.00	≤1.25	≤0.060	≤0.030	①	16.00~18.00	③

①允许含有小于等于0.60%镍。

②可加入小于等于0.60%钼。

③可加入小于等于0.75%钼。

表3-159 沉淀硬化型不锈钢化学成分 (%)

序号	牌号	化学成分 (%)									
		C	Si	Mn	P	S	Ni	Cr	Cu	Al	其他
53	0Cr17Ni4Cu4Nb	≤0.07	≤1.00	≤1.00	≤0.035	≤0.030	3.00~5.00	15.50~17.50	3.00~5.00	—	Nb0.15~0.45
54	1Cr17Ni7Al	≤0.09	≤1.00	≤1.00	≤0.035	≤0.030	6.50~7.75	16.00~18.00	≤0.50	0.75~1.50	—
55	0Cr15Ni7Mo2Al	≤0.09	≤1.00	≤1.00	≤0.035	≤0.030	6.50~7.50	14.00~16.00	—	0.75~1.50	Mo2.00~3.00

表 3-160　经固溶处理的奥氏体型钢棒的力学性能

序号	牌 号	拉 力 试 验				硬 度 试 验		
		屈服强度 $\sigma_{0.2}$ kgf/mm² (N/mm²)	抗拉强度 σ_b kgf/mm² (N/mm²)	伸长率 δ_s (%)	面缩率 ϕ (%)	HB	HRB	HV
1	1Cr17Mn6Ni5N	≥28 (≥275)	≥53 (≥520)	≥40	≥45	≤241	≤100	≤253
2	1Cr18Mn8Ni5N	≥28 (≥275)	≥53 (≥520)	≥40	≥45	≤207	≤95	≤218
3	1Cr17Ni7	≥21 (≥206)	≥53 (≥520)	≥40	≥60	≤187	≤90	≤200
4	1Cr18Ni9	≥21 (≥206)	≥53 (≥520)	≥40	≥60	≤187	≤90	≤200
5	Y1Cr18Ni9	≥21 (≥206)	≥53 (≥520)	≥40	≥50	≤187	≤90	≤200
6	Y1Cr18Ni9Se	≥21 (≥206)	≥53 (≥520)	≥40	≥50	≤187	≤90	≤200
7	0Cr19Ni9	≥21 (≥206)	≥53 (≥520)	≥40	≥60	≤187	≤90	≤200
8	00Cr19Ni11	≥18 (≥177)	≥49 (≥481)	≥40	≥60	≤187	≤90	≤200
9	0Cr19Ni9N	≥28 (≥275)	≥56 (≥549)	≥35	≥50	≤217	≤95	≤220
10	0Cr19Ni10NbN	≥35 (≥343)	≥70 (≥686)	≥35	≥50	≤250	≤100	≤260
11	00Cr19Ni10N	≥25 (≥245)	≥56 (≥549)	≥40	≥50	≤217	≤95	≤220
12	1Cr18Ni12	≥18 (≥177)	≥49 (≥481)	≥40	≥60	≤187	≤90	≤200
13	0Cr23Ni13	≥21 (≥206)	≥53 (≥520)	≥40	≥60	≤187	≤90	≤200
14	0Cr25Ni20	≥21 (≥206)	≥53 (≥520)	≥40	≥50	≤187	≤90	≤200
15	0Cr17Ni12Mo2	≥21 (≥206)	≥53 (≥520)	≥40	≥60	≤187	≤90	≤200
16	0Cr18Ni12Mo2Ti	≥22 (≥216)	≥55 (≥539)	≥40	≥55	≤187	≤90	≤200
17	0Cr17Ni14Mo2	≥18 (≥177)	≥49 (≥481)	≥40	≥60	≤187	≤90	≤200
18	0Cr17Ni12Mo2N	≥28 (≥275)	≥56 (≥549)	≥35	≥50	≤217	≤95	≤220
19	00Cr17Ni13Mo2N	≥25 (≥245)	≥56 (≥549)	≥40	≥50	≤217	≤95	≤220
20	0Cr18Ni12Mo2Cu2	≥21 (≥206)	≥53 (≥520)	≥40	≥60	≤187	≤90	≤200
21	00Cr18Ni14Mo2Cu2	≥18 (≥177)	≥49 (≥481)	≥40	≥60	≤187	≤90	≤200
22	0Cr19Ni13Mo3	≥21 (≥206)	≥53 (≥520)	≥40	≥60	≤187	≤90	≤200
23	00Cr19Ni13Mo3	≥18 (≥177)	≥49 (≥481)	≥40	≥60	≤187	≤90	≤200
24	0Cr18Ni16Mo5	≥18 (≥177)	≥49 (≥481)	≥40	≥45	≤187	≤90	≤200
25	1Cr18Ni9Ti	≥21 (≥206)	≥55 (≥539)	≥40	≥55	≤187	≤90	≤200
26	1Cr18Ni11Ti	≥21 (≥206)	≥53 (≥520)	≥40	≥50	≤187	≤90	≤200
27	0Cr18Ni11Nb	≥21 (≥206)	≥53 (≥520)	≥40	≥50	≤187	≤90	≤200
28	0Cr18Ni9Cu3	≥18 (≥177)	≥49 (≥481)	≥40	≥60	≤187	≤90	≤200
29	0Cr18Ni13Si4	≥21 (≥206)	≥53 (≥520)	≥40	≥60	≤207	≤95	≤218

注：1. 表中所列数值仅适用于首径、边长、内切圆直径或厚度小于或等于180mm 的钢棒，大于180mm 的钢棒，其数值按供需双方协议规定。

2. 表中括号内所列的单位及数值为国际单位制（SI）的单位及数值，仅供参考，其他表也是同样，这里 1N/mm² ＝ 1MPa。

表 3-161 经固溶处理的奥氏体-铁素体型钢棒的力学性能

序号	牌 号	拉 力 试 验				冲击试验	硬度试验		
		屈服强度 $\sigma_{0.2}$ kgf/mm² (N/mm²)	抗拉强度 σ_b kgf/mm² (N/mm²)	伸长率 δ_s (%)	面缩率 ϕ (%)	冲击值 kgf·m/cm² (J/cm²)	HB	HRC	HV
30	0Cr26Ni5Mo2	≥40 (≥392)	≥60 (≥588)	≥18	≥40	—	≤277	≤29	≤292
31	1Cr18Ni11Si4AeTi	≥45 (≥441)	≥73 (≥716)	≥25	≥40	≥8 (≥78.5)	—	—	—
32	00Cr18Ni5Mo3Si2	≥40 (≥392)	≥60 (≥588)	≥20	≥40	—	—	≤30	≤300

注：表中所列数值仅适用于直径、边长、内切圆直径或厚度小于或等于75mm的钢棒，大于75mm的钢棒，其数值按供需双方协议规定。

表 3-162 经退火的铁素体型钢棒的力学性能

序号	牌 号	拉 力 试 验				冲击试验	硬度试验
		屈服强度 $\sigma_{0.2}$ kgf/mm² (N/mm²)	抗拉强度 σ_b kgf/mm² (N/mm²)	伸长率 δ_s (%)	面缩率 ϕ (%)	冲击值 kgf·m/cm² (J/cm²)	HB
33	0Cr13Al	≥18 (≥17)	≥42 (≥412)	≥20	≥60	≥10 (≥98.1)	≤183
34	00Cr12	≥20 (≥196)	≥37 (≥363)	≥22	≥60	—	≤183
35	1Cr17	≥21 (≥206)	≥46 (≥451)	≥22	≥50	—	≤183
36	Y1Cr17	≥21 (≥206)	≥46 (≥451)	≥22	≥50	—	≤183
37	1Cr17Mo	≥21 (≥206)	≥46 (≥451)	≥22	≥60	—	≤183
38	00Cr30Mo2	≥30 (≥294)	≥46 (≥451)	≥20	≥45	—	≤228
39	00Cr27Mo	≥25 (≥245)	≥42 (≥412)	≥20	≥45	—	≤219

注：表中所列数值仅适用于直径、边长、内切圆直径或厚度小于或等于75mm的钢棒，大于75mm的钢棒，其数值按供需双方协议规定。

表3-163　经淬火回火的马氏型钢的力学性能

| 序号 | 牌号 | 拉 力 试 验 | | | | 冲击试验 | 硬度试验 | |
		屈服强度 $\sigma_{0.2}$ kgf/mm² (N/mm²)	抗拉强度 σ_b kgf/mm² (N/mm²)	伸长率 δ_s (%)	面缩率 ϕ (%)	冲击值 kgf·m/cm² (J/cm²)	HB	HRC
40	1Cr12	≥40（≥392）	≥60（≥588）	≥25	≥55	≥15（≥147）	≥170	—
41	1Cr13	≥35（≥343）	≥55（≥539）	≥25	≥55	≥10（≥98.1）	≥159	—
42	1Cr13Mo	≥50（≥490）	≥70（≥686）	≥20	≥60	≥10（≥98.1）	≥192	—
43	Y1Cr13	≥35（≥343）	≥55（≥539）	≥25	≥55	≥10（≥98.1）	≥159	—
44	2Cr13	≥45（≥441）	≥65（≥637）	≥20	≥50	≥8（≥78）	≥192	—
45	3Cr13	≥55（≥539）	≥75（≥735）	≥12	≥40	≥3（≥29）	≥217	—
46	3Cr13Mo	—	—	—	—	—	≥207	≥50
47	Y3Cr13	≥55（≥539）	≥75（≥735）	≥12	≥40	≥3（≥29）	≥217	—
48	1Cr17Ni2	—	≥110（≥1079）	≥10	—	≥5（≥49）	—	—
49	7Cr17	—	—	—	—	—	—	≥54
50	8Cr17	—	—	—	—	—	—	≥56
51	11Cr17	—	—	—	—	—	—	≥58
52	Y11Cr17	—	—	—	—	—	—	≥58

注：表中所列数值仅适用于直径、边长、内切圆直径或厚度小于或等于75mm的钢棒，大于75mm的钢棒，其数值按供需双方协议规定。

表 3-164 经退火的马氏体型钢棒的硬度

序号	牌号	硬度试验, HB	序号	牌号	硬度试验, HB
40	1Cr12	≤200	47	Y3Cr13	≤235
41	1Cr13	≤200	48	1Cr17Ni2	≤285
42	1Cr13Mo	≤200	49	7Cr17	≤255
43	Y1Cr13	≤200	50	8Cr17	≤255
44	2Cr13	≤223	51	11Cr17	≤269
45	3Cr13	≤235	52	Y11Cr17	269
46	3Cr13Mo	≤207			

表 3-165 沉淀硬化型钢的力学性能

序号	牌号	热处理	拉 力 试 验				硬 度 试 验	
			屈服强度 $\sigma_{0.2}$ kgf/mm² (N/mm²)	抗拉强度 σ_b kgf/mm² (N/mm²)	伸长率 δ_s (%)	面缩率 ϕ (%)	HB	HRC
53	0Cr17Ni4Nb	固溶	—	—	—	—	≤363	≤38
		480℃时效	≥120（≥1177）	≥134（≥1314）	≥10	≥40	≥375	≥40
		550℃时效	≥102（≥1000）	≥109（≥1069）	≥12	≥45	≥331	≥35
		580℃时效	≥88（≥863）	≥102（≥1000）	≥13	≥45	≥302	≥31
		620℃时效	≥74（≥726）	≥95（≥932）	≥16	≥50	≥277	≥28
54	0Cr17Ni7Al	固溶	≥39（≥382）	≤105（≤1030）	≥20	—	≤229	—
		565℃时效	≥98（≥961）	≥116（≥1138）	≥5	≥25	≥363	—
		510℃时效	≥105（≥1030）	≥125（≥1226）	≥4	≥10	≥388	—
55	0Cr15Ni7Mo2Al	固溶	—	—	—	—	≤269	—
		565℃时效	≥112（≥1098）	≥123（≥1206）	≥7	≥25	≥375	—
		510℃时效	≥123（≥1206）	≥135（≥1324）	≥6	≥20	≥388	—

注：表中所列数值仅适用于直径、边长、内切圆直径或厚度小于或等于75mm的钢棒，大于75mm的钢棒，其数值按供需双方协议规定。

不锈钢材料在石材幕墙中主要用在石材幕墙龙骨安装的柔性连接部位所应用的不锈钢螺栓组件体系，主要是幕墙横向龙骨与竖向主立柱龙骨之间的柔性连接和石材挂件与幕墙横向龙骨之间的连接，采用不锈钢材质的紧固螺栓组件加以连接固定，其材质应不低于不锈钢种类中304的品质要求。

不锈钢具有优良的耐腐蚀性，是以在耐腐蚀方面的应用为其目的和特点的钢种。一般情况不锈钢是依靠其表面的钝化膜来发挥其耐腐蚀性能，也就是不锈钢耐腐蚀性能的好坏与其表面的钝化情况有直接的关系。此外选择含有钼和硅元素的不锈钢也能取得良好的耐腐蚀性能，钼和硅元素的存在，不仅使不锈钢的总体耐腐蚀性提高，而且还使不锈钢发生腐蚀的可能性大大降低。

图3-28　不锈钢紧固螺栓组件

不锈钢的种类很多，因此在幕墙选择不锈钢中选择适当的品种是十分重要的。这种必要性除了因腐蚀介质和腐蚀条件不同，各种不锈钢的耐蚀性能也有不同之处，还有各种不锈钢在物理性能、机械加工性能、高低温使用性能及焊接性能等方面也有不同差异的影响。也就是说用于幕墙上的不锈钢材料应该具有一定的强度、耐蚀性较好、韧性较大、具有良好的焊接性能的优良品种。其中使用最多的是Cr18Ni18、Cr17Ti 和 1Cr17Mo2Ti。

石材幕墙采用的不锈钢宜采用奥氏体不锈钢材料，其技术要求和性能试验方法应符合现行国家及行业标准的规定（图3-28～图3-30）。

图3-29　膨胀型不锈钢紧固件

图3-30　化学锚栓紧固件

二、T型 Y型石材幕墙干挂件

石材幕墙金属挂件最初是从国外引进的销针式不锈钢挂件开始的，在很多工程中都有应用。在原标准《干挂天然花岗石饰面建筑板材及其不锈钢配件》（JC830.1～830.2—1998）和行业标准《金属与石材幕墙工程技术规范》（附条文说明）（JGJ 133—2001）规范中都应用了这种挂件。其可以有效地避免因水泥湿贴而使石材出现水斑、白花等病害，也将石材幕墙的安装高度有了较大提高，从某种意义上讲开创了石材幕墙安装技术的新纪元。但随着建筑产品高度的不断发展，随之就要求干挂安装技术去适应建筑的不断发展，由于这种挂件存在的应力过于集中和不易安装大面积石材以及安装高度的限制，再加上实际工程中也屡屡出现干挂石材坠落的事故，使得这种安装方法逐渐被淘汰。

目前在我国所正常使用的石材幕墙干挂体系中主要有短槽式干挂体系及后切背栓式干挂体系。短槽式干挂体系中又有不锈钢钢板折弯或焊接制作的 T 型干挂体系产品及铝合金型材挤压生产的干挂体系产品（图 3-31 ~ 图 3-33）。

单向折弯 Y 型挂件　　双向折弯 T 型挂件　　　　焊接制作 T 型挂件

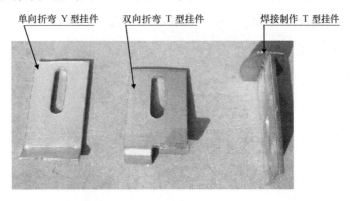

图 3-31　不锈钢板折弯、焊接制作的 T 型石材干挂体系

目前干挂市场上的主流产品是 T 型挂件和衍生出来的各种形状的短槽挂件。安装方式有通过弯板连接在主体结构上的，也有直接固定在由槽钢和角钢组成的钢结构龙骨上的。由于国标不锈钢 T 型挂件的成本较高，导致价格较贵，于是市场上大量出现了一种叫"不锈铁"的 T 型焊接件，这种材料是各种废钢铁经二次回炉再经脱磁处理制成的，强度要比不锈钢低得多。有些"不锈铁"经镀锌处理后冒充不锈钢在市场上销售，但由于其价格便宜，使得在干挂件市场上占有很大的份额。然而 T 型挂件也存在其致命的弱点，如可更换性差、石材破坏率高

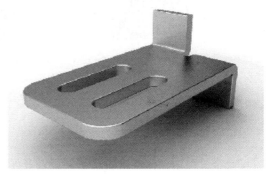

图 3-32　碳素结构钢板折弯防腐处理的
T 型石材干挂体系

等原因，在高层建筑幕墙设计中不提倡使用。T 型挂件没有大型正规企业专门生产，主要是安装施工单位根据设计要求在一些小五金加工企业定做。挂件的规格型号没有太多的定型产品，从用量上看目前主要是 T 型焊接件为最多。部分内装修干挂石材使用了蝶形挂件，俗称两头翻，这种材料虽易加工，但冷压成型过程中破坏了材料原有的强度，使得挂装强度下降；另一方面该产品的竖板面积过小，作用在石材上的应力过于集中，容易破坏石材，且承受不了大面积的石材荷载，而横板面积过大又浪费了原材料。

由于这种独立单体体系的 T 型或 Y 型干挂件，在实际安装石材面板的时候必须是沿着从下往上的顺序，而且由于石材面板材料生产效率的限制及工厂切割供货周期的限制，在送货到达现场时极有可能不能满足实际安装的需要，就会给现场安装的工作周期计划带来一定的影响，同时由于是从下往上的安装顺序，一旦由于其中的某一块石材质量检查不满足要求

时，就会造成后期的拆卸、更换，甚至带来一定的安全隐患，更甚者由于现场安装人员不能够按照石材幕墙的安装工艺标准去操作，在石材的设计缝隙内垫有硬质材料，等安装后又不及时取出就直接打耐候密封胶，这种现象一旦存在，将会给石材幕墙带来极大的自重累积，使一个相对独立板块的石材幕墙变成一个连续为一体的石材幕墙，因此这一独立体系的干挂体系越来越不被建设单位及幕墙企业所接受。

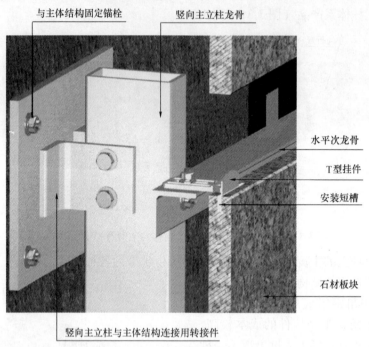

图 3-33　T 型石材干挂体系通常安装示意

三、铝矽镁合金石材幕墙干挂件

镁合金是目前国内外重新认识并积极开发的一种新型材料，是 21 世纪最具有生命力的新型环保材料，镁合金能够回收再利用，无污染，是世界上蕴藏极为丰富的材料。镁合金具有以下特点：

（1）重量轻，镁金属是目前世界上实际应用中重量最轻的金属结构材料，密度是铝的 2/3，是钢铁的 1/4。

（2）比强度和比钢度高，镁的比强度和比钢度均优于钢和铝合金。

（3）弹性模量小，刚性好，抗震力强，长期使用不易变形。

（4）对环境无污染，可回收性能好，符合环保要求。

（5）抗电磁干扰及屏蔽性能好。

（6）色泽鲜艳美观，并能长期保持完好如新。

（7）具有极高的压铸生产率，尺寸收缩小，并且具有优良的脱模性能。

矽是金属硅的历史简称，后来因矽与金属锡或硒同音，为了区别，将矽改称硅。

镁合金中添加硅能提高熔融金属的流动性，与铁共存时，会降低镁合金的抗蚀性。添加硅后生成的 Mg_2Si 具有高熔点（1358K）、低密度（$1.9g/cm^3$）、高弹性模量（120GPa）、低热膨胀系数（$7.5 \times 10^{-6}/K$），是一种非常有效的强化相，通常在冷却速度较快的凝固过程中得到。

镁合金中合金元素代号见表3-166。

表3-166 镁合金中合金元素代号

代号	英文字母	中文名	代号	英文字母	中文名
A	Al	铝	B	Bi	铋
C	Cu	铜	D	Cd	镉
E	RE	稀土	F	Fe	铁
H	Th	钍	K	Zr	锆
L	Li	锂	M	Mn	锰
N	Ni	镍	P	Pb	铅
Q	Ag	银	R	Cr	铬
S	Si	硅	T	Sn	锡
W	Y	钇	Y	Sb	锑
Z	Zn	锌			

Mg – Al – Si 合金是在 Mg – Al 合金中加入 Si，是 20 世纪 70 年代新型商用镁合金，主要是用于压铸镁合金，包括 AS41 和 AS21 合金。Mg – Al – Si 合金中主要是第二相 Mg_2Si 相具有较高熔点（1085℃）、较高的硬度（460HV）、较低的密度（$1.9g/cm^3$）。这类合金在150℃下具有较高的高温抗蠕变性能，在 175℃ 下抗蠕变性能超过常用的 AZ91 和 AM60合金。

常用压铸 Mg – Al – Si 合金的力学性能见表3-167。

表3-167 常用压铸 Mg – Al – Si 合金的力学性能

牌 号	抗拉强度（MPa）	屈服强度（MPa）	伸长率（%）	硬度（HB）
AS41A	240	140	15	70 ~ 90
AS21	220	120	13	
牌号	弹性模量（GPa）	疲劳强度（5×10^7）（MPa）		冲击韧性（J）
AS41A	45	50 ~ 70		16
AS21	45			12

铝矽镁合金石材幕墙干挂件是一种合金的材料，现广泛用于航空制造业、汽车制造业、火车制造业、船舶制造业等，在建筑业以及装饰材料行业的应用在石材幕墙挂件系列，集中了抗老化、耐高温、耐腐蚀、强度高、拆装方便等特点，提高了产品的技术性能，通过实践证明，在石材装饰板材的施工安装过程中板与板之间相互不传力。

图 3-34 SE 型分离式挑件构配件

所以，给以后维修与养护会带来极大的方便，铝矽镁石材挂件属于更经济、更安全、更快速的产品，构造形式见图3-34~图3-38。

图3-35　SE型分离式挑件组合体系

图3-36　SE型分离式组合体系之板块上挂件

图3-37　SE型分离式组合体系之板块下托挂件

图3-38　SE型分离式组合体系挂件

四、后切式背栓干挂体系

采用后切式背栓以点连接石材的技术应用，是建筑石材幕墙施工技术的一个重大突破，开辟了石材幕墙施工工艺的新纪元，使石材在建筑幕墙领域有了更加广阔的空间，即任何建筑物、任何高度、任何部位、任何构造形式都可以采用后切式点连接石材幕墙（图3-39）。

后切式背栓以点的形式连接石材幕墙，而背栓仅是用于连接石材板块与辅助受力的金属连接件之间的紧固件，这种连接体系可以根据需要灵活设计，满足不同结构形式、建筑高度的需要。钢销式、短槽式的钢销（T型、Y型钢钩）既和建筑幕墙横梁龙骨连接，有时候根据建筑幕墙空间的要求又要和建筑幕墙立柱连接，再和石材板块连接，由此造成它的使用部位受到一定的局限性，后切式背栓以点的形式连接石材的方法体系给建筑石材幕墙创造了便利的条件，同时随着建筑空间效果的要求，一个建筑群体既有石材幕墙又有玻璃幕墙或者金属幕墙，由于后切式背栓是点的连接形式，即在同一个建筑幕墙立柱上可以在左侧安装玻璃幕墙，右侧可以安装石材幕墙，同样在同一个幕墙横梁上也可以上面安装石材幕墙下面安装玻璃幕墙（图3-40）。

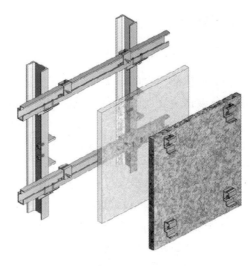

图 3-39　膨胀型后切背栓　　　　　　　图 3-40　后切式背栓点连接示意图

第五节　密　封　材　料

石材幕墙所使用的石材是天然石材，不同产地、不同品种的石材在成份、结晶形态、微观结构上存在很大差别，石材又是多孔材料，易受污染，同时污染后难以清洗。常规所使用的密封胶，无论是硅酮类、聚氨酯或聚硫类密封胶对石材均有不同程度的污染，原因是密封胶中的小分子等非反应性物质从胶中渗出，渗入到石材的孔隙中，使得石材表面出现油污和吸收灰尘。因此石材密封胶应该选用添加增塑剂的硅酮类中性耐候密封胶。

石材幕墙所采用的结构密封胶（结构胶）、建筑（耐候）密封胶、防火密封胶等均应符合现行国家标准要求。与石材接触的结构密封胶、建筑（耐候）密封胶不应对石材造成污染，使用前应进行污染性试验，同时结构密封胶、建筑（耐候）密封胶必须在合格有效期内使用，不得使用过期产品。

石材幕墙接缝用密封胶应符合国家标准《石材用建筑密封胶》（GB/T 23261—2009）及其他相关规范的规定。硅酮结构密封胶和硅酮建筑密封胶使用前，应进行与其相接触的有机材料的相容性试验及其与被粘结材料剥离粘结性试验，并应对邵氏硬度、标准状态拉伸粘结性能及力学性能进行复试。

硅酮结构密封胶生产商应提供结构密封胶的变位承受能力数据和质量保证书。

同一工程石材幕墙应采用同一品牌的密封胶，同时在使用前要将该项目所使用的密封胶与石材接缝、缝隙填充用聚氨酯泡沫材料等做相关的相融、污染、拉断等复检检测。

《石材用建筑密封胶》（GB/T 23261—2009）对建筑石材幕墙用密封胶做了如下规定。

一、范　围

规定了天然石材接缝用建筑密封胶的分类、技术要求、试验方法、检验规则、标志、包装、运输和贮存。

适用于建筑工程中天然石材接缝嵌填用建筑密封胶，不适用于建筑工程中承受荷载的结构密封胶。

二、引用标准

下列标准包含的条文，是目前所适用的标准，在实际项目使用时只是作为参考依据，应该结合项目所建设的时间去综合参考最新的行业及国家标准中的从严要求执行。

1.《建筑密封材料试验方法　第1部分：试验基材的规定》（GB/T 13477.1—2002）。

2.《建筑密封材料试验方法　第3部分：使用标准器具测定密封材料挤出性的方法》（GB/T 13477.3—2002）。

3.《建筑密封材料试验方法　第5部分：表干时间的测定》（GB/T 13477.5—2002）。

4.《建筑密封材料试验方法　第6部分：流动性的测定》（GB/T 13477.6—2002）。

5.《建筑密封材料试验方法　第8部分：拉伸粘结性的测定》（GB/T 13477.8—2002）。

6.《建筑密封材料试验方法　第10部分：定伸粘结性的测定》（GB/T 13477.10—2002）。

7.《建筑密封材料试验方法　第11部分：浸水后定伸粘结性的测定》（GB/T 13477.11—2002）。

8.《建筑密封材料试验方法　第13部分：冷拉—热压后粘结性的测定》（GB/T 13477.13—2002）。

9.《建筑密封材料试验方法　第17部分：弹性恢复率的测定》（GB/T 13477.17—2002）。

10.《建筑密封材料试验方法　第19部分：质量与体积变化的测定》（GB/T 13477.19—2002）。

11.《建筑用硅酮结构密封胶》（GB 16776—2005）

12.《建筑涂料涂层耐沾污性试验方法》（GB/T 9780—2005）

13.《建筑密封胶分级和要求》（GB/T 22083—2008）

三、分类

1. 品种

密封胶按聚合物区分，如：硅酮类——代号SR、聚氨酯类——代号PS、硅酮改性类——代号MS等。

密封胶按组分分为单组分（Ⅰ）和多组分（Ⅱ）。

2. 级别

密封胶按位移能力分为25、20、12.5三个级别（表3-168）。

表3-168　密封胶的级别

级　　别	试验抗拉幅度（%）	位移能力（%）
50	±50	50
25	±25	25
20	±20	20
12.5	±12.5	12.5

3. 次级别

（1）20、25、50级密封胶按照拉伸模量分为低模量（LM）和高模量（HM）两个级别。

（2）12.5 级密封胶按弹性恢复率不少于 40% 的为弹性体（E）。

（3）50、25、20、12.5E 级密封胶称为弹性密封胶。

四、产品标记

产品按照下列顺序标记：名称、品种、级别、次级别、标准号。

标记示例：

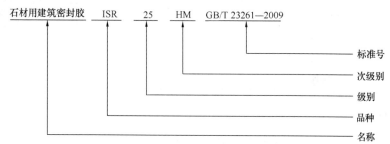

五、技术要求

1. 产品应为细腻、均匀膏状物，不应有气泡、结皮或凝胶，无不易分散的析出物。

2. 产品的颜色与供需双方商定的样品相比，不得有明显差异。多组分产品各组分的颜色应有明显差异。

3. 密封胶适用期指标由供需双方商定（仅适用于多组分）。

4. 密封胶的物理性能应符合下表 3-169 规定。

表 3-169　石材密封胶物理力学性能

序号	项 目		技 术 指 标						
			50LM	50HM	25LM	25HM	20LM	20HM	12.5E
1	下垂度（mm）	垂直≤	3						
		水平	无变形						
2	表干时间（h）≤		3						
3	挤出性（mL/min）≥		80						
4	弹性恢复率（%）≥		80						
5	拉伸模量（MPa）	+23℃	≤0.4	>0.4	≤0.4	>0.4	≤0.4	>0.4	—
		−20℃	≤0.6	>0.6	≤0.6	>0.6	≤0.6	>0.6	—
6	定伸粘结性		无破坏						
7	冷拉热压后粘结性		无破坏						
8	浸水后定伸粘结性		无破坏						
9	质量损失（%）≤		5.0						
10	污染性（mm）	宽度≤	2.0						
		深度≤	2.0						

5. 粘结试件的数量应符合表 3-170 规定。

表 3-170　粘结试件的数量

序号	项 目		试件数量（个）		基 材
			试验组	备用组	
1	弹性恢复率		3	3	花岗岩
2	拉伸模量	+23℃	3	—	花岗岩
		−20℃	3	—	
3	定伸粘结性		3	—	花岗岩
4	冷拉热压后粘结性		3	—	花岗岩
5	浸水后定伸粘结性		3	—	花岗岩
6	污染性		12	4	汉白玉或工程用石材

6. 试验伸长率和拉压幅度应符合下表 3-171 规定。

表 3-171　试验伸长率和拉压幅度

项 目		类 别						
		50LM	50HM	25LM	25HM	20LM	20HM	12.5E
伸长率	弹性恢复率	150%	150%	100%	100%	60%	60%	60%
	拉伸模量							
	定伸粘结性							
	浸水后定伸粘结性							
拉压幅度	冷拉热压后粘接性	±50%	±50%	±25%	±25%	±20%	±20%	±12.5%

六、石材密封胶的合格判定

1. 下垂度、表干时间、定伸粘结性、浸水后的定伸粘结性、热压、冷拉后的粘结性、紫外线处理，每个检验试件都符合标准规定，则判定为合格；

2. 挤出性、适用期试验，每个试件均符合标准规定，则判定为合格；

3. 弹性恢复率、污染性，每组试件的算术平均值均符合标准规定，则判定为合格；

4. 拉伸模量按照不同温度、时间的每组试件的平均值均符合标准规定，则判定为合格。

七、石材密封胶的包装、运输、存放

1. 产品的包装应严密、牢固；

2. 包装外皮应标明产品名称、产品批号、生产日期、产品净容量、制造商名称、商标名称；

3. 制造商应该随包装附带产品使用说明书；

4. 产品大包装箱外侧应该附有"产品防潮、防雨、防日晒、防撞击"等标志；

5. 产品应该存放在温度不超过 27℃ 的通风库房内；

6. 通常情况是，石材密封胶自生产之日起，保质期不得少于 6 个月。

第六节 环氧树脂胶粘剂

石材干挂质量的好与坏，干挂胶在其中起着举足轻重的关键作用。长期以来，在石材幕墙的施工过程中，有些项目始终在沿用着错误的技术"用云石胶粘结石材与金属挂件"。云石胶是一种石材专用胶，专业用于石材与石材之间的粘结。云石胶在生产灌装过程中未经过脱油处理，非常容易将油渗透进石材，从而造成石材污染，影响施工完成后的装饰美观性，再者云石胶受气温的影响比较大，不适于在温度较低的环境条件下使用操作，而且怕潮湿、不耐高温、容易风化、剪力不能满足实际受力要求，尤其是使用在潮湿及阳光照射的建筑墙面，使用寿命会更短，也就更没有过多的安全保障，这就为建筑幕墙快速发展的今天敲响了安全警钟（图3-41）。

云石胶与环氧树脂干挂胶的性能特点也不同，云石胶只是用于石材与石材本身之间的粘结和石材缺棱、缺边等的修补而用的，它的成分是不饱和聚酯，属于一种刚性结合材料，这些年有些石材幕墙项目一直沿用，主要原因是固化时间便于调节，但是由于云石胶自身的不饱和树脂及固化剂的比例容易失调，往往导致剪力不够、应力过大或过小，由此会造成在温差和振动条件下所产生的位移比较大，比较容易开裂。环氧树脂胶的成分是环氧树脂，在使用的时候需要 A、B 组份按照比例调配组合使用，同时是一种脱油的化学物质，调配非常简单，而且不会污染石材，是一种柔性材料，抗振、扭曲能力强，应力较小，不受温度影响，在温差及振动条件下所产生的变形和位移较小。在石材幕墙的干挂质量及安全上给予极大的保障（图3-42）。

图3-41 云石胶样品   图3-42 环氧树脂胶样品

《干挂石材幕墙用环氧树脂胶粘剂》（JC 887—2001）根据石材幕墙的特点，对于建筑工程用胶做出明确质量要求，干挂石材幕墙必须使用环氧树脂石材幕墙干挂结构胶（A、B胶），对于干挂石材幕墙行业来说是一个非常有利的举措，不但保证了石材幕墙的质量和安全，同时也给人们带来一个安全的生活空间。

环氧树脂胶按照其化学成分大致分为五大类：①缩水甘油醚类；②缩水甘油酯类；③缩水甘油胺类；④脂肪族环氧化合物；⑤脂环族环氧化合物。

石材幕墙用中性硅酮密封胶的性能见表3-172和表3-173。

根据环氧树脂的特点及固化原理，达到固化的最佳状态，最后生成三维交联结构的固化物，这是一个极其复杂而又需要一定时间的反应过程。一般说来，需要 4 ~ 10d 的反应，才能达到最佳固化状态。在国内我们经常会听到，有些施工人员认为某某产品只需几十分钟便可固化，用此类观点来评判干挂胶的好坏是不准确的，这个几十分钟实际上只是环氧胶的初凝期，离充分固化还有一定的距离。

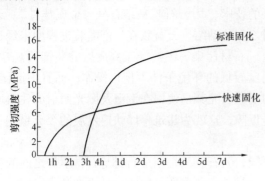

图 3-43　固化时间与环氧树脂胶的强度变化曲线

在实施施工过程中，有许多施工人员为了加快施工进度，不按照说明书的 AB 配合比例要求，盲目增加固化剂的使用量，达到快速固化的目的，出现了许多因固化时间过快而引发的质量问题，如固化物结构变坏、变脆、降低韧性和硬度，从而降低剪切强度等。当然目前我国已有快速固化剂，但其固化时间也需 4h 以上，才能使环氧树脂充分固化，以下是固化时间长短给环氧树脂胶带来的强度变化曲线（图 3-43）。

云石胶是不饱和聚酯树脂加入促进剂、阻聚剂、填料、触变剂等在引发剂（过氧化物）的作用下发生聚合反应的生成物，其特点是成本低廉，易于操作、固化快，用引发剂可以随心所欲调整固化时间，是石材修补不可缺少的胶粘剂，其主要成分是不饱和树脂。主要用于石材与石材的粘结和石材的修补，属于刚性结合。

云石胶因其价格低，使用方便等特点，深受施工人员的喜爱，但其也存在某些不足，如抗剪强度、耐水性、耐老化等性能。另外不饱和聚酯树脂中苯含量较高，所以从环保意识上讲，云石胶的使用受到一定的局限。由于本身存在不饱合键，导致其耐气候老化性能较干挂胶差，受气温的影响比较大，其粘结强度低于石材干挂胶很多倍，且怕潮湿、不耐高温、易风化，剪切力不够，尤其用于潮湿和阳光照射的墙体，使用寿命更短，更没有安全保障。用云石胶代替石材

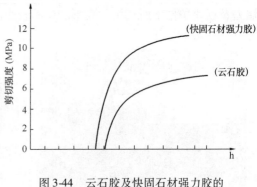

图 3-44　云石胶及快固石材强力胶的
固化剪切强度曲线

干挂结构胶存在极大的隐患，这是《干挂石材幕墙用环氧树脂胶粘剂》（JC 887—2001）规范所不允许的。

图 3-44 是云石胶及快固石材强力胶的固化剪切强度曲线。该材料的用途是石材幕墙的干粘施工，幕墙框架与主体结构的生根锚固，石材破损的局部修补等。

表 3-172　石材幕墙用中性硅酮密封胶的性能

项　目		性　能
外观		细腻、均匀膏状物，不应有气泡、结皮或凝胶
下垂度（mm）	垂直	≤3
	水平	无变形

续表

项　　目	性　　能
表干时间	1～1.5h
流淌性	≤1.0mm
邵氏硬度	15～25
极限拉伸强度	≥1.79MPa
断裂延伸率	≥300%
施工温度	5～48℃
污染性	无污染
固化后的变为承受能力	δ≥50%

表 3-173　石材幕墙干挂环氧树脂胶的性能

项　　目		性　　能
外观		细腻、均匀膏状物，无气泡、结块、凝胶、结皮、 离析、颗粒等，无不易分散的析出物
固化时间	快	5～30min
	普通	＞30～90min
弯曲弹性模量		≥2000MPa
冲击强度		≥3.0kJ/m²
抗剪强度		≥8.0MPa

第七节　石材防护剂

　　从古代的石窟、石桥、石塔、石亭到现代最普遍使用的各种装饰石石材以及各种岩画、雕像、壁刻和纪念碑等，石材以其坚固的质地，靓丽多彩的色调和神奇变幻的条纹被越来越广泛地得到应用。以石材为建筑材料和装饰的建筑物美化了人们的生活环境，使人们充分感受到了自然的美丽和魅力。为了满足人们对美的需要，石材的表面可分为磨光面及粗纹理（剁斧毛面、火烧毛面、机刨面等）表面。因石材是由多种矿物构成，较易与其他化学物质发生反应，所以无论哪一种表面的石材都会受到污染和侵蚀。要想预防并治理石材受到的污染和侵蚀，就要首先了解石材病变是怎样产生的。

一、石材病变

1. 石材的吸水性

　　石材晶体之间有着微小的缝隙，称为微孔。天然石材是一种多孔材料，石材本身存在着微孔，因而有着天然的透气性，保持石材自然的透气性是至关重要的。不同质地石材的微孔大小是不同的，石材透气性的高低通常是由这些微孔的大小来决定的。保持石材这些微孔的畅通，石材底部的水分才会挥发出来，石材在潮湿的环境中出现问题的机会就会比较少。正是石材这些微孔产生的毛细作用，使石材有着不同的吸水率。石材的吸水量与时间成正比，也就是说在石材水饱和前的时间段内，石材的这种毛细吸水量随着时间的增长而增大。

石材除了通过这种毛细现象吸收水分之外，还能够通过冷凝机理来吸收气态水分。我们这里讲的冷凝是指空气中的水蒸气因温度降低而液化。在常温下，如果我们周围环境里的空气湿度较大，温度降低会使空气里的这些水蒸气凝结在石材的表面上。空气中相对湿度越大，降温越快，这种冷凝现象就越明显。

石材的吸潮现象也是石材吸收水分的一种主要方式，这是因为石材的微孔里不同程度地存在着一些可溶性的盐，这些盐分具有程度不同的吸湿性。也就是说，石材的吸潮程度是由这些盐分的化学性质、盐分的含量以及周围空气中的湿气所决定的。那么，石材里的这些盐分又是从哪里来的？其一，石材的一些矿物成分和空气里的一些带有离子的气体形成的化合物；其二，石材切割加工使用的水有问题；其三，有些石材在安装前后经过了化学清洗，这些外来的化合物残留在石材里。

2. 常见石材病变

（1）锈斑：石材表面或内部的金属离子与水、氧气作用会生成带色物质，残留在石材表面，形成锈斑。锈斑的形成原因有两方面：一是自然反应形成，因为石材内部的物质成分中含有赤铁矿或硫铁矿，这些物质接触到水、空气后被氧化成三氧化二铁等带色物质，经过石材的孔隙渗出，形成锈斑；二是石材在开采、加工、运输等过程中接触含铁物质，这些铁质物质残留在石材表面，在被水、空气氧化后形成锈斑。

（2）水渍：石材与水泥砂浆接触后，水泥砂浆中的碱性物质会渗入石材。由于碱性物质对水的吸附力较强，在潮湿的空气中，当环境温度较高时，就会形成含有结晶水的碱性物质，结晶水会随着温度的变化而变化，但永远不会消失，从而在石材表面形成湿痕不干的现象，俗称水渍。

（3）裂纹：导致石材裂纹的原因有多种：一是自然与人为的外力破坏；二是生物影响，如杂草、苔藓、植被附着在石材表面，会增加石材表面水分的存储时间，使得水和石材的作用时间延长。植物根系会沿着石材微裂缝发展，导致裂缝不断扩大。此外，植物根系腐烂变质后会分泌出酸性物质，也会加速石材的溶蚀；三是冻融破坏，石材孔隙中的水分在温度很低时，会结冰而产生冷胀现象，使石材产生裂纹。

（4）脱落：石材与水泥砂浆接触面之间存在着孔隙，当水分渗透到孔隙中并发生结冰时，会产生体积膨胀，使得石材与水泥砂浆之间产生裂缝。孔隙中的可溶性盐在温度变化时，会产生结晶现象，结晶后体积膨胀，也导致裂缝产生。此外，在外界气温变化较大时，石材与水泥砂浆的膨胀收缩量不一样大，会在接触面产生应力，久而久之，使得石材与水泥砂浆之间产生松动，导致石材脱落。

（5）风化：矿物和岩石在地表条件下发生的机械碎裂和化学分解过程称为风化。暴露在地壳表面的大部分石材都处在与其形成时不同的物理化学条件下，而且地表富含氧气、二氧化碳和水，因而石材极易发生变化和破坏。表现为整块的石材变为碎块，或其成分发生变化，最终使坚硬的石材变成松散的碎屑和土壤。

1）地表石材仅发生机械破碎而不改变其化学成分也不产生新矿物质的作用称物理风化作用。如石材矿物的热胀冷缩、层裂和盐结晶等均可使石材由大块变成小块以至完全碎裂。

2）化学风化作用是指地表石材受到水、氧气和二氧化碳等的作用而发生化学成分和矿物成分变化，并产生新矿物质的作用。主要通过溶解作用、水化作用、水解作用、碳酸化作用和氧化作用等方式进行。

3. 石材病变的治理

水是自然界生命存在的基础，人类生活在一个水的环境里。但对于石材来讲，过多的与水接触则是导致石材出现病变和损害的主要原因。水还是有害物质的载体，有害物质随水通过石材的微孔和毛细管作用被吸收进入石材中，当水被逐渐蒸发后，有害物质残留在石材中，有时这种损害比水本身对石材建筑的损害还要大。我们看到的一些建筑物的石材墙面呈现的斑斑水迹，是由于雨水渗入墙体，产生的碱析和吸潮现象。大部分浅色石材上的黄斑则是石材内的氧化物在水的作用下进一步的氧化和扩散的产物。另外，许多污染也是由以水为载体的污物渗进石材形成的。

因此，水是造成石材病症的主要原因。研究石材的吸水机理和吸水规律，防止或控制石材吸收过多的水分就成为做好石材保护的关键，石材防护最常见的工作就是石材防水。因为大多数的石材损害是由于石材的微孔、毛细管吸水所引起的物理、化学反应而导致的。无论恶劣的气候，环境的污染，还是人为对石材建筑产品的损伤，大多表现在水对建筑的侵害上。石材吸收水而产生的冰冻病害，使石材产生裂缝，降低了材料的隔热能力，使微生物附生；由于溶于水中的有害物质，产生盐结晶病害及盐水解病害等，会很大程度上损害石质，造成石材产品的各种病害。

只有真正从根本上杜绝石材与水的接触，才能得到良好的预防石材病症的效果。使用石材防护剂对石材表面进行喷刷涂保护处理，可以使石材具有更好的防水、防污、防锈、防水斑、抗老化、抗风化等性能。所以，有效防止这些问题产生的优化选择方案是对石材在工厂生产时或是在安装使用之前喷涂刷专用石材防护剂，作好防水、防污的预处理，保护石材的美观及延长使用寿命。石材防护剂的主要作用就是通过喷涂刷防护剂使其渗入石材表面及内部，减少石材吸水、吸油，防止石材受到外界的污染。这样，就会大大地减少石材的各种病症的产生。

但应当注意，水不是唯一引起石材病害不良后果的物质，各种油脂、化学试剂、金属锈蚀、木板草绳、动物排泄物、酸雨酸雾等在一定条件下都可能造成石材病害。

二、石材防护剂在国内外研究和分类使用

石材防护技术是指利用现代的科学技术成果对石材进行处理，避免由于石材本身的欠缺和外界因素对石材外观和内部结构造成破坏的一种边缘科技方法。在国内外都有很多科学技术人员从事此项科学技术的研究，我国在此项科学技术领域的研究水平居于世界前列，如：第四代、第五代石材防护剂的研制，光固化石材胶的生产应用等。

1. 石材防护剂的发展历史

（1）第一代石材防护剂——松节油、松树汁、树胶等。这类材料防护效果很差，而且这些材料未形成工业化生产，使用的量及部位很有限。因而早期无人去研究它的防护机理，其使用、维护也没有形成一整套经验和操作规程，一切全是随意和个体的实施。有些资料并不把早期古代人类这些防护材料列为石材防护剂的范畴。其防护机理主要基于当时人们为堵塞石材孔洞、裂隙、防水、防渗的主观意愿。

（2）第二代石材防护剂——石蜡。它是较早并且在石材行业中曾广泛应用的防护剂。采用在石材表面涂覆石蜡的方法，在石材表面形成致密的蜡膜，阻隔水、油等的侵入，对石

材起到保护作用。但石蜡将石材的微孔完全堵塞，妨碍了石材的透气性。聚集在石材内部的水分无法排除，导致石材病变，从另一角度又破坏了对石材的保护。

石蜡膜易受污染，形成蜡垢，不易清洗；石蜡膜易挥发、易磨损，需要经常打蜡，劳动强度大。如果打蜡次数增多，还会加深石材表面的颜色，造成石材表层的损害。石蜡保护只局限于地面，根本谈不上高空作业来保护建筑物立面上的石材。因此石蜡被称作"暂时性"的防护剂。随着人们对石蜡性能的逐渐认识，现在已经很少用石蜡作为石材防护剂了。

（3）第三代防护剂——低渗透填充型膜层涂料，如清漆和某些树脂类涂料。可分为无色系列和有色系列，它们在石材表面形成了密致保护膜，与石蜡相比，具有较好的耐污性、较长的使用寿命和较广的使用范围，是一种"长效"的防护剂。

尽管这种膜层防水性能较好，可以阻挡外界的污染，但透气性差，使石材内部的水分难以排除，易导致石材病变。膜层还会改变石材的表面质感；抗紫外线、耐老化和持久性也较差。容易磨损，时常要修补。由于采用的溶剂易挥发、易燃、有毒性，在施工时可能造成对人体的伤害或环境污染。因此，在使用性能和施工安全上都不太理想。

（4）第四代防护剂——高渗透性、透气型有机硅类防护剂。其防护原理是防护剂对石材的高渗透作用，在石材的表层和内部微孔内其分子结构中的硅醇基与硅酸盐材料中的硅醇基反应固化交联，在结构材料表面及内部生成一层几个分子厚的网状不溶性的防水高分子化合物，即网状的有机硅树脂膜。从而形成优异的憎水层，同时具有微膨胀、增加密实度功能。使石材能具有在隔绝外部的水、油等物质进入石材内部的同时还保持石材内水分子向外挥发渠道通畅的双重作用。从而达到既能出色防污、防水、防油，又不影响石材的透气性等目的。可以避免石材内部水分滞留而造成的石材病变。灰尘和污染只能浮于石材表面，便于清洗。

本代防护剂具有极佳的的抗紫外线能力、耐老化性和持久性，使防护时间更长，实验室条件下可达 30 年。由于在被保护物表面不形成膜，对被保护物没有遮盖性，不改变表面原有的风貌和特色。

常用防护剂可分为水剂型和溶剂型两类，使用最多的是水溶性有机硅和溶剂型有机硅。但某些溶剂型有机硅防护剂含有少量或微量有毒、有害或者易燃的如苯、二甲苯等成分，对环境有一定影响。

（5）第五代防护剂——强力浸润含氟渗透型防护剂。它将防水、防油、防污的极细粒度级材料渗透到石材的深度内部形成网状保护层，石材透气性好，抗污力强。由于使用了超低表面能和强耐候性的氟材料，使本类防护剂在实验室条件下有 30~50 年的耐候性，对水、油类的液体污染源同时具有很强的防护性。一些产品在其中加了抗紫外线材料、纳米级材料、光触媒材料等，使防护剂耐久性、渗透性更强，有些防护剂还具有自洁功能。

近些年来，无机石材防护剂的研制有很大进展，很多具有诸如抗菌、防霉新功能的石材防护剂不断问世，逐步引起业内关注。

2. 石材防护剂的分类

石材防护剂的种类繁多，目前普遍从以下角度给予分类：

（1）从成分上分类：分为有机硅类、氟硅共聚类和氟碳类等；

（2）从溶剂上分类：分为水剂型和溶剂型，也有的称为是水性和油性类；

（3）从功能上分类：分为防水型和防水防油型。

3. 石材防护剂在选择使用的时候一般应注意以下原则：

（1）根据防护要求进行选择，如果防护的目的是为了防止泛碱、生锈等，一般采用有机硅型石材养护剂就可以达到效果；如果防护的目的是全面的防水、防油和抗污能力，要采用有机氟或氟硅型石材防护剂才能达到效果。

（2）如果是汽车坡道或其他容易污染的地方，建议采用有机氟型石材养护剂以提高石材表面的抗污能力。

（3）如果是结构致密的石材或者是抛光面的成材，如白水晶、大花白等，建议选用油性石材养护剂。因为其中的溶剂成分渗透力强，可以使防护剂的有效组分充分的渗入到石材内部；对于结构不是很致密的一般的石材或非光面石材，油性与水性石材养护剂都可以选用。

（4）现在有很多客户喜欢在毛面石材表面做成膜型养护处理，这种工程建议选用采用有机硅为原料的成膜型石材养护剂，这种产品硬度好，粘结强度高，耐紫外线不易发黄；不要轻易采用以丙烯酸为原料的地面密封剂（成膜型），这种产品主要为底面密封而设计，在石材表面使用经常有脱皮和变色现象发生。

（5）如果是黑色石材或颜色鲜艳、色泽较深的石材，由于部分石材使用防护剂后很容易变色，所以选择石材防护剂时一定要先做小样测试，综合性能、效果和要求进行最终选择。

4. 石材防护形式

由于建筑环境的不同，往往在石材幕墙周围环境中各种有害物质对石材有不同的腐蚀作用，为保护石材幕墙不被破坏，需要采取不同形式的防护措施来减少或延缓这些物质对石材的腐蚀。

（1）封闭式：封闭式是用防护产品封闭石材所有微孔及毛细管的方式。封闭式的防护产品多为高分子树脂类，这类产品最大的优点是防污性能较好，并且可承受一定水压，适用于如水池底等水压大的地方，另一个特点是有一定的弹性。但此类产品的缺点也非常多：

1）产品本身表面张力大，分散性差，因此渗透性不好；

2）在涂刷的表面会形成一层膜，由于防护是靠这层膜实现的，这层膜与被涂刷表面的附着力就成了关键，如发生剥落就失去作用；

3）表面膜不耐磨擦；

4）耐老化程度差，因为是附着在被防护石材表面，容易受到紫外线的照射破坏；

5）易变色龟裂，由于老化而产生龟裂，失去防护作用；

6）影响水蒸汽的蒸发。

这类产品不宜用在被防护物品正面，也不宜用于湿法施工。

（2）透气式：透气式是防护材料渗入石材微细孔，但不堵塞微细孔和毛细管的方式。透气式的防护产品大多为有机硅产品类，此类产品克服了封闭式产品的缺点。它不是靠在表面形成的膜起防护作用，而是利用有机硅高分散性的特点渗透进入石材的表面和内部，形成一个网状防护层，这个防护层厚大约在 $3 \sim 10\mu m$。有了这个网状防护层，就能充分起到防护作用，解决了涂刷层与被防护石材的附着力和耐磨擦问题，抗老化问题也随之解决。

此类产品最大的特点是透气性佳，另一大特点是可增强石材的强度等物理性能指标，这是由它的防护方式决定的。它的缺点是抗水压性能弱于封闭式防护剂，不适用在水池底部等水压大的地方。

三、石材防护工作应注意的问题

1. 选择石材防护产品应注意的问题

（1）选择的石材防护产品应有国内质检部门的检测报告，检测内容包括吸水率、抗碱性、渗透性等项目。

（2）选择定货前，要根据不同的石材品种进行相容性试验，以便最后确定被选用的产品是否适用。

（3）要选择质量稳定的品牌，防止样品和批量产品质量上有很大差别。

2. 使用时应该注意的事项

（1）被防护的石材必须干燥，即使产品说明书中标明潮湿表面可操作同样有效也不例外，石材含水量应≤10%方可操作；

（2）防护工作应尽量在工厂完成，这样可避免石材在运输、库存及安装过程中被污染；

（3）在防护前应保证被防护表面清洁无污染，如有污染应先用石材清洗剂、除油剂、去锈剂等先将表面处理干净；

（4）溶剂型防护品和施工工具不得有水溶入，以免影响防护效果；

（5）防护处理后的石材24h内不得用水浸泡，24h后方可使用。

（6）某些产品用在抛光板面石材防护处理2～24h后，石材表面需要清理，也可在交工前一同处理，防护效果不变。

3. 常用石材防护剂性能

在市场上石材防护剂的商品品种虽然非常多，但无论国产还是进口的石材防护剂其基本成分都相同，主要材料为石蜡、合成树脂、有机硅、含氟材料等几大类。目前常用材料的性能如下（见表3-174）：

表3-174　几种防护材料的性能比较

项目 ＼ 种类	有机硅类	合成树脂类	含氟材料类
防水性	优	优	优
防油性	一般	较优	优
渗透性	优	差	优
颜色变化	人为可控	大	人为可控
耐磨性	优	一般	优
抗老化性	优	一般	极优
稳定性	优	差	极优
适用范围	广	小	广
抗碱性	优	一般	优
抗酸性	一般	差	优
耐高温	优	一般	优
耐低温	优	差	优
可施工性	优	一般	优
成本	中高	中	较高

四、现行标准

关于石材防护剂目前尚无统一的国家标准。现在业内有两个建材行业标准与石材防护剂相关：

1.《建筑表面用有机硅防水剂》（JC/T 902—2002）

2.《建筑装饰用天然石材防护剂》（JC/T 973—2005）

依据执行标准从新的原则，业内一般采用《建筑装饰用天然石材防护剂》（JC/T 973—2005）标准执行。该标准基本规定如下：

（1）等级

饰面型防护剂按防水性分为优等品（A）、一等品（B）、合格品（C）三个等级。

（2）产品分类与命名标记

1）分类

① 按照溶剂类型分

a. 水剂型（SJ）　　　　b. 溶剂型（RJ）

②按照功能分

a. 防水型（FS）　　　　b. 防油型（FY）

③按使用部位分

a. 饰面型（SM）　　　　b. 底面型（DM）

2）命名与标记

①命名顺序

产品代号或名称、溶剂类型、功能、使用部位。

②标记顺序

产品代号或名称、溶剂类型、功能、使用部位、等级、标准号。

③标记示例

示例：以溶剂型优等品××××防水型饰面防护剂标记为：

命名：××××溶剂型防水型饰面防护剂

标记：××××　　RJ　　FS　　SM　　A　　JC/T 973—2005

（3）技术要求

1）饰面型

①用饰面型防护剂进行石材防护时，应保持石材颜色基本不变，用户有特殊要求时除外。

②饰面型防护剂防水性、耐污性应符合表3-175规定。

表3-175　饰面型防护剂防水性、耐污性规定

项目		优等品	一等品	合格品
防水性（%）		≥85	70≤防水性<85	50≤防水性<70
耐污[a]	食用植物油[b]	0		1
	兰黑墨水			

a　客户对污染源有特殊要求时，可按客户要求。

b　防水型防护剂可不进行此项试验。

③饰面型水剂型防护剂 pH 值的范围应在 3～13 之间。

④饰面型防护剂稳定性应无分层、漂油和沉淀。

⑤饰面型防护剂耐酸性、耐碱性应≥40%，其中天然大理石防护可不进行耐酸性检验。

⑥饰面型防护剂耐紫外线老化性应≥40%。

2）底面型

①底面型防护剂抗渗性试验应无水斑出现。

②底面型防护剂水泥粘结强度下降率≤5.0%。

3）水剂型防护剂有害物质限量

挥发性有机化合物（VOC）≤200g/L。

4）溶剂型防护剂有害物质限量

苯含量≤0.5%、甲苯和二甲苯总含量≤10%。

第四章 石材幕墙设计

第一节 石材幕墙分类

一、石材幕墙的概念

石材幕墙同其他建筑幕墙一样，同样属于建筑外围护结构的一种构件，它由石材面板及其结构龙骨骨架组成一体，通过转接构件以点的形式将幕墙荷载传递到建筑主体结构上，相对于主体建筑结构而言具有一定的位移能力及自身变形能力，不承担主体建筑结构所受的作用。

二、石材幕墙的分类

根据目前我国石材幕墙在建筑领域的发展，石材幕墙从建筑装饰面积统计约占总装饰面积的40%，按照《金属与石材幕墙工程技术规范》（JGJ 133—2001）的规定，石材幕墙使用的建筑高度不大于100m，但目前我们的石材幕墙使用范围已经上升到200m以上。上海浦东国际金融大厦石材幕墙最高点达到139m，深圳时代广场大厦石材幕墙最高点达到170m，广州合银大厦石材幕墙最高点达到220m，上海银行大厦石材幕墙最高点达到230m，北京银泰中心的石材幕墙高达249.9m，早在1931年纽约帝国大厦的石材幕墙设计及安装高度就达到381m。

随着设计技术、施工技术及材料技术的不断更新，石材幕墙在建筑领域从使用面积到使用高度的发展，我国石材幕墙的分类也有着技术性的革新划分。

（1）从建筑外装饰效果上分为：密缝式石材幕墙（图4-1）、开缝式石材幕墙（图4-2）；

（2）从石材开槽方式上分为：通槽式、短槽式（图4-3）、打孔（后切背栓式）式（图4-4）；

图4-1　水平缝及垂直缝都采用硅酮耐候密封胶封堵的密缝式石材幕墙

（3）从石材挂件形式上分为：由最初的钢销式发展到T型钩式（图4-5）、蝶形SE型钩式（图4-6）及L型钩式；

（4）从工厂加工程度及安装方式上分为：构件式、单元式（大单元式、小单元式）（图4-7）。

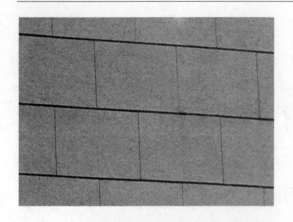

图 4-2　水平缝及垂直缝都没完全采用硅酮耐候
密封胶封堵的开缝式石材幕墙

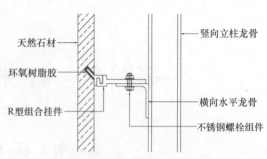

图 4-3　R 型组合短槽石材幕墙

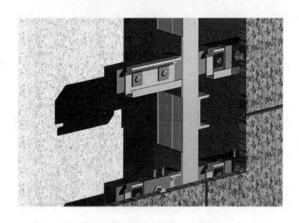

图 4-4　后切背栓式石材幕墙

图 4-5　T 型钩式石材幕墙

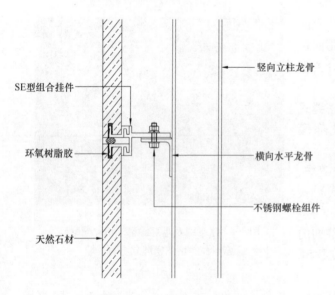

图 4-6　SE 型组合短槽石材幕墙

图 4-7　单元式石材幕墙

第二节　石材幕墙设计基础

幕墙是建筑主体的外衣，因为具有柔性的特点所以叫做幕，同时又兼有刚性的特点所以叫做墙。由于这个建筑的外衣具有刚柔并济的特性所以叫幕墙。就像我国的一位老专家所说幕墙是一种是墙而又非墙的建筑外衣，所以它的设计不同于一般的装饰设计，因为具有一定的结构性。

一个合格的建筑幕墙设计师不但需要具有一定的建筑结构知识，而且还应具有一定的建筑材料知识，石材幕墙设计师同样需要具备这两方面基础知识，否则设计师就很难完成建筑师所要求的设计，同时也很难说服建筑师变更设计方案。

一、建筑结构基础知识

建筑结构的可靠性直接关系到人民生命财产安全，这历来是建筑结构设计师必须首先面对和需要审慎解决的重大问题。结构的可靠性是指结构在规定的时间内，在规定的条件下，完成预定功能的能力。结构的可靠度是对结构可靠性的定量描述，即结构在规定的时间内，在规定的条件下，完成预定功能的概率。建筑结构可靠度也是一个国家综合性经济政策问题，实际上是选择一种安全与经济相对的最佳平衡。

结构的设计使用年限是指设计规定的结构或结构构件，不需要进行大修即可按其预定目的使用的时期。因建筑幕墙属于建筑外围护结构的一种构件，同样就应该遵从建筑结构使用年限的要求。

《建筑结构可靠度设计统一标准》（GB 50068—2001）规定："结构在规定的设计使用年限内应具有足够的可靠度。结构的可靠度可采用以概率理论为基础的极限状态设计方法分析确定"。结构在规定的设计使用年限内满足以下功能要求：

（1）在正常施工和正常使用时，能承受可能出现的各种作用；

（2）在正常使用时具有良好的工作性能；

（3）在正常维护下具有足够的耐久性；

（4）在设计规定的偶然事件发生后，仍然能保持必须的整体稳定性。

结构的设计使用年限见表4-1。

表4-1　结构设计使用年限

类别	设计使用年限（年）	示例
1	5	临时性结构
2	25	易于替换的结构构件
3	50	普通房屋和构筑物
4	100	纪念性建筑和特别重要的建筑构件

为保证建筑结构具有规定的可靠度，除应进行必要的设计计算外，还应对结构材料性能、施工质量、使用和维护进行相应的控制。

结构可靠度与结构的使用年限长短有关，《建筑结构可靠度设计统一标准》（GB 50068—2001）所指的结构可靠度，是对结构的设计使用年限而言的，当结构的使用年限超过设计使用年限后，结构失效概率可能较设计预期值要大。

设计基准期是为确定可变作用及与时间有关的材料性能等级取值而选用的时间参数。它不等同于建筑结构的设计使用年限。《建筑结构可靠度设计统一标准》（GB 50068—2001）所考虑的荷载统计参数，都是按设计基准期为 50 年确定的。

建筑寿命是指从规划、实施到使用的总时间，即从确认需要建造开始直到建筑毁坏的全部时间。它不等同于建筑结构的设计使用年限，它也不等同于设计基准期。

极限状态是指整个结构或结构的一部分超过某一特定状态就不能满足设计规定的某一功能要求，此特定状态为该功能的极限状态。

极限状态可分为下列两类：

（1）承载能力极限状态。这种极限状态对应于结构或结构构件达到最大承载能力或不适于继续承载的变形。当结构或结构构件出现下列状态之一时，应认为超过了承载能力极限状态：

① 整个结构或结构的一部分作为刚体失去平衡（如倾覆等）；

② 结构构件或连接因超过材料强度而破坏（包括疲劳破坏），或因过度变形而不适于继续承载；

③ 结构转变为机动体系；

④ 结构或结构构件丧失稳定（如压屈等）；

⑤ 地基丧失承载能力而破坏（如失稳等）。

承载能力极限状态可理解为结构或结构构件发挥允许的最大承载功能的状态。结构构件由于塑性变形而使其几何形状发生显著改变，虽未达到最大承载能力，但已彻底不能使用，也属于达到这种极限状态。

疲劳破坏是在使用中由于荷载多次重复作用而达到的承载能力极限状态。

（2）正常使用极限状态。这种极限状态对应于结构或结构构件达到正常使用或耐久性能的某项规定限值。当结构或结构构件出现下列状态时，应认为超过了正常使用极限状态：

① 影响正常使用或外观的变形；

② 影响正常使用或耐久性能的局部损坏（包括裂缝）；

③ 影响正常使用的振动；

④ 影响正常使用的其他特定状态。

正常使用极限状态可理解为结构或结构构件达到使用功能上允许的某个限值的状态。例如某些构件必须控制变形、裂缝才能满足使用要求，因过大的变形会造成房屋内部粉刷层剥落，填充墙和隔断墙开裂及屋面积水等后果；过大的裂缝会影响结构的耐久性；过大的变形、裂缝也会造成用户心理上的不安全感。

建筑结构设计时，应根据结构在施工和使用中的环境条件和影响，区分下列三种设计状况：

（1）持久状况：在结构使用过程中一定出现，其持续期很长的状况，持续期一般与设计使用年限为同一数量级；

（2）短暂状况：在结构施工和使用过程中出现概率较大，而与设计使用年限相比，持续期很短的状况，如施工和维修等；

（3）偶然状况：在结构使用过程中出现概率很小，且持续期很短的状况，如火灾、爆炸、撞击等。

对于不同的设计状况，可采用相应的结构体系、可靠度水准和基本变量等。

建筑结构的三种设计状况应分别进行下列极限状态设计：

（1）对三种设计状况，均应进行承载能力极限状态设计；

（2）对持久状况，尚应进行正常使用极限状态设计；

（3）对短暂状况，可根据需要进行正常使用极限状态设计。

建筑结构设计时，对所考虑的极限状态，应采用相应的结构作用效应的最不利组合：

（1）进行承载能力极限状态设计时，应考虑作用效应的基本组合，必要时尚应考虑作用效应的偶然组合。

（2）进行正常使用极限状态设计时，应根据不同设计目的，分别选用下列作用效应的组合：

① 标准组合，主要用于当一个极限状态被超越时将产生严重的永久性损害的情况；

② 频遇组合，主要用于当一个极限状态被超越时将产生局部损害，较大变形或短暂振动等情况；

③ 准永久组合，主要用在当长期效应是决定性因素时的一些情况。

对偶然状况，建筑结构可采用下列原则之一按承载能力极限状态进行设计：

（1）按作用效应的偶然组合进行设计或采取防护措施，使主要承重结构不致因出现设计规定的偶然事件而丧失承载能力；

（2）允许主要承重结构因出现设计规定的偶然事件而局部破坏，但其剩余部分具有在一段时间内不发生连续倒塌的可靠度。

结构的极限状态应采用下列极限状态方程描述：

$$g(X_1, X_2, \cdots, X_n) = 0 \tag{4-1}$$

式中　　　　　$g(\cdot)$——结构的功能函数；

X_i（$i = 1, 2, \cdots, n$）——基本变量，系指结构上的各种作用和材料性能、几何参数等。

进行结构可靠度分析时，也可采用作用效应和结构抗力作为综合的基本变量；基本变量应作为随机变量考虑。

结构按极限状态设计应符合下列要求：

$$g(X_1, X_2, \cdots, X_n) \geq 0 \tag{4-2}$$

当仅有作用效应和结构抗力两个基本变量时，结构按极限状态设计应符合下列要求：

$$R - S \geq 0$$

式中　S——结构的作用效应；

　　　R——结构的抗力。

建筑结构设计要解决的根本问题是，在结构的可靠与经济之间选择一种合理的平衡，力求以最经济的途径，使所建造的结构以适当的可靠度满足各种预定的功能要求。

在各种随机因素的影响下，结构完成预定功能的能力不能事先确定，只能用概率来描述。结构可靠度的这一概率定义是从统计学观点出发的比较科学的定义，与其他各种从定值观点出发的定义有本质的区别。

结构的可靠度通常受各种荷载、材料性能、几何参数、计算公式精确性等因素的影响。这些因素，一般具有随机性，称为基本变量，记为 X_i（$i = 1, 2, 3, \cdots, n$）。

按极限状态方法设计建筑结构时，针对所要求的各种结构性能（如强度、刚度、抗裂度等），通常可以建立包括各种有关基本变量在内的关系式：

$$Z = g(X_1, X_2, \cdots, X_n) = 0 \tag{4-3}$$

这一关系式称为极限状态方程，其中 $Z = g(\cdot)$ 称为结构的功能函数。

现以功能函数仅与两个正态基本变量 S、R 有关，且极限状态方程为线性方程的简单情况为例，来导出结构构件的可靠指标。

此时功能函数为：

$$Z = g(S, R) = R - S \tag{4-4}$$

式中，S 为结构的荷载效应，R 为结构抗力。

显然：

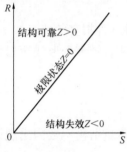

图 4-8 结构所处的状态

当 $Z > 0$ 时，结构处于可靠状态。

当 $Z < 0$ 时，结构处于失效状态。

当 $Z = 0$ 时，结构处于极限状态。

可见通过功能函数 Z 可以判别结构所处的状态。当基本变量满足极限状态方程时，

$$Z = R - S = 0 \tag{4-5}$$

则结构达到极限状态（图 4-8）。

结构构件的可靠度宜采用可靠指标度量。结构构件的可靠指标宜采用考虑基本变量概率分布类型的一次二阶矩方法进行计算。

当仅有作用效应和结构抗力两个基本变量且均按正态分布时，结构件的可靠指标可按下列公式计算：

$$\beta = \frac{\mu_R - \mu_S}{\sqrt{\sigma_R^2 + \sigma_S^2}} \tag{4-6}$$

式中　β——结构构件的可靠指标；

μ_S、σ_S——结构构件作用效应的平均值和标准差；

μ_R、σ_R——结构构件抗力的平均值和标准差。

结构构件的失效概率与可靠指标具有下列关系：

$$p_f = \phi(-\beta) \tag{4-7}$$

式中　p_f——结构构件失效概率的运算值；

$\phi(\cdot)$——标准正态分布函数。

结构构件的可靠概率与失效概率具有下列关系：

$$p_s = 1 - p_f \tag{4-8}$$

式中　p_s——结构构件的可靠概率。

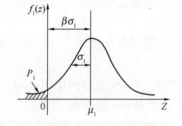

图 4-9 结构构件失效概率与可靠指标的关系

结构可靠度指标 β 与失效概率 p_f 具有数量上一一对应的关系，也具有与 p_f 相对应的物理意义，已知 β 后，即可求得 p_f（表 4-2）。由于 β 越大，p_f 越小，即结构越可靠（图 4-9）。

概率极限状态设计法能够较充分地考虑各有关因素的客观变异性，使所设计的结构比较符合预期的可靠度要求；并且在不同结构之间，设计可靠度具有相对可比性。对十分重要的

结构，如原子能反应堆压力容器、海上采油平台等已开始采用这种方法设计。显然，对于一般常见的结构构件，直接根据给定的 β 进行设计，目前还不是现实可行的，而是采用以概率极限状态设计方法为基础的实用设计表达式。

表4-2 β 与 p_f (p_s) 的对应关系

β	p_f (%)	p_s (%)	β	p_f (%)	p_s (%)
1.00	15.87	84.13	3.50	0.023	99.977
2.00	2.275	97.725	3.55	0.019	99.981
2.70	0.35	99.65	3.60	0.016	99.984
3.00	0.135	99.865	3.65	0.013	99.987
3.10	0.097	99.903	3.70	0.011	99.989
3.15	0.082	99.918	3.75	0.009	99.991
3.20	0.069	99.931	3.80	0.0072	99.9928
3.25	0.058	99.942	3.85	0.0059	99.9941
3.30	0.048	99.952	3.90	0.0048	99.9952
3.35	0.04	99.96	3.95	0.0039	99.9961
3.40	0.034	99.966	4.00	0.0032	99.9968
3.45	0.028	99.972	4.20	0.0013	99.9787

当基本变量不按正态分布时，结构构件的可靠指标应以结构构件作用效应和抗力当量正态分布的平均值和标准差代入公式（4-6）进行计算。

结构构件设计时采用的可靠指标，可根据对现有结构构件的可靠度分析，并考虑使用经验和经济因素等确定。

结构构件承载能力极限状态的可靠指标，不应小于表4-3的规定。

表4-3 结构构件承载能力极限状态的可靠指标

破坏类型	安全等级		
	一级	二级	三级
延性破坏	3.7	3.2	2.7
脆性破坏	4.2	3.7	3.2

注：当承受偶然作用时，结构构件的可靠指标应符合专门规范的规定。

表4-3中规定的结构构件承载能力极限状态设计时采用的可靠指标，是以建筑结构安全等级为二级时延性破坏的 β 值3.2作为基准，其他情况相应增减0.5。

结构构件正常使用极限状态的可靠指标，根据其可逆程度宜取 $0 \sim 1.5$。

建筑幕墙是建筑物的外围护构件，它要承受外界施加给它的各种作用。《建筑结构可靠度设计统一标准》（GB 50068—2001）对结构上的作用给出的定义："施加在结构上的集中或分布荷载，以及引起结构外加变形或约束变形的原因，均称为结构上的作用"。

"引起结构外加变形或约束变形的原因系指地震、基础沉降、温度变化、焊接等作用"。这就是说，作用是指能使结构产生效应（内力、变形、应力、应变、裂缝等）的各种原因的总称，其中包括施加在结构上的集中力和分布力系，以及形成结构外加变形或约束变形的原因。前一种作用是力（包括集中力和分布力）在结构上的集结，就是通常说的荷载。后一种作用（如温度变化、材料的收缩与徐变、地基变形、地震等）不是以力的形式出现的，过去将施加在结构上的作用统称为荷载（国际上也有这个习惯），但荷载这个术语对间接作用并不恰当，它混淆了两种不同的作用，而且容易发生误解，例如将地震作用当作是施加在结构上而与地基和结构本身无关的外力。《建筑结构可靠度设计统一标准》（GB 50068—2001）将这两类作用分别称为直接作用和间接作用，而荷载仅等同于直接作用。《建筑结构荷载规范》对直接作用作了规定。间接作用，除地震作用由《建筑抗震设计规范》（GB 50011—2010）3.2 地震影响作了规定外，其余间接作用暂时还没有相应的规范。

按作用随空间位置的变异性可将作用分为固定作用和可动作用。固定作用在结构空间位置上具有固定的分布，如结构构件自重等。可动作用在结构空间位置，《建筑结构可靠度设计统一标准》（GB 50068—2001）还指出，结构上的作用可按随时间的变异和按随空间位置的变异分类。

考虑作用在结构上随时间的变异性的持续性，可分成三个类别：

（1）永久作用。在设计基准期内，其值不随时间变化，或其变化与平均值相比可以忽略不计者，如自重、土压力、预应力等。

（2）可变作用。在设计基准期内，其值随时间变化，且其变化与平均值相比不可忽略者，如风荷载、雪荷载、温度变化等。

（3）偶然作用。在设计基准期内不一定出现，而一旦出现，其量值很大且持续时间较短，如地震、龙卷风等。

以上引起最不利效应的分布情况，在进行结构内力分析时应作出相应的计算。按作用对结构的反应可分为静态作用和动态作用。静态作用不使结构或结构构件产生加速度或加速度可以忽略不计者，如自重、活荷载等；动态作用使结构或结构构件产生不可忽略的加速度，如地震、作用在高耸结构上的风荷载等。当作用在结构上引起不可忽略的加速度时，结构必须按结构动力学的方法进行分析。

建筑结构设计时对不同荷载应采用不同的代表值。对永久荷载，应采用标准值作为代表值。对可变荷载应根据设计要求采用标准值，组合值、频遇值或准永久值作为代表值。对偶然荷载应根据试验资料，结合工程经验确定其代表值。

建筑结构设计时应采用标准值作为荷载的基本代表值。永久荷载标准值，对结构自重，应按结构构件的设计尺寸与材料单位体积的自重计算确定。对于某些自重变异较大的材料和构件，自重标准值应根据对结构的不利状态取上限值或下限值。可变荷载的标准值按以下各节的规定采用。

承载能力极限状态设计或正常使用极限状态按标准组合设计时，对可变荷载应按组合规定采用标准值或组合值为代表值。可变荷载组合值，应为可变荷载标准值乘以荷载组合系数。正常使用极限状态按频遇组合设计时应采用频遇值、准永久值为可变荷载的代表值；按准永久组合设计时，应采用准永久值为可变荷载的代表值。可变荷载的频遇值为可变荷载标准值乘以荷载频遇值系数。可变荷载准永久值为可变荷载标准值乘以荷载准永久值系数。

建筑结构设计应根据使用过程中在结构上可能同时出现的荷载，按承载能力极限状态和正常使用极限状态进行荷载（效应）组合，并取各自的最不利组合进行设计。对于承载能力极限状态，应按荷载效应的基本组合或偶然组合进行设计，并采用下列设计表达式：

$$\gamma_0 S \leqslant R \tag{4-9}$$

式中，γ_0 为结构重要性系数，对安全等级为一级、二级和三级的结构构件，可分别取 1.1、1.0 和 0.9。

对于基本组合，荷载效应组合值 S 可按下述规定采用：

由可变效应控制的组合：

$$S = \gamma_G S_{Gk} + \gamma_{Q1} S_{Q1k} + \sum_{i=2}^{n} \gamma_{Qi} \psi_{ci} S_{Qik} \tag{4-10a}$$

式中　γ_G——永久荷载的分项系数；

γ_{Qi}——第 i 个可变荷载的分项系数；

γ_{Q1}——第 1 个可变荷载的分项系数；

S_{Gk}——按永久荷载标准值 G_k 计算的荷载效应值；

S_{Qik}——按可变荷载标准值 Q_{ik} 计算的荷载效应值；

S_{Q1k}——可变荷载效应中最大者；

ψ_{ci}——可变荷载 Q_i 的组合值系数；

n——参与组合的可变荷载数。

由永久荷载效应控制的组合：

$$S = \gamma_G S_{Gk} + \sum_{i=1}^{n} \gamma_{Qi} \psi_{ci} S_{Qik} \tag{4-10b}$$

对于偶然组合荷载效应组合的设计值宜按下列规定确定：偶然荷载的代表值不乘分项系数；与偶然荷载同时出现的其他荷载可根据观测资料和工程经验采用适当的代表值。

对于正常使用极限状态，应根据不同的设计要求，采用荷载的标准组合、频遇组合或准永久组合，并按下列表达式进行设计：

$$S \leqslant C \tag{4-11}$$

式中　S——荷载效应组合的设计值；

C——结构或构件达到正常使用要求的规定限值。

对于标准组合，荷载效应组合的设计值 S 可按下式采用：

$$S = S_{Gk} + S_{Q1k} + \sum_{i=2}^{n} \gamma_{Qi} \psi_{ci} S_{Qik} \tag{4-12}$$

对于频遇组合，荷载效应的设计值 S 可按下式采用：

$$S = S_{Gk} + \psi_{f1} S_{Q1k} + \sum_{i=2}^{n} \psi_{qi} S_{Qik} \tag{4-13}$$

式中　ψ_{f1}——可变荷载 Q_1 的频遇值系数；

ψ_{qi}——可变荷载 Q_i 的准永久值系数。

对于准永久组合，荷载效应组合的设计值 S 可按下式采用：

$$S = S_{Gk} + \sum_{i=1}^{n} \psi_{qi} S_{Qik} \tag{4-14}$$

当对 S_{Qik} 无法明显判断其效应设计值为诸可变荷载效应设计值中最大者，可轮次以各可变荷载效应为 S_{Q1k}，选其中最不利的荷载效应组合。

结构设计时，应根据构件受力特点、荷载或作用的情况和产生的应力（内力）作用方向，选用最不利的组合，荷载和效应组合设计值应按下式采用：

$$S = \gamma_G S_G + \gamma_w \psi_w S_w + \gamma_E \psi_E S_E \tag{4-15}$$

式中　S_G——重力荷载作为永久荷载产生的效应；

S_w、S_E——分别为风荷载、地震作用作为可变荷载和作用产生的效应，按不同的组合情况，二者可分别作为第一、第二个可变荷载和作用产生的效应；

γ_G、γ_w、γ_E——各效应的分项系数；

ψ_w、ψ_E——分别为风荷载、地震作用的组合系数。

《玻璃幕墙工程技术规范》（JGJ 102—2003）规定：荷载和作用所产生的应力或内力设计值的常用组合见表4-4。

表4-4　荷载和作用所产生的应力或内力设计值

组合内容	应力表达式	内力表达式
重力	$\sigma = 1.2\sigma_{Gk}$	$S = 1.2S_{Gk}$
重力 + 风	$\sigma = 1.2\sigma_{Gk} + 1.4\sigma_{Wk}$	$S = 1.2S_{Gk} + 1.4S_{Wk}$
重力 + 风 + 地震	$\sigma = 1.2\sigma_{Gk} + 1.4\sigma_{Wk} + 0.65\sigma_{Ek}$	$S = 1.2S_{Gk} + 1.4S_{Wk} + 0.65S_{Ek}$
风	$\sigma = 1.4\sigma_{Wk}$	$S = 1.4S_{Wk}$
风 + 地震	$\sigma = 1.4\sigma_{Wk} + 0.65\sigma_{Ek}$	$S = 1.4S_{Wk} + 0.65S_{Ek}$

注：1. σ_{Gk}、σ_{Wk}、σ_{Ek}分别为自重、风荷载、地震作用产生的应力标准值。

2. S_{Gk}、S_{Wk}、S_{Ek}分别为自重、风荷载、地震作用产生的内力标准值。

《玻璃幕墙工程技术规范》（JGJ 102—2003）第5.4.4条规定："幕墙构件的挠度验算时，风荷载分项系数 γ_w 和永久荷载分项系数 γ_G 均应取 1.0，且可不考虑作用效应的组合。"条文说明第5.4.4条进一步说明："根据幕墙构件的受力和变形特征，在正常使用状态下，其构件变形或挠度验算时，一般不考虑不同作用效应的组合。因地震作用效应相对风荷载作用效应较小，一般不必单独进行地震作用下结构构件变形验算，在风荷载或永久荷载作用下，幕墙构件的挠度应符合挠度限值要求，且挠度计算时，作用分项系数应取 1.0。"它明确了幕墙构件的挠度只分别验算风荷载或永久荷载单独作用下的效应，即：横梁竖向验算永久荷载单独作用下的挠度；水平方向验算风荷载单独作用下的挠度，而且不考虑不同作用效应的组合。其他幕墙构件（立柱、面板）只验算风荷载单独作用下的挠度。满足下式规定：

$$d_f = d_{f,G} \leq d_{f,lim} \tag{4-16a}$$

$$d_f = d_{f,W} \leq d_{f,lim} \tag{4-16b}$$

式中 d_f——荷载（作用）单独作用下构件位移或变形；

$d_{f,G}$、$d_{f,W}$——分别为自重、风荷载单独作用下构件产生的位移或变形。

$d_{f,olim}$——构件挠度限值，铝合金型材取 $l/180$、钢型材取 $l/250$。

二、风荷载基础知识

风荷载是作用于幕墙上的一种主要直接作用，它垂直作用于幕墙的表面上。幕墙是一种薄壁外围护构件，一根受力杆件就是一个受力单元，而且质量较轻，在设计时，既需考虑长期使用过程中，在一定时距平均最大风速的风荷载作用下保证其正常功能不受影响；又必须注意到在阵风袭击下不受损坏，避免出现安全事故。

根据《建筑结构荷载规范》计算，且不应小于 $1.0kN/m^2$。风荷载计算公式：

$$W_k = \beta_{gz} \times \mu_z \times \mu_{sl} \times W_0$$

式中 W_k——作用在幕墙上的风荷载标准值，kN/m^2；

β_{gz}——瞬时风压的阵风系数，按以下公式计算：

$$\beta_{gz} = K（1 + 2\mu_f）$$

式中 K——地区粗糙度调整系数，μ_f 为脉动系数；

A 类场地：$\beta_{gz} = 0.92 \times (1 + 2\mu_f)$，其中：$\mu_f = 0.387 \times (Z/10)^{(-0.12)}$

B 类场地：$\beta_{gz} = 0.89 \times (1 + 2\mu_f)$，其中：$\mu_f = 0.5 \times (Z/10)^{(-0.16)}$

C 类场地：$\beta_{gz} = 0.85 \times (1 + 2\mu_f)$，其中：$\mu_f = 0.734 \times (Z/10)^{(-0.22)}$

D 类场地：$\beta_{gz} = 0.80 \times (1 + 2\mu_f)$，其中：$\mu_f = 1.2248 \times (Z/10)^{(-0.3)}$

μ_z——风压高度变化系数，根据不同场地类型，按以下公式计算：

A 类场地：$\mu_z = 1.379 \times (Z/10)^{0.24}$

B 类场地：$\mu_z = (Z/10)^{0.32}$

C 类场地：$\mu_z = 0.616 \times (Z/10)^{0.44}$

D 类场地：$\mu_z = 0.318 \times (Z/10)^{0.60}$

μ_{sl}——风荷载体型系数，查表4-5；

W_0——基本风压，参照表4-5。

在验算围护构件及其连接的强度时，可按照以下规定采用局部风压体型系数 μ_{sl}：

（1）正风压：按照《建筑结构荷载规范》采用；

（2）负风压：对墙面，取 -1.0；对墙角边，取 -1.8；

对屋面局部部位（周边和屋面坡度大于 100 的屋脊部位），取 -2.2；

对檐口、雨篷、遮阳板等突出构件，取 -2.0。

注：对墙角边和屋面局部部位的作用宽度为房屋宽度的 0.1 或房屋平均高度的 0.4，取其小者，但不小于 1.5m。

（1）基本风压

风是空气的流动，必然就有速度，当风以一定速度向前运动遇到幕墙阻碍时，幕墙就承受风压。风速越大，对幕墙的压力越大。风压是一种速度压。风的成因很复杂，影响我国的风气候系统大致有台风、季风、峡谷风、寒潮风等，它们的运动规律多种多样。幕墙所在地的地理位置不同，它们所承受的风荷载也不同，在设计幕墙时，逐个根据风速资料确定风荷载不是一般单位能做到的，只要求一些特殊的、特别重要的建筑物，通过分析气象观测资料和风洞试验来确定风荷载值，而对大量一般性工程的幕墙，则依据《建筑结构荷载规范》规定的基本风压来计算风荷载值。

基本风压系以当地比较空旷地面上离地 10m 高、统计所得的 50 年一遇 10min 平均最大风速 V_0（m/s）为标准确定的风压值。

风压是速度压，由规定的基本风速 V_0，按计算速度压的伯努力方程导出下式计算：

$$W_0 = \rho/2 V_0^2 \tag{4-17}$$

式中　ρ——空气密度，使用风杯式测风仪时，考虑空气密度受温度、气压影响，可按下式确定空气密度：

$$\rho = [0.001276/(1 + 0.00366t)] \times (p - 0.378e/1000000)(t/m^3) \tag{4-18a}$$

式中　t——空气温度，℃；

　　　　p——气压，Pa；

　　　　e——水气压，Pa。

也可根据所在地点的海拔高度 Z（m）按下式近似估算空气密度：

$$\rho = 0.00125e - 0.0001Z, (t/m^3) \tag{4-18b}$$

《建筑结构荷载规范》的基本风压是根据全国气象台站历年来的最大风速纪录，按基本风速的标准要求，将不同风速仪高度和时距的年最大风速，统一换算为离地 10m 高、自记 10min 平均年最大风速（m/s）。根据该风速数据（选取最大风速数据，一般应有 25 年以上的资料；当无法满足时，至少不少于 10 年的风速资料）经统计分析确定重现期为 50 年的最大风速，作为当地的基本风速 V_0，再按伯努力公式：$W_0 = 1/2 \rho V_0^2$ 确定基本风速。$\rho = \gamma/g$，γ 为空气重力密度，g 为重力加速度，以 $\rho = \gamma/g$ 代入 $W_0 = \gamma/2g \times V_0^2$。以往国内的风速记录大多数根据风压板的观测结果，刻度所反映的风速，实际上是统一根据标准的空气密度 $\rho = 1.25 kg/m^3$ 按上述公式反算而得，因此在按该风速确定风压时，可统一按 $W_0 = V_0^2/1600$（kN/m^2）计算。

当前各气象站已积累了根据风杯式自记风速仪记录的 10min 平均最大风速数据，因此在这次数据处理时基本上是以自记的数据为依据。所以在确定风压时，必须考虑各台站观测当时的空气密度，当缺乏资料时也可参考式（4-18b）的规定采用。

《建筑结构荷载规范》将基本风压的重现期由以往的 30 年改为 50 年，这样在标准上将与国外大部分国家取得一致，经修改后各地的风压并不是在原有的基础上提高 10%，而是根据新的风速观测数据进行统计分析后重新确定的。对于风荷载比较敏感的高层建筑和高耸建筑，其基本风压值仍可由各结构设计规范，根据结构的自身特点，考虑适当提高其重现期。对于围护结构，其重要性与主体结构相比要低些，仍可取 50 年一遇的基本风压。

全国主要城市雪压、风压和基本本气温见表4-5。

表4-5　全国各城市的雪压、风压和基本气温

省市名	城市名	海拔高度（m）	基本气温		风压（kN/m²）			雪压（kN/m²）			雪荷载准永久值系数分区
			月平均最低气温	月平均最高气温	10	50	100	10	50	100	
北京	北京市	54.0	-7.1	31.6	0.30	0.45	0.50	0.25	0.40	0.45	Ⅱ
天津	天津市	3.3	-7.7	31.5	0.30	0.50	0.60	0.25	0.40	0.45	Ⅱ
	塘沽	3.2	-5.9	30.7	0.40	0.55	<u>0.65</u>	0.20	0.35	0.40	Ⅱ
上海	上海	2.8	1.7	32.4	0.40	0.55	0.60	0.10	0.20	0.25	Ⅲ
河北	石家庄市	80.5	-5.3	32.5	0.25	0.35	0.40	0.20	0.30	0.35	Ⅱ
	蔚县	909.5	-17.1	29.2	0.20	0.30	0.35	0.20	0.30	0.35	Ⅱ
	邢台市	76.8	-4.5	32.4	0.20	0.30	0.35	0.25	0.35	0.40	Ⅱ
	丰宁	659.7	-16.1	28.7	0.30	0.40	0.45	0.15	0.25	0.30	Ⅱ
	围场	842.8	-16.7	27.4	0.35	0.45	0.50	0.20	0.30	0.35	Ⅱ
	张家口市	724.2	-12.0	29.9	0.35	0.55	0.60	0.15	0.25	0.30	Ⅱ
	怀来	536.8	-11.0	30.7	0.25	0.35	0.40	0.15	0.20	0.25	Ⅱ
	承德	377.2	-13.8	30.6	0.30	0.40	0.45	0.20	0.30	0.35	Ⅱ
	遵化	54.9	-11.1	31.2	0.30	0.40	0.45	0.25	0.40	0.50	Ⅱ
	青龙	227.2	-13.3	30.0	0.25	0.30	0.35	0.25	0.40	0.45	Ⅱ
	秦皇岛市	2.1	-7.6	29.0	0.35	0.45	0.50	0.15	0.25	0.30	Ⅱ
	霸县	9.0	-7.8	32.2	0.25	0.40	0.45	0.20	0.30	0.35	Ⅱ
	唐山市	27.8	-9.5	31.0	0.30	0.40	0.45	0.20	0.35	0.40	Ⅱ
	乐亭	10.5	-9.9	29.7	0.30	0.40	0.45	0.25	0.40	0.45	Ⅱ
	保定市	17.2	-64	32.4	0.30	0.40	0.45	0.20	0.35	0.40	Ⅱ
	饶阳	18.9	-8.0	32.4	0.35	0.40	0.45	0.20	0.30	0.35	Ⅱ
	沧州市	9.6			0.30	0.40	0.45	0.20	0.30	0.35	Ⅱ
	黄骅	6.6	-7.3	32.2	0.30	0.40	0.45	0.20	0.30	0.35	Ⅱ
	南宫市	27.4	-7.4	32.7	0.25	0.35	0.40	0.15	0.25	0.30	Ⅱ
山西	太原市	778.3	-11.3	30.0	0.30	0.40	0.45	0.25	0.35	0.40	Ⅱ
	右玉	1345.8	-22.9	26.6				0.20	0.30	0.35	Ⅱ
	大同市	1067.2	-16.5	28.5	0.35	0.55	0.65	0.15	0.25	0.30	Ⅱ
	河曲	861.5	-18.4	30.8	0.30	0.50	0.60	0.20	0.30	0.35	Ⅱ
	五寨	1401.0	-19.5	26.7	0.30	0.40	0.45	0.20	0.25	0.30	Ⅱ
	兴县	1012.6	-13.5	30.5	0.25	0.45	0.55	0.20	0.25	0.30	Ⅱ
	原平	828.2	-12.7	29.6	0.30	0.50	0.60	0.20	0.30	0.35	Ⅱ
	离石	950.8	-13.3	30.7	0.30	0.45	0.50	0.25	0.30	0.35	Ⅱ
	阳泉市	741.9	-7.2	30.2	0.30	0.40	0.45	0.20	0.35	0.40	Ⅱ
	榆社	1041.4	-12.5	28.6	0.20	0.30	0.35	0.20	0.30	0.35	Ⅱ
	隰县	1052.7	-11.1	29.6	0.25	0.35	0.40	0.20	0.30	0.35	Ⅱ

省市名	城市名	海拔高度（m）	基本气温		风压（kN/m²）			雪压（kN/m²）			雪荷载准永久值系数分区
			月平均最低气温	月平均最高气温	10	50	100	10	50	100	
山西	介休	743.9	−10.0	30.8	0.25	0.40	0.45	0.20	0.30	0.35	Ⅱ
	临汾市	449.5	−7.6	32.8	0.25	0.40	0.45	0.15	0.25	0.30	Ⅱ
	长治县	991.8	−9.8	28.5	0.30	0.50	0.60				
	运城市	376.0	−5.1	33.6	0.30	0.45	0.50	0.15	0.25	0.30	Ⅱ
	阳城	659.5	−7.1	30.3	0.30	0.40	0.50	0.20	0.30	0.35	Ⅱ
内蒙古	呼和浩特市	1063.0	−16.1	28.9	0.35	0.55	0.60	0.25	0.40	0.45	Ⅱ
	额右旗拉布达林	581.4	−32.0	25.9	0.35	0.50	0.60	0.35	0.45	0.50	Ⅰ
	牙克石市图里河	732.6	−35.5	24.3	0.30	0.40	0.45	0.40	0.60	0.70	Ⅰ
	满洲里	661.7	−27.6	26.2	0.50	0.65	0.70	0.20	0.30	0.35	Ⅰ
	海拉尔	610.2	−28.5	26.2	0.45	0.65	0.75	0.35	0.45	0.50	Ⅰ
	鄂伦春小二沟	286.1	−30.1	27.0	0.30	0.40	0.45	0.35	0.45	0.55	Ⅰ
	新巴尔虎右旗	554.2	−24.6	27.6	0.45	0.60	0.65	0.25	0.40	0.45	Ⅰ
	新巴尔虎左旗阿木古朗	642.0	−26.8	27.4	0.40	0.55	0.60	0.25	0.35	0.40	Ⅰ
	牙克石市博克图	739.7	−23.9	24.5	0.40	0.55	0.60	0.35	0.55	0.65	Ⅰ
	扎兰屯市	306.5	−20.7	27.6	0.30	0.40	0.45	0.35	0.55	0.65	Ⅰ
	科右翼前旗阿尔山	1027.4	−30.5	23.4	0.35	0.50	0.55	0.45	0.60	0.70	Ⅰ
	科右翼前旗索伦	501.8	−22.7	27.1	0.45	0.55	0.60	0.25	0.35	0.40	Ⅰ
	乌兰浩特市	274.7	−18.8	28.5	0.40	0.55	0.60	0.20	0.30	0.35	Ⅰ
	东乌珠穆沁旗	838.7	−25.6	27.3	0.35	0.55	0.65	0.20	0.30	0.35	Ⅰ
	额济纳旗	940.5	−16.6	34.8	0.40	0.60	0.70	0.05	0.10	0.15	Ⅱ
	额济纳旗拐子湖	960.0	−16.2	35.2	0.45	0.55	0.60	0.05	0.10	0.10	Ⅱ
	阿左旗巴彦毛道	1328.1	−17.8	31.2	0.40	0.55	0.60	0.10	0.15	0.20	Ⅱ
	阿拉善右旗	1510.1	−14.0	30.9	0.45	0.55	0.60	0.05	0.10	0.10	Ⅱ
	二连浩特	964.7	−23.1	30.5	0.55	0.65	0.70	0.15	0.25	0.30	Ⅱ
	那仁宝力格	1181.6	−26.5	26.7	0.40	0.55	0.60	0.20	0.30	0.35	Ⅱ
	达茂旗满都拉	1225.2	−18.5	29.7	0.50	0.75	0.85	0.15	0.20	0.25	Ⅱ
	阿巴嘎旗	1126.1	−26.3	27.3	0.35	0.50	0.55	0.30	0.45	0.50	Ⅰ
	苏尼特左旗	1111.4	−24.9	28.8	0.40	0.50	0.55	0.25	0.35	0.40	Ⅰ
	乌拉特后旗海力素	1509.6	−17.9	29.0	0.45	0.50	0.55	0.10	0.15	0.20	Ⅱ
	苏尼特右旗朱日和	1150.8	−18.8	29.0	0.50	0.65	0.75	0.15	0.20	0.25	Ⅱ
	乌拉特中旗海流图	1288.0	−18.6	29.0	0.45	0.60	0.65	0.20	0.30	0.35	Ⅱ
	百灵庙	1376.6	−20.5	28.1	0.50	0.75	0.85	0.25	0.35	0.40	Ⅱ
	四子王旗	1490.1	−19.5	26.3	0.40	0.60	0.70	0.30	0.45	0.55	Ⅱ

续表

省市名	城市名	海拔高度（m）	基本气温		风压（kN/m²）			雪压（kN/m²）			雪荷载准永久值系数分区
			月平均最低气温	月平均最高气温	10	50	100	10	50	100	
内蒙古	化德	1482.7	−19.3	25.1	0.45	0.75	0.85	0.15	0.25	0.30	Ⅱ
	杭锦后旗陕坝	1056.7			0.30	0.45	0.50	0.15	0.20	0.25	Ⅱ
	包头市	1067.2	−16.1	30.0	0.35	0.55	0.60	0.15	0.25	0.30	Ⅱ
	集宁市	1419.3	−17.6	25.7	0.40	0.60	0.70	0.25	0.35	0.40	Ⅱ
	阿拉善左旗吉兰泰	1031.8	−15.9	33.2	0.35	0.50	0.55	0.05	0.10	0.15	Ⅱ
	临河市	1039.3	−13.9	31.2	0.30	0.50	0.60	0.15	0.25	0.30	Ⅱ
	鄂托克旗	1380.3	−15.7	29.3	0.35	0.55	0.65	0.15	0.20	0.20	Ⅱ
	东胜市	1460.4	−14.2	27.4	0.30	0.50	0.60	0.25	0.35	0.40	Ⅱ
	阿腾席连	1329.3			0.40	0.50	0.55	0.20	0.30	0.35	Ⅱ
	巴彦浩特	1561.4	−12.0	29.0	0.40	0.60	0.70	0.15	0.20	0.25	Ⅱ
	西乌珠穆沁旗	995.9	−22.8	25.8	0.45	0.55	0.60	0.30	0.40	0.45	Ⅰ
	扎鲁特鲁北	265.0	−16.4	29.6	0.40	0.55	0.60	0.20	0.30	0.35	Ⅱ
	巴林左旗林东	484.4	−19.1	28.4	0.40	0.55	0.60	0.20	0.30	0.35	Ⅱ
	锡林浩特	989.5	−23.0	27.5	0.40	0.55	0.60	0.20	0.40	0.45	Ⅰ
	林西	799.0	−18.3	27.2	0.45	0.60	0.70	0.25	0.40	0.45	Ⅰ
	开鲁	241.0	−18.0	29.6	0.40	0.55	0.60	0.20	0.30	0.35	Ⅱ
	通辽	178.5	−17.7	29.4	0.40	0.55	0.60	0.20	0.30	0.35	Ⅱ
	多伦	1245.4	−21.5	26.2	0.40	0.55	0.60	0.20	0.30	0.35	Ⅰ
	翁牛特旗乌丹	631.8	−15.9	28.3				0.20	0.30	0.35	Ⅱ
	赤峰	571.1	−16.0	29.3	0.30	0.55	0.65				Ⅱ
	敖汉旗宝国图	400.5	−15.6	28.8	0.40	0.50	0.55	0.25	0.40	0.45	Ⅱ
辽宁	沈阳	42.8	−16.6	29.2	0.40	0.55	0.60	0.30	0.50	0.55	Ⅰ
	章武	79.4	−16.4	29.2	0.35	0.45	0.50	0.20	0.30	0.35	Ⅱ
	阜新	144.0	−15.9	29.5	0.40	0.60	0.70	0.25	0.40	0.45	Ⅱ
	开原	98.2	−19.1	29.0	0.30	0.45	0.50	<u>0.35</u>	<u>0.45</u>	<u>0.55</u>	Ⅰ
	清原	234.1	−20.4	29.1	0.25	0.40	0.45	<u>0.45</u>	<u>0.70</u>	<u>0.80</u>	Ⅰ
	朝阳	169.2	−14.4	30.6	0.40	0.55	0.60	0.30	0.45	0.55	Ⅱ
	建平叶柏寿	421.7	−14.7	29.9	0.30	0.35	0.40	0.25	0.35	0.40	Ⅱ
	黑山	37.5	−14.4	28.8	0.45	0.65	0.75	0.30	0.45	0.50	Ⅱ
	锦州	65.9	−11.4	29.2	0.40	0.60	0.70	0.30	0.40	0.45	Ⅱ
	鞍山	77.3	−11.5	29.8	0.30	0.50	0.60	0.30	<u>0.45</u>	<u>0.55</u>	Ⅱ
	本溪	185.2	−16.6	28.9	0.35	0.45	0.50	0.40	0.55	0.60	Ⅰ
	抚顺市章党	118.5	−19.6	29.2	0.30	0.45	0.50	0.35	0.45	0.50	Ⅰ
	桓仁	240.3	−17.4	28.3	0.25	0.30	0.35	0.35	0.50	0.55	Ⅰ

续表

省市名	城市名	海拔高度（m）	基本气温		风压（kN/m²）			雪压（kN/m²）			雪荷载准永久值系数分区
			月平均最低气温	月平均最高气温	10	50	100	10	50	100	
辽宁	绥中	15.3	-11.9	28.8	0.25	0.40	0.45	0.25	0.35	0.40	Ⅱ
	兴城	8.8	-11.9	28.2	0.35	0.45	0.50	0.20	0.30	0.35	Ⅱ
	营口	3.3	-12.2	29.0	0.40	0.65	0.75	0.30	0.40	0.45	Ⅱ
	盖县熊岳	20.4	-13.7	29.2	0.30	0.40	0.45	0.25	0.40	0.45	Ⅱ
	本溪县草河口	233.4			0.25	0.45	0.55	0.35	0.55	0.60	Ⅰ
	岫岩	79.3	-14.8	28.6	0.30	0.45	0.50	0.35	0.50	0.55	Ⅱ
	宽甸	260.1	-16.2	27.6	0.30	0.50	0.60	0.40	0.60	0.70	Ⅱ
	丹东	15.1	-10.8	28.3	0.35	0.55	0.65	0.30	0.40	0.45	Ⅱ
	瓦房店	29.3	-10.0	28.3	0.35	0.50	0.55	0.20	0.30	0.35	Ⅱ
	新金县皮口	43.2			0.35	0.50	0.55	0.20	0.30	0.35	Ⅱ
	庄河	34.8	-11.7	28.1	0.35	0.50	0.55	0.25	0.35	0.40	Ⅱ
	大连	91.5	-5.9	27.9	0.40	0.65	0.75	0.25	0.40	0.45	Ⅱ
吉林	长春市	236.8	-18.8	27.9	0.45	0.65	0.75	0.30	0.45	0.50	Ⅰ
	白城	155.4	-21.4	28.7	0.45	0.65	0.75	0.15	0.20	0.25	Ⅱ
	乾安	146.3	-19.7	28.9	0.35	0.45	0.55	0.15	0.20	0.23	Ⅱ
	前郭尔罗斯	134.7	-19.8	28.7	0.30	0.45	0.50	0.15	0.25	0.30	Ⅱ
	通榆	149.5	-19.8	29.3	0.35	0.50	0.55	0.15	0.25	0.30	Ⅱ
	长岭	189.3	-19.4	28.5	0.30	0.45	0.50	0.15	0.20	0.25	Ⅱ
	扶余市三岔河	196.6	-22.0	27.9	0.40	0.60	0.70	0.25	0.35	0.40	Ⅰ
	双辽	114.9	-19.6	28.9	0.35	0.50	0.55	0.20	0.30	0.35	Ⅱ
吉林	四平	164.2	-17.4	28.6	0.40	0.55	0.60	0.20	0.35	0.40	Ⅰ
	磐石县烟筒山	271.6	-22.0	27.3	0.30	0.45	0.50	0.25	0.40	0.45	Ⅰ
	吉林市	183.4	-23.6	27.6	0.40	0.50	0.55	0.30	0.45	0.50	Ⅰ
	蛟河	295.0	-23.6	27.7	0.30	0.45	0.50	0.50	0.75	0.85	Ⅰ
	敦化市	523.7	-21.6	26.2	0.30	0.45	0.50	0.30	0.50	0.60	Ⅰ
	梅河口	339.9	-20.5	28.1	0.30	0.40	0.45	0.30	0.45	0.50	Ⅰ
	桦甸	263.8	-24.5	28.3	0.30	0.40	0.45	0.40	0.65	0.75	Ⅰ
	靖宇	549.2	-23.8	26.9	0.25	0.35	0.40	0.40	0.60	0.70	Ⅱ
吉林	扶松县东岗	774.2	-20.3	25.8	0.30	0.45	0.55	0.80	1.15	1.30	Ⅰ
	延吉	176.8	-18.7	27.8	0.35	0.50	0.55	0.35	0.55	0.65	Ⅰ
	通化	402.9	-19.0	27.8	0.30	0.50	0.60	0.50	0.80	0.90	Ⅰ
	浑江市临江	332.7	-20.0	29.0	0.20	0.30	0.30	0.45	0.70	0.80	Ⅰ
	集安	177.7	-16.5	29.5	0.20	0.30	0.35	0.45	0.70	0.80	Ⅰ
	长白	1016.7	-21.3	24.6	0.35	0.45	0.50	0.40	0.60	0.70	Ⅰ

续表

省市名	城市名	海拔高度（m）	基本气温		风压（kN/m²）			雪压（kN/m²）			雪荷载准永久值系数分区
			月平均最低气温	月平均最高气温	10	50	100	10	50	100	
黑龙江	哈尔滨	142.3	−22.9	28.3	0.35	0.55	<u>0.70</u>	0.30	0.45	0.50	I
	漠河	296.0	−35.2	26.0	0.25	0.35	0.40	<u>0.60</u>	<u>0.75</u>	<u>0.85</u>	I
	塔河	357.4	−31.1	25.7	0.25	0.30	0.35	<u>0.50</u>	<u>0.65</u>	<u>0.75</u>	I
	新林	494.6	−30.9	25.3	0.25	0.35	0.40	<u>0.50</u>	<u>0.65</u>	<u>0.75</u>	I
	呼玛	177.4	−29.8	27.4	0.30	0.50	0.60	<u>0.45</u>	<u>0.60</u>	<u>0.70</u>	I
	加格达奇	371.7	−28.4	26.3	0.25	0.35	0.40	<u>0.45</u>	<u>0.65</u>	<u>0.70</u>	I
	黑河	166.4	−27.1	26.8	0.35	0.50	0.55	<u>0.60</u>	<u>0.75</u>	<u>0.85</u>	I
	嫩江	242.2	−29.3	27.0	0.40	0.55	0.60	0.40	0.55	0.60	I
黑龙江	孙吴	234.5	−29.3	26.6	0.40	0.60	0.70	<u>0.45</u>	<u>0.60</u>	<u>0.70</u>	I
	北安	269.7	−28.2	26.9	0.30	0.50	0.60	0.40	0.55	0.60	I
	克山	234.6	−26.1	27.3	0.30	0.45	0.50	0.30	0.50	0.55	I
	富裕	162.4	−24.5	28.0	0.30	0.40	0.45	0.25	0.35	0.40	I
	齐齐哈尔	145.9	−22.4	28.4	0.35	0.45	0.50	0.25	0.40	0.45	I
	海伦	239.2	−25.5	27.1	0.35	0.55	0.65	0.30	0.40	0.45	I
	明水	249.2	−22.8	27.4	0.35	0.45	0.50	0.25	0.40	0.45	I
	伊春	240.9	−28.0	27.0	0.30	0.35	0.40	<u>0.50</u>	<u>0.65</u>	<u>0.75</u>	I
	鹤岗	227.9	−20.0	26.7	0.30	0.40	0.45	0.45	0.65	0.70	I
	富锦	64.2	−22.6	27.5	0.40	0.45	0.50	<u>0.40</u>	<u>0.55</u>	<u>0.60</u>	I
	泰来	149.5	−20.8	28.8	0.30	0.45	0.50	0.20	0.30	0.35	I
	绥化	179.6	−25.5	27.5	0.35	0.55	0.65	0.35	0.50	0.60	I
	安达	149.3	−23.2	28.5	0.35	0.55	0.65	0.20	0.30	0.35	I
	铁力	210.5	−27.0	27.4	0.30	0.35	0.40	0.50	0.75	0.85	I
黑龙江	佳木斯	81.2	−22.8	27.7	0.40	0.65	0.75	<u>0.60</u>	<u>0.85</u>	<u>0.95</u>	I
	依兰	100.1	−21.8	27.7	0.45	0.65	0.75	0.30	0.45	0.50	I
	宝清	83.0	−21.8	27.5	0.30	0.40	0.45	<u>0.55</u>	<u>0.85</u>	<u>1.00</u>	I
	通河	108.6	−26.2	27.6	0.35	0.50	0.55	0.50	0.75	0.85	I
	尚志	189.7	−25.4	27.8	0.35	0.55	0.60	0.40	0.55	0.60	I
	鸡西	233.6	−20.3	27.7	0.40	0.55	0.65	0.45	0.65	0.75	I
	虎林	100.2	−22.3	26.6	0.35	0.45	0.50	<u>0.95</u>	<u>1.40</u>	<u>1.60</u>	I
	牡丹江	241.4	−21.3	28.5	0.35	0.50	0.55	0.50	0.75	0.85	I
	绥芬河	496.7	−20.9	25.4	0.40	0.60	0.70	<u>0.60</u>	<u>0.75</u>	<u>0.85</u>	I
山东	济南	51.6	−3.0	32.4	0.30	0.45	0.50	0.20	0.30	0.35	II
	德州	21.2	−5.0	32.1	0.30	0.45	0.50	0.20	0.35	0.40	II
	惠民	11.3	−6.9	31.8	0.40	0.50	0.55	0.25	0.35	0.40	II
	寿光县羊角沟	4.4	−5.3	31.9	0.30	0.45	0.50	0.15	0.25	0.30	II
	龙口	4.8	−4.7	30.6	0.45	0.60	0.65	0.25	0.35	0.40	II

续表

省市名	城市名	海拔高度（m）	基本气温		风压（kN/m²）			雪压（kN/m²）			雪荷载准永久值系数分区
			月平均最低气温	月平均最高气温	10	50	100	10	50	100	
山东	烟台	46.7			0.40	0.55	0.60	0.30	0.40	0.45	Ⅱ
	威海	46.6	−2.7	28.5	0.45	0.65	0.75	0.30	0.50	0.60	Ⅱ
	荣成市成山头	47.7	−2.0	26.2	0.60	0.70	0.75	0.25	0.40	0.45	Ⅱ
	莘县朝城	42.7	−6.2	32.0	0.35	0.45	0.50	0.25	0.35	0.40	Ⅱ
	泰安市泰山	1533.7	−10.2	20.8	0.65	0.85	0.95	0.40	0.55	0.60	Ⅱ
	泰安市	128.8			0.30	0.40	0.45	0.20	0.35	0.40	Ⅱ
	淄博市张店	34.0	−4.7	32.4	0.30	0.40	0.45	0.30	0.45	0.50	Ⅱ
	沂源	304.5	−6.9	30.8	0.30	0.35	0.40	0.20	0.30	0.35	Ⅱ
	潍坊	44.1	−8.0	32.0	0.30	0.40	0.45	0.25	0.35	0.40	Ⅱ
	莱阳	30.5	−7.1	30.8	0.30	0.40	0.45	0.15	0.25	0.30	Ⅱ
	青岛	76.0	−2.6	28.6	0.45	0.60	0.70	0.15	0.20	0.25	Ⅱ
	海阳	65.2	−4.7	32.4	0.40	0.55	0.60	0.10	0.15	0.15	Ⅱ
	荣成市石岛	33.7	−2.5	27.2	0.40	0.55	0.65	0.10	0.15	0.15	Ⅱ
	菏泽	49.7	−3.7	32.1	0.25	0.40	0.45	0.20	0.30	0.35	Ⅱ
山东	兖州	51.7	−5.5	32.1	0.25	0.40	0.45	0.25	0.35	0.45	Ⅱ
	莒县	107.4	−6.4	30.6	0.25	0.35	0.40	0.20	0.35	0.40	Ⅱ
	临沂	87.9	−3.5	31.2	0.30	0.40	0.45	0.25	0.40	0.45	Ⅱ
	日照	16.1	−3.0	28.6	0.40	0.45					
江苏	南京	8.9	−0.7	32.1	0.25	0.40	0.45	0.40	0.65	0.75	Ⅱ
	徐州	41.0	−2.9	31.8	0.25	0.35	0.40	0.25	0.35	0.40	Ⅱ
	赣榆	2.1	−3.1	30.6	0.30	0.45	0.50	0.25	0.35	0.40	Ⅱ
	盱眙	34.5	−1.8	31.3	0.25	0.35	0.40	0.20	0.30	0.35	Ⅱ
	淮阴	17.5	−1.9	31.3	0.25	0.40	0.45	0.25	0.40	0.45	Ⅱ
	射阳	2.0	−1.7	30.7	0.30	0.40	0.45	0.15	0.20	0.25	Ⅲ
	镇江	26.5			0.30	0.40	0.45	0.25	0.35	0.40	Ⅲ
	无锡	6.7			0.30	0.45	0.50	0.30	0.40	0.45	Ⅲ
	泰州	6.6			0.25	0.40	0.45	0.25	0.35	0.40	Ⅲ
	连云港	3.7			0.35	0.55	0.65	0.25	0.40	0.45	Ⅱ
	盐城	3.6			0.25	0.45	0.55	0.20	0.35	0.40	Ⅲ
	高邮	5.4	−0.9	31.4	0.25	0.40	0.45	0.20	0.35	0.40	Ⅲ
	东台	4.3	−0.8	31.3	0.30	0.40	0.45	0.20	0.30	0.35	Ⅲ
	南通	5.3	0.6	31.2	0.30	0.45	0.50	0.15	0.25	0.30	Ⅲ
	启东县吕泗	5.5	0.9	30.2	0.35	0.50	0.55	0.10	0.20	0.25	Ⅲ
	常州	4.9	0.6	32.1	0.25	0.40	0.45	0.20	0.35	0.40	Ⅲ
	溧阳	7.2	0.2	32.2	0.25	0.40	0.45	0.30	0.50	0.55	Ⅲ
	吴县东山	17.5	1.4	31.8	0.30	0.45	0.50	0.25	0.40	0.45	Ⅲ

续表

省市名	城市名	海拔高度（m）	基本气温		风压（kN/m²）			雪压（kN/m²）			雪荷载准永久值系数分区
			月平均最低气温	月平均最高气温	10	50	100	10	50	100	
浙江	杭州	41.7	1.7	33.0	0.30	0.45	0.50	0.30	0.45	0.50	Ⅲ
	临安县天目山	1505.9	−5.5	23.0	0.55	0.75	0.85	1.00	1.60	1.85	Ⅱ
	平湖县乍浦	5.4	0.8	31.2	0.35	0.45	0.50	0.25	0.35	0.40	Ⅲ
	慈溪	7.1	1.7	32.6	0.30	0.45	0.50	0.25	0.35	0.40	Ⅲ
	嵊泗	79.6	3.8	29.9	0.85	1.30	1.55				
	嵊泗县嵊山	124.6			1.00	1.65	1.95				
	舟山	35.7	3.4	31.1	0.50	0.85	1.00	0.30	0.50	0.60	Ⅲ
	金华	62.6	2.7	33.7	0.25	0.35	0.40	0.35	0.55	0.65	Ⅲ
	嵊县	104.3	1.4	33.5	0.25	0.40	0.50	0.35	0.55	0.65	Ⅲ
	宁波	4.2	2.5	33.0	0.30	0.50	0.60	0.20	0.30	0.35	Ⅲ
	象山县石浦	128.4	3.5	31.1	0.75	1.20	1.45	0.20	0.30	0.35	Ⅲ
	衢州	66.9	2.6	33.3	0.25	0.35	0.40	0.30	0.50	0.60	Ⅲ
	丽水	60.8	3.4	34.6	0.20	0.30	0.35	0.30	0.45	0.50	Ⅲ
	龙泉	198.4	3.7	34.0	0.20	0.30	0.35	0.35	0.55	0.65	Ⅲ
	临海市括苍山	1383.1			0.60	0.90	1.05	0.45	0.65	0.75	Ⅲ
	温州	6.0	5.3	32.4	0.35	0.60	0.70	0.25	0.35	0.40	Ⅲ
	椒江市洪家	1.3	3.7	31.6	0.35	0.55	0.65	0.20	0.30	0.35	Ⅲ
	椒江市下大陈	86.2	5.4	29.0	0.95	1.45	1.75	0.25	0.35	0.40	Ⅲ
	玉环县坎门	95.9	5.0	29.9	0.70	1.20	1.45	0.20	0.35	0.40	Ⅲ
	瑞安市北麂	42.3	6.5	29.4	1.00	1.80	2.20				
安徽	合肥	27.9	−0.2	32.3	0.25	0.35	0.40	0.40	0.60	0.70	Ⅱ
	砀山	43.2	−2.9	32.5	0.25	0.35	0.40	0.25	0.40	0.45	Ⅱ
	亳州	37.7	−3.0	32.7	0.25	0.45	0.55	0.25	0.40	0.45	Ⅱ
	宿县	25.9	−2.4	32.3	0.25	0.40	0.50	0.25	0.40	0.45	Ⅱ
	寿县	22.7	−2.1	31.5	0.25	0.35	0.40	0.30	0.50	0.55	Ⅱ
	蚌埠	18.7	−1.4	32.5	0.25	0.35	0.40	0.30	0.45	0.55	Ⅱ
	滁县	25.3	−0.7	32.0	0.25	0.35	0.40	0.30	0.50	0.60	Ⅱ
	六安	60.5	−0.1	32.7	0.20	0.35	0.40	0.35	0.55	0.60	Ⅱ
	霍山	68.1	−0.9	32.7	0.20	0.35	0.40	0.45	0.65	0.75	Ⅱ
	巢湖	22.4	0.1	32.6	0.25	0.35	0.40	0.30	0.45	0.50	Ⅱ
	安庆	19.8	1.8	32.5	0.25	0.40	0.45	0.20	0.35	0.40	Ⅲ
	宁国	89.4	−0.7	32.8	0.25	0.35	0.40	0.30	0.50	0.55	Ⅲ
	黄山	1840.4	−5.4	20.3	0.50	0.70	0.80	0.35	0.45	0.50	Ⅲ
	黄山市	142.7	−5.5	23.0	0.25	0.35	0.40	0.30	0.45	0.50	Ⅲ
	阜阳	30.6	−1.4	32.5	0.00	0.00	0.00	0.35	0.55	0.60	Ⅱ

191

续表

省市名	城市名	海拔高度(m)	基本气温 月平均最低气温	基本气温 月平均最高气温	风压 10	风压 50	风压 100	雪压 10	雪压 50	雪压 100	雪荷载准永久值系数分区
江西	南昌	46.7	3.0	33.0	0.30	0.45	0.55	0.30	0.45	0.50	Ⅲ
	修水	146.8	1.4	33.5	0.20	0.30	0.35	0.25	0.40	0.50	Ⅲ
	宜春	131.3	3.0	32.9	0.20	0.30	0.35	0.25	0.40	0.45	Ⅲ
	吉安	76.4	4.1	33.9	0.25	0.30	0.35	0.25	0.35	0.45	Ⅲ
	宁冈	263.1	2.8	34.1	0.20	0.30	0.35	0.30	0.45	0.50	Ⅲ
	遂川	126.1	4.5	34.1	0.20	0.30	0.35	0.30	0.45	0.55	Ⅲ
	赣州	123.8	5.7	34.0	0.20	0.30	0.35	0.20	0.35	0.40	Ⅲ
	九江	36.1			0.25	0.35	0.40	0.30	0.40	0.45	Ⅲ
	庐山	1164.5	-2.7	25.3	0.40	0.55	0.60	0.60	0.95	1.05	Ⅲ
	波阳	40.1	2.8	32.6	0.25	0.40	0.45	0.35	0.60	0.70	Ⅲ
	景德镇	61.5	2.5	33.3	0.25	0.35	0.40	0.25	0.35	0.40	Ⅲ
	樟树	30.4	3.0	33.8	0.20	0.30	0.35	0.25	0.40	0.45	Ⅲ
	贵溪	51.2	3.9	34.2	0.20	0.30	0.35	0.35	0.50	0.60	Ⅲ
	玉山	116.3	2.7	33.3	0.20	0.30	0.35	0.35	0.55	0.65	Ⅲ
	南城	80.8	3.4	33.5	0.25	0.30	0.35	0.25	0.35	0.40	Ⅲ
	广昌	143.8	3.9	34.0	0.20	0.30	0.35	0.30	0.45	0.50	Ⅲ
	寻乌	303.9	5.7	32.6	0.25	0.30	0.35				
福建	福州	83.8			0.40	0.70	0.85				
	邵武	191.5	4.4	33.3	0.20	0.30	0.35	0.25	0.35	0.40	Ⅲ
	铅山县七仙山	1401.9			0.55	0.70	0.80	0.40	0.60	0.70	Ⅲ
	浦城	276.9	3.3	32.9	0.20	0.30	0.35	0.35	0.55	0.65	Ⅲ
	建阳	196.9			0.25	0.35	0.40	0.35	0.50	0.55	Ⅲ
	建瓯	154.9	5.4	34.2	0.25	0.35	0.40	0.25	0.35	0.40	Ⅲ
	福鼎	36.2	5.9	32.9	0.35	0.70	0.90				
	泰宁	342.9	3.2	32.8	0.20	0.30	0.35	0.30	0.50	0.60	Ⅲ
	南平	125.6	7.1	34.3	0.20	0.35	0.45				
	福鼎县台山	106.6			0.75	1.00	1.10				
	长汀	310.0	4.8	32.6	0.20	0.35	0.40	0.15	0.25	0.30	Ⅲ
	上杭	197.9	7.1	33.5	0.20	0.30	0.35				
	永安	206.0	6.9	34.2	0.25	0.40	0.45				
	龙岩	342.3			0.20	0.35	0.45				
	德化县九仙山	1653.5	2.0	22.5	0.60	0.80	0.90	0.25	0.40	0.50	Ⅲ
	屏南	896.5	2.6	29.1	0.20	0.30	0.35	0.25	0.45	0.50	Ⅲ
	平潭	32.4	9.4	30.7	0.75	1.30	1.60				
	崇武	21.8	9.9	29.9	0.55	0.85	1.05				
	厦门	139.4	9.9	32.0	0.50	0.80	0.95				
	东山	53.3	11.4	30.6	0.80	1.25	1.45				

续表

省市名	城 市 名	海拔高度 (m)	基本气温		风压（kN/m²）			雪压（kN/m²）			雪荷载准永久值系数分区
			月平均最低气温	月平均最高气温	10	50	100	10	50	100	
陕西	西安	397.5	-3.6	33.0	0.25	0.35	0.40	0.20	0.25	0.30	Ⅱ
	榆林	1057.5	-16.2	30.6	0.25	0.40	0.45	0.20	0.25	0.30	Ⅱ
	吴旗	1272.6	-13.9	28.6	0.25	0.40	0.50	0.15	0.20	0.20	Ⅱ
	横山	1111.0	-14.6	30.6	0.30	0.40	0.45	0.15	0.25	0.30	Ⅱ
	绥德	929.7	-12.8	30.9	0.30	0.40	0.45	0.20	0.35	0.40	Ⅱ
	延安	957.8	-10.8	30.4	0.25	0.35	0.40	0.15	0.25	0.30	Ⅱ
	长武	1206.5	-10.0	28.4	0.20	0.30	0.35	0.20	0.30	0.35	Ⅱ
	洛川	1158.3	-9.4	27.9	0.25	0.35	0.40	0.25	0.35	0.40	Ⅱ
	铜川	978.9	-7.1	29.4	0.20	0.35	0.40	0.15	0.20	0.25	Ⅱ
	宝鸡	612.4	-3.4	31.8	0.20	0.35	0.40	0.15	0.20	0.25	Ⅱ
	武功	447.8	-3.9	32.4	0.20	0.35	0.40	0.20	0.25	0.30	Ⅱ
	华阴县华山	2064.9	-8.7	21.1	0.40	0.50	0.55	0.50	0.70	0.75	Ⅱ
	略阳	794.2	-1.4	30.0	0.25	0.35	0.40	0.10	0.15	0.15	Ⅲ
	汉中	508.4	-0.5	30.5	0.20	0.30	0.35	0.15	0.20	0.25	Ⅲ
	佛坪	1087.7	-2.7	29.1	0.25	0.35	0.45	0.15	0.25	0.30	Ⅱ
	商州	742.2	-3.9	30.6	0.25	0.30	0.35	0.20	0.30	0.35	Ⅱ
	镇安	693.7	-2.5	31.8	0.20	0.35	0.40	0.20	0.30	0.35	Ⅲ
	石泉	484.9	-0.8	31.4	0.20	0.30	0.35	0.20	0.30	0.35	Ⅲ
	安康	290.8	0.4	32.7	0.30	0.45	0.50	0.10	0.15	0.20	Ⅲ
甘肃	兰州	1517.2	-9.3	29.7	0.20	0.30	0.35	0.10	0.15	0.20	Ⅱ
	吉诃德	966.5			0.45	0.55	0.60				
	安西	1170.8	-15.6	32.8	0.40	0.55	0.60	0.10	0.20	0.25	Ⅱ
	酒泉	1477.2	-15.3	29.3	0.40	0.55	0.60	0.20	0.30	0.35	Ⅱ
	张掖	1482.7	-16.3	30.0	0.30	0.50	0.60	0.05	0.10	0.15	Ⅱ
	武威	1530.9	-14.0	29.3	0.35	0.55	0.65	0.15	0.20	0.25	Ⅱ
	民勤	1367.0	-14.9	30.7	0.40	0.50	0.55	0.05	0.10	0.10	Ⅱ
	乌鞘岭	3045.1	-16.5	16.9	0.35	0.40	0.45	0.35	0.55	0.60	Ⅱ
	景泰	1630.5	-11.6	28.9	0.25	0.40	0.45	0.10	0.15	0.20	Ⅱ
	靖远	1398.2	-12.3	29.5	0.20	0.30	0.35	0.15	0.20	0.25	Ⅱ
	临夏	1917.0	-12.6	25.7	0.20	0.30	0.35	0.15	0.25	0.30	Ⅱ
	临洮	1886.6	-12.9	26.4	0.20	0.30	0.35	0.30	0.50	0.55	Ⅱ
	华家岭	2450.6	-11.4	20.0	0.30	0.40	0.45	0.25	0.40	0.45	Ⅱ
	环县	1255.6	-12.3	29.3	0.20	0.30	0.35	0.15	0.25	0.30	Ⅱ
	平凉	1346.6	-9.1	27.8	0.25	0.30	0.35	0.15	0.25	0.30	Ⅱ

省市名	城市名	海拔高度（m）	基本气温		风压（kN/m²）			雪压（kN/m²）			雪荷载准永久值系数分区
			月平均最低气温	月平均最高气温	10	50	100	10	50	100	
甘肃	西峰镇	1421.0	-8.3	26.9	0.20	0.30	0.35	0.25	0.40	0.45	Ⅱ
	玛曲	3471.4	-17.0	17.0	0.25	0.30	0.35	0.15	0.20	0.25	Ⅱ
	夏河县合作	2910.0	-17.5	20.2	0.25	0.30	0.35	0.25	0.40	0.45	Ⅱ
	武都	1079.1	-0.2	31.2	0.25	0.35	0.40	0.05	0.10	0.15	Ⅲ
	天水	1141.7	-5.6	29.9	0.20	0.35	0.40	0.15	0.20	0.25	Ⅱ
	马宗山	1962.7	-18.6	27.8				0.10	0.15	0.20	Ⅱ
	敦煌	1139.0	-14.2	33.1				0.10	0.15	0.20	Ⅱ
	玉门	1526.0	-15.5	29.4				0.15	0.20	0.25	Ⅱ
	金塔县鼎新	1177.4	-15.4	32.1				0.05	0.10	0.15	Ⅱ
	高台	1332.2	-15.1	30.2				0.10	0.15	0.20	Ⅱ
	山丹	1764.6	-15.5	28.5				0.15	0.20	0.25	Ⅱ
	永昌	1976.1	-16.1	25.3				0.10	0.15	0.20	Ⅱ
	榆中	1874.1	-13.9	26.1				0.15	0.20	0.25	Ⅱ
	会宁	2012.2						0.20	0.30	0.35	Ⅱ
	岷县	2315.0	-13.0	23.4				0.10	0.15	0.20	Ⅱ
宁夏	银川	1111.4	-13.2	29.8	0.40	0.65	0.75	0.15	0.20	0.25	Ⅱ
	惠农	1091.0	-14.1	30.6	0.45	0.65	0.70	0.05	0.10	0.10	Ⅱ
	陶乐	1101.6	-14.5	30.9				0.05	0.10	0.10	Ⅱ
	中卫	1225.7			0.30	0.45	0.50	0.05	0.10	0.15	Ⅱ
	中宁	1183.3	-12.5	30.2	0.30	0.35	0.40	0.10	0.15	0.20	Ⅱ
	盐池	1347.8	-13.7	29.7	0.30	0.40	0.45	0.20	0.30	0.35	Ⅱ
	海源	1854.2	-10.7	25.8	0.25	0.35	0.40	0.25	0.40	0.45	Ⅱ
	同心	1343.9	-12.5	30.0	0.20	0.30	0.35	0.10	0.10	0.15	Ⅱ
	固原	1753.0	-13.8	25.3	0.25	0.35	0.40	0.30	0.40	0.45	Ⅱ
	西吉	1916.5	-15.1	25.0	0.20	0.30	0.35	0.20	0.20	0.20	Ⅱ
青海	西宁	2261.2	-14.2	25.0	0.25	0.35	0.40	0.15	0.20	0.25	Ⅱ
	茫崖	3138.5			0.30	0.40	0.45	0.05	0.10	0.10	Ⅱ
	冷湖	2733.0	-20.3	25.4	0.40	0.55	0.60	0.05	0.10	0.10	Ⅱ
	祁连县托勒	3367.0	-26.1	18.1	0.30	0.40	0.45	0.20	0.25	0.30	Ⅱ
	祁连县野牛沟	3180.0	-25.5	17.2	0.30	0.40	0.45	0.15	0.20	0.20	Ⅱ
	祁连县	2787.4	-20.6	21.2	0.30	0.35	0.40	0.15	0.15	0.15	Ⅱ
	格尔木市小灶火	2767.0	-19.3	26.0	0.30	0.40	0.45	0.05	0.10	0.10	Ⅱ
	大柴旦	3173.2	-21.1	22.4	0.30	0.40	0.45	0.15	0.15	0.15	Ⅱ
	德令哈市	2981.5	-16.3	23.7	0.25	0.35	0.40	0.10	0.15	0.20	Ⅱ

续表

省市名	城市名	海拔高度（m）	基本气温		风压（kN/m²）			雪压（kN/m²）			雪荷载准永久值系数分区
			月平均最低气温	月平均最高气温	10	50	100	10	50	100	
青海	刚察	3301.5	−20.0	17.2	0.25	0.35	0.40	0.20	0.25	0.30	Ⅱ
	门源	2850.0	−20.9	20.2	0.25	0.35	0.40	<u>0.20</u>	<u>0.30</u>	0.30	Ⅱ
	格尔木	2807.6	−14.7	25.1	0.30	0.40	0.45	0.10	0.20	0.25	Ⅱ
	都兰县诺木洪	2790.4	−16.2	25.9	0.35	0.50	0.60	0.05	0.10	0.10	Ⅱ
	都兰	3191.1	−15.0	22.1	0.30	0.45	0.55	0.20	0.25	0.30	Ⅱ
	乌兰县茶卡	3087.6	−19.4	21.4	0.25	0.35	0.40	0.15	0.20	0.25	Ⅱ
	共和县恰卜恰	2835.0	−16.0	22.5	0.25	0.35	0.40	0.10	0.15	<u>0.20</u>	Ⅱ
	贵德	2237.1	−13.3	26.1	0.25	0.30	0.35	0.05	0.10	0.10	Ⅱ
	民和	1813.9	−11.9	27.2	0.20	0.30	0.35	0.10	0.10	0.15	Ⅱ
	唐古拉山五道梁	4612.2	−23.5	12.6	0.35	0.45	0.50	0.20	0.25	0.30	Ⅰ
	兴海	3323.2	−19.7	18.8	0.25	0.35	0.40	0.15	0.20	0.20	Ⅱ
	同德	3289.4	−22.2	19.0	0.25	<u>0.35</u>	<u>0.40</u>	0.20	0.30	0.35	Ⅱ
	泽库	3662.8			0.25	0.30	0.35	0.20	0.40	0.45	Ⅱ
	格尔木市托托河	4533.1	−25.0	14.8	0.40	0.50	0.55	0.25	0.35	0.40	Ⅰ
	治多	4179.0			0.25	0.30	0.35	0.15	0.20	0.25	Ⅰ
	杂多	4066.4	−18.9	18.0	0.25	0.35	0.40	0.20	0.25	0.30	Ⅱ
	曲麻莱	4231.2	−22.5	15.8	0.25	0.35	0.40	0.15	0.25	0.30	Ⅰ
	玉树	3681.2	−15.4	20.4	0.25	0.30	0.35	0.15	0.20	0.25	Ⅱ
	玛多	4272.3	−23.3	13.6	0.30	0.40	0.45	0.25	0.35	0.40	Ⅰ
	称多县清水河	4415.4	−27.4	13.4	0.25	0.30	0.35	<u>0.25</u>	<u>0.30</u>	<u>0.35</u>	Ⅰ
	玛沁县仁峡姆	4211.1	−26.9	14.0	0.30	0.35	0.40	0.20	0.30	0.35	Ⅰ
	达日县吉迈	3967.5	−20.6	15.7	0.30	0.35	0.40	0.20	0.25	0.30	Ⅰ
	河南	3500.0	−23.3	16.7	0.25	0.40	0.45	0.20	0.25	0.30	Ⅱ
	久治	3628.5	−19.4	16.9	0.20	0.30	0.35	0.20	0.25	0.30	Ⅱ
	昂欠	3643.7	−13.7	20.8	0.25	0.30	0.35	0.10	0.20	0.25	Ⅱ
	班玛	3750.0	−16.2	19.4	0.20	0.30	0.35	0.15	0.20	0.25	Ⅱ
新疆	乌鲁木齐	917.9	−16.2	29.9	0.40	0.60	0.70	<u>0.65</u>	<u>0.90</u>	<u>1.00</u>	Ⅰ
	阿勒泰	735.3	−20.8	28.3	0.40	0.70	0.85	<u>1.20</u>	<u>1.65</u>	<u>1.85</u>	Ⅰ
	博乐市阿拉山口	284.8	−18.5	34.7	0.95	1.35	1.55	0.20	0.25	0.25	Ⅰ
	克拉玛依	427.3	−19.0	34.0	0.65	0.90	1.00	0.20	0.30	0.35	Ⅰ
	伊宁	662.5	−14.7	31.3	0.40	0.60	0.70	<u>1.00</u>	<u>1.40</u>	<u>1.55</u>	Ⅰ
	昭苏	1851.0	−16.2	22.3	0.25	0.40	0.45	<u>0.65</u>	<u>0.85</u>	<u>0.95</u>	Ⅰ
	乌鲁木齐县达坂城	1103.5	−14.4	27.8	0.55	0.80	0.90	0.15	0.20	0.20	Ⅰ
	和静县巴音布鲁克	2458.0	−32.4	18.2	0.25	0.35	0.40	<u>0.55</u>	<u>0.75</u>	<u>0.85</u>	Ⅰ

省市名	城市名	海拔高度 (m)	基本气温		风压(kN/m²)			雪压(kN/m²)			雪荷载准永久值系数分区
			月平均最低气温	月平均最高气温	10	50	100	10	50	100	
新疆	吐鲁番	34.5	−10.6	39.8	0.50	0.85	1.00	0.15	0.20	0.25	Ⅱ
	阿克苏	1103.8	−12.9	31.7	0.30	0.45	0.50	0.15	0.25	0.30	Ⅱ
	库车	1099.0	−12.0	32.3	0.35	0.50	0.60	0.15	0.20	0.30	Ⅱ
	库尔勒	931.5	−11.4	33.1	0.30	0.45	0.50	0.15	0.20	0.30	Ⅱ
	乌恰	2175.7	−12.9	27.1	0.25	0.35	0.40	0.35	0.50	0.60	Ⅱ
	喀什	1288.7	−10.0	31.9	0.35	0.55	0.65	0.30	0.45	0.50	Ⅱ
	阿合奇	1984.9	−14.4	26.7	0.25	0.35	0.40	0.25	0.35	0.40	Ⅱ
	皮山	1375.4	−10.6	33.4	0.20	0.30	0.35	0.15	0.20	0.25	Ⅱ
	和田	1374.6	−8.2	32.6	0.25	0.40	0.45	0.10	0.20	0.25	Ⅱ
	民丰	1409.3	−11.6	33.2	0.20	0.30	0.35	0.10	0.15	0.15	Ⅱ
	民丰县安的河	1262.8	−15.6	34.9	0.20	0.30	0.35	0.05	0.05	0.05	Ⅱ
	于田	1422.0	−10.5	32.4	0.20	0.30	0.35	0.10	0.15	0.15	Ⅱ
	哈密	737.2	−15.9	34.3	0.40	0.60	0.70	0.15	0.25	0.30	Ⅱ
	哈巴河	532.6	−17.2	29.6				0.70	1.00	1.15	Ⅰ
	吉木乃	984.1	−16.6	26.9				0.85	1.15	1.35	Ⅰ
	福海	500.9	−23.6	29.9				0.30	0.45	0.50	Ⅰ
	富蕴	807.5	−25.1	30.1				0.95	1.35	1.50	Ⅰ
	塔城	534.9	−15.1	31.1				1.10	1.55	1.75	Ⅰ
	和布克塞尔	1291.6	−16.5	25.9				0.25	0.40	0.45	Ⅰ
	青河	1218.2	−28.3	26.8				0.90	1.30	1.45	Ⅰ
	托里	1077.8	−15.0	27.6				0.55	0.75	0.85	Ⅰ
	北塔山	1653.7	−18.2	24.4				0.55	0.65	0.70	Ⅰ
	温泉	1354.6	−18.3	26.61				0.35	0.45	0.50	Ⅰ
	精河	320.1	−20.0	33.6				0.20	0.30	0.35	Ⅰ
	乌苏	478.7	−18.6	33.0				0.40	0.55	0.60	Ⅰ
	石河子	442.9	−21.4	33.0				0.50	0.70	0.80	Ⅰ
	蔡家湖	440.5	−24.7	34.0				0.40	0.50	0.55	Ⅰ
	奇台	793.5	−23.9	30.5				0.55	0.75	0.85	Ⅰ
	巴仑台	1752.5	−13.3	26.1				0.20	0.30	0.35	Ⅱ
	七角井	873.2	−15.7	33.6				0.05	0.10	0.15	Ⅱ
	库米什	922.4	−18.4	34.5				0.10	0.15	0.15	Ⅱ
	焉耆	1055.8	−16.6	30.8				0.15	0.20	0.25	Ⅱ
	拜城	1229.2	−16.9	30.4				0.20	0.30	0.35	Ⅱ
	轮台	976.1	−12.2	33.6				0.15	0.20	0.30	Ⅱ

省市名	城 市 名	海拔高度（m）	基本气温		风压（kN/m²）			雪压（kN/m²）			雪荷载准永久值系数分区
			月平均最低气温	月平均最高气温	10	50	100	10	50	100	
新疆	吐尔格特	3504.4	-20.6	14.3				<u>0.40</u>	<u>0.55</u>	<u>0.65</u>	Ⅱ
	巴楚	1116.5	-11.8	33.9				0.10	0.15	0.20	Ⅱ
	柯坪	1161.8	-13.4	33.5				0.05	0.10	0.15	Ⅱ
	阿拉尔	1012.2	-14.4	32.5				0.05	0.10	0.10	Ⅱ
	铁干里克	846.0	-15.7	35.2				0.10	0.15	0.15	Ⅱ
	若羌	888.3	-12.8	35.9				0.10	0.15	0.20	Ⅱ
	塔吉克	3090.9	18.6	24.1				0.15	0.25	0.30	Ⅱ
	莎车	1231.2	-10.1	32.6				0.15	0.20	0.25	Ⅱ
	且末	1247.5	-13.7	33.2				0.10	0.15	0.20	Ⅱ
	红柳河	1700.0	-18.4	30.6				0.10	0.15	0.15	Ⅱ
河南	郑州	110.4	-3.8	32.1	0.30	0.45	0.50	0.25	0.40	0.45	Ⅱ
	安阳	75.5	-4.2	32.2	0.25	0.45	0.55	0.25	0.40	0.45	Ⅱ
	新乡	72.7	-4.2	31.9	0.30	0.40	0.45	0.20	0.30	0.35	Ⅱ
	三门峡	410.1	-3.9	32.4	0.25	0.40	0.45	0.15	0.20	0.25	Ⅱ
	卢氏	568.8	-5.6	31.5	0.20	0.30	0.35	0.20	0.30	0.35	Ⅱ
	孟津	323.3	-4.0	31.4	0.30	0.45	0.50	0.30	0.40	0.50	Ⅱ
	洛阳	137.1			0.25	0.40	0.45	0.25	0.35	0.40	Ⅱ
	栾川	750.1	-5.0	30.2	0.20	0.30	0.35	0.25	0.40	0.45	Ⅱ
	许昌	66.8	-3.7	32.3	0.30	0.40	0.45	0.25	0.40	0.45	Ⅱ
	开封	72.5	-3.7	31.8	0.30	0.45	0.50	0.20	0.30	0.35	Ⅱ
	西峡	250.3	-1.6	31.8	0.25	0.35	0.40	0.20	0.30	0.35	Ⅱ
	南阳	129.2	-2.1	31.6	0.25	0.35	0.40	0.30	0.45	0.50	Ⅱ
	宝丰	136.4	-3.8	32.0	0.25	0.35	0.40	0.20	0.30	0.35	Ⅱ
	西华	52.6	-2.9	32.6	0.25	0.45	0.55	0.30	0.45	0.50	Ⅱ
	驻马店	82.7	-2.7	32.5	0.25	0.40	0.45	0.30	0.45	0.50	Ⅱ
	信阳	114.5	-1.2	32.1	0.25	0.35	0.40	0.35	0.55	0.65	Ⅱ
	商丘	50.1	-3.5	32.4	0.20	0.35	0.45	0.30	0.45	0.50	Ⅱ
	固始	57.1	-0.6	32.1	0.20	0.35	0.40	0.35	<u>0.55</u>	<u>0.65</u>	Ⅱ
湖北	武汉	23.3	1.3	32.6	0.25	0.35	0.40	0.30	0.50	0.60	Ⅱ
	郧县	201.9			0.20	0.30	0.35	0.25	0.40	0.45	Ⅱ
	房县	434.4	-1.8	31.5	0.20	0.30	0.35	0.20	0.30	0.35	Ⅲ
	老河口	90.0	-0.8	32.5	0.20	0.30	0.35	0.25	0.35	0.40	Ⅱ
	枣阳	125.5	-0.8	32.4	0.25	0.40	0.45	0.25	0.40	0.45	Ⅱ
	巴东	294.5	3.2	33.3	0.15	0.30	0.35	0.15	0.20	0.25	Ⅲ

省市名	城 市 名	海拔高度 (m)	基本气温		风压（kN/m²）			雪压（kN/m²）			雪荷载准永久值系数分区
			月平均最低气温	月平均最高气温	10	50	100	10	50	100	
湖北	钟祥	65.8	0.7	31.8	0.20	0.30	0.35	0.25	0.35	0.40	Ⅱ
	麻城	59.3	0.6	33.0	0.20	0.35	0.45	0.35	0.55	0.65	Ⅱ
	恩施	457.1	2.5	32.3	0.20	0.30	0.35	0.15	0.20	0.25	Ⅲ
	巴东县绿葱坡	1819.3	−5.2	22.1	0.30	0.35	0.40	0.65	0.95	1.10	Ⅲ
	五峰	908.4			0.20	0.30	0.35	0.25	0.35	0.40	Ⅲ
	宜昌	133.1	2.2	32.1	0.20	0.30	0.35	0.20	0.30	0.35	Ⅲ
	荆州	32.6	1.7	32.1	0.20	0.30	0.35	0.25	0.40	0.45	Ⅱ
	天门	34.1	1.2	32.2	0.20	0.30	0.35	0.25	0.35	0.45	Ⅱ
	来凤	459.5	2.0	31.3	0.20	0.30	0.35	0.15	0.20	0.25	Ⅲ
	嘉鱼	36.0	1.9	32.8	0.20	0.35	0.45	0.25	0.35	0.40	Ⅲ
	英山	123.8	0.5	32.9	0.20	0.30	0.35	0.25	0.40	0.40	Ⅲ
	黄石	19.6	2.0	32.7	0.25	0.35	0.40	0.25	0.35	0.40	Ⅲ
湖南	长沙	44.9	2.5	32.7	0.25	0.35	0.40	0.30	0.45	0.50	Ⅲ
	桑植	322.2	2.1	32.3	0.20	0.30	0.35	0.25	0.35	0.40	Ⅲ
	石门	116.9	2.1	31.9	0.25	0.30	0.35	0.25	0.35	0.40	Ⅲ
	南县	36.0	1.8	31.8	0.25	0.40	0.50	0.30	0.45	0.50	Ⅲ
	岳阳	53.0	2.8	31.6	0.25	0.40	0.45	0.35	0.55	0.65	Ⅲ
	吉首	206.6	2.9	32.5	0.20	0.30	0.35	0.20	0.30	0.35	Ⅲ
	沅陵	151.6	2.6	32.6	0.20	0.30	0.35	0.20	0.35	0.40	Ⅲ
	常德	35.0	2.5	32.5	0.25	0.40	0.50	0.30	0.50	0.60	Ⅱ
	安化	128.3	1.9	32.6	0.20	0.30	0.35	0.30	0.45	0.50	Ⅱ
	沅江	36.0	2.6	32.1	0.25	0.40	0.45	0.35	0.55	0.65	Ⅲ
	平江	106.3	1.8	32.9	0.20	0.30	0.35	0.25	0.40	0.45	Ⅲ
	芷江	272.2	2.7	32.0	0.20	0.30	0.35	0.25	0.35	0.45	Ⅲ
	雪峰山	1404.9						0.50	0.75	0.85	Ⅱ
	邵阳	248.6	2.9	32.2	0.20	0.30	0.35	0.20	0.30	0.35	Ⅲ
	双峰	100.0	2.4	33.0	0.20	0.30	0.35	0.25	0.40	0.45	Ⅲ
	南岳	1265.9	−2.4	24.2	0.60	0.75	0.85	0.50	0.75	0.85	Ⅲ
	通道	397.5	3.0	31.2	0.25	0.30	0.35	0.15	0.25	0.30	Ⅲ
	武岗	341.0	2.8	31.7	0.20	0.30	0.35	0.20	0.30	0.35	Ⅲ
	零陵	172.6	4.1	33.0	0.25	0.40	0.45	0.15	0.25	0.30	Ⅲ
	衡阳	103.2	3.9	34.0	0.25	0.40	0.45	0.20	0.35	0.40	Ⅲ
	道县	192.2	4.8	32.9	0.25	0.35	0.40	0.15	0.20	0.25	Ⅲ
	郴州	184.9	4.0	33.9	0.20	0.30	0.35	0.20	0.30	0.35	Ⅲ

续表

省市名	城市名	海拔高度 (m)	基本气温		风压（kN/m²）			雪压（kN/m²）			雪荷载准永久值系数分区
			月平均最低气温	月平均最高气温	10	50	100	10	50	100	
广东	广州	6.6	10.9	32.9	0.30	0.50	0.60				
	南雄	133.8	6.5	33.7	0.20	0.30	0.35				
	连县	97.6	6.6	33.8	0.20	0.30	0.35				
	韶关	69.3	7.2	33.4	0.20	0.35	0.45				
	佛岗	67.8	8.9	32.9	0.20	0.30	0.35				
	连平	214.5	7.5	33.1	0.20	0.30	0.35				
	梅县	87.8	8.8	33.9	0.20	0.30	0.35				
	广宁	56.8	8.9	33.3	0.20	0.30	0.35				
	高要	7.1	11.3	33.2	0.30	0.50	0.60				
	河源	40.6	9.6	33.2	0.20	0.30	0.35				
	惠阳	22.4	10.8	32.6	0.35	0.55	0.60				
	五华	120.9	8.6	33.3	0.20	0.30	0.35				
	汕头	1.1	11.3	32.0	0.50	0.80	0.95				
	惠来	12.9	11.8	31.6	0.45	0.75	0.90				
	南澳	7.2			0.50	0.80	0.95				
	信宜	84.6	11.6	33.2	0.35	0.60	0.70				
	罗定	53.3	10.7	33.9	0.20	0.30	0.35				
	台山	32.7	11.3	32.1	0.35	0.55	0.65				
	深圳	18.2	12.8	32.2	0.45	0.75	0.90				
	汕尾	4.6	12.2	31.1	0.50	0.85	1.00				
	湛江	25.3	14.0	32.6	0.50	0.80	0.95				
	阳江	23.3	12.5	31.9	0.45	0.75	0.90				
	电白	11.8	13.5	32.2	0.45	0.70	0.80				
	台山县上川岛	21.5	13.2	31.6	0.75	1.05	1.20				
	徐闻	67.9	14.9	33.3	0.45	0.75	0.90				
广西	南宁	73.1	10.6	32.9	0.25	0.35	0.40				
	桂林	164.4	5.8	32.7	0.20	0.30	0.35				
	柳州	96.8	8.1	33.4	0.20	0.30	0.35				
	蒙山	145.7	7.2	32.7	0.20	0.30	0.35				
	贺山	108.8	6.6	33.5	0.20	0.30	0.35				
	百色	173.5	10.4	33.6	0.25	0.45	0.55				
	靖西	739.4	9.0	29.3	0.20	0.30	0.35				
	桂平	42.5	10.4	33.0	0.20	0.30	0.35				
	梧州	114.8	8.8	33.5	0.20	0.30	0.35				

续表

省市名	城 市 名	海拔高度	基本气温		风压(kN/m²)			雪压(kN/m²)			雪荷载准永久值系数分区
		(m)	月平均最低气温	月平均最高气温	10	50	100	10	50	100	
广西	龙舟	128.8	11.6	33.2	0.20	0.30	0.35				
	灵山	66.0	10.0	32.5	0.20	0.30	0.35				
	玉林	81.8	10.4	32.8	0.20	0.30	0.35				
	东兴	18.2	13.1	31.5	0.45	0.75	0.90				
	北海	15.3	12.0	31.7	0.45	0.75	0.90				
	涠洲岛	55.2	13.7	31.3	0.70	1.10	1.30				
海南	海口	14.1	16.2	33.5	0.45	0.75	0.90				
	东方	8.4	16.4	32.6	0.55	0.85	1.00				
	儋县	168.7	14.8	33.1	0.40	0.70	0.85				
	琼中	250.9	14.2	32.3	0.30	0.45	0.55				
	琼海	24.0	16.4	33.2	0.50	0.85	1.05				
	三亚	5.5	19.2	32.2	0.50	0.85	1.05				
	陵水	13.9	17.4	32.1	0.50	0.85	1.05				
	西沙岛	4.7	21.9	31.4	1.05	1.80	2.20				
	珊瑚岛	4.0	22.0	32.1	0.70	1.10	1.30				
四川	成都	506.1	3.2	29.8	0.20	0.30	0.35	0.10	0.10	0.15	Ⅲ
	石渠	4200.0	−21.6	15.2	0.25	0.30	0.35	0.35	0.50	0.60	Ⅱ
	若尔盖	3439.6	−18.9	17.5	0.25	0.30	0.35	0.30	0.40	0.45	Ⅱ
	甘孜	3393.5	−11.4	20.9	0.35	0.45	0.50	0.30	0.50	0.55	Ⅱ
	都江堰	706.7			0.20	0.30	0.35	0.15	0.25	0.30	Ⅲ
	绵阳	470.8	2.5	30.6	0.20	0.30	0.35				
	雅安	627.6	4.0	29.8	0.20	0.30	0.35	0.10	0.20	0.20	Ⅲ
	资阳	357.0	0.0	0.0	0.20	0.30	0.35				
	康定	2615.7	−5.7	20.1	0.30	0.35	0.40	0.30	0.50	0.55	Ⅱ
	汉源	795.9			0.20	0.30	0.35				
	九龙	2987.3	−6.0	21.5	0.20	0.30	0.35	0.15	0.20	0.20	Ⅲ
	越西	1659.0	−0.4	26.7	0.25	0.30	0.35	0.15	0.25	0.30	Ⅲ
	昭觉	2132.4	−2.4	24.4	0.25	0.30	0.35	0.25	0.35	0.40	Ⅲ
	雷波	1474.9	0.0	25.1	0.20	0.30	0.40	0.20	0.30	0.35	Ⅲ
	宜宾	340.8	5.7	31.3	0.20	0.30	0.35				
	盐源	2545.0	−0.9	23.0	0.20	0.30	0.35	0.20	0.30	0.35	Ⅲ
	西昌	1590.9	4.5	27.7	0.20	0.30	0.35	0.20	0.30	0.35	Ⅲ
	会理	1787.1	0.5	26.0	0.20	0.30	0.35				
	万源	674.0	0.7	30.9	0.20	0.30	0.35	0.05	0.10	0.15	Ⅲ

省市名	城市名	海拔高度（m）	基本气温		风压（kN/m²）			雪压（kN/m²）			雪荷载准永久值系数分区
			月平均最低气温	月平均最高气温	10	50	100	10	50	100	
四川	阆中	382.6	3.4	31.9	0.20	0.30	0.35				
	巴中	358.9	3.0	32.4	0.20	0.30	0.35				
	达县	310.4	3.7	32.7	0.20	0.35	0.45				
	遂宁	278.2	4.4	32.1	0.20	0.30	0.35				
	南充	309.3	4.0	32.4	0.20	0.30	0.35				
	内江	347.1	5.2	31.6	0.25	0.40	0.50				
	泸州	334.8	6.0	31.7	0.20	0.30	0.35				
	叙永	377.5	6.2	32.4	0.20	0.30	0.35				
	德格	3201.2	−9.3	22.3				0.15	0.20	0.25	Ⅲ
	色达	3893.9	−19.8	16.8				0.30	0.40	0.45	Ⅲ
	道孚	2957.2	−9.6	23.8				0.15	0.20	0.25	Ⅲ
	阿坝	3275.1						0.25	0.40	0.45	Ⅲ
	马尔康	2664.4	−7.7	24.7				0.15	0.25	0.30	Ⅲ
	红原	3491.6	−19.7	17.6				0.25	0.40	0.45	Ⅱ
	小金	2369.2	−3.0	26.9				0.10	0.15	0.15	Ⅱ
	松潘	2850.7	−10.5	22.3				0.20	0.30	0.35	Ⅱ
	新龙	3000.0	−10.1	23.2				0.10	0.15	0.15	Ⅱ
	理塘	3948.9	−12.7	17.3				0.35	0.50	0.60	Ⅱ
	稻城	3727.7	−13.4	19.5				0.20	0.30	0.30	Ⅲ
	峨眉山	3047.4	−9.0	15.1				0.40	0.55	0.60	Ⅱ
重庆	重庆	259.1	6.0	33.2	0.25	0.40	0.45				
	奉节	607.3	2.9	31.4	0.25	0.35	0.45	0.20	0.35	0.40	Ⅲ
	梁平	454.6	3.3	31.7	0.20	0.30	0.35				
	万县	186.7	4.6	34.0	0.20	0.35	0.45				
	涪陵	273.5	5.8	33.0	0.20	0.30	0.35				
	金佛山	1905.9	−4.3	21.5				0.35	0.50	0.60	Ⅱ
贵州	贵阳	1074.3			0.20	0.30	0.35	0.10	0.20	0.25	Ⅲ
	威宁	2237.5	−1.6	21.7	0.25	0.35	0.40	0.25	0.35	0.40	Ⅲ
	盘县	1515.2	3.2	26.5	0.25	0.35	0.40	0.25	0.35	0.45	Ⅲ
	桐梓	972.0	2.3	29.2	0.20	0.30	0.35	0.10	0.15	0.20	Ⅲ
	习水	1180.2	0.9	27.2	0.20	0.30	0.35	0.15	0.20	0.25	Ⅲ
	毕节	1510.6	0.5	26.5	0.20	0.30	0.35	0.15	0.25	0.30	Ⅲ
	遵义	843.9	2.8	30.0	0.20	0.30	0.35	0.10	0.15	0.20	Ⅲ
	湄潭	791.8	2.1	29.7				0.15	0.20	0.25	Ⅲ

续表

省市名	城市名	海拔高度	基本气温		风压（kN/m²）			雪压（kN/m²）			雪荷载准永久值系数分区
		（m）	月平均最低气温	月平均最高气温	10	50	100	10	50	100	
贵州	思南	416.3	4.4	32.5	0.20	0.30	0.35	0.10	0.20	0.25	Ⅲ
	铜仁	279.7	3.3	32.6	0.20	0.30	0.35	0.20	0.30	0.35	Ⅲ
	黔西	1251.8	1.3	27.6	0.00	0.00	0.00	0.15	0.20	0.25	Ⅲ
	安顺	1392.9	2.1	26.4	0.20	0.30	0.35	0.20	0.30	0.35	Ⅲ
	凯里	720.3	2.5	30.3	0.20	0.30	0.35	0.15	0.20	0.25	Ⅲ
	三穗	610.5	1.4	29.9	0.00	0.00	0.00	0.20	0.30	0.35	Ⅲ
	兴仁	1378.5	3.5	26.5	0.20	0.30	0.35	0.20	0.35	0.40	Ⅲ
	罗甸	440.3	7.5	32.9	0.20	0.30	0.35				
	独山	1013.3	2.3	27.6				0.20	0.30	0.35	Ⅲ
	榕江	285.7	5.3	33.0				0.10	0.15	0.20	Ⅲ
云南	昆明	1891.4	3.6	24.6	0.20	0.30	0.35	0.20	0.30	0.35	Ⅲ
	德钦	3485.0	-6.6	18.6	0.25	0.35	0.40	0.60	0.90	1.05	Ⅱ
	贡山	1591.3	2.2	26.9	0.20	0.30	0.35	0.45	0.75	0.90	Ⅱ
	中甸	3276.1	-10.0	19.5	0.20	0.30	0.35	0.50	0.80	0.90	Ⅱ
	维西	2325.6	-1.8	24.8	0.20	0.30	0.35	0.45	0.65	0.75	Ⅲ
	昭通	1949.5	-1.9	24.7	0.25	0.35	0.40	0.15	0.25	0.30	Ⅲ
	丽江	2393.2	-0.1	24.2	0.25	0.30	0.35	0.20	0.30	0.35	Ⅲ
	华坪	1244.8	4.2	31.6	0.30	0.45	0.55				
	会泽	2109.5	0.5	23.5	0.25	0.35	0.40	25.00	0.35	0.40	Ⅲ
	腾冲	1654.6	2.3	24.0	0.20	0.30	0.35				
	泸水	1804.9	5.3	23.4	0.20	0.30	0.35				
	保山	1653.5	3.1	26.3	0.20	0.30	0.35				
	大理	1990.5	2.5	25.0	0.45	0.65	0.75				
	元谋	1120.2	6.8	31.9	0.25	0.35	0.40				
	楚雄	1772.0	3.4	26.5	0.20	0.35	0.40				
	曲靖市沾益	1898.7	2.7	24.6	0.25	0.30	0.35	0.25	0.40	0.45	Ⅲ
	瑞丽	776.6	7.8	29.4	0.20	0.30	0.35				
	景东	1162.3	5.7	29.1	0.20	0.30	0.35				
	玉溪	1636.7	4.2	26.6	0.20	0.30	0.35				
	宜良	1532.1			0.25	0.45	0.55				
	泸西	1704.3	2.6	2.6	0.25	0.30	0.35				
	孟定	511.4			0.25	0.40	0.45				
	临沧	1502.4	5.2	26.5	0.20	0.30	0.35				
	澜沧	1054.8	6.5	28.9	0.20	0.30	0.35				

省市名	城 市 名	海拔高度 (m)	基本气温		风压（kN/m²）			雪压（kN/m²）			雪荷载准永久值系数分区
			月平均最低气温	月平均最高气温	10	50	100	10	50	100	
云南	景洪	552.7	12.1	31.9	0.20	0.40	0.50				
	思茅	1302.1	7.9	27.3	0.25	0.45	0.50				
	元江	400.9	11.8	34.2	0.25	0.30	0.35				
	勐腊	631.9	11.9	30.8	0.20	0.30	0.35				
	江城	1119.5	9.0	27.2	0.20	0.40	0.50				
	蒙自	1300.7	8.3	27.8	0.25	0.35	0.45				
	屏边	1414.1	6.9	25.1	0.20	0.40	0.35				
	文山	1271.6	7.9	28.0	0.20	0.30	0.35				
	广南	1249.6	4.7	27.6	0.25	0.35	0.40				
西藏	拉萨市	3658.0	−7.9	23.6	0.20	0.30	0.35	0.10	0.15	0.20	Ⅲ
	班戈	4700.0	−17.5	15.0	0.35	0.55	0.65	0.20	0.25	0.30	Ⅰ
	安多	4800.0	−22.2	14.2	0.45	0.75	0.90	0.25	0.40	0.45	Ⅰ
	那曲	4507.0	−20.2	16.0	0.30	0.45	0.50	0.30	0.40	0.45	Ⅰ
	日喀则	3836.0	−12.2	22.2	0.20	0.30	0.35	0.10	0.15	0.15	Ⅲ
	乃东县泽当	3551.7	−7.3	23.5	0.20	0.30	0.35	0.10	0.15	0.15	Ⅲ
	隆子	3860.0	−12.8	21.0	0.30	0.45	0.50	0.10	0.15	0.20	Ⅲ
	索县	4022.8	−17.7	18.7	<u>0.30</u>	0.40	<u>0.50</u>	0.20	0.25	0.30	Ⅰ
	昌都	3306.0	−9.8	23.8	0.20	0.30	0.35	0.15	0.20	0.20	Ⅱ
	林芝	3000.0	−5.1	22.2	<u>0.25</u>	<u>0.35</u>	0.45	0.10	0.15	0.15	Ⅲ
	葛尔	4278.0	−19.7	21.8				0.10	0.15	0.15	Ⅰ
	改则	4414.9	−21.9	20.3				0.20	0.30	0.35	Ⅰ
西藏	普兰	3900.0	−14.4	21.6				0.50	0.70	0.80	Ⅰ
	申扎	4672.0	−17.1	16.2				0.15	0.20	0.20	Ⅰ
	当雄	4200.0	−17.3	17.6				<u>0.30</u>	<u>0.45</u>	<u>0.50</u>	Ⅱ
	尼木	3809.4	−11.9	23.0				0.15	0.20	0.25	Ⅲ
	聂拉木	3810.0	−8.5	15.1				<u>2.00</u>	<u>3.30</u>	<u>3.75</u>	Ⅰ
	定日	4300.0	−16.8	19.9				0.15	0.25	0.30	Ⅱ
	江孜	4040.0	−13.8	20.6				0.10	0.10	0.15	Ⅲ
	错那	4280.0	−17.9	12.7				<u>0.60</u>	<u>0.90</u>	<u>1.00</u>	Ⅲ
	帕里	4300.0	−17.6	12.9				0.95	1.50	1.75	Ⅱ
	丁青	3873.1	−12.4	19.3				0.25	0.35	0.40	Ⅱ
	波密	2736.0	−5.9	23.6				0.25	0.35	0.40	Ⅲ
	察隅	2327.6	−0.5	24.8				0.35	0.55	0.65	Ⅲ

省市名	城市名	海拔高度	基本气温		风压（kN/m²）			雪压（kN/m²）			雪荷载准永久值系数分区
		（m）	月平均最低气温	月平均最高气温	10	50	100	10	50	100	
台湾	台北	8.0			0.40	0.70	0.85				
	新竹	8.0			0.50	0.80	0.95				
	宜兰	9.0			1.10	1.85	2.30				
	台中	78.0			0.50	0.80	0.90				
	花莲	14.0			0.40	0.70	0.85				
	嘉义	20.0			0.50	0.80	0.95				
	马公	22.0			0.85	1.30	1.55				
	台东	10.0			0.65	0.90	1.05				
	冈山	10.0			0.55	0.80	0.95				
	恒春	24.0			0.70	1.05	1.20				
	阿里山	2406.0			0.25	0.35	0.40				
	台南	14.0			0.60	0.80	1.00				
香港	香港	50.0			0.80	0.90	0.95				
	横澜岛	55.0			0.95	1.25	1.40				
澳门	澳门	57.0			0.75	0.85	0.90				

【说明】 本次规范修订中，补充了全国各台站自1995年至2008年的年极值雪压和风速数据，进行了基本雪压和基本风速的重新统计。根据统计结果，新疆和东北部分地区的基本雪压变化较大，主要原因是近几年这些地区出列了历史少见的大雪天气。在补充最近十几年的极值风速数据进行重新统计计算后发现，除沿海个别台站的基本风压有所提高外，大部分台站的基本风压略有减小，主要原因是近几年城市规模发展较快，气象台站周围地貌发生变化，粗糙度增加所致。考虑到上述原因，对极值风速重新统计后基本风压减小的台站，除个别台站外一般保持不变。

（2）风压高度变化系数（表4-6）

在大气边界层内，风速随离地面高度变化而增大。当气压场随高度不变时，速度随高度增大的规律，主要取决于地面粗糙度和温度垂直梯度。通常认为在离地面高度为300～500m时风速不再受地面粗糙度的影响，也即达到所谓"梯度风速"，该高度称之梯度风高度。地面粗糙度等级低的地区，其梯度风高度比等级高的地区为低。

根据地面粗糙度指数及梯度风高度，即可得出如下风压变化系数：

$$\mu_{zA} = 1.379(Z/10)^{0.24} \qquad (4\text{-}19a)$$

$$\mu_{zB} = 1.000(Z/10)^{0.32} \qquad (4\text{-}19b)$$

$$\mu_{zC} = 0.616(Z/10)^{0.44} \qquad (4\text{-}19c)$$

$$\mu_{zD} = 0.318(Z/10)^{0.60} \qquad (4\text{-}19d)$$

在确定城区的粗糙度类别时，若无 α 的实测资料，可按下述原则近似确定：

以拟建房屋为中心、2km 为半径的迎风半圆影响范围内的房屋高度和密集度来区分粗糙度类别，风向原则上应以该地区最大风的风向为准，但也可取其主导风向。

以半圆影响范围内建筑物的平均高度 h 来划分地面粗糙度类别，当 $h \geq 18m$，为 D 类；$9m < h \leq 18m$，为 C 类；$h < 9m$，为 B 类。

影响范围内不同高度的面域可按下述原则确定，即每座建筑物向外延伸距离为其高度的面域内均为该高度，当不同高度的面域相交时，交叠部分的高度取大者。

平均高度 h 取各面域面积为权数计算。

当直接以高度 Z 来描述风压高度变化系数时：

由 $\qquad (Z/10)^{0.24} = 0.575Z^{0.24}$ 则 $\mu_{zA} = 1.379 \times 0.575Z^{0.24} = 0.794Z^{0.24}$ （4-20a）

由 $\qquad (Z/10)^{0.32} = 0.479Z^{0.32}$ 则 $\mu_{zB} = 0.479Z^{0.32}$ （4-20b）

由 $\qquad (Z/10)^{0.44} = 0.363Z^{0.44}$ 则 $\mu_{zC} = 0.616 \times 0.363Z^{0.44} = 0.224Z^{0.44}$ （4-20c）

由 $\qquad (Z/10)^{0.60} = 0.251Z^{0.60}$ 则 $\mu_{zD} = 0.318 \times 0.251Z^{0.60} = 0.08Z^{0.60}$ （4-20d）

表 4-6　风压高度变化系数 μ_z

离地面或海平面高度（m）	地面粗糙度类别			
	A	B	C	D
5	1.17	1.00	0.74	0.62
10	1.38	1.00	0.74	0.62
15	1.52	1.14	0.74	0.62
20	1.63	1.25	0.84	0.62
30	1.80	1.42	1.00	0.62
40	1.92	1.56	1.13	0.73
50	2.03	1.67	1.25	0.84
60	2.12	1.77	1.35	0.93
70	2.20	1.86	1.45	1.02
80	2.27	1.95	1.54	1.11
90	2.34	2.02	1.62	1.19
100	2.40	2.09	1.70	1.27
150	2.64	2.38	2.03	1.61
200	2.83	2.61	2.30	1.92
250	2.99	2.80	2.54	2.19
300	3.12	2.97	2.75	2.45
350	3.12	3.12	2.94	2.64
400	3.12	3.12	3.12	2.91
≥450	3.12	3.12	3.12	3.12

【例 4-1】 求 A 类地区高度 80m 处风压高度变化系数。

解： 风压高度变化系数 $\mu_{zA} = 1.379 \times (80/10)^{0.24} = 2.27$

【例 4-2】 求 B 类地区高度 90m 处风压高度变化系数。

解： 风压高度变化系数 $\mu_{zB} = (90/10)^{0.32} = 2.02$

或 $\mu_{zB} = 0.479 \times 90^{0.32} = 2.02$

【例 4-3】 求 C 类地区高度 580m 处风压高度变化系数。

解： 风压高度变化系数 $\mu_{zC} = 0.616 \times (580/10)^{0.44} = 3.683$

或 $\mu_{zA} = 0.224 \times 580^{0.44} = 3.683$

【例 4-4】 求 D 类地区高度 138m 处风压高度变化系数。

解： 风压高度变化系数 $\mu_{zD} = 0.318 \times (138/10)^{0.6} = 1.536$

或 $\mu_{ZD} = 0.08 \times 138^{0.6} = 1.538$

（3）风荷载体型系数

风荷载体型系数是指风作用在建筑物表面上所引起的实际压力（或吸力）与来流风的速度压的比值，它描述的是建筑物表面在稳定风压的作用下的静压力的分布规律，主要与建筑物的体型和尺度有关，也与周围环境和地面粗糙度有关。由于涉及的是固体和流体相互作用的流体力学问题，对于不规则形状的固体，问题尤为复杂；无法得出理论上的结果。一般均应由试验确定，鉴于真型的实测方法对结构设计的不现实性，目前只能采用相似原理，在边界层风洞内，对拟建的建筑物模型进行测试。《建筑结构荷载规范》列出 38 项不同类型的建筑物和各类结构体型及其体型系数，这些都是根据国内外的试验资料和外国规范中的建议性规定整理而成。当建筑物与表中列出的体型相同时，可按该表的规定采用；当建筑物与表中的体型不同时，可参考有关资料采用；当建筑物与表中的体型不同且无有关资料可以借鉴时，宜由风洞试验确定；对于重要且体型复杂的建筑物应由风洞试验确定。

当建筑群，尤其是高层建筑群，房屋相互间距较近时，由于旋涡的相互干扰，房屋某些部位的局部风压会显著增大，设计时应予注意，对比较重要的高层建筑，在风洞试验中要考虑周围建筑物的干扰因素。验算围护构件及连接的强度时，可按下列规定采用局部风荷载体型系数。

外表面：

1）正压区：按《建筑结构荷载规范》采用。

2）负压区：对墙面取 -1.0；对墙角边取 -1.8；对屋面局部部位（周边和屋面坡度大于 10 度的屋脊部位）取 -2.2；对檐口、雨篷、遮阳板等突出构件，取 -2.0。

注：对墙角边和屋面局部部位的作用宽度为房屋宽度的 0.1 或房屋平均高度的 0.4。取其小者，但不小于 1.5m。

内表面：

对封闭式建筑物按外表面风压的正负情况取 -0.2 或 0.2。

（4）阵风系数

计算围护结构的风荷载时，阵风系数按下述公式确定：

$$\beta_{gz} = K(1 + 2\mu_f) \tag{4-21a}$$

式中 K——地区粗糙度调整系数。对 A、B、C、D 四种类型分别取 0.92、0.89、

0.85、0.80；

μ_f——脉动系数，$\mu_f = 0.5 \times 351.8^{(\alpha-0.16)}(Z/10)^{-\alpha}$ (4-21b)

α——地面粗糙度指数。对应于 A、B、C、D 四类地貌，分别取 0.12、0.16、0.22 和 0.30。

将 K、α 系数代入后，各类地区阵风系数计算公式为：

$$\beta_{gzA} = 0.92 \times (1 + 2\mu_{fA})\mu_{fA}$$
$$= 0.387(Z/10)^{-0.12} = 0.92 \times [1 + 35 - 0.072(Z/10)^{-0.12}] \quad (4\text{-}21c)$$

$$\beta_{gzB} = 0.89 \times (1 + 2\mu_{fB})\mu_{fB} = 0.5(Z/10)^{-0.16}$$
$$= 0.89 \times [1 + (Z/10)^{-0.16}] \quad (4\text{-}21d)$$

$$\beta_{gzC} = 0.85 \times (1 + 2\mu_{fC})\mu_{fC} = 0.734(Z/10)^{-0.22}$$
$$= 0.85 \times [1 + 350.108(Z/10)^{-0.22}] \quad (4\text{-}21e)$$

$$\beta_{gzD} = 0.80 \times (1 + 2\mu_{fD})\mu_{fD} = 1.2248(Z/10)^{-0.3}$$
$$= 0.80 \times [1 + 350.252(Z/10)^{-0.3}] \quad (4\text{-}21f)$$

根据瞬时风速和十分钟平均最大风速的观测数据得出阵风系数的近似计算公式：

$$\beta_{gz} = e[0.7/(z/10)1/3] \quad (4\text{-}21g)$$

由此式可算出，在 10m、20m、50m、100m 及 150m 处阵风系数为 2.01、1.74、1.51、1.38 和 1.33。阵风系数见表 4-7。

表 4-7　阵风系数 β_{gz}

离地面高度 (m)	地面粗糙度类别			
	A	B	C	D
5	1.69	1.88	2.30	3.21
10	1.63	1.78	2.10	2.76
15	1.60	1.72	1.99	2.54
20	1.58	1.69	1.92	2.39
30	1.54	1.64	1.83	2.21
40	1.52	1.60	1.77	2.09
50	1.51	1.58	1.73	2.01
60	1.49	1.56	1.69	1.94
70	1.48	1.54	1.66	1.89
80	1.47	1.53	1.64	1.85
90	1.47	1.52	1.62	1.81
100	1.46	1.51	1.60	1.78
150	1.43	1.47	1.54	1.67
200	1.42	1.44	1.50	1.60
250	1.40	1.42	1.46	1.55
300	1.39	1.41	1.44	1.51

【例 4-5】　计算 A 类地区高度 100m 处阵风系数。

解： 脉动系数　$\mu_{fA} = 0.387 \times (100/10)^{-0.12} = 0.294$

阵风系数　$\beta_{gzA} = 0.92 \times (1 + 2 \times 0.294) = 1.460$

【例 4-6】 计算 B 类地区高度 300m 处阵风系数。

解： 脉动系数　$\mu_{fB} = 0.5 \times (300/10)^{-0.16} = 0.29$

阵风系数　$\beta_{gzB} = 0.89 \times (1 + 2 \times 0.29) = 1.406$

【例 4-7】 计算 C 类地区高度 120m 处阵风系数。

解： 脉动系数　$\mu_{fC} = 0.734 \times (120/10)^{-0.22} = 0.4249$

阵风系数　$\beta_{gzC} = 0.85 \times (1 + 2 \times 0.4249) = 1.5723$

【例 4-8】 计算 D 类地区高度 6m 处阵风系数。

解： 脉动系数　$\mu_{fD} = 1.2248 \times (6/10)^{-0.3} = 1.428$

阵风系数　$\beta_{gzD} = 0.80 \times (1 + 2 \times 1.428) = 3.084$

三、雪荷载基础知识

过去我们只是将石材用于建筑的立面墙体，随着科技的发展，石材也同样被应用于建筑屋面，目前已经有好多重点、有代表性的建筑屋面采用架空石材屋面体系。雪荷载是建筑屋面主要荷载之一。在我国严寒、寒冷地区及其他大雪地区对雪荷载更为敏感，因雪压导致屋面体系破坏的事故（在采光顶屋面）常有发生，将直接影响到石材屋面的适用性和经济性，在没有屋面女儿墙围护的部位还有可能造成安全性影响。

屋面水平投影面上的雪荷载标准应按下式计算：

$$S_k = \mu_r S_0 \tag{4-22}$$

式中　S_k——雪荷载标准值，kN/m^2；

　　　μ_r——屋面积雪分布系数；

　　　S_0——基本雪压，kN/m^2。

雪荷载的组合值、频遇值和准永久值系数见表 4-8。

表 4-8　雪荷载的组合值、频遇值和准永久值系数

雪荷载地区	组合值系数	频遇值系数	准永久值系数
地区 I	0.7	0.6	0.5
地区 II	0.7	0.4	0.2
地区 III	0.7	0.2	0

雪荷载的准永久值系数分区见图 4-10。

1. 基本雪压

基本雪压系以当地空旷平坦地面上统计所得 50 年一遇的最大积雪自重确定。《建筑结构荷载规范》根据全国各气象台（站）从建站起到 1995 年的最大雪压和雪深资料经统计得出 50 年一遇最大雪压，即重现期为 50 年的最大雪压，以此规定当地的基本雪压。

当前，我国大部分气象台（站）收集的都是雪深数据，而相应的积雪密度数据又不齐全，在统计中当缺少平行观测的积雪密度时，均以当地的平均密度来估算雪压值。

各地区的积雪的平均密度按下述取用：东北及新疆北部地区的平均密度取 150kg/m³；

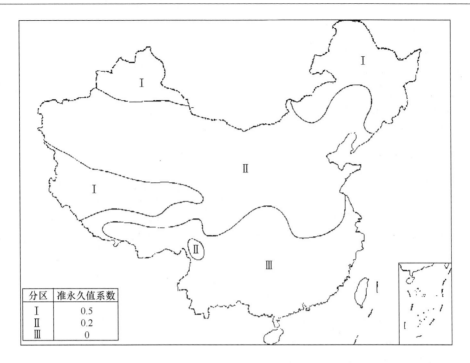

图 4-10 雪荷载准永久值系数分区图

华北及西北地区取 130kg/m³；其中青海取 120kg/m³；淮河、秦岭以南地区一般取150kg/m³；其中江西、浙江取 200kg/m³。年最大雪压的概率分布统一按极值Ⅰ型考虑。

2. 我国基本雪压分布特点

（1）新疆北部是我国突出的雪压高值区。该区由于冬季北冰洋南侵的冷湿气流影响，雪量丰富，且阿尔泰山、天山等山脉对气流有阻滞和抬升作用，更利于降雪。加上温度低，积雪可以保持整个冬季不溶化，新雪覆老雪，形成了特大雪压。在阿尔泰山区域雪压值达 $1kN/m^2$。

（2）东北地区由于气旋活动频繁，并有山脉对气流的抬升作用，冬季多降雪天气，同时因气温低，更有利于积雪，因此大兴安岭及长白山区是我国又一个雪压高值区。黑龙江省北部和吉林省东部的广泛地区，雪压值可达 $0.7kN/m^2$ 以上。但是吉林西部和辽宁北部地区，因地处大兴安岭的背风坡，气流有下沉作用，不易降雪，积雪不多，雪压仅在 $0.2 kN/m^2$ 左右。

（3）长江中下游及淮河流域是我国稍南地区的一个雪压高值区。该地区冬季积雪情况不很稳定，有些年份一冬无积雪，而有些年份在某种天气条件下，例如寒潮南下，到此区后冷暖空气僵持，加上水汽充足，遇较低温度，即降下大雪，积雪很深，也带来雪灾。1955年元旦，江淮一带降大雪，南京雪深达 51cm，正阳关达中 52cm，合肥达 40cm。1961 年元旦，浙江中部降大雪，东阳雪深达 55cm，金华达 45cm。江西北部以及湖南一些地点也会出现 40～50cm 以上的雪深。因此，这一地区不少地点雪压达 $0.40～0.50kN/m^2$。但是这里的积雪期是较短的，短则 1、2 天，长则 10 多天。

（4）川西、滇北山区的雪压也较高。因该地区海拔高，温度低，湿度大，降雪较多而不易溶化。但该地区的河谷内，由于落差大，高度相对低和气流下沉增温作用，积雪就不多。

（5）华北及西北大部地区，冬季温度虽低，但水汽不足，降水量少，雪压也相应较小，一般为 $0.2 \sim 0.3 kN/m^2$ 以下。该区内的燕山、太行山、祁连山等山脉，因有地形的影响，降雪稍多，雪压可在 $0.3 kN/m^2$ 以上。

（6）南岭、武夷山脉以南，冬季气温高，很少降雪，基本无积雪。

对山区雪压未开展实测研究，仍按原规范作一般性的分析估计。在无实测资料的情况下，规范建议比附近空旷地面的基本雪压增大 20% 采用。

3. 屋面积雪分布系数

屋面积雪分布系数就是屋面水平投影面积上的雪荷载 S_h 与基本雪压 S_0 的比值，实际也就是地面基本雪压换算为屋面雪荷载的换算系数。它与屋面形式、朝向及风力等有关。

我国积雪情况不甚严重，积雪期也较短，对屋面积雪分布仅概括地规定了 8 种典型屋面积雪分布系数。

（1）坡屋面：我国南部气候转暖，屋面积雪容易融化，北部寒潮风较大，屋面积雪容易吹掉，当 $a \geqslant 500$，$\mu_r = 0$ 和 $a \leqslant 250$ 时，$\mu_r = 1$。

（2）拱形屋面：$\mu_r = L/8f$（L 为跨度，f 为矢高），但 μ_r 不大于 1.0 且不小于 0.4。

（3）带天窗屋面及带天窗有挡风板的屋面：天窗顶上的数据 0.8 是考虑了滑雪的影响，挡风板内的数据 1.4 是考虑了堆雪的影响。

（4）多跨单坡及双跨（多跨）双坡或拱形屋面：系数 1.4 及 0.6 是考虑在屋面凹处范围内，局部堆雪及局部滑雪的影响。

（5）高低屋面：积雪分布系数 $\mu_r = 2h/S_0$，但不大于 4.0，其中 h 为屋面高低差，以 m 计，S_0 为基本雪压，以 kN/m^2 计；积雪分布宽度 $a_1 = 2h$，但不小于 5m，不大于 10m；积雪按三角形状分布。

我国高原地区的基本 $S_0 = 0.5 \sim 0.8 kN/m^2$，当屋面高低差达 2m 以上时，则 μ_r 通常均取 4.0。根据我国积雪情况调查，高低屋面堆雪集中程度远次于西伯里亚地区，形成三角形分布的情况较少，一般高低屋面处风涡作用，雪堆多形成曲线图形的堆积情况，规范将它简化为矩形分布的雪堆，μ_r 取平均值为 2.0，雪堆长度为 $2h$，但不小于 4m，不大于 8m。

（6）天沟处及下沉式天窗内建议 $\mu_r = 1.4$，其长度可取女儿墙高度的 $1.2 \sim 2$ 倍。

四、地震作用基础知识

地震是一种突发性自然灾害，目前科学技术还达不到控制地震发生的水平，但是可以预防和减轻地震灾害。

地震是一种自然现象，地壳中岩层发生断裂或错动，以及火山爆发都可能导致地面发生程度不同的震动，这种现象称为地震。随每次地震强烈程度不同，释放出的能量大小是不同的，所引起的地震灾害也是不同的。地震的强弱在地震工程学中是以震级来表示的，它直接取决于一次地震中所释放出的能量大小，所以每次地震都有一确定的震级。震级是对地震大小的相对度量。

1. 地震震级 M 测定方法

地震震级 M，用地震面波质点运动最大值 $(A/T)_{max}$ 测定。

计算公式为：
$$M = I_g (A/T)_{max} + \sigma(\Delta) \tag{4-23}$$

式中 A——地震面波最大地动位移，取两水平分向地动位移的矢量和，μm；

T——相应周期，s；

Δ——震中距。

测量最大地动位移的两水平分量时，在取同一时刻或周期相差在1/8周之内的振动。若两分量周期不一致时，则取加权和：

$$T = (T_N A_N + T_E A_E)/(A_N + A_E) \tag{4-24}$$

式中 A_N——南北分量地动位移，μm；

A_E——东西分量地动位移，μm；

T_N——A_N的相应周期，s；

T_E——A_E的相应周期，s。

量规函数 $\sigma(\Delta)$ 为：$\sigma(\Delta) = 1.66\lg\Delta + 3.5$

不同震中距选用地震面波周期值见表4-9。

表4-9 不同震中距（Δ）选用地震面波周期（T）值

$\Delta/0$	T/S	$\Delta/0$	A/S	$\Delta/0$	T/S
2	3～6	20	9～14	70	14～22
4	4～7	25	9～16	80	16～22
6	5～8	30	10～16	90	16～22
8	6～9	40	12～18	100	16～25
10	7～10	50	12～20	110	17～25
15	8～12	60	14～20	130	18～25

2. 地震烈度

地震烈度则是用以描述某一地区地面和建筑物遭受到一次地震影响的强弱程度。显然对于距震中远近不同的地区所受的震害是不同的。一般说来，距震中越远，地震烈度就越低。地震烈度是指地震引起的地面震动及其影响的强弱程度。

相关数据见表4-10和表4-11。

表4-10 中国地震烈度表

烈度	在地面上人的感觉	房屋震害程度		其他震害现象	水平向地面运动	
		震害现象	平均震害指数		峰值加速度（m/s²）	峰值速度（m/s）
I	无感					
II	室内个别静止中人有感觉					
III	室内少数静止中人有感觉	门窗轻微作响		悬挂物微动		
IV	室内多数人、室外少数人有感觉，少数人梦中惊醒	门窗作响		悬挂物明显摆动，器皿作响		

续表

烈度	在地面上人的感觉	房屋震害程度		其他震害现象	水平向地面运动	
		震害现象	平均震害指数		峰值加速度（m/s²）	峰值速度（m/s）
V	室内普遍、室外多数人有感觉，多数人梦中惊醒	门窗、屋顶，屋架颤动作响，灰土掉落，抹灰出现细小裂缝，有檐瓦掉落，个别屋顶烟囱掉落		不稳定器物摇动或翻倒	0.31 (0.22 ~ 0.44)	0.03 (0.02 ~ 0.04)
VI	多数人站立不稳，少数人惊逃户外	损坏——墙体出现裂缝，檐瓦掉落，少数屋顶烟囱裂缝、掉落	0 ~ 0.10	河岸和松软土出现裂缝，饱和砂层出现喷砂冒水；有的独立砖烟囱轻度裂缝	0.63 (0.45 ~ 0.89)	0.06 (0.05 ~ 0.09)
VII	大多数人惊逃户外，骑自行车的人有感觉，行驶中的汽车驾乘人员有感觉	轻度破坏——局部破坏，开裂，小修或不需要修理可继续使用	0.11 ~ 0.30	河岸出现坍方；饱和砂层常见喷砂冒水，松软土地上地裂缝较多；大多数独立砖烟囱中等破坏	1.25 (0.90 ~ 1.77)	0.13 (0.10 ~ 0.18)
VIII	多数人摇晃颠簸行走困难	中等破坏——结构破坏需要修复才能使用	0.31 ~ 0.50	干硬土上亦出现裂缝；大多数独立砖烟囱严重破坏；树稍折断；房屋破坏倒致人畜伤亡	2.50 (1.78 ~ 3.53)	0.25 (0.19 ~ 0.35)
IX	行动的人摔倒	严重破坏——结构严重破坏，局部倒塌，修复困难	0.51 ~ 0.70	干硬土上出现许多地方有裂缝；基岩可能出现裂缝、错动；滑坡坍方常见；独立砖烟囱许多倒塌	5.0 (3.54 ~ 7.07)	0.50 (0.36 ~ 0.71)
X	骑自行车的人会摔倒，处不稳状态的人会摔离原地，有抛起感	大多数倒塌	0.71 ~ 0.90	山崩和地震断裂出现；基岩石上拱桥破坏；大多数独立砖烟囱从根部破坏或倒毁	10.00 (7.08 ~ 14.14)	1.00 (0.72 ~ 1.41)
XI		普遍倒塌	0.91 ~ 1.00	地震断裂延续很长；大量山崩滑坡		
XII				地面剧烈变化，山河改观		

注：表中的数量词："个别"为10%以下；"少数"为10% ~ 50%；"多数"为50% ~ 70%；"大多数"为70% ~ 90%；"普遍"为90%以上。

表 4-11 全国 136 城市地震动峰值加速度及基本烈度对照表

序号	城市名	地震动峰值加速度 g	地震基本烈度	α_{max}	序号	城市名	地震动峰值加速度 g	地震基本烈度	α_{max}
1	北京	0.20	Ⅷ	0.16	36	佳木斯	0.05	Ⅵ	0.04
2	天津	0.15	Ⅶ	0.12	37	哈尔滨	0.05	Ⅵ	0.04
3	上海	0.10	Ⅶ	0.08	38	牡丹江	0.05	Ⅵ	0.04
4	重庆	0.05	Ⅵ	0.04	39	德州	0.05	Ⅵ	0.04
5	石家庄	0.10	Ⅶ	0.08	40	烟台	0.10	Ⅶ	0.08
6	邢台	0.10	Ⅶ	0.08	41	威海	0.10	Ⅶ	0.08
7	张家口	0.10	Ⅶ	0.08	42	济南	0.05	Ⅵ	0.04
8	承德	0.05	Ⅵ	0.04	43	泰安	0.05	Ⅵ	0.04
9	秦皇岛	0.10	Ⅶ	0.08	44	潍坊	0.15	Ⅶ	0.12
10	唐山	0.20	Ⅷ	0.16	45	青岛	0.05	Ⅵ	0.04
11	保定	0.10	Ⅶ	0.08	46	兖州	0.05	Ⅵ	0.04
12	沧州	0.10	Ⅶ	0.08	47	莱阳	0.05	Ⅵ	0.04
13	大同	0.15	Ⅶ	0.12	48	徐州	0.10	Ⅶ	0.08
14	太原	0.20	Ⅷ	0.16	49	淮阴	0.10	Ⅶ	0.08
15	阳泉	0.10	Ⅶ	0.08	50	南京	0.10	Ⅶ	0.08
16	临汾	0.20	Ⅷ	0.16	51	南通	0.05	Ⅵ	0.04
17	包头	0.20	Ⅷ	0.16	52	常州	0.10	Ⅶ	0.08
18	呼和浩特	0.20	Ⅷ	0.16	53	杭州	0.05	Ⅵ	0.04
19	通辽	0.10	Ⅶ	0.08	54	舟山	0.10	Ⅶ	0.08
20	阜新	0.05	Ⅵ	0.04	55	金华	<0.05	<Ⅵ	
21	朝阳	0.10	Ⅶ	0.08	56	衢州	<0.05	<Ⅵ	
22	锦州	0.05	Ⅵ	0.04	57	宁波	0.05	Ⅵ	0.04
23	鞍山	0.10	Ⅶ	0.08	58	温州	0.05	Ⅵ	0.04
24	沈阳	0.10	Ⅶ	0.08	59	蚌埠	0.10	Ⅶ	0.08
25	本溪	0.05	Ⅵ	0.04	60	六安	0.10	Ⅶ	0.08
26	营口	0.15	Ⅶ	0.12	61	合肥	0.10	Ⅶ	0.08
27	丹东	0.15	Ⅶ	0.12	62	安庆	0.10	Ⅶ	0.08
28	大连	0.10	Ⅶ	0.08	63	黄山市	<0.05	<Ⅵ	
29	四平	0.05	Ⅵ	0.04	64	赣州	<0.05	<Ⅵ	
30	长春	0.10	Ⅶ	0.08	65	九江	0.05	Ⅵ	0.04
31	吉林	0.10	Ⅶ	0.08	66	景德镇	<0.05	<Ⅵ	
32	通化	<0.05	<Ⅵ		67	南昌	0.05	Ⅵ	0.04
33	齐齐哈尔	0.05	Ⅵ	0.04	68	樟树	<0.05	<Ⅵ	
34	鹤岗	0.05	Ⅵ	0.04	69	邵武	<0.05	<Ⅵ	
35	绥化	0.10	Ⅶ	0.08	70	南平	0.05	Ⅵ	0.04

序号	城市名	地震动峰值加速度 g	地震基本烈度	α_{max}	序号	城市名	地震动峰值加速度 g	地震基本烈度	α_{max}
71	福州	0.10	Ⅶ	0.08	104	宜昌	0.05	Ⅵ	0.04
72	龙岩	0.05	Ⅵ	0.04	105	天门	0.05	Ⅵ	0.04
73	厦门	0.15	Ⅶ	0.12	106	武汉	0.05	Ⅵ	0.04
74	延安	0.05	Ⅵ	0.04	107	黄石	0.05	Ⅵ	0.04
75	宝鸡	0.15	Ⅶ	0.12	108	岳阳	0.10	Ⅶ	0.08
76	西安	0.20	Ⅷ	0.16	109	吉首	<0.05	<Ⅵ	
77	汉中	0.05	Ⅵ	0.04	110	常德	0.15	Ⅶ	0.12
78	安康	0.10	Ⅶ	0.08	111	衡阳	<0.05	<Ⅵ	
79	酒泉	0.15	Ⅶ	0.12	112	郴州	0.05	Ⅵ	0.04
80	张掖	0.10	Ⅶ	0.08	113	长沙	0.05	Ⅵ	0.04
81	兰州	0.20	Ⅷ	0.16	114	韶关	0.05	Ⅵ	0.04
82	平凉	0.15	Ⅶ	0.12	115	梅县	0.05	Ⅵ	0.04
83	天水	0.30	Ⅷ	0.24	116	广州	0.10	Ⅶ	0.08
84	银川	0.20	Ⅷ	0.16	117	汕头	0.20	Ⅷ	0.16
85	格尔木	0.10	Ⅶ	0.08	118	深圳	0.10	Ⅶ	0.08
86	西宁	0.10	Ⅶ	0.08	119	堪江	0.10	Ⅶ	0.08
87	玉树	0.15	Ⅶ	0.12	120	桂林	0.05	Ⅵ	0.04
88	伊宁	0.15	Ⅶ	0.12	121	柳州	0.05	Ⅵ	0.04
89	乌鲁木齐	0.20	Ⅷ	0.16	122	梧州	0.05	Ⅵ	0.04
90	库尔勒	0.15	Ⅶ	0.12	123	南宁	0.05	Ⅵ	0.04
91	哈密	0.10	Ⅶ	0.08	124	北海	0.05	Ⅵ	0.04
92	安阳	0.20	Ⅷ	0.16	125	海口	0.30	Ⅷ	0.24
93	新乡	0.20	Ⅷ	0.16	126	三亚	0.05	Ⅵ	0.04
94	三门峡	0.15	Ⅶ	0.12	127	绵阳	0.05	Ⅵ	0.04
95	洛阳	0.10	Ⅶ	0.08	128	成都	0.1	Ⅶ	0.08
96	郑州	0.15	Ⅶ	0.12	129	内江	0.05	Ⅵ	0.04
97	许昌	0.10	Ⅶ	0.08	130	涪陵	0.05	Ⅵ	0.04
98	开封	0.10	Ⅶ	0.08	131	遵义	<0.05	<Ⅵ	
99	南阳	0.10	Ⅶ	0.08	132	贵阳	0.05	Ⅵ	0.04
100	驻马店	0.05	Ⅵ	0.04	133	大理	0.20	Ⅷ	0.16
101	商丘	0.05	Ⅵ	0.04	134	昆明	0.20	Ⅷ	0.16
102	枣阳	<0.05	<Ⅵ		135	丽江	0.30	Ⅷ	0.24
103	恩施	0.05	Ⅵ	0.04	136	玉溪	0.20	Ⅶ	0.16

垂直于幕墙平面的分布水平地震作用标准值应按以下计算：

$$q_{Ek} = (\beta_E \times \alpha_{max} \times G)/A$$

式中 q_{Ek}——垂直于幕墙平面的分布水平地震作用标准值，kN/m^2；

β_E——动力放大系数，按5.0取定；

G——幕墙构件（包括板材和龙骨框架）的重量，kN；

A——幕墙构件的面积，m^2；

α_{max}——水平地震影响系数最大值，按相应设防烈度取定：

6度：$\alpha_{max} = 0.04$

7度：$\alpha_{max} = 0.08$

8度：$\alpha_{max} = 0.16$

9度：$\alpha_{max} = 0.32$

平行于幕墙平面的集中水平地震作用标准值应按下式计算：

$$P_{Ek} = \beta_E \times \alpha_{max} \times G$$

式中 P_{Ek}——平行于幕墙平面的集中水平地震作用标准值，kN；

β_E——动力放大系数，按5.0取定；

α_{max}——水平地震影响系数最大值，按相应设防烈度取定：

6度：$\alpha_{max} = 0.04$

7度：$\alpha_{max} = 0.08$

8度：$\alpha_{max} = 0.16$

9度：$\alpha_{max} = 0.32$

G——幕墙构件（包括板材和龙骨框架）的重量，kN。

五、自重荷载基础知识

自重是石材幕墙垂直于地面的水平荷载，石材幕墙有关材料的自重标准值如下：

钢：$78.5kN/m^3$；铝合金：$28kN/m^3$；花岗石：$28kN/m^3$；矿棉、玻璃棉、岩棉：$0.5 \sim 1.0kN/m^3$。幕墙用板材单位面积重力标准值见表4-12。

表4-12 板材单位面积重力标准值 N/m^2

板 材	厚度（mm）	q_k（N/m^2）	板 材	厚度（mm）	q_k（N/m^2）
单层铝板	2.5	67.5	不锈钢板	1.5	117.8
	3.0	81.0		2.0	157.0
	4.0	112.0		2.5	196.3
铝塑复合板	4.0	55.0		3.0	235.5
	6.0	73.6			
蜂窝铝板（铝箔芯）	10.0	53.0	花岗石板	20.0	500~560
	15.0	70.0		25.0	625~700
	20.0	74.0		30.0	750~840

六、温度效应

当幕墙构件受到温度变化影响时，它的长度将发生变化，这种变化可按下式计算：

$$\Delta L = L \cdot \alpha \cdot \Delta T \tag{4-27}$$

式中 ΔL——材料长度变化值；

L——材料设计长度；

α——材料线胀系数；

ΔT——温度变化值，当缺乏必要资料时取80。

$$\Delta T = t_{emax} - t_{emin} + \rho_1 I/\alpha_e \qquad (4\text{-}28)$$

式中　t_{emax}——历年室外最高温度；

t_{emin}——历年室外最低温度；

$\rho_1 I/\alpha_e$——太阳辐射热当量温度；

ρ_1——吸收系数，铝型材：银白色0.75；古铜色0.85；

I——太阳辐射热，W/m^2，见表4-13；

α_e——外表面换热系数，取19W/（$m^2 \cdot K$）。

由于幕墙构件规格较大，材料线胀系数较高，使得幕墙构件的长度变化十分明显，ΔL与ΔT的变化成线性关系，当幕墙构件的伸长（缩短）受到阻碍时，将产生很大的应力：

$$\sigma_T = \alpha \cdot E \cdot \Delta T \qquad (4\text{-}29)$$

【例4-9】　铝型材 $\alpha = 23.5 \times 10^{-6}$　$E = 7.0 \times 10^6 N/cm^2$，当 $\Delta T = 80℃$ 时，求温差应力。

解：$\sigma_T = 23.5 \times 10^{-6} \times 7.0 \times 10^6 \times 80 = 13160 N/cm^2 = 131.6 MPa$，已超过铝型材强度设计值85.5MPa。

所以在设计幕墙构件时，要做到在温度变化构件伸长时不挤压，使它不产生应力，即它的（缩短）活动不受阻碍。

幕墙主要材料的线胀系数为已知（钢材：12×10^{-6}，铝型材：23.5×10^{-6}，玻璃：10×10^{-6}），但确定幕墙构件的温度变化波动范围却比较困难，现有的气象资料是气象资料是气象台站百叶箱内气温，和幕墙构件的温度有一定差异。对幕墙（采光顶）构件温度变化的下限，可将下列因素综合考虑，幕墙室外温度肯定比气象台站百页箱内温度低，但只有不接触或很少接触室内热环境的构件才能达到上述低限温度值，这样幕墙构件的最低波动温度和气象台站测得的温度就相近，于是可采用上述百页箱内温度记录的温度作为幕墙温度波动的下限值；温度波动范围的上限值，不仅限于室外最高温度，还需计入太阳辐射热的当量温度。对幕墙年温度变化值可取 $\Delta T = 80℃$。

全国主要城市日照、温度气象参数见表4-13。[$1 W/m^2 = 3.6 kJ/$（$m^2 \cdot h$）]

表4-13　全国34个城市日照、温度气象参数

序号	城市名称	纬度	大气透明度等级	I（W/m^2）[$kJ/$（$m^2 \cdot h$）]		T_{emax}	t_{emin}
				垂直面	水平面		
1	北京	40	4	692（2491）	949（3416）	40.6	-27.4
2	天津	40	5	638（2297）	919（3308）	39.7	-22.9
3	石家庄	40	4	692（2491）	949（3416）	42.7	-26.5
4	太原	40	4	692（2491）	949（3416）	39.4	-25.5
5	二连	45	2	821（2956）	996（3586）	39.9	-42.4
6	呼和浩特	40	3	766（2758）	986（3450）	37.3	-32.8

续表

序号	城市名称	纬度	大气透明度等级	I（W/m²）[kJ/（m².h）]		T_{emax}	t_{emin}
				垂直面	水平面		
7	沈阳	40	5	638（2297）	919（3308）	38.3	−30.6
8	长春	45	5	688（2477）	909（3272）	38.0	−36.5
9	哈尔滨	45	4	688（2477）	909（3272）	36.4	−38.1
10	上海	30	5	640（2304）	962（3463）	38.9	−10.1
11	南京	30	5	640（2304）	962（3463）	40.7	−14
12	杭州	30	5	640（2304）	962（3463）	39.9	−9.6
13	合肥	30	5	640（2304）	962（3463）	41.0	−20
14	福州	25	4	669（2408）	1014（3650）	39.8	−1.2
15	南昌	30	4	690（2484）	1000（3600）	40.6	−9.3
16	济南	35	5	638（2297）	950（3420）	42.5	−19.7
17	郑州	35	5	638（2297）	950（3420）	43.5	−17.9
18	武汉	30	4	690（2484）	1000（3600）	39.4	−18.1
19	长沙	30	4	690（2484）	1000（3600）	40.6	−11.3
20	广州	25	5	640（2304）	950（3420）	38.7	
21	南宁	25	5	640（2304）	950（3420）	40.4	−2.1
22	成都	30	6	585（2106）	919（3308）	37.3	−5.9
23	贵阳	25	4	669（2408）	1014（3650）	37.3	−7.8
24	昆明	25	4	669（2408）	1014（3650）	31.5	−5.4
25	拉萨	30	1	879（3164）	1119（4028）	33.4	−19.3
26	西安	35	5	638（2297）	950（3420）	41.7	−20.6
27	兰州	35	3	766（2758）	1021（3676）	39.1	−21.7
28	西宁	35	3	766（2758）	1021（3676）	33.5	−26.6
29	银川	40	4	692（2491）	949（3416）	39.3	−30.6
30	乌鲁木齐	45	3	763（2747）	849（3056）	40.5	−41.5
31	汕头	25	4	669（2408）	1014（3650）	37.9	+0.4
32	海口	20	4	665（2394）	1023（4428）	38.9	+2.8
33	桂林	25	5	640（2304）	950（3420）	39.4	−4.9
34	重庆	30	5	640（2304）	962（3463）	42.2	−1.8

注：日照为最大小时日照。

【例4-10】 求北京地区一根3.2m长银白色幕墙型材最大伸缩量。

解： $\Delta L = 3200 \times 23.5 \times 10^{-6} \times 80 = 6.0\text{mm}$

【例4-11】 求上海地区一块1.4m×0.8m花岗岩石板最大伸缩量。

解： $\Delta L = 1400 \times 8 \times 10^{-6} \times 80 = 0.896\text{mm}$

七、通常所依据的相关规范

1. 《混凝土结构设计规范》（GB 50010—2010）
2. 《建筑结构荷载规范》（GB 50009—2012）
3. 《建筑幕墙》（GB/T 21086—2007）
4. 《铝合金结构设计规范》（GB 50429—2007）
5. 《建筑抗震设计规范》（GB 50011—2010）
6. 《建筑结构可靠度设计统一标准》（GB 50068—2001）
7. 《钢结构设计规范》（GB 50017—2003）
8. 《金属与石材幕墙工程技术规范》（JGJ 133—2001）
9. 《建筑结构用冷弯矩形钢管》（JG/T 178—2005）
10. 《建筑幕墙平面内变形性能检测方法》（GB/T 18250—2000）
11. 《建筑幕墙抗震性能振动台试验方法》（GB/T 18575—2001）
12. 《紧固件机械性能 自攻螺钉》（GB/T 3098.5—2000）
13. 《紧固件机械性能 不锈钢螺栓螺钉和螺柱》（GB/T 3098.6—2000）
14. 《紧固件机械性能 不锈钢 螺母》（GB/T 3098.15—2000）
15. 《螺纹紧固件应力截面积和承载面积》（GB/T 16823.1—1997）
16. 《耐候结构钢》（GB/T 4171—2008）
17. 《干挂饰面石材及其金属挂件》（JC 830.1～830.2—2005）
18. 《石材用建筑密封胶》（GB/T 23261—2009）
19. 《天然花岗石建筑板材》（GB/T 18601—2009）
20. 《混凝土结构后锚固技术规程》（JGJ 145—2004）
21. 《混凝土加固设计规范》（GB 50367—2006）
22. 《冷弯型钢》（GB/T 6725 —2008）
23. 《建筑抗震加固技术规程》（JGJ 116—2009）
24. 《热轧型钢》（GB/T 706—2008）
25. 《建筑钢结构焊接技术规程》（JGJ 81—2002，2012 年版）
26. 《中国地震烈度表》（GB/T 17742—2008）
27. 《建筑隔声评价标准》（GB/T 50121—2005）

第三节　石材幕墙板块设计

一、石材板块的划分类型

　　建筑石材幕墙的设计，一般是依据建筑师所划分的建筑设计立面图、平面图、墙身剖面图等为依据，结合建设单位、招标公司或者招标代理机构等所出具的招标技术要求进行最初的石材幕墙方案图划分设计，但是基本上都不加调整直接依据建筑图进行进一步深化安装结构的设计。

　　通常建筑师在建筑图中只是标明石材的品种、石材表面的颜色、石材表面的生产处理方式等，其他的细部要求没有明确，在建筑的墙身剖面图中会看到建筑师划分装饰分格缝隙的尺寸，在设计说明中会看到建筑师要求石材板块之间是要求密缝安装效果或开缝安装效果，作为一名幕墙的设计师就结合相关规范、规程等绘制而成一套满足要求的石材幕墙图纸。

从建筑设计外观效果上来分析，目前石材幕墙在石材板块的划分上主要有以下三种方式：

1. 如图4-11所示：石材板块的水平方向划分板块分格尺寸与垂直方向划分尺寸缝隙都分别在一条直线上，这类石材幕墙对于设计及施工相比较简单些。

图4-11　石材板块在水平方向和垂直方向分格缝都分别在一条直线上

2. 如图4-12所示：石材幕墙板块划分尺寸只有水平方向或垂直方向划分板块分格缝隙在一条直线上，而其中的另一条板块划分尺寸缝隙都不在一条直线上，这类石材幕墙对于设计及施工相比较费时费工。

3. 如图4-13所示：石材幕墙水平划分板块尺寸分格缝隙与垂直竖向划分尺寸缝隙都不在一条直线上，而且石材板块的大小均不统一，对于此类的石材幕墙设计及施工相比较更加费时费工。

二、石材板块的规格控制

1. 材料选择时的注意事项（表4-14和表4-15）：

表4-14　石材面板的弯曲强度、吸水率、最小厚度、单块面积

项目	天然花岗石	天然大理石	其他石材	
弯曲强度标准值（MPa）	≥8.0	≥7.0	≥8.0	8.0≥f≥4.0
吸水率（%）	≤0.6	≤0.5	≤5	≤5

项目	天然花岗石	天然大理石	其他石材	
最小厚度（mm）	≥25	≥35	≥35	≥40
单块面积（m²）	不宜大于1.5	不宜大于1.5	不宜大于1.5	不宜大于1.0

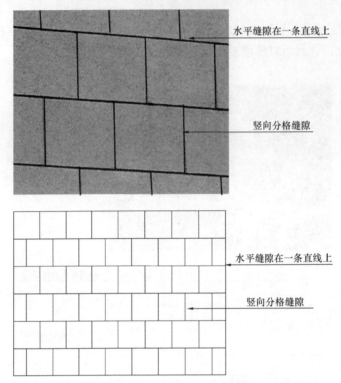

图 4-12　石材板块只有水平或垂直方向分格缝在一条直线上

图 4-13　石材板块水平和垂直分格缝都不在一条直线上

表 4-15　干挂石材板的物理性能技术指标

项目	天然花岗石	天然大理石	天然石灰石	天然砂岩
体积密度（g/cm³）≥	2.56	2.60	2.16	2.40

项目		天然花岗石	天然大理石	天然石灰石	天然砂岩
干燥压缩强度（MPa）≥		100.0	50.0	28.0	68.9
干燥	弯曲强度（MPa）≥	8.0	7.0	3.4	6.9
水饱和					
剪切强度（MPa）≥		4.0	3.5	1.7	3.5
抗冻系数（%）≥		80	80	80	80

2. 板块的剪切强度可以在设计时通过试验进行计算，以每分钟 0.5mm 的速度对石材试样板块进行施加荷载，直至试样被破坏。准确记录试样板块被破坏的荷载值（P），精确到 10N。当试样板块未从剪切面断开，表明剪切间隙过大，数据将变成弯曲破坏荷载，此时所记录的数据应该被作废，应该减小剪切间隙重新进行试验。

石材板块的剪切强度应按照下式计算：

$$T = P + \frac{G}{2bh}$$

式中　T——剪切强度，MPa；

P——试样破坏荷载，N；

G——上支架的重量，N；

b——试样的宽度，mm；

h——试样的厚度，mm。

通过记录数据，以每组试样剪切强度的平均值和单块最小值表示，数值精确到 0.1MPa。

3. 石材板材的尺寸设计（图 4-14）：

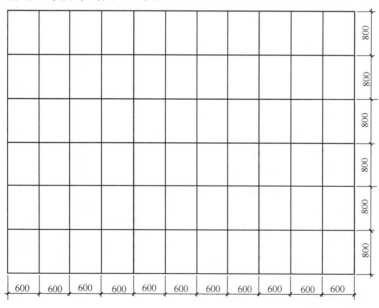

图 4-14　石材尺寸设计

根据石材自身的特性，通常石材板块用于建筑幕墙的划分尺寸建议控制在 600×800 左右，当然小于这种控制规格是比较合理而且生产成本是比较低的，根据矿山便于开采的基本条件，这种规格的材料利用率比较高，同时石材板块也不易弯曲变形。

石材用于建筑幕墙不但有规格上的合理规定，同时根据石材在加工后容易弯曲变形的特点，在石材板块厚度满足规范要求的同时，石材的设计划分规格不但要尽可能的小，而且要特别注意划分尺寸规格的宽与高之间的比例关系。如图 4-15 所示，把石材板块的划分宽度设为 a，把石材板块的划分高度设为 b，那么 a 与 b 之间的比例关系直接关系到石材板块在上墙安装以后的平整度及弯曲变形度。通常板块的划分宽度与高度的比例 $a/b > 0.5$ 比较适宜，一旦 $a/b < 0.5$ 时，在实际项目中石材板块变形较大，将直接造成墙面平整度不能满足验收规范的要求，因此这点需要在设计石材划分尺寸时特别注意。

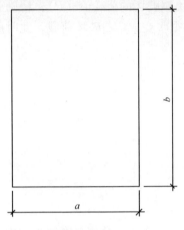

图 4-15　石材板块的宽与高

三、石材板干挂安装体系的设计

石材用于建筑幕墙的安装干挂方式通常有通槽、短槽、背栓等几种形式。

1. 通槽的干挂安装方式由于实际施工过程是按照一定的顺序将石材板块推进通槽里面，对于石材板块的生产质量要求比较高，而且必须是同一排的石材板块必须都要求到达安装现场才可以安装，因此实际操作难以满足施工工期的要求，目前基本上已经不被人们所接受。

2. 短槽式石材幕墙干挂体系又分为 T 型挂件短槽式和分离式（行业标准中的 SE 干挂体系）干挂短槽式。T 型挂件短槽式就是所用的干挂结构构件是 T 型设计构造（图 4-16），该结构构件的前端干挂部位的一个构造同时固定两块石材板块，安装干挂的时候是按照从下向上的顺序（图 4-17），如果石材到达实际施工现场的材料不是按照实际安装的顺序送达现场，将会直接影响安装的周期进度。

分离式［行业标准中的 SE 型（图 4-18）、R 型（图 4-19）干挂体系］干挂短槽式体系，是我国石材行业专家最早研究的一种新型石材干挂技术，此技术是我国唯一进入行业标准的材料体系《干挂饰面石材及其金属挂件》（JC 830.1 ~ 830.2—2005），唯一进入国家标准图集的材料《国家建筑标准设计图集》06J505—1 外装修（一），唯一拥有注册商标的材料（商标注册号 3002884.3004031），唯一拥有国家专利的材料（专利证号 200520127105X）。在实际工程应用中比较方便，它是将传统的 T 型挂件

图 4-16　两种不同工艺生产出的 T 型挂件构造

给予分体设计，将分体部分再次根据构造进行组合，这样的构造设计将使石材幕墙的安装既可以按照从下向上的顺序安装，同时也可以打破安装顺序，随便任何一块石材板块送达现场都可以给予安装，不会因此造成石材幕墙施工周期的延长（图 4-20）。

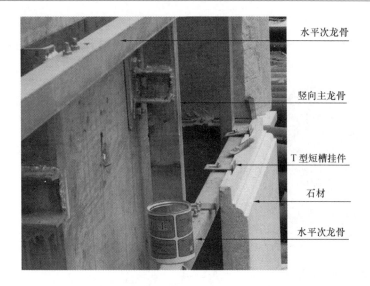

水平次龙骨

竖向主龙骨

T型短槽挂件

石材

水平次龙骨

图 4-17　采用 T 型挂件从下向上安装

图 4-18　分离式（SE 型干挂体系）构造

图 4-19　分离式（R 型干挂体系）构造

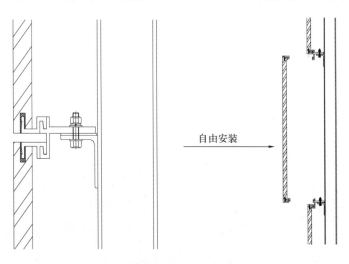

自由安装

图 4-20　分离式（SE 干挂体系）安装图

3. 后切背栓式干挂体系，就是将干挂体系采用背栓与其他金属构件结合成一体形成的干挂构造。通常是先在石材板块的背面按照设计的尺寸位置及所用的背栓规格打出安装孔，将背栓安装进孔内，按照背栓的安装要求，拧紧螺母，同时安装上与其配套使用的金属转接件构造。该体系的安装方式同分离式（行业标准中的 SE 干挂体系）干挂短槽式体系基本相同（图4-21）。

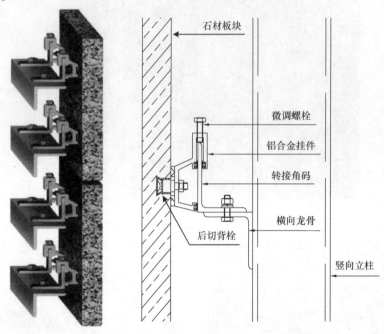

石材板块

微调螺栓

铝合金挂件

转接角码

横向龙骨

后切背栓

竖向立柱

图4-21　后切式背栓干挂体系安装图

四、石材板块安装缝隙效果的设计

建筑师对石材幕墙会有一个效果要求，这是需要在石材幕墙施工深化设计之前就与建筑师进行良好的沟通，详细了解建筑师想要达到实际安装以后什么样的缝隙效果，通常石材幕墙的实际缝隙效果有密缝式效果及开缝式效果两种要求。

如图4-22 所示，石材板块之间无论是水平缝隙、垂直缝隙都采用耐候密封胶给予打胶密封，类似于这种体系的外观效果我们通常称为密缝式效果。

如图4-23 所示，石材板块之间无论是水平缝隙、垂直缝隙都没有采用耐候密封胶给予打胶密封，类似于这种体系的外观效果我们通常称为开缝式效果。

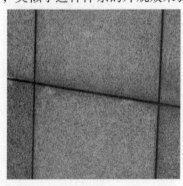

图4-22　密缝式效果　　　　　　　图4-23　开缝式效果

224

开缝式石材幕墙的设计要根据建筑项目所在地的地理环境进行区分，因为石材属于易碎材料，如果项目建设所在地冬季非常容易出现结冰现象，那么由于水具有三态变化（气体、液体、固体）的特点，水在由液态变成固态的过程中会出现体积膨胀的现象，由此膨胀的特点将会容易出现石材的边部受到集中应力而造成边部破碎，如果在这样的地区建筑师还是要求达到开缝的建筑效果，建议所涉及的开缝的缝隙尺寸做大的调整，便于满足水的自然而且完全流动，不容易在缝隙部位出现结冰的现象。

五、石材板块短槽位置、背栓孔位置的设计

根据石材板块用于建筑幕墙的安装体系分为短槽、背栓两个主要结构构造，石材板块在通过切割、磨光、烧毛、剁斧等工艺生产成所需要的板材之后，在施工安装之前再根据安装体系的需要经过开槽而且是开短槽或打孔（打背栓安装孔）工序，就可以实施安装工序。

由此可见，无论是短槽还是背栓孔位的设计对于石材板块的质量也相当关键，如果短槽在石材板块的位置设计不当就会造成现场操作人员无法实施施工，同时也有可能造成石材板块弯曲，而且安装的板块接口高低不平，背栓孔如果设计的位置不当同样也会造成板块安装后出现翘角、凹腰状况，如果背栓设计的打孔深度不当，将会造成在受力状态下背栓蹦出石材板块或者因深度较浅而拔出等安全隐患。

1. 短槽位置的设计

短槽的宽度宜设计为 6mm 或 7mm，短槽开口的槽口应设计成 45° 倒角，短槽所开槽的深度应满足所选用金属挂件的插入深度规格要求。为了满足充分安装金属挂件的要求，一般短槽的深度要比金属挂件的插入理论深度再加深 3~5mm，满足金属挂件的配套安装需要（图 4-24）。

石材短槽的设计除注意开采与板块厚度位置的关系外，还应该注意短槽位置与石材板块边部距离之间的关系控制要点，一般状态下短槽的外侧槽边距离石材板边部的距离不应小于石板厚度的 3 倍且不应小于 85mm，也不应大于 180mm。

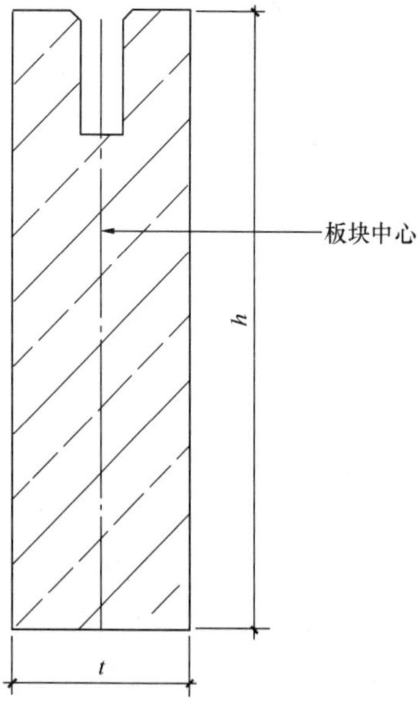

然而这些都是一些理论上的数据，经过多年石材幕墙的设计、施工、检查验收，最后发现一个问题，按照这些理论数据生产短槽所施工安装的石材幕墙，大多都出现在板块之间的接口部位存在高低差，有的还比较明显，经过观察总结出短槽所开位置实际上与板块设计的宽度有着直接的关系，如果石材板块的设计划分在墙面上的水平宽度在 600~800mm 的时候按照理论数据还是可行的，但是如果石材板块的设计划分在墙面上的水平宽度在 800mm 以上再按照理论数据设计短槽位置，所安装后的石材板块大多出现凹凸中心腰部的状况，从而造成板块接口高低不平，通过实验得出短槽在石材板块宽度的合适位置建议在板块宽度的 1/5 比较适宜（图 4-25）。

2. 背栓式石材安装孔的设计

图 4-24　石材开槽位置示意

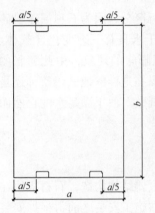

图 4-25　石材开槽位置示意

要设计好背栓在石材板块上打孔的位置，首先需要深入了解所选用背栓直径、打孔要求的大小、打孔的深度，而且满足背栓的安装技术要求，由于石材板块在加工后厚度上具有一定的偏差，而且打孔所用的金属合金钻头随着打孔数量的增加也具有一定的偏差，因此一般状态下石材打孔的开始设置深度要比背栓的插入理论深度再加深 3～5mm，以满足背栓实际的配套安装需要。

关于在石材板块背部的打孔位置与板块边部位置之间的距离同短槽开槽位置应保持一致。

六、石材板块的设计计算

在对石材幕墙设计的同时，首先需要计算石材板块的划分尺寸是否满足该项目要求，要充分了解建筑项目所在的城市环境、建筑图纸石材幕墙的设计高度、石材板块的划分尺寸。

例如：某项目所在地是山东烟台，地区类别根据当地环境判断属于 A 类，建筑抗震设防烈度是 8 度，石材板块的划分尺寸为 560×1600，采用 2 个背栓悬挂，石材幕墙的设计高度是 15.8m，查表知工程基本风压为 0.55kN/m^2。

荷载计算如下：

1. 风荷载标准值计算

W_k：作用在幕墙上的风荷载标准值（kN/m^2）

z：计算高度 15.8m

μ_z：15.8m 高处风压高度变化系数（按 A 类区计算）：

$$\mu_z = 1.379 \times \left(\frac{z}{10}\right)^{0.24} = 1.53901$$

μ_f：脉动系数：

$$\mu_f = 0.5 \times 35^{[1.8 \times (0.12-0.16)]} \times \left(\frac{z}{10}\right)^{-0.12} = 0.366402$$

β_{gz}：阵风系数：

$$\beta_{gz} = 0.92 \times (1 + 2 \times \mu_f) = 1.59418$$

μ_{sp1}：局部正风压体型系数

μ_{sn1}：局部负风压体型系数，通过计算确定

μ_{sz}：建筑物表面正压区体型系数，取 0.8

μ_{sf}：建筑物表面负压区体型系数，取 −1

对于封闭式建筑物，考虑内表面压力，取 −0.2 或 0.2

A_b：面板构件从属面积取 2.16m^2

A_V：立柱构件从属面积取 8.64m^2

A_h：横梁构件从属面积取 2.25m^2

μ_{s1}：围护构件从属面积不大于 1m^2 的局部体型系数

$$\mu_{s1z} = \mu_{sz} + 0.2 = 1$$

$$\mu_{slf} = \mu_{sf} - 0.2 = -1.2$$

围护构件从属面积大于或等于 $10m^2$ 的体型系数计算

$$\mu_{s10z} = \mu_{sz} \times 0.8 + 0.2 = 0.84$$

$$\mu_{s10f} = \mu_{sf} \times 0.8 - 0.2 = -1$$

按照规范，取面板面积对数线性插值计算得到

$$\mu_{saz} = \mu_{sz} + (\mu_{sz} \times 0.8 - \mu_{sz}) \times \log(A_b) + 0.2$$
$$= 0.8 + (0.64 - 0.8) \times 0.334454 + 0.2$$
$$= 0.946487$$

$$\mu_{saf} = \mu_{sf} + (\mu_{sf} \times 0.8 - \mu_{sf}) \times \log(A_b) - 0.2$$
$$= -1 + ((-0.8) - (-1)) \times 0.334454 - 0.2$$
$$= -1.13311$$

同样，取立柱面积对数线性插值计算得到

$$\mu_{savz} = \mu_{sz} + (\mu_{sz} \times 0.8 - \mu_{sz}) \times \log(A_v) + 0.2$$
$$= 0.8 + (0.64 - 0.8) \times 0.936514 + 0.2$$
$$= 0.850158$$

$$\mu_{savf} = \mu_{sf} + (\mu_{sf} + 0.8 - \mu_{sf}) \times \log(A_v) - 0.2$$
$$= -1 + [(-0.8) - (-1)] \times 0.936514 - 0.2$$
$$= -1.0127$$

同样，取横梁面积对数线性插值计算得到

$$\mu_{sahz} = \mu_{sz} + (\mu_{sz} \times 0.8 - \mu_{sz}) \times \log(A_h) + 0.2$$
$$= 0.8 + (0.64 - 0.8) \times 0.352183 + 0.2$$
$$= 0.943651$$

$$\mu_{sahf} = \mu_{sf} + (\mu_{sf} \times 0.8 - \mu_{sf}) \times \log(A_h) - 0.2$$
$$= -1 + [(-0.8) - (-1)] \times 0.352183 - 0.2$$
$$= -1.12956$$

按照以上计算得到

对于面板有：

$$\mu_{sp1} = 0.946487$$
$$\mu_{sn1} = -1.13311$$

对于立柱有：

$$\mu_{svp1} = 0.850158$$
$$\mu_{svn1} = -1.0127$$

对于横梁有：

$$\mu_{shp1} = 0.943651$$
$$\mu_{shn1} = -1.12956$$

面板正风压风荷载标准值计算如下：

$$W_{kp} = \beta_{gz} \times \mu_z \times \mu_{sp1} \times W_0$$
$$= 1.59418 \times 1.53901 \times 0.946487 \times 0.55$$
$$= 1.27719 \text{ kN/m}^2$$

面板负风压风荷载标准值计算如下

$$W_{kn} = \beta_{gz} \times \mu_z \times \mu_{sn1} \times W_0$$
$$= 1.59418 \times 1.53901 \times (-1.13311) \times 0.55$$
$$= -1.52902 \text{kN/m}^2$$

同样，立柱正风压风荷载标准值计算如下：

$$W_{kvp} = \beta_{gz} \times \mu_z \times \mu_{svp1} \times W_0$$
$$= 1.59418 \times 1.53901 \times 0.850158 \times 0.55$$
$$= 1.14721 \text{ kN/m}^2$$

立柱负风压风荷载标准值计算如下：

$$W_{kvn} = \beta_{gz} \times \mu_z \times \mu_{svn1} \times W_0$$
$$= -1.36654 \text{kN/m}^2$$

同样，横梁正风压风荷载标准值计算如下

$$W_{khp} = \beta_{gz} \times \mu_z \times \mu_{shp1} \times W_0$$
$$= 1.27337 \text{kN/m}^2$$

横梁负风压风荷载标准值计算如下：

$$W_{khn} = \beta_{gz} \times \mu_z \times \mu_{shn1} \times W_0$$
$$= -1.52424 \text{ kN/m}^2$$

2. 风荷载设计值计算

W：风荷载设计值，kN/m^2

γ_w：风荷载作用效应的分项系数，取 1.4

按《石材幕墙工程技术规范》（JGJ 102—2003）5.1.6 条规定采用

面板风荷载作用计算：

$$W_p = \gamma_w \times W_{kp} = 1.4 \times 1.27719 = 1.78807 \text{kN/m}^2$$
$$W_n = \gamma_w \times W_{kn} = 1.4 \times (-1.52902) = -2.14063 \text{kN/m}^2$$

立柱风荷载作用计算

$$W_{vp} = \gamma_w \times W_{kvp} = 1.4 \times 1.14721 = 1.60609 \text{kN/m}^2$$
$$W_{vn} = \gamma_w \times W_{kvn} = 1.4 \times (-1.36654) = -1.91315 \text{kN/m}^2$$

横梁风荷载作用计算

$$W_{hp} = \gamma_w \times W_{khp} = 1.4 \times 1.27337 = 1.78271 \text{kN/m}^2$$
$$W_{hn} = \gamma_w \times W_{khn} = 1.4 \times (-1.52424) = -2.13393 \text{kN/m}^2$$

3. 水平地震作用计算

G_{Ak}：面板和构件平均每平米重量取 0.5kN/m^2

α_{max}：水平地震影响系数最大值，取 0.16

q_{Ek}：分布水平地震作用标准值（kN/m^2）

$$q_{Ek} = \beta_E \times \alpha_{max} \times G_{Ak}$$
$$= 5 \times 0.16 \times 0.5$$
$$= 0.4 \text{kN/m}^2$$

γ_E：地震作用分项系数，取 1.3

q_{EA}：分布水平地震作用设计值（kN/m^2）

$$q_{EA} = \gamma_E \times q_{Ek}$$
$$= 1.3 \times 0.4$$
$$= 0.52 kN/m^2$$

4. 荷载组合计算

幕墙承受的荷载作用组合计算，按照规范，考虑正风压、地震荷载组合：

$$S_{zkp} = W_{kp} = 1.27719 kN/m^2$$

$$S_{zp} = W_{kp} \times \gamma_w + q_{Ek} \times \gamma_E \times \psi_E$$
$$= 1.27719 \times 1.4 + 0.4 \times 1.3 \times 0.5$$
$$= 2.04807 kN/m^2$$

考虑负风压、地震荷载组合：

$$S_{zkn} = W_{kn}$$
$$= -1.52902 kN/m^2$$

$$S_{zn} = W_{kn} \times \gamma_w - q_{Ek} \times \gamma_E \times \psi_E$$
$$= -1.52902 \times 1.4 - 0.4 \times 1.3 \times 0.5$$
$$= -2.40063 kN/m^2$$

综合以上计算，取绝对值最大的荷载进行强度验算：

采用面板荷载组合标准值为 $1.52902 kN/m^2$

面板荷载组合设计值为 $2.40063 kN/m^2$

立柱荷载组合标准值为 $1.36654 kN/m^2$

横梁荷载组合标准值为 $1.52424 kN/m^2$

5. 石材面板荷载计算

B：该处石板幕墙分格宽：$0.56m$

H：该处石板幕墙分格高：$1.6m$

A：该处石板板块面积：

$$A = B \times H$$
$$= 0.56 \times 1.6$$
$$= 0.896 m^2$$

G_{Ak}：石板板块平均自重

石板的体积密度为 $28 kN/m^3$

石板板块厚度 t 为 $25mm$

$$G_{Ak} = 28 \times t/1000$$
$$= 28 \times 25/1000$$
$$= 0.7 kN/m^2$$

实际板块以及框架重量取为 $0.7 kN/m^2$。

水平荷载设计值：$S_z = 1.5 kN/m^2$

水平荷载标准值：$S_{zk} = 1 kN/m^2$

6. 石材面板强度计算

选定面板材料为：花岗石-MU150

229

校核依据：$\sigma \leqslant 4.7\text{N}/\text{mm}^2$

H：石板高度，为 1.6m

B：石板宽度，为 0.56m

S_p：悬臂长度，为 90mm

t：石材厚度，为 25mm

S_z：组合荷载设计值，为 $1.5\text{kN}/\text{m}^2$

一块板用两个背栓连接，可简化为两端带悬臂的简支板：

应力设计值为：

$$\sigma = \frac{6 \times S_z \times B^2 \times \left(1 - 4 \times \frac{S_p}{\beta_w}\right)}{8 \times t^2} = \frac{6 \times 1.5 \times 0.56^2 \times \left(1 - 4 \times \frac{90}{0.56 \times 1000}\right)}{8 \times 25^2} \times 1000$$

$$= 0.2016\text{N}/\text{mm}^2$$

$0.2016\text{N}/\text{mm}^2 \leqslant 4.7\text{N}/\text{mm}^2$，强度满足要求。

第四节　石材幕墙立柱设计

一、石材幕墙立柱的材料

适宜用作石材幕墙立柱的材料主要是碳素结构槽钢（图 4-26）、矩形钢管（图 4-27），其次是其他合金材料，根据工程项目的实用性及可操作性，大部分以碳素结构钢材为主。

槽钢又分为热轧普通槽钢及热轧轻型槽钢两种：

图 4-26　工程中常用的槽钢

图 4-27　工程中常用的钢管

1. 常用的热轧普通槽钢的截面规格及重量见表 4-16。

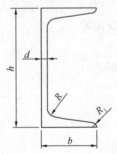

表 4-16 常用热轧普通槽钢的截面规格及重量

型号	尺 寸 (mm)						每米重量 (kg/m)
	h	b	d	t	R	R_1	
[5	50	37	4.5	7.0	7.0	3.50	5.44
[6.3	63	40	4.8	7.5	7.5	3.75	6.63
[8	80	43	5.0	8.0	8.0	4.0	8.04
[10	100	48	5.3	8.5	8.5	4.25	10.00
[12.6	126	53	5.5	9.0	9.0	4.5	12.31
[14a	140	58	6.0	9.5	9.5	4.75	14.53
[14b	140	60	8.0	9.5	9.5	4.75	16.73
[16a	160	63	6.5	10.0	10.0	5.00	17.23
[16b	160	65	8.5	10.0	10.0	5.00	19.75
[18a	180	68	7.0	10.5	10.5	5.25	20.17
[18b	180	70	9.0	10.5	10.5	5.25	22.99
[20a	200	73	7.0	11.0	11.0	5.50	22.63
[20b	200	75	9.0	11.0	11.0	5.50	25.77

2. 常用的热轧轻型槽钢的截面规格及重量见表 4-17。

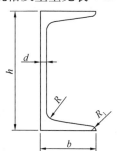

表 4-17 常用的热轧轻型槽钢的截面规格及重量

型号	尺 寸 (mm)						每米重量 (kg/m)
	h	b	d	t	R	R_1	
[5	50	32	4.4	7.0	6.0	2.50	4.84
[6.5	65	36	4.4	7.2	6.0	2.50	5.70
[8	80	40	4.5	7.4	6.5	2.50	7.05
[10	100	46	4.5	7.6	7.0	3.00	8.59
[12	120	52	4.8	7.8	7.5	3.00	10.43
[14	140	58	4.9	8.1	8.0	3.00	12.28
[14a	140	62	4.9	8.7	8.0	3.00	13.33
[16	160	64	5.0	8.4	8.5	3.50	14.22
[16a	160	68	5.0	9.0	8.5	3.50	15.34
[18	180	70	5.1	8.7	9.0	3.50	16.25
[18a	180	74	5.1	9.3	9.0	3.50	17.45
[20	200	76	5.2	9.0	9.5	4.00	18.37
[20a	200	80	5.2	9.7	9.5	4.00	19.75

3. 常用方形空心钢管截面规格及重量见表 4-27。

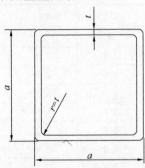

表 4-18 常用方形空心钢管截面规格及重量

尺　寸 (mm)		面　积 (cm²)	重　量 (kg/m)
a	$T=r$	F	M
20	1.6	1.111	0.873
20	2.0	1.336	1.050
25	1.2	1.105	0.868
25	2.0	1.736	1.363
30	1.2	1.345	1.057
30	1.6	1.751	1.376
30	2.0	2.136	1.678
30	2.5	2.589	2.032
30	2.6	2.657	2.102
30	3.25	3.205	2.518
40	1.2	1.825	1.434
40	1.6	2.391	1.879
40	2.0	2.936	2.307
40	2.5	3.589	2.817
40	2.6	3.715	2.919
40	3.0	4.208	3.303
40	4.0	5.374	4.198
50	2.0	3.736	2.936
50	2.5	4.589	3.602
50	2.6	4.755	3.736
50	3.0	5.408	4.245
50	3.2	5.726	4.499
50	4.0	6.947	5.454
50	5.0	8.356	6.567
60	2.0	4.536	6.564
60	2.5	5.589	4.387
60	2.6	5.795	4.554
60	3.0	6.608	5.187
60	4.0	8.0574	6.710

续表

尺 寸 (mm)		面 积 (cm²)	重 量 (kg/m)
a	$T=r$	F	M
60	5.0	10.356	8.129
70	2.0	5.336	4.193
70	2.6	6.835	5.371
70	3.2	8.286	6.511
70	4.0	10.147	7.966
70	5.0	12.356	9.699
80	2.0	6.132	4.819
80	2.6	7.875	6.188
80	3.2	9.566	7.517
80	4.0	11.747	9.222
80	5.0	14.356	11.269
80	6.0	16.832	13.227

4. 常用矩形空心钢管截面规格及重量见表4-19。

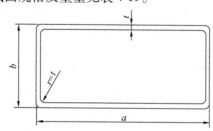

表4-19 常用矩形空心钢管截面规格及重量

尺 寸 (mm)			面 积 (cm²)	重 量 (kg/m)
a	b	$T=r$	F	M
30	15	1.5	1.202	0.945
30	20	2.5	2.089	1.642
40	20	1.2	1.345	1.057
40	20	1.6	1.751	1.376
40	20	2.0	2.136	1.678
50	25	1.5	2.102	1.650
50	30	1.6	2.391	1.879
50	30	2.0	2.936	2.307
50	30	2.5	3.589	2.817
50	30	3.0	4.208	3.303
50	30	3.2	4.446	3.494
50	30	4.0	5.347	4.198
50	32	2.0	3.016	2.370
50	35	2.5	3.839	3.017

续表

尺　寸 (mm)			面　积 (cm^2)	重　量 (kg/m)
a	b	$T = r$	F	M
60	30	2.5	4.089	3.209
60	30	3.0	4.808	3.744
60	40	1.6	3.031	2.382
60	40	2.0	3.736	2.936
60	40	2.5	4.589	3.602
60	40	3.0	5.408	4.245
60	40	3.2	5.726	4.499
60	40	4.0	6.947	5.454
70	50	2.5	5.589	4.195
70	50	3.0	6.608	5.187
70	50	4.0	8.547	6.710
70	50	5.0	10.356	8.129
80	40	2.0	4.536	3.564
80	40	2.5	5.589	4.387
80	40	2.6	5.795	4.554
80	40	3.0	6.608	5.187
80	40	4.0	8.574	6.111
80	40	5.0	10.356	8.129
80	60	3.0	7.808	6.129
80	60	4.0	10.147	7.966
80	60	5.0	12.356	9.699
90	40	2.5	6.089	4.785
90	50	2.0	5.336	4.193
90	50	2.6	6.835	5.371
90	50	3.0	7.808	6.129
90	50	4.0	10.147	7.966
90	50	5.0	12.356	9.699
100	50	3.0	8.408	6.600
100	60	2.0	7.126	4.822
100	60	2.6	7.875	6.188
120	50	2.0	6.536	5.136
120	60	2.0	6.936	5.450
120	60	3.2	10.846	8.523
120	60	4.0	13.347	10.478
120	60	5.0	16.356	12.839
120	80	2.6	9.955	7.823
120	80	3.2	12.126	9.529
120	80	4.0	14.947	11.734
120	80	5.0	18.356	14.409
120	80	6.0	21.632	16.981

续表

尺 寸 (mm)			面 积 (cm^2)	重 量 (kg/m)
a	b	$T=r$	F	M
120	80	8.0	27.791	21.838
120	100	8.0	30.991	24.353
140	90	3.2	14.046	11.037
140	90	4.0	17.347	13.631
140	90	5.0	21.356	16.782
150	100	3.2	15.326	12.043

二、立柱设计

石材幕墙立柱材料截面主要受力部位的壁厚，应根据计算确定，但材料主受力部位最小厚度应该符合下列规定：

1. 金属材料截面主要受力部位的有效壁厚不应小于 3.0mm。

2. 当采用螺纹螺钉或螺栓受力连接时，螺纹或螺栓连接部位截面壁厚应根据计算确定。

3. 偏心受压的立柱，截面翼缘的宽厚比应符合以下规定；

开放型截面自由挑出部分如图 4-28 所示，要求 $b/t \leqslant 15$。

截面封闭部分如图 4-29 所示，要求 $b/t \leqslant 30$。

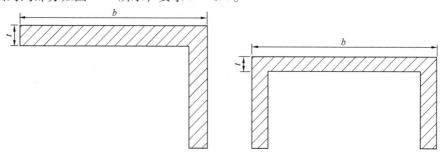

图 4-28　开放型截面自由挑出部分　　　　图 4-29　截面封闭部分

4. 上下立柱之间应有不小于 15mm 的缝隙，并应采用芯柱连接，芯柱总长度应满足立柱变形位移要求，芯柱与立柱应紧密接触，同时芯柱与下柱之间应采用不锈钢螺栓固定。

5. 立柱一般采用螺栓与角码连接，并通过角码与幕墙预埋件或钢构件连接。当采用螺栓连接时螺栓直径不应小于 10mm，连接螺栓应按现行国家标准《钢结构设计规范》（GB 50017—2003）进行承载力计算。立柱与角码采用不同金属材料时应采用绝缘垫片分隔。当立柱与角码采用同种碳素结构钢材时，宜采用焊接方式连接。

6. 立柱与主体结构的连接可每层设一个支承点（图 4-30），也可设两个支承点，当立柱是铝合金材料时，要注意下支点角码的构造应设计成平行于结构墙面的长圆孔，满足立柱温度变形要求（图 4-31）；在实体墙面上，支承点可加密。

7. 每层设一个支承点时，立柱应按简支单跨梁或铰接多跨梁计算（图 4-32）；每层设两个支承点时，立柱应按双跨梁或双支点铰接多跨梁计算（图 4-33）。

8. 立柱上端应悬挂在主体结构上，宜按照偏心受拉构件进行设计，在计算时应充分考虑石材幕墙板材、结构立柱、结构横梁的重量荷载。

9. 连接件与主体结构的锚固强度应大于连接件本身承载力设计值。与连接件直接相连接的主体结构件，其承载力应大于连接件承载力。与幕墙立柱相连接的主体混凝土构件的混凝土强度等级不宜低于 C30，同时符合《混凝土结构设计规范》（GB 50010—2010）的要求。

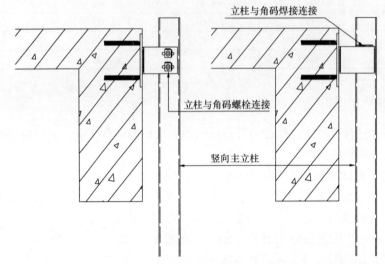

立柱与角码焊接连接

立柱与角码螺栓连接

竖向主立柱

图 4-30 每层设置一个支点安装示意

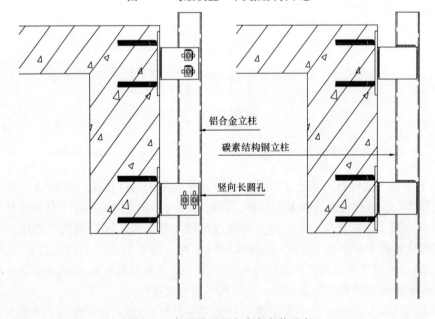

铝合金立柱

碳素结构钢立柱

竖向长圆孔

图 4-31 每层设置两个支点安装示意

10. 当幕墙立柱与主体结构件之间的距离较大时，可以在幕墙立柱与主体结构件之间设置过渡用钢桁架或钢伸臂，钢桁架或钢伸臂与主体构件之间应可靠连接固定形成自身稳定结构，幕墙连接件与钢桁架或钢伸臂之间也要可靠连接，满足幕墙结构受力荷载要求（图 4-

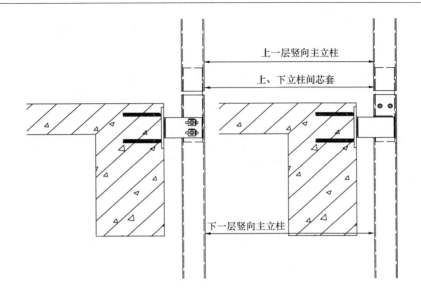

图 4-32　每层设置一个支点上下层立柱安装示意图

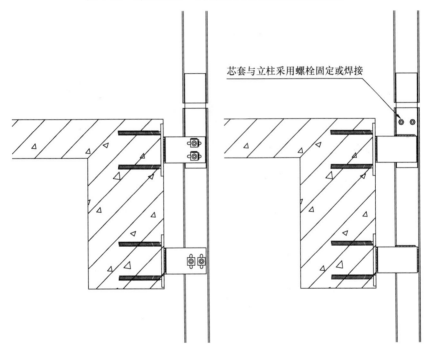

图 4-33　每层设置两个支点上下层立柱安装示意

34、图 4-35）。

　　11. 当幕墙立柱采用铝合金材料时，应该充分考虑由于材质不同，在温度变化时两种材料的变形差异所产生的影响。

　　12. 幕墙立柱与混凝土结构件之间通常是采用预埋件连接，一般是预埋件在结构件施工时按照预埋件安装位置图纸埋入主体构件，确保位置正确。当没有条件安装预埋件时，可以采用后置买件或其他方式与主体构件连接。

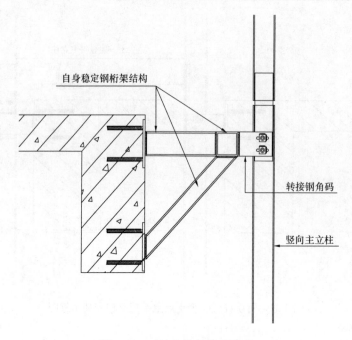

图 4-34　过渡钢桁架构造示意

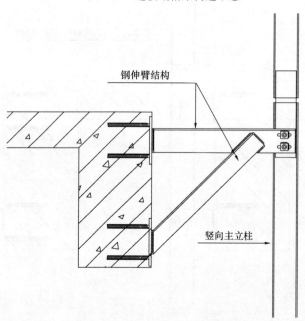

图 4-35　过渡钢伸臂设计安装示意

13. 幕墙立柱与主体构件之间的连接件应进行承载力计算，结构受力所使用的螺栓或铆钉，每处不得少于 2 个。

三、幕墙立柱结构受力要求

1. 偏心受拉的幕墙立柱截面承载力应符合以下要求：

$$\frac{N}{A_0} + \frac{M}{\nu W}$$

式中 N——立柱轴力设计值，N；

　　　M——立柱弯矩设计值，N·mm；

　　　A_0——立柱净截面面积，mm^2；

　　　ν——截面塑性发展系数，可取 1.05；

　　　W——在弯矩作用方向的净截面弹性抵抗矩，mm^3；

　　　f——材料抗弯强度设计值，MPa。

2. 偏心受压幕墙立柱截面承载力应符合以下要求：

$$\frac{N}{\phi_1 A_0} + \frac{M}{yW} \leqslant f$$

式中 N——立柱压力设计值，N；

　　　M——立柱弯矩设计值，N·mm；

　　　A_0——立柱净截面面积，mm^2；

　　　y——截面塑性发展系数，可取 1.05；

　　　W——在弯矩作用方向的净截面弹性抵抗矩，mm^3；

　　　f——材料抗弯强度设计值，MPa；

　　　ϕ_1——轴心受压柱的稳定系数，按照表4-20查取；

表 4-20　轴心受压稳定系数表（ϕ_1）

λ	钢 型 材		铝 合 金 型 材		
	Q235	Q345	6063-T5 6061-T4	6063-T6 6063A-T5 6063A-T6	6061-T6
20	0.97	0.96	0.98	0.96	0.92
40	0.90	0.88	0.88	0.84	0.80
60	0.81	0.73	0.81	0.75	0.71
80	0.69	0.58	0.70	0.58	0.48
100	0.56	0.43	0.56	0.38	0.32
110	0.49	0.37	0.49	0.34	0.26
120	0.44	0.32	0.41	0.30	0.22
140	0.35	0.25	0.29	0.22	0.16

3. 偏心受压幕墙立柱，其材料长细比可以按照下列要求计算：

$$\lambda = L/i$$

式中 λ——立柱长细比；

　　　L——幕墙立柱侧向支承点之间的距离，mm；

　　　i——立柱截面回转半径，mm；

幕墙立柱构件的长细比不应大于150。

4. 立柱构件在风荷载标准值和地震作用标准值所产生的挠度 u 应符合下列要求：

（1）当幕墙立柱构件的安装支承点跨度不大于7.5m时：

铝合金型材：$u \leqslant L/180$，绝对值：$u \leqslant 20mm$；钢型材：$u \leqslant L/300$，绝对值：$u \leqslant 15mm$。

（2）当幕墙立柱构件的安装支承点跨度大于7.5m时，建议采用钢立柱作为幕墙主立柱，其挠度符合下列要求：钢型材：$u \leqslant L/500$。

四、幕墙立柱结构受力计算举例

新疆乌鲁木齐有一座石材幕墙建筑，当地环境所属地区类别 B 类，抗震设防烈度：八度（0.2g），基本风压：0.6kN/m²，石材幕墙设计安装高度45m，石材板块选用25mm厚磨光板，板块的水平宽度1m，垂直高度是0.8m，立柱选用120×80×6的热浸镀锌矩形钢管，立柱的设计及安装跨度为4m，采用单跨简支梁安装方式。

1. 风荷载标准值计算

W_k：作用在幕墙上的风荷载标准值（kN/m²）

z：计算高度45m

μ_z：45m 高处风压高度变化系数（按 B 类区计算）：

$$\mu_z = 1 \times \left(\frac{Z}{10}\right)^{0.32} = 1.61818$$

μ_f：脉动系数：

$$\mu_z = 0.5 \times 35^{(1.8 \times (0.16-0.16))} \times \left(\frac{z}{10}\right)^{-0.16} = 0.393057$$

β_{gz}：阵风系数：

$$\beta_{gz} = 0.89 \times (1 + 2 \times \mu_f) = 1.58964$$

μ_{sp1}：局部正风压体型系数

μ_{sn1}：局部负风压体型系数，通过计算确定

μ_{sz}：建筑物表面正压区体型系数，取 0.8

μ_{sf}：建筑物表面负压区体型系数，取 -1

对于封闭式建筑物，考虑内表面压力，取 -0.2 或 0.2

A_b：面板构件从属面积取 0.8m²

A_v：立柱构件从属面积取 4m²

A_h：横梁构件从属面积取 1m²

μ_{s1}：围护构件从属面积不大于 1m² 的局部体型系数

$$\mu_{s1z} = \mu_{sz} + 0.2 = 1$$
$$\mu_{s1f} = \mu_{sf} - 0.2 = -1.2$$

围护构件从属面积大于或等于 10m² 的体型系数计算

$$\mu_{s10z} = \mu_{sz} \times 0.8 + 0.2 = 0.84$$
$$\mu_{s10f} = \mu_{sf} \times 0.8 - 0.2 = -1$$

同样，取立柱面积对数线性插值计算得到

$$\begin{aligned}
\mu_{savz} &= \mu_{sz} + (\mu_{sz} \times 0.8 - \mu_{sz}) \times \log(A_v) + 0.2 \\
&= 0.8 + (0.64 - 0.8) \times 0.60206 + 0.2 \\
&= 0.90367
\end{aligned}$$

$$\begin{aligned}
\mu_{savf} &= \mu_{sf} + (\mu_{sf} \times 0.8 - \mu_{sf}) \times \log(A_v) - 0.2 \\
&= -1 + [(-0.8) - (-1)] \times 0.60206 - 0.2 \\
&= -1.07959
\end{aligned}$$

按照以上计算得到

对于面板有：

$$\mu_{sp1} = 1$$
$$\mu_{sn1} = -1.2$$

对于立柱有：

$$\mu_{svp1} = 0.90367$$
$$\mu_{svn1} = -1.07959$$

对于横梁有：

$$\mu_{shp1} = 1$$
$$\mu_{shn1} = -1.2$$

面板正风压风荷载标准值计算如下：

$$\begin{aligned} W_{kp} &= \beta_{gz} \times \mu_z \times \mu_{sp1} \times W_0 \\ &= 1.58964 \times 1.61818 \times 1 \times 0.6 \\ &= 1.5434 \text{kN/m}^2 \end{aligned}$$

面板负风压风荷载标准值计算如下：

$$\begin{aligned} W_{kn} &= \beta_{gz} \times \mu_z \times \mu_{sn1} \times W_0 \\ &= 1.58964 \times 1.61818 \times (-1.2) \times 0.6 \\ &= -1.85208 \text{kN/m}^2 \end{aligned}$$

同样，立柱正风压风荷载标准值计算如下：

$$\begin{aligned} W_{kvp} &= \beta_{gz} \times \mu_z \times \mu_{sp1} \times W_0 \\ &= 1.58964 \times 1.61818 \times 0.90367 \times 0.6 \\ &= 1.39473 \text{kN/m}^2 \end{aligned}$$

立柱负风压风荷载标准值计算如下：

$$\begin{aligned} W_{kvn} &= \beta_{gz} \times \mu_z \times \mu_{svn1} \times W_0 \\ &= -1.66624 \text{kN/m}^2 \end{aligned}$$

同样，横梁正风压风荷载标准值计算如下：

$$\begin{aligned} W_{khp} &= \beta_{gz} \times \mu_z \times \mu_{shp1} \times W_0 \\ &= 1.5434 \text{kN/m}^2 \end{aligned}$$

横梁负风压风荷载标准值计算如下：

$$\begin{aligned} W_{khn} &= \beta_{gz} \times \mu_z \times \mu_{shn1} \times W_0 \\ &= -1.85208 \text{kN/m}^2 \end{aligned}$$

2. 风荷载设计值计算

W：风荷载设计值：kN/m^2

γ_w：风荷载作用效应的分项系数：1.4

按《玻璃幕墙工程技术规范》(JGJ 102—2003)5.1.6 条规定采用。

面板风荷载作用计算

$$W_p = \gamma_w \times W_{kp} = 1.4 \times 1.5434 = 2.16076 \text{kN/m}^2$$

$$W_n = \gamma_w \times W_{kn} = 1.4 \times (-1.85208) = -2.59291 \text{kN/m}^2$$

立柱风荷载作用计算

$$W_{vp} = \gamma_w \times W_{kvp} = 1.4 \times 1.39473 = 1.95262 \text{kN/m}^2$$

$$W_{vn} = \gamma_w \times W_{kvn} = 1.4 \times (-1.66624) = -2.33273 \text{kN/m}^2$$

横梁风荷载作用计算

$$W_{hp} = \gamma_w \times W_{khp} = 1.4 \times 1.5434 = 2.16076 \text{kN/m}^2$$

$$W_{hn} = \gamma_w \times W_{khn} = 1.4 \times (-1.85208) = -2.59291 \text{kN/m}^2$$

3. 水平地震作用计算

G_{Ak}：面板和构件平均平米重量取 1kN/m^2

α_{max}：水平地震影响系数最大值：0.16

q_{Ek}：分布水平地震作用标准值（kN/m^2）

$$\begin{aligned} q_{Ek} &= \beta_E \times \alpha_{max} \times G_{Ak} \\ &= 5 \times 0.16 \times 1 \\ &= 0.8 \text{kN/m}^2 \end{aligned}$$

γ_E：地震作用分项系数：1.3

q_{EA}：分布水平地震作用设计值（kN/m^2）

$$\begin{aligned} q_{EA} &= \gamma_E \times q_{Ek} \\ &= 1.3 \times 0.8 \\ &= 1.04 \text{kN/m}^2 \end{aligned}$$

4. 荷载组合计算

幕墙承受的荷载作用组合计算，按照规范，考虑正风压、地震荷载组合：

$$S_{zkp} = W_{kp} = 1.5434 \text{kN/m}^2$$

$$\begin{aligned} S_{zp} &= W_{kp} \times \gamma_w + q_{Ek} \times \gamma_E \times \psi_E \\ &= 1.5434 \times 1.4 + 0.8 \times 1.3 \times 0.5 \\ &= 2.68076 \text{kN/m}^2 \end{aligned}$$

考虑负风压、地震荷载组合：

$$S_{zkn} = W_{kn} = -1.85208 \text{kN/m}^2$$

$$\begin{aligned} S_{zn} &= W_{kn} \times \gamma_w - q_{Ek} \times \gamma_E \times \psi_E \\ &= -1.85208 \times 1.4 - 0.8 \times 1.3 \times 0.5 \\ &= -3.11291 \text{kN/m}^2 \end{aligned}$$

综合以上计算，取绝对值最大的荷载进行强度验算：

采用面板荷载组合标准值为 1.85208kN/m^2

面板荷载组合设计值为 3.11291kN/m^2

立柱荷载组合标准值为 1.66624kN/m^2

横梁荷载组合标准值为 1.85208kN/m^2

5. 立柱荷载计算

（1）风荷载线分布最大荷载集度设计值（矩形分布）

q_w：风荷载线分布最大荷载集度设计值（kN/m）

r_w：风荷载作用效应的分项系数：1.4

W_k：风荷载标准值：1.66624kN/m^2

B_l：幕墙左分格宽：1m

B_r：幕墙右分格宽：1m

$$q_{wk} = W_k \times \frac{B_l + B_r}{2}$$

$$= 1.66624 \times \frac{1 + 1}{2}$$

$$= 1.66624 \text{kN/m}$$

$$q_w = 1.4 \times q_{wk}$$

$$= 1.4 \times 1.66624$$

$$= 2.33274 \text{kN/m}$$

（2）分布水平地震作用设计值

G_{Akl}：立柱左边幕墙构件(包括面板和框)的平均自重：1.1kN/m²

G_{Akr}：立柱右边幕墙构件(包括面板和框)的平均自重：1.1kN/m²

$$q_{EAkl} = 5 \times \alpha_{max} \times G_{Akl}$$

$$= 5 \times 0.16 \times 1.1$$

$$= 0.88 \text{kN/m}^2$$

$$q_{EAkr} = 5 \times \alpha_{max} \times G_{Akr}$$

$$= 5 \times 0.16 \times 1.1$$

$$= 0.88 \text{kN/m}^2$$

$$q_{ek} = \frac{q_{Ekl} \times B_l + q_{Ekr} \times B_r}{2}$$

$$= \frac{0.88 \times 1 + 0.88 \times 1}{2}$$

$$= 0.88 \text{kN/m}$$

$$q_e = 1.3 \times q_{ek}$$

$$= 1.3 \times 0.88$$

$$= 1.144 \text{kN/m}$$

（3）立柱荷载组合

立柱所受组合荷载标准值为：

$$q_k = q_{wk} = 1.66624 \text{kN/m}$$

立柱所受组合荷载设计值为：

$$q = q_w + \psi_E \times q_e$$

$$= 2.33274 + 0.5 \times 1.144$$

$$= 2.90474 \text{kN/m}$$

立柱计算简图如图 4-36 所示。立柱受力简图如图 4-37 所示。

（4）立柱弯矩

通过有限元分析计算得到立柱的弯矩图如图 4-38 所示。

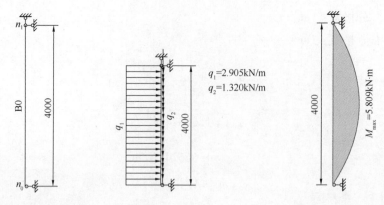

图 4-36　立柱计算简图　　　图 4-37　立柱受力简图　　　图 4-38　立柱弯矩图

立柱弯矩分布见表 4-21。

表 4-21　立柱弯矩分布

列表条目	1	2	3	4	5	6	7	8	9	10
偏移（m）	0.000	0.450	0.900	1.350	1.800	2.200	2.650	3.100	3.550	4.000
弯矩（kN·m）	0.000	2.320	4.052	5.196	5.751	5.751	5.196	4.052	2.320	0.000

最大弯矩发生在 2m 处

M：幕墙立柱在风荷载和地震作用下产生弯矩（kN·m）

$$M = 5.80947 \text{kN} \cdot \text{m}$$

立柱在荷载作用下的轴力如图 4-39 所示。

立柱在荷载作用下的支座反力信息见表 4-22。

表 4-22　支　座　反　力

支座编号	X 向反力（kN）	Y 向反力（kN）	转角反力（kN·m）
n_0	−5.809	—	—
n_1	−5.809	−5.280	—

6. 选用立柱型材的截面特性（图 4-40）

选定立柱材料类别：钢-Q235

选用立柱型材名称：$120 \times 80 \times 6$ 碳素钢管

型材强度设计值：215N/mm^2

型材弹性模量：$E = 206000 \text{N/mm}^2$

X 轴惯性矩：$I_x = 406.061 \text{cm}^4$

Y 轴惯性矩：$I_y = 215.033 \text{cm}^4$

X 轴上部抵抗矩：$W_{x1} = 67.6769 \text{cm}^3$

X 轴下部抵抗矩：$W_{x2} = 67.6769 \text{cm}^3$

Y 轴左部抵抗矩：$W_{y1} = 53.7582 \text{cm}^3$

Y 轴右部抵抗矩：$W_{y2} = 53.7582 \text{cm}^3$

型材截面积：$A = 21.6329 \text{cm}^2$

图 4-39　立柱轴力图

型材计算校核处抗剪壁厚：$t = 6mm$

型材截面面积矩：$S_s = 42.127cm^3$

塑性发展系数：$\gamma = 1.05$

7. 立柱强度计算

校核依据：$\dfrac{N}{A} + \dfrac{M}{\gamma \times w} \leqslant f_a$

B_l：幕墙左分格宽：$1m$

B_r：幕墙右分格宽：$1m$

H_v：立柱长度

G_{Akl}：幕墙左分格自重：$1.1kN/m^2$

G_{Akr}：幕墙右分格自重：$1.1kN/m^2$

幕墙自重线荷载：

图 4-40　立柱型材

$$G_k = \frac{G_{Akl} \times B_L + G_{Akr} \times B_r}{2}$$

$$= \frac{1.1 \times 1 + 1.1 \times 1}{2}$$

$$= 1.1kN/m$$

γ_G：结构自重分项系数：1.2

G：幕墙自重线荷载设计值 $1.32kN/m$

f：立柱计算强度（N/mm^2）

A：立柱型材截面积：$21.6329cm^2$

N_1：当前杆件最大轴拉力（kN）

N_y：当前杆件最大轴压力（kN）

M_{max}：当前杆件最大弯矩（$kN \cdot m$）

W_z：立柱截面抵抗矩（cm^3）

γ：塑性发展系数：1.05

立柱通过有限元计算得到的应力校核数据见表4-23：

表4-23　反　力　校　核

编号	N_1	N_y	M_{max}	W_z	A	f_z
b_0	5.280	0.000	5.809	67.6769	21.6329	84.194

通过上面计算可知，立柱杆件 b_0 的应力最大，为 $84.1943N/mm^2 \leqslant f_a = 215N/mm^2$，所以立柱承载力满足要求。

8. 立柱的刚度计算

校核依据：$U_{max} \leqslant \dfrac{L}{250}$

D_{fmax}：立柱最大允许挠度：

通过有限元分析计算得到立柱的挠度，如图4-41所示。

立柱挠度分布见表4-24。

表 4-24　立　柱　挠　度

列表条目	1	2	3	4	5	6	7	8	9	10
偏移（m）	0.000	0.450	0.900	1.350	1.800	2.200	2.650	3.100	3.550	4.000
挠度（mm）	0.000	2.333	4.351	5.813	6.560	6.560	5.813	4.351	2.333	0.000

最大挠度发生在 2m 处，最大挠度为 6.63984mm

$$D_{f\max} = \frac{H_{v\max}}{250} \times 1000$$

$$= \frac{4}{250} \times 1000$$

$$= 16\text{mm}$$

立柱最大挠度 $U_{\max}$ 为：6.63984mm ≤ 16mm

挠度满足要求。

9. 立柱抗剪计算

校核依据：$\tau_{\max} \leqslant [\tau] = 125\text{N/mm}^2$

通过有限元分析计算得到立柱的剪力，如图 4-42 所示。

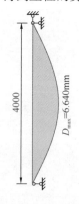
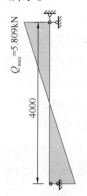

图 4-41　立柱位移图　　　　图 4-42　立柱剪力图

立柱剪力分布见表 4-25：

表 4-25　剪　力　分　布

项　目	1	2	3	4	5	6	7	8	9	10
偏移（m）	0.000	0.450	0.900	1.350	1.800	2.200	2.650	3.100	3.550	4.000
剪力（kN）	-5.809	-4.502	-3.195	-1.888	-0.581	0.581	1.888	3.195	4.502	5.809

最大剪力发生在 4m 处

τ：立柱剪应力

Q：立柱最大剪力：5.80947kN

S_s：立柱型材截面积矩：42.127cm^3

I_x：立柱型材截面惯性矩：406.061cm^4

t：立柱抗剪壁厚：6mm

$$\tau = \frac{Q \times S_s \times 100}{I_x \times t}$$

$$= \frac{5.80947 \times 42.127 \times 100}{406.061 \times 6}$$

$$= 10.0451 \mathrm{N/mm^2}$$

$$10.0451 \mathrm{N/mm^2} \leqslant 125 \mathrm{N/mm^2}$$

立柱抗剪强度可以满足。

第五节　石材幕墙横梁设计

一、适宜用作石材幕墙横梁的材料

适宜用作石材幕墙横梁的材料主要是碳素结构角钢（图 4-43），其次是其他合金材料，根据工程项目的实用性及可操作性大部分使用碳素结构角钢。

1. 用于石材幕墙横向龙骨材料的截面样式根据计算确定，目前在石材幕墙行业内主要使用的是碳素结构角钢，碳素结构角钢根据常用的种类又分为等边碳素角钢及不等边碳素角钢两种类型。

2. 常用等边碳素结构角钢的截面尺寸及重量见表 4-26。

图 4-43　常用于石材幕墙的横龙骨角钢样式

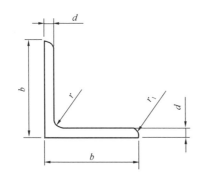

b—边宽度

d—边厚度

r—内圆弧半径

r_1—边端内圆弧半径 $d/3$

表 4-26　热轧等边碳素结构角钢截面尺寸及重量

角钢钢号	截面尺寸（mm）			截面面积（cm²）	理论重量（kg/m）
	b	d	r		
2	20	3	3.5	1.132	0.889
		4		1.459	1.145
2.5	25	3		1.432	1.124
		4		1.859	1.459

角钢钢号	截面尺寸（mm）				截面面积（cm²）	理论重量（kg/m）
	b	d	r			
3	30	3	4.5		1.749	1.373
		4			2.276	1.786
3.6	36	3	4.5		2.109	1.656
		4			2.756	2.163
		5			3.382	2.654
4	40	3	5		2.359	1.852
		4			3.086	2.422
		5			3.791	2.976
4.5	45	3	5		2.659	2.088
		4			3.486	2.736
		5			4.292	3.369
		6			5.076	3.985
5	50	3	5.5		2.971	2.332
		4			3.897	3.059
		5			4.803	3.770
		6			5.688	4.465
5.6	56	3	6		3.343	2.624
		4			4.390	3.446
		5			5.415	4.251
		8	7		8.367	6.568
6.3	63	4	7		4.978	3.907
		5			6.143	4.822
		6			7.288	5.721
		8			9.515	7.469
		10			11.657	9.151
7	70	4	8		5.570	4.372
		5			6.875	5.397
		6			8.160	6.406
		7			9.424	7.398
		8			10.667	8.373
7.5	75	5	9		7.367	5.818
		6			8.797	6.905
		7			10.160	7.976
		8			11.503	9.030
		10			14.126	11.089

续表

角钢钢号	截面尺寸（mm）			截面面积（cm²）	理论重量（kg/m）
	b	d	r		
8	80	5	9	7.912	6.211
		6		9.397	7.376
		7		10.860	8.525
		8		12.303	9.658
		10		15.126	11.874
9	90	6	10	10.637	8.350
		7		12.301	9.656
		8		13.944	10.946
		10		17.167	13.476
		12		20.306	15.940
10	100	6	12	11.932	9.366
		7		13.796	10.830
		8		15.638	12.267
		10		19.261	15.120
		12		22.800	17.898
		14		26.256	20.611
		16		29.627	23.257
11	110	7	12	15.196	11.928
		8		17.238	13.532
		10		21.261	16.690
		12		25.200	19.782
		14		29.056	22.809
12.5	125	8	14	19.750	15.504
	140	10		24.373	19.133
		12		28.912	22.696
		14		33.367	26.193
14		10		27.373	21.488
		12		32.512	25.522
		14		37.567	29.490
		16		42.539	33.393
16	160	10	16	31.502	24.729
		12		37.441	29.391
		14		43.296	33.987
		16		49.067	38.518

续表

角钢钢号	截面尺寸（mm）			截面面积（cm²）	理论重量（kg/m）
	b	d	r		
18	180	12	16	42.241	33.159
		14		48.896	38.388
		16		55.467	43.542
		18		61.955	48.634

3. 常用不等边碳素结构角钢的截面尺寸及重量见表4-27。

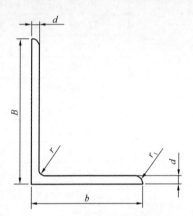

B—长边边宽

b—短边边宽

d—边厚度

r—内圆弧半径

r_1—边端内圆弧半径 $d/3$

表4-27 热轧不等边碳素结构角钢截面尺寸及重量

角钢钢号	尺 寸（mm）				截面面积（cm²）	理论重量（kg/m）
	B	b	d	r		
2.5/1.6	25	16	3	3.5	1.162	0.912
			4		1.499	1.176
3.2/2	32	20	3	3.5	1.492	1.717
			4		1.939	1.522
4/2.5	40	25	3	4	1.890	1.484
			4		2.467	1.936
4.5/2.8	45	28	3	5	2.149	1.687
			4		2.806	2.203
5/3.2	50	32	3	5.5	2.431	1.908
			4		3.177	2.494
5.6/3.6	56	36	3	6	2.743	2.153
			4		3.590	2.818
			5		4.415	3.466
6.3/4	63	40	4	7	4.058	3.185
			5		4.993	3.920
			6		5.908	4.638
			7		6.802	5.339

续表

角钢钢号	尺 寸（mm）				截面面积（cm²）	理论重量（kg/m）
	B	b	d	r		
7/4.5	70	45	4	7.5	4.547	3.570
			5		5.609	4.403
			6		6.647	5.218
			7		7.657	6.011
7.5/5	75	50	5	8	6.125	4.808
			6		7.260	5.699
			8		9.467	7.431
			10		11.590	9.098
8/5	80	50	5	8	6.375	5.005
			6		7.560	5.935
			7		8.724	6.484
			8		9.867	7.745
9/5.6	90	56	5	9	7.121	5.661
			6		8.557	6.717
			7		9.880	7.756
			8		11.183	8.779
10/6.3	100	63	6	10	9.617	7.550
			7		11.111	8.722
			8		12.584	9.878
			10		15.467	12.142
10/8	100	80	6	10	10.637	8.350
			7		12.301	9.656
			8		13.944	10.946
			10		17.167	13.476
11/7	110	70	6	10	10.637	8.350
			7		12.301	9.656
			8		13.944	10.946
			10		17.167	13.476
12.5/8	125	80	7	11	14.096	11.066
			8		15.989	12.551
			10		19.712	15.474
			12		23.351	18.330
14/9	140	90	8	12	18.038	14.160
			10		22.261	17.475
			12		26.400	20.724
			14		30.456	23.908

角钢钢号	尺　寸（mm）				截面面积（cm²）	理论重量（kg/m）
	B	b	d	r		
16/10	160	100	10	13	25.315	19.872
			12		30.054	23.592
			14		34.709	27.247
			16		39.281	30.835
18/11	180	110	10	14	28.373	22.237
			12		33.712	26.464
			14		38.967	30.589
			16		44.139	34.649
20/12.5	200	125	12	15	37.912	29.761
			14		43.867	34.436
			16		49.739	39.045
			18		55.526	43.558

4. 石材幕墙横梁材料截面主要受力部位的壁厚，应根据计算确定，但材料主受力部位最小厚度应该符合下列规定：

（1）铝合金横梁型材主要受力部位的材料厚度不应小于 2.5mm；

（2）钢型材横梁主要受力部位的材料有效厚度不应小于 3.0mm。

5. 横梁主要受力部位的截面厚度还应符合下列规定：

（1）截面自由挑出部分（图 4-44）要求 $b/t \leqslant 15$。

（2）截面封闭部分（图 4-45）要求 $b/t \leqslant 30$。

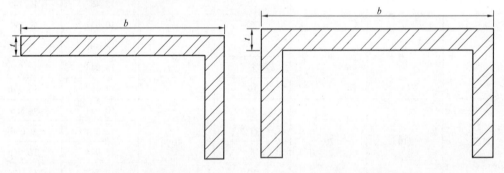

图 4-44　截面自由排出部分　　　　　　图 4-45　截面封闭部分

二、横梁材料的结构受力要求

1. 幕墙横梁的荷载应根据板材在横梁上的支承状况来确定，并应计算横梁在支承板材时所产生的弯矩和剪力是否满足幕墙结构受力要求。

2. 幕墙横梁截面抗弯承载力应符合下列要求：

$$(M_x / \nu W_x) + (M_y / \nu W_y) \leqslant f$$

式中　　M_x——横梁绕 x 轴（幕墙平面内方向）的弯矩设计值，N·mm；

M_y——横梁绕 y 轴（垂直于幕墙平面内方向）的弯矩设计值，N·mm；

W_x——横梁绕 x 轴（幕墙平面内方向）的净截面弹性抵抗矩，mm^3；

W_y——横梁绕 y 轴（垂直于幕墙平面内方向）的净截面弹性抵抗矩，mm^3；

ν——材料截面塑性发展系数，可取 1.05；

f——材料抗弯强度设计值，MPa。

3. 幕墙横梁截面抗剪承载力应符合下列要求：

$$1.5 V_h / A_{wh} \leqslant f$$

$$1.5 V_y / A_{wy} \leqslant f$$

式中 V_h——幕墙横梁在水平方向的剪力设计值，N；

V_y——幕墙横梁在竖直方向的剪力设计值，N；

A_{wh}——幕墙横梁截面水平方向腹板截面面积，mm^2；

A_{wy}——幕墙横梁截面竖直方向腹板截面面积，mm^2；

f——材料抗剪强度设计值，MPa；

4. 幕墙横梁截面挠度值 u，应符合下列要求：

（1）当幕墙横梁构件的安装跨度不大于 7.5m 时

铝合金型材：$u \leqslant L/180$

绝对值：$u \leqslant 20mm$

钢型材：$u \leqslant L/300$

绝对值：$u \leqslant 15mm$

（2）当幕墙横梁构件的安装跨度大于 7.5m 时，幕墙钢横梁其挠度符合下列要求

钢型材：$u \leqslant L/500$

三、横梁受力结构计算示例

北京某一项目，石材幕墙设计及安装高度是 163m，建筑设计的层间结构高度是 4m，工程所属建筑物地区类别 C 类，抗震设防烈度八度（0.2g），北京地区的城市基本风压是 0.45kN/m。

1. 风荷载标准值计算

W_k：作用在幕墙上的风荷载标准值（kN/m^2）

z：计算高度 163m

μ_z：163m 高处风压高度变化系数（按 C 类区计算）：

$$\mu_z = 0.616 \times \left(\frac{z}{10} \right)^{0.44} = 2.1035$$

μ_f：脉动系数：

$$\mu_z = 0.5 \times 35^{[1.8 \times (0.22 - 0.16)]} \times \left(\frac{z}{10} \right)^{-0.22} = 0.397236$$

β_{gz}：阵风系数：

$$\beta_{gz} = 0.85 \times (1 + 2 \times \mu_f) = 1.5253$$

μ_{sp1}：局部正风压体型系数

μ_{sn1}：局部负风压体型系数，通过计算确定

μ_{sz}：建筑物表面正压区体型系数，取 0.8

μ_{sf}：建筑物表面负压区体型系数，取 -1

对于封闭式建筑物，考虑内表面压力，取 -0.2 或 0.2

A_b：面板构件从属面积取 0.96m^2

A_v：立柱构件从属面积取 4.8m^2

A_h：横梁构件从属面积取 0.96m^2

μ_{s1}：围护构件从属面积不大于 1m^2 的局部体型系数

$$\mu_{s1z} = \mu_{sz} + 0.2 = 1$$
$$\mu_{s1f} = \mu_{sf} - 0.2 = -1.2$$

围护构件从属面积大于或等于 10m^2 的体型系数计算

$$\mu_{s10z} = \mu_{sz} \times 0.8 + 0.2 = 0.84$$
$$\mu_{s10f} = \mu_{sf} \times 0.8 - 0.2 = -1$$

同样，取立柱面积对数线性插值计算得到

$$\begin{aligned}
\mu_{savz} &= \mu_{sz} + (\mu_{sz} \times 0.8 - \mu_{sz}) \times \log(A_v) + 0.2 \\
&= 0.8 + (0.64 - 0.8) \times 0.681241 + 0.2 \\
&= 0.891001
\end{aligned}$$

$$\begin{aligned}
\mu_{savf} &= \mu_{sf} + (\mu_{sf} \times 0.8 - \mu_{sf}) \times \log(A_v) - 0.2 \\
&= -1 + [(-0.8) - (-1)] \times 0.681241 - 0.2 \\
&= -1.06375
\end{aligned}$$

按照以上计算得到

对于面板有：

$$\mu_{sp1} = 1$$
$$\mu_{sn1} = -1.2$$

对于立柱有：

$$\mu_{svp1} = 0.891001$$
$$\mu_{svn1} = -1.06375$$

对于横梁有：

$$\mu_{shp1} = 1$$
$$\mu_{shn1} = -1.2$$

面板正风压风荷载标准值计算如下：

$$\begin{aligned}
W_{kp} &= \beta_{gz} \times \mu_z \times \mu_{sp1} \times W_0 \\
&= 1.5253 \times 2.1035 \times 1 \times 0.45 \\
&= 1.44381\text{kN/m}^2
\end{aligned}$$

面板负风压风荷载标准值计算如下：

$$\begin{aligned}
W_{kn} &= \beta_{gz} \times \mu_z \times \mu_{sn1} \times W_0 \\
&= 1.5253 \times 2.1035 \times (-1.2) \times 0.45 \\
&= -1.73258\text{kN/m}^2
\end{aligned}$$

同样，立柱正风压风荷载标准值计算如下：

$$W_{kvp} = \beta_{gz} \times \mu_z \times \mu_{svp1} \times W_0$$
$$= 1.5253 \times 2.1035 \times 0.891001 \times 0.45$$
$$= 1.28644 \text{kN/m}^2$$

立柱负风压风荷载标准值计算如下：
$$W_{kvn} = \beta_{gz} \times \mu_z \times \mu_{svn1} \times W_0$$
$$= -1.53586 \text{kN/m}^2$$

同样，横梁正风压风荷载标准值计算如下：
$$W_{khp} = \beta_{gz} \times \mu_z \times \mu_{shp1} \times W_0$$
$$= 1.44381 \text{kN/m}^2$$

横梁负风压风荷载标准值计算如下
$$W_{khn} = \beta_{gz} \times \mu_z \times \mu_{shn1} \times W_0$$
$$= -1.73258 \text{kN/m}^2$$

2. 风荷载设计值计算

W：风荷载设计值(kN/m^2)

γ_w：风荷载作用效应的分项系数：1.4

按《玻璃幕墙工程技术规范》(JGJ 102—2003)5.1.6 条规定采用

面板风荷载作用计算
$$W_p = \gamma_w \times W_{kp} = 1.4 \times 1.44381 = 2.02134 \text{kN/m}^2$$
$$W_n = \gamma_w \times W_{kn} = 1.4 \times (-1.73258) = -2.42561 \text{kN/m}^2$$

立柱风荷载作用计算
$$W_{vp} = \gamma_w \times W_{kvp} = 1.4 \times 1.28644 = 1.80102 \text{kN/m}^2$$
$$W_{vn} = \gamma_w \times W_{kvn} = 1.4 \times (-1.53586) = -2.1502 \text{kN/m}^2$$

横梁风荷载作用计算
$$W_{hp} = \gamma_w \times W_{khp} = 1.4 \times 1.44381 = 2.02134 \text{kN/m}^2$$
$$W_{hn} = \gamma_w \times W_{khn} = 1.4 \times (-1.73258) = -2.42561 \text{kN/m}^2$$

3. 水平地震作用计算

G_{AK}：面板和构件平均平米重量取 0.5kN/m^2

α_{max}：水平地震影响系数最大值：0.16

q_{Ek}：分布水平地震作用标准值(kN/m^2)
$$q_{Ek} = \beta_E \times \alpha_{max} \times G_{AK}$$
$$= 5 \times 0.16 \times 0.5$$
$$= 0.4 \text{kN/m}^2$$

r_E：地震作用分项系数：1.3

q_{EA}：分布水平地震作用设计值(kN/m^2)
$$q_{EA} = r_E \times q_{Ek}$$
$$= 1.3 \times 0.4$$
$$= 0.52 \text{kN/m}^2$$

4. 荷载组合计算

幕墙承受的荷载作用组合计算，按照规范，考虑正风压、地震荷载组合：

$$S_{zkp} = W_{kp} = 1.44381\text{kN/m}^2$$

$$S_{zp} = W_{kp} \times \gamma_w + q_{Ek} \times \gamma_E \times \psi_E$$

$$= 1.44381 \times 1.4 + 0.4 \times 1.3 \times 0.5$$

$$= 2.28134\text{kN/m}^2$$

考虑负风压、地震荷载组合：

$$S_{zkn} = W_{kn} = -1.73258\text{kN/m}^2$$

$$S_{zn} = W_{kn} \times \gamma_w - q_{Ek} \times \gamma_E \times \psi_E$$

$$= -1.73258 \times 1.4 - 0.4 \times 1.3 \times 0.5$$

$$= -2.68561\text{kN/m}^2$$

综合以上计算，取绝对值最大的荷载进行强度演算

采用面板荷载组合标准值为 1.73258kN/m^2

面板荷载组合设计值为 2.68561kN/m^2

立柱荷载组合标准值为 1.53586kN/m^2

横梁荷载组合标准值为 1.73258kN/m^2

5. 选用横梁型材的截面特性（图 4-46）

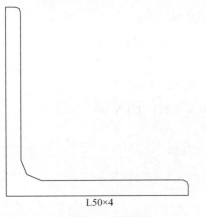

L50×4

图 4-46　横梁型材

选定横梁材料类别：钢-Q235

选用横梁型材名称：L50 ×4

型材强度设计值：215N/mm^2

型材弹性模量：$E = 206000\text{N/mm}^2$

X 轴惯性矩：$I_x = 9.25733\text{cm}^4$

Y 轴惯性矩：$I_y = 9.25733\text{cm}^4$

X 轴上部抵抗矩：$W_{x1} = 2.55787\text{cm}^3$

X 轴下部抵抗矩：$W_{x2} = 6.70408\text{cm}^3$

Y 轴左部抵抗矩：$W_{y1} = 6.70408\text{cm}^3$

Y 轴右部抵抗矩：$W_{y2} = 2.55787\text{cm}^3$

型材截面积：$A = 3.89729\text{cm}^2$

型材计算校核处抗剪壁厚：$t = 4\text{mm}$

型材截面绕 X 轴面积矩：$S_s = 2.60596\text{cm}^3$

型材截面绕 Y 轴面积矩：$S_{sy} = 2.60596\text{cm}^3$

塑性发展系数：$\gamma = 1.05$

6. 横梁的强度计算

校核依据：$\dfrac{M_x}{\gamma \times W_x} + \dfrac{M_y}{\gamma \times W_y} \leqslant f_a = 215$

（1）横梁在自重作用下的弯矩（kN·m）

H_h：幕墙分格高：0.8m

B_h：幕墙分格宽：1.2m

G_{Akhu}：横梁上部面板自重：0.7kN/m^2

G_{Akhd}：横梁下部面板自重：0.7kN/m^2

G_{hk}：横梁自重荷载线分布均布荷载集度标准值（kN/m）：

$$G_{hk} = 0.7 \times H_h = 0.7 \times 0.8 = 0.56\text{kN/m}$$

G_h：横梁自重荷载线分布均布荷载集度设计值（kN/m）

$$G_h = \gamma_G \times G_{hk} = 1.2 \times 0.56 = 0.672\text{kN/m}$$

（2）横梁承受的组合荷载作用计算

横梁承受风荷载作用

$$w_k = 1.73258\text{kN/m}^2$$

q_{EAk}：横梁平面外地震荷载

β_E：动力放大系数：5

$\alpha_{\max}$：地震影响系数最大值：0.16

$$
\begin{aligned}
q_{EAku} &= \beta_E \times \alpha_{\max} \times 0.7 \\
&= 5 \times 0.16 \times 0.7 \\
&= 0.56\text{kN/m}^2 \\
q_{EAkd} &= \beta_E \times \alpha_{\max} \times 0.7 \\
&= 5 \times 0.16 \times 0.7 \\
&= 0.56\text{kN/m}^2
\end{aligned}
$$

荷载组合：

横梁承受面荷载组合标准值：

$$q_{Ak} = w_k = 1.73258\text{kN/m}^2$$

横梁承受面荷载组合设计值：

$$
\begin{aligned}
q_{Au} &= \gamma_w \times w_k + 0.5 \times \gamma_E \times q_{EAku} \\
&= 1.4 \times 1.73258 + 0.5 \times 1.3 \times 0.56 \\
&= 2.78961\text{kN/m}^2 \\
q_{Ad} &= \gamma_w \times w_k + 0.5 \times \gamma_w \times q_{EAkd} \\
&= 1.4 \times 1.73258 + 0.5 \times 1.3 \times 0.56 \\
&= 2.78961\text{kN/m}^2
\end{aligned}
$$

（3）横梁在组合荷载作用下的弯矩（kN·m）

分横梁上下部分别计算

H_{hu}：横梁上部面板高度 0.8m

H_{hd}：横梁下部面板高度 0.8m

H_{eu}：横梁上部面板荷载计算有效高度为 0.4m

H_{ed}：横梁下部面板荷载计算有效高度为 0.4m

$$
\begin{aligned}
q_u &= q_{Au} \times H_{eu} \\
&= 2.78961 \times 0.4 \\
&= 1.11584\text{kN/m} \\
q_d &= q_{Ad} \times H_{ed}
\end{aligned}
$$

$$= 2.78961 \times 0.4$$
$$= 1.11584 \text{kN/m}$$

组合荷载作用产生的线荷载标准值为：

$$q_{uk} = q_{Ak} \times H_{eu}$$
$$= 1.73258 \times 0.4$$
$$= 0.693032 \text{kN/m}$$
$$q_{dk} = q_{Ak} \times H_{ed}$$
$$= 1.73258 \times 0.4$$
$$= 0.693032 \text{kN/m}$$

（4）横梁荷载计算：

$$q_k = q_{uk} + q_{dk} = 1.38606 \text{kN/m}$$
$$q = q_u + q_d = 2.23169 \text{kN/m}$$

（5）横梁强度计算信息：

横梁荷载作用简图如图4-47所示。

横梁在荷载作用下的弯矩图如图4-48所示。

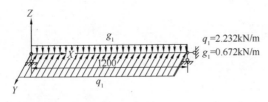

图4-47 横梁受力简图

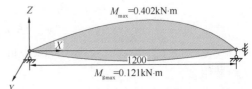

图4-48 横梁弯矩图

横梁在荷载作用下的弯矩以及正应力数据见表4-28所示。

表4-28 横梁弯矩及正应力

编号	条目	1	2	3	4	5	6	7	8	9	10
1	偏移	0.000	0.135	0.270	0.405	0.540	0.660	0.795	0.930	1.065	1.200
	M_y	-0.000	-0.160	-0.280	-0.359	-0.398	-0.398	-0.359	-0.280	-0.160	-0.000
	M_z	-0.000	-0.048	-0.084	-0.108	-0.120	-0.120	-0.108	-0.084	-0.048	0.000
	σ_y	-0.000	-59.734	-104.324	-133.770	-148.072	-148.072	-133.770	-104.324	-59.734	-0.000
	σ_z	-0.000	-6.863	-11.986	-15.369	-17.012	-17.012	-15.369	-11.986	-6.863	0.000
	σ	-0.000	-66.596	-116.309	-149.138	-165.084	-165.084	-149.138	-116.309	-66.596	-0.000

注：偏移单位为m；弯矩单位为kN·m；应力单位为N/mm²。

横梁在组合荷载作用下的支座反力信息见表4-29。

表4-29 横梁支座反力

支座编号	Y向反力（kN）	Z向反力（kN）	Y向转角反力（kN·m）	Z向转角反力（kN·m）
n_0	-1.339	-0.403	—	—
n_1	-1.339	-0.403	—	—

7. 横梁的刚度计算

横梁在荷载作用下的挠度图如图4-49所示。

横梁在荷载作用下的挠度数据见表4-30。

表4-30 横梁挠度

编号	条目	1	2	3	4	5	6	7	8	9	10
1	偏移	0.000	0.135	0.270	0.405	0.540	0.660	0.795	0.930	1.065	1.200
	D_y	0.000	−0.690	−1.286	−1.718	−1.939	−1.939	−1.718	−1.286	−0.690	0.000
	D_z	0.000	−0.279	−0.520	−0.694	−0.783	−0.783	−0.694	−0.520	−0.279	0.000
	D	0.000	0.744	1.387	1.853	2.091	2.091	1.853	1.387	0.744	0.000

注：偏移单位为m；挠度单位为mm。

8. 横梁的抗剪强度计算

横梁在荷载作用下的剪力如图4-50所示。

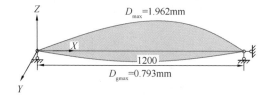

图4-49 横梁位移图   图4-50 横梁剪力图

横梁在荷载作用下的剪力以及剪应力数据见表4-31：

表4-31 横梁剪力和剪应力

编号	条目	1	2	3	4	5	6	7	8	9	10
1	偏移	0.000	0.135	0.270	0.405	0.540	0.660	0.795	0.930	1.065	1.200
	Q_y	1.339	1.038	0.736	0.435	0.134	−0.134	−0.435	−0.736	−1.038	−1.339
	Q_z	0.403	0.312	0.222	0.131	0.040	−0.040	−0.131	−0.222	−0.312	−0.403
	τ_y	9.423	7.303	5.183	3.063	0.942	−0.942	−3.063	−5.183	−7.303	−9.423
	τ_z	2.838	2.199	1.561	0.922	0.284	−0.284	−0.922	−1.561	−2.199	−2.838
	τ	9.841	7.627	5.413	3.198	0.984	0.984	3.198	5.413	7.627	9.841

注：偏移单位为m；剪力单位为kN；剪应力单位为N/mm²。

9. 横梁的各种强度校核及构造

校核依据：$U_{max} \leq L/250$，且满足重力作用下 $U_{gmax} \leq L/500$，$U_{gmax} \leq 3mm$

横梁在各种荷载组合作用下的强度校核见表4-32。

表4-32 强度校核

编号	长度（m）	σ（N/mm²）		τ（N/mm²）		D（mm）					
		最大值	位置（m）	最大值	位置（m）	最大值	位置（m）	D/Len	Dg	DgPos（m）	Dg/Len
1	1.200	166.752	0.600	9.841	0.000	2.117	0.600	0.00176	0.793	0.600	0.00066

横梁正应力强度满足要求。

横梁抗剪强度满足要求。

横梁挠度满足要求。

第六节 石材幕墙立柱与横梁连接设计

石材幕墙同其他玻璃幕墙一样，在安装的时候幕墙的立柱与横梁之间需要采取一定的合理结构连接，以满足石材幕墙的结构安全性及其他相关规定。石材幕墙立柱与横梁的连接固定有两种不同的状况，第一是横梁立柱之间与连接固定的位置不同，第二是横梁与立柱之间连接的方法不同。

一、石材幕墙横梁与立柱之间连接固定的位置不同

1. 横梁安装后与立柱之间的位置关系不同

（1）横梁是安装连接在立柱与立柱之间的构造间隙内（图 4-51 和图 4-52）；

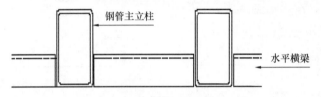

图 4-51　横梁安装在钢管立柱之间

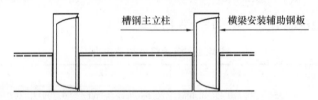

图 4-52　横梁安装在槽钢立柱之间

（2）横梁是安装连接在立柱结构构造的外侧（图 4-53 和图 4-54）。

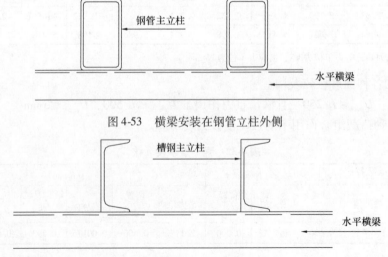

图 4-53　横梁安装在钢管立柱外侧

图 4-54　横梁安装在横钢立柱外侧

以上4个简图分别介绍常用的石材幕墙横梁与立柱上安装位置的不同,无论是采用槽钢或矩形钢管用作石材幕墙的立柱,都可以根据实际需要将横梁按照建筑设计尺寸的需要给予实现安装。唯一不同的是如果采用槽钢用作石材幕墙的立柱,而为了满足建筑设计尺寸的需要,是将横梁安装在立柱构造的间隙内,那么为了控制横向龙骨的稳定性,同时也是便于实现安装横龙骨,那么就只好在槽钢的开口部位增加设计等强作用的同等材质的金属钢材作为辅助钢板,这样就会给现场实际操作带来一定的麻烦。

二、石材幕墙横梁在立柱上连接固定的方法不同

1. 通常石材幕墙横梁是通过角码、螺钉或螺栓与幕墙立柱连接,这里所选用的角码能够承受横梁的剪力。根据受力计算要求通常螺钉直径≥4mm,每处连接螺钉数量不少于3个,当采用螺栓连接的时候,螺栓的数量不少于2个(图4-55、图4-56)。

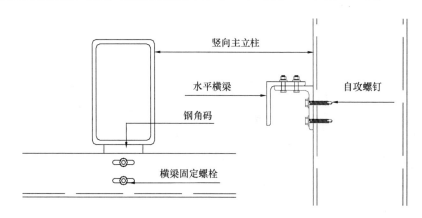

图4-55 角码在立柱外侧与横梁的固定

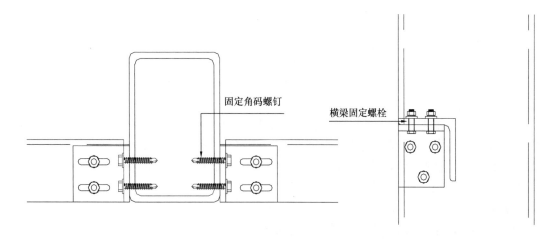

图4-56 角码通过螺钉柱在立内侧与横梁的固定

横梁与立柱连接设计安装示意见图4-57。

2. 石材幕墙立柱与横梁之间除通常所采用的螺钉、螺栓连接固定外,同样可以采用直接焊接的方式连接固定,如图4-58所示。

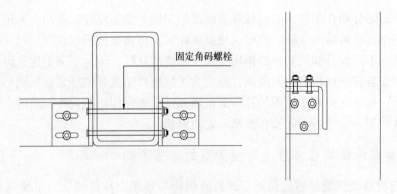

图 4-57　角码通过螺栓在立柱内侧与横梁的固定

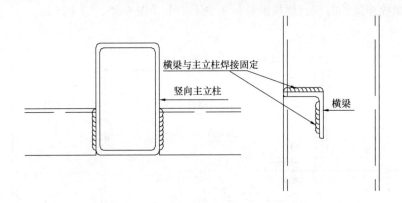

图 4-58　立柱与横梁焊接固定示意

表 4-33　与石材幕墙相关材料的线膨胀系数　　　　　　　　　1/℃

材 料 名 称	a	材 料 名 称	a
混凝土	1.0×10^{-5}	铝合金	2.35×10^{-5}
钢　材	1.2×10^{-5}	石　材	0.8×10^{-5}

通过表 4-33 我们可以得出一个结果，那就是常用的建筑混凝土主体结构和钢结构的线膨胀系数差距相当小。

比如一个建筑框架主体结构的层间标高距离是 4000mm，石材幕墙立柱采用碳素结构矩形钢管，设计及安装高度同建筑主体层间距离一致也是 4000mm，当地的年度最大温差是 80℃，比较建筑主体结构与石材幕墙立柱之间的变形差距是多少？如果采用铝合金材料立柱，年度最大变形与建筑主体结构的差距是多少？

解答如下：

（1）主体混凝土结构的年度最大温差变形是：

$$1.0 \times 10^{-5} \times 4000 \times 80 = 3.2 \text{mm}$$

（2）碳素结构矩形钢管的年度最大温差变形是：

$$1.2 \times 10^{-5} \times 4000 \times 80 = 3.84 \text{mm}$$

（3）碳素结构钢材与主体混凝土结构之间的温度变形差距是：

$$3.84 - 3.2 = 0.64\text{mm}$$

（4）相反如果石材幕墙立柱采用铝合金材料，那么年度最大温度变形是：

$$2.35 \times 10^{-5} \times 4000 \times 80 = 7.52\text{mm}$$

（5）铝合金材料与主体混凝土结构之间的温度变形差距是：

$$7.52 - 3.2 = 4.32\text{mm}$$

由此得出石材幕墙当采用碳素结构钢材作为受力龙骨时，立柱与横梁之间既可以采用螺钉、螺栓连接固定，同时也可以采用焊接连接固定，同样石材幕墙主体受力龙骨结构与建筑主体结构之间既可以采用螺纹螺栓连接固定，也可以采用焊接连接固定。

由于碳素结构钢的线温度变形与混凝土的线温度变形没有较大区别，再参考《混凝土结构设计规范》，近几年我国及其国际上许多大跨度的高层建筑，都采用了图4-59的形式，将碳素结构钢与混凝土有效结合，进一步提高了建筑主体结构的抗拉强度、抗压强度。

图 4-59　碳素结构钢与
混凝土有效结合

混凝土轴心抗压强度设计值见表4-34，混凝土轴心抗拉强度设计值见表4-35，钢材的强度设计值见表4-36。

表 4-34　混凝土轴心抗压强度设计值　　　　　　　　N/mm²

混凝土强度等级	C15	C20	C25	C30	C35	C40	C45
f_c	7.2	9.6	11.9	14.3	16.7	19.1	21.1
混凝土强度等级	C50	C55	C60	C65	C70	C75	C80
f_c	23.1	25.3	27.5	29.7	31.8	33.8	35.9

表 4-35　混凝土轴心抗拉强度设计值　　　　　　　　N/mm²

混凝土强度等级	C15	C20	C25	C30	C35	C40	C45
f_t	0.91	1.10	1.27	1.43	1.57	1.71	1.80
混凝土强度等级	C50	C55	C60	C65	C70	C75	C80
f_t	1.89	1.96	2.04	2.09	2.14	2.18	2.22

表 4-36　钢材的强度设计值　　　　　　　　MPa

钢　　　材	抗拉强度 f_t	端面抗压强度 f_c
Q235 钢，棒材直径小于 40mm，$t \leqslant 20$mm 板，型材厚度小于 15mm	215	320
Q345 钢，直径或厚度小于 16mm	315	445

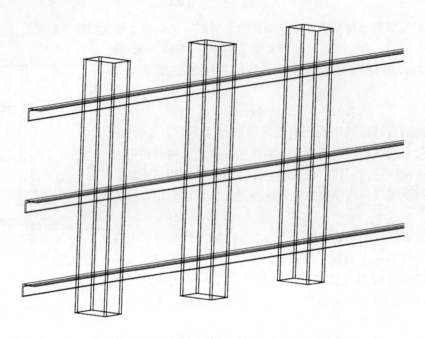

图 4-60　水平横向龙骨焊接在竖向立柱外侧三维图

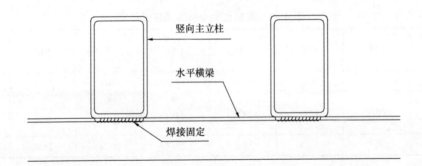

图 4-61　水平横向龙骨焊接在竖向立柱外侧横剖图

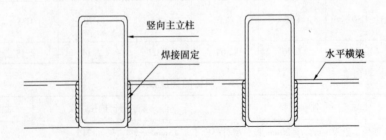

图 4-62　水平横向龙骨焊接在竖向立柱之间横剖图

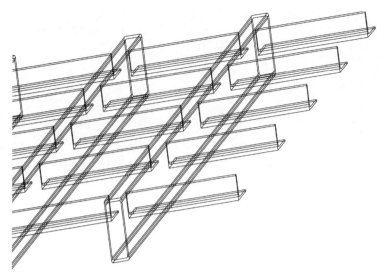

图 4-63 水平横向龙骨焊接在竖向立柱之间的三维图

第七节 石材幕墙防火设计

一、防火设计的重要性

火是人类生活不可缺少的一种能源，从人类文明的发展历史看，火在人类科技的进步中起到很大的作用，是火创造了人类的文明，推动了社会的进步，同样火也给人们的生命、财产、自然资源带来了极大的危害。虽然我国建筑防火设计规范《高层民用建筑设计防火规范》、《建筑设计防火规范》已基本形成相对独立的较完整的体系，但近几年，火灾事故频繁（图 4-64 ~ 图 4-66），火灾已成为潜在灾害。

我国正处于城市化快速发展的时期，在建工程多，高层建筑多，因此我们要根据新时期的建筑特点、发展方向去研究新时期防火、消防工作的规律，从建筑工程设计开始，就要比较完善地设计出能够满足新时期要求的工程建设防火、消防的技术体系。

建筑幕墙一般应用在人群密集的、大型的公共建筑、重要的高层、超高层建筑物的外墙上。幕墙建筑的火灾危险性大，因为石材是脆性材料，其抗火性差。一般石材幕墙的石材板均不耐火，当受热或遇火烧时易变形、破碎毁坏而造成幕墙大面积掉落，火焰就从幕墙破碎洞口的外侧卷进上层室内。另外，由于建筑幕墙是包封建筑主体，并且垂直于主体结构通过转接件固定在主体结构上，往往会出现垂直幕墙与建筑主体各楼层楼板、房间间墙、采光通风窗洞口四周的缝隙未经处理或处理不恰当，且消防系统不完善或运行不正常的情况下，浓烟也可通过缝隙向上层

图 4-64 2010 年 8 月 10 日，重庆市一座 29 层的居民楼发生火灾

265

图 4-65　2010 年 11 月 15 日，上海市静安区
一公寓楼发生火灾

图 4-66　2011 年 2 月 3 日，沈阳
皇朝万鑫大酒店发生火灾

扩散弥漫，造成人员窒息，而火苗则通过缝隙往上层窜。这些缝隙和幕墙破裂的洞口就成了引火通道，串烟串火，酿成更大的火灾。此外，室内的大火可将石材幕墙挂石板的金属挂件和钢材软化而失去强度致使石板剥离从天而降，威胁行人的生命安全。可见，石材幕墙作为建筑外围护结构（构件）之一，对整体工程防火安全同样有重要作用，从石材幕墙的设计阶段开始就需要从各个方面综合考虑。

二、建筑幕墙通常出现的火灾状况

幕墙通常出现的火灾状况如图 4-67 ～ 图 4-70 所示。

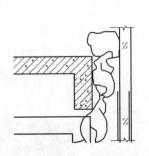 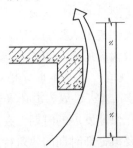

图 4-67　幕墙出现窜烟示意　　图 4-68　幕墙出现窜火示意

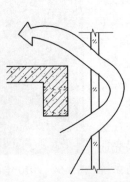 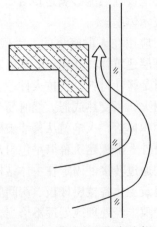

图 4-69　幕墙出现卷火示意　　图 4-70　幕墙出现卷火示意

三、石材幕墙防火设计要求

建筑幕墙的设置、层数、长度、面积和防火分区、防火间距及建筑幕墙的防火节点的耐火极限要求等应符合《建筑设计防火规范》和《高层民用建筑设计防火规范》的要求，其中《高层民用建筑设计防火规范》的 3.0.8 条就是单独针对幕墙防火进行规定的。

1. 窗槛墙、窗间墙的填充材料应采用不燃烧材料。当外墙采用耐火极限不低于 1.00h 的不燃烧体时，其墙内填充材料可采用难燃烧材料。

2. 无窗槛墙或窗槛墙高度小于 0.80m 的建筑幕墙，应在每层楼板外沿设置耐火极限不低于 1.00h、高度不低于 0.80m 的不燃烧体裙墙或防火玻璃幕墙。

3. 建筑幕墙与每层楼板、隔墙处的缝隙，应采用防火封堵材料封堵。

四、石材幕墙防火设计的基本原则

1. 幕墙与主体结构的连接构件要在防火保护范围之内；
2. 防火节点 1h 不透烟；
3. 防火节点 1h 不窜火；
4. 防火节点要做到受外界风荷载作用时不变形，风吸时不产生缝隙；
5. 防火层以上石材，在受热爆裂时，不能因掉落而形成空洞；
6. 为防止火窜入空洞后向上蔓延，应在窗台处设置第二道防火层；
7. 防火层浸水 1h 仍保持原性能。

五、石材幕墙防火设计节点

当石材幕墙与玻璃幕墙分别安装时，一般玻璃幕墙是为了满足建筑采光要求而设计的，因此玻璃幕墙部位的开始、结束位置都与建筑结构框架有关，因此大多是在建筑结构梁、柱部位设计防火构造。

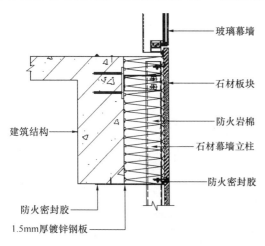

图 4-71 石材幕墙防火设计示意

在石材幕墙防火设计时，第一需要沿着建筑采光结构洞口处周边采用防火构造封闭，封闭材料、结构必须符合《建筑设计防火规范》和《高层民用建筑设计防火规范》的要求。

当建筑玻璃幕墙（建筑结构采光）洞口与建筑每层水平标高属于同一平面时，也就是没有高度不低于 0.80m 的不燃烧体裙墙、耐火极限不低于 1.00h 时，需要沿着建筑结构梁的高度整体密实封闭（图 4-71~图 4-75）。

当石材幕墙处在建筑实体墙位置时，应该按照示意图所示，在建筑层间楼板附近，靠近石材幕墙横向龙骨位置设置一道防火层（图4-73），防火层的厚度不小于100mm，沿着建筑高度每隔3~5层的位置，设置两道防火层（图4-74）。按照设计示意图所示，在层间高度方向的建筑墙体有敞开洞口，但是又不是建筑采光洞口处应该沿着建筑结构柱高度进行两侧防火封堵（图4-75）。

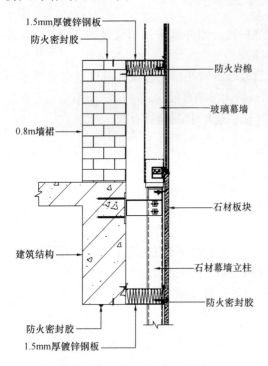

图4-72 石材幕墙防火设计示意

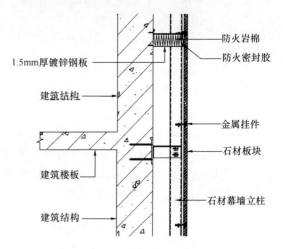

图4-73 石材幕墙防火设计示意

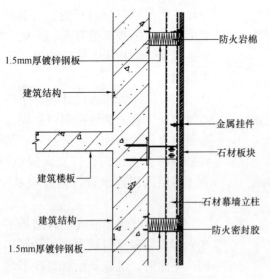

图4-74 石材幕墙防火设计示意

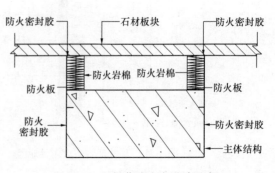

图4-75 石材幕墙防火设计示意

六、石材幕墙防火设计之补充说明

随着目前建筑项目占地面积的不断扩大，一些建筑项目由过去的占地几千平米扩大到现在几万甚至几十万平米，同时建筑的高度也由过去的几十米达到现在的几百米，这样一来对于一个单体的建筑就会有石材、金属板、玻璃、清水混凝土板、埃特板及其他复合板等多种材料组成建筑幕墙，所以我们就不能再继续沿用传统的防火规范去要求石材幕墙的防火构造做法，笔者根据多年的施工经验总结出以下满足规范防火要求的实用做法。

1. 根据建筑节能及防火要求，所有的建筑保温材料都必须采用 A 级防火材料，严禁使用聚氨酯类有机材料作为建筑保温材料。

2. 在石材幕墙与采光用玻璃幕墙或窗相互交叉时，应该沿着玻璃幕墙或窗的四周采用厚度不小于 1.5mm 的镀锌防火板严密封堵，同时填充厚度不小于 100mm 的防火棉，沿着封闭的四周采用防火密封胶严密封堵，其他石材幕墙部位可以沿着建筑高度每隔 3～5 层进行一道防烟隔离封堵。

3. 当石材幕墙与其他金属板相互交叉时，在石材幕墙与其他金属板交接口四周进行防火、防烟隔离封堵，防火材料采用厚度不小于 1.5mm 的镀锌防火板严密封堵，同时填充厚度不小于 100mm 的防火棉，沿着封闭的四周采用防火密封胶严密封堵，其他石材幕墙部位可以沿着建筑高度每隔 3～5 层进行一道防烟隔离封堵。

4. 当一个建筑全部采用石材幕墙设计安装时，首先在石材幕墙的底部和顶部必须进行防火、防烟隔离封堵，然后沿着建筑高度中间每隔 3～5 层进行一道防烟隔离封堵，防火材料采用厚度不小于 1.5mm 的镀锌防火板严密封堵，同时填充厚度不小于 100mm 的防火棉，沿着封闭的四周采用防火密封胶严密封堵。

第八节　石材幕墙防雷设计

一、认识雷电的产生

1. 雷电的产生

空中的尘埃、冰晶等物质在云层中翻滚运动的时候，经过一些复杂过程，使这些物质分别带上了正电荷与负电荷。经过运动，带上相同电荷的质量较重的物质会到达云层的下部（一般为负电荷），带上相同电荷的质量较轻的物质会到达云层的上部（一般为正电荷）。这样，同性电荷的汇集就形成了一些带电中心，当异性带电中心之间的空气被其强大的电场击穿时，就形成"云间放电"（即闪电）（图 4-76）。

带负电荷的云层向下靠近地面时，地面的凸出物、金属等会被感应出正电荷，随着电场的逐步增强，雷云向下形成下行先导，地面的物体形成向上闪流，二者相遇即形成对地放电。这就容易造成雷电灾害。

雷电形成于大气运动过程中，其成因为大气运动中的剧烈摩擦生电以及云块切割磁力线。

闪电的形状最常见的是枝状，此外还有球状、片状、带状。闪电的形式有云天闪电、云间闪电、云地闪电。云间闪电时云间的摩擦就形成了雷声，全国年平均雷电日的天数分区见

图 4-77。

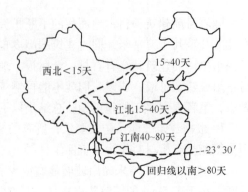

图 4-76　雷电产生示意图　　　　　　图 4-77　全国雷电日分区示意图

2. 雷电的特点

（1）冲击电流大，其电流高达几万～几十万安培。

（2）时间短，一般雷击分为三个阶段，即先导放电、主放电、余光放电。整个过程一般不会超过 $60\mu s$；

（3）雷电流变化梯度大，雷电流变化梯度大，有的可达 $10kA/\mu s$。

（4）冲击电压高，强大的电流产生的交变磁场，其感应电压可高达上亿伏。

（5）雷电的破坏主要是由于云层间或云和大地之间以及云和空气间的电位差达到一定程度（$25\sim30kV/cm$）时，所发生的猛烈放电现象。通常雷击有三种形式，直击雷、感应雷、球形雷。直击雷是带电的云层与大地上某一点之间发生迅猛的放电现象。感应雷是当直击雷发生以后，云层带电迅速消失，地面某些范围由于散流电阻大，出现局部高电压，或在直击雷放电过程中，强大的脉冲电流对周围的导线或金属物产生电磁感应发生高电压，而发生闪击现象的二次雷。球形雷是球状闪电的现象。

3. 雷电对建筑物及人类具有一定的破坏性

图 4-78　石家庄一村民房屋遭雷击倒塌

2009 年 8 月 4 日上午，位于石家庄市西兆通镇南石家庄村的村民，自建一临街房屋，遭雷击突然倒塌（图 4-78）。倒塌房屋为临街一排砖混结构村民自建的二层房屋，主体已完工，尚未安装门窗，空房，房屋临街敞开。

2002 年 7 月 18 日晚，贵阳市遭遇强雷电侵袭，市区内部分地区停电，某指挥中心计算机机房设备遭雷电侵袭，致使电台、PC、服务器、交换机、路由器等设备全部被雷电击坏，指挥中断。

2007 年 5 月 23 日下午 4 时 34 分，重庆开县义和镇政府兴业村小学遭遇雷击，据目击者称，当时这所小学四年级和六年级各有一个班正在上课，一声惊天巨响之后，教室里腾起一团黑烟，烟雾中两个班共 95 名学生和上课老师几乎全部倒在了地上，有的学生全身被烧得黑糊糊的，有的头发竖起，衣服、鞋子和课本碎屑撒了一地。

图 4-79　因雷电带来火灾爆炸

图 4-80　因雷击而倒塌的房屋

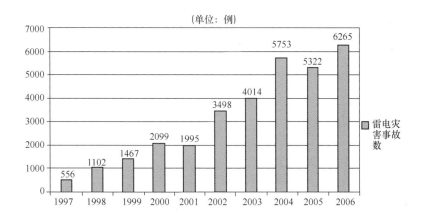

图 4-81　因雷电造成自然灾害历史统计图

城市的高大建筑物不断增加，导致雷击事故不断加剧；建筑物内通信、计算机网络等抗干扰能力较弱的现代化电子设备越来越普及；不少高大建筑物的防护设施不完善，使它们的防雷能力先天不足；大量通信、计算机网络系统等未严格按照国家技术规范设计安装防雷电装置便投入使用，这些都成为雷电灾害频繁发生的重要原因（图 4-80、图 4-81）。

杜绝雷电灾害重在预防。高大建筑物要按规范要求安装防雷电设施，要严格对建筑物防雷电设施进行设计审查、施工监督、竣工验收。开展广泛的防雷知识宣传，特别是对那些高大建筑物的所有者，要逐个排查，发现问题及时采取措施，限期整改。

二、建筑物防雷分类

建筑物应当根据建筑物的重要性、使用性质、发生雷电事故的可能性和后果，按防雷要求分为三类。

1. 在可能发生对地闪击的地区，遇下列情况之一时，应划为第一类防雷建筑物：

（1）凡制造、使用或贮存火炸药及其制品的危险建筑物，因电火花而引起爆炸、爆轰，会造成巨大破坏和人身伤亡者。

（2）具有 0 区或 20 区爆炸危险场所的建筑物。

（3）具有 1 区或 21 区爆炸危险场所的建筑物，因电火花而引起爆炸，会造成巨大破坏和人身伤亡者。

条文说明如下：

0区：连续出现或长期出现或频繁出现爆炸性气体混合物的场所。

1区：在正常运行时可能偶然出现爆炸性气体混合物的场所。

20区：以空气中可燃性粉尘云持续地或长期地或频繁地短时存在于爆炸性环境中的场所。

21区；正常运行时，很可能偶然地以空气中可燃性粉尘云形式存在于爆炸性环境中的场所。

2. 在可能发生对地闪击的地区，遇下情况之一时，应划为第二类防雷建筑物：

（1）国家重点文物保护的建筑物。

（2）国家级的会堂、办公建筑物、大型展览和博览建筑物、大型火车站和飞机场、国宾馆、国家级档案馆、大型城市的重要给水泵房等特别重要的建筑物。

注：飞机场不含停放飞机的露天场所和跑道。

（3）国家级计算中心、国际通讯枢纽等对国民经济有重要意义的建筑物。

（4）国家特级和甲级大型体育馆。

（5）制造、使用或贮存火炸药及其制品的危险建筑物，且电火花不易引起爆炸或不致造成巨大破坏和人身伤亡者。

（6）具有1区或21区爆炸危险场所的建筑物，且电火花不易引起爆炸或不致造成巨大破坏和人身伤亡者。

（7）具有2区或22区爆炸危险场所的建筑物。

（8）有爆炸危险的露天钢质封闭气罐。

（9）预计雷击次数大于0.05次/年的部、省级办公建筑物和其他重要或人员密集的公共建筑物以及火灾危险场所。

（10）预计雷击次数大于0.25次/年的住宅、办公楼等一般性民用建筑物或一般性工业建筑物。

条文说明如下：

1区：在正常运行时可能偶然出现爆炸性气体混合物的场所。

2区：在正常运行时不可能出现爆炸性气体混合物的场所，或即使出现也仅是短时存在的爆炸性气体混合物的场所。

21区；正常运行时，很可能偶然地以空气中可燃性粉尘云形式存在于爆炸性环境中的场所。

22区：正常运行时，不太可能以空气中可燃性粉尘云形式存在于爆炸性环境中的场所，如果存在仅是短暂的。

三、各类防雷措施及材料要求

1. 第一类防雷建筑物的防闪电感应应符合下列规定：

（1）建筑物内的设备、管道、构架、电缆金属外皮、钢屋架、钢窗等较大金属物和突出屋面的放散管、风管等金属物，均应接到防闪电感应的接地装置上。

（2）金属屋面周边每隔18~24m应采用引下线接地一次。

（3）当建筑物高度超过 30m 时，首先应沿屋顶周边敷设接闪带，接闪带应设在外墙外表面，或屋檐边垂直边面上，也可设在外墙外表面，或屋檐边垂直边面外，并应符合下列规定：

① 接闪器之间应互相连接。

② 引下线不应少于 2 根，并应沿建筑物四周和内庭四周均匀或对称布置，其间距沿周长计算不宜大于 12m。

③ 建筑物应装设等电位连接环，环间垂直距离不应大于 12m，所有引下线、建筑物的金属结构和金属设备均应连到环上，等电位连接环可利用电气设备的等电位连接干线环路。

（4）当建筑物高于 30m 时尚应采取下列防侧击措施：

① 应从 30m 起，每隔不大于 6m 沿建筑物四周设水平接闪带，并应与引下线相连。

② 30m 及以上外墙上的栏杆、门窗等较大的金属物应与防雷装置连接。

③ 对较高的建筑物，引下线很长，雷电流的电感压降将达到很大的数值，需要在不大于 12m 之处，用均压环将各条引下线在同一高度连接起来，并接到同一高度的室内金属物体上，以减小其间的电位差，避免发生火花放电。

④ 对第一类防雷建筑物，由于滚球半径规定为 30m 和危险性大，所以 30m 以上要考虑防侧击，由于侧击的概率和雷电流都很小，网格的横向距离不采用 4m，而按引下线的位置（不大于 12m）考虑。

2. 第二类防雷建筑物的防闪电感应应符合下列规定：

（1）当建筑物高度超过 45 m 时，首先应沿屋面周边敷设接闪带，接闪带应设在外墙外表面或屋檐垂直面上，也可设在外墙外表面或屋檐垂直面外，接闪器之间应互相连接。

（2）专设引下线不应少于 2 根，并应沿建筑物四周和内庭四周均匀对称布置，其间距沿周长计算不宜大于 18 m。当建筑物的跨度较大，无法在跨中设引下线时，应在跨距两端设引下线并减小其他引下线间距，专设引下线的平均间距不应大于 18 m。

（3）外部防雷装置的接地应和防闪电感应、内部防雷装置、电气和电子系统等接地共用接地装置，并应与引入的金属管线做等电位连接。外部防雷装置的专设外部防雷装置宜围绕建筑物敷设成环形接地体。

（4）利用建筑物的钢筋作为防雷装置时，构件内有箍筋连接的钢筋或成网状的钢筋，其箍筋与钢筋、钢筋与钢筋应采用土建施工的绑扎法、螺丝、对焊或搭焊连接。单根钢筋、圆钢或外引预埋连接板、线与构件内钢筋应焊接或采用螺栓紧固的卡夹器连接。构件之间必须连接成电气通路。

（5）外墙内、外竖直敷设的金属管线及金属物的顶端和底端，应与防雷装置等电位连接。

（6）小雷击击到高度低于 60m 的建筑物的垂直侧面的概率是足够低的，所以不需要考虑这种侧击。

3. 第三类防雷建筑物的防闪电感应应符合下列规定：

（1）专设引下线不应少于 2 根，并应沿建筑物四周和内庭四周均匀对称布置，其间距沿周长计算不宜大于 25m。当建筑物的跨度较大，无法在跨中设引下线时，应在跨距两端设引下线并减小其他引下线间距，专设引下线的平均间距不应大于 25m。

（2）防雷装置的接地应与电气和电子系统等接地共用接地装置，并应与引入的金属管线做等电位连接。外部防雷装置的专设外部防雷装置宜围绕建筑物敷设成环形接地体。

（3）高度超过60m的建筑物，外墙内、外竖直敷设的金属管线及金属物的顶端和底端，应与防雷装置等电位连接。

4. 接闪器所使用的材料应符合下列规定：

单根扁铝	最小截面70mm^2，	厚度3mm；
单根圆铝	最小截面50mm^2，	直径8mm；
单根扁形铝合金导体	最小截面50mm^2，	厚度2.5mm；
单根圆形铝合金导体	最小截面50mm^2，	直径8mm；
单根扁钢（热浸镀锌）	最小截面50mm^2，	厚度2.5mm；
单根圆钢（热浸镀锌）	最小截面50mm^2，	直径8mm；
单根扁不锈钢	最小截面50mm^2，	厚度2.5mm；
单根圆不锈钢	最小截面50mm^2，	直径8mm。

四、石材幕墙防雷设计

1. 均压环的设计

（1）第一类防雷建筑物应装设均压环，环间垂直距离不应大于12m，所有引下线、建筑物的金属结构和金属设备均应连到环上。对于较高的建筑物，引下线很长，雷电流的电感压将达到很大的数值，需要在每隔不大于12m的高度处，用均压环将各条引下线在同一高度处连接起来，并接到同一高度的屋内金属物体上，以减小其间的电位差，避免发生反击。

（2）第二、第三类防雷建筑物不需要专设均压环，因为高层建筑均为钢筋混凝土和钢构架建筑物，而且钢筋混凝土均为现场浇注，钢筋已按要求通过绑扎连通。整栋建筑物已处于均压中，第二、第三类防雷建筑物或不需考虑防雷，以上均已明确高层建筑没有第一类防雷建筑物，就谈不到均压环。

2. 防雷设计

（1）防直击雷：女儿墙铝板压顶符合接闪器所使用材料的相关规定及以下规定时，可作为接闪器，并与周边引下线均匀连接（一类不大于12m、二类不大于18m、三类不大于25m）。

① 金属屋面的建筑物宜利用其屋面作为接闪器，板间连接应是持久的电气贯通，可采用铜锌合金焊、熔焊、卷边压接、缝接、螺钉或螺栓连接，金属板下面无易燃物品时，铅板的厚度不应小于2mm，不锈钢板、热镀锌钢、钛和铜板的厚度不应小于0.5mm，铝板的厚度不应小于0.65mm，锌板的厚度不应小于0.7mm，金属板下面有易燃物品时，不锈钢板、热镀锌钢、钛板的厚度不应小于4mm，铜板的厚度不应小于5mm，铝板的厚度不应小于7mm，金属板应无绝缘被覆层。

② 屋顶上永久性金属物宜作为接闪器，但其各部件之间应连成电气贯通，旗杆、栏杆、装饰物、女儿墙上的盖板等，其截面应符合本接闪器所使用材料的规定，其壁厚应符合以上相应材料壁厚的规定。

③ 建筑物的钢梁、钢柱、消防梯等金属构件，及幕墙的金属立柱，宜作为引下线，但其各部件之间均应连成电气贯通，可采用铜锌合金焊、熔焊、卷边压接、缝接、螺钉或螺栓连接；其截面应符合接闪器所使用材料的相关规定，各金属构件可覆有绝缘材料。

注：薄的油漆保护层或1mm厚沥青层或0.5mm厚聚氯乙烯层均不属于绝缘被覆层。

（2）防侧击和闪电感应

① 有预埋件：幕墙立柱应与主体结构圈梁或柱子钢筋连接的预埋件可靠连接，并保持导电通畅。

② 后锚固：顶端和底端的每块锚板用φ6钢筋连接后，再与主体结钩中的钢筋均匀连接（一类不大于12m、二类不大于18m、三类不大于25m）。

第九节　单元式石材幕墙设计

单元式幕墙就是指在工厂加工程度较高的一种幕墙类型。根据近几年单元式幕墙的发展及设计类型，分为大单元式幕墙、小单元式幕墙两种类型。

单元式幕墙是指幕墙所需要的所有单元组件都在工厂完成，这些组件根据单元件的类型、规格等组成需要安装的大的单元板块，每一个单元板块都必须具备满足建筑幕墙在使用功能、构造、规范等方面的需要。每个独立单元板块的高度一般是大于或等于建筑楼层高度；有些单元板块是小于建筑楼层高度，基本上等于建筑楼层净空间高度，也就是说等于建筑采光的净空高度（图4-82）。

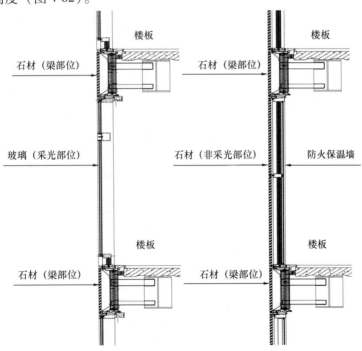

图4-82　单元式幕墙纵剖示意图

一、单元式幕墙接缝的特点

单元式幕墙在工厂已将单元组件制作完成，即面板已安装在单元组件主体受力框上，而单元组件与主体结构的连接悬挂构件安装在单元组件内侧，在吊装单元构件时，单元组件与主体结构的悬挂连接必须在室内楼板上操作完成。单元组件间接缝靠相邻两单元组件相邻框对插组成组合杆完成接缝，即它不是在一个整体杆件上接缝，而是靠对插组成组合杆完成接缝（图 4-83、图 4-84）。

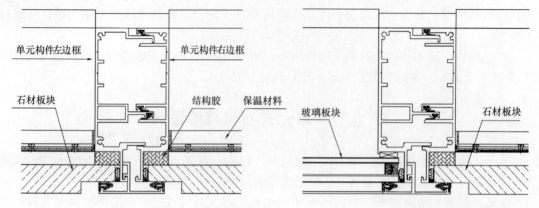

图 4-83　单元式幕墙纵向插接示意图　　图 4-84　单元式幕墙纵向插接示意图

幕墙的外形、规格尺寸、工厂生产精度等均是按照设计要求在工厂完成，一般情况下，幕墙外表面的平整度是依靠安装在主体结构上的连接件的准确性和幕墙的构造厚度来保证的，在实际的安装过程不容易调整。

单元板块中间装饰板的划分构造效果，通常与边部构造保持一致，见图 4-85。

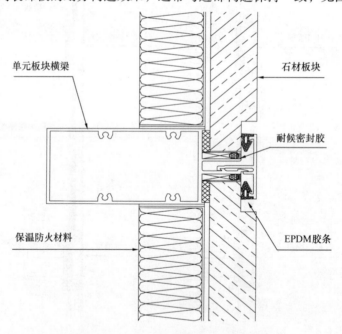

图 4-85　单元式幕墙中横梃部位示意图

二、单元式幕墙的技术特点

1. 封口技术

单元式幕墙通过对插完成接缝，这样在上、下、左、右四个单元连接点上必然有一个四个单元组件对插件均不能到达的地方，此处必然有一个内外贯穿的洞，如何堵好这个洞是单元式幕墙设计中必须解决好的问题，即在设计型材前就要将封口的构造设计好，在设计型材断面时就要将封口构造体现在型材上，挤压出的型材断面就包含有封口构造要求，如果在设计时不考虑好封口构造，将造成不可弥补的损失。

现在封口方法有两种类型：即横滑型和横锁型，横滑型是在下单元上框中设封口板，此封口板除了具有封口功能外，还是集水槽和分隔板（把竖框分隔成每层一个单元）。横滑型封口板嵌在下单元上框母槽内，它比上单元下框公槽大，上单元下框可以在封口板槽内自由滑动，在主体结构层间变位时，原来上下一一对齐的两单元组件，在主体结构层间变位影响下，上下两层发生相对位移，这时候上单元组件不再定位在原来对齐的下单元组件上框中，而有可能局部滑入相邻组件的上框，由于这种滑动，在地震中单元组件本身平面内变形比主体结构层间位移小。但在地震时单元式幕墙不像拟静力试验中只有同向运动而是随机运动，即在地震发生的最初阶段是同向运动，以后陆续发生异向运动，即相向运动和背向运动，相向运动时可能会发生相邻两单元接缝处杆件碰撞；背向运动时，相邻两单元接缝拉开，由于三维地震作用影响，拉开后恢复时杆件错位而碰撞，因此《高层钢结构设计施工规程》第九章规定幕墙与主体结构连接设计应考虑防碰撞问题。横滑型封口板的集水、排水功能比较成熟，如果设计得好，则可大大提高幕墙水密性能，即可以达到超高性能（2500Pa）水平。但这种封口板只能用于相邻两单元180°对插，即只能用于处于一个平面上的单元组件，如果两单元组件成折线或90°对插，封口板就无法使用，同时这种封口板搁在上框底板上，两相邻组件上框底板构造厚度部分封口板无法封口，要采用辅助封口措施（用胶带纸粘贴在竖框顶端形成底板，再注胶密封）。

横锁型是在接缝处竖框空腔中设一个多功能插芯，这种插芯由两部分组成，对插的封口部分和一个向上开口其他五面封闭的集水壶组成，对插部分位于四单元交接处，集水壶位于下部，它集封口、集水、分隔于一身（分隔将横向空腔分成每一单元组件宽一单元），横锁型由于位于上下两单元交接处，将上下两单元组合成一个整体，左右相邻两单元不能滑动，且单元组件固定在主体结构上，它的平面内变形与主体结构的层间变位几乎相同。从试验情况看，它的集水排水功能尚不理想，但它可用于单元组件任何角度对插，且由于插芯将上下两单元固定，左右两单元组件不能运动，所以不会发生碰撞。

2. 收口技术

单元式幕墙单元组件间靠对插完成接缝，在安装时要横向按次序一一对插，当中不能留空位（因为对插接缝无法平推进入空位），最后一个单元如何与相邻两单元连接是一个难点，因为已安装固定的左右两单元组件之间距离净空比单元组件实际宽度要小，这个组件无法在水平方向平推进入空位，也不能先插一侧再插另一侧，这样在设计时，对最后一个单元组件的组装要考虑好接缝方法。现在一般采用的方法为从上向下插最后一块或用先固定相邻两不带对插件的组件，定位固定后插入第三者完成接缝，第三者与单元组件要错位插接，达到互为封口。由于收口处理技术比较复杂，因此最好每层设一处收口点，这就要求在设计时就确定好收口点位置及相应的收口方法，非设计收口部位不能中断安装过程而留空位，在编制施工组织设计（全部土建工程而不是幕墙工程分部的施工组织设计）时，特别是总施工平面图设计时要注意到单元式幕墙横向一一对插的特点，将施工机具布置在单元式幕墙收口部位，不能任意布置，因为高层建筑的塔吊、施工电梯等施工机具，每隔三层左右要和主体结构拉接一次，这些接拉件将使单元组件无法通过而中断安装，留下空位，要待这些机具拆除后才能收口，难度就相当大，即使采取一些临时措施，效果也不会理想。因此对采用单元式幕墙的建筑，在编制总施工组织设计时，施工总平面图要按单元式幕墙组装规律，将施工机具布置在单元式幕墙收口部位。

3. 单元式幕墙与主体结构的连接与吊装

单元式幕墙是靠两相邻单元组件在主体结构上安装时对插完成接缝的，这样它在构造和连接处理上与构件式幕墙有着重大的区别。我们必须认识它的这些特点，才能做好单元式幕墙。

在主体结构上安装单元式幕墙的连接件，要一个安装单元（全高或 8～10 个楼层）一次全部安装调整到位，用连接件的安装精度来保证单元式幕墙的安装质量，即单元式幕墙外表面的平整度是靠连接件的安装精度和单元式幕墙单元组件构造厚度的精度来保证的。

单元式幕墙的单元组件在工厂已将面板（玻璃、铝板、石板等外饰面板）装配好，它与主体结构的安装连接要在室内一侧操作（由于手无法穿过面板在外侧进行操作），因此内侧楼面必须要有操作空间，这样对楼板与柱外边平齐（或柱外边突出楼板或实体墙）的建筑，如果单元组件与主体结构的连接点布置在柱位（实体墙面）上，安装时操作难度很大。而当建筑立面上分格必须在柱位时，就要在设计上采取措施在柱宽以外楼板上设连接点，使连接点避开柱位，否则将可以借助吊篮实现该部位连接点。

在柱位（实体墙面）上布置连接点，由于要使一个安装单元（全高或 8～12 个楼层）的所有连接件三向精度一次全部调整到位，就需用多个吊篮（例如在实体墙面上安装调整连接件有时要在三个层面，每层配 3～5 个吊篮）进行安装调整，这时安装调整连接件用的工时可能是吊装固定单元组件用的工时的 3～5 倍。而且由于组件内侧没有操作空间，要求连接件在三向全部达到位置要求的精度，且单元组件上的连接构件与连接件的配合要完全吻合才能在吊装时一次就位成功（这很难做到），如果主体结构上的连接件和单元组件上的连接构件的配合公差稍大，就无法顺畅安装到位，有时就要采用敲击方法迫使单元组件就位，即使这样也还会有部分组件无法完全安装到位。

安装在主体结构上的连接件除安装精度要保证单元组件的安装质量外，还要在吊装固定过程中具有一定的调节可能，也就是说连接件要具有三向六自由度（三维移动和三个方向转角）。它分两个阶段实施，即连接件在主体结构上安装时的高速和吊装过程中的微调。为保证单元式幕墙外表面平整度，在主体结构上安装连接件时要使 Z 方向一次完全到位，即连接件安装固定后不能有 Z 向位移，X、Y 向要初步调整到位，且在设计连接件（单元组件上的连接构件）时，要使它们在安装过程中，在 X、Y 向能微量调整位移和 X、Z 向能微调转角，以使吊装就位能顺畅实施。调整到位后，在 X 方向，一侧要固定定位，另一侧要能活动并复位。

单元式幕墙在吊装时，两相邻（上下、左右）单元组件通过对插完成接缝，它要求单元式幕墙用的铝型材不仅外观质量要完全符合《铝合金建筑型材》的相关规定，而且还要提出补充要求，即对插件的配合公差和对插中心线到外表面的偏差要控制在允许范围之内。单元式幕墙单元组件上的连接构件与安装在主体结构上的连接件的固定与上述相邻单元组件对插同时进行，这样单元式幕墙的质量控制流程和元件式（元件单元式）不一样，元件式（元件单元式）幕墙质量控制环节为杆（元）件制作（结构装配组件制作）和安装两（三）个环节，而单元式幕墙除了控制杆（元）件制作质量外，还要控制单元组件框制作、单元组件组装、在主体结构安装连接件的质量，最后才是吊装固定的质量控制。在单元组件组装时要特别强调单元组件上的连接构件的安装偏差，要使单元组件上的连接构件和安装在主体结构上的连接件的配合公差控制在允许范围之内，才能保证安装好的单元式幕墙外表面平整度等项指标达到幕墙质量要求，并且使吊装就位能顺畅实施。如果两者配合公差超过允许范围，则单元组件吊装就位过程很难做到顺畅，往往要采用敲击迫使其勉强就位。这时连接构件在连接处发生位移，或迫使杆件挠曲后就位，这样单元组件就产生了装配应力或连接局部破损（松动），影响安全使用和寿命，同时影响安装后的整体质量，降低性能水平。

三、组合式单元式幕墙构造设计

单元式幕墙的防水构造与常规玻璃幕墙一样，都脱离不开雨幕原理，单元式幕墙的对插部位以及开启部位都离不开这个原理。

雨幕原理是一个设计原理，它指出雨水对这一层"幕"的渗透将如何被阻止的原理，在这一原理应用中其主要因素为在接缝部位内部设有空腔，在其外表面的内侧的压力在所有部位上一直要保持和室外气压相等，以使外表面两侧处于等压状态，其中提到的外表面即"雨幕"。压力平衡的取得是有意使开口处于敞开状态，使空腔与室外空气流通，以达到压力平衡。这个效应是由外壁后面留有空腔所形成，此空腔必须和室外联通才能达到上述目的，由于风的随机性造成的阵风波动亦需在外壁两侧加以平衡。

幕墙发生渗漏要具备三个理论要素：

① 幕墙板块周围有水的存在。

② 幕墙是否设置合理有效的防渗漏构造。

③ 有使水通过缝隙进入幕墙内部的动力。

这三个要素中如果缺少一项渗漏就不会发生（如果将这三个要素的效应减少到最低程度，则渗漏可降低到最小程度）。在外壁，水和缝隙是人为都无法消除的，只有通过构造设计在作用上下功夫，通过消除作用来使水不通过外壁缝隙进入等压腔。在内壁，缝隙和作用（特别是压差）不能消除，要达到内壁不渗漏，则要使水淋不到内壁，这正好由外壁（雨幕）发挥的效应来达到，外壁内、外侧等压，水进不了等压腔，就没有水淋到内壁，内壁缝隙周围没有水，内壁就不会发生渗漏，这样单元式幕墙对插部位就不会有水渗入室内了。

雨幕设计的核心原理就是雨幕内、外侧等压，使雨水进不了等压腔，达到内壁缝隙周围无水，即在内壁消除渗漏三要素中水的因素来达到整体单元式幕墙接缝体系不渗漏。但是要达到完全等压是困难的，甚至在某些情况下是做不到的，这是由于外壁上压力是由风引起的，这种由风引起的压力在时间上和空间上都是动态变化的。由阵风所形成的风压变化，使外壁两侧的压力随之变化。在阵风波动的瞬间，外壁内外两侧压力是不等的（即等压腔内压力与室外压力不相等），要通过空气流通来平衡，风压随高度增加，有时幕墙外表面也有局部（边角、顶部）呈负风压状态，当两个开口处风压不等或一处为正风压另一处为负风压时，等压腔内压力约为两个开口处风压（负风压）的平均值，雨水总是沿着压力强的方向进入压力弱的方向从而渗入，外侧压力大于等压腔压力的开口处就会有雨水渗入等压腔，因此应该考虑雨幕层（外壁）必然有少数偶然渗漏的可能，这样就要使已渗入等压腔的水即时通过等压腔的构造排出至室外。这样单元式幕墙接缝处防水构造要在外壁具有防止大量雨水渗入的能力，对少量渗入等压腔的雨水能即时排出，使水淋不到内壁，在内壁消除渗漏三要素中水的因素，从而达到雨水不渗漏到室内的目的。但这仅是理论上阐述的原理，实际工程中要完全消灭渗漏三要素中任何一项是不容易做到的，但不是说这个理论所达到的目的是不可能的，虽然不能到达到完全消灭渗漏三要素中任何一项的目的，但可采取措施使渗漏三要素每一项减少到最低程度。

　　然而在实际生活中下雨是一种自然现象，同时在下雨的天气往往还伴有刮风的存在，而风就是促进水流动的动力，所以说单元式幕墙无论如何从理论出发都不可能阻止水的进入，关键是如何阻止进入单元板块构造内的水继续流动进入室内。笔者通过多年的单元式幕墙设计、施工经验得出单元式幕墙不但要设置密封构造，同时还要有阻水构造，用来阻止水继续流动，见图 4-86 ~ 图 4-88。

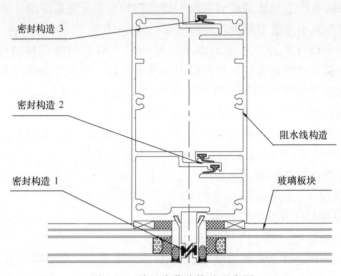

图 4-86　单元式幕墙构造示意图

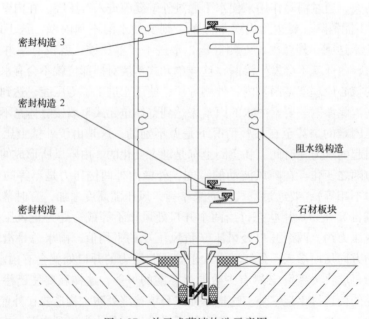

图 4-87　单元式幕墙构造示意图

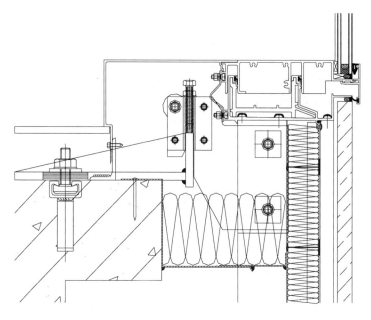

图 4-88 单元式幕墙构造示意图

通过学习国外单元体设计技术，根据我国的地理环境并在总结我国经验的基础上，对单元式幕墙对插接缝处防水构造设计已有一套较成熟的技术方案，便于在横（竖）向接缝的外侧设置雨披，仅在两单元组件连接处留一个小开口，使等压腔与室外空气流通，以维持压力平衡，这样形成一个自上而下、自左到右一个连续的外壁（雨幕），雨披沿接缝全长阻止大量雨水渗入幕墙内部，仅开口处有少量雨水渗入，用封口板（集水槽）将沿竖框空腔下落的水分层集水，并即时排至室外面板表面下泄，且排水孔远离缝，减少缝隙周围水的聚集。封口板又将杆件空腔分隔成较短的分隔单元，减少等压腔与室外压力差，从而减少通过开口渗入等压腔的雨水。增设外封口板，将沿板材（副框）构造厚度处竖向空腔（这个腔位于披水内侧与杆件组成的空腔外壁之间）分层分隔，使沿这个空腔下落的水分层排至室外，避免水沿全高下落，愈往下水层愈厚的情况发生，减少这些水渗入等压腔的可能，同时外封口板将每层竖向接缝的开口遮挡成为向下的开口构造，使水无法长驱直入，而且保持空气流通，达到水不会由于重力作用或气流渗入等压腔的目的。

采用这些构造的单元式幕墙经数次检测，其水密性均在 2500Pa 以上，即在室内外压差超过 2500Pa 时不发生严重渗漏，气密性达到 $< 0.05 m^3 / (m^2 \cdot h)$。

单元式幕墙是采用雨幕原理进行对插接缝防水构造设计是最理想的形式，常规幕墙就有所不同，特别是全隐框幕墙一般只能采用密封工法进行水密性设计才能取得好效果。

通常所采用的较合理的单元式幕墙结构构造见图 4-89 ~ 图 4-104。

目前，幕墙的埋件按埋设位置的不同分两种，即顶埋式及侧埋式；单元式连接也由其产生两种连接方式即顶面连接方式、侧面连接方式。对于要求设计窗台墙的建筑，其二者连接方式均可（窗台墙后做），对于室内设计成防撞栏杆的建筑则只能采用侧面连接方式。这种方式是目前应用最为广泛的连接形式，挂点位于楼层标高以上。顶面连接方式受力合理，调整方便，但价格较侧面连接方式稍高。连接件可采用铝型材，档次及加工精度高；但在国内随着市场竞争的加剧逐步向钢制连接件方向发展。

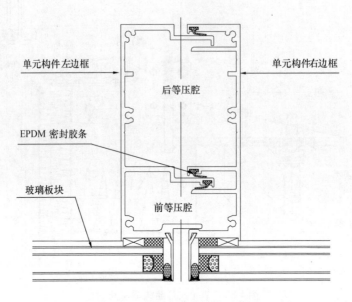

单元构件左边框　　单元构件右边框

后等压腔

EPDM 密封胶条

玻璃板块

前等压腔

图 4-89　单元式幕墙构造示意图

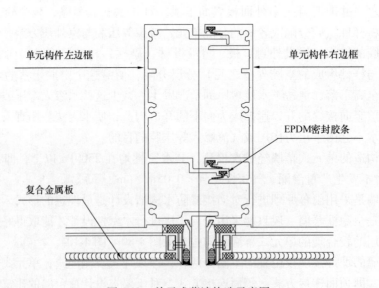

单元构件左边框　　单元构件右边框

EPDM密封胶条

复合金属板

图 4-90　单元式幕墙构造示意图

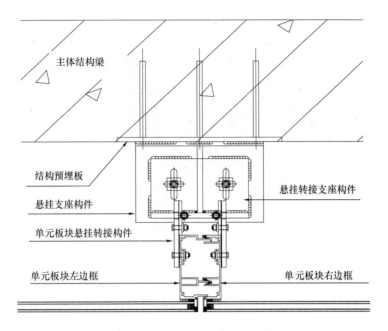

图 4-91 单元式幕墙构造示意图

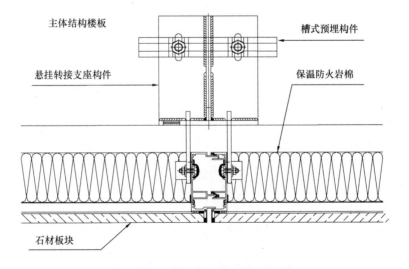

图 4-92 单元式幕墙构造示意图

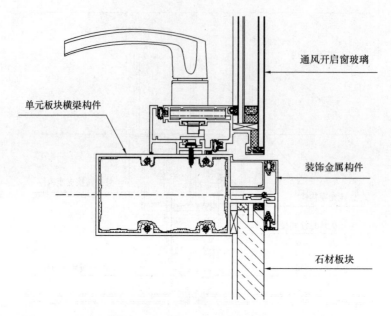

图 4-93　单元式幕墙构造示意图

通风开启窗玻璃

单元板块横梁构件

装饰金属构件

石材板块

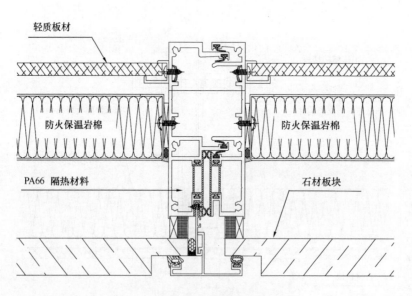

图 4-94　明框单元式幕墙构造示意图

轻质板材

防火保温岩棉

防火保温岩棉

PA66 隔热材料

石材板块

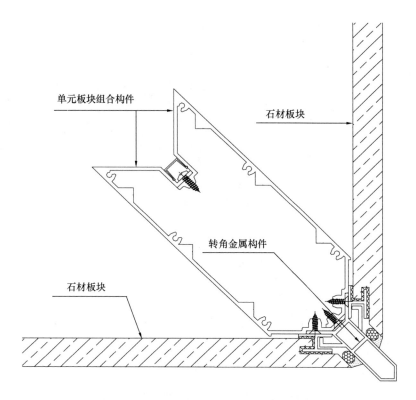

图 4-95 单元式幕墙阳角构造示意图

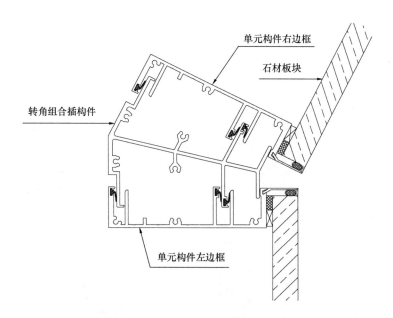

图 4-96 隐框单元式幕墙阴角构造示意图

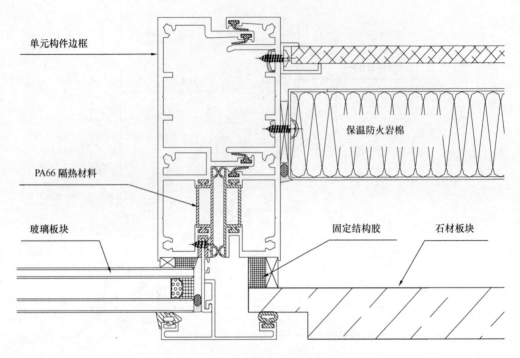

单元构件边框

保温防火岩棉

PA66 隔热材料

玻璃板块

固定结构胶

石材板块

图 4-97 明框组合式单元式幕墙构造示意图

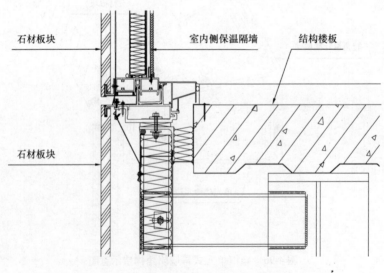

石材板块

室内侧保温隔墙

结构楼板

石材板块

图 4-98 层间小单元幕墙构造示意

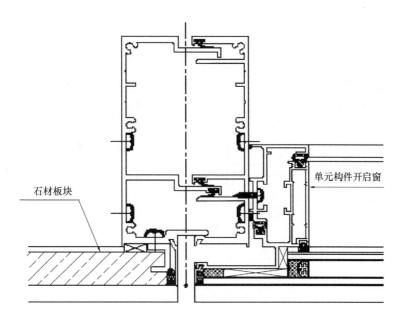

石材板块

单元构件开启窗

图 4-99　单元式幕墙开启窗构造示意图

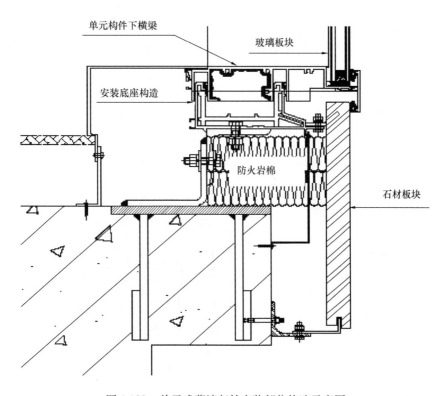

单元构件下横梁

玻璃板块

安装底座构造

防火岩棉

石材板块

图 4-100　单元式幕墙起始安装部位构造示意图

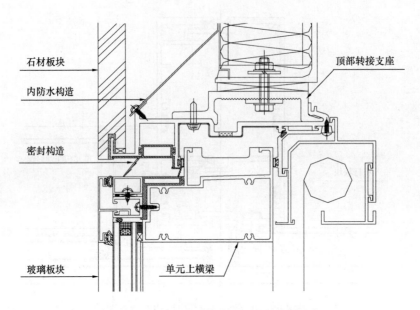

图 4-101　层间小单元幕墙顶部固定构造示意

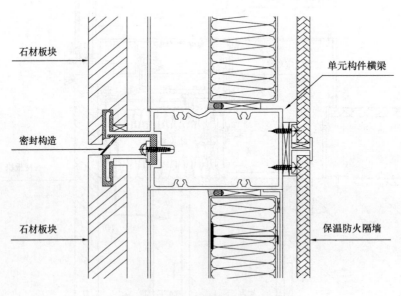

图 4-102　单元式幕墙构造示意图

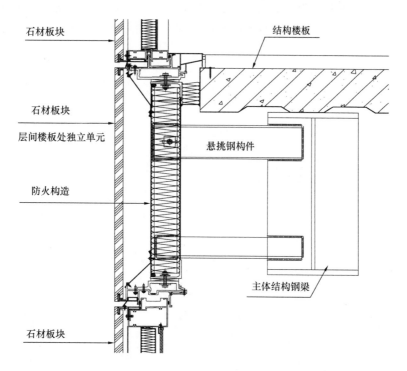

石材板块

石材板块

层间楼板处独立单元

防火构造

石材板块

结构楼板

悬挑钢构件

主体结构钢梁

图 4-103　单元式幕墙构造示意图

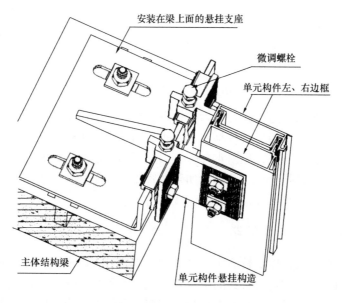

安装在梁上面的悬挂支座

微调螺栓

单元构件左、右边框

主体结构梁

单元构件悬挂构造

图 4-104　单元式幕墙构造示意图

如图4-105所示，挂点位于楼层标高以下，侧面连接方式，也可实现三维调整，可全部用钢制构件，连接强度可靠造价较低，对于室内设计成防撞栏杆的建筑，由于其挂点位于楼层标高以下，采用这种方式更便于室内地面接口找平，通透感较强，缺点是若位于梁底则工人操作不便。

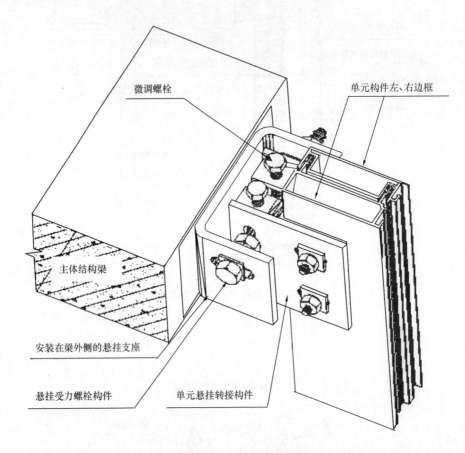

图4-105　单元式幕墙构造示意图

从以上图示可看出两种连接方式均为主挂点，在受力上除了要承受风荷载以外，在竖向上同时还要承受自重，对于层高及分格较大，而梁高大于600mm者为有效降低型材用量节约成本，可考虑增设辅助支点，见图4-106。此外从构造安全的角度分析，由于单元板块均为悬挂安装构造，相对都是独立的单体，如果设置双支点座悬挂构造，更能提高单元式幕墙的安全性。单元幕墙十字交叉部位之间的位置构造关系见图4-107。

四、石材单元式幕墙的优点

历史上传统的单元式幕墙比较适用于框架型结构建筑，而全部用石材面板设计制作的石材单元式幕墙不同于我们常规所看到的组合式（玻璃、石材、金属板材等作为外装饰面材）单元式幕墙。传统的单元式幕墙基本上均是采用铝合金型材作为主体结构受力构件，而石材单元式幕墙不但可以用铝合金型材，也可以用碳素结构钢材作为主受力构件。

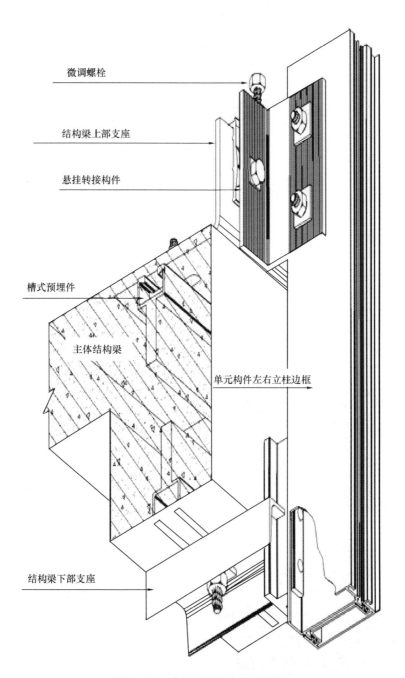

微调螺栓

结构梁上部支座

悬挂转接构件

槽式预埋件

主体结构梁

单元构件左右立柱边框

结构梁下部支座

图 4-106 单元式幕墙构造示意图

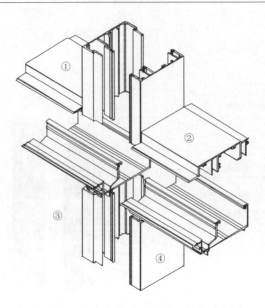

图 4-107　单元式幕墙十字接口构造示意图

①为左上单元板块；②为右上单元板块；③为左下单元板块；④为右下单元板块

　　石材单元式幕墙不但可以用于施工周期相比较短的高层建筑的实体结构墙、结构柱部位，同样也有的适用于常规的构建式石材幕墙所无法实现的异形石材幕墙部位及实体结构墙部分（图 4-108、图 4-109）。

图 4-108　石材单元式幕墙安装在结构梁、柱部位

图 4-109　石材单元式幕墙解决石材大小、
高低不一的难题

第十节　石材幕墙施工图的设计

石材幕墙同其他建筑幕墙一样，都是一种是墙非墙、是幕非幕的建筑物外衣，是建筑物在结构、构造安全的基础上实现节能、美观、防水、密封、换气等使用性能的外围护结构。幕墙产业是一个朝阳产业，同时又是集销售、设计、采购、生产、施工、售后服务为一体的高科技产业。目前，我国已成为世界建筑幕墙生产大国和使用大国，具相关资料显示，我国占全世界总量的60%还多，平均产值增长率超过20%。

幕墙施工图纸的设计内容、设计深度等每个单位都具有自己的特点，可以说目前还没有一个统一的标准。都是根据所承接项目的内容自行编制的。

根据幕墙行业及企业发展的需要，作为一套完整的具有指导施工所需要的施工图纸，至少应该具有以下主要内容：

一、图纸封面的要求

1. 项目名称（与招标文件及项目建筑图纸完全相吻合的详细名称）

2. 分项名称（该公司所承接的这一分项的详细名称，如果有多种就应该将多种列举详细，比如：明框构件式玻璃幕墙、构件式石材幕墙、构件式金属铝单板幕墙施工图）

3. 公司名称（详细写出该分项工程承包公司的名称）

4. 出图日期（出图日期一定要详细而且准确，一定要准确到出图的具体日历天）

二、图纸图框的要求

图纸的图框，其实是企业文化的窗口，有些公司目前还没有一个清醒的认识，只是从概念上认为图纸需要有图框，至于有哪些内容组成不是太了解，也没有去认识一个图框的重要性。其实一个好的图框不只是需要反应图纸的技术内容，而且还需要真实地反映一套图纸是由哪些技术人员来完成、哪些相关单位的人员参与审核确认、这套图纸是第几次出的图、什么时间出的图等，只有这样如此完整的图框设计才能够完全反映出这套图纸从开始到结束的真实过程。

如图4-110所示，我们经常所见到的图框都基本上是这种样式，主要有2个区域所组成，即图纸技术反应区、图纸会签区。图纸技术反应区是该项目实际幕墙应该如何做法的真实反应区，而图纸会签区是真实反应该图纸是哪一部分内容、相关单位签字确认的审核内容及图纸过程，因此图纸的会签区的设计也同样重要。

如图4-111所示，为了清楚地反映该项目所承接的范围在建筑总平面的哪个部位，就需要在图框会签区域设计一个建筑平面简图，同时在建筑平面简图中采用箭头等方法指出所在部位，这样让实际现场操作者一目了然，能清楚地辩识所施工的范围在哪个部位。

如图4-112所示，设计出一个出图版本过程描述栏，第一次所出的图纸基本上都是一套完整的施工图，相关的合同内容基本上都包括在内，虽然有些内容不详细但还是能反映出有这项内容存在，所以第一套图纸习惯上我们把它称为"A"版本文件，因为建筑施工过程中出现变更是非常正常的情况，但任何变更都会从这一版本图纸中引出来，无论所牵涉的内容有多少，都需要安排时间根据变更提出的要求重新设计出一套变更图，那么这种后期所出现

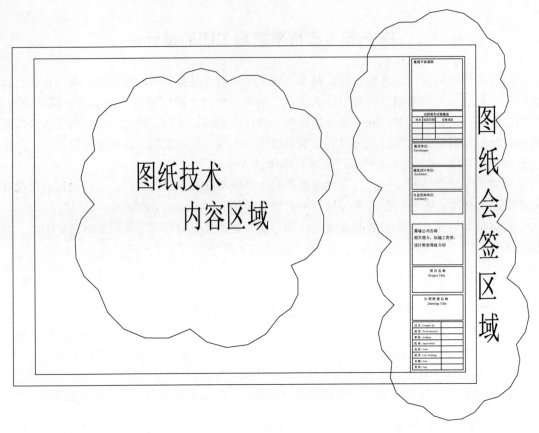

图 4-110　图框区域划分示意图

的变更图是在原版图纸的基础上进行的变更，图纸版本就会出现变化，不再是"A"版本的图纸，那就是"B"版本图纸，如果是多次变更那就有可能是"C""D"或其他版本，那么对于第一次的图纸是第一版施工图，所以过程描述栏就注明是第一版施工图，以后的图纸都将会是称为变更施工图，需要注意的是出图日期一定写清楚。

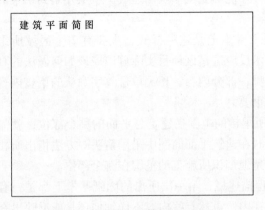

图 4-111　建筑平面简图区域示意图

出图版本过程描述		
版本	出图日期	过程描述

图 4-112　出图版本过程描述示意图

　　如图 4-113 所示，施工图纸设计完成以后，这套施工图纸都必须要经过该项目分包的上级主管部门领导给予确认，那么相关单位给予确认的时候就需要在相关设计好的区域给予签字确认，这些单位一般是"建设单位、建筑设计单位、专业咨询单位等"，在图框栏内对于相对应的单位需要编写好单位的详细名称，用以相关单位项目负责人在对应的单位栏内签字对图纸内容给予确认，在签字确认的时候专业公司负责协调签字的人员注意，无论是什么时候、哪位负责人在签字的时候一定提醒相关负责人写上签字日期，便于以后从签字时间上给予追溯。

如图 4-114 所示，在图纸图框的中间区域设计关于该公司的简介区域，让相关单位及负责人能清楚地认识及了解公司的实力，同时编制该项目的总体名称及该公司所承包的分项名称。

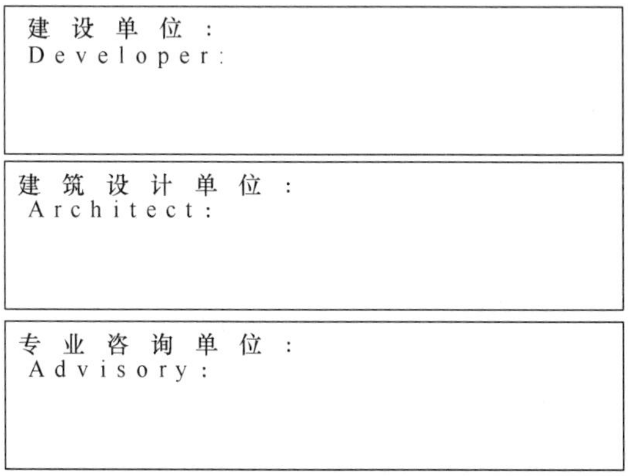

建 设 单 位 :
D e v e l o p e r:

建 筑 设 计 单 位 :
A r c h i t e c t:

专 业 咨 询 单 位 :
A d v i s o r y:

图 4-113 专业分包上级主管单位
确认会签区域示意图

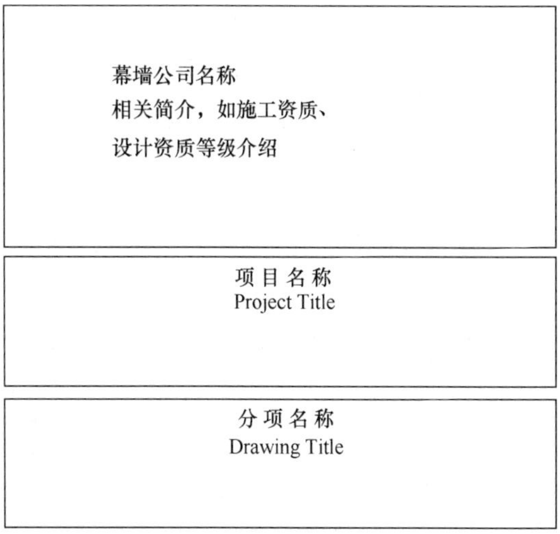

幕墙公司名称
相关简介，如施工资质、
设计资质等级介绍

项 目 名 称
Project Title

分 项 名 称
Drawing Title

图 4-114 分包企业及分包
简介区域示意图

如图 4-115 所示，在图纸图框的左下角部位设计该公司内部相关参与、技术负责人员会签栏，该会签栏要求所有参与该项目设计的人员在完成设计后首先自审，待自审认为没有问题的时候在会签栏内相关部位给予确认，设计、校对栏设计人员可以互相校对也可以有专人校对，但每页图纸都要属实，不得出现没有参加、参与该项目设计的人员不负责任地代签，审核通常都是由该企业技术部门的经理人员来负责审核确认，批准栏特别重要的一栏该项工作是由该企业的总工

设计：	Designe by:	
校对：	Profreading by:	
审核：	Auditing:	
批准：	Approved by:	
图号：	CAD File\Page:	
日期：	Date:	
比例：	Scale:	
页码：	Page:	

图 4-115 分包企业内部会签区域示意图

程师最后负责审核后给予批准，该栏内一旦不负责任地签字那将有可能给企业带来不必要的麻烦和损失，所以该栏内签字是负有相当重要责任的。

三、图纸分项的要求

无论建筑项目的大与小、工程量的多与少，作为建筑类型的图纸分项内容是一样的，只是项目体量大所牵涉的内容会多点、材料会多点，因此图纸的页数会多点，但分项内容都是必不可少的。通常一套完整的施工图纸由以下分项组成。

1. 图纸封面：drawing the cover
2. 图纸目录：list of drawing
3. 设计说明：design notes
4. 立面图：elevation
5. 平面图：plan
6. 剖面图：profiles
7. 局部立面图：local elevation
8. 节点图（细部放大图）：the node graph
9. 材料编号图：material map

四、图纸目录的要求

图纸目录不能过于简单，有些项目的图纸目录过于简单，以至于等项目竣工以后再去复查其中的某一个立面、节点等出自于哪一次或哪一版本的图纸根本就查不到，所以作为一套图纸一定要反映出该图纸的图纸名称、图纸编号、图纸出图版幅、出图日期、出图版本等（图4-116）。

图纸目录

序号	图纸名称	图纸编号	图幅	版本	日期
1	1/1—1/40立面图	ES-01	A3	A	2011.07.08

图4-116　图纸目录示意

五、设计说明的要求

1. 工程概况的要求：

（1）工程名称：××××××项目石材幕墙工程

（2）建设地点：××××××路/街××号

（3）建设单位：××××××房地产开发有限公司

（4）建筑设计单位：××××××设计研究院

（5）总承包单位：××××××集团公司

（6）监理单位：××××××监理公司

（7）咨询单位：××××××咨询有限公司

（8）建筑物占地面积：×××m²

（9）建筑物高度：×××层、×××米

（10）标准层高度：×××米

（11）主体结构形式：×××结构

（12）地面粗糙度类别：×××类

（13）建筑抗震设防烈度：×××度

（14）建筑物耐火等级：×××级

（15）石材幕墙概括简介

2. 设计依据的要求

（1）对于一个分包项目的设计依据，首先是依据建设单位、有资格（国家政府相关部门认可的）招标代理单位所提供的所有招标文件、招标过程中的答疑文件都要求一一给予详细列举。

（2）招标文件所要求的现行国家级相关标准、规范。比如：

《建筑设计防火规范》（GB 50016—2006）

《高层民用建筑设计防火规范》（GB 50045—1995，2005年版）

《民用建筑隔声设计规范》（GB 50118—2010）

《建筑采光设计标准》（GB/T 50033—2001）

《建筑隔声评价标准》（GB/T 50121—2005）

《建筑装饰装修工程质量验收规范》（GB 50210—2001）

《建筑工程施工质量验收统一标准》（GB 50300—2001）

《建筑物防雷设计规范》（GB 50057—2010）

《建筑抗震设计规范》（GB 50011—2010）

《建筑结构荷载规范》（GB 50009—2012）

《建筑抗震设防分类标准》（GB 50223—2008）

《建筑制图标准》（GB/T 50104—2010）

《建筑钢结构焊接技术规程》（JGJ 81—2002，2012年版）

《高层建筑混凝土结构技术规程》（JGJ 3—2010）

《钢结构设计规范》（GB 50017—2003）

《钢结构工程施工质量验收规范》（GB 50205—2001）

《工程测量规范》（GB 50026—2007）

《温室结构设计荷载》（GB/T 18622—2002）

《工程抗震术语标准》（JGJ/T 97—2011）

《中国地震烈度表》（GB/T 17742—2008）

《中国地震动参数区划图》（GB 18306—2001）

《碳素结构钢》（GB/T 700—2006）

《合金结构钢》（GB/T 3077—1999）

《不锈钢冷轧钢板和钢带》（GB/T 3280—2007）

《不锈钢热轧钢板和钢带》（GB/T 4237—2007）

《结构用无缝钢管》（GB/T 8162—2008）

《建筑幕墙》（GB/T 21086—2007）

《金属与石材幕墙工程技术规范》（JGJ 133—2001）

（3）现行项目建设所在地的地方相关标准、规范以及政府相关部门所出台的行业要求文件。

3. 幕墙结构形式说明要求

对于幕墙结构形式的说明，首先无论该项目是采用几种结构形式都要详细说明该幕墙分别设计、安装在哪一立面的哪个部位，然后再分别说明哪一部位是采用的哪一种结构设计形式，特别是有特殊异形结构设计部位，在说明的同时还要配以与实际设计结构形式相一致的结构说明简图，如图 4-117 ~ 图 4-120 所示。

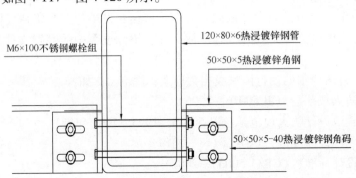

图 4-117　立柱与横梁连接构造横剖示意

备注：石材幕墙主体龙骨结构的设计除采用螺栓连接固定外，在充分考虑现场实际状况，满足防火操作要求的状况下，完全可以采用焊接的方式连接固定，只要确保焊接质量不要有任何怀疑，焊缝的高度、焊缝的长度依据计算确定，见图 119 和图 4-120。

4. 幕墙材料使用的说明要求

材料设计使用的说明一定详细而且清楚，便于施工过程中材料采购部门及项目部管理人员按照说明验收材料。

（1）钢材：钢材需要说明选用材料的厂家（比如：天钢、鞍钢、包钢、宝钢、首钢等）、材料防腐处理措施、材料截面规格、材料是现场进行切割生产还是在工厂内生产等。

无论采用哪个厂家的钢材，在订货签订合同时必须详细标明以下内容，便于更加准确的按照设计要求采购：

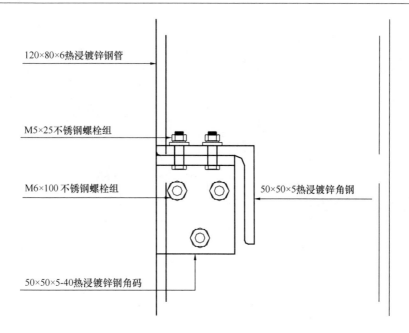

120×80×6热浸镀锌钢管

M5×25不锈钢螺栓组

M6×100 不锈钢螺栓组

50×50×5热浸镀锌角钢

50×50×5-40热浸镀锌钢角码

图 4-118　立柱与横梁连接构造纵剖示意

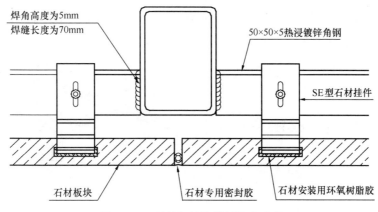

焊角高度为5mm
焊缝长度为70mm

50×50×5热浸镀锌角钢

SE型石材挂件

石材板块　　石材专用密封胶　石材安装用环氧树脂胶

图 4-119　石材与结构横剖构造示意

① 订货依据的国家标准编号；

② 产品详细名称（钢管或钢板或钢带或型钢）；

③ 产品牌号；

④ 订货长度尺寸；

⑤ 订货精度允许偏差要求；

⑥ 带卷尺寸（内径、外径）；

⑦ 钢材每米重量及合计总重量；

⑧ 表面处理质量要求；

⑨ 边缘状态（切边 EC、不切边 EM）；

⑩ 送货包装方式；

⑪ 用途；

⑫ 特殊要求（根据项目使用要求超出国家标准规定之外的要求）。

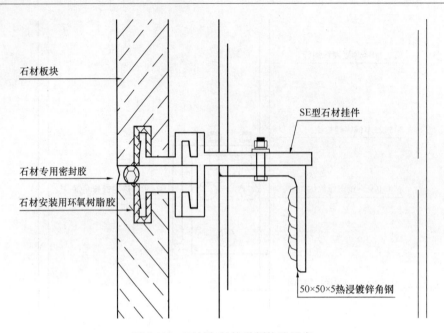

石材板块

SE型石材挂件

石材专用密封胶

石材安装用环氧树脂胶

50×50×5热浸镀锌角钢

图 4-120　石材与结构纵剖构造示意

按照国家及行业标准幕墙所用的钢材均采用热浸镀锌处理的较多，那就需要对热浸镀锌的工艺作出以下要求（图 4-121）：

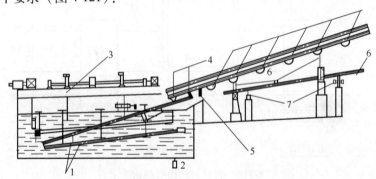

图 4-121　浸锌装置构造示意

1—钢管；2—锌锅；3—外吹风环；4—镀锌机；5—磁力辊；6—托辊；7—接管装置

a. 钢材在进行热浸镀锌前必须要经过认真的预处理，钢材内外表面不得沾染锌灰、锌屑及其他杂质。

b. 在向锌液浸渍时，钢管类材料要必须毫无阻碍地倾斜地浸入到锌液中，以便于将钢管内的空气完全排出去。

c. 为了提高镀锌层的质量，在浸锌过程中锌液的温度应该保持不变，控制在 430 ~ 460℃之间。

d. 钢管在锌液中浸入的时间应最可能地少，抽出的速度应适当，不宜过快，因为过快会造成锌层表面凹凸不平也不光滑，同时也不宜过慢，因为过慢会使锌层变成合金层并形成茶褐色薄膜。

e. 钢管在从锌液中抽出时应保持一定的适当倾斜角度，一般控制在 10° ~ 15° 比较恰当

（图 4-122）。

f. 钢管在从锌液中抽出以后应立即采用喷吹处理及冷却处理，便于保证锌层表面均匀，使锌层同时具有良好的弯曲性能（图 4-123）。

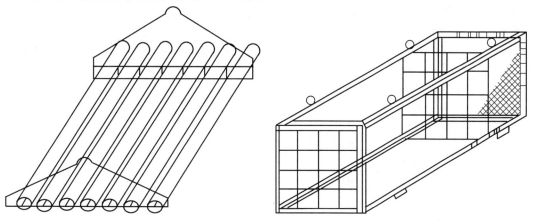

图 4-122　小口径钢管浸锌挂具示意　　　　　图 4-123　大口径钢管浸锌挂具示意

g. 热浸镀锌处理膜层的厚度需要根据钢材截面厚度的不同而不同，不是所有的钢材都是按照同一个膜厚去现场质量验收。因此对于热浸镀锌层厚度应符合表 4-37 的要求。

表 4-37　镀锌层膜厚现场检验表

序号	材料截面最小厚度 t	镀锌层平均膜厚	镀锌层局部膜厚
1	$t \geqslant 6mm$	$>85\mu m$	$>70\mu m$
2	$3mm \leqslant t < 6mm$	$>70\mu m$	$>55\mu m$
3	$1.5mm \leqslant t < 3mm$	$>55\mu m$	$>45\mu m$

（2）铝合金材料

① 铝合金材料要求说明材料选用厂家的详细名称、厂家生产厂址所在地，产品生产所依据的国家标准规范，材料表面处理方式，特别是粉末喷涂或氟碳喷涂等方式的表面处理一定注明表面处理颜色的色号。

② 铝合金的合金牌号、供应状态应符合表 4-38 的规定。

表 4-38　合金牌号及供应状态

合　金　牌　号	供应状态
6005、6060、6063、6063A、6463、6463A	T5、T6
6061	T4、T6

注：1. 订购其他牌号或状态时，需供需双方协商。

　　2. 如果同一建筑结构型材同时选用 6005、6060、6061、6063 等不同合金（或同一合金不同状态），采用同一工艺进行阳极氧化，将难以获得颜色一致的阳极氧化表面，建议选用合金牌号和供应状态时，充分考虑颜色不一致性对建筑结构的影响。

③ 铝合金材料壁厚允许偏差应符合表 4-39 的规定。

表 4-39　铝合金材料壁厚允许偏差

级别	公称厚度（mm）	对应于下列外接圆直径的型材壁厚尺寸允许偏差（mm）[a,b,c,d]					
		≤100		>100~250		>250~350	
		A	B、C	A	B、C	A	B、C
普通级	≤1.50	0.15	0.23	0.20	0.30	0.38	0.45
	>1.50~3.00	0.15	0.25	0.23	0.38	0.54	0.57
	>3.00~6.00	0.18	0.30	0.27	0.45	0.57	0.60
	>6.00~10.00	0.20	0.60	0.30	0.90	0.62	1.20
	>10.00~15.00	0.20	—	0.30	—	0.62	—
	>15.00~20.00	0.23	—	0.35	—	0.65	—
	>20.00~30.00	0.25	—	0.38	—	0.69	—
	>30.00~40.00	0.30	—	0.45	—	0.72	—
高精级	≤1.50	0.13	0.21	0.15	0.23	0.30	0.35
	>1.50~3.00	0.13	0.21	0.15	0.25	0.36	0.38
	>3.00~6.00	0.15	0.26	0.18	0.30	0.38	0.45
	>6.00~10.00	0.17	0.51	0.20	0.60	0.41	0.90
	<10.00~15.00	0.17	—	0.20	—	0.41	—
	>15.00~20.00	0.20	—	0.23	—	0.43	—
	>20.00~30.00	0.21	—	0.25	—	0.46	—
	>30.00~40.00	0.26	—	0.30	—	0.48	—
超高精级	≤1.50	0.09	0.10	0.10	0.12	0.15	0.25
	>1.50~3.00	0.09	0.13	0.10	0.15	0.15	0.25
	>3.00~6.00	0.10	0.21	0.12	0.25	0.18	0.35
	>6.00~10.00	0.10	0.34	0.13	0.40	0.20	0.70
	<10.00~15.00	0.12	—	0.14	—	0.22	—
	>15.00~20.00	0.13	—	0.15	—	0.23	—
	>20.00~30.00	0.15	—	0.17	—	0.25	—
	>30.00~40.00	0.17	—	0.20	—	0.30	—

④ 且能直接测量的角度，其角度偏差应符合表 4-40 的规定，通常 6060-T5、6063-T5、6063A-T5、6463-T5、6463A-T5 型材角度偏差按高精级执行，其他型材按普通级执行。

当不采用对称的"±"偏差时，正、负偏差的绝对值之和应为表中对应数值的两倍。

表 4-40　横截面的角度允许偏差

级　别	允许偏差（°）
普通级	±1.5
高精级	±1.0
超高精级	±0.5

⑤ 铝合金材料的平面间隙应符合表 4-41 的规定，通常 6060-T5、6063-T5、6063A-T5、6463-T5、6463A-T5 高精级执行，其他型材按普通级执行。

表 4-41 铝合金材料平面间隙允许值   mm

型材公称宽度（W）	平面间隙，不大于		
	普通级	高精级	超高精级
≤25	0.20	0.15	0.10
>25 ~ 100	0.80% × W	0.60% × W	0.40% × W
>100 ~ 350	0.80% × W	0.60% × W	0.33% × W
任意 25mm 宽度上	0.20	0.15	0.10

⑥ 铝合金材料的弯曲度应符合表 4-42 的规定，通常 6060-T5、6063-T5、6063A-T5、6463-T5、6463A-T5 高精级执行，其他型材按普通级执行。

表 4-42 铝合金材料的弯曲度允许值   mm

外接圆直径	最小厚度	弯曲度，不大于					
		普通级		高精级		超高精级	
		任意 300mm 长度上 h_S	全长 L 米 h_t	任意 300mm 长度上 h_S	全长 L 米 h_t	任意 300mm 长度上 h_S	全长 L 米 h_t
≤38	≤2.4	1.5	4 × L	1.3	3 × L	0.3	0.6 × L
	>2.4	0.5	2 × L	0.3	1 × L	0.3	0.6 × L
>38	—	0.5	1.5 × L	0.3	0.8 × L	0.3	0.5 × L

⑦ 当铝合金材料表面阳极氧化膜处理时，其平均膜厚、局部膜厚应符合表 4-43 规定。

表 4-43 阳极氧化膜厚允许偏差

膜厚级别	平均膜厚（μm），不小于	局部膜厚（μm），不小于
AA10	10	8
AA15	15	12
AA20	20	16
AA25	25	20

⑧ 当铝合金材料表面采用粉末喷涂处理时，其装饰面上涂层最小局部厚度≥40μm，涂层的干附着性，湿附着性和沸水附着性均应达到 0 级。

⑨ 当铝合金材料表面采用氟碳喷涂处理时，其装饰面上涂层厚度符合表 4-44 规定。

表 4-44 氟碳喷涂膜厚允许偏差

涂层种类	平均膜厚（μm）	最小局部膜厚（μm）
二涂	≥30	≥25
三涂	≥40	≥34
四涂	≥65	≥55

注：由于挤压型材横截面形状的复杂性，在型材某些表面（如内角、横沟等）的漆膜厚度允许低于本表的规定值，但不允许出现露底现象。

（3）紧固件材料

① 石材幕墙结构龙骨通常均是采用碳素结构钢龙骨材料，根据实际建筑结构预应力钢结构混凝土的验证，石材幕墙采用碳素结构钢作为龙骨结构同样可以采用焊接工艺处理，当采用焊接工艺处理时应注意以下说明：

a. 现场实施焊接的工作人员必须是具有特殊工种操作证的员工。

b. 焊缝的长度、焊缝弧高必须符合设计要求而且说明中一定给予说明。

c. 现场操作时必须要求有专人看火，具有安全可靠的接火斗及操作范围内无可燃物存在等。

d. 焊缝要求必须饱满、光滑、无夹渣、气泡等现象。

e. 焊接后立即将表皮药皮清理干净，涂刷防腐漆不低于二道。

② 当石材幕墙结构龙骨安装时根据现场考察不具备焊接条件时，或者石材幕墙采用的受力结构龙骨是铝合金材料时应采用螺纹螺栓、螺钉等紧固件连接固定，设计说明中应明确表明使用的是哪种牌号的不锈钢材料，同时对于材料的材质、性能均应符合表4-45～表4-48要求。

材质说明：A—奥氏体钢；C—马氏体钢；F—铁素体钢。

表4-45　奥氏体钢螺栓、螺钉和螺柱机械性能

类别	组别	性能等级	螺纹直径	抗拉强度 σ_b min （N/mm²）	规定非比例伸长应力 $\sigma_{po.2}$ min （N/mm²）	断后伸长量 δ min （mm）
奥氏体	A1、A2 A3、A4 A5	50	≤M39	500	210	0.6d
		70	≤M24	700	450	0.4d
		80	≤M24	800	600	0.3d

表4-46　马氏体和铁素体钢螺栓、螺钉和螺柱机械性能

类别	组别	性能等级	抗拉强度 σ_b min （N/mm²）	规定非比例伸长应力 $\sigma_{po.2}$ min （N/mm²）	断后伸长量 δ min （mm）	硬度 HB	硬度 HRC	硬度 HV
马氏体	C1	50	500	250	0.2d	147～209	—	155～220
		70	700	410	0.2d	209～314	20～34	220～330
		110	1100	820	0.2d	—	36～45	350～440
	C3	80	800	640	0.2d	228～323	21～35	240～340
	C4	50	500	250	0.2d	147～209	—	155～220
		70	700	410	0.2d	209～314	20～34	220～330
铁素体	F1	45	4500	250	0.2d	128～209	—	135～220
		60	600	410	0.2d	171～271	—	180～285

表 4-47 螺栓、螺柱和螺钉的最小拉力载荷规定

螺纹直径 d 或 D	螺距 P （mm）	公称应力截面积 A_S （mm²）	性能等级						
			CU1	CU2	CU3	CU4	CU5	CU6	CU7
			最小拉力载荷 $A_S \times \sigma_b$ 或保证载荷 $A_S \times S_P$ （N）						
3	0.5	5.03	1210	2210	2210	2360	2970	—	—
3.5	0.6	6.78	1630	2980	2980	3190	4000	—	—
4	0.7	8.78	2110	3860	3860	4130	5180	—	—
5	0.8	14.2	3410	6250	6250	6670	8380	—	—
6	1	20.1	4820	8840	8840	9450	11860	—	—
7	1	28.9	6940	10690	10690	13580	17050	12720	—
8	1.25	36.6	8780	13540	13540	17200	21590	16100	—
10	1.5	58.0	13920	21460	21460	27260	34220	25520	—
12	1.75	84.3	20230	31190	31190	39620	49700	37090	—
14	2	115	27600	42550	42550	46000	67850	50600	73600
16	2	157	37680	58090	58090	62800	92630	69080	100500
18	2.5	192	46080	71040	71040	76800	113300	84480	122900
20	2.5	245	58800	90650	90650	98000	144500	107800	156800
22	2.5	303	72720	112100	112100	121200	178800	133300	193900
24	3	353	84720	130600	130600	141200	208300	155300	225900
27	3	459	110200	169800	169800	183600	270800	202000	293800
30	3.5	561	134600	207600	207600	224400	331000	246800	359000
33	3.5	694	166600	256800	256800	277600	—	305400	444200
36	4	817	196100	302300	302300	326800	—	359500	522900
39	4	976	234200	361100	361100	390400	—	429400	624600

螺纹直径 d 或 D	螺距 P （mm）	公称应力截面积 A_S （mm²）	性能等级					
			AL1	AL2	AL3	AL4	AL5	AL6
			最小拉力载荷 $A_S \times \sigma_b$ 或保证载荷 $A_S \times S_P$ （N）					
3	0.5	5.03	1360	1560	1610	2110	2310	2570
3.5	0.6	6.78	1830	2100	2170	2850	3120	3460
4	0.7	8.78	2370	2720	2810	3690	4040	4480
5	0.8	14.2	3830	4400	4540	5960	6530	7240
6	1	20.1	5430	6230	6430	8440	9250	10250
7	1	28.9	7800	8960	8960	12140	13290	14740
8	1.25	36.6	9880	11350	11350	15370	16840	18670
10	1.5	58.0	15660	17980	17980	24360	26680	29580
12	1.75	84.3	21080	26130	26130	32030	38780	42990
14	2	115	28750	35650	35650	43700	52900	58650
16	2	157	39250	43960	48670	59660	72220	80070
18	2.5	192	48000	53760	59520	72960	88320	97920
20	2.5	245	61250	68600	75950	93100	112700	124900
22	2.5	303	—	84840	93930	115100	139400	154500
24	3	353	—	98840	109400	134100	162400	180000

螺纹直径 d 或 D	螺距 P （mm）	公称应力截面积 A_S （mm^2）	性能等级					
			AL1	AL2	AL3	AL4	AL5	AL6
			最小拉力载荷 $A_S \times \sigma_b$ 或保证载荷 $A_S \times S_P$ （N）					
27	3	459	—	128500	142300	174400	211100	234100
30	3.5	561	—	157100	173900	213200	258100	286100
33	3.5	694	—	194300	215100	263700	319200	353900
36	4	817	—	228800	253300	310500	375800	416700
39	4	976	—		302600	370900	449000	497800

表 4-48 不同材质材料的化学成分要求

类别	组别	化学成分（%）								
		C	Si	Mn	P	S	Cr	Mo	Ni	Cu
奥氏体	A2	0.1	1	2	0.050	0.03	15~20	b	8~19	4
	A3	0.08	1	2	0.045	0.03	17~19	b	9~12	1
	A4	0.08	1	2	0.045	0.03	16.0~18.5	2~3	10~15	1
	A5	0.08	1	2	0.045	0.03	16.0~18.5	2~3	10.5~14	1
马氏体	C1	0.09~0.15	1	1	0.050	0.03	11.5~14	—	1	—
	C3	0.17~0.25	1	1	0.040	0.03	16~18	—	1.5~2.5	—
铁素体	F1	0.12	1	1	0.040	0.03	15~18	g	1	—

（4）石材安装挂件材料及辅助结构材料

石材安装挂件目前通常有 T 型挂件、L 型挂件、SE 型挂件、后切背栓挂件等多种形式，但根据项目实际安装、安全的要求给予详细的说明。

① 要严格按照不同的墙面、梁面分别说明采用的是哪种形式的挂装体系。

② 分别介绍每种挂件所使用的截面规格尺寸及表面处理方式、颜色。

③ 分别介绍每种挂件的材质要求、化学成分要求等一定符合相关国家规范要求。

④ 对于干挂挂件固定所使用的环氧树脂胶一定要求说明厂家名称，厂家生产地址及产品合格使用有效期。

⑤ 说明该项目是使用的哪一种编号的产品及该产品使用的包装规格。

⑥ 在使用前要求必须做该材料的粘结、抗拉等复检，直到检测合格方可以大批量进货。

（5）石材安装密封材料

石材幕墙密封材料通常是指石材安装缝隙所采用的硅酮耐候密封胶，在设计说明中必须说明以下内容。

① 明确说明该项目所使用密封胶的厂家名称，厂家生产所在地址。

② 注意说明该选定的供货厂家是该项目唯一供货厂家，对于同一个项目严禁出现使用2个以上品牌的密封胶品牌。

③ 明确标明该项目所使用的密封胶的产品编号、包装规格、打胶时所注意的事项等。

（6）石材板块材料

石材幕墙除受力结构龙骨外面板是一项主要材料，在石材幕墙项目中面板所占比重约60%，面板质量的好与坏在项目竣工以后直接反应在表面，甚至于会给整个项目带来一定的负面影响，因此关于石材幕墙面板在说明中应注意标明以下内容。

① 应详细说明该项目所采用的石材原矿山所在地、加工厂所在地的地址，如果采用的不是同一种矿山的石材应分别说明。

② 分别说明该项目所采用的石材品种、颜色甚至于石材编号（如果有国家标准统一编号以国家标准为准）。

③ 按照实际项目分立面、部位，详细说明所采用的哪一品种石材，表面采用的哪一种工艺生产处理（比如火烧板、机凿板、机刨板、水洗面板等），以及每一品种石材所生产使用的材料厚度。

④ 按照实际项目分立面、部位，详细说明所采用石材的干挂方式（比如不锈钢 T 型干挂、铝合金 T 型干挂、SE 铝矽镁分离式干挂、后切背栓式干挂等）。

⑤ 分别对每一种石材的生产过程和工艺标准给予说明。

⑥ 对于经过切割、打磨、抛光等工序生产后的面板，是采用哪一种材料进行的防护处理，要求写出防护剂的品牌、厂家名称、厂家地址、包装规格，防护处理的工艺标准等。

（7）石材幕墙性能标准说明

石材幕墙同其他材料幕墙一样，在设计及施工以后同样满足表4-49～表4-52性能要求。

表4-49 石材幕墙抗风压性能要求

分级代号	1	2	3	4	5	6	7	8	9
分级指标值 P_3 （kPa）	$1.0 \leq P_3$ <1.5	$1.5 \leq P_3$ <2.0	$2.0 \leq P_3$ <2.5	$2.5 \leq P_3$ <3.0	$3.0 \leq P_3$ <3.5	$3.5 \leq P_3$ <4.0	$4.0 \leq P_3$ <4.5	$4.5 \leq P_3$ <5.0	P_3 ≥ 5.0

注：1. 分级指标 P_3 为正负风压测试值绝对值的较小值。

2. 当抗风压性能要求达到9级时需同时标明 P_3 的测试值。

根据招标文件要求结合项目实际计算选取符合要求的级别。

表4-50 石材幕墙水密性能要求

分级代号	1	2	3	4	5
分级指标值 ΔP （Pa）	$500 \leq \Delta P < 700$	$700 \leq \Delta P < 1000$	$1000 \leq \Delta P < 1500$	$1500 \leq \Delta P < 2000$	$\Delta P \geq 2000$

根据招标文件要求结合项目实际计算选取符合要求的级别。

表4-51 石材幕墙气密性能

分级代号	1	2	3	4
分级指标值 q_A /[m³/(m²·h)]	$4.0 \geq q_A > 2.0$	$2.0 \geq q_A > 1.2$	$1.2 \geq q_A > 0.5$	$q_A \leq 0.5$

根据招标文件要求结合项目实际计算选取符合要求的级别。

表4-52 石材幕墙平面变形性能要求

分级代号	1	2	3	4	5
分级指标值 γ	$\gamma < 1/300$	$1/300 \leq \gamma < 1/200$	$1/200 \leq \gamma < 1/150$	$1/150 \leq \gamma < 1/100$	$\gamma \geq 1/100$

根据招标文件要求结合项目实际计算选取符合要求的级别。

（8）石材幕墙特点说明

① 对于该项目，石材幕墙有哪个部位比较有代表性，在设计过程中是如何解决这一问题的，要给予特殊说明。

② 对于该项目，石材幕墙中有哪些部位的石材属于特殊工艺，在设计过程中是如何给予综合考虑的，要做出详细说明。

③ 对于该项目中所选用的石材品种（花岗岩除外）是该公司过去的设计中没有遇到的，在设计过程中是如何考虑的，要给予特殊说明。

六、立面图的设计

石材幕墙的立面图设计应该充分考虑建筑师所想要达到的建筑效果，幕墙设计师应首先与建筑师进行有效沟通，同时应该根据自己的设计经验，给建筑师提供建议和意见，并做出可行性的决定。因此石材幕墙的立面设计要满足以下要求（图4-124）。

1. 充分反应建筑师所想要达到的立面效果，表达出材料在建筑立面的存在部位、分格尺寸。

2. 充分反应出建筑立面存在的转折关系及立面其他材料（比如门窗、玻璃幕墙、金属幕墙等）所在立面的位置与石材之间的部位关系。

3. 能够清楚地反映出石材幕墙在水平方向的分格尺寸及与相关轴线间的尺寸关系。

4. 能够清楚地反映出垂直方向的分格尺寸及与建筑层间标高之间的相关关系，如果整个立面石材幕墙一直到顶，那就需要标注出石材幕墙与顶部女儿墙之间的装饰标高关系。

5. 如果一个立面采用的是多种石材，应在图纸的合适部位设计出不同石材品种的代表图例。

6. 如果一个立面是采用的同一品种石材，但表面处理方式有区别，同样需要在图纸的合适部位设计出不同石材表面处理的代表图例。

7. 当一个立面展开尺寸较长而其中又与另一个立面存在一定的转角关系时，在立面图上要结合平面图标明此转角部位，同时必须标明转角的角度，且要与平面图相符。

8. 当石材幕墙的立面图被部分女儿墙遮挡住时，要在石材幕墙立面图中采用虚线画出女儿墙的遮挡部位及相关尺寸。

9. 索引局部立面大样图时要采用加粗虚线明确表达出索引的范围，索引图编号应准确地在图纸中反应。

10. 由于较多幕墙企业的设计图纸出图版幅 A3 纸张用的较多，只有极少部分采用2 号图纸版幅，为了更好、更清晰地表达图纸立面内容，图纸的图幅比例建议不要超过1:300。

11. 图纸的尺寸标注，文字的字高最好是 3.5～4.0mm，根据所设计图纸的图框比例同比例缩放即可，便于保证所晒出的施工蓝图文字标注清晰。

12. 图纸中的文字标注的文字大小，最好与图框中会签栏内的文字大小一致，根据所设计图纸的图框比例同比例缩放即可，便于保证所晒出的施工蓝图文字标注清晰。

七、平面图的设计

石材幕墙平面图的设计应能够清楚地表达建筑主体结构的平面形状，石材幕墙的平面分

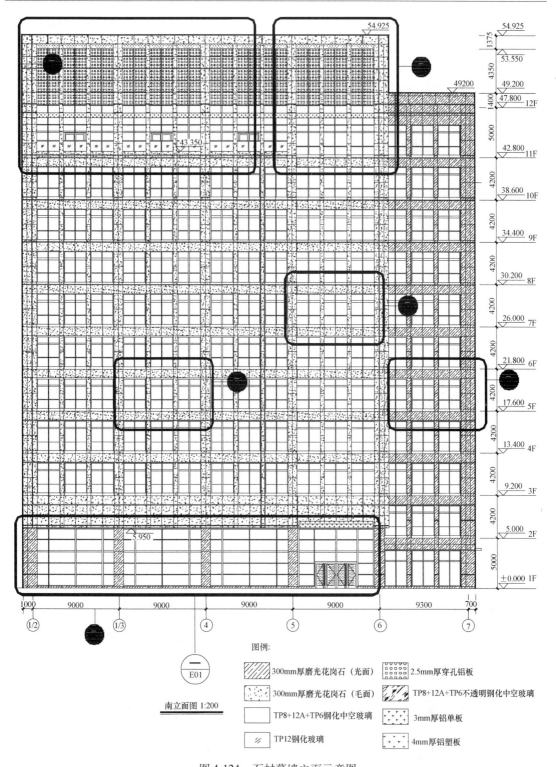

图例:

▨	300mm厚磨光花岗石（光面）	▦	2.5mm厚穿孔铝板
▨	300mm厚磨光花岗石（毛面）	▨	TP8+12A+TP6不透明钢化中空玻璃
□	TP8+12A+TP6钢化中空玻璃	⊡	3mm厚铝单板
▱	TP12钢化玻璃	⊡	4mm厚铝塑板

南立面图 1:200

图 4-124 石材幕墙立面示意图

格尺寸，转角等建筑外观，要想达到这一标准，在进行幕墙平面图设计的时候应注意把握以下内容（图4-125）。

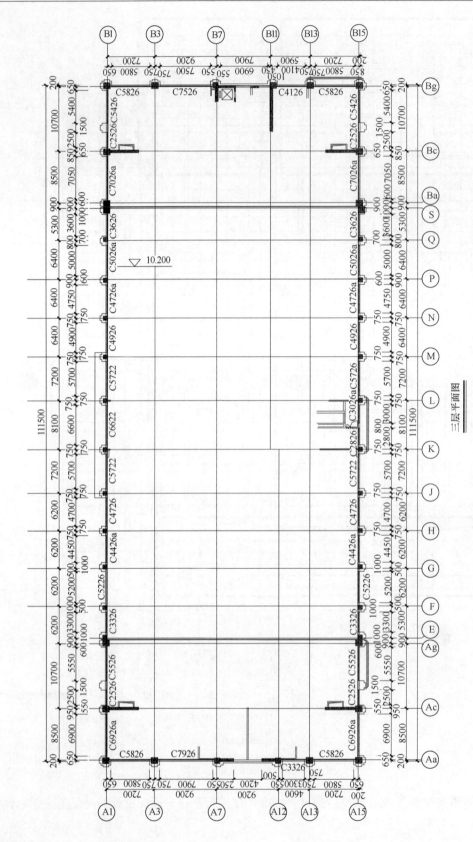

三层平面图

图 4-125　石材幕墙平面示意图

1. 石材幕墙的平面图设计应该紧紧围绕着建筑结构平面图进行设计，充分表达出幕墙附近建筑结构的形式。

2. 平面图应能够清晰地表达出哪个部位是主体结构、哪个部位是二次填充墙结构。

3. 幕墙平面图应该能够清晰地表达出幕墙与主体结构之间的进出位置关系。

4. 幕墙平面图应能够清晰地表达出幕墙主体竖向主龙骨安装的准确位置，及主体竖向龙骨与主体结构之间的控制尺寸关系。

5. 对于有窗、玻璃幕墙、其他材料幕墙存在的时候，要能够清晰地表达出这些材料之间的进出位置尺寸关系。

6. 由于较多幕墙企业的设计图纸出图版幅 A3 纸张用的较多，只有极少部分采用 2 号图纸版幅，为了更好、更清晰地表达图纸立面内容，图纸的图幅比例建议不要超过 1:300。

7. 图纸的尺寸标注文字的字高最好是 3.5~4.0mm，根据所设计图纸的图框比例同比例缩放即可，便于保证所晒出的施工蓝图文字标注清晰。

8. 图纸中的文字标注的文字大小，最好与图框中会签栏内的文字大小一致，根据所设计图纸的图框比例同比例缩放即可，便于保证所晒出的施工蓝图文字标注清晰。

八、剖面图的设计

石材幕墙的剖面图同其他幕墙的剖面图一样分为横剖面图及纵剖面图，同样应该满足以下几点要求（图 4-126、图 4-127）。

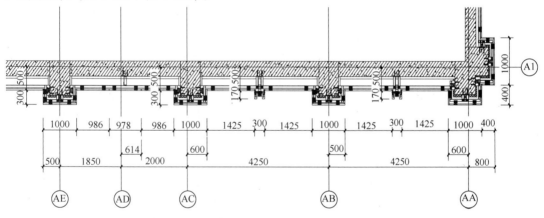

图 4-126 石材幕墙横剖面示意

1. 石材幕墙横剖面图应能够更加清晰地表达出石材在平面上的细部分格尺寸，便于将总平面图所不能表达的细部分格尺寸显示出来。

2. 横剖面图进一步表达出建筑结构与幕墙结构之间的关系以及幕墙结构与主体建筑结构之间的防火、保温材料等尺寸关系。

3. 横剖面图进一步表达出建筑主体结构立柱与石材幕墙结构立柱之间的尺寸关系。

4. 横剖面图应能够清晰地表达出石材幕墙水平分格尺寸与建筑主体轴线之间的位置控制关系。

5. 纵剖面图能够进一步清晰地表达出垂直方向石材的立面分格尺寸关系，同时能够表达出石材立面分格尺寸与建筑标高之间的控制关系。

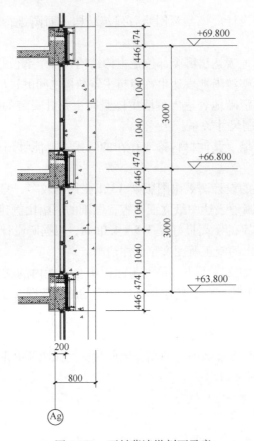

图 4-127　石材幕墙纵剖面示意

6. 纵剖面图能够清晰地表达出石材幕墙横梁与竖向立柱之间的安装位置关系。

7. 纵剖面图能够清晰地表达出石材幕墙与主体建筑结构之间的防火材料安装位置关系。

九、局部立面图的设计

幕墙大样图是建筑幕墙总立面图、平面图的延续，由于建筑总立面图、平面图一般绘图比例较大，因此所晒出的施工蓝图往往不是特别清晰，只有局部立面图才能够更加清晰地展示细部工作状况、所承包的施工范围的难易程度。所以一套具有可实施性的施工局部立面图应该具有以下内容（图 4-128）。

1. 局部立面图应该直接从建筑幕墙总立面图上索引出来，而且索引编号与图纸图框内的编号要相对应。

2. 局部立面图应该从幕墙的起始部位（一般都是从首层开始）按照不同的建筑幕墙立面及不同的建筑幕墙平面图的进深部位索引。

3. 建筑幕墙的标准层部位的局部立面图应该按照不同的建筑幕墙立面及不同的建筑幕墙平面图的进深部位索引。

4. 建筑幕墙顶部女儿墙部位局部立面图应该按照不同的建筑幕墙立面及不同的建筑幕墙平面图的进深部位索引，女儿墙部位往往是幕墙施工图设计的薄弱环节，从幕墙的安全角度出发，这是不容忽视的重点。

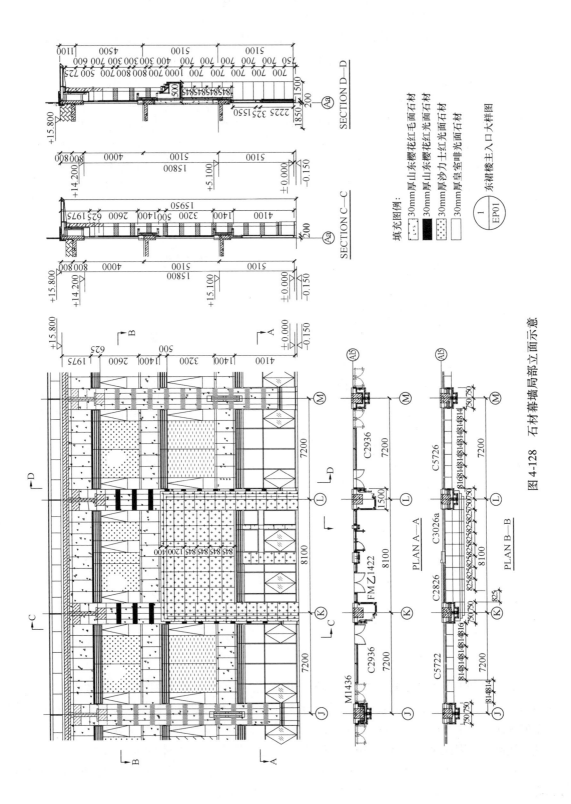

图 4-128 石材幕墙局部立面示意

5. 局部立面图应同时具有相对应的局部横剖面图、局部纵剖面图，便于实施者通过该图纸直接了解建筑结构整体状况。

6. 为了更清楚地表达局部立面图的作用及可实施性，一般局部立面图的绘图比例控制在 1:50 比较适宜，最好不要超过 1:100，因为绘图比例一旦过大所晒出的施工蓝图越容易模糊表达不清。

如图 4-129 所示，该单元式石材幕墙是一个大型文化产业园建筑，为了更好地反映当地的文化渊源及文化发展，所有的石材幕墙板块大小不一，无论是水平方向的板块划分、垂直方向的板块划分均不在同一条线上，而且相邻板块还要求具有一定的高差，凸出反应当地文化发展的过程，如果采用常规的构件式体系无法实现板块的安装，因此该项目整体采用的单元式体系实现。

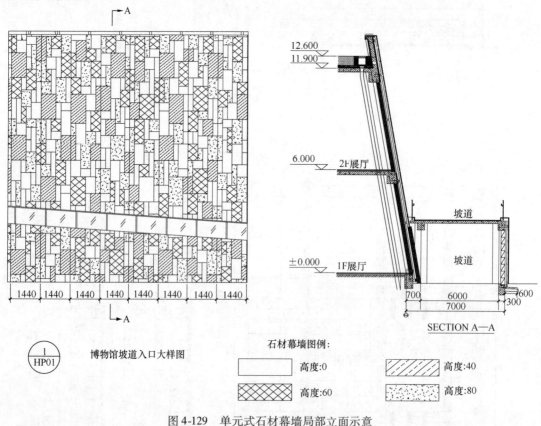

博物馆坡道入口大样图

石材幕墙图例：

| 高度:0 | | 高度:40 |
| 高度:60 | | 高度:80 |

图 4-129　单元式石材幕墙局部立面示意

十、节点图（细部放大图）的设计

石材幕墙的节点图也同样类同与其他常规幕墙的节点图，都必须能够清楚地表达出该项目石材幕墙的相关材料及构造做法，对于合同约定承包范围内的所有材料均应在节点图中给予清楚的标注，对于非承包范围内的所有材料做法均应在节点图纸中给予标注非承包项或以其他方式表达清楚。因此对于石材幕墙的节点图应至少包含以下内容（图 4-130 ~ 图 4-143）。

1. 节点图的索引编号一般是在局部立面图中引出，当然也可以在总立面图或总平面图中索引，但无论如何节点图的图纸编号必须与索引出处的编号相对应。

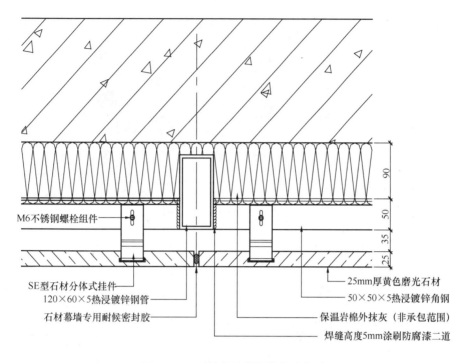

M6不锈钢螺栓组件

SE型石材分体式挂件
120×60×5热浸镀锌钢管
石材幕墙专用耐候密封胶

25mm厚黄色磨光石材
50×50×5热浸镀锌角钢
保温岩棉外抹灰（非承包范围）
焊缝高度5mm涂刷防腐漆二道

图 4-130 石材幕墙横剖节点示意图

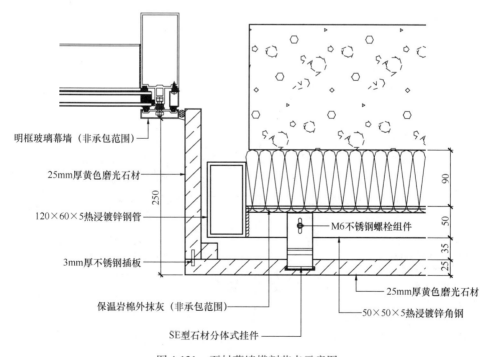

明框玻璃幕墙（非承包范围）

25mm厚黄色磨光石材

120×60×5热浸镀锌钢管

3mm厚不锈钢插板

M6不锈钢螺栓组件

保温岩棉外抹灰（非承包范围）

SE型石材分体式挂件

25mm厚黄色磨光石材
50×50×5热浸镀锌角钢

图 4-131 石材幕墙横剖节点示意图

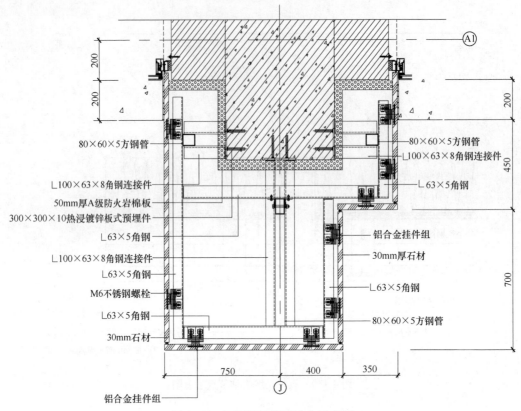

图 4-132　石材幕墙横剖节点示意图

图中标注文字：

80×60×5方钢管
∟100×63×8角钢连接件
50mm厚A级防火岩棉板
300×300×10热浸镀锌板式预埋件
∟63×5角钢
∟100×63×8角钢连接件
∟63×5角钢
M6不锈钢螺栓
∟63×5角钢
30mm石材
铝合金挂件组

80×60×5方钢管
∟100×63×8角钢连接件
∟63×5角钢
铝合金挂件组
30mm厚石材
∟63×5角钢
80×60×5方钢管

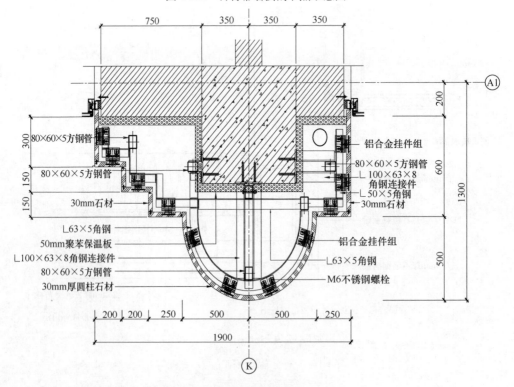

图 4-133　石材幕墙横剖节点示意图

图中标注文字：

80×60×5方钢管
80×60×5方钢管
30mm石材
∟63×5角钢
50mm聚苯保温板
∟100×63×8角钢连接件
80×60×5方钢管
30mm厚圆柱石材

铝合金挂件组
80×60×5方钢管
∟100×63×8角钢连接件
∟50×5角钢
30mm石材
铝合金挂件组
∟63×5角钢
M6不锈钢螺栓

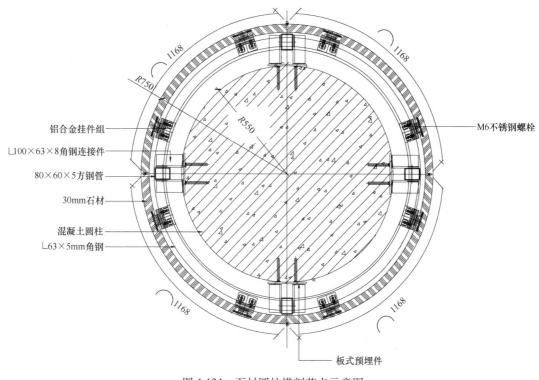

铝合金挂件组
∟100×63×8角钢连接件
80×60×5方钢管
30mm石材
混凝土圆柱
∟63×5mm角钢

M6不锈钢螺栓

板式预埋件

图 4-134 石材圆柱横剖节点示意图

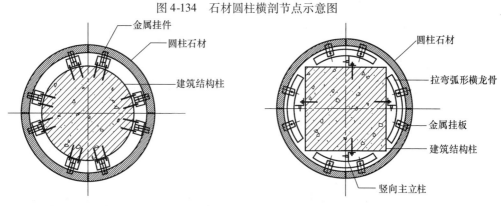

金属挂件
圆柱石材
建筑结构柱

圆柱石材
拉弯弧形横龙骨
金属挂板
建筑结构柱
竖向主立柱

图 4-135 石材圆柱无主立柱
设计的横剖节点示意

图 4-136 石材圆柱分段水平次
龙骨设计的横剖节点示意

2. 为了清楚地表达该项目的所有材料及构造做法，节点图的绘图比例通常采用1:1的绘图标准，如果该节点图所要反映的部位范围较大，需要放大绘图比例，但也不要超过1:5，否则将会出现技术语言表达不清的现象。

3. 横剖节点图应该绘制标准横剖节点、幕墙结构与建筑主体结构相安装的固定节点、转角横剖节点、石材与其他材料幕墙连续部位的节点等。

4. 纵剖节点图应该绘制出标准纵剖节点图、幕墙主体受力结构与建筑主体结构相安装的固定节点图、幕墙底部封底纵剖节点图、幕墙顶部与女儿墙的封顶纵剖节点图。

5. 节点图对于承包范围内的材料尺寸、材料名称应详细准确标注。

6. 节点图对于无法表示或无法描述的部位应采用局部放大图给予表达。

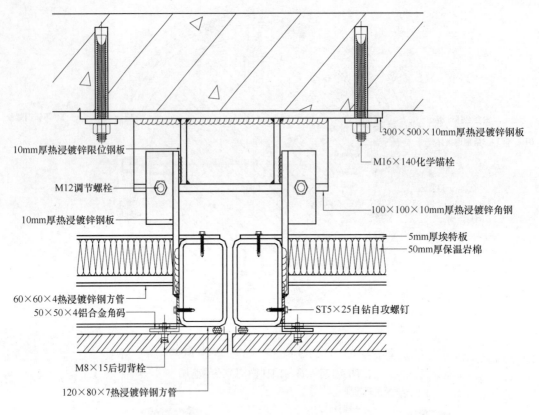

图 4-137　单元式石材幕墙横剖节点示意

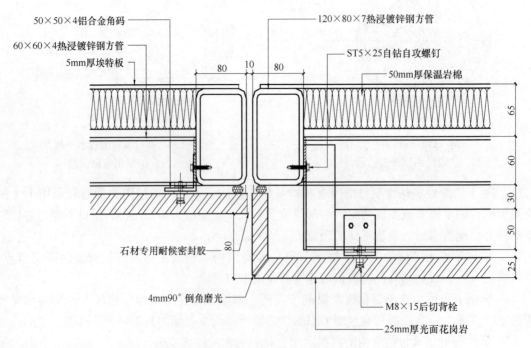

图 4-138　单元式石材幕墙错位横剖节点示意

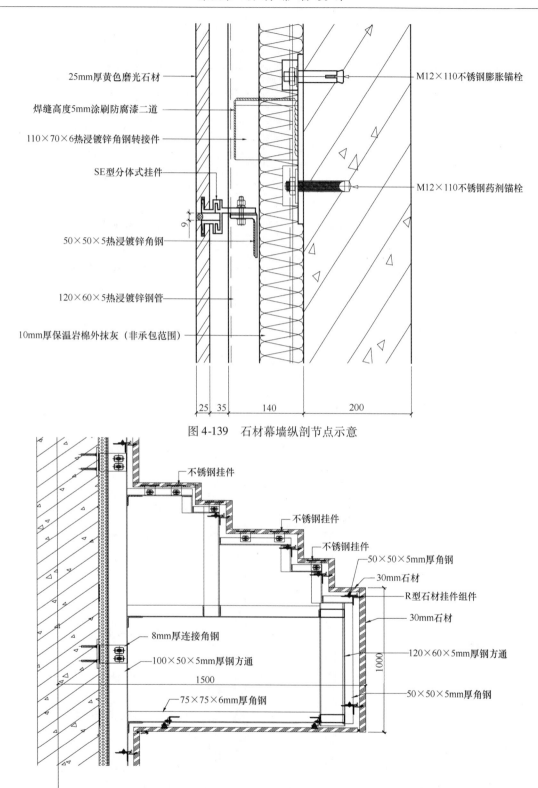

25mm厚黄色磨光石材

焊缝高度5mm涂刷防腐漆二道

110×70×6热浸镀锌角钢转接件

SE型分体式挂件

50×50×5热浸镀锌角钢

120×60×5热浸镀锌钢管

10mm厚保温岩棉外抹灰（非承包范围）

M12×110不锈钢膨胀锚栓

M12×110不锈钢药剂锚栓

25　35　　140　　　　200

图 4-139　石材幕墙纵剖节点示意

不锈钢挂件

不锈钢挂件

不锈钢挂件

50×50×5mm厚角钢

30mm石材

R型石材挂件组件

30mm石材

120×60×5mm厚钢方通

50×50×5mm厚角钢

8mm厚连接角钢

100×50×5mm厚钢方通

1500

1000

75×75×6mm厚角钢

图 4-140　石材幕墙纵剖节点示意图

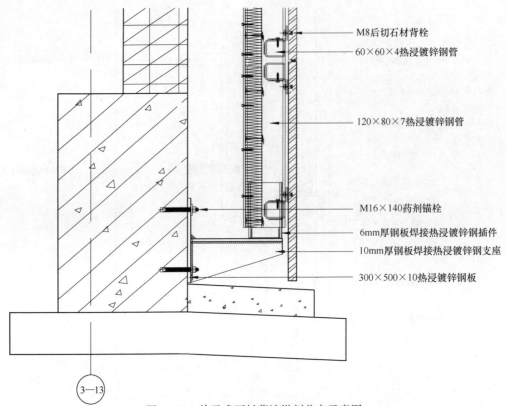

M8后切石材背栓

60×60×4热浸镀锌钢管

120×80×7热浸镀锌钢管

M16×140药剂锚栓

6mm厚钢板焊接热浸镀锌钢插件

10mm厚钢板焊接热浸镀锌钢支座

300×500×10热浸镀锌钢板

(3—13)

图 4-141　单元式石材幕墙纵剖节点示意图

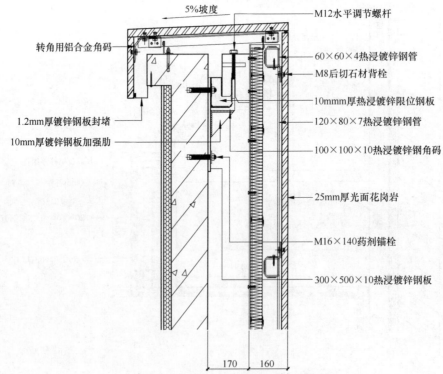

5%坡度

M12水平调节螺杆

转角用铝合金角码

60×60×4热浸镀锌钢管

M8后切石材背栓

10mmm厚热浸镀锌限位钢板

120×80×7热浸镀锌钢管

100×100×10热浸镀锌钢角码

1.2mm厚镀锌钢板封堵

10mm厚镀锌钢板加强肋

25mm厚光面花岗岩

M16×140药剂锚栓

300×500×10热浸镀锌钢板

170　160

图 4-142　单元式石材幕墙纵剖节点示意图

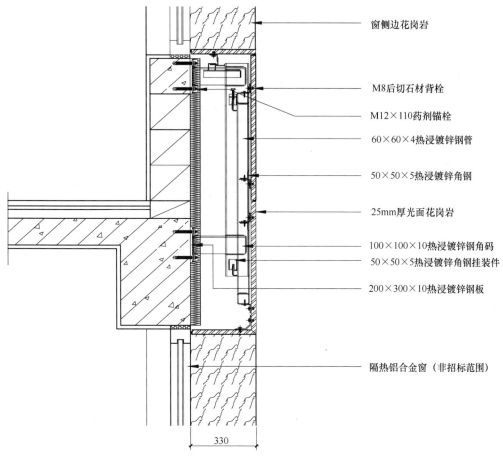

图 4-143 单元式石材幕墙纵剖窗间节点示意

窗侧边花岗岩

M8后切石材背栓

M12×110药剂锚栓

60×60×4热浸镀锌钢管

50×50×5热浸镀锌角钢

25mm厚光面花岗岩

100×100×10热浸镀锌钢角码

50×50×5热浸镀锌角钢挂装件

200×300×10热浸镀锌钢板

隔热铝合金窗（非招标范围）

十一、材料编号图的设计

由于石材同玻璃一样都属于易碎材料，因此在一套施工图的后面一定附加上石材的编号图，目的是便于石材由于颜色、加工质量不合格、安装上以后需要更换等事情发生的时候，不用现场实施安装的人员进行测量就可以根据需要更换的位置编号清楚地知道该石材板块的

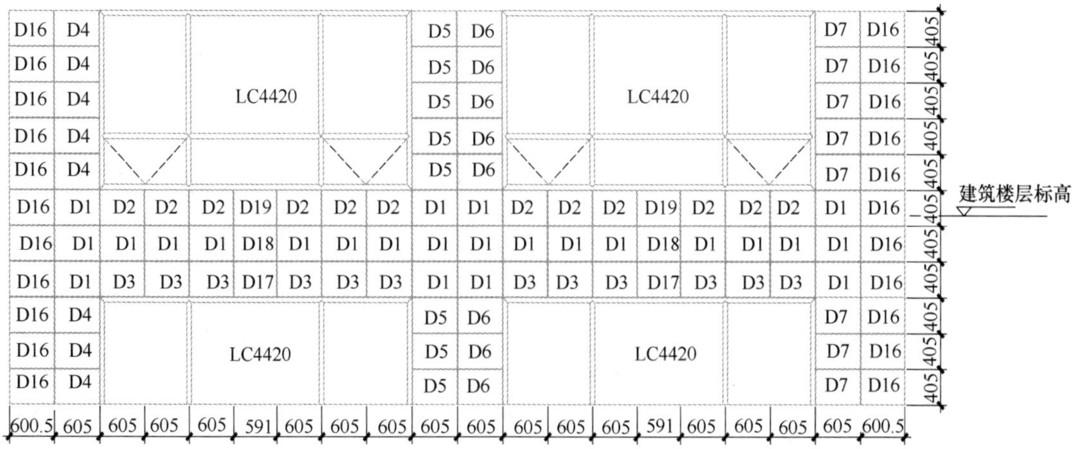

图 4-144　石材板块立面标准层编号示意

生产尺寸，需要注意的是该编号图的编号一定要与石材板块生产任务单的编号统一（图 4-144～图 4-146）。

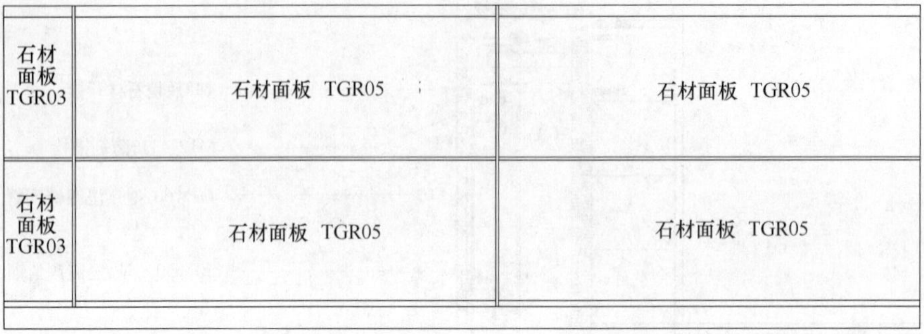

石材
面板
TGR03
石材面板 TGR05
石材面板 TGR05
石材
面板
TGR03
石材面板 TGR05
石材面板 TGR05

图 4-145　普通单元式石材板块编号示意

A—A
B—B
DH16
DH15
DH14
DH13
DH12
DH11
DH10
DH7
DH8
DH9
DH6
DH5
DH4
DH3
DH2
DH1
A—A
B—B
A—A
B—B

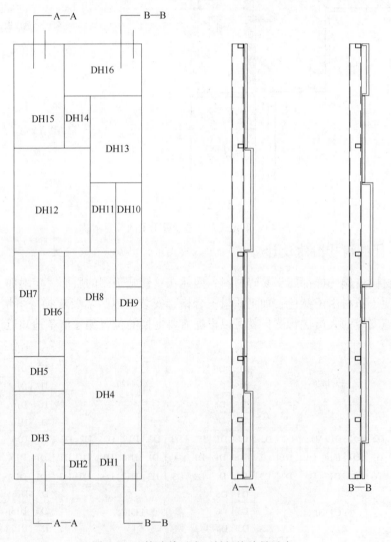

图 4-146　特殊单元式石材板块编号示意

第十一节 石材幕墙计算实例

【普通构件式石材幕墙计算实例】

一、计算依据及说明

1. 工程概况说明

工程名称：北京××××工程

工程所在城市：北京

工程所属建筑物地区类别：C 类

工程所在地区抗震设防烈度：8 度

工程基本风压：0.45kN/m²

工程强度校核处标高：97m

石材幕墙进场施工时间：2008 年 5 月 18 日

2. 设计依据

《建筑结构荷载规范》

《建筑用不锈钢绞线》（JG/T 200—2007）

《建筑幕墙》（GB/T 21086—2007）

《不锈钢棒》（GB/T 1220—2007）

《混凝土用膨胀型、扩孔型建筑锚栓》（JG 160—2004）

《铝合金结构设计规范》（GB 50429—2007）

《建筑抗震设计规范》（GB 50011—2010）

《建筑结构可靠度设计统一标准》（GB 50068—2001）

《钢结构设计规范》（GB 50017—2003）

《金属与石材幕墙工程技术规范》（JGJ 133—2001）

《建筑制图标准》（GB/T 50104—2010）

《铝合金建筑型材　第 1 部分：基材》（GB 5237.1—2008）

《铝合金建筑型材　第 2 部分：阳极氧化型材》（GB 5237.2—2008）

《铝合金建筑型材　第 3 部分：电泳涂漆型材》（GB 5237.3—2008）

《铝合金建筑型材　第 4 部分：粉末喷涂型材》（GB 5237.4—2008）

《铝合金建筑型材　第 5 部分：氟碳漆喷涂型材》（GB 5237.5—2008）

《建筑幕墙平面内变形性能检测方法》（GB/T 18250—2000）

《建筑幕墙抗震性能振动台试验方法》（GB/T 18575—2001）

《紧固件机械性能　螺栓、螺钉和螺柱》（GB/T 3098.1—2010）

《紧固件机械性能　螺母　粗牙螺纹》（GB/T 3098.2—2010）

《紧固件机械性能　螺母　细牙螺纹》（GB/T 3098.4—2010）

《紧固件机械性能　自攻螺钉》（GB/T 3098.5—2010）

《紧固件机械性能　不锈钢螺栓、螺钉和螺柱》（GB/T 3098.6—2010）

《紧固件机械性能　不锈钢　螺母》（GB/T 3098.15—2000）

《螺纹紧固件应力截面积和承载面积》（GB/T 16823.1—1997）

《石材用建筑密封胶》（GB/T 23261—2009）

《天然花岗石建筑板材》（GB/T 18601—2009）

《混凝土结构后锚固技术规程》（JGJ 145—2004）

《不锈钢和耐热钢　牌号及化学成分》（GB/T 20878—2007）

《建筑物防雷检测技术规范》（GB/T 21434—2008）

《混凝土加固设计规范》（GB 50367—2006）

《冷弯型钢》（GB/T 6725—2008）

《热轧型钢》（GB/T 706—2008）

3. 基本计算公式

（1）场地类别划分：

根据地面粗糙度，场地可划分为以下类别：

A 类指近海面，海岛，海岸，湖岸及沙漠地区；

B 类指田野，乡村，丛林，丘陵以及房屋比较稀疏的乡镇和城市郊区；

C 类指有密集建筑群的城市市区；

D 类指有密集建筑群且房屋较高的城市市区；

（2）风荷载计算：

幕墙属于薄壁外围护构件，根据《建筑结构荷载规范》风荷载计算公式：$W_k = \beta_{gz} \times \mu_z \times \mu_{sl} \times W_0$

式中　W_k——作用在幕墙上的风荷载标准值，kN/m^2；

β_{gz}——瞬时风压的阵风系数，按《建筑结构荷载规范》取定；

根据不同场地类型，按以下公式计算：$\beta_{gz} = K(1 + 2\mu_f)$

其中 K 为地区粗糙度调整系数，μ_f 为脉动系数

A 类场地：$\beta_{gz} = 0.92 \times (1 + 2\mu_f)$

其中：$\mu_f = 0.387 \times \left(\dfrac{Z}{10}\right)^{(-0.12)}$

B 类场地：$\beta_{gz} = 0.89 \times (1 + 2\mu_f)$

其中：$\mu_f = 0.5 \times \left(\dfrac{Z}{10}\right)^{(-0.16)}$

C 类场地：$\beta_{gz} = 0.85 \times (1 + 2\mu_f)$

其中：$\mu_f = 0.734 \times \left(\dfrac{Z}{10}\right)^{(-0.22)}$

D 类场地：$\beta_{gz} = 0.80 \times (1 + 2\mu_f)$

式中　$\mu_f = 1.2248 \times \left(\dfrac{Z}{10}\right)^{(-0.3)}$

μ_z——风压高度变化系数，按《建筑结构荷载规范》取定，

根据不同场地类型，按以下公式计算：

A 类场地：$\mu_z = 1.379 \times \left(\dfrac{Z}{10}\right)^{0.24}$

B 类场地：$\mu_z = \left(\dfrac{Z}{10}\right)^{0.32}$

C 类场地：$\mu_z = 0.616 \times \left(\dfrac{Z}{10}\right)^{0.44}$

D 类场地：$\mu_z = 0.318 \times \left(\dfrac{Z}{10}\right)^{0.60}$

本工程属于 C 类地区。

μ_{sl}——风荷载体型系数，按《建筑结构荷载规范》取定；

W_0——基本风压，按全国基本风压图，北京地区取为 0.45kN/m²。

（3）地震作用计算：

$$q_{EAk} = \beta_E \times \alpha_{max} \times G_{AK}$$

其中 q_{EAk}——水平地震作用标准值；

β_E——动力放大系数，按 5.0 取定；

α_{max}——水平地震影响系数最大值，按相应设防烈度取定：

6 度：$\alpha_{max} = 0.04$

7 度：$\alpha_{max} = 0.08$

8 度：$\alpha_{max} = 0.16$

9 度：$\alpha_{max} = 0.32$

北京地区设防烈度为 8 度，根据本地区的情况，故取 $\alpha_{max} = 0.16$

G_{AK}——幕墙构件的自重，N/m²。

（4）荷载组合：

结构设计时，根据构件受力特点，荷载或作用的情况和产生的应力（内力）作用方向，选用最不利的组合，荷载和效应组合设计值按下式采用：

$$\gamma_{GSG} + \gamma_w \psi_w S_w + \gamma_E \psi_E S_E + \gamma_T \psi_T S_T$$

各项分别为永久荷载：重力；可变荷载：风荷载、温度变化；偶然荷载：地震。

水平荷载标准值：$q_k = W_k + 0.5 \times q_{EAk}$，围护结构荷载标准值不考虑地震组合。

水平荷载设计值：$q = 1.4 \times W_k + 0.5 \times 1.3 \times q_{EAk}$

荷载和作用效应组合的分项系数，按以下规定采用：

① 对永久荷载采用标准值作为代表值，其分项系数满足：

a. 当其效应对结构不利时：对由可变荷载效应控制的组合，取 1.2；对有永久荷载效应控制的组合，取 1.35。

b. 当其效应对结构有利时：一般情况取 1.0；对结构倾覆、滑移或是漂浮验算，取 0.9。

② 可变荷载根据设计要求选代表值，其分项系数一般情况取 1.4。

二、荷载计算

1. 风荷载标准值计算

W_k：作用在幕墙上的风荷载标准值（kN/m^2）

z：计算高度 97m

μ_z：97m 高处风压高度变化系数（按 C 类区计算）：

$$\mu_z = 0.616 \times \left(\frac{z}{10}\right)^{0.44} = 1.67402$$

μ_f：脉动系数：

$$\mu_f = 0.5 \times 35^{\left[1.8 \times (0.22 - 0.16)\right]} \times \left(\frac{z}{10}\right)^{-0.22} = 0.445287$$

β_{gz}：阵风系数：（GB 50009—2001 7.5.1 – 1）

$$\beta_{gz} = 0.85 \times (1 + 2 \times \mu_f) = 1.60699$$

μ_{spl}：局部正风压体型系数

μ_{snl}：局部负风压体型系数，通过计算确定

μ_{sz}：建筑物表面正压区体型系数，取 0.8

μ_{sf}：建筑物表面负压区体型系数，取 −1

对于封闭式建筑物，考虑内表面压力，取 −0.2 或 0.2

A_b：面板构件从属面积取 $1.26m^2$

A_v：立柱构件从属面积取 $3.96m^2$

A_h：横梁构件从属面积取 $1m^2$

μ_{s1}：围护构件从属面积不大于 $1m^2$ 的局部体型系数

$$\mu_{s1z} = \mu_{sz} + 0.2$$
$$= 1$$
$$\mu_{s1f} = \mu_{sf} - 0.2$$
$$= -1.2$$

围护构件从属面积大于或等于 $10m^2$ 的体型系数计算

$$\mu_{s10z} = \mu_{sz} \times 0.8 + 0.2$$
$$= 0.84$$
$$\mu_{s10f} = \mu_{sf} \times 0.8 - 0.2$$
$$= -1$$

按照规范，取面板面积对数线性插值计算得到

$$\mu_{saz} = \mu_{sz} + (\mu_{sz} \times 0.8 - \mu_{sz}) \times \log(A_b) + 0.2$$
$$= 0.8 + (0.64 - 0.8) \times 0.100371 + 0.2$$
$$= 0.983941$$

$$\mu_{saf} = \mu_{sf} + (\mu_{sf} \times 0.8 - \mu_{sf}) \times \log(A_b) - 0.2$$
$$= -1 + \left[(-0.8) - (-1)\right] \times 0.100371 - 0.2$$
$$= -1.17993$$

同样，取立柱面积对数线性插值计算得到

$$\mu_{savz} = \mu_{sz} + (\mu_{sz} \times 0.8 - \mu_{sz}) \times \log(A_v) + 0.2$$
$$= 0.8 + (0.64 - 0.8) \times 0.597695 + 0.2$$
$$= 0.904369$$

$$\begin{aligned} \mu_{savf} &= \mu_{sf} + (\mu_{sf} \times 0.8 - \mu_{sf}) \times \log(A_v) - 0.2 \\ &= -1 + [(-0.8) - (-1)] \times 0.597695 - 0.2 \\ &= -1.08046 \end{aligned}$$

按照以上计算得到

对于面板有:

$$\mu_{spl} = 0.983941$$
$$\mu_{snl} = -1.17993$$

对于立柱有:

$$\mu_{svpl} = 0.904369$$
$$\mu_{svnl} = -1.08046$$

对于横梁有:

$$\mu_{shpl} = 1$$
$$\mu_{shnl} = -1.2$$

面板正风压风荷载标准值计算如下:

$$\begin{aligned} W_{kp} &= \beta_{gz} \times \mu_z \times \mu_{spl} \times W_0 \\ &= 1.60699 \times 1.67402 \times 0.983941 \times 0.45 \\ &= 1.19112 \text{kN/m}^2 \end{aligned}$$

$W_{kp} < 1.19112 \text{kN/m}^2$,取 $W_{kp} = 1.19112 \text{kN/m}^2$

面板负风压风荷载标准值计算如下:

$$\begin{aligned} W_{kn} &= \beta_{gz} \times \mu_z \times \mu_{snl} \times W_0 \\ &= 1.60699 \times 1.67402 \times (-1.17993) \times 0.45 \\ &= -1.42837 \text{kN/m}^2 \end{aligned}$$

同样,立柱正风压风荷载标准值计算如下:

$$\begin{aligned} W_{kvp} &= \beta_{gz} \times \mu_z \times \mu_{svpl} \times W_0 \\ &= 1.60699 \times 1.67402 \times 0.904369 \times 0.45 \\ &= 1.09479 \text{kN/m}^2 \end{aligned}$$

立柱负风压风荷载标准值计算如下:

$$\begin{aligned} W_{kvn} &= \beta_{gz} \times \mu_z \times \mu_{svnl} \times W_0 \\ &= -1.30796 \text{ kN/m}^2 \end{aligned}$$

同样,横梁正风压风荷载标准值计算如下:

$$\begin{aligned} W_{khp} &= \beta_{gz} \times \mu_z \times \mu_{shpl} \times W_0 \\ &= 1.21056 \text{ kN/m}^2 \end{aligned}$$

横梁负风压风荷载标准值计算如下:

$$\begin{aligned} W_{khn} &= \beta_{gz} \times \mu_z \times \mu_{shnl} \times W_0 \\ &= -1.45267 \text{ kN/m}^2 \end{aligned}$$

2. 风荷载设计值计算

W: 风荷载设计值: kN/m^2

γ_w: 风荷载作用效应的分项系数: 1.4

按《玻璃幕墙工程技术规范》(JGJ 102—2003) 5.1.6 条规定采用

面板风荷载作用计算

$$W_p = \gamma_w \times W_{kp} = 1.4 \times 1.19112 = 1.66756 \text{kN/m}^2$$

$$W_n = \gamma_w \times W_{kn} = 1.4 \times (-1.42837) = -1.99971 \text{kN/m}^2$$

立柱风荷载作用计算

$$W_{vp} = \gamma_w \times W_{kvp} = 1.4 \times 1.09479 = 1.53271 \text{kN/m}^2$$

$$W_{vn} = \gamma_w \times W_{kvn} = 1.4 \times (-1.30796) = -1.83114 \text{kN/m}^2$$

横梁风荷载作用计算

$$W_{hp} = \gamma_w \times W_{khp} = 1.4 \times 1.21056 = 1.69478 \text{kN/m}^2$$

$$W_{hn} = \gamma_w \times W_{khn} = 1.4 \times (-1.45267) = -2.03374 \text{kN/m}^2$$

3. 水平地震作用计算

G_{AK}：面板和构件平均平米重量取 0.5kN/m^2

α_{max}：水平地震影响系数最大值：0.16

q_{Ek}：分布水平地震作用标准值（kN/m^2）

$$\begin{aligned} q_{Ek} &= \beta_E \times \alpha_{max} \times G_{AK} \\ &= 5 \times 0.16 \times 0.5 \\ &= 0.4 \text{kN/m}^2 \end{aligned}$$

r_E：地震作用分项系数：1.3

q_{EA}：分布水平地震作用设计值（kN/m^2）

$$\begin{aligned} q_{EA} &= r_E \times q_{Ek} \\ &= 1.3 \times 0.4 \\ &= 0.52 \text{kN/m}^2 \end{aligned}$$

4. 荷载组合计算

幕墙承受的荷载作用组合计算，按照规范，考虑正风压、地震荷载组合：

$$\begin{aligned} S_{zkp} &= W_{kp} \\ &= 1.19112 \text{kN/m}^2 \end{aligned}$$

$$\begin{aligned} S_{zp} &= W_{kp} \times \gamma_w + q_{Ek} \times \gamma_E \times \psi_E \\ &= 1.19112 \times 1.4 + 0.4 \times 1.3 \times 0.5 \\ &= 1.92756 \text{kN/m}^2 \end{aligned}$$

考虑负风压、地震荷载组合：

$$\begin{aligned} S_{zkn} &= W_{kn} \\ &= -1.42837 \text{kN/m}^2 \end{aligned}$$

$$\begin{aligned} S_{zn} &= W_{kn} \times \gamma_w - q_{Ek} \times \gamma_E \times \psi_E \\ &= -1.42837 \times 1.4 - 0.4 \times 1.3 \times 0.5 \\ &= -2.25971 \text{kN/m}^2 \end{aligned}$$

综合以上计算，取绝对值最大的荷载进行强度演算

采用面板荷载组合标准值为 1.42837kN/m^2

面板荷载组合设计值为 2.25971kN/m^2

立柱荷载组合标准值为 1.30796kN/m^2

横梁荷载组合标准值为 $1.45267kN/m^2$

三、水密性计算

根据《建筑幕墙》（GB/T 20186—2007） 5.1.2.1 要求，水密性能指标应按照如下方法确定，对于ⅢA 和ⅣA 地区，即热带风暴和台风多发地区，水密性能指标 P 按照下面公式计算：

$$P = 1000 \times \mu_z \times \mu_c \times w_0$$

z：计算高度 97m

μ_z：97m 高处风压高度变化系数（按 C 类区计算）：

$$\mu_z = 0.616 \times \left(\frac{z}{10}\right)^{0.44} = 1.67402$$

μ_c：风力系数，可取 1.2

w_0：北京地区基本风压，取 $0.45kN/m^2$，北京地区所属气候区域为ⅡA 类气候，所以有：

$$
\begin{aligned}
P &= 1000 \times \mu_z \times \mu_c \times w_0 \\
&= 1000 \times 1.67402 \times 1.2 \times 0.45 \\
&= 903.97Pa
\end{aligned}
$$

由于该地区所属气候区域为ⅡA 类气候，根据《建筑幕墙》 （GB/T 20186—2007） 5.1.2.1 （b）规定，实际水密性能按照上式的 75% 进行设计，即

$$P \times 0.75 = 677.978Pa$$

四、石材计算

1. 石材面板荷载计算

B：该处石板幕墙分格宽：0.9m

H：该处石板幕墙分格高：1.4m

A：该处石板板块面积：

$$
\begin{aligned}
A &= B \times H \\
&= 0.9 \times 1.4 \\
&= 1.26m^2
\end{aligned}
$$

G_{AK}：石板板块平均自重：

石板的体积密度为：28 （kN/m^3）

t：石板板块厚度：30mm

$$
\begin{aligned}
G_{AK} &= 28 \times t/1000 \\
&= 28 \times 30/1000 \\
&= 0.84kN/m^2
\end{aligned}
$$

实际板块以及框架重量取为 $0.5kN/m^2$。

水平荷载设计值：$S_z = 2.25971kN/m^2$

水平荷载标准值：$S_{zk} = 1.42837kN/m^2$

2. 石材面板强度计算

选定面板材料为：花岗石 – MU150

校核依据：$\sigma \leqslant 4.7\text{N/mm}^2$

H：石板高度：1.4m

B：石板宽度：0.9m

a_0：短边计算长度：0.7m

b_0：长边计算长度：1.4m

t：石材厚度：30mm

m：四点支撑板弯矩系数，按短边与长边的边长比（$a_0/b_0 = 0.5$）查表得：0.1303

S_z：风荷载标准值：2.25971kN/m²

按四点支撑板计算，应力设计值为：

$$\sigma = \frac{6 \times m \times S_z \times b_0^2 \times 10^3}{t^2}$$

$$= \frac{6 \times 0.1303 \times 2.25971 \times 1.4^2 \times 10^3}{30^2}$$

$$= 3.84735\text{N/mm}^2$$

$3.84735\text{N/mm}^2 \leqslant 4.7\text{N/mm}^2$强度满足要求。

3. 石材剪应力计算

校核依据：$\tau \leqslant 2.3\text{N/mm}^2$

S_z：组合荷载设计值：2.25971kN/m²

a：石板短边长度：0.9m

b：石板长边长度：1.4m

n：连接边上的挂件数量：2

β：应力调整系数：查表5.5.5 得到 1.25

t：石板厚度：30mm

c：槽口宽度：7mm

s：单个槽底总长度：100mm

τ：挂件在石板中产生的剪应力

$$\tau = \frac{S_z \times a \times b \times \beta}{n \times (t - c) \times s}$$

$$= \frac{2.25971 \times 0.9 \times 1.4 \times 1.25}{2 \times (30 - 7) \times 100} \times 10^3$$

$$= 0.773705\text{N/mm}^2$$

$0.773705\text{N/mm}^2 \leqslant 2.3\text{N/mm}^2$石材剪应力满足要求。

4. 石材挂件剪应力计算

校核依据：$\tau_p \leqslant 55\text{N/mm}^2$

挂件材料为铝 – 6063 – T5

S_z：组合荷载设计值：2.25971kN/m²

a：石板短边长度：0.9m

b：石板长边长度：1.4m

n：连接边上的挂件数量：2

β：应力调整系数：取 1.25

A_p：挂件截面面积：19.6mm^2

τ_p：挂件承受的剪应力

$$\tau_p = \frac{S_z \times a \times b \times \beta}{2 \times n \times A_p}$$

$$= \frac{2.25971 \times 0.9 \times 1.4 \times 1.25}{2 \times 2 \times 19.6} \times 10^3$$

$$= 45.396 \text{N/mm}^2$$

45.396N/mm^2≤55N/mm^{2}石材挂件剪应力满足要求。

五、立柱计算

1. 立柱荷载计算

（1）风荷载线分布最大荷载集度设计值（矩形分布）

q_w：风荷载线分布最大荷载集度设计值（kN/m）

r_w：风荷载作用效应的分项系数：1.4

W_k：风荷载标准值：1.30796kN/m^2

B_l：幕墙左分格宽：1.2m

B_r：幕墙右分格宽：1.2m

$$q_{wk} = W_k \times \frac{B_l + B_r}{2}$$

$$= 1.30796 \times \frac{1.2 + 1.2}{2}$$

$$= 1.56955 \text{kN/m}$$

$$q_w = 1.4 \times q_{wk}$$

$$= 1.4 \times 1.56955$$

$$= 2.19737 \text{kN/m}$$

（2）分布水平地震作用设计值

G_{Akl}：立柱左边幕墙构件（包括面板和框）的平均自重：1.98kN/m^2

G_{Akr}：立柱右边幕墙构件（包括面板和框）的平均自重：1.98kN/m^2

$$q_{EAkl} = 5 \times \alpha_{max} \times G_{Akl}$$

$$= 5 \times 0.16 \times 1.98$$

$$= 1.584 \text{kN/m}^2$$

$$q_{EAkr} = 5 \times \alpha_{max} \times G_{Akr}$$

$$= 5 \times 0.16 \times 1.98$$

$$= 1.584 \text{kN/m}^2$$

$$q_{ek} = \frac{q_{Ekl} \times B_l + q_{Ekr} \times B_r}{2}$$

$$= \frac{1.584 \times 1.2 + 1.584 \times 1.2}{2}$$

$$= 1.9008 \text{kN/m}$$

$$q_e = 1.3 \times q_{ek} = 1.3 \times 1.9008$$

$$= 2.47104 \text{kN/m}$$

（3）立柱荷载组合

立柱所受组合荷载标准值为：

$$q_k = q_{wk}$$

$$= 1.56955 \text{kN/m}$$

立柱所受组合荷载设计值为：

$$q = q_w + \psi_E \times q_e$$

$$= 2.19737 + 0.5 \times 2.47104$$

$$= 3.43289 \text{kN/m}$$

立柱计算简图如图 4-147 所示。

立柱受力简图如图 4-148 所示。

图 4-147　立柱计算简图

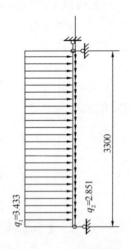

图 4-148　立柱受力简图

（4）立柱弯矩

通过有限元分析计算得到立柱的弯矩图，如图 4-149 所示。

立柱弯矩分布见表 4-53。

表 4-53　立　柱　弯　矩

列表条目	1	2	3	4	5	6	7	8	9	10
偏移（m）	0.000	0.371	0.743	1.114	1.485	1.815	2.186	2.557	2.929	3.300
弯矩（kN·m）	0.000	1.866	3.259	4.179	4.626	4.626	4.179	3.259	1.866	0.000

最大弯矩发生在 1.65m 处

M：幕墙立柱在风荷载和地震作用下产生弯矩（kN·m）

$$M = 4.67303 \text{kN·m}$$

立柱在荷载作用下的轴力图如图 4-150 所示。

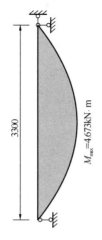

图 4-149　立柱弯矩图　　　　　　图 4-150　立柱轴力图

立柱在荷载作用下的支座反力信息见表 4-54。

表 4-54　立柱支座反力

支座编号	X 向反力（kN）	Y 向反力（kN）	转角反力（kN·m）
n_0	-5.664	—	—
n_1	-5.664	-9.409	—

2. 选用立柱型材的截面特性（图 4-151）

选定立柱材料类别：钢 – Q235

选用立柱型材名称：C10

型材强度设计值：215N/mm^2

型材弹性模量：$E = 206000\text{N/mm}^2$

X 轴惯性矩：$I_x = 198.334\text{cm}^4$

Y 轴惯性矩：$I_y = 25.6053\text{cm}^4$

X 轴上部抵抗矩：$W_{x1} = 39.6667\text{cm}^3$

X 轴下部抵抗矩：$W_{x2} = 39.6667\text{cm}^3$

Y 轴左部抵抗矩：$W_{y1} = 16.8715\text{cm}^3$

Y 轴右部抵抗矩：$W_{y2} = 7.80097\text{cm}^3$

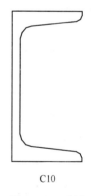

C10

图 4-151　型材

型材截面积：$A = 12.744\text{cm}^2$

型材计算校核处抗剪壁厚：$t = 8.5\text{mm}$

型材截面面积矩：$S_s = 23.528\text{cm}^3$

塑性发展系数：$\gamma = 1.05$

3. 立柱强度计算

校核依据：$\dfrac{N}{A} + \gamma \times \dfrac{M}{w} \leqslant f_a$

B_l：幕墙左分格宽：1.2m

B_r：幕墙右分格宽：1.2m

H_v：立柱长度

G_{Akl}：幕墙左分格自重：1.98kN/m^2

G_{AKr}：幕墙右分格自重：1.98kN/m^2

幕墙自重线荷载：

$$G_k = \frac{G_{Akl} \times B_l + G_{Akr} \times B_r}{2}$$

$$= \frac{1.98 \times 1.2 + 1.98 \times 1.2}{2}$$

$$= 2.376 \text{kN/m}$$

r_G：结构自重分项系数：1.2

G：幕墙自重线荷载设计值 2.8512kN/m

f：立柱计算强度（N/mm^2）

A：立柱型材截面积：12.744cm^2

N_l：当前杆件最大轴拉力（kN）

N_y：当前杆件最大轴压力（kN）

M_{max}：当前杆件最大弯矩（kN·m）

W_z：立柱截面抵抗矩（cm^3）

γ：塑性发展系数：1.05

立柱通过有限元计算得到的应力校核数据见表4-55。

表 4-55　应力校核

编号	N_l	N_y	M_{max}	W_z	A	f_z
b0	9.409	0.000	4.673	39.6667	12.744	119.580

通过上面计算可知，立柱杆件 b0 的应力最大，为 119.58N/mm$^2 \leqslant f_a = 215$N/mm^2，所以立柱承载力满足要求。

4. 立柱的刚度计算

校核依据：$U_{max} \leqslant \dfrac{L}{250}$

Df_{max}：立柱最大允许挠度：

通过有限元分析计算得到立柱的挠度图，如图4-152 所示。

立柱挠度分布见表4-56。

表 4-56　立　柱　挠　度

列表条目	1	2	3	4	5	6	7	8	9	10
偏移（m）	0.000	0.371	0.743	1.114	1.485	1.815	2.186	2.557	2.929	3.300
挠度（mm）	0.000	2.085	3.887	5.193	5.861	5.861	5.193	3.887	2.085	0.000

最大挠度发生在 1.65m 处，最大挠度为 5.93206mm。

$$Df_{max} = \frac{Hv_{max}}{250} \times 1000$$

$$= \frac{3.3}{250} \times 1000$$

$$= 13.2 \text{mm}$$

立柱最大挠度 $U_{\max}$ 为：$5.93206 \text{mm} \leqslant 13.2 \text{mm}$

挠度满足要求。

5. 立柱抗剪计算

校核依据：$\tau_{\max} \leqslant [\tau] = 125 \text{N/mm}^2$

通过有限元分析计算得到立柱的剪力图，如图 4-153 所示。

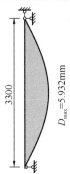

图 4-152 立柱位移图	图 4-153 立柱剪力图

立柱剪力分布见表 4-57。

表 4-57 立 柱 剪 力

列表条目	1	2	3	4	5	6	7	8	9	10
偏移（m）	0.000	0.371	0.743	1.114	1.485	1.815	2.186	2.557	2.929	3.300
剪力（kN）	-5.664	-4.390	-3.115	-1.841	-0.566	0.566	1.841	3.115	4.390	5.664

最大剪力发生在 3.3m 处

τ：立梃剪应力：

Q：立梃最大剪力：5.66427kN

S_s：立柱型材截面面积矩：23.528cm^3

I_x：立柱型材截面惯性矩：198.334cm^4

t：立柱抗剪壁厚：8.5mm

$$\tau = \frac{Q \times S_s \times 100}{I_x \times t}$$

$$= \frac{5.66427 \times 23.528 \times 100}{198.334 \times 8.5}$$

$$= 7.9052 \text{N/mm}^2$$

$7.9052 \text{N/mm}^2 \leqslant 125 \text{N/mm}^2$

立柱抗剪强度可以满足。

六、立梃与主结构连接计算

连接处角码材料：钢 - Q235

连接螺栓材料：C 级普通螺栓 - 4.8 级

L_{ct}：连接处角码壁厚：6mm

D_v：连接螺栓直径：12mm

D_{ve}：连接螺栓有效直径：10.36mm

N_h：连接处水平总力（N）：

$$N_h = Q$$
$$= -5.66427\text{kN}$$

N_g：连接处自重总值设计值（N）：

$$N_g = -9.40896\text{kN}$$

N：连接处总合力（N）：

$$N = \sqrt{N_g^2 + N_h^2}$$
$$= \sqrt{(-9.40896)^2 + (-5.66427)^2} \times 1000$$
$$= 10982.4\text{N}$$

N_b：螺栓的承载能力：

N_v：连接处剪切面数：2

$$N_b = 2 \times 3.14 \times \left(\frac{D_e}{2}\right)^2 \times 14$$
$$= 2 \times 3.14 \times \left(\frac{10.36}{2}\right)^2 \times 140$$
$$= 23603\text{N}$$

N_{num}：立梃与建筑物主结构连接的螺栓个数：

$$N_{num} = \frac{N}{N_b}$$
$$= \frac{10982.4}{23603}$$
$$= 0.465295 \text{ 个}$$

取 2 个。

N_{cbl}：立梃型材壁抗承压能力（N）：

N_{vl}：连接处剪切面数：2×2

t：立梃壁厚：8.5mm

$$N_{cbl} = D_v \times 2 \times 325 \times t \times N_{num}$$
$$= 12 \times 2 \times 325 \times 8.5 \times 2$$
$$= 132600\text{N}$$

$$10982.4\text{N} \leqslant 132600\text{N}$$

立梃型材壁抗承压能力满足。

N_{cbg}：角码型材壁抗承压能力（N）：

$$N_{cbg} = D_v \times 2 \times 325 \times L_{ct} \times N_{num})$$
$$= 12 \times 2 \times 325 \times 6 \times 2$$
$$= 93600N$$

$$10982.4N \leqslant 93600N$$

角码型材壁抗承压能力满足。

七、横梁计算

1. 选用横梁型材的截面特性（图 4-154）

选定横梁材料类别：钢 – Q235

选用横梁型材名称：L56×4

型材强度设计值：215N/mm^2

型材弹性模量：$E = 206000\text{N/mm}^2$

X 轴惯性矩：$I_x = 13.184\text{cm}^4$

Y 轴惯性矩：$I_y = 13.184\text{cm}^4$

X 轴上部抵抗矩：$W_{x1} = 3.23758\text{cm}^3$

X 轴下部抵抗矩：$W_{x2} = 8.62924\text{cm}^3$

Y 轴左部抵抗矩：$W_{y1} = 8.62924\text{cm}^3$

Y 轴右部抵抗矩：$W_{y2} = 3.23758\text{cm}^3$

型材截面积：$A = 4.38963\text{cm}^2$

型材计算校核处抗剪壁厚：$t = 4\text{mm}$

型材截面绕 X 轴面积矩：$S_s = 3.3011\text{cm}^3$

型材截面绕 Y 轴面积矩：$S_{sy} = 3.3011\text{cm}^3$

塑性发展系数：$\gamma = 1.05$

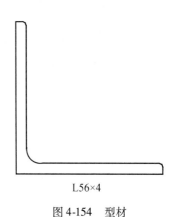

L56×4

图 4-154　型材

2. 横梁的强度计算

校核依据：$\dfrac{M_x}{\gamma \times W_x} + \dfrac{M_y}{\gamma \times W_y} \leqslant f_a = 215$

（1）横梁在自重作用下的弯矩（kN·m）

H_h：幕墙分格高：1.4m

B_h：幕墙分格宽：1m

G_{Akhu}：横梁上部面板自重：1.68kN/m^2

G_{Akhd}：横梁下部面板自重：1.68kN/m^2

G_{hk}：横梁自重荷载线分布均布荷载集度标准值（kN/m）：

$$G_{hk} = 1.68 \times H_h$$
$$= 1.68 \times 1.4$$
$$= 2.352\text{kN/m}$$

G_h：横梁自重荷载线分布均布荷载集度设计值（kN/m）

$$G_h = \gamma_G \times G_{hk}$$
$$= 1.2 \times 2.352$$
$$= 2.8224\text{kN/m}$$

M_{hg}：横梁在自重荷载作用下的弯矩（kN·m）

$$M_{hg} = \frac{1}{8} \times G_h \times B_h^2$$

$$= \frac{1}{8} \times 2.8224 \times 1^2$$

$$= 0.3528 \mathrm{kN \cdot m}$$

（2）横梁承受的组合荷载作用计算

横梁承受风荷载作用

$$w_k = 1.45267 \mathrm{kN/m^2}$$

q_{EAk}：横梁平面外地震荷载：

β_E：动力放大系数：5

α_{max}：地震影响系数最大值：0.16

$$q_{EAku} = \beta_E \times \alpha_{max} \times 1.68$$

$$= 5 \times 0.16 \times 1.68$$

$$= 1.344 \mathrm{kN/m^2}$$

$$q_{EAkd} = \beta_E \times \alpha_{max} \times 1.68$$

$$= 5 \times 0.16 \times 1.68$$

$$= 1.344 \mathrm{kN/m^2}$$

荷载组合：

横梁承受面荷载组合标准值：

$$q_{Ak} = w_k = 1.45267 \mathrm{kN/m^2}$$

横梁承受面荷载组合设计值：

$$q_{Au} = \gamma_w \times w_k + 0.5 \times \gamma_E \times q_{EAku}$$

$$= 1.4 \times 1.45267 + 0.5 \times 1.3 \times 1.344$$

$$= 2.90734 \mathrm{kN/m^2}$$

$$q_{Ad} = \gamma_w \times w_k + 0.5 \times \gamma_E \times q_{EAkd}$$

$$= 1.4 \times 1.45267 + 0.5 \times 1.3 \times 1.344$$

$$= 2.90734 \mathrm{kN/m^2}$$

（3）横梁在组合荷载作用下的弯矩（kN·m）

横梁上部组合荷载线分布最大荷载集度标准值（矩形分布）

横梁下部组合荷载线分布最大荷载集度标准值（矩形分布）

分横梁上下部分别计算

H_{hu}：横梁上部面板高度 1.4m

H_{hd}：横梁下部面板高度 1.4m

$$q_u = q_{Au} \times \frac{B_h}{2}$$

$$= 2.90734 \times \frac{1}{2}$$

$$= 1.45367 \mathrm{kN/m}$$

$$q_d^{\cdot} = q_{Ad} \times \frac{Bh}{2}$$

$$= 2.90734 \times \frac{1}{2}$$

$$= 1.45367 \text{kN/m}$$

组合荷载作用产生的线荷载标准值为:

$$q_{uk} = q_{Ak} \times \frac{B_{EAM} \times B_h}{2}$$

$$= 1.45267 \times \frac{1}{2}$$

$$= 0.726335 \text{kN/m}$$

$$q_{dk} = q_{Ak} \times \frac{B_{EAM} \times B_h}{2}$$

$$= 1.45267 \times \frac{1}{2}$$

$$= 0.726335 \text{kN/m}$$

（4）横梁荷载计算：

$$q_k = q_{ku} + q_{kd}$$
$$= 1.45267 \text{kN/m}$$

$$q = q_u + q_d$$
$$= 2.90734 \text{kN/m}$$

（5）横梁强度计算信息：

横梁荷载作用简图如图 4-155 所示。

横梁在荷载作用下的弯矩图如图 4-156 所示。

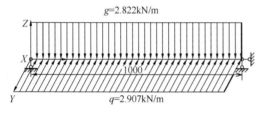

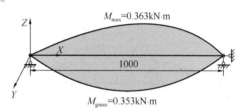

图 4-155　横梁受力简图　　　　　　　　　　图 4-156　横梁弯矩图

横梁在荷载作用下的弯矩以及正应力数据见表 4-58。

表 4-58　横梁弯矩及正应力

编号	条目	1	2	3	4	5	6	7	8	9	10
1	偏移	0.000	0.112	0.225	0.338	0.450	0.550	0.662	0.775	0.887	1.000
	M_y	-0.000	-0.145	-0.253	-0.325	-0.360	-0.360	-0.325	-0.253	-0.145	-0.000
	M_z	0.000	-0.141	-0.246	-0.316	-0.349	-0.349	-0.316	-0.246	-0.141	-0.000
	σ_y	-0.000	-42.695	-74.566	-95.613	-105.835	-105.835	-95.613	-74.566	-42.695	-0.000
	σ_z	0.000	-15.551	-27.159	-34.825	-38.548	-38.548	-34.825	-27.159	-15.551	-0.000
	σ	-0.000	-58.246	-101.725	-130.437	-144.383	-144.383	-130.437	-101.725	-58.246	-0.000

注：偏移单位为 m；弯矩单位为 kN·m；应力单位为 N/mm²。

横梁在组合荷载作用下的支座反力信息见表 4-59。

表4-59　横梁支座反力

支座编号	Y 向反力（kN）	Z 向反力（kN）	Y 向转角反力（kN·m）	Z 向转角反力（kN·m）
n_0	−1.454	−1.411	—	—
n_1	−1.454	−1.411	—	—

3. 横梁的刚度计算

横梁在荷载作用下的挠度如图4-157所示。

横梁在荷载作用下的挠度数据见表4-60。

表4-60　横　梁　挠　度

编号	条目	1	2	3	4	5	6	7	8	9	10
1	偏移	0.000	0.112	0.225	0.338	0.450	0.550	0.662	0.775	0.887	1.000
	D_y	0.000	−0.245	−0.456	−0.610	−0.688	−0.688	−0.610	−0.456	−0.245	0.000
	D_z	0.000	−0.396	−0.739	−0.987	−1.114	−1.114	−0.987	−0.739	−0.396	0.000
	D	0.000	0.466	0.869	1.160	1.309	1.309	1.160	0.869	0.466	0.000

注：偏移单位为m；挠度单位为mm。

4. 横梁的抗剪强度计算

横梁在荷载作用下的剪力图如图4-158所示。

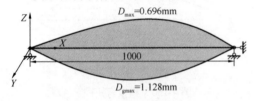

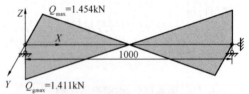

图4-157　横梁位移图　　　　　　　　图4-158　横梁剪力图

横梁在荷载作用下的剪力以及剪应力数据见表4-61。

表4-61　横梁剪力及剪应力

编号	条目	1	2	3	4	5	6	7	8	9	10
1	偏移	0.000	0.112	0.225	0.338	0.450	0.550	0.662	0.775	0.887	1.000
	Q_y	1.454	1.127	0.800	0.472	0.145	−0.145	−0.472	−0.800	−1.127	−1.454
	Q_z	1.411	1.094	0.776	0.459	0.141	−0.141	−0.459	−0.776	−1.094	−1.411
	τ_y	9.099	7.052	5.005	2.957	0.910	−0.910	−2.957	−5.005	−7.052	−9.099
	τ_z	8.834	6.846	4.859	2.871	0.883	−0.883	−2.871	−4.859	−6.846	−8.834
	τ	12.682	9.829	6.975	4.122	1.268	1.268	4.122	6.975	9.829	12.682

注：偏移单位为m；剪力单位为kN；剪应力单位为 N/mm^2。

5. 横梁的强度校核及构造

横梁在各种荷载组和作用下的强度校核见表4-62。

表 4-62 横梁强度校核

编号	长度 (m)	σ（N/mm²)		τ（N/mm²)		D（mm）		D/L_{en}
		最大值	位置（m）	最大值	位置（m）	最大值	位置（m）	
1	1.000	145.842	0.500	12.682	0.000	1.325	0.500	0.00133

横梁正应力强度满足要求。

横梁抗剪强度满足要求。

横梁挠度满足要求。

八、横梁与立柱连接件计算

1. 横梁与角码连接计算

Q：连接部位受总剪力：

采用 $S_W + 0.5S_E$ 组合

$$Q = 1.45367 \text{kN}$$

横梁与角码连接螺栓材料：C 级普通螺栓 -4.8 级

螺栓连接的抗剪强度计算值：140N/mm²

N_v：剪切面数：1

D：螺栓公称直径：6mm

D_e：螺栓有效直径：5.06mm

N_{vbh}：螺栓受剪承载能力计算：

$$N_{vbh} = N_v \times 3.14 \times \left(\frac{D_e}{2}\right)2 \times 140$$

$$= 1 \times 3.14 \times \left(\frac{5.06}{2}\right)2 \times 140$$

$$= 2815.26 \text{N}$$

N_{num}：螺栓个数：

$$N_{num} = \frac{Q}{N_{vbh}}$$

$$= \frac{1.45367}{2815.26 \times 1000}$$

$$= 0.516353$$

横梁与角码连接螺栓取 2 个。

N_{cb}：连接部位幕墙横梁型材壁抗承压能力计算：

t：幕墙横梁抗剪壁厚：4mm

$$N_{cb} = D \times t \times 325 \times N_{num}$$

$$= 6 \times 4 \times 325 \times 2$$

$$= 15600 \text{N}$$

1453.67N $\leqslant$ 15600N

横梁与角码连接强度满足要求。

2. 角码与立柱连接计算

G_h：自重荷载（N）：

$G_h = 1.4112\text{kN}$

N：连接处组合荷载：

采用 $S_G + S_W + \psi_E \times S_E$

$$N = \sqrt{G_h^2 + Q^2}$$
$$= \sqrt{1.4112^2 + 1.45367^2}$$
$$= 2.02599\text{kN}$$

N_v：剪切面数：1

D_p：螺栓公称直径：6mm

D_{ep}：螺栓有效直径：5.06mm

角码与立柱连接螺栓材料：C 级普通螺栓 -4.8 级

N_{vbhv}：螺栓受剪承载能力计算：

$$N_{vbhv} = N_v \times 3.14 \times \left(\frac{D_{ep}}{2}\right)^2 \times 140$$

$$= 1 \times 3.14 \times \left(\frac{5.06}{2}\right)^2 \times 140$$

$$= 2815.26\text{N}$$

N_{num2}：螺栓个数：

$$N_{num2} = N/N_{vbhv}$$
$$= 0.719646$$

立柱与角码连接螺栓取 2 个。

N_{cbj}：连接部位钢角码壁抗承压能力计算：

L_{ct1}：角码壁厚：5mm

$$N_{cbj} = D \times L_{ct1} \times 325 N_{num2}$$
$$= 6 \times 5 \times 325 \times 2$$
$$= 19500\text{N}$$

$2025.99\text{N} \leqslant 19500\text{N}$

立柱与角码连接强度满足要求。

九、连接焊缝强度计算

1. 连接焊缝基本信息

V_x：通过焊缝中心作用的水平方向剪力：1.45367kN

V_y：通过焊缝中心作用的竖直方向剪力：1.4112kN

L_x：承受水平方向剪力的焊缝长度 60mm

L_y：承受竖直方向剪力的焊缝长度 100mm

M_x：水平方向端部弯矩 0kN·m

M_y：竖直方向端部弯矩 0kN·m

h_f：角焊缝的焊脚尺寸为 6mm

角焊缝的断面特性如下（图4-159）：

X 轴惯性矩：$I_x = 133.372 \text{cm}^4$

Y 轴惯性矩：$I_y = 42.9156 \text{cm}^4$

X 轴上部抵抗矩：$W_{x1} = 17.8498 \text{cm}^3$

X 轴下部抵抗矩：$W_{x2} = 37.8028 \text{cm}^3$

Y 轴左部抵抗矩：$W_{y1} = 27.3619 \text{cm}^3$

Y 轴右部抵抗矩：$W_{y2} = 7.90116 \text{cm}^3$

断面截面积：$A = 10.6374 \text{cm}^2$

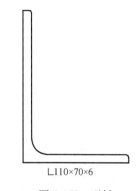

L110×70×6

图 4-159 型材

2. 焊缝强度计算

（1）计算参数说明

β_f：正面角焊缝（端焊缝）的强度设计增大系数，对承受静力荷载和间接承受动力荷载的结构取 1.22；对直接承受动力荷载的结构取 1.0

f_t^w：角焊缝的强度设计值取 160N/mm^2

（2）焊缝剪应力计算

水平剪应力计算

A_{fx}：水平方向承受剪力的焊缝面积

$$A_{fx} = L_x \times h_f \times 0.7$$
$$= 60 \times 6 \times 0.7$$
$$= 252 \text{mm}^2$$

$$\tau_x = \frac{V_x}{A_{fx}}$$
$$= \frac{1.45367 \times 1000}{252}$$
$$= 5.76853 \text{N/mm}^2$$

竖直剪应力计算

A_{fy}：竖直方向承受剪力的焊缝面积

$$A_{fy} = L_y \times h_f \times 0.7$$
$$= 100 \times 6 \times 0.7$$
$$= 420 \text{mm}^2$$

$$\tau_y = \frac{V_y}{A_{fy}}$$
$$= \frac{1.4112 \times 1000}{420}$$
$$= 3.36 \text{N/mm}^2$$

（3）弯矩作用产生的正应力计算

$$\sigma_{Wx} = \frac{M_x}{W_x}$$

$$= \frac{0 \times 1000}{17.8498}$$

$$= 0 \ \text{N/mm}^2$$

$$\sigma_{Wy} = \frac{M_y}{W_y}$$

$$= \frac{0 \times 1000}{7.90116}$$

$$= 0 \ \text{N/mm}^2$$

（4）组合应力计算

在弯矩、剪力共同作用下焊缝的复合应力验算如下：

$$\sigma = \sqrt{\left(\frac{\sigma_{wx} + \sigma_{wy}}{\beta_f}\right)^2 + \tau_x^2 + \tau_y^2}$$

$$= \sqrt{\left(\frac{0+0}{1.22}\right)^2 + 5.76853^2 + 3.36^2}$$

$$= 6.67574 \text{N/mm}^2 \leqslant f_t^w = 160 \text{N/mm}^2$$

所以，焊缝强度满足要求。

十、预埋件计算

1. 预埋件受力计算

V：剪力设计值：

$$V = 9408.96 \text{N}$$

N：法向力设计值：

$$N = 5664.27 \text{N}$$

e_2：螺孔中心与锚板边缘距离：60mm

M：弯矩设计值（N·mm）：

$$M = N \times e_1 + V \times e_2$$

$$= 5664.27 \times 0 + 9408.96 \times 60$$

$$= 564538 \text{N} \cdot \text{mm}$$

2. 预埋件面积计算

N_{snum}：锚筋根数：4 根

锚筋层数：2 层

K_r：锚筋层数影响系数：1

混凝土级别：混凝土 – C40

混凝土强度设计值：$f_c = 19.1 \text{N/mm}^2$

按现行国家标准《混凝土结构设计规范》采用。

锚筋级别：锚筋 HPB 235 级

锚筋强度设计值：$f_y = 210 \text{N/mm}^2$

d：钢筋直径：$\phi 12 \text{mm}$

α_v：钢筋受剪承载力系数：

$$\alpha_v = (4 - 0.08 \times d) \times \sqrt{\frac{f_c}{f_y}}$$

$$= (4 - 0.08 \times 12) \times \sqrt{\frac{19.1}{210}}$$

$$= 0.916813$$

α_v 取 0.7

t：锚板厚度：8mm

α_b：锚板弯曲变形折减系数：

$$\alpha_b = 0.6 + 0.25 \times \frac{t}{d}$$

$$= 0.6 + 0.25 \times \frac{8}{12}$$

$$= 0.766667$$

Z：外层钢筋中心线距离：120mm

A_s：锚筋实际总截面积：

$$A_s = \frac{N_{snum} \times 3.14 \times d^2}{4}$$

$$= \frac{4 \times 3.14 \times 12^2}{4}$$

$$= 452.389 \text{mm}^2$$

锚筋总截面积计算值：

$$A_{s1} = \frac{V}{\alpha_v \times \alpha_r \times f_y} + \frac{N}{0.8 \times \alpha_b \times f_y} + \frac{M}{1.3 \times \alpha_r \times \alpha_b \times f_y \times Z}$$

$$= \frac{9408.96}{0.7 \times 1 \times 210} + \frac{5664.27}{0.8 \times 0.766667 \times 210} + \frac{564538}{1.3 \times 1 \times 0.766667 \times 210 \times 120}$$

$$= 130.461 \text{mm}^2$$

$$A_{s2} = \frac{N}{0.8 \times \alpha_b \times f_y} + \frac{M}{0.4 \times \alpha_r \times \alpha_b \times f_y \times Z}$$

$$= \frac{5664.27}{0.8 \times 0.766667 \times 210} + \frac{564538}{0.4 \times 1 \times 0.766667 \times 210 \times 120}$$

$$= 117.028 \text{mm}^2$$

$130.461 \text{mm}^2 \leqslant 452.389 \text{mm}^2$

$117.028 \text{mm}^2 \leqslant 452.389 \text{mm}^2$

4 根 $\phi 12$ 锚筋满足要求。

A：锚板面积：60000 mm^2

$$0.5 f_c A = 0.5 \times 19.1 \times 60000 = 573000 \text{N}$$

$$N = 5664.27 \text{N} \leqslant 573000 \text{N}$$

锚板尺寸满足要求。

3. 预埋件焊缝计算

H_f：焊缝厚度 8mm

L：焊缝长度 100mm

H_e：焊缝有效高度

$$H_e = H_f \times 0.7 = 5.6mm$$

L_w：焊缝实际计算长度

$$L_w = L - 2 \times H_f = 84mm$$

σ_m：弯矩引起的应力

$$\sigma_m = \frac{6 \times M}{2 \times H_e \times L_w^2 \times 1.22}$$

$$= \frac{6 \times 564538}{2 \times 5.6 \times 84^2 \times 1.22}$$

$$= 35.1324 N/mm^2$$

σ_n：法向力引起的应力

$$\sigma_n = \frac{N}{2 \times H_e \times L_w \times 1.22}$$

$$= \frac{5664.27}{2 \times 5.6 \times 84 \times 1.22}$$

$$= 4.935 N/mm^2$$

τ：剪应力

$$\tau = \frac{V}{2 \times H_e \times L_w}$$

$$= \frac{9408.96}{2 \times 5.6 \times 84}$$

$$= 10.001 N/mm^2$$

σ：总应力

$$\sigma = \sqrt{(\sigma_m + \sigma_n)^2 + \tau^2}$$

$$= 41.2967$$

$41.2967 N/mm^2 \leqslant 160 N/mm^2$

焊缝强度满足。

4. 锚筋锚固长度计算

混凝土级别：混凝土 – C40

混凝土轴心抗拉强度设计值：$f_t = 1.71 N/mm^2$，按现行国家标准《混凝土结构设计规范》采用。

l_a：受拉钢筋锚故长度（mm）

d：钢筋公称直径（mm）

α：锚筋的外形系数，光圆钢筋取 0.16，带肋钢筋取 0.14

$$l_a = \alpha \times \frac{f_y}{f_t} \times d$$

$$= 0.16 \times \frac{210}{1.71} \times 12$$

$$= 235.789mm$$

当前抗震等级为 8 级，按照规范附录 C.0.5.2，锚筋长度取上式计算的 1.1 倍，为 259.368mm。

依据以上计算，实际锚筋长度取 180mm。

十一、后置埋件计算

1. 埋件受力计算

V：剪力设计值：

$V = -9408.96N$

N：法向力设计值：

$N = -5664.27N$

e_2：螺孔中心与锚板平面距离：60mm

M：弯矩设计值（N·mm）：

$$M = V \times e_2$$
$$= -9408.96 \times 60$$
$$= -564538N \cdot mm$$

2. 埋件强度计算

螺栓布置示意图如图 4-160 所示。

d：锚栓直径 12mm

d_e：锚栓有效直径为 10.36mm

d_0：锚栓孔直径 13mm

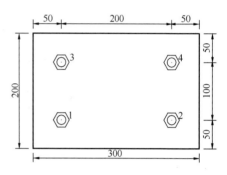

图 4-160　螺栓布置示意

一个锚栓的抗剪承载力设计值为

$$N_{vb} = n_v \times \frac{\pi \times d^2}{4} \times f_{vb}$$
$$= 1 \times \frac{\pi \times 12^2}{4} \times 140$$
$$= 15833.6N$$

t：锚板厚度，为 8mm

一个锚栓的承压承载力设计值为

$$N_{cb} = d \times t \times f_{cb}$$
$$= 12 \times 8 \times 305$$
$$= 29280N$$

一个拉力锚栓的承载力设计值为

$$N_{tb} = \frac{\pi \times d_e^2}{4} \times f_{tb}$$
$$= \frac{\pi \times 10.36^2}{4} \times 140$$
$$= 11801.5N$$

在轴力和弯矩共同作用下，锚栓群有两种可能的受力形式。

首先假定锚栓群绕自身的中心进行转动，经过分析得到锚栓群形心坐标为 [150,

100〕，各锚栓到锚栓形心点的 Y 向距离平方之和为

$$\Sigma y^2 = 10000$$

y 坐标最高的锚栓为 4 号锚栓，该点的 y 坐标为 150，该点到形心点的 y 向距离为

$$y_1 = 150 - 100 = 50 \text{mm}$$

y 坐标最低的锚栓为 1 号锚栓，该点的 y 坐标为 50，该点到形心点的 y 向距离为

$$y_2 = 50 - 100 = -50 \text{mm}$$

所以锚栓群的最大和最小受力为：

$$N_{min} = \frac{N}{n} + \frac{M \times y_2}{\Sigma y^2}$$

$$= \frac{-5664.27}{4} + \frac{-564538 \times (-50)}{10000}$$

$$= 1406.62 \text{N}$$

$$N_{max} = \frac{N}{n} + \frac{M \times y_1}{\Sigma y^2}$$

$$= \frac{-5664.27}{4} + \frac{-564538 \times 50}{10000}$$

$$= -4238.76 \text{N}$$

单个锚栓承受的剪力为

$$N_v = \frac{V}{n}$$

$$= \frac{-9408.96}{4}$$

$$= -2352.24 \text{N}$$

强度验算

$$\sqrt{\left(\frac{N_v}{N_{vb}}\right)^2 + \left(\frac{N_t}{N_{tb}}\right)^2}$$

$$= \sqrt{\left(\frac{-2352.24}{15833.6}\right)^2 + \left(\frac{-4238.76}{11801.5}\right)^2}$$

$$= 0.388682 \leqslant 1$$

$$N_v = -2352.24 \text{N} \leqslant N_{cb} = 29280 \text{N}$$

锚栓最大拉拔力为 $N_{max} = -4238.76 \text{N} \leqslant \left[N_{max} \right] = 50000 \text{N}$，满足要求。

所以锚栓强度满足要求。

3. 埋板面积计算

A：锚板面积

$$A = B_w \times B_h$$
$$= 300 \times 200$$
$$= 60000 \text{mm}^2$$

混凝土级别：混凝土 - C40

混凝土强度设计值：$f_c = 19.1 \text{N/mm}^2$

按现行国家标准《混凝土结构设计规范》采用。

混凝土在轴力作用下的强度为

$$f_p = \frac{N}{A}$$
$$= \frac{-5664.27}{60000}$$
$$= -0.0944045 \text{N/mm}^2 \leqslant f_c = 19.1 \text{N/mm}^2$$

所以锚板尺寸满足要求。

十二、立柱伸缩缝计算

为了适应幕墙温度变形以及施工调整的需要，立柱上下段通过芯套连接

α：立柱材料的线膨胀系数，取 $1.2e-005$

ΔT：年最大温差，取 $68\,^\circ\!\text{C}$

L：立柱跨度 3300mm

λ：实际伸缩调整系数，取 1

d_1：施工误差，取 3mm

d_2：主体结构的轴向压缩变形，取 3mm

ΔL：伸缩缝

$$\Delta L = \alpha \Delta T L \lambda + d_1 + d_2$$
$$= 1.2e-005 \times 68 \times 3300 \times 1 + 3 + 3$$
$$= 8.6928 \text{mm}$$

实际伸缩空隙 d 取 $20 \text{mm} \geqslant 8.6928 \text{mm}$ 满足设计要求。

【单元式石材幕墙计算书实例】

1. 工程概况说明

工程名称：烟台市×××××

工程所在城市：烟台市×××××

工程所属建筑物地区类别：A 类

工程所在地区抗震设防烈度：八度（0.2g）

工程基本风压：0.55kN/m^2

工程强度校核处标高：15.8m

石材幕墙进场施工时间：2011 年 11 月 12 日

2. 设计依据

《混凝土结构设计规范》（GB 50010—2010）

《建筑结构荷载规范》（GB 50009—2001，2006 版）

《建筑幕墙》（GB/T 21086—2007）

《铝合金结构设计规范》（GB 50429—2007）

《建筑抗震设计规范》（GB 50011—2010）

《建筑结构可靠度设计统一标准》（GB 50068—2001）

《钢结构设计规范》（GB 50017—2003）

《金属与石材幕墙工程技术规范》（JGJ 133—2001）

《建筑结构用冷弯矩形钢管》（JG/T 178—2005）

《建筑幕墙平面内变形性能检测方法》（GB/T 18250—2000）

《建筑幕墙抗震性能振动台试验方法》（GB/T 18575—2001）

《紧固件机械性能　自攻螺钉》（GB 3098.5—2000）

《紧固件机械性能　不锈钢螺栓、螺钉和螺柱》（GB 3098.6—2000）

《紧固件机械性能　不锈钢　螺母》（GB 3098.15—2000）

《螺纹紧固件应力截面积和承载面积》（GB/T 16823.1—1997）

《耐候结构钢》（GB/T 4171—2008）

《干挂饰面石材及其金属挂件》（JC 830.1～830.2—2005）

《建筑用铝型材、铝板氟碳涂层》（JG/T 133—2000）

《石材用建筑密封胶》（GB/T 23261—2009）

《天然花岗石建筑板材》（GB/T 18601—2009）

《混凝土结构后锚固技术规程》（JGJ 145—2004）

《混凝土加固设计规范》（GB 50367—2006）

《冷弯型钢》（GB/T 6725—2008）

《建筑抗震加固技术规程》（JGJ 116—2009）

《热轧型钢》（GB/T 706—2008）

《建筑钢结构焊接技术规程》（JGJ 81—2002，2012 年版）

《中国地震烈度表》（GB/T 17742—2008）

3. 基本计算公式

（1）场地类别划分：

根据地面粗糙度，场地可划分为以下类别：

A 类近海面，海岛，海岸，湖岸及沙漠地区；

B 类指田野，乡村，丛林，丘陵以及房屋比较稀疏的乡镇和城市郊区；

C 类指有密集建筑群的城市市区；

D 类指有密集建筑群且房屋较高的城市市区；

烟台市福山区青龙山综合展馆按 A 类地区计算风压

（2）风荷载计算：

幕墙属于薄壁外围护构件，根据《建筑结构荷载规范》采用风荷载计算公式：$W_k = \beta_{gz} \times \mu_z \times \mu_{sl} \times W_0$

式中　W_k——作用在幕墙上的风荷载标准值，kN/m^2；

　　　β_{gz}——瞬时风压的阵风系数，按以下公式计算：$\beta_{gz} = K(1 + 2\mu_f)$

其中 K 为地区粗糙度调整系数，μ_f 为脉动系数

A 类场地：$\beta_{gz} = 0.92 \times (1 + 2\mu_f)$ 其中：$\mu_f = 0.387 \times \left(\dfrac{Z}{10}\right)^{(-0.12)}$

B 类场地：$\beta_{gz} = 0.89 \times (1 + 2\mu_f)$ 其中：$\mu_f = 0.5 \times \left(\dfrac{Z}{10}\right)^{(-0.16)}$

C 类场地：$\beta_{gz} = 0.85 \times (1 + 2\mu_f)$ 其中：$\mu_f = 0.734 \times \left(\dfrac{Z}{10}\right)^{(-0.22)}$

D 类场地：$\beta_{gz} = 0.80 \times (1 + 2\mu_f)$ 其中：$\mu_f = 1.2248 \times \left(\dfrac{Z}{10}\right)^{(-0.3)}$

μ_z——风压高度变化系数，根据不同场地类型，按以下公式计算：

A 类场地：$\mu_z = 1.379 \times \left(\dfrac{Z}{10}\right)^{0.24}$

B 类场地：$\mu_z = \left(\dfrac{Z}{10}\right)^{0.32}$

C 类场地：$\mu_z = 0.616 \times \left(\dfrac{Z}{10}\right)^{0.44}$

D 类场地：$\mu_z = 0.318 \times \left(\dfrac{Z}{10}\right)^{0.60}$

本工程属于 A 类地区

μ_{sl}——风荷载体型系数，按《建筑结构荷载规范》取定；

W_0——基本风压，按全国基本风压图，烟台地区取为 0.55kN/m²。

（3）地震作用计算：

$$q_{EAk} = \beta_E \times \alpha_{\max} \times G_{AK}$$

式中　q_{EAk}——水平地震作用标准值；

β_E——动力放大系数，按 5.0 取定；

$\alpha_{\max}$——水平地震影响系数最大值，按相应设防烈度取定：

6 度（0.05g）：$\alpha_{\max} = 0.04$

7 度（0.1g）：$\alpha_{\max} = 0.08$

7 度（0.15g）：$\alpha_{\max} = 0.12$

8 度（0.2g）：$\alpha_{\max} = 0.16$

8 度（0.3g）：$\alpha_{\max} = 0.24$

9 度（0.4g）：$\alpha_{\max} = 0.32$

烟台地区设防烈度为八度（0.2g），根据本地区的情况，故取 $\alpha_{\max} = 0.16$

G_{AK}——幕墙构件的自重，N/m²。

（4）荷载组合：

结构设计时，根据构件受力特点，荷载或作用的情况和产生的应力（内力）作用方向，选用最不利的组合，荷载和效应组合设计值按下式采用：

$$\gamma_G S_G + \gamma_w \psi_w S_w + \gamma_E \psi_E S_E + \gamma_T \psi_T S_T$$

各项分别为永久荷载：重力；可变荷载：风荷载、温度变化；偶然荷载：地震

水平荷载标准值：$q_k = W_k + 0.5 \times q_{EAk}$，围护结构荷载标准值不考虑地震组合。

水平荷载设计值：$q = 1.4 \times W_k + 0.5 \times 1.3 \times q_{EAk}$

荷载和作用效应组合的分项系数，按以下规定采用：

①对永久荷载采用标准值作为代表值，其分项系数满足：

a. 当其效应对结构不利时：对由可变荷载效应控制的组合，取 1.2；对有永久荷载效应控制的组合，取 1.35。

b. 当其效应对结构有利时：一般情况取 1.0；对结构倾覆、滑移或是漂浮验算，取 0.9。

②可变荷载根据设计要求选代表值，其分项系数一般情况取 1.4

4. 荷载计算

（1）风荷载标准值计算

W_k：作用在幕墙上的风荷载标准值（kN/m^2）

z：计算高度 15.8m

μ_z：15.8m 高处风压高度变化系数（按 A 类区计算）：

$$\mu_z = 1.379 \times \left(\frac{z}{10}\right)^{0.24} = 1.53901$$

μ_f：脉动系数：

$$\mu_z = 0.5 \times 35^{[1.8 \times (0.22-0.16)]} \times \left(\frac{z}{10}\right)^{-0.22} = 0.366402$$

β_{gz}：阵风系数：

$$\beta_{gz} = 0.92 \times (1 + 2 \times \mu_f) = 1.59418$$

μ_{spl}：局部正风压体型系数

μ_{snl}：局部负风压体型系数，通过计算确定

μ_{sz}：建筑物表面正压区体型系数，取 0.8

μ_{sf}：建筑物表面负压区体型系数，取 -1

对于封闭式建筑物，考虑内表面压力，取 -0.2 或 0.2

A_b：面板构件从属面积取 2.16m²

A_v：立柱构件从属面积取 8.64m²

A_h：横梁构件从属面积取 2.25m²

μ_{s1}：围护构件从属面积不大于 1m² 的局部体型系数

$$\mu_{s1z} = \mu_{sz} + 0.2$$
$$= 1$$
$$\mu_{s1f} = \mu_{sf} - 0.2$$
$$= -1.2$$

围护构件从属面积大于或等于 10m² 的体型系数计算

$$\mu_{s10z} = \mu_{sz} \times 0.8 + 0.2$$
$$= 0.84$$
$$\mu_{s10f} = \mu_{sf} \times 0.8 - 0.2$$
$$= -1$$

按照规范，取面板面积对数线性插值计算得到

$$\mu_{saz} = \mu_{sz} + (\mu_{sz} \times 0.8 - \mu_{sz}) \times \log(A_b) + 0.2$$

$$= 0.8 + (0.64 - 0.8) \times 0.334454 + 0.2$$

$$= 0.946487$$

$$\mu_{saf} = \mu_{sf} + (\mu_{sf} \times 0.8 - \mu_{sf}) \times \log(A_b) - 0.2$$

$$= -1 + [(-0.8) - (-1)] \times 0.334454 - 0.2$$

$$= -1.13311$$

同样，取立柱面积对数线性插值计算得到

$$\mu_{savz} = \mu_{sz} + (\mu_{sz} \times 0.8 - \mu_{sz}) \times \log(A_v) + 0.2$$

$$= 0.8 + (0.64 - 0.8) \times 0.936514 + 0.2$$

$$= 0.850158$$

$$\mu_{savf} = \mu_{sf} + (\mu_{sf} \times 0.8 - \mu_{sf}) \times \log(A_v) - 0.2$$

$$= -1 + [(-0.8) - (-1)] \times 0.936514 - 0.2$$

$$= -1.0127$$

同样，取横梁面积对数线性插值计算得到

$$\mu_{sahz} = \mu_{sz} + (\mu_{sz} \times 0.8 - \mu_{sz}) \times \log(A_h) + 0.2$$

$$= 0.8 + (0.64 - 0.8) \times 0.352183 + 0.2$$

$$= 0.943651$$

$$\mu_{sahf} = \mu_{sf} + (\mu_{sf} \times 0.8 - \mu_{sf}) \times \log(A_h) - 0.2$$

$$= -1 + [(-0.8) - (-1)] \times 0.352183 - 0.2$$

$$= -1.12956$$

按照以上计算得到

对于面板有：

$$\mu_{spl} = 0.946487$$

$$\mu_{snl} = -1.13311$$

对于立柱有：

$$\mu_{svpl} = 0.850158$$

$$\mu_{svnl} = -1.0127$$

对于横梁有：

$$\mu_{shpl} = 0.943651$$

$$\mu_{shnl} = -1.12956$$

面板正风压风荷载标准值计算如下

$$W_{kp} = \beta_{gz} \times \mu_z \times \mu_{spl} \times W_0$$

$$= 1.59418 \times 1.53901 \times 0.946487 \times 0.55$$

$$= 1.27719 \text{kN/m}^2$$

面板负压负荷载标准值计算如下

$$W_{kn} = \beta_{gz} \times \mu_z \times \mu_{snl} \times W_0$$

$$= 1.59418 \times 1.53901 \times (-1.13311) \times 0.55$$

$$= -1.52902 \text{kN/m}^2$$

同样，立柱正风压风荷载标准值计算如下

$$W_{kvp} = \beta_{gz} \times \mu_z \times \mu_{svp1} \times W_0$$

$$= 1.59418 \times 1.53901 \times 0.850158 \times 0.55$$

$$= 1.14721 \text{kN/m}^2$$

立柱负风压风荷载标准值计算如下

$$W_{kvn} = \beta_{gz} \times \mu_z \times \mu_{svn1} \times W_0$$

$$= -1.36654 \text{kN/m}^2$$

同样，横梁正风压风荷载标准值计算如下

$$W_{khp} = \beta_{gz} \times \mu_z \times \mu_{shp1} \times W_0$$

$$= 1.27337 \text{kN/m}^2$$

横梁负风压风荷载标准值计算如下

$$W_{khn} = \beta_{gz} \times \mu_z \times \mu_{shn1} \times W_0$$

$$= -1.52424 \text{kN/m}^2$$

（2）风荷载设计值计算

W：风荷载设计值：kN/m^2

γ_w：风荷载作用效应的分项系数：1.4

按《石材幕墙工程技术规范》（JGJ 102—2003）5.1.6 条规定采用

面板风荷载作用计算

$$W_p = \gamma_w \times W_{kp} = 1.4 \times 1.27719 = 1.78807 \text{kN/m}^2$$

$$W_n = \gamma_w \times W_{kn} = 1.4 \times (-1.52902) = -2.14063 \text{kN/m}^2$$

立柱风荷载作用计算

$$W_{vp} = \gamma_w \times W_{kvp} = 1.4 \times 1.14721 = 1.60609 \text{kN/m}^2$$

$$W_{vn} = \gamma_w \times W_{kvn} = 1.4 \times (-1.36654) = -1.91315 \text{kN/m}^2$$

横梁风荷载作用计算

$$W_{hp} = \gamma_w \times W_{khp} = 1.4 \times 1.27337 = 1.78271 \text{kN/m}^2$$

$$W_{hn} = \gamma_w \times W_{khn} = 1.4 \times (-1.52424) = -2.13393 \text{kN/m}^2$$

（3）水平地震作用计算

G_{AK}：面板和构件平均平米重量取 0.5kN/m^2

α_{max}：水平地震影响系数最大值：0.16

q_{Ek}：分布水平地震作用标准值（kN/m^2）

$$q_{Ek} = \beta_E \times \alpha_{max} \times G_{AK}$$

$$= 5 \times 0.16 \times 0.5$$

$$= 0.4 \text{kN/m}^2$$

r_E：地震作用分项系数：1.3

q_{EA}：分布水平地震作用设计值（kN/m^2）

$$q_{EA} = r_E \times q_{Ek}$$

$$= 1.3 \times 0.4$$

$$= 0.52 \text{kN/m}^2$$

（4）荷载组合计算

幕墙承受的荷载作用组合计算，按照规范，考虑正风压、地震荷载组合：

$$S_{zkp} = W_{kp}$$

$$= 1.27719 \text{kN/m}^2$$

$$S_{zp} = W_{kp} \times \gamma_w + q_{Ek} \times \gamma_E \times \psi_E$$

$$= 1.27719 \times 1.4 + 0.4 \times 1.3 \times 0.5$$

$$= 2.04807 \text{kN/m}^2$$

考虑负风压、地震荷载组合：

$$S_{zkn} = W_{kn}$$

$$= -1.52902 \text{kN/m}^2$$

$$S_{zn} = W_{kn} \times \gamma_w - q_{Ek} \times \gamma_E \times \psi_E$$

$$= -1.52902 \times 1.4 - 0.4 \times 1.3 \times 0.5$$

$$= -2.40063 \text{kN/m}^2$$

综合以上计算，取绝对值最大的荷载进行强度验算

采用面板荷载组合标准值为 1. 52902kN/m²

面板荷载组合设计值为 2. 40063kN/m²

立柱荷载组合标准值为 1. 36654kN/m²

横梁荷载组合标准值为 1. 52424kN/m²

5. 石材计算

（1）石材面板荷载计算

B：该处石板幕墙分格宽：0. 56m

H：该处石板幕墙分格高：1. 6m

A：该处石板板块面积：

$$A = B \times H$$
$$= 0. 56 \times 1. 6$$
$$= 0. 896m^2$$

G_{AK}：石板板块平均自重：

石板的体积密度为：28kN/m³

t：石板板块厚度：25mm

$$G_{AK} = 28 \times t/1000$$
$$= 28 \times 25/1000$$
$$= 0. 7kN/m^2$$

实际板块以及框架重量取为 0. 7kN/m²

水平荷载设计值：$S_z = 1. 5kN/m^2$

水平荷载标准值：$S_{zk} = 1kN/m^2$

（2）石材面板强度计算

选定面板材料为：花岗石 – MU150

校核依据：$\sigma \leq 4. 7N/mm^2$

H：石板高度：1. 6m

B：石板宽度：0. 56m

S_p：悬臂长度：90mm

t：石材厚度：25mm

S_z：组合荷载设计值：1. 5kN/m²

一块板用两个背栓连接，可简化为两端带悬臂的简支板：

应力设计值为：

$$\sigma = \frac{6 \times S_z \times B^2 \times \left(1 - 4 \times \dfrac{S_p}{B_w}\right)}{8 \times t^2}$$

$$= \frac{6 \times 1. 5 \times 0. 56^2 \times \left(1 - 4 \times \dfrac{90}{0. 56 \times 1000}\right)}{8 \times 25^2} \times 1000$$

$$= 0. 2016N/mm^2$$

$0.2016N/mm^2 \leqslant 4.7N/mm^2$ 强度满足要求。

6. 立柱计算

（1）立柱荷载计算

①风荷载线分布最大荷载集度设计值（矩形分布）

q_w：风荷载线分布最大荷载集度设计值（kN/m）

r_w：风荷载作用效应的分项系数：1.4

W_k：风荷载标准值：$1.36654kN/m^2$

B_l：幕墙左分格宽：1.44m

B_r：幕墙右分格宽：1.44m

$$q_{wkl} = W_k \times B_l/2$$
$$= 1.36654 \times 1.44/2$$
$$= 0.983909kN/m$$

$$q_{wkr} = W_k \times B_r/2$$
$$= 1.36654 \times 1.44/2$$
$$= 0.983909kN/m$$

$$q_{wl} = 1.4 \times q_{wkl}$$
$$= 1.4 \times 0.983909$$
$$= 1.37747kN/m$$

$$q_{wr} = 1.4 \times q_{wkr}$$
$$= 1.37747kN/m$$

②分布水平地震作用设计值

G_{Akl}：立柱左边幕墙构件（包括面板和框）的平均自重：$1.1kN/m^2$

G_{Akr}：立柱右边幕墙构件（包括面板和框）的平均自重：$1.1kN/m^2$

$$q_{EAkl} = 5 \times \alpha_{max} \times G_{Akl}$$
$$= 5 \times 0.16 \times 1.1$$
$$= 0.88kN/m^2$$

$$q_{EAkr} = 5 \times \alpha_{max} \times G_{Akr}$$
$$= 5 \times 0.16 \times 1.1$$
$$= 0.88kN/m^2$$

$$q_{ekl} = q_{EAkl} \times B_l/2$$
$$= 0.88 \times 1.44/2$$
$$= 0.6336kN/m$$

$$q_{ekr} = q_{EAkr} \times B_r/2$$

$$= 0.6336 \text{kN/m}$$

$$q_{el} = 1.3 \times q_{ekl}$$

$$= 1.3 \times 0.6336$$

$$= 0.82368 \text{kN/m}$$

$$q_{er} = 1.3 \times q_{ekr}$$

$$= 0.82368 \text{kN/m}$$

③立柱所受组合荷载计算：

左边部分荷载设计值：

$$q_l = q_{wl} + 0.5 \times q_{el}$$

$$= 1.78931 \text{kN/m}$$

左边部分荷载标准值：

$$q_{kl} = q_{wkl} = 0.983909 \text{kN/m}$$

右边部分荷载设计值：

$$q_r = q_{wr} + 0.5 \times q_{er}$$

$$= 1.78931 \text{kN/m}$$

右边部分荷载标准值：

$$q_{kr} = q_{wkr} = 0.983909 \text{kN/m}$$

立柱计算简图及受力图见图 4-161 和图 4-162。

（2）立柱弯矩：

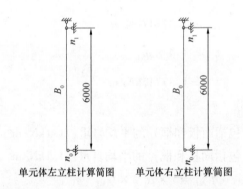

单元体左立柱计算简图　　　单元体右立柱计算简图

图 4-161　立柱计算简图

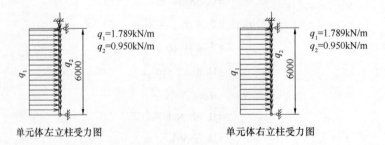

单元体左立柱受力图　　　　　单元体右立柱受力图

图 4-162　立柱受力图

通过有限元分析计算得到立柱的弯矩图见图4-163。

左侧立柱弯矩分布见表4-63。

表4-63 左 侧 立 柱 弯 矩

列表条目	1	2	3	4	5	6	7	8	9	10
偏移（m）	0.000	0.675	1.350	2.025	2.700	3.300	3.975	4.650	5.325	6.000
弯矩（kN·m）	0.000	3.216	5.616	7.201	7.971	7.971	7.201	5.616	3.216	0.000

右侧立柱弯矩分布见表4-64。

表4-64 右 侧 立 柱 弯 矩

列表条目	1	2	3	4	5	6	7	8	9	10
偏移（m）	0.000	0.675	1.350	2.025	2.700	3.300	3.975	4.650	5.325	6.000
弯矩（kN·m）	0.000	3.216	5.616	7.201	7.971	7.971	7.201	5.616	3.216	0.000

左侧立柱最大弯矩发生在3m处

M：幕墙左侧立柱在风荷载和地震作用下产生弯矩（kN·m）

$$M = 8.05191 \text{kN·m}$$

通过有限元分析计算得到立柱的轴力图，如图4-164所示。

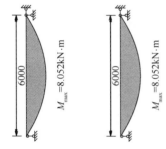
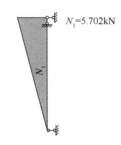
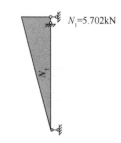

单元体左立柱弯矩图 单元体右立柱弯矩图　　单元体左立柱轴力图　　　　单元体右立柱轴力图

图 4-163　立柱弯矩图　　　　　　图 4-164　立柱轴力图

左侧立柱在荷载作用下的支座反力信息见表4-65。

表4-65 左 侧 立 柱 支 座 反 力

支座编号	X向反力（kN）	Y向反力（kN）	转角反力（kN·m）
n_0	−5.368	—	—
n_1	−5.368	−5.702	—

右侧立柱最大弯矩发生在3m处

M：幕墙右侧立柱在风荷载和地震作用下产生弯矩（kN·m）

$$M = 8.05191 \text{kN·m}$$

右侧立柱在荷载作用下的支座反力信息见表4-66。

表4-66 右 侧 立 柱 支 座 反 力

支座编号	X向反力（kN）	Y向反力（kN）	转角反力（kN·m）
n_0	−5.368	—	—
n_1	−5.368	−5.702	—

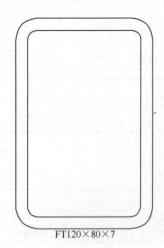

图 4-165　型材

选用立柱型材的截面特性（图 4-165）

选定立柱材料类别：钢-Q235

选用左侧立柱型材名称：FT120 × 80 × 7

型材强度设计值：215N/mm²

型材弹性模量：$E = 206000\,\text{N/mm}^2$

X 轴惯性矩：$I_x = 462.045\,\text{cm}^4$

Y 轴惯性矩：$I_y = 242.95\,\text{cm}^4$

X 轴上部抵抗矩：$W_{x1} = 77.0074\,\text{cm}^3$

X 轴下部抵抗矩：$W_{x2} = 77.0074\,\text{cm}^3$

Y 轴左部抵抗矩：$W_{y1} = 60.7375\,\text{cm}^3$

Y 轴右部抵抗矩：$W_{y2} = 60.7375\,\text{cm}^3$

型材截面积：$A = 25.0185\,\text{cm}^2$

型材计算校核处抗剪壁厚：$t = 7\,\text{mm}$

型材截面面积矩：$S_s = 48.3171\,\text{cm}^3$

塑性发展系数：$\gamma = 1.05$

选用右侧立柱型材名称：FT120 × 80 × 7

X 轴惯性矩：$I_x = 462.045\,\text{cm}^4$

Y 轴惯性矩：$I_y = 242.95\,\text{cm}^4$

X 轴上部抵抗矩：$W_{x1} = 77.0074\,\text{cm}^3$

X 轴下部抵抗矩：$W_{x2} = 77.0074\,\text{cm}^3$

Y 轴左部抵抗矩：$W_{y1} = 60.7375\,\text{cm}^3$

Y 轴右部抵抗矩：$W_{y2} = 60.7375\,\text{cm}^3$

型材截面积：$A = 25.0185\,\text{cm}^2$

型材计算校核处抗剪壁厚：$t = 7\,\text{mm}$

型材截面面积矩：$S_s = 48.3171\,\text{cm}^3$

（3）单元体立柱强度计算

校核依据：$\dfrac{N}{A} + \dfrac{M}{\gamma + w} \leqslant f_a$

B_l：幕墙左分格宽：1.44m

B_r：幕墙右分格宽：1.44m

H_v：立柱长度

G_{Akl}：幕墙左分格自重：1.1kN/m²

G_{AKr}：幕墙右分格自重：1.1kN/m²

幕墙自重线荷载：

$$G_{kl} = \frac{G_{Akl} \times B_l}{2}$$

$$= \frac{1.1 \times Bl}{2}$$

$$= 0.792 \mathrm{kN/m}$$

$$G_{kr} = \frac{G_{Akr} \times B_r}{2}$$

$$= 0.792 \mathrm{kN/m}$$

r_G：结构自重分项系数：1.2

$$G_l = G_{kl} \times r_G$$

$$= 0.9504 \mathrm{kN/m}$$

$$G_r = G_{kr} \times r_G$$

$$= 0.9504 \mathrm{kN/m}$$

f：立柱计算强度（$\mathrm{N/mm^2}$）

A_l：立柱型材截面积：25.0185$\mathrm{cm^2}$

A_r：立柱型材截面积：25.0185$\mathrm{cm^2}$

N_l：当前杆件最大轴拉力（kN）

N_y：当前杆件最大轴压力（kN）

$M_{\max}$：当前杆件最大弯矩（kN·m）

W_z：立柱截面抵抗矩（$\mathrm{cm^3}$）

γ：塑性发展系数：1.05

单元体左立柱通过有限元计算得到的应力校核数据见表4-67。

表4-67　左立柱应力校核

编　号	N_l	N_y	$M_{\max}$	W_z	A	f_z
b0	5.702	0.000	8.052	77.0074	25.0185	101.860

通过上面计算可知，单元体左立柱杆件 b0 的应力最大，为 101.86$\mathrm{N/mm^2}$ $\leqslant f_a = 215\mathrm{N/mm^2}$，所以单元体左立柱承载力满足要求。

单元体右立柱通过有限元计算得到的应力校核数据见表4-68。

表4-68　右立柱应力校核

编　号	N_l	N_y	$M_{\max}$	W_z	A	f_z
b0	5.702	0.000	8.052	77.0074	25.0185	101.860

通过上面计算可知，单元体右立柱杆件 b0 的应力最大，为 101.86$\mathrm{N/mm^2}$ $\leqslant f_a = 215\mathrm{N/mm^2}$，所以单元体右立柱承载力满足要求。

（4）立柱的刚度计算

校核依据：$U_{\max} \leqslant \dfrac{L}{250}$ 且 $U_{\max} \leqslant 30\mathrm{mm}$

$D_{f\max}$：立柱最大允许挠度：

通过有限元分析计算得到立梃的挠度图如图 4-166 所示。

立柱挠度分布见表4-69 和表4-70。

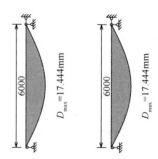

单元体左立柱位移图　单元体右立柱位移图

图 4-166　立柱位移图

表4-69 左侧立柱挠度

列表条目	1	2	3	4	5	6	7	8	9	10
偏移（m）	0.000	0.675	1.350	2.025	2.700	3.300	3.975	4.650	5.325	6.000
挠度（mm）	0.000	6.130	11.431	15.272	17.235	17.235	15.272	11.431	6.130	0.000

右侧立柱挠度分布见表4-70。

表4-70 右侧立柱挠度

列表条目	1	2	3	4	5	6	7	8	9	10
偏移（m）	0.000	0.675	1.350	2.025	2.700	3.300	3.975	4.650	5.325	6.000
挠度（mm）	0.000	6.130	11.431	15.272	17.235	17.235	15.272	11.431	6.130	0.000

左侧立桢最大挠度发生在3m处

右侧立桢最大挠度发生在3m处

$$D_{f\mathrm{max}l} = \frac{H_{v\mathrm{max}l} \times 1000}{250}$$

$$= \frac{6 \times 1000}{250}$$

$$= 24\mathrm{mm}$$

$$D_{f\mathrm{max}r} = \frac{H_{v\mathrm{max}r} \times 1000}{250}$$

$$= \frac{6 \times 1000}{250}$$

$$= 24\mathrm{mm}$$

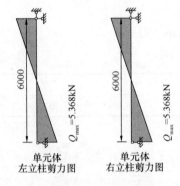

图4-167 立柱剪力图

左侧立柱最大挠度 $U_{\mathrm{max}l}$ 为：17.444mm≤24mm 且 17.444 ≤30mm

右侧立柱最大挠度 $U_{\mathrm{max}r}$ 为：17.444mm≤24mm 且 17.444 ≤30mm

左侧挠度满足要求。

右侧挠度满足要求。

（5）立柱抗剪计算

校核依据：$\tau_{\mathrm{max}} \leqslant [\tau] = 125\mathrm{N/mm^2}$

通过有限元分析计算得到立柱的剪力图（图4-167）。

左侧立柱剪力分布见表4-71。

表4-71 左侧立柱剪力

列表条目	1	2	3	4	5	6	7	8	9	10
偏移（m）	0.000	0.675	1.350	2.025	2.700	3.300	3.975	4.650	5.325	6.000
剪力（kN）	-5.368	-4.160	-2.952	-1.745	-0.537	0.537	1.745	2.952	4.160	5.368

右侧立柱剪力分布见表4-72。

表4-72 右侧立柱剪力

列表条目	1	2	3	4	5	6	7	8	9	10
偏移（m）	0.000	0.675	1.350	2.025	2.700	3.300	3.975	4.650	5.325	6.000
剪力（kN）	−5.368	−4.160	−2.952	−1.745	−0.537	0.537	1.745	2.952	4.160	5.368

左侧立柱最大剪力发生在0m处

右侧立柱最大剪力发生在0m处

τ：立梃剪应力：

S_{sl}：左侧立柱型材截面面积矩：48.3171cm³

S_{sr}：右侧立柱型材截面面积矩：48.3171cm³

I_{xl}：左侧立柱型材截面惯性矩：462.045cm⁴

I_{xr}：右侧立柱型材截面惯性矩：462.045cm⁴

t_l：左侧立柱抗剪壁厚：7mm

t_r：右侧立柱抗剪壁厚：7mm

$$\tau_l = \frac{Q_l \times S_{sl} \times 100}{I_{xl} \times t_l}$$

$$= \frac{5.36794 \times 48.3171 \times 100}{462.045 \times 7}$$

$$= 8.01911 \text{N/mm}^2$$

$$\tau_r = \frac{Q_r \times S_{sr} \times 100}{I_{xr} \times t_r}$$

$$= \frac{5.36794 \times 48.3171 \times 100}{462.045 \times 7}$$

$$= 8.01911 \text{N/mm}^2$$

$8.01911 \text{N/mm}^2 \leqslant 125 \text{N/mm}^2$

$8.01911 \text{N/mm}^2 \leqslant 125 \text{N/mm}^2$

左侧立柱抗剪强度可以满足。

右侧立柱抗剪强度可以满足。

（6）立柱与主结构连接计算

连接处角码材料：钢-Q235

连接螺栓材料：C级普通螺栓−4.8级

L_{ct}：连接处角码壁厚：10mm

N_h：连接处水平总力（N）：

$$N_h = Q$$

$$= −10.7359 \text{kN}$$

N_g：连接处自重总值设计值（N）：

$$N_g = −11.4048 \text{kN}$$

N：连接处总合力（N）：

$$N = \sqrt{N_g^2 + N_h^2}$$

$$= \sqrt{(-11.4048)^2 + (-10.7359)^2} \times 1000$$

$$= 15663\,\text{N}$$

N_{cbl}：立梃型材壁抗承压能力（N）：

N_{vl}：连接处剪切面数：2×2

t：立梃壁厚：7mm

$$N_{cbl} = D_v \times 2 \times 325 \times t \times N_{num}$$

$$= 12 \times 2 \times 325 \times 7 \times 2$$

$$= 109200\,\text{N}$$

$$15663\,\text{N} \leqslant 109200\,\text{N}$$

立梃型材壁抗承压能力满足。

N_{cbg}：角码型材壁抗承压能力（N）：

$$N_{cbg} = D_v \times 2 \times 325 \times L_{ct} \times N_{num}$$

$$= 12 \times 2 \times 325 \times 10 \times 2$$

$$= 156000\,\text{N}$$

$$15663\,\text{N} \leqslant 156000\,\text{N}$$

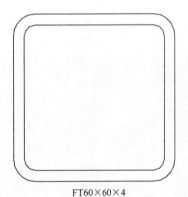

FT60×60×4

图 4-168　型材

角码型材壁抗承压能力满足。

选用横梁型材的截面特性（图 4-168）

选定横梁材料类别：钢-Q235

单元体上部横梁型材名称：FT60×60×4

型材强度设计值：$215\text{N}/\text{mm}^2$

型材弹性模量：$E = 206000\text{N}/\text{mm}^2$

X 轴惯性矩：$I_x = 43.5511\,\text{cm}^4$

Y 轴惯性矩：$I_y = 43.5511\,\text{cm}^4$

X 轴上部抵抗矩：$W_{x1} = 14.517\,\text{cm}^3$

X 轴下部抵抗矩：$W_{x2} = 14.517\,\text{cm}^3$

Y 轴左部抵抗矩：$W_{y1} = 14.517\,\text{cm}^3$

Y 轴右部抵抗矩：$W_{y2} = 14.517\,\text{cm}^3$

型材截面积：$A = 8.54796\,\text{cm}^2$

型材计算校核处抗剪壁厚：$t = 4\text{mm}$

型材截面绕 X 轴面积矩：$S_s = 8.82143\,\text{cm}^3$

型材截面绕 Y 轴面积矩：$S_{sy} = 8.82143\,\text{cm}^3$

塑性发展系数：$\gamma = 1.05$

单元体下部横梁型材名称：FT60×60×4

型材强度设计值：$215 \text{N}/\text{mm}^2$

X 轴惯性矩：$I_x = 43.5511 \text{cm}^4$

Y 轴惯性矩：$I_y = 43.5511 \text{cm}^4$

X 轴上部抵抗矩：$W_{x1} = 14.517 \text{cm}^3$

X 轴下部抵抗矩：$W_{x2} = 14.517 \text{cm}^3$

Y 轴左部抵抗矩：$W_{y1} = 14.517 \text{cm}^3$

Y 轴右部抵抗矩：$W_{y2} = 14.517 \text{cm}^3$

型材截面积：$A = 8.54796 \text{cm}^2$

型材计算校核处抗剪壁厚：$t = 4 \text{mm}$

型材截面绕 X 轴面积矩：$S_s = 8.82143 \text{cm}^3$

型材截面绕 Y 轴面积矩：$S_{sy} = 8.82143 \text{cm}^3$

7. 横梁的强度计算

（1）横梁自重作用下荷载计算

H_{hu}：横梁上部分格高：1.56m

H_{hd}：横梁下部分格高：1.56m

B_h：幕墙分格宽：1.44m

G_{Akhu}：横梁上部面板自重：$0.9 \text{kN}/\text{m}^2$

G_{Akhd}：横梁下部面板自重：$0.9 \text{kN}/\text{m}^2$

G_{hk}：横梁自重荷载线分布均布荷载集度标准值（kN/m）：

$$G_{hk} = 0.9 \times H_{hd}$$
$$= 0.9 \times 1.56$$
$$= 1.404 \text{kN}/\text{m}$$

G_h：横梁自重荷载线分布均布荷载集度设计值（kN/m）

$$G_h = \gamma_G \times G_{hk}$$
$$= 1.2 \times 1.404$$
$$= 1.6848 \text{kN}/\text{m}$$

（2）横梁承受的组合荷载作用计算

横梁承受风荷载作用

$$w_k = 1.52443 \text{kN}/\text{m}^2$$

q_{EAk}：横梁平面外地震荷载：

β_E：动力放大系数：5

$\alpha_{\max}$：地震影响系数最大值：0.16

$$q_{EAku} = \beta_E \times \alpha_{\max} \times 0.9$$
$$= 5 \times 0.16 \times 0.9$$
$$= 0.72 \text{kN}/\text{m}^2$$

$$q_{EAkd} = \beta_E \times \alpha_{max} \times 0.9$$
$$= 5 \times 0.16 \times 0.9$$
$$= 0.72 \text{kN/m}^2$$

荷载组合：

横梁承受面荷载组合标准值：

$$q_{Ak} = w_k = 1.52443 \text{kN/m}^2$$

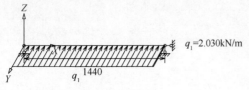

单元体上部横梁受力简图

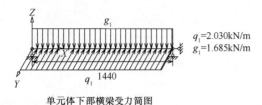

单元体下部横梁受力简图

图 4-169 栏梁受力简图

下部横梁在荷载作用下的弯矩图见图 4-171。

横梁承受面荷载组合设计值：

$$q_{Au} = \gamma_w \times w_k + 0.5 \times \gamma_E \times q_{EAku}$$
$$= 1.4 \times 1.52443 + 0.5 \times 1.3 \times 0.72$$
$$= 2.6022 \text{kN/m}^2$$

$$q_{Ad} = \gamma_w \times w_k + 0.5 \times \gamma_E \times q_{EAkd}$$
$$= 1.4 \times 1.52443 + 0.5 \times 1.3 \times 0.72$$
$$= 2.6022 \text{kN/m}^2$$

（3）横梁强度计算信息

横梁荷载作用简图如图 4-169 所示。

上部横梁在荷载作用下的弯矩图如图 4-170 所示。

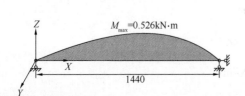

图 4-170 上部横梁弯矩图

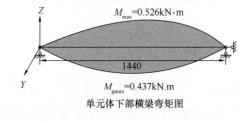

单元体下部横梁弯矩图

图 4-171 下部横梁弯矩图

上部横梁在荷载作用下的弯矩以及正应力数据见表 4-73。

表 4-73 上部横梁弯矩及正应力

编号	条目	1	2	3	4	5	6	7	8	9	10
1	偏移	0.000	0.162	0.324	0.486	0.648	0.792	0.954	1.116	1.278	1.440
	M_y	0.000	-0.210	-0.367	-0.471	-0.521	-0.521	-0.471	-0.367	-0.210	0.000
	M_z	0.000	0.000	0.000	0.000	0.000	0.000	0.000	0.000	0.000	0.000
	σ_y	0.000	-13.784	-24.074	-30.869	-34.170	-34.170	-30.869	-24.074	-13.784	0.000
	σ_z	0.000	0.000	0.000	0.000	0.000	0.000	0.000	0.000	0.000	0.000
	σ	0.000	-13.784	-24.074	-30.869	-34.170	-34.170	-30.869	-24.074	-13.784	0.000

注：偏移单位为 m；弯矩单位为 kN·m；应力单位为 N/mm²。

下部横梁在荷载作用下的弯矩以及正应力数据见表 4-74。

表 4-74 下部横梁弯矩及正应力

编号	条目	1	2	3	4	5	6	7	8	9	10
1	偏移	0.000	0.162	0.324	0.486	0.648	0.792	0.954	1.116	1.278	1.440
	M_y	0.000	-0.210	-0.367	-0.471	-0.521	-0.521	-0.471	-0.367	-0.210	0.000
	M_z	0.000	-0.174	-0.305	-0.391	-0.432	-0.432	-0.391	-0.305	-0.174	0.000
	σ_y	0.000	-13.784	-24.074	-30.869	-34.170	-34.170	-30.869	-24.074	-13.784	0.000
	σ_z	0.000	-11.442	-19.983	-25.623	-28.363	-28.363	-25.623	-19.983	-11.442	0.000
	σ	0.000	-25.226	-44.057	-56.493	-62.533	-62.533	-56.493	-44.057	-25.226	0.000

注：偏移单位为 m；弯矩单位为 kN·m；应力单位为 N/mm²。

上部横梁在组合荷载作用下的支座反力信息见表4-75。

表 4-75 上部横梁支座反力

支座编号	Y 向反力(kN)	Z 向反力(kN)	Y 向转角反力(kN·m)	Z 向转角反力(kN·m)
n_0	-1.461	-1.213	—	—
n_1	-1.461	-1.213	—	—

下部横梁在组合荷载作用下的支座反力信息见表4-76。

表 4-76 下部横梁支座反力

支座编号	Y 向反力(kN)	Z 向反力(kN)	Y 向转角反力(kN·m)	Z 向转角反力(kN·m)
n_0	-1.461	-1.213	—	—
n_1	-1.461	-1.213	—	—

（3）横梁的刚度计算

横梁在荷载作用下的挠度如图4-172所示。

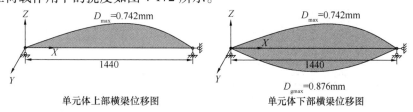

单元体上部横梁位移图   单元体下部横梁位移图

图 4-172 横梁位移图

上部横梁在荷载作用下的挠度数据见表4-77。

表 4-77 上 部 横 梁 挠 度

编号	条目	1	2	3	4	5	6	7	8	9	10
1	偏移	0.000	0.162	0.324	0.486	0.648	0.792	0.954	1.116	1.278	1.440
	D_y	0.000	-0.261	-0.486	-0.650	-0.733	-0.733	-0.650	-0.486	-0.261	0.000
	D_z	0.000	0.000	0.000	0.000	0.000	0.000	0.000	0.000	0.000	0.000
	D	0.000	0.261	0.486	0.650	0.733	0.733	0.650	0.486	0.261	0.000

注：偏移单位为 m；挠度单位为 mm。

下部横梁在荷载作用下的挠度数据见表4-78。

表4-78　下　部　横　梁　挠　度

编号	条目	1	2	3	4	5	6	7	8	9	10
1	偏移	0.000	0.162	0.324	0.486	0.648	0.792	0.954	1.116	1.278	1.440
	D_y	0.000	−0.261	−0.486	−0.650	−0.733	−0.733	−0.650	−0.486	−0.261	0.000
	D_z	0.000	−0.308	−0.574	−0.767	−0.866	−0.866	−0.767	−0.574	−0.308	0.000
	D	0.000	0.403	0.752	1.005	1.134	1.134	1.005	0.752	0.403	0.000

注：偏移单位为m；挠度单位为mm。

（4）横梁的抗剪强度计算

横梁在荷载作用下的剪力图如图4-173所示。

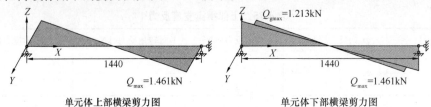

单元体上部横梁剪力图　　　　　　单元体下部横梁剪力图

图4-173　横梁剪力图

上部横梁在荷载作用下的剪力以及剪应力数据见表4-79。

表4-79　上部横梁剪力及剪应力

编号	条目	1	2	3	4	5	6	7	8	9	10
1	偏移	0.000	0.162	0.324	0.486	0.648	0.792	0.954	1.116	1.278	1.440
	Q_y	1.461	1.133	0.804	0.475	0.146	−0.146	−0.475	−0.804	−1.133	−1.461
	Q_z	0.000	0.000	0.000	0.000	0.000	0.000	0.000	0.000	0.000	0.000
	τ_y	7.400	5.735	4.070	2.405	0.740	−0.740	−2.405	−4.070	−5.735	−7.400
	τ_z	0.000	0.000	0.000	0.000	0.000	0.000	0.000	0.000	0.000	0.000
	τ	7.400	5.735	4.070	2.405	0.740	0.740	2.405	4.070	5.735	7.400

注：偏移单位为m；剪力单位为kN；剪应力单位为N/mm²。

下部横梁在荷载作用下的剪力以及剪应力数据见表4-80。

表4-80　下部横梁剪力及剪应力

编号	条目	1	2	3	4	5	6	7	8	9	10
1	偏移	0.000	0.162	0.324	0.486	0.648	0.792	0.954	1.116	1.278	1.440
	Q_y	1.461	1.133	0.804	0.475	0.146	−0.146	−0.475	−0.804	−1.133	−1.461
	Q_z	1.213	0.940	0.667	0.394	0.121	−0.121	−0.394	−0.667	−0.940	−1.213
	τ_y	7.400	5.735	4.070	2.405	0.740	−0.740	−2.405	−4.070	−5.735	−7.400
	τ_z	6.143	4.761	3.378	1.996	0.614	−0.614	−1.996	−3.378	−4.761	−6.143
	τ	9.618	7.454	5.290	3.126	0.962	0.962	3.126	5.290	7.454	9.618

注：偏移单位为m；剪力单位为kN；剪应力单位为N/mm²。

横梁的各种强度校核

上横梁在各种荷载组合作用下的强度校核见表4-81。

表4-81 上横梁强度校核

编号	长度（m）	σ（N/mm²）		τ（N/mm²）		D（mm）		D/Len
		最大值	位置（m）	最大值	位置（m）	最大值	位置（m）	
1	1.440	34.515	0.720	7.400	1.440	0.742	0.720	0.00052

上横梁正应力强度满足要求。

上横梁抗剪强度满足要求。

上横梁挠度满足要求。

下横梁在各种荷载组合作用下的强度校核见表4-82。

表4-82 下横梁强度校核

编号	长度（m）	σ（N/mm²）		τ（N/mm²）		D（mm）		D/Len
		最大值	位置（m）	最大值	位置（m）	最大值	位置（m）	
1	1.440	63.164	0.720	9.618	1.440	1.148	0.720	0.00080

下横梁正应力强度满足要求。

下横梁抗剪强度满足要求。

下横梁挠度满足要求。

8. 预埋件受力计算

埋件（图4-174）：

V：剪力设计值：

$$V = 11404.8N$$

N：法向力设计值：

$$N = 10735.9N$$

e_2：螺孔中心与锚板边缘距离：60mm

M：弯矩设计值（N·mm）：

$$M = N \times e_1 + V \times e_2$$
$$= 10735.9 \times 0 + 11404.8 \times 60$$
$$= 684288N \cdot mm$$

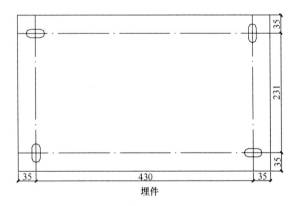

图4-174 埋件

预埋件面积计算

N_{snum}：锚筋根数：4 根

锚筋层数：2 层

K_r：锚筋层数影响系数：1

混凝土级别：混凝土 – C30

混凝土强度设计值：$f_c = 14.3 \text{N/mm}^2$

按现行国家标准《混凝土结构设计规范》采用。

锚筋级别：锚筋 HPB235 级

锚筋强度设计值：$f_y = 210 \text{N/mm}^2$

d：钢筋直径：$\Phi 16 \text{mm}$

α_v：钢筋受剪承载力系数：

$$\alpha_v = (4 - 0.08 \times d) \times \sqrt{\frac{f_c}{f_y}}$$

$$= (4 - 0.08 \times 16) \times \sqrt{\frac{14.3}{210}}$$

$$= 0.709786$$

α_v 取 0.7

t：锚板厚度：10mm

α_b：锚板弯曲变形折减系数：

$$\alpha_b = 0.6 + 0.25 \times \frac{t}{d}$$

$$= 0.6 + 0.25 \times \frac{10}{16}$$

$$= 0.75625$$

Z：外层钢筋中心线距离：430mm

A_s：锚筋实际总截面积：

$$A_s = \frac{N_{snum} \times 3.14 \times d^2}{4}$$

$$= \frac{4 \times 3.14 \times 16^2}{4}$$

$$= 804.248 \text{mm}^2$$

锚筋总截面积计算值：

$$A_{s1} = \frac{V}{\alpha_v \times \alpha_r \times f_y} + \frac{N}{0.8 \times \alpha_b \times f_y}$$

$$+ \frac{M}{1.3 \times \alpha_r \times \alpha_b \times f_y \times Z}$$

$$= \frac{11404.8}{0.7 \times 1 \times 210}$$

$$+ \frac{10735.9}{0.8 \times 0.75625 \times 210} + \frac{684288}{1.3 \times 1 \times 0.75625 \times 210 \times 430}$$

$$= 169.793 \text{mm}^2$$

$$A_{s2} = \frac{N}{0.8 \times \alpha_b \times f_y} + \frac{M}{0.4 \times \alpha_r \times \alpha_b \times f_y \times Z}$$

$$= \frac{10735.9}{0.8 \times 0.75625 \times 210} + \frac{684288}{0.4 \times 1 \times 0.75625 \times 210 \times 430}$$

$$= 109.552 \text{mm}^2$$

$$169.793 \text{mm}^2 \leqslant 804.248 \text{mm}^2$$

$$109.552 \text{mm}^2 \leqslant 804.248 \text{mm}^2$$

4 根 Φ16 锚筋满足要求。

A：锚板面积：150000mm^2

$$0.5 f_c A = 0.5 \times 14.3 \times 150000 = 1.0725e + 006 \text{N}$$

$$N = 10735.9 \text{N} \leqslant 1.0725e + 006 \text{N}$$

锚板尺寸满足要求。

锚栓计算信息描述

HAS-M16×140A（图 4-175）：

V：剪力设计值：

$$V = 11404.8 \text{N}$$

N：法向力设计值：

$$N = 10735.9 \text{N}$$

e_2：锚栓中心与锚板平面距离：60mm

M：弯矩设计值（N·mm）：

$$M = V \times e_2$$

$$= 11404.8 \times 60$$

$$= 684288 \text{N} \cdot \text{mm}$$

T：扭矩设计值（N·mm）：0 N·mm

当前计算锚栓类型：化学锚栓

锚栓材料类型：不锈钢锚栓

锚栓直径：16mm

锚栓底板孔径：17mm

锚栓处混凝土开孔直径：20mm

锚栓有效锚固深度：120mm

锚栓底部混凝土级别：混凝土-C30

底部混凝土为未开裂混凝土

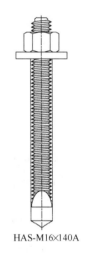

HAS-M16×140A

图 4-175 锚栓

底部混凝土基材厚度：400mm

混凝土开裂及边缘配筋情况：边缘为无筋的开裂混凝土

锚栓锚固区混凝土配筋描述：其他情况

锚栓承受拉力计算

锚栓布置示意如图 4-176 所示：

d：锚栓直径 16mm

d_f：锚栓底板孔径 17mm

在拉力和弯矩共同作用下，锚栓群有两种

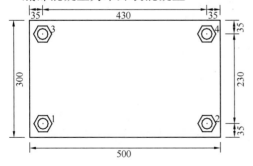

图 4-176 化学锚栓布置示意图

可能的受力形式。

首先假定锚栓群绕自身的中心进行转动，经过分析得到锚栓群形心坐标为 [250，150]，各锚栓到锚栓形心点的 Y 向距离平方之和为：

$$\Sigma y^2 = 52900$$

y 坐标最高的锚栓为 4 号锚栓，该点的 y 坐标为 265，该点到形心点的 y 向距离为

$$y_1 = 265 - 150 = 115mm$$

y 坐标最低的锚栓为 1 号锚栓，该点的 y 坐标为 35，该点到形心点的 y 向距离为

$$y_2 = 35 - 150 = -115mm$$

所以锚栓群的最大和最小受力为：

$$N_{min} = \frac{N}{n} + \frac{M \times y_2}{\Sigma y^2}$$

$$= \frac{10735.9}{4} + \frac{684288 \times (-115)}{52900}$$

$$= 1196.39N$$

$$N_{max} = \frac{N}{n} + \frac{M \times y_1}{\Sigma y^2}$$

$$= \frac{10735.9}{4} + \frac{684288 \times (115)}{52900}$$

$$= 4171.56N$$

所以单个锚栓承受的最大拉力为 4171.56N

锚栓承受剪力计算

单独考虑剪力作用：

V：11404.8N

n_y：参与 V 受剪的化学锚栓数目为 4 个

单个化学锚栓承受的剪力为（x 方向 $V_{Sx}^v = 0$）

$$V_S^v = \frac{V}{n_y}$$

$$= \frac{11404.8}{4}$$

$$= 2851.2N$$

所以锚栓群在剪力 V 作用下，化学锚栓的最大剪力设计值为

$$V_{Smax} = V_S^v$$

$$= 2851.2N$$

故 $\qquad V_{S_d}^h = V_{Smax} = 2851.2N$

锚栓受拉承载力校核

校核依据 $N_{S_d}^h \leqslant N_{R_{ds}}$

其中 $N_{S_d}^h$：锚栓群中拉力最大的锚栓的拉力设计值，根据上面计算取 4171.56N

$N_{R_{ds}}$：锚栓钢材破坏受拉力设计值

D：锚栓直径为 16mm

A_s：锚栓截面面积为 201.062mm^2

f_{stk}：锚栓极限抗拉强度标准值

N_{Rks}：锚栓钢材破坏受拉承载力标准值

γ_{RSN}：锚栓钢材破坏受拉承载力分项系数，按《混凝土结构后锚固技术规程》表4.2.6采用

$$f_{stk} = 700\text{N/mm}^2$$

$$f_{yk} = 450\text{N/mm}^2$$

$$\gamma_{RSN} = \frac{1.3 \times f_{stk}}{f_{yk}}$$

$$= 2.02222 > 1.55 \text{ 按《混凝土结构后锚固技术规程》表4.2.6取2.02222}$$

$$N_{Rks} = A_s \times f_{stk}$$

$$= 201.062 \times 700$$

$$= 140743\text{N}$$

$$N_{Rds} = \frac{N_{Rks}}{\gamma_{RSN}}$$

$$= \frac{140743}{2.02222}$$

$$= 69598.4\text{N}$$

由于 $N_{S_d}^h = 4171.56\text{N} \leqslant N_{R_{ds}}$，所以锚栓钢材满足强度要求。

考虑拉拔安全系数2，则锚栓拉拔试验强度值最少要求达到 8.34312kN。

锚栓混凝土锥体受拉破坏承载力校核

校核依据 $N_{S_d}^g \leqslant N_{R_{dc}}$

其中 $N_{S_d}^g$：锚栓群受拉区总拉力设计值，根据上面计算取 10735.9N

$N_{R_{dc}}$：混凝土锥体破坏受拉承载力设计值

因锚固点位于普通混凝土结构受拉面，故锚固区基材为未开裂混凝土。混凝土锥体受拉破坏时的受拉承载力设计值 $N_{R_{dc}}$ 应按下列公式计算：

$$N_{Rdc} = \frac{N_{Rkc}}{\gamma_{RcN}}$$

$$N_{Rkc} = N_{Rkc}^0 \times \frac{A_{cN}}{A_{cN}^0} \times \psi_{sN} \times \psi_{reN} \times \psi_{ecN} \times \psi_{ucrN}$$

在上面公式中：

$N_{R_{dc}}$：混凝土锥体破坏时的受拉承载力设计值；

$N_{R_{kc}}$：混凝土锥体破坏时的受拉承载力标准值；

k：地震作用下锚固承载力降低系数，按《混凝土结构后锚固技术规程》（JGJ 145—2004）表7.0.5选取；

γ_{RcN}：混凝土锥体破坏时的受拉承载力分项系数，按《混凝土结构后锚固技术规程》（JGJ 145—2004）表4.2.6采用，取3；

N_{Rkc}^0：开裂混凝土单锚栓受拉，理想混凝土锥体破坏时的受拉承载力标准值；

$N_{Rkc}^0 = 3.0 \times \sqrt{f_{cuk}^0} \times (h_{ef}^0 - 30)^{1.5}$（化学锚栓）《混凝土结构后锚固技术规程》（JGJ 145—2004

6.1.6 条文说明)

其中：

f_{cuk}^0：混凝土立方体抗压强度标准值，当其在 45～60MPa 间时，应乘以降低系数 0.95；本处混凝土为混凝土-C30，f_{cuk}^0 取 30N/mm^2

h_{ef}：锚栓有效锚固深度，对于膨胀型及扩孔型锚栓，为膨胀锥体与孔壁最大挤压点的深度；取 120mm

$$N_{Rkc}^0 = 3.0 \times \sqrt{f_{cuk}^0} \times (h_{ef} - 30)^{1.5}$$
$$= 3.0 \times 30^{0.5} \times (120 - 30)^{1.5}$$
$$= 14029.6\text{N}$$

A_{cN}^0：混凝土破坏锥体投影面面积，按《混凝土结构后锚固技术规程》（JGJ 145—2004）6.1.5 取；

s_{crN}：混凝土锥体破坏情况下，无间距效应和边缘效应，确保每根锚栓受拉承载力标准值的临界间距。

$$s_{crN} = 3 \times h_{ef}$$
$$= 3 \times 120$$
$$= 360\text{mm}$$
$$A_{cN}^0 = s_{crN}^2$$
$$= 360^2$$
$$= 129600\text{mm}^2$$

A_{cN}：混凝土实有破坏锥体投影面积，按《混凝土结构后锚固技术规程》（JGJ 145—2004）6.1.6 取：

$$A_{cN} = (c1 + s1 + 0.5 \times s_{crN}) \times (c_2 + s_2 + 0.5 \times s_{crN})$$

其中：

c_1、c_2：方向 1 及 2 的边距；

s_1、s_2：方向 1 及 2 的间距；

c_{crN}：混凝土锥体破坏时的临界边距，取 $c_{crN} = 1.5 \times h_{ef} = 1.5 \times 120 = 180\text{mm}$；且要求满足

$$c_1 \leqslant c_{crN}$$
$$c_2 \leqslant c_{crN}$$
$$s_1 \leqslant s_{crN}$$
$$s_2 \leqslant s_{crN}$$
$$A_{cN} = (c_1 + s_1 + 0.5 \times s_{crN}) \times (c_2 + s_2 + 0.5 \times s_{crN})$$
$$= (120 + 230 + 0.5 \times 360) \times (120 + 430 + 0.5 \times 360)$$
$$= 386900\text{mm}^2$$

ψ_{sN}：边矩 c 对受拉承载力的降低影响系数，按《混凝土结构后锚固技术规程》（JGJ 145—2004）6.1.7 条文说明采用对于化学锚栓，ψ_{sN} 取 1。

ψ_{reN}：表层混凝土因为密集配筋的剥离作用对受拉承载力的降低影响系数，按《混凝土

结构后锚固技术规程》（JGJ 145—2004）6.1.8采用，当锚固区钢筋间距 $s \geqslant 150\text{mm}$ 或钢筋直径 $d \leqslant 10\text{mm}$ 且 $s \geqslant 100\text{mm}$ 时，取1.0。

当前锚固区属于其他类型，需要按照下式计算

$$\psi_{reN} = 0.5 + \frac{h_{ef}}{200} \leqslant 1$$

$$= 0.5 + \frac{120}{200}$$

$$= 1.1 > 1, \text{取} 1.0$$

ψ_{ecN}：荷载偏心 e_N 对受拉承载力的降低影响系数，按《混凝土结构后锚固技术规程》（JGJ 145—2004）6.1.9采用；

$$\psi_{ecN} = \frac{1}{1 + \dfrac{2e_N}{s_{crN}}} = 1$$

ψ_{ucrN}：未裂混凝土对受拉承载力的提高系数，对于膨胀型锚栓和扩孔型锚栓取1.44；对化学锚栓取2.44；

把上面所得到的各项代入，得：

$$N_{Rkc} = N_{Rkc}^0 \times \frac{A_{cN}}{A_{cN}^0} \times \psi_{sN} \times \psi_{reN} \times \psi_{ecN} \times \psi_{ucrN}$$

$$= 14029.6 \times \frac{386900}{129600} \times 1 \times 1 \times 1 \times 2.44$$

$$= 102195\text{N}$$

$$N_{Rdc} = k \times \frac{N_{Rkc}}{\gamma_{RcN}}$$

$$= 1 \times \frac{102195}{3}$$

$$= 34065\text{N}$$

由于 $N_{Sd}^g = 10735.9 \leqslant N_{Rdc}$，所以群锚混凝土锥体受拉破坏承载力满足设计要求。

锚栓钢材受剪破坏校核

校核依据 $V_{Sd}^h \leqslant V_{Rds}$

其中 V_{Sd}^h：锚栓群中剪力最大的锚栓的剪力设计值，根据上面计算取2851.2N

V_{Rds}：锚栓钢材破坏受剪承载力设计值

A_s：锚栓应力截面面积为 201.062mm^2

f_{stk}：锚栓极限抗拉强度标准值

V_{Rks}：锚栓钢材破坏受剪承载力标准值

γ_{RsV}：锚栓钢材破坏受剪承载力分项系数，按《混凝土结构后锚固技术规程》表4.2.6采用

$$\gamma_{RsV} = 1.3 \times \frac{f_{stk}}{f_{yk}}$$

按规范，该系数要求不小于1.4、$f_{stk} \leqslant 800\text{MPa}$、$\dfrac{f_{yk}}{f_{stk}} \leqslant 0.8$；

$$f_{stk} = 700\text{N}/\text{mm}^2$$
$$f_{yk} = 450\text{N}/\text{mm}^2$$

对本例，

$$\gamma_{RsV} = 1.3 \times \frac{f_{stk}}{f'_{yk}}$$
$$= 1.3 \times \frac{700}{450}$$
$$= 2.02222$$

实际选取 $\gamma_{RsV} = 2.02222$；

不考虑杠杆臂的作用有

$$V_{Rks} = 0.5 \times A_s \times f_{stk}$$
$$= 0.5 \times 201.062 \times 700$$
$$= 70371.7\text{N}$$

$$V_{Rds} = \frac{V_{Rks}}{\gamma_{RsV}}$$
$$= \frac{70371.7}{2.02222}$$
$$= 34799.2\text{N}$$

由于 $V^h_{Sd} = 2851.2\text{N} \leqslant V_{Rds}$，所以锚栓钢材满足抗剪强度要求。

构件边缘受剪混凝土楔形体破坏校核

c：锚栓到混凝土边距，取 $c = 120\text{mm}$

h_{ef}：锚栓有效锚固深度为 120mm

h：混凝土基材厚度为 400mm

由于 $c \leqslant 10h_{ef}$，所以需要校核混凝土承载力

校核依据 $V^g_{Sd} \leqslant V_{Rdc}$

其中 V^g_{Sd}：锚栓群总剪力设计值，根据上面计算取 11404.8N

V_{Rdc}：混凝土楔形体破坏时的受剪承载力设计值

$$V_{Rdc} = k \times \frac{V_{Rkc}}{\gamma_{RcV}}$$

$$V_{Rkc} = V^0_{Rkc} \times \frac{A_{cV}}{A^0_{cV}} \times \psi_{sV} \times \psi_{hV} \times \psi_{aV}$$
$$\times \psi_{ecV} \times \psi_{ucrV}$$

上式中

k：地震作用下锚固承载力降低系数，按《混凝土结构后锚固技术规程》（JGJ 145—2004）表 7.0.5 选取；

V_{Rkc}：构件边缘混凝土破坏时受剪承载力标准值

γ_{RcV}：构件边缘混凝土破坏时受剪承载力分项系数，按 4.2.6 取用，对于结构构件，取 2.5

V^0_{Rkc}：开裂混凝土，单根锚筋垂直构件边缘受剪，混凝土理想破坏时的受剪承载力标

准值

A_{cV}^0：单根锚筋受剪，混凝土破坏理想楔形体在侧向的投影面面积

A_{cV}：群锚受剪，混凝土破坏理想楔形体在侧向的投影面面积

ψ_{sV}：边距比 $\dfrac{c_2}{c_1}$ 对受剪承载力的降低影响系数

ψ_{hV}：边距与厚度比 $\dfrac{c_1}{h}$ 对受剪承载力的提高影响系数

ψ_{aV}：剪力角度对受剪承载力的影响系数

ψ_{ecV}：荷载偏心 e_V 对群锚受剪承载力的降低影响系数

ψ_{ucrV}：未开裂混凝土及锚区配筋对受剪承载力的提高影响系数，当前为边缘无筋的开裂混凝土，取 1。

以下分别对各参数进行计算

d_{nom}：锚栓外径取 16mm

l_f：剪切荷载作用下锚栓的有效长度，给定值为 140mm，按照规范要求 $l_f \leqslant 8d$，故取 $l_f = 8d = 128mm$

f_{cuf}：混凝土立方体抗压强度标准值，当前级别混凝土为 C30

$$V_{Rkc}^0 = 0.45 \times \sqrt{d_{nom}} \times \left(\dfrac{l_f}{d_{nom}}\right)^{0.2} \times \sqrt{f_{cuk}} \times c_1^{1.5} \ (\text{JGJ 145—2004} \quad 6.2.4)$$

$$= 0.45 \times \sqrt{16} \times \left(\dfrac{128}{16}\right)^{0.2} \times \sqrt{30} \times 120^{1.5}$$

$$= 19643.7\text{N}$$

$$A_{cV}^0 = 4.5 \times c_1^2$$

$$= 4.5 \times 120^2$$

$$= 64800\text{mm}^2$$

本处通常考虑群锚作用，故

s_2：垂直于剪力作用方向的外层锚栓距离取 430mm

$$A_{cV} = (1.5 \times c_1 + s_2 + c_2) \times h$$

$$= (1.5 \times 120 + 430 + 120) \times 400$$

$$= 292000\text{mm}^2$$

$$\psi_{sV} = 0.7 + \dfrac{0.3 \times c_2}{1.5 \times c_1}$$

$$= 0.7 + \dfrac{0.3 \times 120}{1.5 \times 120}$$

$$= 0.9$$

$$\psi_{hV} = \left(\dfrac{1.5 \times c_1}{h}\right)^{(1/3)}$$

$$= \left(\dfrac{1.5 \times 120}{400}\right)^{(1/3)}$$

$$= 0.766309 < 1, 按照规范取 1$$

由于剪力与垂直于构件自由边方向轴线的夹角为0°，所以，按照规范《混凝土结构后锚固技术规程》（JGJ 145—2004）6.2.9 有

$$\psi_{aV} = 1.0$$

e_V：剪力合力点到受剪锚筋重心的距离为 0mm

$$\psi_{ecv} = \frac{1}{1 + \frac{2e_V}{3c_1}}$$

$$= \frac{1}{1 + \frac{2 \times 0}{3 \times 120}}$$

$$= 1$$

所以得到

$$V_{Rkc} = V_{Rkc}^0 \times \frac{A_{cV}}{A_{cV}^0} \times \psi_{sV} \times \psi_{hV} \times \psi_{aV}$$

$$\times \psi_{ecV} \times \psi_{ucrV}$$

$$= 19643.7 \times \frac{292000}{64800} \times 0.9 \times 1 \times 1 \times 1 \times 1$$

$$= 79666.1N$$

$$V_{Rdc} = k \times \frac{V_{Rkc}}{\gamma_{RcV}}$$

$$= 1 \times \frac{79666.1}{2.5}$$

$$= 31866.4N$$

由于 $V_{Sd}^g = 11404.8N \leq V_{Rdc}$，所以混凝土楔形体破坏强度满足要求

混凝土剪撬破坏承载能力计算

$$V_{Rdcp} = K \times \frac{V_{Rkcp}}{\gamma_{Rcp}}$$

$$V_{Rkcp} = \kappa \times N_{Rkc}$$

在上面公式中：

K：地震作用下承载力降低系数；

V_{Rdcp}：混凝土剪撬破坏时的受剪承载力设计值；

V_{Rkcp}：混凝土剪撬破坏时的受剪承载力标准值；

γ_{Rcp}：混凝土剪撬破坏时的受剪承载力分项系数，按表4.2.6取2.5；

κ：锚固深度 h_{ef} 对 V_{Rkcp} 的影响系数，当 $h_{ef} < 60mm$ 时取1.0，否则取2.0，本处取2。

$$V_{Rkcp} = \kappa \times N_{Rkc}$$

$$= 2 \times 102195$$

$$= 204390N$$

$$V_{Rdcp} = K \times \frac{V_{Rkcp}}{\gamma_{Rcp}}$$

$$= 1 \times \frac{204390}{2.5}$$

$$= 81755.9 \text{N}$$

由于 $V_{gsd} = 11404.8\text{N} \leqslant V_{Rdcp}$，所以混凝土剪撬破坏强度满足计算要求。

拉剪复合受力承载力计算

1）拉剪复合受力下锚栓钢材破坏时的承载力，按照下面公式计算

$$\left(\frac{N_{Sd}^h}{N_{Rds}}\right)^2 + \left(\frac{V_{Sd}^h}{V_{Rds}}\right)^2 \leqslant 1$$

$$N_{Rds} = \frac{N_{Rks}}{\gamma_{RsN}}$$

$$V_{Rds} = \frac{V_{Rks}}{\gamma_{RsV}}$$

N_{Sd}^h：锚栓群中拉力最大的锚栓的拉力设计值，根据上面计算取 4171.56N

N_{Rds}：锚栓钢材破坏受拉力设计值为 69598.4N

V_{Sd}^h：锚栓群中剪力最大的锚栓的剪力设计值，根据上面计算取 2851.2N

V_{Rds}：锚栓钢材破坏受剪承载力设计值

$$\left(\frac{N_{Sd}^h}{N_{Rds}}\right)^2 + \left(\frac{V_{Sd}^h}{V_{Rds}}\right)^2 = \left(\frac{4171.56}{69598.4}\right)^2 + \left(\frac{2851.2}{34799.2}\right)^2$$

$$= 0.0103055 \leqslant 1$$

所以锚栓在拉剪复合受力下承载力满足要求。

2）拉剪复合受力下混凝土破坏时的承载力，按照下面公式计算

$$\left(\frac{N_{Sd}^g}{N_{Rdc}}\right)^{1.5} + \left(\frac{V_{Sd}^g}{V_{Rdc}}\right)^{1.5} \leqslant 1$$

$$N_{Rdc} = \frac{N_{Rkc}}{\gamma_{RcN}}$$

$$V_{Rdc} = \frac{V_{Rkc}}{\gamma_{RcV}}$$

分别代入各参数，计算如下：

$$\left(\frac{N_{Sd}^g}{N_{Rdc}}\right)^{1.5} + \left(\frac{V_{Sd}^g}{V_{Rdc}}\right)^{1.5} = \left(\frac{10735.9}{34065}\right)^{1.5} + \left(\frac{11404.8}{31866.4}\right)^{1.5}$$

$$= 0.391035 \leqslant 1$$

所以拉剪复合受力下混凝土破坏时的承载力满足要求。

锚栓构造要求校核

1）混凝土基材厚度应满足下列要求：

对于膨胀型锚栓和扩孔型锚栓，$h \geqslant 1.5 h_{ef}$ 且 $h > 100\text{mm}$

对于化学锚栓，$h \geqslant h_{ef} + 2d_0$ 且 $h > 100\text{mm}$，d_0 为锚孔直径

当前，h 为 400mm $\geqslant h_{ef} + 2d_0 = 154\text{mm}$，满足构造要求

且 $h > 100\text{mm}$，满足构造要求

2）群锚最小间距值 $s_{\min}$ 以及最小边距值 $c_{\min}$ 构造要求：

对于膨胀型锚栓：$s_{\min} \geqslant 10d_{nom}, c_{\min} \geqslant 12d_{nom}$；

对于扩孔型锚栓：$s_{\min} \geqslant 8d_{nom}, c_{\min} \geqslant 10d_{nom}$；

对于化学锚栓：$s_{\min} \geqslant 5d, c_{\min} \geqslant 5d$；

所以

$s_{\min}$：锚栓最小间距 230mm

d：锚栓直径 16mm

$s_{\min} \geqslant 5 \times d = 80$mm，满足构造要求

$c_{\min} = 120$mm $\geqslant 5 \times d = 80$mm，满足构造要求

所以群锚最小间距值 $s_{\min}$ 满足构造要求

群锚最小边距值 $c_{\min}$ 满足构造要求

9. 伸缩缝计算

立柱伸缩缝设计计算

为了适应幕墙温度变形以及施工调整的需要，立柱上下段通过芯套连接

α：立柱材料的线膨胀系数，取 $1.2e-005$

ΔT：年最大温差，取 80℃

L：立柱跨度 6000mm

λ：实际伸缩调整系数，取 1

d_1：施工误差，取 3mm

d_2：主体结构的轴向压缩变形，取 3mm

ΔL：伸缩缝

$$\Delta L = \alpha \Delta TL\lambda + d_1 + d_2$$
$$= 1.2e - 005 \times 80 \times 6000 \times 1 + 3 + 3$$
$$= 11.76\text{mm}$$

实际伸缩空隙 d 取 20mm $\geqslant 11.76$mm 满足设计要求。

第五章　石材幕墙材料生产

第一节　金属材料的生产

石材幕墙在施工安装前，应对幕墙的施工图纸进行核对，根据施工测量放线图纸，调整石材幕墙施工图纸中的偏差，同时将此偏差通知设计部门，根据实际做出材料生产的准确判断。

为了确保将石材幕墙安装施工的偏差降到最低，确保安装质量，幕墙构件的生产是一个关键环节，只有根据项目实际建筑结构，结合幕墙施工图，准确生产出所需要完成该项目的合格材料，才能保质、保量完成施工任务。

一、金属材料、构件的生产

1. 金属材料在生产前需要注意以下环节

（1）所采购的金属材料是否符合设计要求；

（2）金属材料的规格是否与幕墙施工图纸材料规格一致；

（3）金属材料是否具有材料材质检测合格证书；

（4）金属材料是否具有材料质量保证书。

2. 金属竖向、横向龙骨材料的生产

（1）生产前认真根据图纸所使用的部位，核实材料是否符合设计要求。

（2）检查材料是否有弯曲变形或不平直的现象，对于不符合规范要求的变形材料要立即进行调直、调正，直至满足生产需要。

（3）由于石材幕墙竖向主龙骨通常状况下均是采用碳素结构钢材，经常是按照建筑的层间标高处断开的设计及安装方式进行材料生产。

（4）有时候为了提高材料的利用率，竖向龙骨宜根据钢材的实际长度（$L = 6000\text{mm}$）安装，根据通常的建筑模数考虑，一般状况，一支（6000mmm）碳素结构钢材龙骨基本上都完全跨越二层高度，为了提高施工速度，均采用螺栓与转接件固定，因此需要按照图 5-1 的方式在碳素结构钢竖向立柱上打圆孔，圆孔的直径要满足设计使用螺栓的要求。

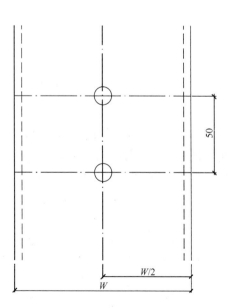

图 5-1　竖向龙骨转接打孔示意

（5）当一支竖向龙骨（$L = 6000\text{mm}$）跨度是两个或两个以上建筑层高时，要根据实际需要生产安装孔位，常规情况下，是在每层的建筑结构梁处设置一个竖向龙骨与主体结构梁的固定支点，此时考虑到现场实际操作的可行性，此部位打孔的方向排布与上一层完全不同（图5-2），以便于满足施工可调的要求。

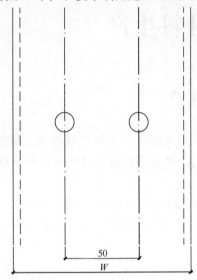

图 5-2　竖向龙骨转接打孔示意

（6）如果一个建筑跨越的建筑结构楼层较高或跨越的建筑位置只有一个建筑结构梁，但是为了结构安全需要，必须设置两个或两个以上支点的时候，中间部位的支点位置也需要生产打孔，打孔的方向（图5-2）同样是与龙骨最上端的悬挂固定点相反。

（7）幕墙竖向龙骨生产长度的允许偏差应为$\pm 1.0\text{mm}$，端头斜度的生产允许偏差应为$-15'$。

（8）幕墙竖向龙骨生产长度的允许偏差应为$\pm 0.5\text{mm}$，端头斜度的生产允许偏差应为$-15'$。

（9）竖向、横向龙骨在生产后端头部位不应该有变形，不应有生产毛刺出现。

（10）竖向、横向龙骨孔位生产的允许偏差应为$\pm 0.5\text{mm}$，孔距生产的允许偏差应为$\pm 0.5\text{mm}$，累计生产的允许偏差不得大于$\pm 1.0\text{mm}$。

（11）横向龙骨在生产前应认真查看图纸，了解清楚横向与竖向龙骨之间的位置关系，当横向龙骨是设计、安装在竖向龙骨的外侧时（图5-3），横向龙骨就适宜直接根据所需要的安装长度进行切割。

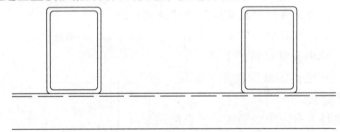

图 5-3　横向龙骨与竖向龙骨位置关系示意

（12）当为了满足建筑设计的需要，幕墙装饰完成面与建筑结构之间的距离较小时，一般状况是将幕墙的横向龙骨设计、安装在竖向龙骨的中间距离内，此时横向龙骨就需要结合竖向龙骨的垂直竖向间距进行切割（图5-4），切割质量、长度允许偏差等满足安装要求。

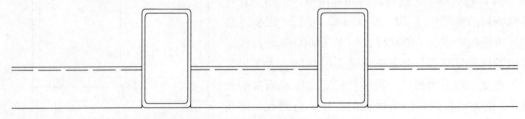

图 5-4　横向龙骨与竖向龙骨位置关系示意

（13）无论是横向龙骨与竖向龙骨之间的位置关系如何，一般的设计、安装方式均是参照《玻璃幕墙工程技术规范》中的铝合金材料的设计、安装方式，通常是采用螺栓、螺钉连接固定，为了满足龙骨在安装后，温度变形、材料在受力等（图5-5）其他因素影响下的伸缩需要，横向龙骨常常是通过金属角码与竖向立柱龙骨固定，这样就需要横向龙骨、连接固定角码均要按照设计打出长圆孔完全满足横向龙骨的伸缩需要（图5-6）。

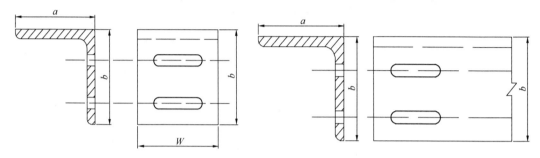

图5-5 横向龙骨固定角码打孔示意   图5-6 横向龙骨打孔示意

（14）随着建筑高度的不断提高，为了满足建筑要求，钢-混凝土结构广泛应用，经过实际工程证明，碳素结构钢材的变形基本上不受混凝土变形的（图5-7）影响，它们几乎在同一环境下变形一致，这就提醒我们如果石材幕墙使用的是同一标准的碳素结构钢材作为受力结构龙骨，就可以采用直接焊接的（图5-8）方式设计及安装。

3. 金属转接构件材料的生产

金属转接构件根据幕墙的施工需要主要分为四个部分：即"幕墙后补埋件（通常状况，幕墙的预埋件在实际施工时由于预埋位置偏差较大、丢失等原因需要后补）、幕墙主体结构与建筑主体的连接构件、幕墙竖向龙骨与横向龙骨的连接构件、竖向主龙骨伸缩构件"。

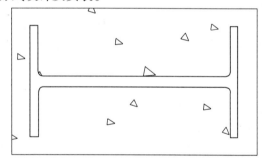

图5-7 钢-混凝土结构示意图

（1）后补埋件的生产

在幕墙施工中一般是新建项目比较多，新建项目是以预埋件为幕墙结构体系与建筑主体结构体系之间的连接构件，但是由于建筑结构施工浇筑过程中的预埋偏差，往往在幕墙施工

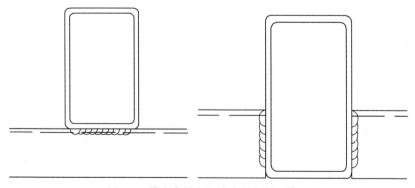

图5-8 横向龙骨与竖向龙骨焊接示意图

过程中增加设置后补埋件来弥补建筑结构预埋件施工的不足之处。

后补埋件的生产由此必须满足幕墙结构施工的需要，同时还必须满足结构安装的需要，考虑到后补埋件的安装方便，往往后补埋件的生产需要充分考虑建筑主体施工结构钢筋的布置，需要充分考虑尽可能地避免与结构主体钢筋的冲突，因此后补埋件的生产需要制作成满足几个方向可以调节的（图5-9）长圆孔。

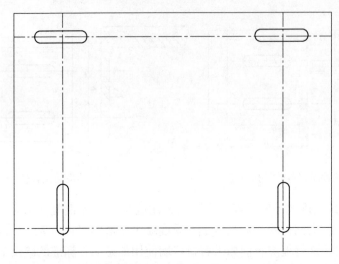

图5-9　后补埋件生产示意

由于幕墙是建筑物的外围护结构，常常是全部或部分包封建筑主体的外立面，是平行于建筑主体外立面的一种特殊建筑结构，因此无论是预埋件还是后补埋件，都必须完全承受建筑幕墙所产生的任何结构荷载，从而传递给建筑主体结构。通过受力分析埋件往往受三个方向的结构荷载共同作用，预埋件或后补埋件必须将三个方向的荷载传递给建筑主体，所以埋件在生产的时候需要考虑4根锚筋分成上下两排（图5-10）平行布置，建议不要采用单排锚筋的设计方式。

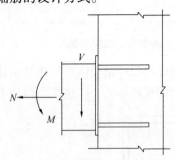

图5-10　幕墙埋件受力示意

如图5-10所示：

V——剪力设计值；

N——法向拉力设计值；

M——弯矩设计值。

在实际施工后补埋件过程中，会经常遇到一种特殊情况，就是一个后补埋件无论怎么调节，都会有一个或几个锚栓孔与建筑主体的主结构钢筋或箍筋相重合。在实际安装后补埋件之前，我们要做好充分的构件生产准备，当遇到这种情况的时候，将已经有所准备的构件利用上，也就是后补埋件附件。

后补埋件附件的生产材料材质与原后补埋件一致，只需要生产出一个长圆孔，满足安装一个锚栓的需要。材料的厚度与原后补埋件保持一致，长圆孔的规格与原后补埋件保持一致（图5-11）。

（2）幕墙主体结构与建筑主体的连接构件的生产

幕墙主体结构与建筑主体结构之间通常是采用简支梁的结构形式，上端采用刚性支座连接固定，下端采用铰支座连接固定。

考虑到建筑主体结构的施工垂直度的偏差，为了便于调节幕墙主体结构与建筑主体结构之间的偏差关系，通常情况下，我们将上端的刚性支座生产成垂直于建筑主体外立面的长圆孔形式，满足调节幕墙结构与建筑主体结构之间的位置关系（图 5-12）。

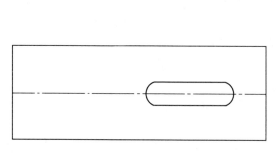

图 5-11 幕墙埋件附件生产示意

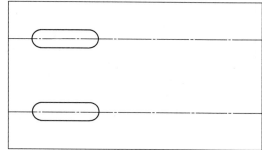

图 5-12 幕墙刚性支座生产示意图

通常情况下，幕墙的竖向龙骨采用碳素结构钢材料，钢材的成品长度以 6000mm 为主，根据建筑层间高度，正常情况下，一支 6000mm 长的钢龙骨常常不能够跨越两层建筑结构，有时候能够跨越两层建筑结构梁，由于正常状况下石材幕墙经常是设计在不需要采光的实体建筑结构部位，而这些部位又经常是建筑主体结构部位，这些部位根据相关规范又可以设计锚固支点，因此根据建筑幕墙的结构计算，转接跨度可以在这些结构部位进行支点设计，也就有了转接构件的设计。

铰支座支点的主要作用，在幕墙中首先满足幕墙结构所承受的荷载作用，其次是满足竖向龙骨在结构温度变形时的伸缩需要。因此铰支座支点构件的生产也需要做出长圆孔，但是长圆孔的方向却与刚性连接支座恰恰相反（图 5-13）。

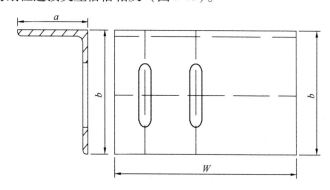

图 5-13 幕墙铰支座生产示意图

由于幕墙的刚性支座和铰支座在生产的时候都是长圆孔，考虑幕墙在施工后的结构安全性，因此所使用的构件还需要生产满足结构安全的钢构件"垫片"。

垫片生产所使用的材料与幕墙连接支座构件使用同一种材质"碳素结构钢"，生产材料的厚度不宜小于 3mm，在垫片的居中位置生产出一个与安装螺栓组配套规格的圆孔(图 5-14)。

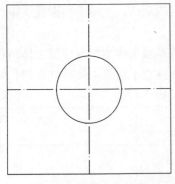

图 5-14　垫片生产示意

（3）幕墙竖向龙骨与横向龙骨的连接构件的生产

幕墙竖向龙骨与横向龙骨转接件的生产，需要充分了解幕墙结构的特点，满足其自身的平面变形、建筑结构位移等释放的要求。根据这一个特点，幕墙结构需要满足《金属与石材幕墙工程技术规范》及《玻璃幕墙工程技术规范》中对于相关技术的说明，同时也要满足其他金属结构相关规范的需要。横向龙骨与竖向龙骨的两端连接构件，既可以按照规范采用螺栓连接的方法进行生产，也可以一端采用焊接的方式另一端采用螺栓连接的方式进行生产（图 5-15）。

如图 5-15 所示，当转接角码与横向龙骨、竖向龙骨都同时采用螺栓连接时，就按照图示，在转接角码的两个侧边都生产安装螺栓的圆孔。

螺栓孔的大小（直径）不应小于幕墙施工图纸所使用安装螺栓的有效直径，螺栓孔之间的间距以及距离端部的距离，应该满足规范要求，同时满足螺栓的安装需要。

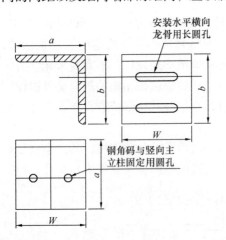

图 5-15　横向龙骨转接角码生产三视图

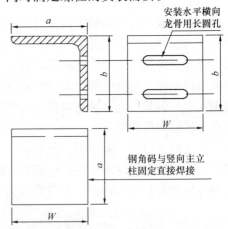

图 5-16　横向龙骨转接角码生产三视图

如图 5-16 所示，当转接角码与横向龙骨采用螺栓连接时，就按照图 5-16 的示意，在转接角码的两个侧边都生产安装螺栓的圆孔，另一侧边与竖向龙骨之间采用焊接的（图5-16）方式安装也是可以的，就只需要角码单侧面开孔满足需要。

螺栓孔的大小（直径）不应小于幕墙施工图纸所使用安装螺栓的有效直径，螺栓孔之间的间距以及距离端部的距离，应该满足规范要求，同时满足螺栓的安装需要。

如果横向龙骨与竖向龙骨之间的连接以及竖向龙骨与建筑主体结构之间的连接均采用焊接的方式设计，就需要根据设计所需要的长度而生产，这样就减少了打孔的生产程序。

（4）竖向龙骨之间滑移（芯套）构件材料的生产

建筑幕墙（特别是大面积的幕墙）在实施设计、生产过程中，为了满足幕墙结构主体受力构造要求，同时满足幕墙结构构件位移变形的要求，由于幕墙的主竖向龙骨是简支梁安装结构模型，所以上下竖向龙骨之间需要有连续性，同时必须满足结构主竖向龙骨的温度、结构变形位移的要求，根据这一要求而设置、生产满足位移要求的连续构件（芯套）。

连续构件（芯套）有三个作用。第一是起到连接上下主竖向龙骨；第二是满足主竖向龙骨的位移要求；第三是连接上下龙骨满足主受力强度要求。根据这一特点要求，连接构件在生产的时候需要考虑位移的方向是自上而下，因此需要至少在其中的一端生产出上下垂直且平行的长圆孔，另一端可以生产出两个平行圆孔或直接与另一只主竖向龙骨的端部焊接固定也是可以的。

连续构件生产的时候，需要注意，如果幕墙设计选用的主竖向龙骨是封闭腔体的金属材料，建议生产工字型的连续构件，这样可以降低连续构件与封闭主竖向龙骨腔体之间的摩擦，可以更加有效地满足龙骨的位移要求（图 5-17、图 5-18）。

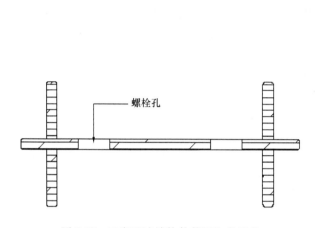

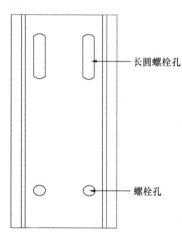

图 5-17　工字型连续构件截面生产示意　　　图 5-18　工字型连续构件立面生产示意

在实际建筑石材幕墙的设计、施工中，往往采用槽钢作为主竖向龙骨，当采用槽钢作为主竖向龙骨的时候，按照满足龙骨伸缩的要求首先将槽钢的端部采用同等材质的金属板封堵，目的是原本敞开的槽钢端部改变成封闭腔体的形式（图 5-19）。

此外，当使用槽钢作为主竖向龙骨，根据施工需要或施工时间进度的需要，当槽钢的生产工序不能满足实际要求时，也可以采用同等材质中同一批次的槽钢材料进行生产连续构件（图 5-20、图 5-21），这样就可以减少槽钢封闭端口的程序。

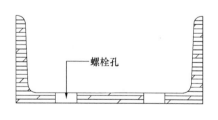

图 5-19　槽钢端部封闭焊接示意　　　　　图 5-20　同等材质槽钢连续构件
　　　　　　　　　　　　　　　　　　　　　　　　截面生产示意

当采用同一批次以及同等材质的槽钢生产连续构件时，特别注意，生产连续构件圆孔的孔直径，需要请幕墙结构设计师通过幕墙结构构件计算、验算，根据满足幕墙结构抗拉、抗

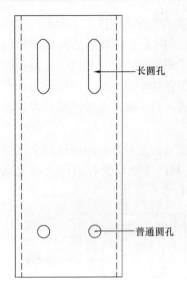

图 5-21　同等材质槽钢连续构件立面生产示意

剪要求所使用满足要求的螺栓的直径要求进行生产。

（5）加强结构龙骨安全构件金属板材料的生产

在建筑幕墙施工中，经过幕墙结构计算，往往会为了降低建筑幕墙的生产成本，在主竖向龙骨的建筑层间增加设置一个或两个等控制主竖向龙骨挠度的支点安装结构。当遇到这种施工方案时，就需要在建筑结构的外侧增加幕墙结构安装所需要的固定钢板，当满足结构施工预埋时往往采用预埋钢板的方案，有时会遇到在增加结构安装支点的位置是属于建筑结构的二次墙体，此时在材料生产时就需要注意，扩大结构支点安装钢板的表面面积。

特别要注意的是，由于建筑幕墙属于建筑的一种外围护结构，包封建筑主体结构，需要重点考虑建筑幕墙在抗拉条件下的结构安全性。因此增加结构支点钢板的表面面积，用于建筑室外与室内的面积是不同的，用于建筑室内的钢板的面积建议最好是建筑室外钢板的 2 倍，按照此建议去生产，尽可能地去满足建筑幕墙结构的安全性。

（6）石材幕墙金属构件在铣槽、铣豁、铣榫加工生产应符合表 5-1 ～ 表 5-3 的要求。

表 5-1　材料铣槽生产质量允许偏差　　　　　　　　　　mm

项　　目	*a*	*b*	*c*
允许偏差	+ 0.5 0.0	+ 0.5 0.0	± 0.5

表 5-2　材料铣豁生产质量允许偏差　　　　　　　　　　mm

项　　目	*a*	*b*	*c*
允许偏差	+ 0.5 0.0	+ 0.5 0.0	± 0.5

表 5-3　材料铣榫生产质量允许偏差　　　　　　　　　　mm

项　　目	*a*	*b*	*c*
允许偏差	0.0 - 0.5	0.0 - 0.5	± 0.5

第二节　石材板块的生产

一、石材板块在建筑领域的应用发展

石材作为一种建筑材料应用于建筑领域在我国已经有多年的历史。如 1890 年丹麦在烟台山领事路建设了领事馆，这是一座"石头房子"（图5-22），是当时的石匠工人，将一块一块的大石头采用剔凿的传统技术，加工成满足盖房子要求的小石头，而且根据部位剩余空间的大小，由大小不一、形态各异的花岗石、蘑菇石砌成。

图5-22　丹麦领事馆

1976年11月24日毛主席纪念堂奠基仪式在天安门广场举行，毛主席纪念堂南北长260m，东西宽220m，占地面积为57200m²，建筑面积33867m²。纪念堂的主体建筑长宽各105.5m，高度为33.6m。这座方形建筑分为地下一层，地上一层，基座由枣红色花岗石砌成，基座高4m，座上矗立着17.5m高的44根花岗石廊柱。当时是将石材按照一定的规格加工成板材，采用湿贴和部分采用干挂的方式安装完成的，从此我国便开始了将厚重的石材生产成板材应用于建筑幕墙领域，也代表着我国开始石材幕墙的发展。

随着建筑产品的需要，建筑技术也随之不断提高，越来越多的石材被加工成各种板材应用到建筑领域，石材的安装从最初的湿贴工艺转向现在的干挂工艺，石材的使用厚度从20mm发展到当今的25mm、30mm、40mm等，石材的表面处理方式从最初的蘑菇石、剁斧石发展到当今的磨光石、机凿石等。

二、石材的通用生产加工设备

（1）上摆式砂锯基本结构及工作原理（图5-23）

基本结构：主电机、飞轮、连杆、曲柄、锯框悬臂、锯框、锯条、四立柱框架、螺杆、升降电机。

工作原理：电机带动大连杆，推动锯框做简单的往复摆式运动，从而使钢锯条带动钢砂磨料挤压、磨销石材、完成锯切工作。

（2）平移式砂锯基本结构及工作原理（图5-24）

基本结构：主电机、飞轮、连杆、曲柄、锯框导轨、锯框、锯条、四立柱框架、螺杆、升降电机。

图5-23　上摆式砂锯

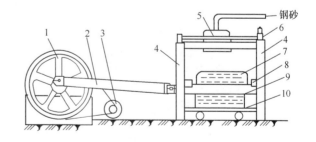

图5-24　平移式砂锯

1—飞轮；2—连杆；3—主电动机；4—立柱；

5—磨料分布器或喷水器；6—进给及锯框升降机构；

7—荒料；8—导轨；9—锯框；10—荒料车

工作原理：电机带动连杆，推动锯框沿着锯框导轨做水平往复直线运动，运动过程中锯条始终挤压着钢砂磨销石材、完成锯切工作，不存在无效空行程。

（3）复摆式砂锯基本结构及工作原理（图5-25）

基本结构：与上摆式、平移式相比在锯框的悬臂上做了改进。

工作原理：改变了锯框悬挂点的位置，在锯框与悬臂之间安装活动结构，采用锯框吊架，使机械能够做直线和曲线复合运动。

（4）金刚石框架锯基本结构及工作原理（图5-26）

基本结构：飞轮、大连杆、主电机、框架、立柱、荒料台、总控制台、喷水冷却器。

工作原理：电机带动飞轮连杆机构推动金刚石锯条框架做往复锯割运动的同时向下做进给运动，完成对一个或几个石材荒料锯割。

图5-25　复摆式砂锯

图5-26　金刚石框架锯
1—飞轮；2—大连杆；3—主电机；4—框架、立柱；
5—荒料台车；6—总控制台；7—喷水冷却器

（5）单臂式金刚石圆盘锯基本结构及工作原理（图5-27）

基本结构：主电机、机座、锯片、控制屏、横向移动台车、纵向移动台车、垂直运动滑轨、台车牵引机构。

工作原理：主电机通过皮带轮带动锯片旋转，锯片在垂直升降装置带动下做垂直方向的从上到下锯切，台车在牵引机构带动下作纵向往复运动，完成荒料从前到后锯切，水平移动螺杆带动锯片移动或由料车移动来完成荒料从左到右锯切。

（6）框架式金刚石圆双向盘锯基本结构及技术特点（图5-28）

基本结构：台车、垂直锯片、主电机、锯机框架、升降电机、纵向导轨、横向导轨。

技术特点：与单臂式、龙门式锯机相比，双向锯切机具有较好的锯切稳定性和锯切精度，能够以水平锯切代替人工凿板，提高了生产效率。

图5-27　单臂式金刚石圆盘锯
1—主电机；2—机座；3—锯片；4—控制屏；
5—横向移动台车；6—纵向移动台车；
7—垂直运动滑轨；8—台车牵引机构
9—台车轨道

（7）单绳式、多绳式金刚石绳锯（图 5-29、图 5-30）

金刚石绳锯机（钻石线锯）为液压驱动动力装置切割设备，可对较厚实的岩石荒料实现各种切割，绳锯可满足其他钻切设备都不及的切割深度，切割作业尺寸不受限制，作业环境适应性更强、作业效率更高，绳锯对于异型构件、大型构件的切割具有不可替代的优势，不仅应用范围广，而且工作效率高。

图 5-28　框架式金刚石双向圆盘锯

1—台车；2—垂直锯片；3—水平锯片；4—主电机；
5—锯机框架；6—控制屏；7—升降电机（使纵横导
轨作升降运动）；8—纵向导轨；9—横向导轨

图 5-29　单绳式金刚石绳锯

（8）异型加工机械（图 5-31）

装饰业石材发展迅速，石材制品正朝着高质量、异型化、艺术化、品种多样化方向发展，进而在建筑产品中出现各种花岗石、大理石弧形板、各种截面石线、柱制品等新型、异型石材，且需求日益增大。

对于石材而言，异型加工与板材加工主要在于表面形成的廓形是二维还是三维，加工轨迹通常均为三维。把表面形成三维立体加工的工艺过程称之为异型加

图 5-30　多绳式金刚石绳锯

工。立体加工有两种，一种是工具切削，刀具有曲线廓形，刀具运动轨迹为直线或曲线。另一种是工具加工轨迹为曲线。因此异型加工可以按工具和运动轨迹进行分类。

主机包括立柱、弓形架、驱动机构、导向系统等机构，其设备结构简图如图 5-31 所示。该机构采用双立柱龙门结构。悬臂结构的弓形架上装有串珠绳驱动轮及其驱动电动机、导向轮和升降滑座等机构，是锯机的主体构件。弓形架非悬臂端装有可沿立柱垂直导轨升降的滑座，使串珠绳完成对荒料的切割垂直进给运动。

（9）圆弧板加工机械（图 5-32）

通常圆弧板石材加工顺序为：圆弧切割—圆弧磨削—圆弧抛光—双刀盘圆弧纵边切割—双刀盘圆弧板端面裁割机。圆弧板切割有两种方式，一种为金刚石串珠绳锯，另外一种为金刚

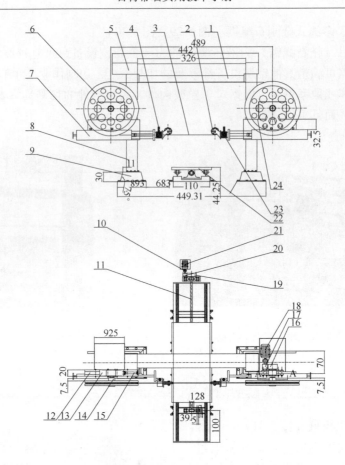

图 5-31 金刚石串珠绳切割机的组成

1—横梁；2—导向轮；3—金刚石串珠绳；4—70BF2-3 步进电动机；5—机罩；

6—从动轮；7—滑座；8—立柱；9—底座；10—联轴器；11—料车丝杠；

12—导轨；13—滑动架；14—主轴；15—液压缸；16—大齿轮；17—小齿轮；

18—电动机；19—大 V 型带轮；20—小 V 型带轮；21—电动机；22—料车；

23—减速器；24—主动轮

石筒锯。筒锯相对金刚石串珠绳锯加工精度较差，出材率也较低，但加工设备简单，成本低。

立式圆柱机可以加工大理石、花岗石圆柱、柱帽、圆锥、罗马柱、圆球等。设备集切割和抛光为一体。该设备主要由立式回转工作台和刀具及磨具加工系统组成。

卧式圆柱切机对石材的圆柱、圆锥、柱头、球体等形状进行加工，其加工设备也是由锯片或磨轮加工部分及工件的回转平台两个部分组成。卧式圆柱切机与立式圆柱切机加工机理基本相同，所不同的是被加工件水平放置。

圆弧板切机工作原理如图 5-32 所示。主轴电动机 15 通过 V 型带 9 带动主轴 8 回转，主轴 8 和切割筒 6 通过螺栓联结成一体，并随主轴一起回转进行切割运动。主轴与运动横梁 7 连接在一起，进给电动机 12 与传动轴 13 安装在固定横梁 14 上。进给电动机 12 通过 V 型带带动传动轴，传动轴 13 通过联轴器 11 与减速器 10 联结，减速器的输出轴又通过联轴器与丝杠 5 联结。减速器采用蜗轮蜗杆减速器。运动框架 7 通过螺纹与丝杠联结，由此带动圆筒

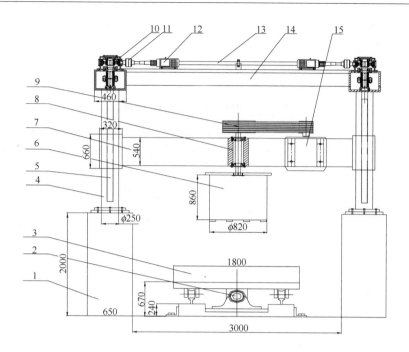

图 5-32　圆弧板切机工作原理

1—混凝土基础；2—料车丝杠；3—料车；4—立柱；5—垂直进给丝杠；6—切割桶；
7—运动框架；8—主轴系统；9—V 型带；10—减速器；11—联轴器；12—进给电动机；
13—传动轴；14—固定横梁；15—主电动机

刀锯沿四个立柱完成升降进给运动。在横梁上还装有快速升降电动机，可以带动刀筒快速升降运动。工作台运动系统中，工作台的运动是依靠进给电动机带动料车丝杠 2 从而带动料车 3 完成水平进给运动。冷却水管安装在运动横梁上，采用外冷却方式。控制柜安装在设备的一侧，并采取防水措施。

（10）磨料、磨具

①磨料：可以用于磨削、研磨和抛光的材料称为磨料。

②磨料按照其来源分为：天然磨料和人造磨料，天然金刚石、石英砂、石榴子石砂、天然刚玉等。

③按照磨料的性能分为：普通磨料和超硬磨料，金刚石、立方氮化硼。

④磨料必须具备的基本性能：

a. 高硬度：粗磨时比被加工成件时高 3~4 倍（表 5-4）；

表 5-4　磨料硬度表

名　称	莫氏硬度	名　称	莫氏硬度
金刚石	10	碳化硼	9.2~9.6
立方氮化硼	9.7	单晶刚玉	9.4

b. 具备一定的韧性，有适当的抗破碎性及自锐性；

c. 具备一定的机械强度（抗压强度、抗拉强度）；

d. 在高温状态下能够保持固有的硬度和强度；

e. 与被生产加工的材料不产生化学反应；

f. 可以根据需要加工成不同形状及粒度。

⑤磨具的性能：包括磨具的硬度、粒度和组织结构。

磨具组织特点如下：

a. 磨具组织紧密，磨削效率就高，但研磨表面就会粗糙；

b. 磨具组织疏松，磨削质量就高，可以提高成品的精度和表面光泽，但磨削效率低；

c. 石材加工中，粗磨采用较紧密组织的磨具，精磨及抛光采用疏松组织的磨具。

⑥磨抛应注意的事项：

a. 粗磨时增大压力有利于提高研磨效率，精磨时适当减小压力有利于改善研磨效率；

b. 抛光时适当增大压力可以提高抛光效率和质量，但压力过大，磨削作用加强，不利于光泽面的形成；

c. 粗磨时磨头的压力一般是精磨和细磨时的 $1.2 \sim 1.5$ 倍。

三、石材加工工艺流程

1. 薄板的加工工艺流程

薄板的加工工艺一般分为两个工艺流程：先磨后切工艺流程、先切后磨工艺流程。

（1）先磨后切工艺流程

①工艺流程

选料装车—锯切毛条板—定厚—研磨抛光—切断（纵切和横切）—磨边倒角—清洗—烘干—检验—修补—分色—包装

②特点

适用于规格为 $0.5 \sim 2m^3$ 的荒料加工，低成本，高效率，工程板或花色复杂的石材，有利于花色选配，但存在无用锯切与研磨加工量。

（2）先切后磨工艺流程

①工艺流程

选料装车—锯切毛条板—切断（纵切和横切）—定厚、研磨、抛光—磨边倒角 —清洗—烘干—检验—修补—分色—包装

②特点

适用于可加工的小规模荒料，低成本，但存在无用锯切的比例更大，遗弃的是没有研磨、抛光的边角料。

2. 大板的加工工艺流程

大板是指规格在 1200mm×2400mm 以上，经过进一步切割后可以成为不同规格板材的大规格板。

①大理石加工工艺流程

选料装车—安装锯条—开机锯切—吊卸毛板—补胶粘结—研磨抛光—切断（纵切和横切）—检验—包装

②花岗石加工工艺流程

选料装车—安装锯条—开机锯切—出台车—清洗毛板—吊卸毛板—清洗锯台—卸锯片—润滑保养—研磨抛光—切断（纵切和横切）—检验—包装

3. 异型石材加工工艺

异型石材加工工艺基本步骤是：下料—轮廓加工—磨削—修补—抛光—切角—检验—包装

（1）下料是异型石材的第一步，首先选择质地优良、尺寸规则的荒料进行下料。下料基本上采用圆盘式金刚石锯、金刚石串珠绳锯机。下料形状有板料和块料，板料有平板和圆弧板。使用的工具主要是大直径的金刚石圆锯片和金刚石串珠绳。

（2）异型石材的轮廓加工。异型石材的轮廓多种多样，有花线、圆弧板、柱座、柱头、平面雕刻、立体雕刻等。使用设备也是多种多样，有先进的数控设备、液压仿形设备、光电仿形设备、立式车床、卧式车床、手拉磨床、钻床等。使用的工具有金刚石样板磨轮、小尺寸金刚石圆锯片、金刚石铣刀、金刚石钻头等。

（3）磨削主要对成型后的工件廓型进行粗磨、细磨和精磨。采用的设备基本上与成型设备相同，有些就是利用成型设备，所不同的是把成型刀具更换为磨具。而有些则是用专用磨机进行加工。对形状复杂工件采用小型电动工具进行磨削。

（4）抛光加工与磨削加工方式基本相同，所不同之处是抛光加工所采用的磨料粒度比磨削要细得多，抛光速度也快。

（5）切角是指需要拼装对接的面进行加工，如圆弧板材拼装时对其侧面采用双刀盘锯机加工成一定角度，保证拼装成一个圆。

（6）检验异型石材尺寸公差、表面缺陷和表面光泽度。

（7）包装采用木板或塑料制品。

备注：异型石材有些工艺合成为一个，如圆弧板成型和下料一次完成。有些异型加工可以在一个设备上完成，如数控加工中心，可以同时完成锯割、抛光、雕刻、铣削等。如图 5-33 所示，对于采用花岗石加工的弧形板，有效使用截面厚度 $H \geqslant 35\text{mm}$；对于采用大理石等其他岩石加工的弧形板，有效使用截面厚度 $H \geqslant 45\text{mm}$。

四、石材加工质量要求

1. 常规板材标准要求

（1）石板连接部位应无崩坏、暗裂等缺陷；其他部位崩边不大于 $5\text{mm} \times 20\text{mm}$，缺角不大于 20mm 时可修补后使用，但每层修补的石板块数不应大于 2%，且宜用于不明显部位。

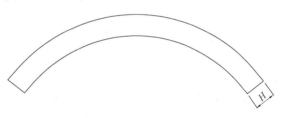

图 5-33　石材弧形板加工截面厚度示意

（2）石板的长度、宽度、厚度、直角、异形角、半圆弧形状、异型材及花纹图案造型、石板的外形尺寸均应符合设计要求。

（3）石板外表面的色泽应符合设计要求，花纹图案应按样板检查，不得有明显色差。

（4）火烧石应按样板检查火烧后的均匀程度，火烧石不得有暗裂、崩裂情况。

（5）石板的编号应同设计一致，不得因加工造成混乱。

（6）石板应结合其组合形式，并应确定工程中使用的基本形式后进行加工。

（7）石板加工尺寸允许偏差应符合现行行业标准《天然花岗石建筑板材》（GB/T 18601）、《天然大理石建筑板材》（GB/T 19766）、《岩石平板》（GB/T 20428）、《天然石灰石建筑板材》（GB/T 23453）、《天然砂岩建筑板材》（GB/T 23452）有关规定中一等品要求。

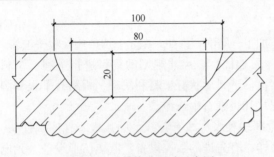

图 5-34　短槽构造尺寸示意图

2. 短槽式安装石材加工标准要求

（1）每块石板上下边应各开两个短平槽，短平槽长度不应小于 100mm，弧形槽的有效长度（图 5-34）不应小于 80mm，开短槽的有效深度应满足施工所选槽短式挂件的要求，但应比短槽挂件挑出的高度高出 2mm。

（2）两短槽边距离石板上下悬挂两端部的距离不应小于石板厚度的 3 倍且不应大于 1/5 的部位。

（3）石板开槽后不得有损坏或崩裂现象，槽口应打磨成 45°倒角，槽内应光滑、洁净。

（4）背面挑挂槽口深度不得大于石材厚度的 3/4 且不得少于石材（图 5-35）厚度的 2/3。

（5）石材槽口的受力边不少于石材厚度的 1/2，原则上石材槽应在石材厚度 1/2 处，向板饰面移一挂槽宽（图 5-36），且需保证受力石材槽边厚度不少于 8mm。

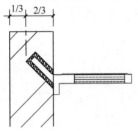

图 5-35　背挑短槽构造示意

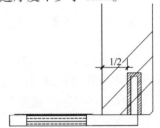

图 5-36　短槽在石槽截面厚度中的位置图

3. 后切背栓式安装石材加工标准要求

（1）背栓打孔的应采用符合要求的专用石材打孔机械完成。

（2）背栓孔距离石板上下悬挂两端部的距离不应小于石板厚度的 3 倍且不应大于 1/5 的部位（图 5-37）。

（3）背栓孔径原则应以厂家提供的背栓使用说明书的技术要求进行选用，建议对不同材质石材，不同厚度石材的背栓按胀栓安全要求进行拉拔试验，确定孔径，以避免孔径过小或过大松动。

（4）背栓孔深原则不应超过板厚的 3/4，板面至栓孔的孔位板厚不应少于 7mm。孔最浅不应少于板厚的 2/3，以保证板块受力合理（图 5-38）。

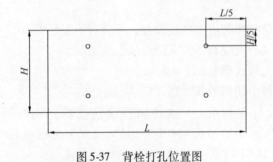

图 5-37　背栓打孔位置图

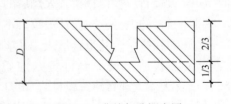

图 5-38　背栓打孔深度图

4. 转角部位石材加工标准要求

（1）对于石材宽度小于200mm的转角部位，宜采用联体式干挂转角结构形式组合加工，在转角石材交接处采用胶植销钉和拼缝贴胶接合的方法将石材两端头用胶植蚂蟥钉加固。

（2）当单体石材板块长宽比大于5时，沿板长边方向的中间转角处设1个厚度3mm厚的L型金属加强连接件。

（3）当单体石材板块长宽比大于7时，沿板长边方向的中间转角处设2个厚度3mm厚的L型金属加强连接件。

（4）当石材板厚大于35mm，沿板长边方向的中间转角处应设厚度3mm的三角形金属加强连接件，加强连接件用ϕ5钢胀栓固定。转角石材胶植钢销中间段间距不大于窄石板宽度2倍，板两头距离取窄石板的宽度。

（5）当转角石材板采用复合连接形式连接时，销钉、蚂蟥钉应采用螺纹钢筋，孔径为筋直径的1.3倍，板厚25mm，钉径5～6mm；板厚30～35mm，钉径6～8mm；板厚大于35mm，钉径8～10mm；蚂蟥钉长度不小于板厚的2.7倍；蚂蟥钉锚深为板厚的1.3倍，锚孔深为板厚的1.5倍，锚孔注耐老化环氧树脂石材胶（图5-39、图5-40）。

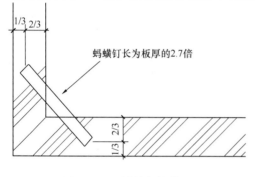

图5-39　石材转角粘结图

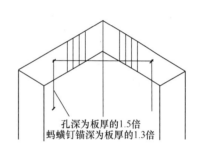

图5-40　石材转角粘结图

（6）当转角石材板采用铝合金角码连接形式连接时，宜采用后切背栓固定铝合金角码，铝合金角码的间距应参照以上要求（图5-41、图5-42）。

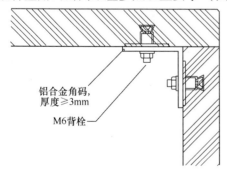

图5-41　石材转角背栓组合构造

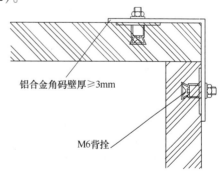

图5-42　石材阴角背栓组合构造图

五、石材加工质量检验要求

石材加工质量检验要求见表5-5～表5-10。

表 5-5　石材板规格尺寸允许偏差

项目	分类与等级	亚光面和镜面板材			粗面板材		
		优等品	一等品	合格品	优等品	一等品	合格品
长度、宽度		0 −0.1	0 −1.5		0 −1.0		0 −1.5
厚度	≤12	±0.5	±1.0	+1.0 −1.5	—		
	>12	±1.0	±1.5	±2.0	+1.0 −2.0	±2.0	+2.0 −3.0

表 5-6　花岗石材板的外观生产质量要求

缺陷	缺陷规定	优等品	一等品	合格品
裂纹	长度不超过两端顺延至板边总长度的 1/10（长度 <20mm 的不计）	不允许	允许 1 条/块	允许 2 条/块
色线	长度不超过两端顺延至板边总长度的 1/10（长度 <40mm 的不计）	不允许	允许 2 条/块	允许 3 条/块
色斑	面积≤15mm×30mm（面积 <10mm×10mm 的不计）	不允许	允许 2 条/块	允许 3 条/块
缺棱	长度≤10mm，宽度≤1.2mm（长度≤5mm，宽度≤1.0mm 的不计）	不允许	允许 1 条/块	允许 2 条/块
缺角	沿板边长度≤3mm，宽度≤3mm（长度≤2mm，宽度≤2mm 的不计）	不允许	允许 1 条/块	允许 2 条/块

表 5-7　大理石材板的外观生产质量要求

缺陷	缺陷规定	优等品	一等品	合格品
裂纹	长度不超过 10mm	不允许	不允许	不允许
砂眼	直径≤2mm	不允许	不明显	不影响装饰效果
色斑	面积≤6cm^2（面积≤2cm^2 的不计）	不允许	允许 1 条/块	允许 2 条/块
缺棱	长度≤8mm，宽度≤1.5mm（长度≤4mm，宽度≤1mm 的不计）	不允许	允许 1 条/m	允许 2 条/m
缺角	沿板边长度≤3mm，宽度≤3mm（长度≤2mm，宽度≤2mm 的不计）	不允许	允许 1 条/块	允许 2 条/块

表 5-8　单块石板的最小厚度和单块面积要求

项目	花岗石	大理石	其他石材	
最小厚度（mm）	≥25	≥35	≥35	≥40
单块面积（m^2）	不宜大于 1.5	不宜大于 1.5	不宜大于 1.5	不宜大于 1.0

表 5-9　短 槽 开 槽 允 许 偏 差　　　　　　　　　　mm

序　号	项　目	允许偏差
1	砂轮直径允许偏差	+1，−2
2	槽长度允许偏差 B_1	±2
3	槽外边到板边距离 B_3	±2
4	槽内边到板边距离 B_4	±3
5	两短槽中心线距离 B_5	±2
6	槽宽 B_6	±0.5
7	槽深角度偏差	矢高/20
8	槽任一端侧边到板外表面距离 B_7	±0.5
9	槽任一端侧边到板内表面距离 B_8（含板厚偏差）	±1.5

表 5-10　单块石板的钻孔质量要求

序号		M6	M8	M10 ~ 12
1	d_z（允差为 +0.4，−0.2）	$\phi11$	$\phi13$	$\phi15$
2	d_h（允差为 ±0.3）	$\phi13.5 \pm 0.3$	$\phi15.5 \pm 0.3$	$\phi18.5 \pm 0.3$
3	H_v（允差为 +0.4，−0.1）	10　12　15　18　21	15　18　21　25	15　18　21　25

六、石材加工过程中应做好安全防护措施

手和脚是人们健康生活与工作必不可少的重要活动器官。在石材加工过程中，吊装、开料、胶补、切割、打磨、雕刻、转运、包装、装卸等都离不开手脚，且经常暴露在危险环境中，受到伤害的可能性随时存在。可以说，手脚伤害在石材加工过程中数量不少、伤害不轻，探究并加强其劳动防护是石材行业安全管理工作的重要课题，具有十分迫切的现实意义。

1. 手部受到伤害的原因及防护措施

（1）刀片划伤

在石材加工过程中，有多道工序需要用到刀片，如拼花时用刀片铲除多余的胶液、胶补工用刀片修边、晒网时用刀片割网、拼花作业中用刀片修边、装箱工用介刀割除防震泡沫……在这些过程中，员工由于操作速度过快、力度过大、方向不对或注意力不够集中、使用方法不当等，就极易出现刀片割伤手部的情况。曾有一员工，用刀片修整板材毛边，由于操作过快，右手中刀片将握住板材前方的左手指肌腱割断一根，造成伤口缝补六针的严重事故；又有某拼花工在用介刀割胶补网时，由于一味追求效率，加上左手放置不当，右手所持介刀将左手大拇指割伤。在刀片伤手事故中，左手受伤的事故较多，这是因为我们一般习惯用右手握刀。

（2）板材压伤、划伤

在伤手事故中，处于第二位的施害物则是板材。由于一件成品从大吨位荒料到厚度仅为 3.0cm 左右的成品加工过程中，至少要经过十余道工序，垂直与水平迁移的机会都较多，作业风险较大。在解石车间，板材上下机台时突然断裂、或叉车转运板材时作业员徒手去扶倾倒的板材，手部被压伤的事故占有一定比例。特别是在板材打磨车间，由于各类板材规格不

同，放在转运架上不太规则，造成转运时困难。如某打磨工跟车搬运板材，由于两架货物长、高度不同且放置较近，叉车司机不小心将两架板材同时叉起，待发现后，放下叉架，未料到前面一架上的板材向外倒去，站在旁边的打磨工急忙用手去扶正板材，结果左手无名指被压伤。这种为抢救板材而致伤的事故在车间事故中比较典型。另有一些板材伤手事故就是不戴防护手套搬抬板材，被锋利的板材边缘划伤手部。由于有些荒料边缘不够整齐，当分锯成大板后，其边板就难免有锋利斜面，这种斜面在上翻板机或人力搬运时都是一种不可小视的安全隐患。曾有几个工人，赤手卸一小车板材，虽然主管在一边提醒注意板的锋利边缘，但还是有一人在用手抓住板材往车箱外拉时，手碰在车箱挡板上，板材的惯性将其左手掌划破，送到医院治疗伤口缝了五针。

（3）机械伤害

石材切割机械速度极快，客户对质量及精度要求也越来越高，所以加工难度也越来越大。拼花产品虽然精致，但加工过程却需要相当的细心和耐心。

特别是用小解床切割颗粒过程中，徒手送料时，稍有操作不当、分寸失度或精力疲劳就有可能致使手部受伤。曾有某一操作员在解料时，给料速度过快，左手食指随料送至锯盘并且触及锯盘，手指被锯伤。又有某石材厂曾发生过作业时突然停电，操作员未按安全要求关掉电源，后来突然送电，锯盘瞬间高速旋转，将正在检查的他锯成两半。此外，马赛克小颗粒打磨，由于拼花时所需颗粒很小，手指捏住难以把握分寸，被削（磨）伤的事故在初期操作员中发生较为频繁。

（4）其他情况

其他情况造成手部伤害的还有：不安全移动电器如搬动风扇时不切断电源被扇叶刮伤手指；吊重起始钢丝绳卷曲部分未绷直便接近吊物却被钢丝绳弹手；被钢丝绳的断丝头扎手；打磨时采用了非常规操作，致使砂轮突然碎裂，高速飞出的碎片将手部砸伤等。

（5）防护措施

为了减少作业时手部受到伤害事故的发生，我们除要求作业员在作业前进行风险评估外，还要求作业员在以下情况下选择相应的劳动保护手套：

① 一般搬运、装卸石料、木料时应使棉线手套；

② 维修作业、电工作业选用人造革防护皮手套或帆布手套；

③ 焊、割作业时应使用电焊专用手套；

④ 胶补作业需要使用耐药、耐油、耐溶剂的橡胶手套。

备注：但有些情况因有被夹卷或钩住的危险，作业员不得使用手套，如打磨机操作、钻孔机操作、车床操作。

2. 脚部受到伤害的原因及防护措施

（1）板材砸脚

有些品种的板材在搬运（或装车）时比较容易断裂，如雅伦金、深啡网、博都米黄、丁香米黄等，那些断了的石块一旦落到脚上，多数会令脚部受伤，其所产生的冲击力甚至使脚部发生骨折。如果员工穿的是普通皮鞋，骨折的机会便超过 90%。这类事故集中在叉车转运石材时，石块倒下砸伤跟车工的脚；板面背胶作业员，因作业对象多是破裂石材，也更易受砸；操作翻板机时会发生断裂的板角或掉落的大板砸脚；翻转荒料时，荒料顶部的零碎石块或薄边会被震落下来把脚砸伤。

（2）钉子扎脚

由于在钉大板架及成品包装过程中用到大量钉子，如果管理不善，就很容易有废钉或带钉的木板散落车间造成扎脚事故；兼之车间水沟多，水沟若无盖的话，钉子掉到里面就成了难以发现的隐患。在过去的几年里，这类事故每年都发生 3～4 起。典型的一个案例是：某业务员带客户进车间看料，客户专注入神，没留意脚下水沟无盖，一脚踩进了沟里，不偏不倚正落在沟底一块木板上的钉子上，皮鞋被刺穿、脚被扎伤，造成负面影响。

（3）滑倒

由于采用湿式作业，车间地面经常有水，天长日久，某些角落还长出苔藓；或者地面铺的是自产自销的光滑大理石地板；机器漏油；或是在胶补后未及时清理地面上残留的胶补液。走在此类地面上，虽不至于摔倒，但搬抬板材时就可能导致人体失衡，使板材砸脚。某机械操作员与工友一起从地上往机台抬运一件重约 30 多公斤的长条形半成品时，脚下滑溜，身体失衡，条石倒向身上，随之断裂，砸伤脚部。此类滑倒事故或伤害事件每年都有多起发生。

（4）高处坠落

钳工维修或电焊工操作，客户看料或选料，吊装工挑选荒料或者挂索，往往需要登高作业。而在大多数情况下又难以采用安全带等保护用具，使作业的危险性更大。2003 年某吊装员与工友一起将一块荒料挪位时，当工友操作龙门吊将荒料稍移动后，荒料有所回荡，该员工似乎觉得荒料有向自己冲来的倾向，情急之下慌不择路从近 4m 高的料堆跳下，左脚摔成严重骨折。2002 年，曾发生维修车间行吊工人从高处摔下致重伤的恶性事故。

（5）电击

有些作业员安全意识淡薄，直接将裸线接电；作业员将互相纠缠的电线在地面拖来拉去，或任由来往人员车辆踩压，致使电线破损，造成触电事故。这类隐患在打磨作业现场常见。

（6）脚部防护措施

经验表明，穿适当的防护鞋，可有效降低脚部受伤的事故或减轻其受害程度，仅以穿防滑安全鞋靴为例，就可将事故的发生率减少一半，节约大笔损失费用。所以，在以下工作环境中，作业人员应配置相应的安全鞋靴：

① 从事可能有落物的作业（如吊装、上板、维修作业等），必须穿用能经受落物冲击或挤压可保护足趾的钢包头安全鞋靴；

② 环境中存在锋利的物体会刺入鞋子的危险，如铁钉、刀片、锐利石料等，为防止其刺穿鞋子，应选用可防穿刺的鞋或靴；

③ 对于电工这一特种职业而言，当其在交流 50Hz、1000V 及以下，直流 1500V 及以下电力设备上工作时，必须采用特殊类型的导电或绝缘鞋靴；

④ 车间机床操作工，由于作业场地水渍、稀泥浆较多，穿用能防滑防砸的高筒钢包头安全水靴可以起到很好的保护作用。

3. 预防手脚伤害事故发生的综合对策

在石材伤害手脚的事故中，90% 都与作业员的现场失误有关。对于这种人为失误所致的事故，要想有效预防，控制再次发生，除了采用劳保措施外，还必须做好作业员的预防性安全管理，提高、强化作业员的安全意识，改变和抑制其失误行为，使之达到安全生产的要求，最终控制事故的发生。

控制作业员现场失误的安全行为管理主要通过以下 7 条途径：

（1）普及安全教育，提高作业员预防、控制事故的能力。在对 2002、2003 年手脚伤害事故统计时发现，有 90% 的事故是可以预防的，其中 20% 的事故似乎不能预防但实际上是可以预防的，只有 10% 的事故为事发突然；要实现这种可预防却未能预防的转变，仅靠自发的经验积累解决不了问题，还需要安全教育来推动；让员工多掌握一些安全知识，提高自己的安全文化层次和素养。

（2）抓好作业员的自我预防，如要求作业员严格遵守安全操作规程，实行标准化作业，勿冒险蛮干；做好个人使用工具的日常维护，使之处于完好状态，并正确使用；不擅自使用非属本人操作的机器设备、工具等。

（3）作业员要学会自我控制，当发现自己存在例如疲劳不支、思维混乱、精力难以集中等，有可能造成失误行为时，应暂时中止工作，及时调整。

（4）实行合理合适的作息制度。石材行业属劳动密集型体力劳动强度较高的行业，作业员易于疲劳，如加班过多，人体反应灵敏度会下降，易于导致工伤发生。

（5）对不安全人群跟踪监督。兼职安全员、车间主管、班组长对经常犯失误的员工要格外关心；对性格乖僻、叛逆心理强的员工要有意引导，要有一张婆婆嘴，苦口婆心，见错必说，不厌其烦直至其安全作业。这一点对各级管理者都很重要。

（6）作业员要保持对安全作业方式的积极性、敏锐性、自觉性。作业员的不安全行为并非故意而为，而是无意间采用了不安全的作业方式，而相当多的手脚伤害事故都是因不安全搬运方式引起的。如有的员工，将板材夹在腋下；或扛在肩上；或背在背上；或两个人脸对背地前后抬；或抱住一块板材走几十米远。这样做是不安全的。搬运作业要规范，尽量借助辅助工具。当超过 25kg 重量时，应两人协作抬行；如距离超过 3m，还应借助工具如叉车、手拉车、架子车或简式两轮车等。一旦作业员出现异常，作业方式应立即作相应改变，有时这种异常比较微妙，需要通过第三者即现场监护人员来观察。所以进行特种作业时要有现场指挥，以便实时帮助作业员矫正不安全作业行为。

（7）作业员要做好作业场地的 5S 管理工作，创造安全舒适的工作环境，争取早日实现8S 的安全、高效管理。脏、乱、差的作业环境会使作业员的心理受不良刺激，操作行为会在潜意识中被扰乱，从而产生非常规性动作。坚持开展"工作常组织、天天常整顿、环境常清洁、事物常规范、人人常自律的活动，追求有序、讲求安全"。对于一些废铁钉、刀片之类可致害物，人人养成发现即自觉收集处理，不让其搁置在工作场所的好习惯。

总之，石材加工危险点多、危险度高，作业员既是安全工作保护的对象，又是预防工作的主体。通过加强作业员作业行为的安全管理，杜绝各类隐患性行为的发生，事故才不会防不胜防，作业员的手脚才可能免受伤害所造成的痛苦。

第三节　石材板块的防护

一、石材防护的意义

石材，由于它们在吸水性、密度、硬度等性能的无穷多变性，看起来坚硬、耐用。其实，石材的气孔如人类的皮肤，呼吸时将空气中的细菌、尘埃、微生物等同时吸入，也能被锈蚀、风化。随着现代工业的发展，全球环境日益恶化，更加剧了石材的锈蚀和污染，继而产生水斑不干、白华（即泛碱）、吐黄、锈斑等顽症，加速石材的劣化。

目前，高科技石材养护产品和技术，可对建筑石材进行专业处理，在石材安装前，一定先对石材进行有效的防护处理，降低后期出现问题的几率。因为石材本身的特性及成分极为复杂，所以当问题发生再来处理，往往浪费时间和金钱，还未必可以完全解决问题，对石材厂商而言造成极大的商誉损失，这是大家所不愿见到的；对消费者而言，花了许多金钱和时间，最后却无法得到满意的品质，更是冤枉；对建筑师或设计师而言，精心的创作变成美中不足。所以在施工前做防护处理，不但可以确保施工的品质，日后的维护也简单，不需要打蜡，只要吸尘器吸过，再用抹布或拖把蘸清水擦拭即可，既省钱又方便。

专用防护剂可以渗入石材内部，形成一道防护层，具有防水、防污、防锈斑、防油污、防风化、防老化、耐酸碱、防茶渍、可乐、酱油等造成的污斑的效果，并能有效控制白华的产生，且不损及石材原有的透气性，平常清洗工作只需用水擦拭即可达到效果。

二、石材防护剂的发展

1. 第一代石材防护剂——松节油、松树汁、树胶等

这类材料防护效果很差，而且这些材料未形成工业化生产，使用的量及部位很有限。因而早期无人去研究它的防护机理，其使用、维护也没有形成一整套经验和操作规程，一切全是随意和个体的实施。有些资料并不把早期古代人类这些防护材料列为石材防护剂的范畴。其防护的机理主要基于当时人们为堵塞石材孔洞、裂隙、防水、防渗的主观意愿。

2. 第二代石材防护剂——石蜡

它是较早的防护剂。采用在石材表面涂覆蜡的方法，在石材表面形成致密的蜡膜，从而阻隔水、油、灰尘等污物的侵入。但蜡水将石材的微孔完全封堵，阻碍了石材的透气性，使石材内部的水份或石材底部的水份无法正常排出，极易在石材上形成水渍、湿痕、返碱等石材"病症"。蜡膜较黏，且易受污染，形成蜡垢，更不易清洗，蜡膜的耐磨性极差，需要经常打蜡才能维护其光泽。然而，如果在某些部位经常打蜡，会使该部位石材颜色变深，失去原有色彩和质感，从当初为防护的目的出发又变成了人为的破坏。蜡的涂覆只是在地面使用并好操作，在立面及高层立面使用就相当困难，更为困难的是一旦蜡渗透到石材内部，一般就很难清除，除非将石材表面打磨掉，费时费力，很不经济。涂蜡后不易清除，对以后使用新型防护剂很困难；使用蜡防护后需要经常反复上蜡，尤其公共场所；其耐候性也较差、更不耐磨等。所以，将蜡的防护称为"暂时性"的防护剂。随着人们对蜡性能的逐渐认识，现在已经很少用蜡作为长久的石材防护剂了。因蜡的使用带来了新的石材"病症"，也出现了专门用于去除蜡的石材化学品——除蜡剂、起蜡水。

虽然，蜡作为第二代石材防护剂经过近几年的改进，在使用功能上有很大的提高，如流动性、黏性、光泽度等都有质的改进。但是只要防护剂仍存在蜡的成分，在石材防护上就会或多或少的存在上述弊端。

3. 第三石材代防护剂——非渗透（填充）性膜层涂料，包括有色和无色系列，它是在石材的表面形成一层致密的保护膜，达到石材与污染源的隔绝，从而达到防污、防水、防油的目地。一般是通过有机溶剂溶解或稀释一些高分子材料来制取这类防护剂，如丙烯酸树

脂、甲基硅酸钠、甲基硅酸钾等无机非金属硅酸盐类产品等。与石蜡相比，防水性、耐污性、寿命、使用范围都有很大提高，部分产品已经有填补，渗透能力，但透气性仍较差，使石材内及石材背部的水份在装修后仍不能排出，易使石材产生"病变"。而化学品的覆膜会在一定程度上改变石材的质感和色泽，对抗紫外线、老化、耐久都不是很好，而且覆膜易磨损、起层、脱落，带动石材成片状拨离，需要经常修补。由于此类防护品使用的有机溶剂挥发后才能使膜层固化。所以挥发物有毒性，产品易燃，在施工时易对人造成伤害或污染环境。作为快速防护有一定的使用市场，但市场应用面不大，在一些低端产品上可使用，在环保要求高及需长久防护的石材上不易使用。

4. 第四代防护剂——渗透型、浸润型、透气型防护剂。其原理是通过溶剂将有机物渗透到石材表面及浅表层，在表层及浅表层形成保护膜，从而达到防污、防水、防油等的目地。此类防护剂既能防污又不影响石材透气性，不会使污物滞留在石材内部，减少了产生"病变"的机率，便于清洗、耐老化、抗紫外线，是近年来使用逐渐增多的石材防护产品。分为水剂型和溶剂型两类。使用最多的是水溶性有机硅和溶剂型有机硅。

（1）有机硅防护剂透气性：

石材防护剂中只有有机硅类防护剂具有透气性能，即石材的孔隙、内部结构、微裂隙、孔洞等在涂刷有机硅防护剂后，仍与空气相通，形成石材内部的水份（在压力下）可以出去，而外部的水份、污染源又不能渗入的特性，从而形成防水、防污、防油功能，形成这种独特功能是有机硅分子结构的孔隙所致。有机硅涂刷在石材表面后，经过渗透，进入石材表面及浅表层，成为一种树根状的渗入薄膜层。这与一般蜡层，一些树脂，如丙烯酸树脂覆盖式、填充式的防护不同，那些形式的防护通常全部将石材孔道堵塞并封闭起来。

而有机硅的膜层除渗透入石材表层、浅表层外，并且极薄的膜层（约有3m厚）还均匀分布着一些透气孔，这些透气孔的直径比水分子小，比水蒸气分子直径大。所以，当石材装饰面内或背产生水份，因温度升高、压力增大，石材内及石材底的水份会变为潮气——蒸气分子，从有机硅孔隙中释放出来；而由于有机硅薄层上的孔隙又小于外界水分子，进而外界水及含水的污物就无法进入石材内部，达到防水、防污，防油的目的。水分子、有机硅膜层孔隙、蒸气分子之间直径关系为：水分子直径 > 有机硅孔隙直径 > 水蒸气水分子直径。

（2）有机硅防护剂的耐候性：

由于有机硅防护剂的低黏度，与石材成分可以适当地引起反应和渗透性较深，使得它受紫外线影响相对变小，延长了使用寿命。据资料报道，有机硅防护剂一般耐候性至少在10年以上，这是它与传统的甲基硅酸钠相比有了很长的寿命（甲基硅酸钠现已禁止在石材装饰工程上使用）。

5. 第五代防护剂——浸润强力含氟渗透型防护剂。它是一种含固体量30%～40%的强渗透性防护剂。其特性是渗透性强，将防水、防油、防污的纳米级材料渗透到石材的内部，并形成结晶的保护层，石材透气性好，拒污力强，由于使用了憎水性、耐候性十分明显的氟材料，如硅氟树脂、含氟丙烯酸树脂等，有30年以上的耐候时间，对水一类的液体有极强的排斥性。一些产品在其中加了抗紫外线材料、纳米级材料，使防护剂耐久性、渗透性更强。使用环保型溶剂或水溶剂，都使这一类产品成为近年来普遍受欢迎的新产品。

三、石材防护剂的选择

对于选择什么样的防护剂，应坚持四个具体的原则：即具体的石材品种、具体的使用部位、具体的设计安装方法、具体要防止的污染源。

1. 具体的石材品种：可以按三个方面考虑，颜色（深、浅、白等）、外表（光面、毛面）和石材本身的含铁量高低等。

2. 具体的使用部位和设计安装方法：应按墙面、地面、干挂、湿铺、卫生间、灶台等具体的情况区分。

3. 具体要防止的污染源：可按防止水泥浆的返渗，防止使用中的酸雨侵蚀，防止日常的水性污染及防止油污等方面因素考虑。

4. 具体的防护剂选定：要根据以上三个方面的因素，选择水性、溶剂型、饰面型、底面型或特殊型防护剂。

举例如下：

例一：光面山东白麻（含铁量较高或经酸洗脱色的）用于地面湿铺，要防止水泥浆的返渗和日常使用中的水性污染。选择：渗透型防护剂单项防护（也可加做 CHJ 石材/底面防护剂，以提高粘贴力）；

例二：福建 603 花岗岩烧毛（含铁量不高，未经酸洗脱色）用于外墙干挂、要防止施工中及以后的水性及酸雨污染。选择：硅氧水性防护剂或多功能水性防护剂。

例三：山东樱花红火烧毛板及光面混合拼图，用于外广场地面湿铺，要防止施工中的水泥污染和日后水性白桦及油污，并有利于日常清洗。选择：硅氧化水性防护剂或多功能水性防护剂和复合型防护剂复合做法，并且在铺装后的水泥缝上加做水性防护剂，以防止水溶性水泥白桦出现。

例四：光面西班牙米黄有背网，用于室内墙湿贴，要防止施工中水泥浆返渗和日后利于清洁。选择：渗透型防护剂做光面及背面（可加强网面粘结力，防止空鼓和提高抗水压能力）。

总之，石材防护剂的选择很重要，为使石材安装和使用中尽量少出问题，应选择品牌可信度高的防护剂。不要选择无品质可靠性、无检验连续性的产品，在选择时应向国家建筑材料检测机构查询一下该品牌产品的检验情况，以防假冒产品，给使用者造成不必要的损失。

四、石材防护剂的辨别方法

石材防护就是将一些石材防护剂采取刷、喷、涂、滚、淋和浸泡等方法，使石材防护剂均匀分布在石材表面或渗透到石材内部形成一种保护，使石材具有防水、防污、耐酸碱、抗老化、抗冻融、抗生物侵蚀等功能，从而达到提高石材使用寿命和装饰性能的效果。

石材防护剂是一种专门用来保护石材的液体，主要由溶质（有效成分）、溶剂（稀释剂）和少量添加剂组成。近几年来，由于建筑装饰业的高速发展促进了石材防护行业的快速成长，防护剂市场变得空前繁荣，选用石材防护剂有以下几种方法：

1. 闻：可区分溶剂型防护剂（有气味）和完全水基型防护剂（无气味）。从不同的气味中还可区分油溶性溶剂型养护剂和水溶性溶剂型养护剂。

2. 烧：可区分溶剂型防护剂（可然或易燃）和完全水基型防护剂（不燃）。

3. 看：养护剂液体为乳白色的是乳液型防护剂，无色的为其他养护剂。另外，将养护剂放入玻璃杯中然后注入水，与水分层的为油性养护剂；与水完全融合的为水性养护剂。

4. 摸：有机硅型与氟化硅型两种防护剂均有滑腻感，丙稀酸型防护剂有较强黏稠感，硅丙型防护剂较丙稀酸型防护剂有稍弱的黏稠感。

5. 称：以 1L 养护剂为单位称重量，一般情况下，小于 1kg 的为油性；等于或大于 1kg 的为水性石材防护剂。

五、石材防护剂的特点

当选择好适合的石材防护剂后，正确的使用方法是确保防护效果的关键，万万不可掉以轻心。不同的石材防护剂在使用方法上有共同点也有不同之处，但无论哪种品牌的防护剂都具有以下共同点。

1. 要求石材干净、干燥、石材表面的污渍会在涂刷防护剂的过程中被带进石材内部，而引起危害或污染，清除起来很困难，因此石材表面的锈渍、油渍、色素、尘土都要在涂刷防护剂前清理掉，最好是在切割后马上冲洗干净，再晾干待用。石材的干燥也很重要，所谓干燥是基本上干燥（石材看起来不湿）即可，并不是要求人工烘干。过湿的石材会影响石材防护剂的吸收或造成吸收不均匀，肯定会使石材防护质量下降，这一点在干挂工艺石材幕墙还不算特别明显，但如果用于室内装饰湿法工艺铺装石材反应尤为重要。

2. 用量和涂刷的遍数：不同密度的石材使用防护剂的量会不同，要求涂刷的遍数也不同，例如白沙米黄、烧毛花岗岩要求使用量大些，涂刷的遍数也应在两遍以上，这类石材孔隙大，少量的、单遍涂刷防护剂不足以起到阻断毛细现象、防止污染的目的。而一些密度较高，没有高温加工裂隙的石材相对石材防护剂的使用量会少一些。

3. 石材防护剂的养生：所谓养生就是让涂刷过石材防护剂的石材在通风（夏天不要在阳光直射下）的情况下自然干燥。这个过程没有完成时，石材不具备防污能力，因此养生时间和空气流通是关键，一定要架空养生，养生时间一定要充足，一般来讲石材防护剂要经过 48h 甚至更长时间才能完成化学变化过程。温度越低，养生时间应越长，以起到防护作用。从表面看一天或几个小时石材就有了憎水（荷叶）现象，但这只是表面现象，在干挂石材时一般没有影响，而在湿法安装墙、地面时因石材防护剂还没有充分起到阻断毛细现象的作用，也就是说它的化学变化还没有完成，那就一定会在碱性水泥浆的返渗中遭到破坏，从而产生水斑不干、返碱、返黄、返锈等一些严重甚至是不可逆的污染。涂刷防护剂后养生是石材防护的关键。这一点要引起使用者的高度重视——它是不以人的意志为转移的化学变化过程。

4. 有效的石材防护方法：根据以上特点，对于大型商业性建筑、公共建筑、高档的会馆等建筑，对于幕墙的要求比较高，往往这类建筑会选用变质岩类的大理石、冻石等作为幕墙装饰板材，因此对于此类建筑的石材板防护尽可能采用浸泡的技术工艺，将生产完成的石材板放进溶剂池进行浸泡，将石材始终有一个面露在外面与空气接触，使石材内空气能有通道排出，然后逐面浸泡，完成 6 面整体防护，用以提高人工涂刷所达不到的充分饱和性，同时又提高了该类石材的构造强度，降低了该类石材的吸水率。

六、石材防护剂的使用

（1）水性防护剂，一般水性防护剂液体呈碱性状态的居多，pH 值一般在 11 左右，在涂刷时应严禁使用动物毛刷如猪毛刷、羊毛刷、排笔等工具，因为所有动物毛刷都是角质物，是蛋白质、氨基酸等的混合物，在碱性溶液中会被逐渐溶解、分解，毛刷本身不仅容易坏掉，而且还会大量地溶解在装防护剂的容器里，使容器内的防护剂变质，轻则变黄、变黑或变稠，重则使防护剂失效，另外水性防护剂产生的表面憎水现象比较快、重涂性差，因此要在第一次浸进石材内足够量的防护剂，基于以上原因水性防护剂应使用喷壶、毛巾、滚刷等工具。如有条件最好采用浸泡法，可以达到最佳效果。另外水性防护剂不宜在零度以下使用。

（2）溶剂型防护剂：这类防护剂特点和品质都可以有很多变化，而优质的渗透型防护剂应具有不改变石材颜色、浸润重涂性好，抗水、抗油污能力强，在碱性溶液中阻断毛细现象能力强，抗返渗能力强等诸多优点。但因品质问题也可能会有许多弱点，如变色、抗返渗能力差等问题。在使用中应注意以下几个方面：①防火、通风是应引起极大重视的。②在夏季高温时使用如出现表面结溶剂珠现象时，应用毛巾擦匀、擦开。③使用工具可以是毛刷等涂刷工具，但不可以使用塑料喷壶，因为防护剂的溶剂会溶解橡胶环使喷壶很快坏掉。这点与水性防护剂相反。

另外，在石材防护剂选择和使用中还有两点应该引起注意：一是防护剂的特性，要求使用者搞清楚后再大面积使用，例如：防油型的氟碳制剂在外墙干挂的胶缝处的使用，应在选择前作好实验，以免出现某些种类的嵌缝胶与石材粘结能力下降、开裂等现象。二是防护剂的使用应该列为一道工序，是不可以节约时间的，不能因为赶工期而缩短养护时间。以往的经验提醒我们：要做石材防护，就认真做好，否则不如不做。

七、石材防护剂使用应注意的事项

1. 在使用防护剂之前，确认所有需处理的表面已彻底清洁，无任何泥沙和颗粒。

2. 防护剂要刷在不再被加工的石材表面，而不要用于再加工的石材表面。如用于再加工石材，应用浸透法，但较为浪费。

3. 在石材加工、清洗、风干（约 72h）后，刷防护剂较好。

4. 施工时，刷子要沾饱满些再去刷，将石材平面放置较好。

5. 刷完第一遍后，防护剂渗进去后接着就刷第二遍最好。

6. 对于有机硅产品，刷后 24h 要做防水保护。

7. 根据实际情况，确定五面防护或六面防护。

8. 不能同时用两种产品。

9. 认真阅读产品使用说明书，并严格遵照执行。

第六章 石材幕墙的施工

第一节 项目施工管理的基本内容

一、项目的概念

项目是受时间、费用和质量等资源约束的，用以实现一系列既定目标的一次性活动或过程的总称。

二、项目的特征

1. 项目规模的扩大性

尤其是基础设施建设，其工期长，投资规模不断扩大，投资主体的多元化为项目投资提供多种来源，使得投资额巨大的项目成为可能。一般状况下项目越复杂，其成本就越高，工期也就越长。

2. 项目组织的复杂性

项目所涉及的领域及单位众多，一般由成千上万个在时间上和空间上相互影响、制约的活动组成。项目工作需要跨越多个组织，因此项目组织的复杂性，体现在如何将具有不同经历、来自不同组织的人员，有机地组织在一个临时性、一次性的组织内高速有效地工作。

3. 项目目标的复杂性

项目目标向工期、质量、成本、环境、卫生、安全、业主满意度等多方位、多目标的协同优化转变。在项目全过程实行全面质量管理以保证工程质量，要认识到价值并不是仅仅意味着最低的工程价格，而应该是价格、工期和质量等指标的综合反映，是一个全面的度量标准，这些越来越严格的费用、时间、质量等约束条件，间接地增加了项目的复杂性。

4. 项目环境的不确定性

在项目实施过程中，不可预见因素增多，不仅受当地政府以及社会经济文化的影响，同时也受项目所在地的资源、气候、地质等因素的制约。环境不确定因素是间接导致项目复杂性增加的最主要原因，同时也进一步增大了项目的风险。

5. 项目技术的复杂性

项目所涉及的学科知识和技术种类越来越多，对于施工技术及施工工艺的要求也越来越复杂，同时也就要求设备的技术含量越来越高，也就造成项目对于新技术、新知识、新工艺、新材料等要求越来越多。

6. 项目信息的复杂性

由于项目本身涉及面广、周期长，因此信息的需求量就比较多，这样就必然增大获取信息和分析信息的难度。再有一个项目而言不同的参与方对于不同的过程信息的依赖度和相关度增加，也会导致项目信息复杂性的增加。

7. 文化沟通的复杂性增加

对于一个项目往往会有众多的参与建设方，比如业主方、设计方、咨询方、总承包方、各种材料供应方、相关专业分包方、策划运营方等，这些单位虽然都是为建设一个共同的项目而来，但是由于不同的社会心理、文化、习惯、专业知识等方面存在差异，沟通起来会增加沟通的难度。

三、项目目标确定的意义

确定一个清晰的、不会引起歧义的项目目标，对项目的成功至关重要，一旦确定了项目的目标，实际上就是明确了项目组成员共同努力的方向。确定项目目标的意义如下：

1. 目标的确定有利于工作的沟通

明确的项目目标有利于项目组成员之间的沟通，有利于该项目利益相关者之间的沟通。

2. 目标的确定有利于激励作用的产生

项目目标的确定，可以使得项目组成员确定、调整个人目标，让每个人的目标都与项目目标达成一致，从而实现个人的目标，进而激励每一位项目组成员为实现项目目标而努力。

3. 目标的确定有利于项目计划的制定

有了明确的项目目标，就可以确定项目产品的质量要求、确定项目完成的时间、确定完成项目所需成本，这样就顺利地为制定项目计划打下基础，也为项目的计划明确了方向。

四、项目目标确定的原则

1. 界定项目目标首先要确定项目目标的主体

对于一个项目，项目目标的确定需要有一个过程，要清楚地界定一个项目的目标必须要明确一个项目的主体，因为不同的人思考的角度不同。

2. 项目目标的确定要考虑利益相关者不同的期望和需求

一个项目的利益相关者通常有许多，包含项目的当事人或者叫建设单位、建设者、利益相关的自然人、利益相关的组织部门等，这些不同的利益相关者对于项目利益的不同期望和需求经常是相差甚远，甚至有可能互相抵触。所以要在明确项目目标的时候，要首先明确哪些人、组织、部门等是该项目的利益相关者，然后将这些不同的期望或需求给予沟通协调、统筹兼顾，以最大限度地调动他们的积极性，减少项目阻力及影响。

3. 项目目标的确定要充分考虑实现的可行性

在确定项目目标时，需要考虑项目达到目标利益相关者的需求，然后再考虑实现的可行性，对于不可能的需求还需要及时放弃。需要注意的是，项目组成员要和那些利益相关者面对面直接沟通，因为这样会让那些利益相关者更加结合实际了解项目情况，清楚地认识到不可能实现那些需求的原因所在。

4. 项目的目标应该具有一定的灵活性

通常项目利益相关者的需求是随着项目进展时间在发展变化的，项目需求的变化也将带来项目目标的变化。因此任何一个项目的目标在确定时都应具有一定的灵活性，应该允许有一个变动的幅度。

5. 对于项目目标的描述应该具体明确

项目目标的描述应做到具体明确，尽量采用定量化的语言给予描述，确保项目实施过程容易沟通和理解，项目的目标应符合实际、简单而具有可操作性，杜绝理想化、复杂化。

6. 明确项目目标的评价标准

在项目开始实施前，该项目的项目经理、项目管理团队的每一位成员、项目利益相关者对项目的评价标准要有统一的认识及理解，这样将会提高项目目标成功的几率，否则将会使得项目偏离项目目标甚至失败。通常判断项目成功的标准有以下几点：

（1）是否实现了既定的组织目标。

（2）是否为业主提供了令其满意的收益。

（3）是否满足了业主、用户和其他利益相关者的需求。

（4）是否满足了既定交付项目产品的需求。

（5）项目产品是否完全符合安全、质量、成本、进度的要求。

（6）该项目团队成员、项目的支持者是否感到满意。

（7）该项目的承包（分包）单位是否获得预期利润。

五、界面（接口）管理

1. 界面（接口）管理的概念理解

界面或接口最初是一个工程技术术语，起源于一个英语单词"interface"。界面被理解为：仪器或软件模块之间信息交互的共享边界；用来连接两个或两个以上软件（硬件）模块并保障信息在各模块之间流动的软件（硬件）模块。

项目界面的接口本身是一个独立的标准，是若干方的约定。它不属于某个系统，只能说某个系统支持某个标准接口，而且一个标准接口会被多个系统所使用。

2. 界面（接口）的类型及特点

界面可以分为组织界面、技术界面、人际界面3种类型。

组织界面是不同组织单位之间的通报关系，技术界面是不同专业技术之间的通报关系，人际界面是同一个项目不同个人之间的通报关系。

接口可以分为外部接口、内部接口2种。

外部接口是需要由项目建设业主参与管理与协调的接口。内部接口是属于单个参与方内部各工种、专业之间的信息交换。

3. 界面（接口）管理的原则

（1）事情安排与协调的原则

任何一个建设项目都是一个有机的整体，各子系统之间相互关联，对于其中的工作顺序如果不及时给予明确安排，其他相关连的分承包商将会难以开展后续的工作。

（2）分级与层次性原则是理顺界面（接口）关系的基础

界面（接口）普遍存在于项目建设的全过程及各个方面，既存在业主与总承包单位的接口，也存在各个承包商、分包商之间的接口，同时还存在业主与分包商之间的接口。在一个建设项目的不同阶段，各接口就存在不同的重要权度，因此需要根据不同阶段理出接口的主次关系，分出层次、抓住重点处理主要矛盾。

（3）规范化与程序化原则是界面（接口）管理实施的重要依据

程序化管理是项目管理的通用手段也是接口管理的有效手段，将每一个接口的重要性及复杂性给予制度化、规范化管理，避免过程中人性化及缺位。

（4）团队协作精神是做好接口管理的一项原则

接口管理需要遵守项目的承包合同约定的内容，当项目实施过程中有补充协议等也要参照补充协议、补充接口协议及接口相关程序确定的内容进行接口管理外，项目所有参与单位需要通力合作形成一个有机的整体。

4. 做好项目的界面（接口）管理必须做好以下工作

（1）充分利用好项目会议

对于一个项目在实施过程中会有许多会议，比如建设单位组织的会议、总承包方组织的会议、监理方组织的会议、分包方自己组织的会议等，这些会议都是项目工作的重要组成部分，作为项目组的成员完全可以利用会议对各自所分配的项目进行更新，对过程中的相关内容进行讨论或检查，同时也为该项目的互相沟通奠定基础。

（2）鼓励项目成员自行沟通、交流

在项目实施过程中，要不断鼓励项目组成员及时发现问题及存在的不足，对所发现的问题及不足及时相互沟通，讨论解决办法而不必要等到会议时再去解决。这样的沟通、交流会促进项目组成员之间的感情交流，也会减少由于沟通不及时带来的时间浪费。

六、项目进度计划

对于一个项目的进度计划，它是由多个相互关联的进度计划所构成，当然项目的进度计划是控制项目进度的依据。一般状况下项目中的各种进度计划的编制资料是在项目进展过程中逐步形成的，也就说一个项目的进度计划的建立和完善需要一个过程，在这个过程中逐步形成。

由于每个建设项目的要求不同、特点不同、环境不同等，对项目进度计划编制的要求也不同，通常我们会遇到以下几种不同要求的进度计划：

1. 按照计划深度不同编制进度计划

按照计划深度不同编制的进度计划包括：项目总进度计划、单位工程进度计划、分部工程进度计划、分项工程进度计划等。

2. 按照计划功能不同编制进度计划

按照计划功能不同编制的进度计划包括：控制性进度计划、指导性进度计划、实施性（可操作性）进度计划等。

3. 按照项目分包方不同编制进度计划

按照项目分包方不同编制的进度计划包括：设计方进度计划、总包方进度计划、分包方进度计划、材料供应方进度计划等。

4. 按照计划周期不同编制进度计划

按照计划周期不同编制的进度计划包括：年度进度计划、季度进度计划、月度进度计划、旬或周进度计划等。

项目进度计划在实施前由该项目的项目经理或该项目的其他负责主管对该进度计划进行详细的审核，便于及时定稿满足项目及时实施的时间需要。对于项目的进度计划应该根据不同的项目分层、分类进行编制，然后再逐层进行审核，汇总以后再次给予最终的审核，确定无误后给予定稿。

5. 项目进度管理软件（Microsoft Project 2007）的应用（图6-1～图6-6）

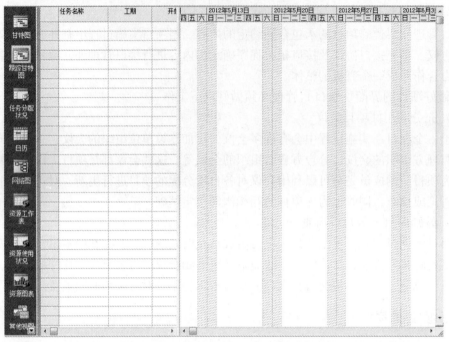

图 6-1　Project 项目管理软件功能表

图 6-2　Project 项目进展甘特图示意

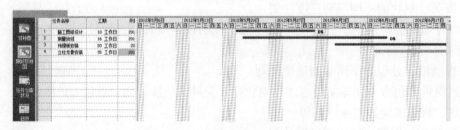

图 6-3　Project 项目进展跟踪甘特图示意

Microsoft Project 2007 是一种集实用性、功能性、灵活性为一体的强大功能性项目管理工具。依靠 Microsoft Project 2007 来计划和管理项目，可以有效地组织和跟踪任务与资源，使项目符合工期和预算，缩短投入生产的周期、降低成本、提高项目产品的竞争力，同时具有帮助项目管理的日程安排、资源配置、跟踪进度和信息交流的能力。

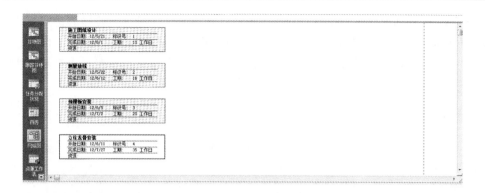

图 6-4　Project 项目进展网络图示意

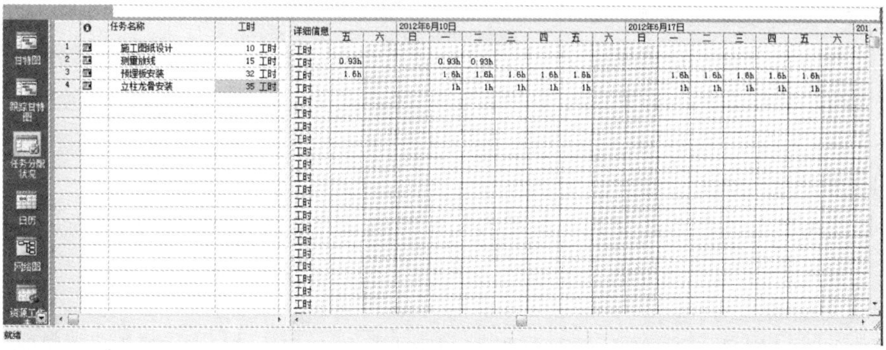

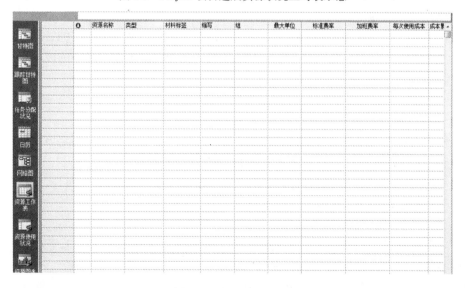

图 6-5　Project 项目进展资源状况工时表示意

图 6-6　Project 项目资源及成本状况示意

在项目管理中由于工序多、时间长，需要各专业互相配合，所以施工进度的网络计划编制比较复杂，但是应用 Project 编制网络计划，可以简单地缩短编制计划的时间，而且提高编制的质量，比较有利于在实际进程中的动态调整。

应用 Project 编制网络计划，可以方便快捷地查看项目运行状况，非关键线路上的各项作业时差的变化等都可以一目了然，从而就可以准确判断施工进度是否能够达到预期。

应用 Project 编制网络计划，可以方便快捷地查看项目的资源配置状况、准确记忆时间与工期的合作关系等，这样有利于项目管理团队及时查看资源成本状况及成本与工期之间的关系。

七、项目费用支出计划

项目无论大小及难易程度如何，在项目开始实施前都需要制定项目费用的支出计划，这个费用包含项目管理费、项目资源开支费。项目的费用支出计划是一个极其复杂的问题，在制定的时候一定根据项目的实际状况、结合项目的实施措施，综合考虑项目的进度计划及资源平衡问题，在制定的过程中一般需要注意以下几点。

1. 注意考虑总支出费用不能超支

为了解决这个难题，通常都是将一个项目进行分解，按照部位、形式等分成几个子分项，把项目的总支出费用再分解到子分项控制，这样就便于将项目费用更好地控制在管理范围之内。

2. 把握费用支出的平衡性

让项目使用的费用尽量控制在子分项费用平衡的状态，不要出现费用负荷过多和不足的情况，对于需要临时雇佣或培训支出的状况要提前考虑在可控范围内。

3. 费用支出的灵活性

任何一个项目都具有该项目的自身特点，同时也会出现许多不确定因素和风险，因此项目费用需要具有更高的灵活性和应急应对性。

4. 成本效益的原则

项目在实施过程中需要支出一定的管理成本，而且有些特殊可能存在的管理成本在制定计划时要考虑进去，在实际实施过程中再根据进展状况等因素考虑以最小的成本来达到最佳的效果。

八、项目成本的预测及控制目标

利用科学、合理的方法结合项目所在地的状况进行项目成本预测是制定该项目成本支出计划的基础。对于任何一个项目在正式实施前都要本着科学管理、降低成本、提高效益的原则制定成本支出计划，成本支出目标计划的制定一定要实事求是地结合项目实际状况、机械设备、人员素质进行综合考虑做出合理预测。

1. 人工、材料、机械的预测

（1）首先分析该项目所采用的人工费单价，分析项目所在地工人的工资水平及参考当地劳务市场的行情，综合分析中标合同价的人工费支出是否满足。

（2）材料的费用通常在项目费用支出中占的比例较大，一定要将主材、辅材等分开分析，同时需要根据材料的购买地点、购买单价、采用哪种运输方式及是否包含装卸费用等仔细加以分析，根据这一数据再与中标合同材料单价、总价给予对比，分析是否满足成本支出。

（3）机械费用的支出，此时需要对项目实际现场进行再次考察，根据实际分析应该采用什么型号的机械、数量、台班单价及使用的周期等与中标时考虑的机械费用逐项对比，分析是否满足。

2. 施工方案的预测

往往我们在项目中标以后，任何一个企业都是再结合现场实际建筑结构等状况，结合公司的技术水平重新制定先进的、经济合理的及与实际相符的可行的施工组织方案，所以需要根据实际组织方案与投标时的组织方案进行认真对比，从而做出正确的预测分析。

3. 临时设施辅助费用的预测

这里的辅助费用一般都是在项目图纸中无法体现，但是在项目实施过程又必须存在的工作，比如我们经常遇到的临时办公环境的搭设、工地库房的搭设、施工用电配电设施的架设等，都需要根据材料、人工费用的实际状况综合分析。

4. 成本风险的预测

任何一个项目在实施过程中，都具有一定的实施风险存在，只不过风险存在的大或小而已，因此在项目实施前一定要进行风险分析，通常我们需要根据以下几点给予分析。

（1）该项目实际的结构形式、合同中标范围的实际状况分析。

（2）根据所掌握的业主信息，分析业主的资金到位状况、实际现场的协调能力等。

（3）对企业自身施工组织、设计技术能力、资源配备、施工队伍素质进行分析。

（4）对项目所在地的地理位置、交通条件、电力条件、水源条件进行分析。

（5）对项目所在地人的素质进行分析。

九、项目外包施工队伍的管理

外包就是我们委托第三方处理实施施工队伍人员的管理工作，也是现今一种比较有代表性的经营运作模式。为了更好地管理项目、控制项目的成本，在外包管理中一定要注意以下管理方式。

1. 施工安全的管理

安全问题是任何一个项目管理的重要内容。没有安全意识，对于任何一个项目都有可能出现由于大意或忽视所造成的责任严重隐患，因此无论外包团队的技术水平有多高、安全意识有多强，在项目实施前首先要根据项目实际状况进行安全操作教育。

2. 施工绩效的管理

在项目外包的初期，外包团队的管理领导会每天跟踪管理。在中期过程中，外包领导一般不会甚至不可能时刻跟踪管理的问题，因此企业内部的管理人员要及时跟踪外包人员的管理和绩效考核，这样便于提高外包人员的业务及技术能力，制定建立长期合作的关系。

3. 施工效率的管理

任何一个项目实施外包的目的都是为了提高生产效率、降低生产成本，因此外包施工队伍的实际生产效率是我们首要管理的内容。

4. 外包团队的文化管理

项目施工的外包其实也相当于项目文化的外包，因为对外而言外包队伍是代表项目中标单位的文化形象，因此一定要对外包队伍进行公司的文化教育，让外包队伍在最短的时间内融入到公司的文化氛围中去，允分体现整个公司的团队精神及整体文化素质。

5. 及时沟通的管理

一般在项目外包实施过程中会出现外包团队与公司管理团队处于敌对的关系，因此在项目外包的管理过程中一定建立良好的沟通环境，及时了解外包人员的心理变化，处在一个平等的层面去沟通避免矛盾的激化。

十、项目全面质量管理

全面质量管理要求公司领导及全体员工认真贯彻项目生产质量第一的方针，全体成员都要自觉参与质量管理活动。因此在项目实施前就需要建立全面质量管理的组织机构，确定质量方针、质量目标，详细明确各相关部门及负责人在质量管理中的职责和权限。

全面质量管理的步骤有以下5点。

1. 制定推进规划：根据项目的实际状况结合质量管理组织机构的具体情况及特点，制定出符合该项目特点的质量管理目标，为了方便管理必要时可以分阶段制定质量管理目标，便于为实现该目标而采取必要的措施和方法。

2. 建立综合性较强的质量管理机构：要选择那些热衷于全面质量管理工作、对该行业的业务知识比较熟悉而且又具备一定的组织能力的人员组建一个质量管理机构。

3. 建立质量保证体系：首先要以项目为中心建立具有现场应变能力的质量保证体系。

4. 认真开展全员、全过程的质量管理：通过以上四步工作的准备，说明该项目的质量组织机构已经能够完成该项目的全面质量管理工作，那就需要时刻提醒、要求以项目质量保证体系为中心，认真抓好检查、协调、处理的工作，经常组织 QC 小组的活动。

十一、项目人力资源的管理

任何一个项目的实施都需要组建一个项目组织结构，该组织结构代表公司行使在项目生产过程中工作的分配、生产任务的协调、人员的整合及安排，该组织结构在横向上有职能划分，纵向上有层次划分。第一，该组织要将所承担的工作任务按照统一目标性及实施的高效性进行分解；第二，该组织要将分解的工作进行合理有效的分类；第三，该组织将分类工作结合所负责该工作的组织人员、岗位要求相结合以及职责与权力相结合。

1. 项目组织结构设立的基本原则如下：

（1）精简原则：组织结构的人员要求必须精干，对于那些可有可无者要坚决去掉。

（2）统一原则：项目组织结构是一个整体组织，整个的项目管理活动必须做到目标统一、制度统一、下达的指令统一。

（3）效能原则：效能是对该项目组织的综合素质要求，是效率和效益的有效统一结合。效率是指处理事情的速度，效益是经济范畴，只有效率高、效益好的组织结构才是我们所希望的高效组织结构。

（4）稳定性和适应性相结合的原则：要求该项目组织结构在当项目的环境和任务发生变化时，应具有适当的应变性来适应新情况的发生。

（5）责、权、利对等的原则：对于一个公司或企业来说，往往要同时开展几个甚至于几十个项目生产工作，此时对于资源来说就存在一个资源争夺的问题，由此项目经理之间、项目经理与组织结构其他人员之间往往也会产生不必要的矛盾，因此该项目组织结构在整个管理过程中一定贯穿责、权、利对等的问题。

2. 建立有效人力资源管理制度的方法。

（1）完善工作职责的描述和该岗位价值的评估，为该岗位的绩效管理和薪酬制度的制定奠定基础。

（2）人才素质测评和人力资源规划科学化、合理化，做到"人尽其才、物尽其用"将合适的人放到合适的工作岗位上。

（3）建立合理的薪酬激励体系和制度，既要体现绩效主导、严肃管理的存在性，又要体现员工贡献所得到的报酬，做到人文关怀。

（4）建立有效的绩效考核制度，实现对员工评价、沟通、激励的多重功效。

十二、项目职业安全健康管理

职业安全健康管理体系是 20 世纪 80 年代后期在国际上兴起的现代化安全管理模式，是一套系统化、程序化具有高效自我约束、自我完善的科学管理体系，与我国的"安全第一、预防为主"的基本方针相一致，具有很高的科学性、安全性和实效性。

1. 职业安全健康管理体系共分为一级要素 5 个，二级要素 15 个，它们之间具有以下关系。

（1）危险源是职业安全健康管理体系的管理核心。

（2）职业安全健康管理体系必须以遵守法律为最低要求并不断改进。

（3）明确组织机构与职责是实施职业安全健康管理体系的必要条件。

（4）职业安全健康目标和管理方案是实现持续改进的重要途径。

（5）运行控制是组织控制其风险的关键步骤。

（6）职业安全健康管理体系的监控系统对体系运行起保障作用。

2. 职业安全健康管理体系中相关定义。

（1）重大危险：组织通过危险评价，确定的不可容许或不可接受的危害。

（2）四不放过：事故原因未查明不放过、责任人未处理不放过、整改措施未落实不放过、有关人员未受到教育不放过。

（3）三同时：新建、扩建、改建、技术改造和引进的工程项目，其劳动安全健康设施、消防设施必须与主体工程同时设计、同时施工、同时投产使用。

（4）三级安全教育：厂家教育、车间教育、班组教育。

（5）轻伤事故：因工受伤后休息在 1 个工作日以上、105 个工作日以内，但不够重伤的事故。

（6）重伤事故：因工受伤损失工作日等于或超过 105 个工作日的失能事故。

（7）死亡事故：发生事故当时死亡和负伤后一个月内死亡的事故。

（8）非伤亡事故：发生事故以后只造成财产损失而未发生人员伤亡的事故。

（9）职业病：劳动者在生产劳动及其他职业活动中，因接触职业因素引起的疾病。

十三、项目环境管理体系

项目环境管理体系由 5 大部分内容、17 个要素组成。

1. 环境管理体系的 5 大内容：包含环境方针、规划、实施与运行、检查、管理评审。包含了环境管理体系的建立过程和建立后有计划的评审及持续改进的循环，以保证内部环境管理体系的不断完善和提高。

2. 项目环境管理体系 17 个要素：包含环境方针，环境因素，法律、法规和其他要求，目标、指标和方案，合规性评价，资源、作用、职责和权限，能力、培训与意识，信息交流，文件，文件控制，运行控制，应急准备和响应，监测和测量，不符合、纠正与预防措施，记录控制，内部审核，管理评审（表6-1）。

表6-1　环境管理体系中的一级要素和二级要素

项　目	一级要素	二级要素
要素名称	（一）环境方针	1. 环境方针
	（二）规划（策划）	2. 环境因素 3. 法律、法规和其他要求 4. 目标、指标和方案
	（三）实施和运行	5. 资源、作用、职责和权限 6. 能力、培训与意识 7. 信息交流 8. 文件 9. 文件控制 10. 运行控制 11. 应急准备和响应
	（四）检查	12. 监测和测量 13. 合规性评价 14. 不符合、纠正与预防措施 15. 记录控制 16. 内部审核
	（五）管理评审	17. 管理评审

十四、项目应急预案管理系统的建立

1. 应急预案框架结构

应急管理系统是一个完整的基于硬件软件平台、具有一个完整的保障体系和安全体系，具有各类接入设备和技术，能够充分利用信息数据库、知识库、案例库及时进行决策的结构。

一个完整的应急管理系统通常具有以下特点。

（1）包含多种通讯方式；

（2）具有有效的集成性；

（3）让领导的决策具有科学性；

（4）具有保证在第一时间、以最佳的方式协调相关部门负责人的实效性；

（5）对于突发事件的处理具有严密的安全性；

（6）具有解决突发事件的准确定位、快速部署、实效指挥的针对性。

2. 应急预案管理机制的构成

对于突发事件的管理机制通常由体系运行机制、预警机制、紧急处置机制、善后协调机制以及评估机制。

3. 应急预案管理的概念

所谓应急预案是针对可能发生或将要发生的重大事故或灾害，为了保证能够迅速、有效、有序地开展应急与救援行动，从而降低事故损失而预先制定的相关计划或者方案。一旦所预测的事故发生，就可以按照事先制定的预案行动，同时在实施过程中需要根据事态的实际发展状况及时调整行动方案，控制事态的进一步发展，将可能产生的损失降到最低，从而维护整体利益和长远利益。

4. 应急预案的 6 大要素

（1）情景：一切涉及预案编制和实施的突发事件的情况及背景；

（2）客体：就是预案所实施的对象；

（3）主体：就是预案实施过程中的决策者、组织者、执行者等组织或个人；

（4）目标：是指预案实施所要达到的目的或效果；

（5）措施：是指预案实施过程中所采取的方式、方法、手段。

5. 应急预案需要遵守的 4 个准则

（1）科学性；

（2）可操作性；

（3）动态性；

（4）系统性。

6. 应急预案需要重视的 3 个阶段

（1）事前（潜伏期）；

（2）事中（爆发期）；

（3）事后（解决期）；

7. 应急预案的基本内容

注意应急预案是针对可能发生的重大事故所需的应急准备和应急行动而制定的指导性文件。其核心内容如下：

（1）预测、预警。对突发事件及其后果的预测、辨识、评估。

（2）职责分配。在分级处理的原则指导下，明确应急管理相关部门、人员的职责。明确到具体部门的具体负责人是谁，这个人的权利和义务有哪些。

（3）处置的基本方案。按照保护生命、财产、环境的顺序为主要方案。

（4）应急资源。指在应急管理中的人员、设备、设施、物质、经费和其他资源。

（5）灾后恢复。恢复灾后生产工作、消除影响。

十五、项目安全方案的专家论证

《危险性较大的分部分项工程安全管理办法》建质【2009】87 号

第一条　为加强对危险性较大的分部分项工程安全管理，明确安全专项施工方案编制内容，规范专家论证程序，确保安全专项施工方案实施，积极防范和遏制建筑施工生产安全事故的发生，依据《建设工程安全生产管理条例》及相关安全生产法律法规制定本办法。

第二条　本办法适用于房屋建筑和市政基础设施工程（以下简称"建筑工程"）的新建、改建、扩建、装修和拆除等建筑安全生产活动及安全管理。

第三条　本办法所称危险性较大的分部分项工程是指建筑工程在施工过程中存在的、可能导致作业人员群死群伤或造成重大不良社会影响的分部分项工程。危险性较大的分部分项工程范围见附件一。

危险性较大的分部分项工程安全专项施工方案（以下简称"专项方案"），是指施工单位在编制施工组织（总）设计的基础上，针对危险性较大的分部分项工程单独编制的安全技术措施文件。

第四条　建设单位在申请领取施工许可证或办理安全监督手续时，应当提供危险性较大的分部分项工程清单和安全管理措施。施工单位、监理单位应当建立危险性较大的分部分项工程安全管理制度。

第五条　施工单位应当在危险性较大的分部分项工程施工前编制专项方案；对于超过一定规模的危险性较大的分部分项工程，施工单位应当组织专家对专项方案进行论证。超过一定规模的危险性较大的分部分项工程范围见附件二。

第六条　建筑工程实行施工总承包的，专项方案应当由施工总承包单位组织编制。其中，起重机械安装拆卸工程、深基坑工程、附着式升降脚手架等专业工程实行分包的，其专项方案可由专业承包单位组织编制。

第七条　专项方案编制应当包括以下内容：

（一）工程概况：危险性较大的分部分项工程概况、施工平面布置、施工要求和技术保证条件。

（二）编制依据：相关法律、法规、规范性文件、标准、规范及图纸（国标图集）、施工组织设计等。

（三）施工计划：包括施工进度计划、材料与设备计划。

（四）施工工艺技术：技术参数、工艺流程、施工方法、检查验收等。

（五）施工安全保证措施：组织保障、技术措施、应急预案、监测监控等。

（六）劳动力计划：专职安全生产管理人员、特种作业人员等。

（七）计算书及相关图纸。

第八条　专项方案应当由施工单位技术部门组织本单位施工技术、安全、质量等部门的专业技术人员进行审核。经审核合格的，由施工单位技术负责人签字。实行施工总承包的，专项方案应当由总承包单位技术负责人及相关专业承包单位技术负责人签字。

不需专家论证的专项方案，经施工单位审核合格后报监理单位，由项目总监理工程师审核签字。

第九条　超过一定规模的危险性较大的分部分项工程专项方案应当由施工单位组织召开专家论证会。实行施工总承包的，由施工总承包单位组织召开专家论证会。

下列人员应当参加专家论证会：

（一）专家组成员；

（二）建设单位项目负责人或技术负责人；

（三）监理单位项目总监理工程师及相关人员；

（四）施工单位分管安全的负责人、技术负责人、项目负责人、项目技术负责人、专项方案编制人员、项目专职安全生产管理人员；

（五）勘察、设计单位项目技术负责人及相关人员。

第十条　专家组成员应当由5名及以上符合相关专业要求的专家组成。

本项目参建各方的人员不得以专家身份参加专家论证会。

第十一条　专家论证的主要内容：

（一）专项方案内容是否完整、可行；

（二）专项方案计算书和验算依据是否符合有关标准规范；

（三）安全施工的基本条件是否满足现场实际情况。

专项方案经论证后，专家组应当提交论证报告，对论证的内容提出明确的意见，并在论证报告上签字。该报告作为专项方案修改完善的指导意见。

第十二条　施工单位应当根据论证报告修改完善专项方案，并经施工单位技术负责人、项目总监理工程师、建设单位项目负责人签字后，方可组织实施。

实行施工总承包的，应当由施工总承包单位、相关专业承包单位技术负责人签字。

第十三条　专项方案经论证后需做重大修改的，施工单位应当按照论证报告修改，并重新组织专家进行论证。

第十四条　施工单位应当严格按照专项方案组织施工，不得擅自修改、调整专项方案。

如因设计、结构、外部环境等因素发生变化确需修改的，修改后的专项方案应当按本办法第八条重新审核。对于超过一定规模的危险性较大工程的专项方案，施工单位应当重新组织专家进行论证。

第十五条　专项方案实施前，编制人员或项目技术负责人应当向现场管理人员和作业人员进行安全技术交底。

第十六条　施工单位应当指定专人对专项方案实施情况进行现场监督和按规定进行监测。发现不按照专项方案施工的，应当要求其立即整改；发现有危及人身安全紧急情况的，应当立即组织作业人员撤离危险区域。

施工单位技术负责人应当定期巡查专项方案实施情况。

第十七条　对于按规定需要验收的危险性较大的分部分项工程，施工单位、监理单位应当组织有关人员进行验收。验收合格的，经施工单位项目技术负责人及项目总监理工程师签字后，方可进入下一道工序。

第十八条　监理单位应当将危险性较大的分部分项工程列入监理规划和监理实施细则，应当针对工程特点、周边环境和施工工艺等，制定安全监理工作流程、方法和措施。

第十九条　监理单位应当对专项方案实施情况进行现场监理；对不按专项方案实施的，应当责令整改，施工单位拒不整改的，应当及时向建设单位报告；建设单位接到监理单位报告后，应当立即责令施工单位停工整改；施工单位仍不停工整改的，建设单位应当及时向住房城乡建设主管部门报告。

第二十条　各地住房城乡建设主管部门应当按专业类别建立专家库。专家库的专业类别及专家数量应根据本地实际情况设置。

专家名单应当予以公示。

第二十一条　专家库的专家应当具备以下基本条件：

（一）诚实守信、作风正派、学术严谨；

（二）从事专业工作15年以上或具有丰富的专业经验；

（三）具有高级专业技术职称。

第二十二条　各地住房城乡建设主管部门应当根据本地区实际情况，制定专家资格审查办法和管理制度并建立专家诚信档案,及时更新专家库。

第二十三条 建设单位未按规定提供危险性较大的分部分项工程清单和安全管理措施,未责令施工单位停工整改的,未向住房城乡建设主管部门报告的;施工单位未按规定编制、实施专项方案的;监理单位未按规定审核专项方案或未对危险性较大的分部分项工程实施监理的;住房城乡建设主管部门应当依据有关法律法规予以处罚。

第二十四条 各地住房城乡建设主管部门可结合本地区实际,依照本办法制定实施细则。

第二十五条 本办法自颁布之日起实施。原《关于印发<建筑施工企业安全生产管理机构设置及专职安全生产管理人员配备办法>和<危险性较大工程安全专项施工方案编制及专家论证审查办法>的通知》(建质〔2004〕213号)中的《危险性较大工程安全专项施工方案编制及专家论证审查办法》废止。

附件一:危险性较大的分部分项工程范围

附件二:超过一定规模的危险性较大的分部分项工程范围

附件一 危险性较大的分部分项工程范围

一、基坑支护、降水工程

开挖深度超过3m(含3m)或虽未超过3m但地质条件和周边环境复杂的基坑(槽)支护、降水工程。

二、土方开挖工程

开挖深度超过3m(含3m)的基坑(槽)的土方开挖工程。

三、模板工程及支撑体系

(一)各类工具式模板工程:包括大模板、滑模、爬模、飞模等工程。

(二)混凝土模板支撑工程:搭设高度5m及以上;搭设跨度10m及以上;施工总荷载10kN/m² 及以上;集中线荷载15kN/m及以上;高度大于支撑水平投影宽度且相对独立无联系构件的混凝土模板支撑工程。

(三)承重支撑体系:用于钢结构安装等满堂支撑体系。

四、起重吊装及安装拆卸工程

(一)采用非常规起重设备、方法,且单件起吊重量在10kN及以上的起重吊装工程。

(二)采用起重机械进行安装的工程。

(三)起重机械设备自身的安装、拆卸。

五、脚手架工程

(一)搭设高度24m及以上的落地式钢管脚手架工程。

(二)附着式整体和分片提升脚手架工程。

(三)悬挑式脚手架工程。

(四)吊篮脚手架工程。

(五)自制卸料平台、移动操作平台工程。

(六)新型及异型脚手架工程。

六、拆除、爆破工程

(一)建筑物、构筑物拆除工程。

（二）采用爆破拆除的工程。

七、其他

（一）建筑幕墙安装工程。

（二）钢结构、网架和索膜结构安装工程。

（三）人工挖扩孔桩工程。

（四）地下暗挖、顶管及水下作业工程。

（五）预应力工程。

（六）采用新技术、新工艺、新材料、新设备及尚无相关技术标准的危险性较大的分部分项工程。

附件二　超过一定规模的危险性较大的分部分项工程范围

一、深基坑工程

（一）开挖深度超过 5m（含 5m）的基坑（槽）的土方开挖、支护、降水工程。

（二）开挖深度虽未超过 5m，但地质条件、周围环境和地下管线复杂，或影响毗邻建筑（构筑）物安全的基坑（槽）的土方开挖、支护、降水工程。

二、模板工程及支撑体系

（一）工具式模板工程：包括滑模、爬模、飞模工程。

（二）混凝土模板支撑工程：搭设高度 8m 及以上；搭设跨度 18m 及以上；施工总荷载 15kN/m^2 及以上；集中线荷载 20kN/m 及以上。

（三）承重支撑体系：用于钢结构安装等满堂支撑体系，承受单点集中荷载 700kg 以上。

三、起重吊装及安装拆卸工程

（一）采用非常规起重设备、方法，且单件起吊重量在 100kN 及以上的起重吊装工程。

（二）起重量 300kN 及以上的起重设备安装工程；高度 200m 及以上内爬起重设备的拆除工程。

四、脚手架工程

（一）搭设高度 50m 及以上落地式钢管脚手架工程。

（二）提升高度 150m 及以上附着式整体和分片提升脚手架工程。

（三）架体高度 20m 及以上悬挑式脚手架工程。

五、拆除、爆破工程

（一）采用爆破拆除的工程。

（二）码头、桥梁、高架、烟囱、水塔或拆除中容易引起有毒有害气（液）体或粉尘扩散、易燃易爆事故发生的特殊建、构筑物的拆除工程。

（三）可能影响行人、交通、电力设施、通讯设施或其他建、构筑物安全的拆除工程。

（四）文物保护建筑、优秀历史建筑或历史文化风貌区控制范围的拆除工程。

六、其他

（一）施工高度 50m 及以上的建筑幕墙安装工程。

（二）跨度大于 36m 及以上的钢结构安装工程；跨度大于 60m 及以上的网架和索膜结构安装工程。

（三）开挖深度超过 16m 的人工挖孔桩工程。

（四）地下暗挖工程、顶管工程、水下作业工程。

（五）采用新技术、新工艺、新材料、新设备及尚无相关技术标准的危险性较大的分部分项工程。

第二节　施工组织方案示例

一、编制所依据的相关规范

1. 建筑设计类

建筑设计规范	适用	参考	备注
《建筑结构荷载规范》	✓		
《钢结构设计规范》（GB 50017—2003）	✓		
《建筑设计防火规范》（GB 50016—2006）	✓		
《高层民用建筑设计防火规范》（GB 50045—1995，2005 版）	✓		
《民用建筑热工设计规范》（GB 50176—1993）	✓		
《民用建筑隔声设计规范》（GB 50118—2010）	✓		
《建筑抗震设计规范》（GB 50011—2010）	✓		
《建筑物防雷设计规范》（GB 50057—2010）	✓		
《公共建筑节能设计标准》（GB 50189—2005）	✓		

2. 幕墙设计类

幕墙设计规范	适用	参考	备注
《建筑幕墙》（GB/T 21086—2007）	✓		
《玻璃幕墙工程技术规范》（JGJ 102—2003）	✓		
《金属与石材幕墙工程技术规范》（JGJ 133—2001）	✓		
《玻璃幕墙工程质量检验标准》（JGJ/T 139—2001）	✓		
《建筑装饰装修工程质量验收规范》（GB 50210—2001）	✓		
《建筑幕墙平面内变形性能检测方法》（GB/T 18250—2000）	✓		
《建筑幕墙气密、水密、抗风压性能检测方法》（GB/T 15227—2007）	✓		

3. 铝型材规范

铝型材设计规范	适用	参考	备注
《铝合金建筑型材》（GB 5237.1～5—2008）	✓		
《建筑用铝型材、铝板氟碳涂层》（JG/T 133—2000）			
《变形铝及铝合金化学成分》（GB/T 3190—2008）	✓		

4. 钢材类

设计依据及规范	适用	参考	备注
《碳素结构钢》（GB/T 700—2006）	✓		
《冷弯型钢》（GB/T 6725—2008）			
《碳素结构钢和低合金结构钢热轧厚钢板和钢带》（GB/T 3274—2007）			
《建筑用轻钢龙骨》（GB/T 11981—2008）	✓		

5. 石材类

设计依据及规范	适　用	参　考	备　注
《天然花岗石建筑板材》（GB/T 18601—2009）	✓		
《天然板石》（GB/T 18600—2009）			
《干挂饰面石材及其金属挂件》（JC 830.1～830.2—2005）			
《岩石平板》（GB/T 20428—2006）			
《天然石灰石建筑板材》（GB/T 23453—2009）			
《天然砂岩建筑板材》（GB/T 23452—2009）			

6. 胶等密封制品规范

设计依据及规范	适　用	参　考	备　注
《建筑用硅酮结构密封胶》（GB 16776—2005）	✓		
《饰面石材用胶粘剂》（GB 24264—2009）	✓		
《聚硫建筑密封胶》（JC/T 483—2006）	✓		
《非结构承载用石材胶粘剂》（JC/T 989—2006）	✓		
《建筑装饰用天然石材防护剂》（JC/T 973—2005）			
《干挂石材幕墙用环氧胶粘剂》（JC 887—2001）			
《石材用建筑密封胶》（GB/T 23261—2009）	✓		

二、工程概况

1. 工程名称：

×××××石材幕墙工程

2. 建设地点：

×××××路×××号

3. 结构形式：

全现浇钢筋混凝土框架-剪力墙

4. 业主、设计、监理、总包单位：

建设单位：×××××置业有限公司

建筑设计师：×××××事务所

建筑设计单位：×××××建筑设计工程有限公司

外墙设计：×××××工程咨询有限公司

监理单位：×××××建筑工程咨询有限公司

总包单位：×××××建设工程股份有限公司

5. 项目简介

该工程位于×××××路×××号，供应及安装分包工程幕墙面积为×××××平方米，地上25层，建筑最大高度×××米；标准层高为×××米；主体结构形式：钢筋混凝土框架剪力墙结构；建筑耐久年限：50年；建筑耐火等级：一级；抗震设防烈度：八度。

6. 幕墙工程概述：

本建筑主要幕墙形式有框架结构×××××幕墙。

7. 幕墙专业承包范围

根据合同文件要求完成分包工程内容，如合同图纸及工程规范所示，本分包工程内容包括以下工程：

（1）合同图纸中标明的全部工作内容。

（2）幕墙及门窗工程中的全部材料的采购、加工制作、试验、运输、施工安装及门窗工程的竣工清洁、保修等。

（3）幕墙工程与墙体避雷后置埋件的连接，并与大厦防雷系统连接。

（4）幕墙与主体结构之间的层间防火封堵工程。

三、施工部署

1. 工程管理目标

（1）质量目标

我司确保本工程质量达到×××等级。

（2）幕墙工程工期目标

幕墙工程的开工日期：20××年×××月×××日

幕墙工程的完工日期：20××年××月××日

（3）安全目标

贯彻实施"安全第一、预防为主"的方针，在施工中达到无伤亡、无重伤、无火灾、无中毒、无坍塌的目标，杜绝重大安全事故的发生，并确保达到北京市"安全文明样板工地"标准。

（4）文明施工目标

严格执行文明施工措施，配合总包确保将力宝中心南区幕墙工程安全顺利高质量的完成。

（5）环保目标

在施工过程中符合环境管理标准 ISO 14001 的要求，确保施工区无废水、无废渣，及时清理垃圾，车辆进出工地进行特别清理，控制现场施工噪声。

2. 现场施工部署

（1）施工段划分

为确保工期，提高施工效率，降低施工费用，便于组织管理，并结合工程现状，根据本工程特点、工期要求，计划将本工程划分为×××个施工段，具体划分见表6-2。

表 6-2　施工阶段划分

序　号	幕墙部位	轴线位置	标　高	备　注
1	7#楼	1 – 1-1-7 轴/1-A-1-E 轴	22. 200 至 95. 300m	
2	10#楼	4-1-4-4 轴/4-A-4-E 轴	30. 200 至 97. 300m	
3	9#楼	4-1-4-4 轴/4-A-4-E 轴	10. 200 至 107. 300m	

（2）施工段顺序

第 1 批、9#楼 5 ~ 10 层主龙骨、面材、装饰扣盖

第 2 批、9#楼 5 ~ 10 层主龙骨、面材、装饰扣盖

第 3 批、7#楼 5~10 层主龙骨、面材、装饰扣盖

第 4 批、9#楼 11~15 层主龙骨、面材、装饰扣盖

第 5 批、9#楼 11~15 层主龙骨、面材、装饰扣盖

第 6 批、7#楼 11~15 层主龙骨、面材、装饰扣盖

第 7 批、9#楼 16~20 层主龙骨、面材、装饰扣盖

第 8 批、9#楼 16~20 层主龙骨、面材、装饰扣盖

第 9 批、7#楼 16~20 层主龙骨、面材、装饰扣盖

第 10 批、9#楼 21~顶层主龙骨、面材、装饰扣盖

第 11 批、9#楼 21~顶层主龙骨、面材、装饰扣盖

第 12 批、7#楼 21~顶层主龙骨、面材、装饰扣盖

（3）施工顺序

根据甲方及总包要求，尽力在施工节点时间完成封闭，首先裙 7#楼→4#楼→1#楼的顺序。其具体的施工总平面图及计划见附页。

3. 项目组织机构

我公司结合以往工程施工的管理经验，并结合本工程的特点，组织了一个精干、高效的项目管理班子，来完成本幕墙工程的施工安装。

（1）项目部组织机构（图 6-7）

（2）项目经理部各人员职责

①项目经理职责

a. 贯彻执行国家及地方政府的有关法律、法规和政策，执行公司的各项管理制度，认真执行公司《质量方针》，保证按 ISO 9001 标准的要求进行工程项目管理。

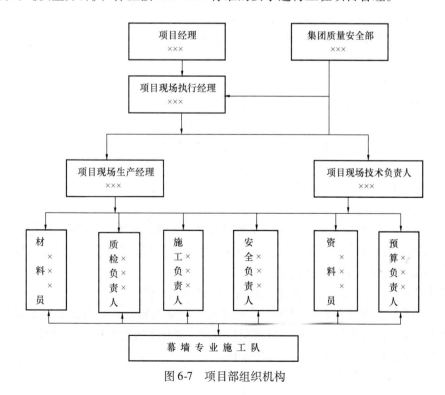

图 6-7　项目部组织机构

b. 科学组织和管理进入项目工地的人、财、物等资源，协调和管理分包商，做好人力、物力和机械设备的调配与供应，及时解决施工中出现的问题。

c. 协调与工地其他有关各方包括业主、总包、监理和其他分包商等方面的关系并出面解决与之相关的问题。

d. 负责对监理、总包、甲方月度工程量的审报，并按计划回收进度款。

e. 负责对施工队月度完成工程量的审核，并申请安装费。

f. 控制支配项目费的使用。

g. 组织每周的质量、安全大检查。

h. 组织每两周一次的质量、进度、安全评审会、督促和帮助项目部员工完成岗位工作，每周对各岗位工作进行检查。

i. 组织召开每日例会，组织每周一次的质量、安全、文明施工大检查。

j. 组织工程竣工验收及竣工资料的整理、交接。

k. 组织项目部每周一次的培训、学习工作，做培训记录。

l. 项目重大问题与负责与公司协调解决。

m. 负责工程重大技术洽商、变更及工程追加款的签认。

②生产经理职责

a. 具体负责材料管理、工程预决算、合同管理、财务管理等经营过程中的相关工作。

b. 对预算员的日常工作予以具体的指导与帮助，协助解决施工中出现的疑难问题。

c. 全面负责幕墙工程预算、结算的汇总工作，并在报送业主前五天内送公司财务经营部审核。

d. 配合项目经理进行成本预测，负责项目承包指标的测算工作。

e. 负责工程洽商变更及组织经济索赔工作。

f. 协助项目经理编制月度施工计划，负责每月对业主（或监理）以及公司的统计报量工作，建立项目统计报量工作台帐。

③技术负责人职责

a. 对工程技术任务的计划、进度进行落实。

b. 负责投标方案的审核及执行情况，实现投标方案与深化设计的有效转化与衔接。

c. 负责审查工程设计方案的结构、工艺实施的合理性、经济性。

d. 组织设计评审，对设计过程进行控制，保证最终的设计质量。

e. 负责全过程技术工作的协调处理工作。

④施工负责人职责

a. 编制单位工程的施工组织设计、方案的修改，做到方案领先，推广新工艺、新技术。

b. 参加施工图会审、设计交底，参加施工方案会审及交底工作，做好会议纪要。

c. 参与技术复核、隐蔽工程验收工作。

d. 负责工程技术资料收集、积累、归档、信息反馈工作。

e. 把上级规定的施工规范、规程、技术规定、质量规划、施工措施变成通俗易懂的条文，通过技术交底向相关的施工员或班组交待清楚，并在实施过程中认真检查。

f. 负责各类翻样图和外加工图、单的复核。

g. 负责技术复核、隐蔽验收。

h. 及时办理技术核单。

i. 参与单位工程的质量验收，负责竣工图编制，协助搞好资料档案工作。

j. 每天参加施工员组织的对施工班组质量、安全、工期等给予评定、考核工作。

⑤质检工程师职责

a. 负责对每道工序施工前的技术交底，做交底记录，有被交底人签字（主要工序有：测量放线、埋件、焊接、龙骨安装、幕墙板块安装、打胶等）。

b. 组织工序样板制作安装，并验收。

c. 过程检验：在施工过程中，质量员每天不少于 2 次、每次不少于 2 小时的巡检，发现小问题现场解决，比较大的质量问题下发《质量整改通知单》，限期整改，并负责质量处罚单的签发；每道工序的每一验收批在巡检完成后填写相关质量抽检单，记录质量情况。每日例会对当天发现的质量问题的评判。

d. 负责施工方案、质量计划的起草编制。

e. 检查验收施工队的工序报验，并签署意见。

f. 组织向总包、监理的工序质量报验，并填写相关报验单、隐检单和质评表。

g. 参加项目经理主持的每周的质量评审会，描述质量计划的执行状况，评判质量问题，改进质量管理。

h. 回复总包、监理有关质量问题的发文并负责落实整改有关质量问题。

i. 解决图纸技术问题，审核加工单，参加各种质量技术会，牵头与各协助单位有关质量问题的处理。

g. 各种技术资料的整理、编目、归档。

⑥安全负责人职责

a. 进场安全教育，并进行"安全教育试卷"考核，留档。

b. 编制职工花名册，及时进行动态管理。

c. 编制现场安全管理制度并负责贯彻。

d. 每道工序施工前的安全交底，检查每个施工班组的日安全上岗记录，负责与总包的安全负责人进行有关安全方面的协调。

e. 现场安全检查：安全帽、安全带的正确配戴、施工安全用电、机械操作、电器设备的安全检查，消防设施、文明施工、高空作业的检查，填写日安全检查记录。

f. 参加每周质量、安全大检查并对安全做评定。

g. 对违反安全要求的处罚权。

h. 相关安全资料的收集、整理。

i. 定期组织工人安全培训。

⑦项目资料员职责

a. 做好业主、监理、总包有关文件的收到和发放登记工作，并保留原件一套存档。

b. 根据工程进度和施工情况，联系有关部门收集下列有关原始资料（原件）。与技术部联系，收集施工技术文件资料。与材料部联系，收集施工材料质量保证文件。与设计部联系，收集设计变更依据性文件。

c. 根据施工工序随时拍摄有关工程照片或录像。

d. 根据业主、监理、总包及有关规定执进行竣工资料收集、整理、归档。

4. 劳动力计划

由于本工程在劳动力组织方面必须根据工期开展的实际进度与现场施工条件的具体情况，进行现场科学管理，对人力资源进行交替、穿插等合理调配，科学地安排劳动力。

（1）劳动力安排和要求

①劳动力安排

劳动力安排是否合理以及素质的高低同样也是影响工程安装质量与进度计划落实之关键。我司将从以下几个方面作出安排：

本工程随着施工逐步的展开，主要工种安排有：测量放线工、技术安装工、运输工、电焊工、电工、打胶工等。

②劳动力基本要求

a. 遵纪守法、身体健康，年龄在45周岁以下；

b. 经过专门技术培训、经考核合格，并持有相关部门认可的上岗证等；

c. 特种作业人员必须具有特种作业证方可上岗作业。

（2）人员进场配量表（表6-3）

表6-3　人员进场配量

工种级别	按工程施工阶段投入人力情况			
	前期人数	中期人数	后期人数	最多人数
安装技工	30	70	40	60
测量放线	6	6	4	6
搬运工	10	20	10	20
打胶工	8	8	20	8
电工	1	2	2	2
焊工	6	12	6	12
材料员	1	4	1	4
技术员	1	3	1	3
质量员	2	2	2	2
库房管理员	1	2	1	2
安全员	1	2	1	2

本工程施工高峰期人数合计：131 人

备注	1. 特殊工种持证上岗；
	2. 实际施工中各分部分项工程投入人数按具体情况安排。

5. 主要设备材料、构件的用量计划

主要施工机械配备用量及进场计划表（表6-4）

表6-4　主要施工机械配备用量及进场计划

序号	机械设备名称	型号/规格	单 位	数 量	进场时间
1	全站仪	索佳230R	台	0	
2	经纬仪	GJD2	台	2	使用前7天
3	水准仪	AL332	台	2	使用前7天
4	激光垂准仪	DZ13-L1	台	0	
5	激光接收靶	100×100	台	0	
6	电动葫芦	MD206M	台	0	
7	手动玻璃吸盘		个	6	使用前7天
8	1吨手拉葫芦	HSZ-A618	台	3	使用前7天
9	电控卷扬机	2吨/200米	台	0	
10	叉车	3吨	台	0	使用前7天
11	三级配电箱	DPXL	台	4	使用前7天
12	流动配电箱		台	5	使用前7天
13	手电钻	BOSCH	台	10	使用前7天
14	台钻	Z516-1A	台	2	使用前7天
15	铆钉枪	HANDRIVETER	支	15	使用前7天
16	射钉枪	南山	支	6	使用前7天
17	手持胶枪		支	7	使用前7天
18	电焊机	BX1-315-1	个		使用前7天
19	电焊机	BX-180A	个	4	使用前7天
20	电焊机	BX1-500	个		使用前7天
21	清洗机		台	0	使用前7天
22	冲击钻	PR-38E	个	5	使用前7天
23	电锤	GBH5-38D	个	2	使用前7天

6. 施工用水用电计划

考虑到幕墙施工用水、用电量不大，不再另行设水电供给设施，在幕墙施工过程中的用水用电，由总包预留出接驳位置，提供施工用水及Ⅱ级配电箱。用水用电量由我司与总包单位商议决定计量方式。

（1）用水计划

幕墙施工用水量不多。幕墙施工过程中不设用水设施。在幕墙安装完成后，进行淋水试验时采用消防用水管道供水。

（2）用电计划

现场施工时主要的机电设备是电焊机、电动切割锯、电钻等，用电量最大的是电焊机，电路布置应以电焊机的布置为主要考虑因素。电源从专业闸箱接出，并设Ⅱ级电箱一套，施工用电均从设立的Ⅱ级电箱中接出，电线采用悬挂式接至各施工用电区。

电焊机布置在建筑物的室内，根据幕墙结构制作地点的变化，其位置在楼层平面内变化，也在各楼层间改变。为方便施工，希望各个楼层都能接到可靠的电源。

四、施工准备

1. 技术准备

（1）熟悉图纸，准备图纸会审

①组织相关管理人员认真阅读熟悉图纸，领会设计意图，掌握工程建筑和结构的形式和特点，了解工程的施工难点以及在施工过程中需要采用的新技术。

②在工程开工前，积极参加由业主组织的图纸会审，审查施工图纸是否完整和齐全，施工图纸及其各组成部分之间是否有矛盾和错误，在尺寸、坐标和说明方面是否一致，技术要求是否明确，核对土建与钢结构安装方面是否协调一致。

（2）编制施工组织设计和施工方案

组织我司技术部门及与本工程相关人员，在投标方案的基础上，编制更加翔实的施工组织设计，并于工程开工前编制完成，报业主、总包、工程监理审批，指导工程施工。随工程进展，各主要分部分项工程施工方案或作业指导书陆续编制完成并不断完善。

（3）样板计划

施工过程中坚持实行样板引路制度。施工前编制样板计划表，明确样板施工部位，在经业主、总包批准的现场样板区内进行施工，保证主要工序的工艺质量满足质量验收标准。所有样板施工完成并报业主、总包、工程监理确认后，方可大面积施工。

（4）技术交底

①根据审批的施工组织设计，在项目总工程师的主持下，对工程施工人员三级技术交底，使所有施工人员了解本工程的施工方法、施工中的重点和难点、施工工艺、施工进度计划等。

②我司拟从以下三方面做好技术交底工作：

a. 设计人员向参与本工程安装的项目技术人员、施工员、质检员进行技术交底，使之明了本工程的设计意图、工程难点以及生产施工过程中的主要工艺控制。

b. 本项目部技术人员、施工员、质检员向参与本工程的安装队队长和施工员进行安装技术、质量、安全控制及工期要求的交底，使之明白本工程的工艺要求和质量、安全控制难点，以及工期的紧迫性。

c. 安装队长和技术员向所有参与本工程的施工人员进行讲解、示范，并有针对性地组织技术培训和安全培训，上岗前考核，合格后发证上岗。

2. 人员及设备准备

（1）人员的准备

①建立工程项目的领导机构；

②建立精干的施工队伍；

主要工种持证上岗情况（表6-5）

表6-5　主要工种持证上岗情况

序号	工种/岗位	数　量	证件名称	持证人数
1	安装技工	80		
2	电工	2	电工证	2
3	焊工	20	焊工证	20

续表

序号	工种/岗位	数　量	证件名称	持证人数
4	质量工程师	1	质检员证	1
5	安全工程师	1	安全员证	1
9	施工员	1	施工员证	1
10	材料员	1	资料员证	1

③组织施工队伍进场；

④向施工队伍、工人进行施工组织设计、进度计划和技术交底；

⑤制定施工队伍管理办法。

（2）施工现场准备

①首先完善施工场地的规划和布置，向总包咨询测量控制点，按照设计单位提供的建筑总平面图及座标控制网和水准控制点测设出外装平面控制网及标高控制线。

②确定施工用办公、制作、存储等临时用房。

③安装高度施工设备：按照施工设备需要量计划，组织施工设备进场，将施工设备安置在规定的地点。对固定的设备要进行就位、接电源、调试和保养等工作。对所有施工设备都必须在开工前进行检查试运转。

④保证好材料的储存和堆放，按照材料、零部件的需要量计划组织进场，并存放在指定地点。

⑤用水、用电：

在工程施工需用水、用电时，提前上报以便总包方统一安排，并严格按现场相关管理规定做好用水、用电工作，确保安全、规范、节约用水用电。

a. 编制原则

ⓐ为了贯彻项目工程"安全第一，预防为主"的方针。

ⓑ为了保证工程的顺利进行，保证用电安全，尽可能避免人民生命财产不被损害，特制定本方案。

b. 编制依据

ⓐ根据本工程的施工用地平面布置图。

ⓑ根据现场总包提供的总配电箱布置以及实际的作业环境。

ⓒ根据国家法律、法规，以及有关使用用电的各项规章制度。

ⓓ依据各用电设备的安全、消防操作规程。

c. 施工准备

机具准备见表6-6。

表6-6　机　具　准　备

序号	名称	数量	单位	状况	序号	名称	数量	单位	状况
1	电焊机	9	台	完好	9	铝材切割机	2	台	完好
2	焊把线	9	条	完好	10	冲击钻	9	台	完好
3	接地线	9	条	完好	11	攻丝机	1	台	完好
4	三级电箱	5	个	完好	12	角磨机	6	台	完好
5	手提电箱	12	个	完好	13	手电钻	6	台	完好
6	电源线	13	条	完好	14	日光灯	7	个	完好
7	台钻	2	台	完好	15	电圆锯	1	台	完好
8	钢材切割机	3	台	完好	16	矿灯	1	个	完好

d. 施工照明

ⓐ施工现场照明应采用高光效、长寿命的照明光源。工作场所不得只装设局部照明，对于需要大面积的照明场所，应采用高压汞灯、高压钠灯或碘钨灯，灯头与易燃物的净距离不小于 0.3m。流动碘钨灯采用金属支架安装时，支架应稳固，灯具与金属支架之间必须用不小于 0.2m 的绝缘材料隔离。

ⓑ施工照明灯具露天装设时，应采用防水式灯具，距地面高度不得低于 3m。工作棚、场地的照明灯具，可分路控制，每路照明支线上连接灯数不得超过 10 盏；若超过 10 盏时，每个灯具上应装设熔断器。

ⓒ室内照明灯具距地面不得低于 2.4m。每路照明支线上灯具和插座数不宜超过 25 个，额定电流不得大于 15A，并用熔断器或自动开关保护。

一般施工场所宜选用额定电压为 220V 的照明灯具，不得使用带开关的灯头，应选用螺口灯头。相线接在与中心触头相连的一端。灯头的绝缘外壳不得有损伤和漏电，照明灯具的金属外壳必须做保护接零。单项回路的照明开关箱内必须装设漏电保护开关。

ⓓ现场照明的工作灯，照明电压应不大于 36V。在特别潮湿、导电良好的地面、金属容器内工作的照明灯具，电源电压不得大于 12V。

ⓔ照明线路不得拴在金属脚手架及其他金属上，严禁在地面上乱拉、乱拖。灯具需要安装在金属脚手架及其他金属上时，线路和灯具必须用绝缘物与其隔开，且距离工作面高度在 3m 以上。控制刀闸应配有熔断器和防雨措施。

ⓕ施工现场的照明灯具应采用分组控制或单灯控制。

（ⅰ）配电箱与开关箱

• 配电系统应实行分级配电，即分为总配电箱、分配电箱和开关箱三级。

• 动力配电箱与照明配电箱宜分别设置，如合置在同一配电箱内，动力合照明线路应分路设置。

• 分配电箱与开关箱的距离原则上不得超过 30m。开关箱与其控制的固定式用电设备的水平距离不宜超过 3m，与手持电路工具的距离不宜大于 5m。

• 配电箱、开关箱应采用铁板或优质材料制作，铁板的厚度应大于 1.5mm。不得使用木制的配电箱。箱体外观应完善、坚固、防雨、防尘。箱门不得采用上下开启式，并防止碰触箱内电器。

• 配电箱、开关箱的装设应端正、牢固。固定式配电箱、开关箱的下底与地面的垂直距离应大于 1.3m，小于 1.5m；移动式分配电箱的下底与地面的垂直距离应大于 0.6m，小于 1.5m。携带式开关箱应有 100~200mm 的箱腿，开关箱必须立放，禁止倒放。

• 配电箱、开关箱应装设在干燥、通风即常温的场所，不得装设在有严重损伤作用的瓦斯、烟气、蒸汽和有侵蚀性气、液体的场所。

• 配电箱下方地面应平整、坚实，无下沉、积水，不得堆放任何妨碍操作、维修的物品。

• 总配电箱应设在靠近电源的地点，分配电箱应装设在用电设备或负荷相对集中的地点。

配电箱内电器应首先安装在金属或非木质的绝缘电器安装板上，整体紧固在配电箱体内。金属板应作保护接零。

- 配电箱、开关箱内的电器和导线严禁有任何带电明露部位。相线不得使用端子板进行连接。
- 配电箱、开关箱的进、出线口应有护套并做防水弯。
- 配电箱箱体应外涂安全色标、级别标志和同一编号，停止使用的配电箱应切断电源，箱门锁上。
- 配电箱和开关箱的金属箱体、金属电器安装以及箱内电源的不应带电的金属底座、外壳必须作保护接零，保护接零线应通过接线端子板连接。

（ii）用电设备

- 施工现场的电动建筑机械、手持电动工具和用电安全装置必须符合相应的国家标准、专业标准和安全技术规程，并应有产品和格证合使用说明书。
- 所有电动建筑机械、手持电动工具均应实行专人专机负责制，并定期检查，确保设备可靠运行。
- 使用的手持电动工具以及无齿锯等移动式电气设备时必须戴绝缘手套。
- 所有电气设备的外露导电部分，均应做保护接零。对产生振动的设备其保护零线的连接点不少于两处。
- 各类电器设备均必须装设漏电保护其并应符合规范要求。
- 电缆线长度应不大于 50m，严禁电缆缠绕。
- 电焊机应放置在防雨、防砸的地点，下方不得有堆土和积水。周围不得堆放易燃易爆物品及其他杂物。
- 电焊机应单独设开关，并装设漏电保护装置。
- 电焊机一次线长度应小于 5m，二次线长度应小于 30m，两侧接线应压接牢固，并安装可靠防护罩，焊机二次线宜采用 YHS 型橡皮护套铜芯多股软电缆。中间不得超过一处接头，接头及破皮处应用绝缘胶布包扎严密。
- 焊机把线盒回路零线必须双线到位，不得借用金属管道、金属脚手架等回路地线。二次线不得泡在水中，不得压在物料下方。
- 焊工必须按规定穿戴防护用品、持证上岗。
- 所用的手持电动工具必须装设额定电流不大于 15mA，额定漏电动作时间小于 0.1s 的漏电保护器。
- 手持电动工具使用前必须作空载检查，运转正常后方可使用。
- 手持电动工具的负荷线采用耐气候的橡皮护套铜芯软电缆，并不得有接头。

（iii）接地与防雷

- 在施工现场专用的中性点直接接地的电力线路中必须采用 TN-S 接零保护系统，即三相五线制接零保护系统。
- 电气设备的金属外壳必须与专用保护接零连接。专用保护接零应由工作接地线、配电室的零线或第一级漏电保护器电源侧的零线引出。
- 施工现场的电力系统严禁利用大地作相线或零线。
- 作防雷接地的电器设备，必须同时作重复接地。施工现场的电器设备和避雷装置可利用自然接地体接地，但应保证电气连接并校验自然接地体的热稳定。
- 施工现场内所有防雷装置的冲击接地电阻值不得大于 30Ω。

五、施工进度计划及保证措施

1. 施工进度计划安排

（1）根据本工程施工内容及工期要求，结合我司的技术水平和施工能力，我司坚信能按照业主要求，在计划工期内完成本工程，使业主满意，保证施工进度。

（2）依据合同工期要求及现场实际情况，我司编制了切实可行的幕墙工程施工详细进度计划，各阶段工期如下：

①设计阶段：约需 40 天。

②材料采购供应阶段：约需 45～60 天/批次。

③生产加工组装阶段：需 20～30 天/批次（实际加工时间随现场安装进度调整）。

④现场安装阶段及验收阶段：240 天。

2. 施工进度计划保证措施

（1）严把设计图纸审核关，切实按 ISO 9001 质量管理体系之要求展开设计工作，贯彻执行施工图策划、施工图评审、施工图会签制度，力争一次性获得通过，减少重复设计工作。

（2）采用先进的网络设备和在 CAD 软件平台上开发的标准化设计软件进行设计，通过网络设计，可以使加工、安装过程中可能出现的技术问题迅速反馈到设计小组，构筑无障碍的信息交流平台。

（3）多年的技术开发和实际施工经验，使我司的产品已经系列化、标准化，在设计过程中采用我司已经成熟、完善的结构体系。

3. 材料采购供应计划及保证措施

（1）在图纸会审并经业主确认后，立即进行主要材料提料和采购工作。

（2）本工程主材，全部从与我司有着良好合作关系的大型幕墙材料厂家采购，不仅能保证材料的质量，而且能保证材料的供货周期。

（3）合理地、科学地组织材料的加工、储备、运输等，按质、按量、如期地满足现场施工需要，保证施工正常、高速进行。

（4）按定额计划使用材料，加强运输、仓库、保管工作，加强材料限额管理和发放工作，健全现场材料管理制度，避免因材料损失、损坏而重新购料占用施工时间。

（5）若有必要我们在订货后，将派专人直接进驻材料厂家，掌握材源情况，并协调早日发货，以保证及时回厂加工。

（6）用于材料采购的款项保证专款专用，不因货款问题影响材料的供货时间，为材料的及时供应提供有力保障。

4. 生产加工进度保证措施

（1）由于拥有大型加工基地，并拥有型材加工中心等电脑数控设备百余台，我们将充分利用所配备的先进的施工机械设备，并采用合理先进的工艺，以提高效率。在生产任务紧张时，将采取二班、三班进行作业。总之，在生产加工上将作到三个保证：保证加工质量，保证完成计划任务，保证现场的安装。

（2）组织专人负责首样加工，并对加工人员进行技术交底。首样加工完毕由生产部组织评审，参加人员：加工负责人、质检负责人、车间主任、检验员，并做好评审记录。首样确认：首样总结、完善、经质监部批准、确认无误后批量加工。

（3）检测工具要校准，检验人员专职负责，对所用型材做检查验收，合格后方可下料，并做好检验记录。

（4）设备的检查、保养，以保证机械加工生产有序进行，并做好保养、检查记录。

（5）加工生产中加工者做到自检，在交接工作中要做好交接检验记录。

（6）工作任务落实到人，保证产品质量可追溯性。

（7）建立质量责任体系、责任到位，确保加工成品100%合格。

5. 现场施工进度计划保证措施

（1）现场施工进度控制

我司将在施工中投入足够的人力及物力，并选择合理、先进的幕墙施工方法及施工顺序，以确保幕墙施工顺利完成。

（2）项目管理组织保证措施

①本工程执行项目经理负责制，并且由施工经验丰富的国家幕墙壹级项目经理负责本工程施工。在施工队伍选择上，我们将采用施工经验丰富的施工队伍进行安装，保证达到科学施工、有序施工。要求项目人员要多沟通、多交流、多汇报，并且分工明确，对工程的重点和难点，把握准确，质量的控制点清晰。

②按工程施工组织计划，分项目制定月度工程进度表、周进度表，并严格执行施工组织计划，坚持"以客户为中心，严格按施工组织计划来施工"的原则，科学合理地安排生产。当发现施工中计划与实际不相吻合时，及时调整月进度计划，确保整体计划如期实现。

③严格按材料进场计划供货，保证安装材料进场有足够的超前用量，不因材料供应不及时而延误安装。

6. 吊篮方案

吊篮搭设方案

根据现场情况，本工程预计满挂吊篮布置方式进行施工。多台吊篮并列安装时，两吊篮间距应确保在50cm以上80cm以下，方能正常安全作业。本工程吊篮之间的计划间距为80cm。以免相邻距离太近发生碰撞。吊篮里侧与作业完成面间距为：25～35cm。

（1）本幕墙工程吊篮布置的相关说明

根据本工程特点及现场要求采用电动吊篮进行外装施工，本工程电动吊篮选用ZLP63型吊篮为1.5kW电机×2台。可采用长度为1～6m的篮筐配合使用，保证能够用各长度吊篮进行施工，经过验收后方可允许投入使用。施工单位应在主体工程合理层面配置带漏电保护装置的380V二级电源箱，并根据吊篮台数和分布位置相应配置合乎吊篮用电所需的三级电源箱。

根据现场情况，多台吊篮并列安装时，两吊篮间距应确保在50cm以上80cm以下，方能正常安全作业，本工程吊篮之间的计划间距为80cm。以免相邻距离太近发生碰撞。吊篮里侧与作业完成面间距为：25～35cm，本工程吊篮与作业完成面的计划间距为35cm。ZLP63电机应配备吊篮平台最大为6m，最小1m，严禁加长。

本工程使用的ZLP/63型正常吊篮配重均为25kg×40块，工作钢丝绳及安全钢丝绳均采用航空用4×25Fi＋PP-φ8.3mm镀锌钢丝绳，钢丝绳的破断拉力≥51.8kN，吊篮尺寸根据平、立面结构布置，满挂外立面，全面作业，最大吊篮为6m，最小1m。根据现场实测及工程图纸测算，本工程根据实际需求，进行台数及位置选择。具体规格见表6-7。

表6-7 吊篮选用规格

规 格	6m	5.5m	5m	4m	合计
单位（台）	台	台	台	台	台

图6-8 吊篮结构实物图

吊篮的组成：ZLP630型吊篮组成部件（图6-8和表6-8）：

提升机（ZLP630）2台；

安全锁（LS30）2把；

电控箱1套；

屋顶吊架2付；

工作平台1套；

钢丝绳（直径8.3mm）4根；

极限开关（JLXK1-111）2个；

电缆（3×2.5+2×1.5）1根；

安全绳1根；（16mm）

自锁器1把。

支臂后标准配重每块25kg。

（2）吊篮布置、架设方式及计算：

根据该工程实际情况，需要安装吊篮进行幕墙施工使用。其悬吊平台长度根据楼型结构选配。吊篮分为几次进行安装，因为楼体未完工，采用分段施工，裙楼部位吊篮架设于屋面；塔楼第一次先安装在13层，吊篮施工时，禁止上下交叉作业，由总包单位搭设硬防护篷，保护下方施工人员。

待工程封顶后进行二次移位，把吊篮悬挂机构移至楼顶，根据本工程的特殊情况，共分三种架设安装方式。

【吊篮第一种架设方案】

第一种设方式前梁前伸1.7m，后身3.9m情况下，经过计算可以在规定的荷载下正常使用吊篮（图6-9）。

A. 技术参数

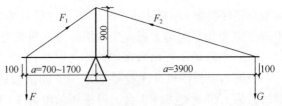

图6-9 吊篮搭设计算示意

表6-8 吊篮配置表

项目及单位	型号		ZLP63
吊挂平台尺寸		mm	(2000×3)×690×1180
额定载重		kg	630 kg（本工程设定500 kg）

项目及单位		型号	ZLP63
提升机	数量	只	2
提升机	电机 功率	kW	1.5×2
提升机	电机 电压	V	380
提升机	电机 转速	r/min	1420
钢丝绳	升降速度	m/min	9.6±0.5
钢丝绳	型号		4×25Fi+PP-ϕ8.3
钢丝绳	破力	kN	51.8
质量	悬挂机构	kg	346
质量	配重	kg	25kg×36块
质量	悬吊平台	kg	297
质量	提升机	kg	48×2
质量	安全锁	kg	5×2
质量	电箱	kg	15
质量	钢丝绳	kg	0.25kg/m×80m×4
质量	重锤	kg	5×2

B. 抗倾覆计算：

本项目吊篮抗倾覆系数分两步计算：

a. 第一步：根据《高处作业吊篮》（GB 19155—2003）的规定，吊篮抗倾覆系数等于配重矩比前倾力矩，其比值不得小于2。

$$K = (G \cdot b)/(F \cdot a) \geqslant 2$$

式中 K——抗倾覆系数；

F——吊篮平台、提升机构、电气系统、钢丝绳、重锤、安全锁、额定载荷等质量的总和；其中 ZLP63 型 $F = 297+48×2+5×2+15+0.25×80×4+5×2 = 508$kg

G——配重的质量，kg；

a——承重钢丝绳中心到支点间的距离，m；

b——配重中心到支点间的距离，m

本工程所需两种支架方式中不同状况下的抗倾覆系数，考虑到本工程实际施工的需要，部分吊篮最大工作载荷限定为 500kg，若有特殊需要，可由吊篮安装技术人员进行调教标定。表 6-9 中"前悬自重"为悬吊平台，提升机、安全锁、电箱、钢丝绳及重锤的质量总和，包括了吊篮安装完毕后前支架悬吊的除工作载荷外的全部质量。

ZLP63 型后支架在 3.9m 的情况下计算见表 6-9。

表6-9 吊篮工况表

前梁悬伸长度 a (m)	最大工作载荷 (500kg)	前悬自重 (kg)	后梁长度 b (m)	配重 a (kg)	抗倾覆系数
0.7	500	508	3.9	40 块 ×25kg	$K = (40 \times 25 \times 3.9)/(500 + 508) \times 0.7 = 5.5$
0.9	500	508	3.9	40 块 ×25kg	$K = (40 \times 25 \times 3.9)/(500 + 508) \times 0.9 = 4.2$
1.1	500	508	3.9	40 块 ×25kg	$K = (40 \times 25 \times 3.9)/(500 + 508) \times 1.1 = 3.5$
1.3	500	508	3.9	40 块 ×25kg	$K = (40 \times 25 \times 3.9)/(500 + 508) \times 1.3 = 2.9$
1.5	500	508	3.9	40 块 ×25kg	$K = (40 \times 25 \times 3.9)/(500 + 508) \times 1.5 = 2.5$
1.7	500	508	3.9	40 块 ×25kg	$K = (40 \times 25 \times 3.9)/(500 + 508) \times 1.7 = 2.2$

从表6-9可看出，这种型号吊篮在限定载质量500kg情况下，前梁伸出量为0.7~1.7m，后梁长度在3.9m的情况下均能满足本工程的使用要求，为确保安全，结合本工程的实际情况限定前梁伸出量最大为1.7m以内，后梁长度限定于3.9m。

【吊篮第二种架设方案】

因为该项目北侧、西侧的转角位置为实体墙，故无法用常规架设方式架设。由于此位置有原结构施工时，为架设外用脚手架预先设置的外挑工字钢(型号为20a)，因此采用将吊篮钢丝绳固定在工字钢上，距离为实体墙外0.905m。采用预制的U形吊环，吊环外采用小方钢管与工字钢焊接牢固，形成封闭固定，以防止U形吊环的滑动。前端采用规格为14mm的钢丝绳，与主体结构进行拉结(图6-10)进行加固。拉结所用的钢丝绳环绕工字钢(环绕位置采用弹性材料软接触)，固定拉结用钢丝绳的方法，使用直径20的钢筋U形钢筋，焊接在工字钢两侧，防止钢丝绳滑脱，另一侧与结构墙体可靠连接。具体如图6-10所示。

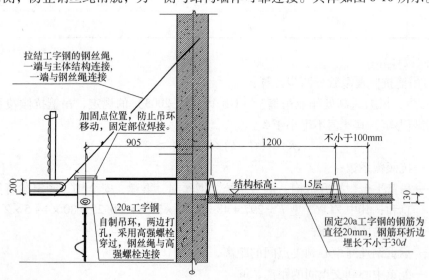

图6-10 吊篮搭设计算示意

①抗弯强度计算

吊篮由吊件固定到悬臂梁上，安装吊篮之后相当于增加了竖向荷载，荷载作用点距离结构 $D = 1205$mm。

悬挑脚手架按照带悬臂的单跨梁计算（图 6-11）。

悬出端 C 受脚手架荷载 N 的作用，里端 B 为与楼板的锚固点，A 为墙支点。

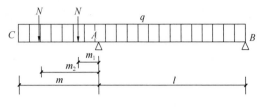

图 6-11　悬臂单跨梁计算简图

支座反力计算公式

$$R_A = N(2 + k_2 + k_1) + \frac{ql}{2}(1 + k)^2$$

$$R_B = -N(k_2 + k_1) + \frac{ql}{2}(1 - k^2)$$

支座弯矩计算公式

$$M_A = -N(m_2 + m_1) - \frac{qm^2}{2}$$

C 点最大挠度计算公式

$$V_{max} = \frac{Nm_2^2 l}{3EI}(1 + k_2) + \frac{Nm_1^2 l}{3EI}(1 + k_1) + \frac{ml}{3EI} \cdot \frac{ql^2}{8}(-1 + 4k^2 + 3k^3) +$$

$$\frac{Nm_1 l}{6EI}(2 + 3k_1)(m - m_1) + \frac{Nm_2 l}{6EI}(2 + 3k_2)(m - m_2)$$

其中 $k = m/l$，$k_1 = m_1/l$，$k_2 = m_2/l$。

本工程算例中，$m = 1450mm$，$l = 1200mm$，$m_1 = 300mm$，$m_2 = 1350mm$；

水平支撑梁的截面惯性矩 $I = 2370.00cm^4$，截面模量（抵抗矩）$W = 237.00cm^3$。

受脚手架作用集中强度及吊篮集中强度计算荷载 $N = 10.31kN$（脚手架）$+ 9.399kN$（吊篮）$= 19.709kN$

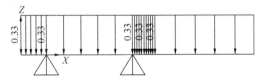

图 6-12　脚手架荷载加载图

水平钢梁自重强度计算荷载 $q = 1.2 \times 35.50 \times 0.0001 \times 7.85 \times 10 = 0.33kN/m$

自重荷载加载如图 6-12 所示。

代入公式，经过计算得到

支座反力 $R_A = 52.48kN$

支座反力 $R_B = -21.44kN$

最大弯矩 $M_A = 24.26kN \cdot m$

抗弯计算强度 $f = 24.26 \times 10^6/(1.05 \times 237000.0) = 97.488N/mm^2$

②悬挑梁的整体稳定性计算：

水平钢梁采用 20a 号工字钢，计算公式如下：

$$\sigma = \frac{M}{\varphi_b W_x} \leqslant [f]$$

其中 φ_b 为均匀弯曲的受弯构件整体稳定系数，按照下式计算：

$$\varphi_b = \frac{570tb}{lh} \cdot \frac{235}{f_y}$$

$$\varphi_b = 570 \times 11.4 \times 100 \times 235/(900 \times 200 \times 235) = 3.61$$

由于 φ_b 大于 0.6，查《钢结构设计规范》（GB 50017—2003）附表 B，得到 φ_b 值为 0.992。

经过计算得到最大应力 $\sigma = 24.26 \times 10^6/(0.992 \times 237000) = 103.188N/mm^2$；

水平钢梁的稳定性计算 $\sigma = 103.188$ 小于 $[f] = 215\text{N/mm}^2$，满足要求。

水平支撑梁的抗弯计算强度小于 215.0N/mm^2，满足要求。

③悬挑梁的变形计算（图6-13~图6-17）：

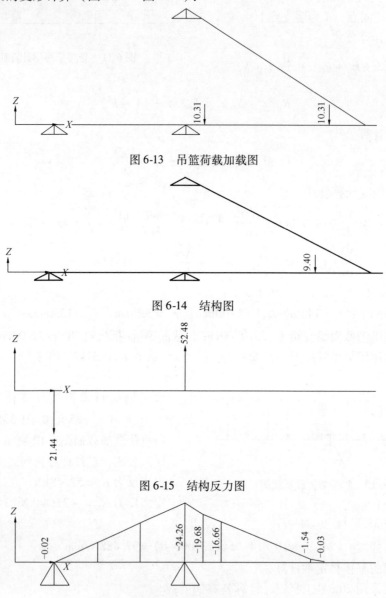

图6-13　吊篮荷载加载图

图6-14　结构图

图6-15　结构反力图

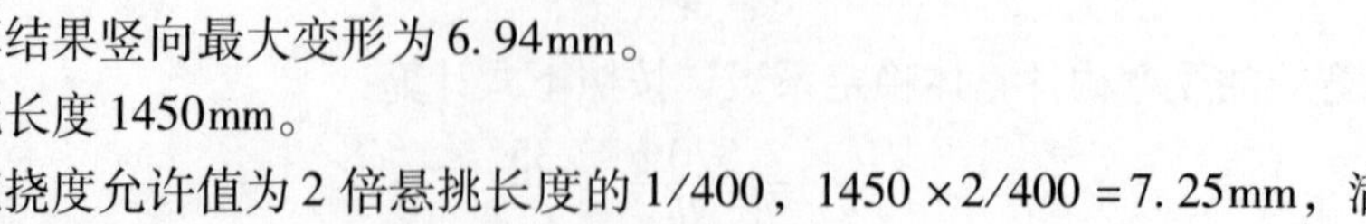

图6-16　结构强度图

根据计算结果竖向最大变形为6.94mm。

钢梁悬挑长度1450mm。

根据规范挠度允许值为2倍悬挑长度的1/400，$1450 \times 2/400 = 7.25\text{mm}$，满足要求。

④拉绳的受力计算：

水平钢梁的轴力 R_{AH} 和拉钢绳的轴力 R_{Ui} 按照下面计算：

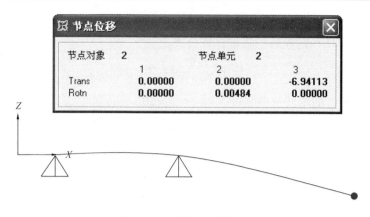

图 6-17　悬挑梁变形曲线图

$$R_{AH} = \sum_{i=1}^{n} R_{U_i} \cos\theta_i$$

其中，$R_{U_i}\cos\theta_i$ 为钢绳的拉力对水平杆产生的轴压力。

各支点的支撑力 $R_{Ci} = R_{U_i}\sin\theta_i$

按照以上公式计算得到由左至右各钢绳拉力分别为（图6-18）：

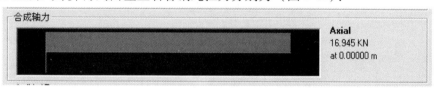

图 6-18　钢绳拉力

$$R_{U1} = 16.945\text{kN}$$

⑤拉绳的强度计算：

钢丝拉绳（支杆）的内力计算：

钢丝拉绳（斜拉杆）的轴力 R_U 均取最大值进行计算，为

$$R_U = 16.945\text{kN}$$

选择 6×19 钢丝绳，钢丝绳公称抗拉强度 1700MPa，直径 14mm。

$$[F_g] = \frac{\alpha F_g}{K}$$

其中　　$[F_g]$——钢丝绳的容许拉力，kN；

　　　　F_g——钢丝绳的钢丝破断拉力总和，kN，查表得 $F_g = 123\text{kN}$；

　　　　α——钢丝绳之间的荷载不均匀系数，对 6×19、6×37、6×61 钢丝绳分别取 0.85、0.82 和 0.8；$\alpha = 0.85$；

　　　　K——钢丝绳使用安全系数，$K = 6$。

得到：$[F_g] = 17.425\text{kN} > R_u = 16.945\text{kN}$。

经计算，选此型号钢丝绳能够满足要求。

钢丝拉绳（斜拉杆）的拉环强度计算

钢丝拉绳（斜拉杆）的轴力 R_U 的最大值进行计算作为拉环的拉力 N，为

$$N = R_{U} = 16.945\text{kN}$$

钢丝拉绳（斜拉杆）的拉环的强度计算公式为

$$\sigma = \frac{N}{A} \leq [f]$$

其中，$[f]$ 为拉环受力的单肢抗剪强度，取 $[f] = 50\text{N/mm}^2$；

所需要的钢丝拉绳（斜拉杆）的拉环最小直径 $D = (13379 \times 4/3.142 \times 50)^{1/2} = 19\text{mm}$。

（3）安装工艺流程图（图 6-19）

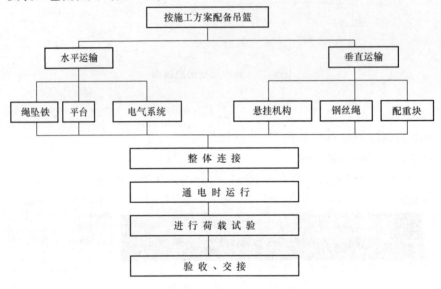

图 6-19　安装工艺流程图

（4）悬挂机构安装顺序（图 6-20）

（5）相关安全使用规则要求

吊篮是高处载人作业设备，除了在正式使用前得到当地安全部门认可及严格执行国家和地方颁布的高处作业、劳动保护、安全施工和安全用电等以及其他有关部门的法规、标准以外，根据吊篮的特点，还应严格遵守以下的安全操作和使用规则。

①操作人员上机操作前，必须认真学习和掌握使用说明书的内容。

②操作人员应严格按照规定项目执行每次的上机施工前的检查制度并作好记录，作好吊篮的日常保养，并有工作人员签字，单位领导要做好督促工作。

③操作人员必须在地面进出吊篮平台，不得在空中攀窗口出入，不允许作业人员在空中从一平台跨入另一平台，上下人员物料必须将吊篮降至地面后进行。

④操作人员对管理人员违章指挥、强令冒险作业、有权拒绝执行。

⑤注意观察吊篮上下方有无障碍物，如开启的窗户，突出物等，以免吊篮碰挂。

⑥严禁超载运行，所载物品尽量均匀，稳妥地放置。不得对吊篮平台施加冲击载荷。

⑦经常检查电机、提升机是否过热、或有异常响声，异常气味，如有，应立即停止使用，切断电源。请专业维修人员检修完好后方可使用。

⑧屋面悬挂机构应水平摆设，工作平台应保持水平状态上下运行，屋面悬挂装置安装间距应与吊篮平台长度相等。

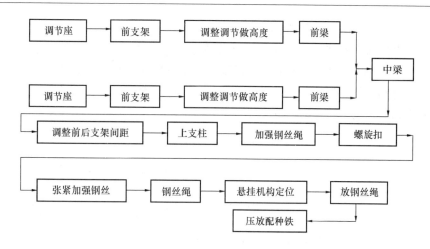

图 6-20　悬挂机构安装

⑨严禁擅自拆修安全锁、提升机和电器箱。一旦发生提升机卡绳或一时不能辩明原因的故障，绝对禁止强行开动，务必要派专业人员检修、排除故障，确认排除故障后，方可继续使用。不允许在空中检修。必要时，必须采取切实可靠的安全保护措施，将工作平台固定后，维修人员进入吊篮时，必须系好安全带、戴好安全帽，保证不出任何事故。

⑩吊蓝若要就近移位，必须先将钢丝绳从提升机和安全锁内退出，并拔掉电源。

⑪ ZLP63 电机应配备吊篮平台最大为 6m，严禁加长。

⑫多台吊篮并列安装时，两吊篮间距应确保在 50cm 以上。

⑬每天作业结束后，应把吊篮落在地面平整处，以防止被风刮动造成不必要破坏。

⑭每天下班后应关闭总电源并锁好电箱。下雨时应将提升机和电器箱用防水物遮盖，以防雨水渗入。

⑮严禁夜间施工。如必须晚上加班，现场须有充足的照明，光照明度不得少于 150Lx，在施工范围设置警戒信号灯，并派专职安全人员严格看守。

⑯吊篮施工时，平台内施工人员最多 2 人，严禁单人及三人以上操作升空。

（6）电动吊篮安装、移位和拆除

①吊篮运抵施工现场后，将支架、钢丝绳和配重用施工电梯分别运到 12 层楼面，将篮体部分搬运至相应位置的地面。

②悬挂机构的安装、调试：

a. 将吊篮运至 12 层屋面，进行适当的保护后，安装地面选择水平面，遇有斜面时，应该修整铺平，如安装面是防水保温层时，前、后座下加垫木板，防止压坏防水保温层。

b. 将插杆插入三角形的前支架内，根据女儿墙（或其他障碍物）的高度调整插杆的高度，用螺栓固定。将插杆插入后支架套管内，插杆的高度与前支架高度等高或者稍低，用螺栓固定，前、后支架完成安装。

c. 将前梁、后梁分别装入前、后支架的插杆内，用中梁连接，前、后座间距离在场地的允许下，尽量调整至最大距离。将上支柱安装在前支架插杆上。

d. 安装加强钢丝绳，调节螺旋扣的螺杆，使加强钢丝绳绷紧，使前梁略微上翘 3 ~ 5cm，产生预应力，提高前梁刚度。再将工作钢丝绳、安全钢丝绳分别固定在前梁的悬挂机构架上，在安全钢丝绳适当处安装上限位块。以上支架部分分别用的螺栓是：14 × 110、14

×120、14×130、14×140 的螺栓固定。

e. 检查上述各部件安装是否正确，确认无误后，将悬挂机构安放在工作位置。两套悬挂机构内侧之间的距离应等于悬吊平台的长度。配重均匀放置在后支架底座上，上紧防盗螺栓，将工作钢丝绳、安全钢丝绳从端部放下，此过程中注意钢丝绳的缠绕现象，悬挂机构安装如图6-21 所示。

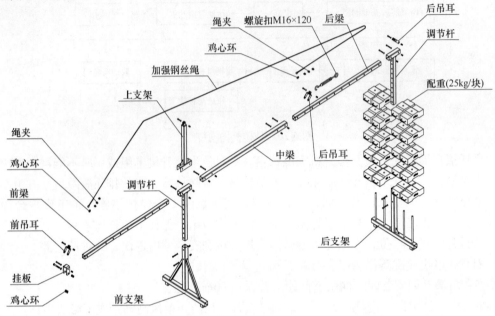

图 6-21　悬挂机构安装

③悬吊平台的安装、调试

a. 将地板垫高 200mm 以上平放，各基本节对接处对齐，装上篮片，低的篮片放于工作面一侧，用螺栓连接，预紧后保证整个平台框架平直。平台螺栓为：12×120、12×130、12×140。

b. 将提升机安装在侧栏两端，安装时注意使安全锁支架向平台外侧。

c. 安装完成后均匀紧固全部连接螺栓。安装如图6-22 所示。

④提升机、安全锁、电器箱的安装

a. 将提升机安装在悬吊平台的安装架上，用锁销、螺栓固定。螺栓为：10×90

b. 将安全锁安装在安装架的安全锁安装板上，用螺栓紧固。螺栓为：12×80

c. 拧下安全锁上的六角螺母，将提升机的上限位行程开关安装在该处。

d. 将电器箱挂在工作平台后篮片的中间空挡处，将电动机插头、手握开关插头分别插入电器箱下部相应的插座内。

e. 各航空插头分别插入电器箱下面对应的插座内，所有航空插头在接插过程中必须对准槽口，保证插接到位，以防止虚接损坏。确认无误后连接电源。

⑤穿绳检查

a. 将电器箱面板上的转换开关拨至待穿钢丝绳的提升机一侧，工作钢丝绳从安全锁的限位轮与挡环中穿过后插入提升机上端孔内，启动上行按钮，提升机即可自动卷绕完成工作

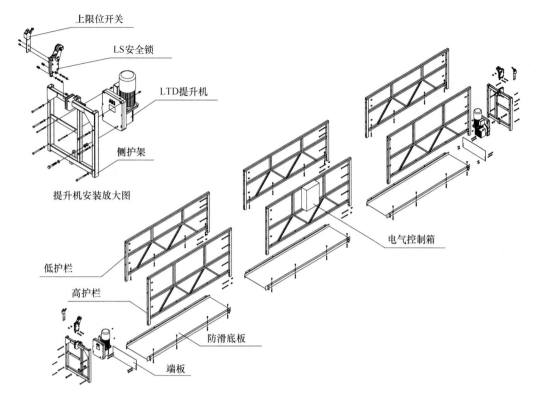

图 6-22　悬吊平台安装图

钢丝绳的穿绳进位（穿绳过程中要密切注意有无异常现象，若有异常，应立即停止穿绳）。

b. 工作钢丝绳到位后，将自动打开安全锁，然后安全钢丝绳从安全锁的上端孔插入（另一侧提升机操作过程相同）。

c. 必须先将工作钢丝绳和安全钢丝绳理顺后才能分别插入提升机和安全锁，以免钢丝绳产生扭曲。

⑥重锤的安装

重锤是固定在钢丝绳下端用来拉紧和稳定钢丝绳，防止悬吊平台在提升时将钢丝绳随同拉起而影响悬吊平台正常运行。安装时，将两个半片夹在钢丝绳下端离开地面 15cm，然后用螺栓紧固于钢丝绳上，且钢丝绳垂直绷紧。

⑦安全绳和绳卡的安装

在吊篮安装完毕使用以前，必须从屋面垂下一根独立的安全绳，安全绳在楼顶的攀挂点必须牢固，切不可将安全绳攀挂在悬挂机构上面，顶部挂完后安全绳放置于吊篮的中间，自锁器直接安装在安全绳上面，施工人员在施工中必须将安全带挂在安全绳上的自锁器上。

⑧通电前检查

a. 电源是 380V 三相接地电源，电源电缆接出处做可靠固定，防止松动。

b. 顶面悬挂机构安放平稳，固定可靠，连接螺栓无松动，平衡配重块安装可靠。

c. 钢丝绳连接处的绳扣装夹正确，螺母拧紧可靠。

d. 悬垂钢丝绳应分开，无绞结、缠绕和折弯。

e. 提升机、安全锁及悬吊平台安装正确、连接可靠，连接螺栓无松动或虚紧，连接处构件无变形或开裂现象。

f. 电缆接插件正确无松动，保险锁扣可靠锁紧。

g. 电缆施工立面上无明显突出物或其他障碍物。

⑨通电后检查及要求

a. 闭合电箱内开关，电气系统通电。

b. 将转换开关置于左位置，分别点动电箱门及操纵开关的上升和下降按钮，左提升机电机正反运转。

c. 将转换开关置于右位置，分别点动电箱门及操纵开关的上升和下降按钮，右提升机电机正反运转。

d. 将转换开关置于中间位置，分别点动电箱门及操纵开关的上升和下降按钮，左、右提升机电机同时正反运转。

e. 将转换开关置于中间位置，启动左右提升机电机后，按下电箱门上紧停按钮（红色），电机停止转动。旋动紧停按钮使其复位后，可继续启动。

f. 将转换开关置于中间位置，启动左右提升机电机后，分别按下各行程开关触头，警铃报警，同时电机停止运转。放开触头后，可继续启动。

g. 然后上下运动吊篮 3~5 次，每次的升高高度约为 1~3m。最后再次检查各连接点的安装情况。

h. 注意事项：吊篮安装过程中，必须注意工作中的自检和互检，并重点检查与吊臂连接处每根钢丝绳有 4 个卡扣，要特别注意各连接点的螺栓和弹垫及平垫是否齐全和牢固（图 6-23）。

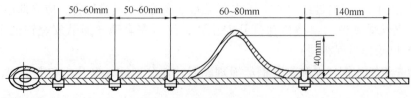

图 6-23　钢丝绳绳夹安装示意

⑩验收和交接

安装完毕后，组织建设单位、监理单位、总包单位、吊篮租赁单位共同验收，且在验收确认表上给予确认签字，签署验收确认单，由相关人员签字方可投入使用。

⑪移位

在楼体封顶后，施工中 12 层的吊篮需要移至楼顶四周部位。先把吊篮完全着地后，将钢丝绳从提升机和安全锁内抽出，并抽回屋面；断开电源；有专人看护；可以不拆散篮体，将支架拆散、钢丝绳和配重用施工电梯分别搬运到顶层至相应位置的屋面。将屋面进行适当的保护后，先组装吊杆穿入前后支架的方钢管内，用 14×110、14×120 的螺栓固定，接着将上支架及加强钢丝绳安装到位，再用 14×130、14×140 的螺栓固定，再将承重钢丝绳伸出墙面投放下去。最后，将支架定位并安放配重块到后支架上。屋面机构整体检验合格后方可去安装吊挂篮体。

⑫拆除

a. 拆除前对吊篮进行全面检查，记录损坏情况。

b. 吊篮的拆除步骤：

将平台落地停放在平整的地面上，按住按钮把钢丝绳退出，抽出安全钢丝绳，拆下绳坠铁；然后切断电源。然后拆除提升机和安全锁的螺丝（包括限位开关），再拆篮端头、篮片与篮底。

将电缆从临时配电箱和吊篮上拆下，并卷成圆盘。

屋面支架的拆除：将钢丝绳卸下拉到上方，并卷成圆盘扎紧。

最后卸屋面悬挂装置，用运输工具运至地面。同时并做好屋面保护工作。

⑬特殊情况：

a. 如果吊篮存在不能落地上下的问题，应在上下平台并保证吊篮能够与结构主体固定稳固，确认吊篮稳定并挂好安全带后方可上下人员。不可将吊篮落于防护上。

b. 防火措施：吊篮内禁止存有易燃、易爆物品；严格办理动火手续，遵守防火措施，高处作业要有接火措施。

（7）季节性施工措施

①在雨季，应将吊篮的左右提升机用防水油布包裹住，并在电缆的接口处用防水胶布密封住以尽可能地防止雨水进入电机内。

②电缆的所有接头都用防水胶布缠绕，电控箱的各个插接口在雨季施工中也必须用防水胶布粘结。

③吊篮内的操作人员必须穿防滑和绝缘电工鞋。

④雷雨天及大风天绝对禁止施工，并在雷雨到来之前彻底检查吊篮接地情况。

⑤五级以上大风天气里，必须将吊篮下降到地面或施工面的最低点并加以固定。

⑥在雾天施工时，应等大雾散去并在日照比较充足的情况下，才可以使用电动吊篮，否则，容易出现打滑并可能出设备事故。

⑦冬季施工应注意不可以将施工用水到处飞溅，以免结冰而导致施工人员摔倒而出现事故。

（8）整机试运行步骤方法

①按上升按钮使工作篮两端离地；

②将工作篮两端调平，然后上升至工作篮底部离地 1m 左右。

③关闭一端提升机，操纵另一端提升机下降，直至安全锁锁绳，然后测量工作篮底部距地面高度差，是否符合标准锁绳距离，左、右两端全锁的检查方法相同。

④上、下运行三次，行程不小于 5m 左右，检查提升机运行是否正常，有无异常声音。

⑤将工作篮上升至离地面 5m 左右，试验手动滑降是否平稳正常。

⑥将工作篮上升至顶部，试验升高限位装置是否灵敏、有效。

⑦加 125% 荷载将工作篮上升离地 1.5m 左右，试验吊篮超载能力（正常作业严禁超载）。

（9）施工过程中的安全保证及应急措施

①严格按照《高处作业吊篮》（GB 19155—2003），《吊篮架子安全技术操作规程》设计和使用管理。

②完善后的吊篮在使用前，要严格按照设计及相关安全规范要求进行检验及验收。经检验验收评估合格后方可使用。未经检验验收或检验验收不合格的吊篮不得使用。

③对吊篮使用及管理人员进行安全技术培训考核，培训考试合格方可上岗。

④对使用人员作详细的吊篮使用安全技术书面交底，并随时不定期检查操作方法，严禁违章作业。

⑤健全吊篮安装、使用、保护、维修及拆卸管理制度，同时设专人负责吊篮安全技术及生产管理：吊篮是高处载人作业设备，要特别重视其安全操作和使用。使用时，应严格执行国家和地方颁布的高处作业、劳动安全、施工安全、安全用电及其他有关的法规、标准，经严格培训后方可持证上岗（表6-10）

A. 设备检查（表6-11）：

表6-10　人员培训记录表

人员培训记录表

编号：＿＿＿＿＿　　　　　　　　　日期：＿＿＿＿＿

承租方名称		工地名称	
合同编号		承租方工地负责人	
培训时间		培训地点	
培训教材		考试试卷	

姓　名	操作证号码	考试成绩	签字	备注

备注：

本表一式两份，出租方、承租方各执一份。　　　　　　　年　月　日

填表人：

ZLP 系列高处作业吊篮安全培训试卷（示例）

ZLP 高处作业吊篮安全培训试卷

姓名：_____身份证号：_____成绩：_____

日期：_____年_____月_____日　操作证号：_____

单位：_____　　　　　　　　　工地：_____

一、凡在建筑工地使用 ZLP 高处作业吊篮（以下简称吊篮），除遵守工地安全规定外，还应严格按本规定执行。必须遵守甲方工地有关安全、文明施工的规定。

二、使用吊篮人员均应_____、_____，经过_____与_____后方可上岗，_____不得动用吊篮。

三、吊篮屋面悬挂装置安装齐全、可靠、稳定；旋转丝杠使攀绳受力，但丝杠顶端不得低于螺母上端，支脚垫木不小于 4cm×20cm×20cm，每台吊篮配重：_____ kg，不得_____。

四、吊篮严禁_____使用。

五、工作前必须检查：

1. 前列三、四项。

2. 所有连接件齐全、牢固、可靠；无_____。

3. 提升机穿绳正确。在穿绳和退绳时，务必_____入绳端和出绳端，使其处于始终状态；钢丝绳_____、_____、_____，每捻距中断丝不得多于 4 根，钢丝绳下端_____齐全、离地。

4. _____无损坏、卡死，动作灵活，锁绳可靠。

5. _____正常，上下动作与操作按钮一致，_____灵敏可靠，位置正确。务必将输入电缆与结构牢固捆扎，以免接线部位直接受拉，导致电源短路或断路。随时锁好_____，防止_____和_____溅入。

6. 每次使用前，均应在_____空载运行_____次，确认无故障方可使用。

六、每次吊篮运行只能由_____人控制，在运行前提醒篮内人员并确定上、下方_____方可运行，下行时特别注意不要碰到坠绳铁。

七、上吊篮工作时必须戴好_____，系好_____，严禁_____上吊篮作业。禁止在吊篮内_____。禁止在篮内用_____或_____取得较高工作高度。

八、吊篮任一部位有故障均不得使用，应请_____维修，使用人不得自行拆改任何部位。

九、_____吊篮作为运输工具垂直运输物品。

十、_____、_____、_____（阵风_____）天气不得使用吊篮，应停置地面。

十一、雨天、喷涂作业或使用完毕后，应对_____、_____、_____进行遮盖，人离开吊篮时，应_____。

十二、施工单位应按建筑施工安全规模划出_____和_____。

表 6-11　电动吊篮定期检修与保养记录表

电动吊篮定期检修与保养记录表

设备编号：　　　　　　　　　　　　　　　　检修前作业周期或累积作业时数：

序号	部　位	检修与保养项目	检查与处理情况
1	电气系统	电源、电缆损伤情况	
		各电器元件损伤或失灵情况	
		接触器触点烧蚀情况	
		其他	
2	悬挂机构	受力构件塑性变形和腐蚀情况	
		焊缝开裂或出现裂纹情况	
		坚固件松动；插接件塑性变形或磨损	
		其他	
3	钢丝绳	断丝或磨损情况	
		端部接头绳夹及插销情况	
		其他	
4	安全带及安全保险绳	固定及转角受力处损伤或磨损情况	
		断丝、断股或磨损情况	
		其他	
5	安全锁	各转动部位加油润滑情况	
		摆臂转动及弹簧复位力量	
		滚轮转动及轮槽磨损情况	
		其他	
6	提升机	润滑油渗、漏及所存润滑油情况	
		进、出绳口磨损情况	
		电动机尾部手松机构完好情况	
		制动电机摩擦片磨损情况	
		其他	
7	悬吊平台	构件塑性变形和腐蚀情况	
		焊缝裂纹、开裂情况	
		紧固件联接松动情况	
		其他	

检修日期：　　　　　　　　　　检修人员：　　　　　　　　　　负责人：

　　a. 外观检查：查看工作平台、提升机、提升机与工作平台的连接处应无异常磨损、腐蚀、错位、安装误差、表面裂缝、过载、不正常的松动、断裂、脱焊。

　　b. 查悬挂机构，各紧固件是否连接牢靠，配重块与工作钢丝绳子应符合安全技术要求。

　　c. 钢丝绳连接处牢固，无过度磨损、断裂等异常现象，达到报废的钢丝绳必须更换。钢丝绳下端悬吊的垂锤安装正常。

　　d. 电器箱、电缆、控制按钮、插头应完好，即位开关、手握开关等应灵活可靠。查电缆线有无损坏，插头是否拧紧，保护零线是否连接可靠，试验篮内配电箱的漏电保护开关是否灵敏可靠。

e. 提升机工作正常，无过度振动现象。提升机的制动和安全锁的锁绳无任何功能异常。

f. 配置（拥护自备）的安全带应良好。

以上六项检查内容必须在每日使用吊篮前逐项检查，如有不符之处应马上纠正。否则，不准使用吊篮。

B. 电动吊篮安全移动及拆卸：

a. 吊篮拆卸必须在吊篮现场人员的监督下，对要拆除的吊篮，要确认篮体下面没有人工作或逗留，方可实施拆卸工作。

b. 工作平台必须落地放实后，启动提升机提出。

c. 调直安全锁钢丝绳，落下垂锤，然后徐徐将钢丝绳从安全锁内提出。

d. 拆卸电缆线，从地面抽置到屋面盘好捆紧。

e. 拆除挑梁，卸下支架，搬开配重铁，整齐码放，待运。

f. 吊篮内铺设跳板时，脚手板材质应符合要求，满铺，绑牢，不得有探头板。

g. 吊篮多层作业要设置防护顶板隔离层，作业时吊篮要与建筑物连接牢固。

h. 《建筑施工安全检查标准》规定，非工作一侧的篮片设置两道防护栏杆，高度分别为 0.6m，1.2m；必须设置踢脚板，踢脚板高度 180mm。采用定型生产的吊篮不能满足此要求时，应按要求增设防护设施。

在施工过程中遇到特殊或突发情况，操作人员首先要镇静，然后采取合理有效的应急措施，果断化解或排除险情，切莫惊慌失措，束手无策，延误排险时机，造成不必要的损失。

C. 应急措施

a. 施工中突然断电：

施工中突然断电时，应立即关上电控箱的电源开关。切断电源，防止突然来电时发生意外。然后与地面或屋顶有关人员联络，判明断电原因，确定是否立即返回地面。若短时停电，待接到来电通知后再合上电源开关，经检查正常后，再开始工作，若长时间停电或因本设备故障断电，应及时采用手动方式使工作篮平稳滑降至地面。

此时千万不能图省事，冒险跨过平台护栏钻入附近窗户离开吊篮，防止不慎坠落，造成人身伤害。

b. 松开按扭但不能停止上、下运行：

吊篮上升或下降按扭都是点动按纽，正常情况下，按住上升或下降按扭，但无法停止工作篮运行时，立即关上电控箱的急停开关，并切断电源使工作篮紧急停止。然后采用手动滑降后，再进行作业。当确认手动滑降装置失效时，应与篮外人员联络，在采取相应安全措施后，方可通过附近窗户撤离吊篮。

c. 上升或下降过程中工作篮电机不同步

在上升或下降过程中工作篮纵向倾斜角度过大，达到篮体水平高度差为 200 ~ 300mm。此时，应及时停车，将电控箱上的转换开关旋至工作篮低端运行档，然后按上升按钮直至工作篮接近水平状态为止。再将转换开关旋回两端同时运行档，照常进行作业。如果出现工作篮由地面升至顶部或由顶部降至地面的单向全程运行中需进行两次以上（不含两次）的上述调整时，应及时将工作篮降至地面，检查两端提升机的同步性能。若差异过大，应更换电动机或提升机，选择一对同步性较好的电动机或提升机配对使用。

在下降过程中出现低端安全锁锁绳时，可采用上述方法，注意动作要轻、要平稳，避免安全锁受到过大冲击和干扰。

d. 工作篮一端悬挂失效，篮体单点悬挂而直立：

由于一端工作钢丝绳断裂，同侧安全锁又失灵或者一侧悬挂机构失去作用，造成一端悬挂失效，仅剩一端悬挂，致使篮体倾翻至直立时，工作篮上的操作人员切莫惊慌失措，有安全带吊住的人员应尽量轻轻攀到篮体便于蹬踏之处；无安全带吊住的人员，要紧紧抓牢篮体上一切可抓的部位，然后攀至更有利的位置。此时所有人员都应注意动作不可过猛，尽量保存体力，等待救援。

e. 救援措施：

ⓐ救援人员应采用现场最有利的应急方法紧张而有序地进行施救。如果附近另有吊篮，应尽快将其移至离事故吊篮最近的位置。在确认新装的吊篮安装无误时（避免忙中出错，造成连带事故），迅速提升工作篮到达事故位置先救人员，然后再排除设备险情。

ⓑ为了更好地实施应急措施，我司专门成立项目应急小组，机构如图6-24所示。

（i）报警：各施工现场设立报警人员，报警内容包括：事故施工单位、详细地址、现场伤亡人数数量、事故原因、事故性质、危害程度、事故现状及其他相关情况。

（ii）接报：接报人一般由值班人员担任，负责问清：报警人姓名及联系电话，事故发生时间、地点、单位、事故原因、危害程度，做好记录，通知吊篮安全应急救援领导小组。

发布吊篮安全应急救援命令：

当事故规模较小（无人员伤亡、事故情况简单、现场救援力量充分）时，接报人员在熟悉救援部署的情况下，可直接发布救援命令。当事故造成人员伤亡，且情况复杂的重大事故时，应及时上报救援小组，由救援小组联络各个分队人员，部署应急救援工作并上报公司。

ⓒ安全事故处理原则

（i）应急行动优先，救援人员的安全优先。

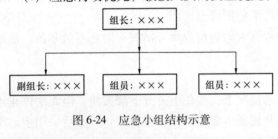

图6-24 应急小组结构示意

（ii）根据吊篮安全应急预案和现场实际情况灵活进行处理。

（iii）事故原因不清不放过，事故责任人不受处理不放过，全体员工不受到教育不放过。总结经验教训，防止二次事故的发生。

d. 事故调查：

（i）事故得到控制后，由公司安全质量部填写《事故调查报告书》。

（ii）轻微事故由安全质量部组织人员调查，重大事故由安全事故应急预案小组与安全质量部共同调查。

（10）吊篮的常规检查和保养维护

为了确保吊篮安全施工，必须建立由吊篮操作人员和专职人员相结合的常规检查和保养维护制度，确保吊篮的正常完好状态。

①安全检查

新安装、大修后及闲置一年或悬空二个月以上的吊篮，起用时必须由经过培训的专职人员进行使用前检查、验收后方可启用。

检查内容：

a. 主要受力构件（悬挂平台、悬挂机构）是否有永久性变形，焊缝有否裂纹；

b. 构件拼装连接处紧固件是否有失落或松动；

c. 悬挂机构是否安装可靠稳妥，配重是否符合要求；

d. 钢丝绳是否严重腐蚀，有否松股、扭结或严重断丝，钢丝绳夹是否正确可靠；

e. 电器系统动作是否正常，安全装置是否有效；

f. 安全锁动作是否灵活，开锁及闭锁功能是否正常；

g. 升、降（包含手动滑降）运动是否正常，电磁制动器间隙是否符合要求；

h. 运动机件是否正常，有否运动受阻现象，有否异常噪声、电机发热或冒烟或焦味产生；

i. 减速箱及传动装置有否按要求加注或更换润滑油；

j. 有否按要求装妥限位块和钢丝绳重锤。

②日常检查

每天作业开始前必须由吊篮操作人员对吊篮进行日常检查，并做好记录，对吊篮的设备状态作出评价和处理。安全检查完毕后由有出租方安全员和承租方安全员签字确认无误后，把日检查表放置在承租方项目部保管。

③定期检查

吊篮工作一段时间后，应进行定期检查，并做好检查记录。记录存放出租方单位，以作为吊篮设备运回到公司后做统一整理。

a. 每工作一个工程后或停用一个月后，再次起用吊篮时，应对钢丝绳的腐蚀、磨损、断丝、松股、弯曲等情况进行一次全面检查，如达到报废标准，应予报废更换。

b. 每工作一个工程后应按安全检查要求进行一次全面检查，并检查电磁制动器磨擦片磨损情况和电缆线破损情况。

c. 每工作 12 个月必须对安全锁进行一次检测标定，用户如不具备条件时应送生产厂家检测标定。

d. 每工作一个工程必须由专职人员对提升机进行开箱拆检，更换磨损件。

e. 每工作一个工程应对电器系统各电器元件及接线可靠性进行检查。

④保养维护

a. 吊篮在使用时，应注意日常的保养维护。发现故障或异常时应及时维修，维修必须由经过培训的专职人员进行。

b. 日常保养维护要做到：

ⓐ每天工作结束时，做好悬吊平台、钢丝绳和悬挂机构的清洁工作，清理各种垃圾、涂料及表面黏附灰浆杂质。

ⓑ吊篮（尤其是电器系统）应采取防水、防潮措施，防止受潮进水造成电器短路。

ⓒ地面多余钢丝绳应盘放扎好。吊篮停用拆除后，应将各种绳索、电缆线盘好，分解构件放齐，连接件集中，妥善存放，防止霉变、腐蚀、变形和散失。

ⓓ安全绳的自锁钩每次使用后，应在弹簧处加防锈滑，保持动作灵活。

ⓔ安全锁活动部位每月加一次润滑油。

ⓕ电气线路、电气元件及电线接点处必须保持干燥、清洁，不得有油污积垢。

ⓖ在安全、日常、定期检查中和作业过程中，发现故障、磨损或异常时，应立即停止使用，由专职人员进行检修，严禁吊篮"带病"使用。

ⓗ各受力构件、易损件达到报废标准时，予以报废，进行更换。

ⓘ建立吊篮设备档案，保持吊篮正常完好。

(11) 吊篮的安全操作规程

①吊篮操作人员必须满足以下条件：

a. 年满 18 周岁，初中以上文化程度。

b. 无不适应高处作业的疾病和生理缺陷。

c. 作业时应佩带附本人照片的特种作业安全操作证。

d. 作业时应佩带安全帽，使用安全带，安全带上的自锁器应扣在单独悬挂于建筑物顶部牢固部位的保险绳上。

e. 酒后、过度疲劳、情绪异常者不得上岗。

f. 操作人员必须有二人，但不准超过三人；不允许单独一人进行作业，以便突然停电时，可二人分别操作手动滑降装置安全落地。

g. 操作人员上机操作前，必须认真学习和掌握使用说明书，必须按检验项目检验合格，使用中严格执行安全操作规程。

h. 操作人员必须在地面进出吊篮平台，不得在空中攀岩窗口出入，并且不允许作业人员从一悬挂平台跨入另一悬挂平台。

i. 作业人员发现事故隐患或者不安全因素，有权要求使用单位采取相应劳动保护措施。

j. 操作人员不得穿拖鞋或塑料底等易滑鞋进行作业。

k. 对管理人员违章指挥，强令冒险作业，有权拒绝执行。

②操作环境

a. 严禁在雨、雪天进行作业。

b. 吊篮不宜在酸碱等腐蚀环境中工作，工作处阵风风速大于 8.3m/s（相当于 5 级风力）时，操作人员不准上篮操作。

c. 吊篮正常工作电压应保持在 (380 ± 38) V 范围内。当现场电源电压低于 342V 时，不得进行作业。

d. 当现场电源电压在 361～342V 范围内或环境温度超过 40℃或海拔高度超过 1000m 时，吊篮的最大载重量不得超过额定载重量 80%。

e. 施工范围下方如有道路时，必须设置警示线或安全护栏，并且在附近设置醒目的警示标志或配置安全监督员。

f. 夜间施工时现场应有充足的照明设备，其照明度应大于 150Lx。

g. 吊篮使用现场应距吊篮 10m 范围内不得有高压线及高压装置。

③屋面悬挂装置

a. 操作前，应全面检查焊缝是否脱焊和漏焊，销轴、螺栓齐全、可靠、稳定。

b. 旋转丝杠使前轮离地，但丝杠顶端不得低于螺母上端，支脚垫木不小于 4cm × 20cm ×20cm。

c. 配重块应符合使用说明书中的要求，不得短缺，并有固定措施，防止滑落。

d. 屋面悬挂装置安装间距应与吊篮平台长度相同。

④提升机和平台

a. 平台按使用所需长度（不能超过厂方使用说明书上规定的长度）拼装连接成一体（包括两端端头挂架），最多用三节。

b. 各部连接螺栓应紧固，焊接点的焊缝不脱焊和漏焊。

c. 禁止在平台内用梯子或其他装置取得较高工作高度。

d. 不准将吊篮作为垂直运输和载人设备使用。

e. 平台倾斜超过 15cm 时应及时调平，否则将严重影响钢丝绳、提升机、安全锁的使用，甚至损坏内部零件。

f. 平台在运行时，操作人员应密切注意上下有无障碍物，以免引起碰撞或其他事故，向上运行时要注意上限位。

g. 在平台内进行电气焊作业时，不能把平台当接地线用。

h. 必须经常检查电机，提升机是否过热，如有过热现象，应停止使用。

i. 平台内无杂物。

⑤安全锁

A. 安全锁在工作时应该是开启的，处于自动工作状态，无需人工操作。

B. 安全锁无损坏、卡死、动作是否灵活、锁绳可靠。

C. 重新打开安全锁时，首先应点动吊篮上升，使安全钢丝绳稍松后，方可扳动启手柄，打开安全锁。

D. 安全锁必须持有出厂检验合格证书，并必须在有效期限内使用，如果出现故障或超期，必须由专业厂修理鉴定合格后方可使用。

E. 严禁事项：

a. 将开锁手柄固定于常开位置。

b. 安全钢丝绳绷紧情况下，硬性扳动开启手柄，以免损坏安全锁。

c. 安全锁锁闭后开动机器下降，这样极易引起提升机、钢丝绳严重损坏。

d. 用户自行拆御修理。

⑥限位

当平台达到行程终点时能切断相应回路的电源，并使制动器作用，从而使其不会超越行程而继续上升。

⑦安全带及保险绳

A. 安全带及保险绳的各项检测指标均应符合国家标准。

B. 选择有生产资质企业的产品，而且资料齐全。

C. 安全使用注意事项：

a. 使用前必须做一次检查，发现破损停止使用。

b. 佩戴时活动卡子系紧，不得在 120℃ 以上高温处使用，避开尖刺、钉子物体，不得接触明火和化学药品。

c. 保持清洁，用完后妥善存放好，弄脏的可用温水及肥皂清洗，在荫凉处晾干，不可用热水泡或日晒、火烤。

d. 使用一年后，要做全面检查，并抽出使用过的 1% 做拉力试验，以各部件无破损或重大变形为合格。

e. 抽试过的安全带、保险绳不得再次使用。

f. 安全绳应与建筑物墙体连接，并且牢固地固定在建筑物上。

⑧电气系统

A. 电气系统中的元件均应排列整齐，连接牢固，安装在电器箱内绝缘板上，必须保证与电器箱外壳绝缘。其电阻值不得于 0.5Ω。

B. 吊篮的电源电缆线应有保护措施，固定在设备上，防止插头接线受力，引起断路、短路。

C. 电器箱的防水、防震、防尘措施要可靠，电器箱门应锁上。

D. 电气系统的接零接地装置可靠，其接零电阻应小于 0.1Ω，并有明显标志。

E. 电气元件必须灵敏可靠。

F. 电动机外壳温升超过 65K 时，应暂停使用提升机。

G. 电动机超动频率不得大于 6 次/分，连续不间断工作时间小于 30min。

H. 使用结束，关闭电源开关，锁好电器箱。

I. 钢丝绳

a. 必须使用说明书中规定的钢丝绳，本工程使用的工作钢丝绳与安全钢丝绳直径均为 $\phi 8.3mm$。

b. 工作钢丝绳与安全钢丝绳应有明显标记，不得混用。

c. 钢丝绳穿绳正确，符合使用说明书的要求。

d. 绳坠铁悬挂齐全离地。

e. 钢丝绳报废应符合《起重机 钢丝绳 保养、维护、安装、检验和报废》（GB 5972—2009）的规定，如出现下列情况之一者，必须立即报废。

ⓐ钢丝绳在一个捻距内，断丝数达到规定的数量，断丝数量的多少因钢丝绳构造、捻向不同而有所区别（可按经验交互捻钢丝绳断丝达到总丝数的 10%，同向捻钢丝绳断丝达到总系数的 5%）。

ⓑ断丝局部聚集，当断丝聚集在小于 $6d$ 的绳长范围内，或集中在任一绳股内，即使断丝数小于上述断丝数值，也应报废。

ⓒ出现拧扭死结、死弯、压扁、明显股松、波浪股、起包、钢丝外飞、绳芯挤出以及破股等现象。

ⓓ钢丝绳直径减少 7%。

ⓔ表面钢丝磨损或腐蚀程度达到表面钢丝直径的 $40R$ 以上，钢丝绳明显变硬。

ⓕ由于热或电弧造成的损伤。

（12）工地现场条件

①楼体四周应无障碍物；

②楼体四周的预留洞口防护：

在施工现场，为了作业安全的要求，如有 2m 及 2m 以上的孔洞、沟槽与管道、等边沿及上方有作业的，必须按规定设置防护措施。加盖物及张挂安全网等预防措施，盖板应能防止挪动移位以防止人、物坠落等。

（13）吊篮检验验收方案

①检验内容及验收人员：

a. 参加验收人员：监理、总包安全员、承租单位项目经理及安全员、出租单位主管经理及安全员。

b. 检验内容包括吊篮造型、规格、尺寸、载重及适用范围是否符合本工程需要；设备安全合格证、检验报告及相关的资料。

c. 检查吊篮整体体系是否合理、安全、实用及施工方便的要求；所用材料是否合格；加工组装是否符合相关安全技术要求。

②检验方法

检验设备合格证，检测报告，吊篮安装资质文件，审核相关安全技术资料及相关文件是否齐全真实有效；了解吊篮使用保养说明要求。

进行吊篮加载运行实用试验，检查吊篮的安全性、实用性。

③吊篮安全性检验方法

A. 吊篮安全性检验的主要内容

吊篮筐的刚度是否满足安全要求、连接螺栓是否牢固、吊篮安全自锁性能是否可靠、吊篮提升限位性能是否保险、吊篮运行是否稳定、吊篮电动机和钢绳及滑轮是否满足安全使用要求、吊篮电器设备开关即漏电保护电缆是否符合安全用电规范要求。

B. 检验方法

a. 外观及电气控制系统检查和绝缘性能检测检查：是否符合设计和选型要求及电气安全规定要求；

b. 空载试运行检测试验：各传动部件是否运行安全、正常、可靠，即吊篮升降平衡，起制动正常，限位装置，安全锁灵敏可靠。

c. 静载试验：分级加载，按设计使用荷载即额定荷载630kg分段进行加载试验，并进行升降试验；如出现异常应停止试验，进行检查维修补强后再做试验。

d. 超载试验：在静载试验验收合格后，要进行超载试验。超载（仍使用静荷载进行），其超载量为原设计荷载值的1.1倍或1.25倍，约为700kg或788kg，加载应分级加载，级差为10%。在加载的同时应检查吊篮各主要受力部件，传动部位的完好性，运行变化情况，如有不安全状况应停止试验，查找原因，并及时处理后再进行试验或进行吊篮安全性评估；超载试验技术要求：升降平稳，启制动正常，限位装置安全锁灵敏可靠。

e. 施工试验（动载试验）

ⓐ即载人施工操作经过以上四阶段安全试验合格后，再进行施工试验，施工试验主要目的是检查验证吊篮的施工可行性和施工方便性及幕墙收口施工方法是否存在问题。另外为幕墙利用吊篮安装施工和收口提供样板施工法，如有问题可及时研究解决问题，并提供第一手的技术数据资料。

ⓑ施工试验部位选择在主楼北塔东立面选择一个适当的部位进行试验。

（ⅰ）检验验收注意事项

明确检验（试验）的目的及检验的内容和要求；

试验前组建试验小组，设专人负责，落实试验安全措施。

严格执行试验安全规程和正确的实验方法；吊篮距地面试验高度宜在300~1000mm。

检验验收应做好原始检查记录，留有照片和文字双重记录，记录必须正确客观真实齐全，不得有错误和遗漏。

实验必须本着科学的态度，有规可循地进行，不得违章野蛮无序。

实验现场必须加强安全管理，闲杂人员不得入内。特别是吊篮下不得有任何人员进入，实验时现场设安全警示区域线。

实验过程统一由一人负责指挥进行，现场设专职安全监督管理人员两人，地面、楼层各一个。

（ⅱ）检验（试验）评估及验收人员签字；

试验、检验验收后，及时收集整理全部资料；

召集有关专家和监理单位及相关技术管理人员参加吊篮安全试验验收，并对吊篮的安全性、可靠性、实用性进行科学公正的分析评估和同意使用验收签认；

评估时应做详细评估纪录，将吊篮的优点、缺点及有待整改的部分、各种整改方案意见均做好记录，以便于改进完善；

对评估后所得一致意见或结论应收集整理，如吊篮试验后评估良好，安全合格，可通知吊篮正式进行施工使用；如有需完善改进的部位，待整改完善后再试验（简单试验认定），合格后方可通知吊篮正式进场安全使用。

验收合格后全部参加人员必须亲笔签字，不能代签。签字完毕后监理单位、总包单位、承租单位、出租单位各存一份。

（14）安装、拆卸生产安全事故预案

为了加强我司吊篮施工现场安全管理，保护从业人员在生产经营活动中的生命安全，保障施工现场在发生安全事故时，能够及时迅速地进行应急救援，最大限度地防治、减少和降低安全事故给企业和从业人员造成的损失，根据《中华人名共和国安全生产法》及上级机关的有关文件要求，结合施工现场的具体情况，制定本预案：

①生产安全事故应急救援领导小组

组长：董×× 副组长：葛××

组员：陈×× 王×× 陈×× 王×× 朱×× 陈××

②具体分工：

a. 组长负责安全事故应急救援预案的日常协调和指挥。

b. 副组长负责现场抢救。

c. 组员负责事态控制。

d. 组员负责保护现场数到人员。

e. 组员负责车辆，保障送往医院。

f. 组长负责了解事故经过和伤员情况并向上级报告。

③生产安全事故应急救援步骤：

a. 调查事故情况并保护好现场，调查时确保对伤员和其他人员无任何危险，迅速使伤员脱离危险场所。

b. 检查伤病员，判断神态、呼吸循环系统以及外伤情况是否有问题。必要时立即进行现场急救和监护，视情况采取有效的止血、止痛、防止休克、包扎伤口等措施。

c. 在发生安全事故时应有主要负责人立即拨打急救电话120、999，同时在现场组织抢救，并逐级上报。

④施工现场就近医院、急救电话及工程位置图：

a. 根据项目位置及医院规模大小确定就近预案医院

b. 现场应急救援值班表及联系电话：

星期一：董××：13××××××××××

星期二：李××：13××××××××××

星期三：王××：152××××××××

星期四：朱××：189××××××××

星期五：陈××：137××××××××

星期六：忤××：180××××××××

星期日：张××：150××××××××

（15）安装与拆除时间计划

①吊篮的安装

根据现场计划需要：本工程进行四周满挂布置，安装计划分两次。第一，裙楼部位安装，计划安装人员8人，在5个工作日完成本工程的安装工作，经相应的调整验收程序，在6日内本工程的吊篮可达到完好使用要求。第二，在15层位置架设，计划安装人员8人，在5个工作日完成本工程的安装工作，经相应的调整验收程序，在6日内本工程的吊篮可达到完好使用要求。第三，在主体结构完成之后，自15层向楼顶移位安装计划，本次安装，计划安装人员8人，全部同时移位，在7个工作日完成。经相应的调整验收程序，在随后3日内本工程的吊篮可达到完好使用要求。

②吊篮的拆除

吊篮拆除时，应根据施工总体进度和局部进度进行合理计划，一般在某施工区域吊篮作业面施工完毕后，进行该部位报验或结构整体验收，经过验收合格的施工部位吊篮报停，出租方在接到吊篮报停通知后，应立即组织人员进行拆除，在现场配合及拆除条件允许的情况下，5日内拆除完毕，如整个工作面或全楼整体验收，每栋楼则应在4日内拆除完毕。

7. 冬期施工方案

（1）冬期施工的时间

根据《建筑工程冬期施工规程》（JGJ/T 104—2011）规定，根据当地多年气象资料统计，当室外日平均气温连续5d稳定低于5℃即进入冬期施工，当室外日平均气温连续5d高于5℃时解除冬期施工。

（2）冬期施工的内容

①本工程主要的幕墙形式为：隐框、半隐框玻璃幕墙、石材幕墙、吊顶、雨篷和采光顶。按照施工组织设计及施工进度计划的安排，隐框、半隐框玻璃幕墙、石材幕墙，幕墙钢结构的施工将进入冬期施工。

②冬施期间随时有可能遇到大风、大雪、寒流等气温急剧下降的恶劣天气，每次寒流天气虽短，但气温平均下降5~10℃左右，这是冬施的关键，出问题的可能性最大。为确保工程质量，降低成本，以求合理的经济效益，参考多年冬施经验，在严冬季节基线气温下降到−15℃以下时，暂停施工，躲过寒流，待气温回升后，再进行施工。对施工部位未能达到抵抗冻害的成品，必须加强施工保温措施，预防可能发生的质量事故。对确实不能停工需继续

施工的工序，需经公司总工程师审批同意，并采取相应可靠的防冻措施和施工方法，方能施工。故工程各级管理人员，需随时注意天气的变化，做好每天的气温记录，合理安排工序搭接，确保在冬施期间安全、质量无事故。

本工程受冬季影响的工序主要有：钢结构及轻钢龙骨焊接作业、电气设备的使用及注胶三项。在冬季，电气设备易漏电，吊篮等机具设备在低温下需进行维护；温度过低及焊条潮湿后，焊接质量达不到要求；而对于注胶，冬季在负温条件下固化质量不佳，同时冰雪融化使基材表面潮湿，也会影响硅胶的粘连质量。幕墙其他工序的施工除在大风雪及严寒天气下不能在室外作业外，其余的各项工序尚能进行。

③另外冬季施工的安全及消防等方面也必须严格按操作规章执行。

④为建立正常的施工秩序，在冬季有计划地展开各道工序的施工，及时做好各项施工准备工作，保证施工顺利进行特制定本冬期施工方案。

（3）施工准备

①技术准备

由技术部编制冬季施工方案。方案确定后，要组织有关人员学习，并向队组进行交底。进入冬期施工前，对测温保温等专业人员组织培训，学习本工作范围内的有关知识，明确职责，经考试合格后，方准上岗工作。幕墙为垂直高空作业，应合理安排施工工序，避免交差作业，防止上下同时施工。

②材料准备

冬施用的测温记录表格、温度计，要及早做好准备，根据工程进度、实物工程量要求，组织保温材料、塑料布、阻燃被、有关机具进场。

③现场准备

做好冬期现场办公室、职工宿舍的取暖工作。施工用给水管道、消防给水管保温管壳（3cm厚）外捆彩条布保温。明管采用胶皮管，随用随收，防止入冬后水管阀门冻坏，影响生产、生活用水。冬施用电量加大，要重新复核变压器容量，接通电源。

（4）冬期施工技术措施

①注胶冬期施工措施

对于本工程幕墙冬期施工，最应解决的是隐框、半隐框玻璃幕墙，石材幕墙硅酮耐候胶的注胶工序，硅酮耐候胶的施工温度范围是5~48℃，过低的温度，将影响耐候胶的固化质量。因此应避免在温度较低的夜间、早晨和傍晚进行注胶，需要选择中午（11：00—15：00）的时间进行。注胶前，专业班组组长需取得测温小组组长的同意并取得当日测温记录结果并符合条件后方能开始注胶工作，注胶时应由项目经理委托专职质检人员，对粘结材料的表面进行检查后，方可进行注胶工序。及时抽查固化后的质量，出现问题立即返工。

②幕墙钢结构及轻钢龙骨冬期施工措施

在负温度下安装钢结构时，要注意温度变化引起的钢结构外形尺寸的偏差。如钢结构在常温下制作但在负温下安装时，要采取措施调整偏差。对冬季施工所使用的机械设备及电动工具，如焊机、角磨机等，进行冬季维护，以保证机械设备及电动工具的正常使用。焊条应按钢结构专项方案要求进行存放、烘培及使用。根据本工程的特点，绝大部分的轻钢龙骨电焊作业均在室外进行，因此我司将满焊作业安排在中午（11：00时—15：00时）集中电焊工进行施工，其余时间段主要从事点焊固定作业，当室外温度低于-10℃时，即不进行焊接作业。负温下安装使用的机具、吊装设备，使用前应进行调试，必要时在低温下要经试运转，发现问题及时修整。对特殊要求的扳手、超声波探伤仪、测温计等，也要在低温下进行调试和标定。

③吊篮设备维护

冬季，应将吊篮的左右提升机用防水油布包裹住，并在电缆的接口处用防水胶布密封住，以便尽可能地防止水进入电机内。电缆的所有接头都用防水胶布缠绕，电控箱的各个承插接口在雨季施工中也必须用防水胶布粘结。在吊篮上作业人员必须穿防滑和绝缘电工鞋。风力大于或等于六级时绝对禁止施工，并在雨雪到来之前彻底检查吊篮的接地情况。大风天气里，必须将吊篮下降到地面或施工面的最低点。

④其他技术措施

根据工程进度，提前做好临时封闭门窗洞口的材料准备，如草帘、毡布等，一旦需要，可采取临时措施，保证室内装修和其他工序冬施的顺利进行。必须进行雪后室外作业时，要在除雪后的铺板上洒一层锯末等防滑物。对工地所有在用、停用、待修、在修及库存的机械设备，进行全面彻底的检查，如有问题及时整改，切实落实冬施期间机械设备的管理、维护工作。

（5）冬期施工安全措施

①工人安全教育

由项目部在冬期施工前组织各工种施工人员进行安全教育，提高冬施安全意识，并经考核合格后方能上岗。每天班前10min，进行安全交底，班后5min检查避免安全隐患，并做好记录。

②作业安全措施

加强安全检查，严禁施工现场材料乱堆乱放。发现易燃、易爆、危险品存在隐患的，责令及时整改并及时复查。做好安全防护工作，修好生活区与施工区的出入通道，做好防冻、防滑、防煤气中毒、防爆等工作。及时处理地面的积水，防冰面滑倒伤人。吊装如需采用电动葫芦吊装，在明显处挂安全标识，并由专业信号工进行指挥。施工时如接触热水，要防止烫伤。冬期施工人员，应配备好冬期施工专业手套、鞋帽、衣物等防寒劳保用品，以防冻伤，以保证施工人员正常施工。大雪后必须将架子上的积雪清扫干净，并检查马道平台，如有松动下沉现象，务必及时报告项目领导，并及时处理。增加吊蓝、脚手架安全网面积和密度，提高高空作业安全系数，坚持预防为主的原则。

③机械设备管理措施

冬季使用的吊篮，必须每天由专业的吊篮工在工人班前对吊篮进行全面安全检查，并填写《日吊篮检查表》提交项目部，发现问题，及时整改，若需长时间维修，则应立即切断问题吊篮的电源，通知项目部及施工班组组长，防止意外的发生。各种机械要有专人管理，按要求对设备进行存放、保养，不用的机械设备及电动工具经检查无故障后分类存放以备用，有水箱的机械设备需将水放尽后保存，防止冻胀损坏机器设备，避免再次使用时发生安全事故。

④临电安全管理措施

成立防触电小组。现场设专职电工负责安装、管理和维修用电设备，严禁非电工人员随意拆改。大风、雪后应对供电线路进行检查，防止线路冻结在冰雪中，防止断线造成触电事故。冬施前对现场临电进行检查，电线铺设要防砸、防碾压，大雪过后，应检查线路，防止断线发生触电事故。

（6）冬施质量保证措施

冬季施工前，进行一次冬季施工准备工作大检查，不具备冬施要求的不得进行冬期施工，对各级管理技术人员和冬施人员进行逐级技术交底，使每个施工人员、操作人员了解冬施要求，保证冬施措施贯彻执行。

进行技术交底时，项目部技术管理人员应全面提出冬季幕墙各工序施工可能出现的质量通病及防治措施，项目部质检员对关键部位，关键工序严格检查。同时要求施工班组实行"三检制度"，即"自检，互检，交接检"，确保冬季施工质量满足设计及规范要求。

（7）冬施消防措施

冬季施工必须做好现场和生活区的防火工作，严格执行现场用火申请管理制度。入冬前对办公区域的空调，生活取暖设备进行一次全面排查，严禁生火取暖，严禁使用大功率的取暖设备，使用电热毯的需提供生产厂家的质量合格证书。对职工进行取暖安全知识教育，防止火灾等安全事故发生。设置足量灭火器，认真贯彻执行有关规定，做好施工现场消防工作。加强对易燃、易爆、有毒物品的管理，对现场进出的易燃、易爆物品设专用仓库分隔存放，并设防火标识。各种可燃材料要远离火源，用火完后要检查是否有遗落的火种。

六、施工方案

1. 定位和测量放线施工方案

测量参照标准：

①《工程测量规范》（GB 50026—2007）

②《民用建筑设计通则》（GB 50352—2005）

③《混凝土结构设计规范》（GB 50010—2010）

④《高层建筑混凝土结构技术规程》（JGJ 3—2010）

⑤《金属与石材幕墙工程技术规范》（JGJ 133—2001）

⑥《建筑幕墙》（GB/T 21086—2007）

2. 准备工作

（1）图纸准备：

①完整施工图一套。

②总包提供水平基准点、测量定位控制点平面图一套。

（2）技术准备：

①熟悉施工图纸及有关资料（掌握本工程的难点和重点是确保施工测量全过程顺利进行及后续施工的重要环节和基础）。

②熟练使用各种仪器，掌握其质量标准。

③对各种仪器在使用前进行全面检定与校核。

④熟悉总包单位的基准点，控制点线的设置情况。

⑤根据图纸条件及工程结构特征确定轴线基准点布置和控制网形式。

⑥遵守先整体后局部的工作程序。

⑦严格审核测量起始依据的正确性，坚持测量作业与计算工作步步有校核的工作方法。

⑧测法要科学、简洁，精度要合理相称的工作原则。

⑨执行三检制：自检、互检合格后请工地质量检查部门验线，合格后报请监理验线，合格后再进行下步工序施工。

⑩钢尺量距进行"三差"改正；经纬仪测角进行"正倒镜"法；水准仪测高程采用附和或闭合法，采用串测或变动仪器高；全站仪测点换站检查。

（3）专业测量小组：

①技术员两名。

②测量员两名。

③放线员三名。

④其他人员三名。

（4）仪器准备（表6-12）：

表6-12　施工测量仪器

编　号	设备名称	精度指标	数量	用　　途
1	SET230R 全站仪	2mm＋2ppm	0 台	工程控制点定位校核
2	DGT-D 电子经纬仪	2″	0 台	施工放样
3	AL332 水准仪	2mm	2 台	标高控制
4	50m 钢尺	1mm	2 把	施工放样
5	经纬仪	1/20000	2 台	内控点竖向传递
6	DZJ3-L 激光垂准仪	1/4 万	0 台	铅垂线点位传递
7	对讲机	5公里	5 部	通讯联络
8	5~7m 盒尺	1mm	6 把	施工放样

（5）机具准备：

①焊机及用具四套。

②电锤六把、电钻六把。

③重锤两个。

④墨斗五个、铅笔两盒。

⑤拉力器三个。

（6）材料准备：

①50 角钢若干。

②M12×100 胀栓若干。

③Φ1.2 钢丝线若干。

④Φ0.8 鱼线若干。

3. 施工流程：

测量基准点→投射基准点→主控线弹设→交点布置→外控制线布置→层间标高设置→层间外控线尺寸闭合→层间外控线复核→测量结构偏差

（1）首层基准点、线布置

①测量与复核基准点

进入工地放线之前请总包方提供基准点线布置图，以及首层原始标高点，施工人员依据基准点、线布置图，进行复核基准点、线及原始标高点。根据总包提供的基准点及控制网图上的数据，用全站仪对基准点轴线尺寸、角度进行检查校对，对出现的误差进行适当合理的分配，经检查确认后，填写轴线、控制线实测角度、尺寸、记录表。致函与总包单位负责人，给予确认后方可再进行下一道工序的施工。

②首层控制线的布置

因总包单位便于施工，控制线一般设定离结构较远（2m左右），而幕墙施工需将控制线进行外移（一般0.5～1m），依据总包首层控制轴线，建立幕墙首层内控制网（图6-25），再由内控制网根据安装需求进行外移形成外控制网，按照图纸设计对控制网进行复核校正，使之符合设计及安装要求。

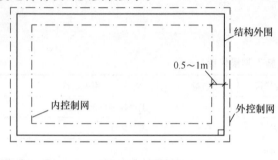

图6-25　控制网

（2）投射基准点

①通常建筑工程外形幕墙基准点投测在顶、底、中间楼层，本工程以首层、三层和顶层为准。

②投测基准点之前安排施工人员把测量孔部位的混凝土清理干净，然后在一层的基准点上架设垂准仪。将总承包单位提供的底层基准控制点作为一级控制点，通过一级基准控制点，采用铅垂仪传递基准点。为了保证轴线竖向传递的准确性，把基准点一次性分别准确地投到各标准控制楼层，重新布设内控点（轴线控制点）在楼面上。架设垂准仪时，必须反复地进行整平及对中调节，以便提高投测精度。确认无误后，分别在各楼层的楼面上测量孔位置处把激光接收靶放在楼面上定点，再用墨斗线准确地弹一个十字架。十字架的交点为基准点。

③内控点（轴线控制点）竖向投测操作方法：

A. 将激光经纬仪架设在首层楼面基准点，调平后，接通电源射出激光束。

a. 通过调焦，使激光束打在作业层激光靶上的激光点最小，最清晰。激光接收靶由300mm×300mm×5mm厚有机玻璃制作而成，接收靶上由不同半径的同心圆及正交坐标线组成。

b. 通过顺时针转动望远镜360°，检查激光束的误差轨迹。如轨迹在允许限差内，则轨迹圆心为所投轴线点。

c. 通过移动激光靶，使激光靶的圆心与轨迹圆心同心，后固定激光靶。在进行控制点传递时，用对讲机通信联络。

d. 所有轴线控制点投测到楼层完成后，用全站仪及钢尺对控制轴线进行角度、距离校核，结果达到规范或设计要求后，进行下道工序。

（3）主控线弹设

①基准点投射完后，在各楼层的相邻两个测量孔位置做一个与测量通视孔相同大小的聚苯板塞入孔中，聚苯板保持与楼层面平。

②依据先前做好的十字线交出墨线交点，再把全站仪架在墨线交点上对每个基准点进行复查，对出现的误差进行合理适当的分配。

③基准点复核无误后，用全站仪或经纬仪操作进行连线工作。先将仪器架在测量孔上并

进行对中、整平调节，使仪器在水平状态下完全对准基准点。

④仪器架设好后，把目镜聚焦到与所架仪器基准点相对应的另一基准点上，调整清楚目镜中的十字光圈并对中基准点，锁死仪器方向。再用红蓝铅笔及墨斗配合全站仪或经纬仪把两个基准点用一条直线连接起来。

⑤在第一次调整测量之后，必须旋转180°再进行复测，如有误差要取中间值。同样方法对其他几条主控制线进行连接弹设。

（4）外控点控制网平面图制作

怎样把每个面单元分格交接部位，点、线、面位置定位准确紧密衔接是后期顺利施工的保障和基础。将控制分格点布置在幕墙分格立柱缝中，与竖龙骨室内表面平（注：现场控制钢丝线为距幕墙立柱内表面7mm控制线，定位在铝立柱里面，可以避免板块吊装及吊篮施工过程碰撞控制线而造成施工偏差，既可保证板块安装至顶层、外控线交点位置，还能保留原控制线。）先在电脑里边作一个模图，然后再按模图施工。模图制作方法：

第一步：依据幕墙施工立面、平面、节点图，找出分布点在不同楼层相对应轴线的进出、左右、标高尺寸，也就是把每个点确立 X、Y、Z 三维坐标数据。

第二步：依据总包提供的基准点控制网以及控制网与轴线的关系尺寸，幕墙外控点与轴线的关系尺寸，再将以上已知数据转换为幕墙外控点与基准点控制网的关系尺寸。

第三步：依据计算出基准点与各轴线进出、左右的关系尺寸，把主控线做到平面图上，再依据第二步中计算出的幕墙外控点与基准点控制网的关系尺寸数据，把每个点做到平面图上。用同样方法，将其余三个面全部定点绘制在平面图上。

（5）现场外控点、线布置

①依据放线平面图，把经纬仪架设在与幕墙定点对应的楼层主控线点上，依主控线为起点旋转90°定点，定点完毕后用墨斗进行连线，再对照放线图用钢卷尺，从主控线的点上顺90°墨线量取对应尺寸，把控制幕墙立柱进出、左右的一个点进行定位，也就是每个点 X、Y 坐标的定位。再用水平仪检查此点是否在理论的标高点上，也就是每个点 Z 坐标的定位。

②用L50角钢制成支座，在定点位置用胀栓固定在楼台上。每个支座必须保持与对应点在同一高度。再用墨斗把分格线延长到支座上。沿墨线从新拉尺定点在钢支座上，用Φ2.8麻花钻在标注的点上打孔。依此方法在准楼层的每个面上做钢支座定外控点。

③所有外控点做完后，用钢丝进行上下楼层对应点的连线，这样外控线布置就完成了。（外控钢丝线间距和倾斜长度太大，会导致中间部位控制线塌腰，对施工精度会造成影响，规定两点间距大于50m的外控线，在总长度二分之一处对应楼层也要投测主控线，作为外控线中间部位是否偏差的依据线或在此部位增加控制支点。若遇到有风天气也能进行施工。）

④放线完毕后必须对外控点进行双重检测，确保外控制线尺寸准确无误：

A. 用钢卷尺对每个单独立面的平面四个边边长每个边的小分格进行尺寸闭合。再用水平仪把1m线引测在钢丝线上，在钢丝对应高度上粘上胶带做好1m标高线标记。最后用钢卷尺进行每层外控线的周圈尺寸闭合。

B. 为了及时准确地观测到施工过程中结构位移的准确数据，必须每天对现场的结构进行复查，检查数据，及时反馈设计作出对应解决方案。例：为便于结构检查方便、简捷、准确、及时，将外控点在首层重新放置一次，使首层外控点与上面各楼层外控线点垂直投影重合。所以每天只要把激光铅垂仪架设在首层外控点上，打开激光竖开关，检查激光点是否与各楼层外控点重合，就可以检查出结构是否产生了位移，检查结果当天反馈设计师，及时作出应对方案。避免因结构而产生的施工误差，确保工程的顺利施工。

（6）层间标高的设置：

先找到总包提供的基准标高水平点，引测到首层，以便于向上竖直量尺位置，校核合格后作为起始标高线，并弹出墨线，用红油漆标明高程数据，以便于相互之间进行校核。

标高的竖向传递，用钢尺从首层起始标高线竖直向上进行量取或用悬掉钢尺与水准仪相配合的方法进行，直至达到需要投测标高的楼层，并作好明显标记。在混凝土墙上把50m钢尺拉直，下方悬挂一个5kg重物。等钢尺静止后再把一层的基准标高抄到钢尺上，并用水笔做好标记。再根据基准标高在钢尺上的位置关系计算出上一楼层层高在钢尺上的位置。用水平仪把其读数抄到室内立柱或剪力墙上，并做好明显的标记。以此方法依次把上面的楼层都设置好。在幕墙施工安装完成之前，所有的高度标记及水平标记必须清晰完好，不能被消除破坏。

另考虑整幢大楼在施工过程中位移变形，确保水平标高的准确性，用全站仪在主体结构外围进行跟踪检查。过程中的施工误差及因结构变形而造成的误差，在幕墙施工允许偏差中合理分配，确保立面标高处顺畅连接。

（7）测量放样误差控制标准

①标高

A. ±0.000 至1m线≤1mm；

B. 层与层之间1m线≤1mm；

C. 总标高 ±0.000 至楼顶层≤ ±1mm。

②控制线

A. 墙完成面控制线≤ ±2mm；

B. 到外控线≤ ±1mm；

C. 结构封闭线≤ ±2mm。

③投点

各标准层之间点与点之间垂直度≤ ±1mm。

（8）测量结构偏差

因前面我们把控制线及分格外饰面线做得很到位，在测量埋件偏差时，根据外饰面线可直接对结构及埋件的左右、进出、标高进行测量及尺寸的复核。所有结构及埋件的测量记录必须清楚详细，对超出标准的结构和埋件及时上报项目部进行适当的处理。

（9）测量放线质量保证措施：

①加强测量管理，对各施工班组进行正规的技术交底。

②对测量放线的质量控制：利用全站仪把长度尺寸控制在1mm内。每个步骤施工中技术员及质量员，随时关注并检查。发现问题必须立即整改。

（10）安全防护措施：

①进入施工现场必须戴好安全帽系好安全带，在高处或临边作业必须挂安全带。

②电焊工作业时必须持证上岗，配备灭火器，设立专职看火人，并在焊前清理干净周围的易燃物。

③施工之前必须先对要用的仪器设备进行检查，以确保安全施工。

④对于施工中破坏的安全网要及时进行恢复。

⑤风力大于 4 级时不得进行室外测量。

4. 石材幕墙安装方案

（1）施工流程

测量放线 →后补埋件→主龙骨安装→次龙骨安装→防雷安装→层间封修→保温安装→石材安装→打胶→清理

（2）施工方法

①测量放线

A. 测量放线工依据总包单位提供的基准点线和水准点。再用全站仪在底楼放出外控制线，用激光垂直仪，将控制点引至标准层顶层进行定位。

B. 依据外控制线以及水平标高点，定出幕墙安装控制线。填写测量放线记录表，报监理验收，验收后进入下道工序。

②后置埋件的安装

首先由测量放样人员将支座的定位线弹在结构上，支座的定位线弹好以后，在结构处依据外控网拉垂直钢线，以及横向线作为安装控制线。通过十字定位线，定位出后置埋件左右、上下的偏差，然后进行埋件的安装。结构进出的检查：检查结构的标高及进出位，将检查尺寸记录下来，反馈给监理、业主、总包。

③转接件安装

待后置埋件安装完毕后，通过焊接进行连接件与埋件的连接，焊接完毕后通过螺栓将角钢转接件与后置埋件进行连接。

④立柱安装

A. 立柱的安装，依据放线的位置进行安装。安装立柱施工一般是从底层开始，然后逐层向上推移进行。

B. 为确保石材幕墙外立面的平整。首先将角位垂直钢丝布置好。安装施工人员依据钢丝作为定位基准，进行角位立柱的安装。

C. 立柱在安装之前，首先对立柱进行直线度的检查，检查的方法采用拉进法，若不符合要求，经矫正后再上墙进行安装，将误差控制在允许的范围内。

D. 先对照施工图检查主梁的加工孔位是否正确，然后用螺栓将立柱与连接件连接，调整立柱的垂直度与水平度，然后上紧螺母。立柱的前后位置依据连接件上长孔进行调节。上下依据方通长孔进行调节。

E. 立柱就位后，依据测量组所布置的钢丝线、综合施工图进行安装检查，各尺寸符合要求后，对钢龙骨进行直线的检查，确保钢龙骨的轴线偏差。

F. 整个墙面立柱的安装尺寸误差要在控制尺寸范围内消化，误差不得向外伸延，各竖龙骨安装以靠近轴线的钢丝线为准进行分格检查。检查完毕、合格后，填写隐蔽工程验收单，报监理验收。

⑤横龙骨的安装

A. 立柱安装好以后，检查分格情况，符合规范要求后进行横龙骨的安装，横龙骨根据实际情况进行断料。横料的断料尺寸，应比分割尺寸小于 3mm，这样施工过程中安装比较方便，未装横料前，先进行角码的安装。

B. 横龙骨的安装，依据水平横向线进行安装。用角码将立柱与横龙骨连接，将横料全部拧到 5 分紧后再依据横向鱼丝线进行调节，直至符合要求。

C. 经检查合格后，填写隐蔽工程验收单，附材质单，报监理验收。

⑥保温岩棉的安装

竖向龙骨安装完毕后，安装岩棉时，应拼缝密实，不留间隙，上下应错缝搭接。

5. 框架玻璃幕墙安装技术及工艺

施工顺序：

测量放线→后补埋件安装→支座的安装→立柱的安装→横梁的安装→避雷安装→防腐处理→层间防火及保温封修→隐蔽验收→玻璃安装→装饰扣盖安装→打胶，安装节点详见图 6-26。

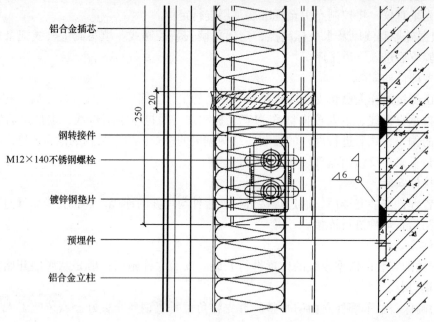

图 6-26　石材安装节点剖面图

6. 试验方案及计划

本项目幕墙工程共需做如下十项试验（表 6-13）：

表 6-13　十　项　试　验

幕墙主要材料试验计划				
实验材料	取样基数	计划用量	取样总数	备　注
钢材	60t	200t	4	
化学锚栓	3000 颗	6000 颗	2	
岩棉	建筑面积大于 20000m² 抽查不少于 6 组，小于 20000m² 抽 3 组	15000m²	4	
石材	200m²	600m²	3	
结构胶	2t	2t	1	
密封胶	2t	2t	1	
玻璃幕墙	四性试验	待定		
胀栓	3000 颗	6000 颗	2	
型材	同一厂家同一产品抽不少一组	200t	1	

七、质量管理体系及措施

1. 质量管理体系

（1）质量管理目标

①我司将按照 ISO9001 质量管理体系组织实施本幕墙分包工程，使工程质量满足本工程招标文件、技术规范及图纸要求；

②我司确保本工程质量达到合格等级。

（2）质量管理体系

在本工程中，我公司将委派具有多项类似大型工程经验的优秀项目经理为首，具有丰富施工经验的项目管理人员组建本工程专业承包项目经理部，用全面质量管理的理念，组织现场施工。全面推行科学化、标准化、程序化、制度化管理，以一流的管理、一流的技术、一流的施工和一流的服务以及严谨的工作作风，争创一流的工程。精心组织、精心施工，确保实现质量目标，履行对业主的承诺。

我司将根据工程实际情况建立完善的项目管理机构，建立项目质量岗位责任制和质量监督制度，明确分工职责，落实施工质量控制责任，使工程质量水平始终处于受控状态。

（3）质量管理人员职责

①项目经理质量职责

A. 项目经理是本分包工程的第一责任人，对本工程质量负全面领导责任。

B. 建立项目的工程质量保证体系，并保证体系的正常运行。

C. 保证国家、行业、地方及企业的工程质量规章制度在项目实施中得到完全的贯彻落实。

D. 贯彻落实公司质量方针和各项质量规定，确保工程质量目标，主持编制项目的精品工程策划书。

②项目技术负责人质量职责

A. 在项目经理的领导下，对本工程质量负技术责任。

B. 严格执行国家工程质量技术标准、规范的各项有关规定。

C. 具体负责组织有关人员编写施工组织设计、专项施工方案或技术措施、精品工程策划书、质量检验计划等，并及时上报公司有关部门和技术领导批准，从技术上对本工程质量给予可靠保证。

D. 组织开展施工组织设计、方案交底工作，检查施工组织设计、施工方案、技术措施、质量标准的落实情况。

E. 组织工程各阶段的质量验收工作。

③质检负责人质量职责

A. 负责项目的工程质量监督检查工作，认真贯彻执行公司的质量方针和项目的质量计划，对项目的工程质量负监管责任。

B. 参加对施工作业班组的技术质量交底，熟悉每个分部、分项工程的技术质量标准。

C. 每天对施工作业面的工程质量进行检查，及时纠正违章、违规操作，防止发生质量隐患或事故。

D. 对各分部、分项工程的每一检验批进行实测实量，严格按国家工程质量验收标准组织内部质量验收。

E. 会同建设方、监理方共同对每一检验批进行质量验收，并按质量标准对每一检验批进行质量评定。

F. 发现工程质量存在隐患或经检查工程质量不合格时，有权下达停工整改决定，并立即向上级领导报告。

G. 组织每周召开质量例会讲评，组织月度工程质量讲评会，对工程质量情况进行具体研究与分析，找出存在问题并采取措施预防。

H. 有权对项目的作业队伍和操作人员提出处罚和奖励意见，并有质量一票否决权。

I. 参加工程结构验收与竣工验收。

J. 组织对作业队伍施工管理人员的质量意识教育。

④质量管理制度

A. 技术交底制度

坚持以技术进步来保证施工质量的原则，技术部门编制有针对性的施工组织设计。

B. 建立"三检"制度

实行并坚持自检、互检、交接检制度，自检要做好文字记录，隐蔽工程由项目技术负责人组织工长、质量检查员、班组长检查，并做出比较详细的文字记录。

C. 质量否决制度

不合格的焊接、安装等工程必须进行返工。

D. 执行质量责任制度

将岗位、每个职工的质量职责纳入项目承包的合同中，并制定严格的奖惩标准，使施工过程的每道工序、每个部位都处于受控状态。采取经济效益与岗位职责挂钩的制度，以实际措施来坚持优质优价，不合格不验收，保证工程的整体质量。

E. 其他制度

样板制施工。每道大的工序及环节必须先做好样板的施工。经甲方、监理、总包确认后方可进行大面积施工。

2. 现场施工质量保证措施

（1）现场管理总体流程（图6-27）

（2）安装人员选择

安装人员的素质、技术水平也是决定工程质量的一个不可忽视的重要因素。我公司的安装人员都是经过专业技术培训的技术工人，公司承做的大量工程锻炼培养了一支技术水准高、操作技能强的施工队伍，积累了丰富的施工经验。对本工程，公司挑选优秀的人员并配备先进的安装工艺装备。

（3）安装控制要点

①制定质量计划

施工阶段的质量计划包括施工组织设计及检验计划。每一安装项目均应编制与其项目相适应的施工组织设计和项目质量计划，对安装项目重要工序应编制施工质量计划。施工管理员根据施工组织设计施工分项方案、技术交底内容、技术标准及规范要求编制施工质量计划，施工现场各班组应严格按施工质量计划的施工顺序和控制方法现场施工，施工质量计划中注明实施要求。

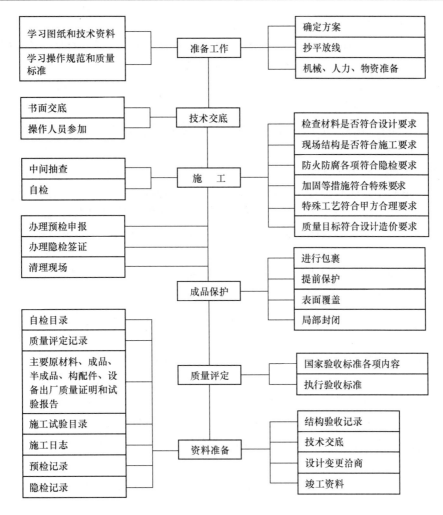

图 6-27　现场管理流程图

②质量主要控制点

A. 工序控制

施工工序控制按技术交底、质量计划及必要的作业指导进行。技术交底要确保施工关键点、难点、质量要求向施工员及安装工人明确，施工质量计划要明确安装各过程的安排和质量要求。

B. 检验和试验

监理部应对安装过程的检验，编制书面的检验要求，质检员按书面的检验要求对安装过程进行检验，并做好检验记录，上道安装工序经检验合格后方可进行下道工序的安装，经检验不合格的安装过程或项目按安装过程中不合格的控制进行处理。

C. 工地检查

a. 工程安装前两个星期，要检查将要施工的位置。

b. 核实总包提供的每楼层的水平高度及建筑线的标高，并通知总包处理任何错误。

c. 施工前检查建筑结构及确认有无任何妨碍施工的问题。

d. 现场施工之前，先到现场实地复核建筑尺寸及定位，发现现场尺寸与图纸尺寸不一致时，立即通知业主、总包，及时解决存在问题。

e. 积极与总包单位协商，在工地预留干燥、有通风及有遮挡的空间，用以存放成品、半成品，并进行幕墙现场安装，尽量减少成品和半成品的搬运。

D. 安装过程中质量控制

a. 一般要求

积极与总包单位协商，在工地预留干燥、有通风及有遮挡的空间去存放玻璃片，尽量减少成品和半成品的搬运。

幕墙整体及部件的施工安装严格按照建筑师的设计图，保持垂直、直角水平，并与所有相邻的部件严格对中。所有组件按经建筑批审的细则安装锚固；所有与砖石部分接触的铝表面以沥青漆层或锌铬酸油漆保护；所有铝材与其他金属接触部分均用不透气的材料保护。

幕墙工程所有外露金属表面的设计、制造和安装保持平直；组件与组件相接成一平面即没有任何的歪扭、波纹、刮痕或摆动。

幕墙在安装期间，不切割或焊接任何组件或配件，避免影响幕墙的刚度，损坏表面及外观或降低幕墙的性能。

滴水线、排气孔及排水孔安置在不显眼的位置，以利外观及减少部件的生锈、斑点和痕渍。

所有泛水正确安装，以使幕墙框架及铝门窗框内的水能顺利排出，保证没有位移和噪声。

所有钢扣件及附件均镀锌（在加工后进行热浸渍镀锌）并涂上防锈漆。

所有其他钢材均镀锌并涂两层底漆（一层在工厂涂，一层在工地涂）。

锚固构件为隐蔽装置，安装确保玻璃幕墙整体的密封，不透风雨。

b. 误差控制

幕墙施工安装时，幕墙的每一部分不论在垂直、水平及面线上均以设计图纸上的要求为准。在任何情况下，实物与图纸的误差均不超过以下规定：

在每 3.5m 的长度内，垂直、水平或角度上的误差少于 3mm，总长度内的误差小于 12mm；

两连续组件连接时的误差小于 1.6mm；

玻璃框架在玻璃四个角位置的误差小于 0.8mm。

c. 固定

所有支撑托架均可作多方向的调整，当幕墙调配校正后，连接点均牢固定位。

第一遍施焊后，以手锤锤掉焊渣才可第二遍施焊。点焊只能在经设计单位同意的情况临时使用。

焊接工作由有合格证书的熟练焊工进行。

焊接的焊缝类型、大小及距离注明在装配图上。焊接方法确保不会对铝材造成变形、变色或任何变化令外形及表层有不利影响。外露焊接点表面须处理，以配合旁边材料的外观。

不同金属的接触如考虑到伸缩，则以润滑剂、涂胶或密封垫分隔金属的接触面。

在工程施工中力争避免铝材与腐蚀性材料接触，必须接触的在铝型材隐蔽的表面涂上一层沥青漆加以分隔。

尽量避免不同金属直接接触，必须接触的不同金属的接触面均涂上沥青漆、锌铬酸、保护胶膜加以分隔。

所有连接均为隐藏方法，如要外露的螺栓或螺丝确保配合该材料的表面。

d. 防水

幕墙工程确保具备完整的排水系统，漏水和凝结水均排到外墙面，内部空间用适当的方式通风以保持空气压力的平衡。

3. 现场施工质量检测

（1）对主体结构偏差及后置埋件的检测

由于本工程为旧楼改造工程，主体结构完工时间比较长，必然有一定的沉降及偏差，在施工过程中如遇无法消化的偏差，要立即上报甲方及监理部，以便更改方案确保幕墙施工的安全顺利进行。埋件应按如下进行检测：

①安装牢固，位置正确（是指后置埋件的形状尺寸必须符合设计要求）。

后置埋件安装偏差一般为：标高偏差≤10mm，位置与设计位置的偏差≤20mm。

②检验方式：抽检5%

（2）测量检验质量控制

①基准线的位置应符合图纸要求，钢弦线应具足够拉力；支撑钢弦线的支座不应变形、锈蚀；钢弦线位置准确，相邻两钢弦线中心距应达设计要求。

②检验方式：每幅抽5%分格检验。

③测量精度控制（表6-14）

表6-14　根据本工程特点制定的测量允许偏差表

平 面 控 制 网	
项目	允许误差
测角中误差	±2″
边长相对中误差	1/25000
楼层轴线投测（mm）	
主轴线间距	允许偏差（mm）
相临轴线	±3
$L \leq 30m$	±5
$30m < L \leq 60m$	±10
$60m < L \leq 90m$	±15
$L > 90m$	±20

（3）安装质量控制

构件安装质量允许偏差应满足表6-15～表6-17的要求。

表6-15　幕墙构件安装质量允许偏差表

项　目		允　许　偏　差
幕墙垂直高度	幕墙高度≤30m	10mm
	幕墙高度≤60m	15mm
	幕墙高度≤90m	20mm
	幕墙高度>90m	25mm
竖向构件直线度		2.5mm
横向构件水平度	≤2m	2mm
	>2m	3mm

续表

项　目		允　许　偏　差
同高度相邻两根横向构件高度差		1mm
幕墙横向构件水平度	≤35m	5mm
	>35m	7mm
分格框对角线差	≤2m	3mm
	>2m	3.5mm

表 6-16　幕墙龙骨安装质量允许偏差表

序　号	项　目	尺寸范围	允许偏差
1	相邻两竖向构件间距尺寸（固定端头）		±2.0
	两块相邻的金属面	<20m	±1.5
		>20m	±2.0
2	相邻两横向构件的间距尺寸	<20m	±1.5
		>20m	±2.0
3	分格对角线差	对角线<2m	3.0
		对角线>2m	3.5
4	竖向构件垂直度	高度<30m	10
		高度<60m	15
		高度<90m	20
		高度>90m	25
5	相邻两横向构件的水平标高		1
6	横向构件水平度	构件长<2m	2
		构件长>2m	3
7	分格对角线差	对角线长度<2m	3.0
		对角线长度>2m	3.5
8	竖向构件外表面平面度	相邻三立柱	<2
		宽度<20m	<5
		宽度<40m	<7
		宽度<60m	<9
		宽度>60m	>10
9	同高度内主要横向构件的水平度	<35m	<5
		>35m	<7

表 6-17　幕墙整体安装质量允许偏差表

项　目		允许偏差（mm）
竖缝及墙面垂直度	<30m	10
	>30m，<60m	15
	>60m，<90m	20
	>90m	25
幕墙平面度		2.5
竖缝垂直度		2.5
横缝垂直度		2.5
拼缝宽度（与设计值相比）		±2
两相邻面板之间接缝高低差		1.0

八、安全措施

1. 安全管理目标及体系

（1）安全管理目标、方针、指导思想

①安全管理目标：高标准，严要求，争创"安全文明工地"；确保无重大伤亡事故；不发生火灾、中毒及重大机械损伤事故，确保安全生产。实现本工程"0 消防、0 伤亡"安全管理目标。

②安全管理方针：安全第一，预防为主；安全生产，警钟长鸣。

③安全管理指导思想：预防预控、分级管理、责任到人。

（2）安全管理体系（图6-28）

为了有条不紊地组织安全生产，必须组织所有施工人员学习和掌握安全操作规程和有关安全生产、文明施工条例，成立以项目经理为首的安全生产管理委员会，建立一套安全管理体系。

2. 各安全管理人员岗位职责

（1）项目经理安全生产职责

①负责贯彻执行国家及上级有关安全生产的方针、政策、法律、法规；

②配合总包开展安全工作，对总包方提出的安全隐患及时进行整改，并达到规定要求；

③接受质量安全部安全监督检查，对质量安全部提出的安全问题及时进行整改；

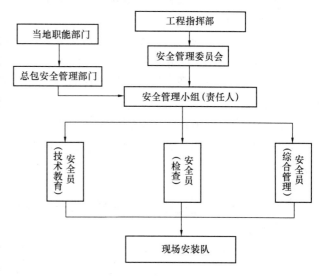

图 6-28　×××××幕墙工程安全管理体系

④督促本项目工程技术人员、工长及班组长在各项目的职责范围内做好安全工作，不违章指挥；

⑤组织制定或修订项目安全管理制度和安全技术规程，编制项目安全技术措施计划并组织实施。应在全面安全检查中，透过作业环境状态和隐患，对照安全生产方针、政策，检查对安全生产认识的差距；

⑥在组织项目工程业务承包，确定安全工作的管理体制，明确各业务承包人的安全责任和考核指标，支持、指导安全管理人员的工作；

⑦健全和完善用工管理手续制度，认真做好专业队和上岗人员安全教育，保证他们的健康和安全；

⑧组织落实施工组织设计中安全技术措施，组织并监督项目工程施工中安全技术交底制度和设备、设施验收制度的实施；

⑨领导、组织施工现场定期的安全生产检查，针对施工生产中不安全问题组织制定措施，对上级提出的生产与管理方面的问题要定时、定人、定措施予以解决；

⑩不打折扣地提取和用好安全防护措施费，落实各项安全防护措施，实行工地健全达标；

⑪每天亲临现场巡查工地，发现问题通过整改指令书向工长或班组长交待；

⑫定期召开工地安全工作会，当进度与安全发生矛盾时，必须服从安全；

⑬发生事故，要做好现场保护与抢救工作，及时上报，组织配合事故的调查，认真落实制定的防范措施，吸取事故教训。

（2）质量、安全责任人安全生产职责

①认真执行本企业的领导和安全部门在安全生产方面的指示和规定，对本项目的职工在生产中的安全健康负全面责任；

②在计划、布置、检查、总结和评比安全生产工作的同时计划、布置、检查、总结和评比安全生产工作；

③经常检查施工现场的机械设备及其安全装置、钢管架、工夹具、半成品堆放以及生活设施等是否符合安全文明要求；

④提出安全事故处理意见，并报主管部门，及时提出本工程安全技术措施计划项目，经上级批准后负责对措施项目的实施；

⑤制定和修订本项目的安全管理制度，经上级批准后负责执行；

⑥经常对本项目职工进行安全生产思想和技术教育，对新调入项目的工人进行安全生产现场教育；对特种作业的工人，必须严格训练，经考试合格，并持有操作合格证，方可独立操作；

⑦发生事故时，应及时向主管领导和安全部门报告，并协助安全部门进行事故的调查、登记和分析处理工作；

⑧督促项目财务提足安全技术措施费，做到专款专用。开展各项安全管理工作，制定具体的安全管理措施。对劳动保护用品、保健食品和清凉饮料的发放使用情况进行监督检查；

⑨定期向安全第一责任人填报报告书；

⑩配合工长开展好安全宣传教育活动，特别是要坚持每周一次的安全活动制度，组织班组认真学习安全技术操作规程；

⑪参加项目组织的定期安全检查，做好检查记录，及时填写隐患整改通知书，并督促认真进行限期整改。

（3）安全员职责

①进场安全教育，并进行"安全教育试卷"考核，留档；

②编制职工花名册，及时进行动态管理；

③编制现场安全管理制度并负责贯彻；

④每道工序施工前的安全交底，检查每个施工班组的日安全上岗记录，负责与总包的安全负责人有关安全方面的协调；

⑤现场安全检查：安全帽、安全带的正确配戴、施工安全用电、机械操作、电器设备的安全检查，消防设施、文明施工、高空作业的检查，填写日安全检查记录；

⑥参加每周质量、安全大检查并对安全做评定；

⑦对违反安全要求的处罚权；

⑧相关安全资料的收集、整理；

⑨定期组织安全培训。

（4）施工工长的安全生产职责

①认真执行国家有关安全生产的方针、政策和企业的各项规章制度；

②每天对各施工作业点进行安全检查，掌握安全生产情况，查出安全隐患，及时提出整改意见和措施，制止违章指挥和违章作业，遇有严重险情，有权暂停生产，并报告领导处理；

③向班组下达施工任务前，认真向班组进行安全技术交底，并填写安全技术交底单；

④每天对安排施工任务的作业点进行检查，查出安全隐患及时进行整改并制止违章作业，遇有险情及时停止生产并向上级报告；

⑤接受上级及安全监督员的监督检查，对上级及安全监督员提出的安全隐患及时安排整改，并监督整改的落实情况；

⑥定期对工人进行安全技术教育，防患于未然；

⑦领取和发放使用好班组的劳动保护用品、保健食品和清凉饮料等；

⑧参加项目组织的安全生产检查，对检查中发现的问题及时进行整改；

⑨发生因工伤亡及未遂事故要保护好现场，立即上报，并配合事故的调查。

3. 安全管理制度

（1）安全技术方案报批制度

执行总包总体工程施工组织设计和安全技术方案，编制单项作业安全防护措施，报总包审批后方可执行，若改变原方案必须重新报批。

（2）安全生产交底制度

①贯彻执行劳动保护、安全生产、消防工作的各类法规、条例、规定，遵守工地的安全生产制度和规定；

②施工负责人必须对职工进行安全生产教育，增强法制观念和提高职工的安全生产思想意识及自我保护能力，自觉遵守安全纪律、安全生产制度，服从安全生产管理；

③所有的施工及管理人员必须严格遵守安全生产纪律，正确穿、戴和使用好劳动防护用品；

④认真贯彻执行工地分部分项、工种及施工技术交底要求。施工负责人必须检查具体施工人员的落实情况，并经常性督促、指导，确保施工安全；

⑤施工负责人应对所属施工及生活区域的施工安全质量、防火、治安、生活卫生各方面全面负责；

⑥按规定做好"三上岗"、"一讲评"活动，即做好上岗交底、上岗检查、上岗记录及周安全评比活动，定期检查工地安全活动、安全防火、生活卫生，做好检查活动的有关记录；

⑦对施工区域、作业环境、操作设施设备、工具用具等必须认真检查。发现问题和隐患，立即停止施工并落实整改，确认安全后方准施工；

⑧机械设备、脚手架等设施，使用前需经有关单位按规定验收，并做好验收及交付使用的书面手续。租赁的大型机械设备现场组装后，经验收、负荷试验及有关单位颁发准用证方可使用，严禁在未经验收或验收不合格的情况下投入使用；

⑨未经交底人员一律不准上岗。

（3）各级安全教育培训以及持证上岗制度

①项目经理、项目副经理、技术负责人、专业安全管理人员接受安全培训、考试合格后

持有效证件方可组织施工；

②施工队长、技术员、机械、物资等部门负责人须接受安全技术培训、参加总包组织的安全年审考核，合格者办理《安全生产资格证书》，持证上岗；

③工人入场一律接受三级安全教育，考试合格并取得"安全生产考核证"后方准进入现场施工，如果分包的人员需要变动，必须提出计划报告总包，按规定进行教育、考核合格后方可上岗；

④特种作业人员的配置必须满足施工需要，并持有效证件（原籍地、市级劳动部门颁发），经考试合格者换领安全生产管理局核发的特种作业临时操作证或直接取得正式操作证后持证上岗；

⑤工人变换施工现场或工种时，要进行转场和转换工种教育。

（4）安全检查制度

①接受总包以及其上级主管部门和各级政府、各行业主管部门的安全生产检查；

②建立自身的定期和不定期的安全生产检查制度，并严格贯彻实施；

③设立专职安全人员实施日常安全生产检查制度及班组自检制度。

（5）设备验收制度

各种机械设备从国家正规厂家采购，且机械性能良好，各种安全防护装置齐全、灵敏、可靠。机械设备和一般防护设施执行自检后报总包安全部门验收，合格后方可使用。

（6）伤亡报告制度

如发生因工伤亡事故，应立即以最快捷的方式通知总包的安全部门或项目领导，向其报告事故的详情。同时积极组织抢救工作采取相应的措施，保护好现场，如因抢救伤员移动现场设备、设施者要做好记录或拍照。积极配合上级部门、政府部门对事故的调查和现场勘查，并做好事故的善后工作。

（7）安全工作奖罚制度

教育和约束施工人员严格遵守施工现场安全管理规定，对遵章守纪者给予表扬和奖励，对违章作业、违章指挥、违反劳动纪律和规章制度者给予处罚。

（8）安全防范制度

①采取一切严密的、符合安全标准的预防措施，确保所有工作场所的安全。如：安全网、安全防护平台、安全防护栏杆、安全网、安全帽、安全带、安全绳、漏电保护器等；

②进入施工现场必须戴安全帽，2m以上高空作业必须佩带安全带。施工现场设置标语、警示牌等物品。

（9）其他安全管理制度

①天气预报制度：办公区48h天气预报黑板（24h预报电话为121），专人每日更新天气情况，安全合理安排生产；

②特殊工种证书年审制度：每年由公司统一组织，加强施工管理人员的考核；

③危急情况停工制度：出现危及职工生命财产安全险情，立即停工，报告公司、总包、监理及业主，采取措施排除险情；

④责任领导值班制度：保证有本单位施工人员作业，就有本单位领导在现场值班；

⑤重要过程旁站制度：对危险性大、工序特殊等施工过程，设专门管理人员现场指挥；

⑥防护变更批准制度：管理本专业施工人员不得拆改现场安全防护、标志、警告牌等，

防护设施变动必须经总包项目安全总监批准，变动后要有相应有效的防护措施，作业完后按原标准恢复，变动书面资料由总包方安全总监保管。

4. 现场消防安全、保卫

（1）交通安全管理措施

①建立和完善交通运输组织体系，编制交通运输组织方案，作好交通运输计划。减少大型构件夜间运输时间。

②保持与总包、其他分包商和运输单位的紧密联系，以便安排交通运输协调配合工作。

③对运输车辆进行严格的安全检查和正规保养，驾驶员要遵守交通法规。

④运输线路的选择

本工程位于北京市海淀区万泉庄，此路段的交通比较繁忙，对交通运输带来较大困难。经过充分调查，并加强与交管部门的协调，合理规划运输路线与时间，确保从我司加工厂在较短时间内到达现场。

（2）现场消防安全措施

建立以项目经理牵头，行政部及安全部主抓，其他部门配合的管理体系，结合工程施工特点，对每位员工进行消防保卫方面的教育培训，做到每个人在思想上的重视。

①为了加强施工现场的防火工作，严格执行防火安全规定，消除不安全隐患，预防火灾事故的发生，进入施工现场的单位要建立健全防火安全组织，责任到人，确定专（兼）职现场防火员。

②施工现场执行用火申请制度，如因生产需要动用明火，如电焊、气焊（割）、熬油膏等，必须实行工程负责人审批制度批准用明火许可证。

③在防火操作区内根据工作性质，工作范围配备相应的灭火器材，或安装临时消防水管，避免使用易燃物品搭设工棚，以防火灾发生。

④工地上乙炔、氧气等易燃易爆气体罐分开存放，挂明显标记，严禁火种，并且使用时由持证人员操作。

⑤严格用电制度，施工单位配有专职电工，合格的配电箱，如需用电应事先与电工联系，严禁各施工单位擅自乱拉乱接电源，严禁使用电炉。

⑥在有易燃物料的装潢施工现场，木加工棚等禁止吸烟和使用小太阳灯照明，如有违反规定处以罚款。

⑦施工现场危险区还应有醒目的禁烟、禁火标志。

（3）政府有关安全生产和要求的执行程度

①依照《安全生产法》、《建筑法》《建筑工程安全生产管理条例》等有关规定，制定自上而下全员的安全生产管理制度。

②自觉执行政府有关部门发送业主及总包方的所有关于本工程施工现场的意见及通知。

③严格贯彻执行劳动保护、安全生产、消防工作的各类法规、条例、规定，遵守工地的安全生产制度和规定。

④接受上级及安全监督员的监督检查，对上级及安全监督员提出的安全隐患及时安排整改，并监督整改的落实情况。

⑤发生事故，要做好现场保护与抢救工作，及时上报，组织配合事故的调查，认真落实制定的防范措施，吸取事故教训。

九、文明施工、环保、成品保护措施及方法

1. 文明施工计划与管理

（1）文明施工管理体系

①成立现场文明施工管理组织，按生产区和生活区划分文明施工责任区，并落实人员，定期组织检查评比，制定奖罚制度，切实落实执行文明施工细则及奖罚制度。

组长：项目经理

副组长：文明施工管理负责人

组员：施工员、质量员、安全员、材料员、机械员、后勤管理员、各施工工长

②管理职责

A. 组长：组长是项目文明施工及环境保护第一负责人，负责现场文明施工领导工作，确定阶段文明施工管理目标。

B. 副组长：负责文明施工技术领导工作，编制文明施工方案；负责现场文明施工形象管理，保证工地整洁、美观，符合业主、公司的要求，负责组织各种精神文明活动，以精神文明建设推动、促进文明施工管理达标；制定文明施工管理计划，报送各相关部门，并定期检查、分析计划的实施情况。

C. 组员：配合工程进度进行检查，消除安全隐患；负责进场材料管理，保证材料总平面布置的定位存放、码放整齐、标识齐全；负责组织安装队伍过程中文明施工管理和例行巡查；负责文明施工目标、制度制定和卫生文明达标管理等。

（2）文明施工管理制度

①施工现场设置

现场必须明确标识办公室、宿舍、库房等。现场码放材料也要明确标识。

②建立健全质量安全管理制度

建立质量安全管理制度，严格执行岗位责任制，严格执行"三检"（自检、互检、交接检）和挂牌制度。特殊工种人员应持证上岗，进场前进行专业技术培训，经考试合格后方可上岗。

③建立健全现场材料管理制度

严格按照现场平面布置图要求堆放原材料、半成品、成品及料具。现场仓库内外整洁干净，防潮、防腐、防火物品应及时入库保管。各杆件、构件必须分类按规格编号堆放，做到妥善保管、使用方便。及时回收拼装余料，做好工完场清，余料统一堆放，以保证现场整洁。

现场各类材料要做到账物相符，并有材质证明，证物相符。

④建立健全现场机械管理制度

进入现场的机械设备应按施工平面布置图要求进行设置，严格执行《建筑机械使用安全技术规程》。

认真做好机械设备保养及维修工作，并认真做好记录。

设置专职机械管理人员，负责现场机械管理工作。

2. 环境保护措施

（1）环境保护措施

①设计用料尽可能选用无污染可回收利用的材料，合理解决幕墙光污染问题。

②积极开展"5S"管理：即整理整顿、清扫、清洁及素养；严格遵守地方施工的有关规定，力争避免和消除对周围环境的影响与破坏，积极主动协调与其他施工单位的关系。

③控制人为噪声进入施工现场，不得高声喊叫、乱吹口哨、码放时要轻拿轻放，禁止摔打物品，禁止故意敲打制造噪声。

（2）施工噪声污染防护措施

①对使用的工程机械和运输车辆安装消声器并加强维修保养，降低噪声。

②机械车辆途经居住场所时应减速慢行，不鸣喇叭。

③在比较固定的机械设备附近，修建临时隔声屏障，减少噪声传播。

④合理安排施工作业时间，尽量降低夜间车辆出入频率，夜间施工不得安排噪声很大的机械。

⑤适当控制机械布置密度，条件允许时拉开一定距离，避免机械过于集中形成噪声叠加。

3. 成品保护措施

工程施工过程中，制作、运输、施工安装及已完幕墙均需制定详细的成品、半成品保护措施，防止幕墙的损坏，造成无谓的损失，任何单位或个人忽视了此项工作均将对工程顺利开展带来不利影响，因此我司制定如下成品保护措施。

（1）生产加工阶段成品保护措施

①成品在放置时，在构件下安置一定数量的垫木，禁止构件直接与地面接触，并采取一定的防止滑动和滚动措施，如放置止滑块等；构件与构件需要重叠放置的时候，在构件间放置垫木或橡胶垫以防止构件间碰撞。

②型材周转车、工器具等，凡与型材接触部位均以胶垫防护，不允许型材与钢质构件或其他硬质物品直接接触。

③型材周转车的下部及侧面均垫软质物。

④构件放置好后，在其四周放置警示标志，防止工厂在进行其他吊装作业时碰伤本工程构件。

⑤成品必须堆放在车间中的指定位置。

（2）包装阶段成品保护措施

①金属材料包装

A. 不同规格、尺寸、型号的型材不能包装在一起。

B. 包装应严密、牢固，避免在周转运输中散包，型材在包装前应将其表面及腔内铝屑及毛刺刮净，防止划伤，产品在包装及搬运过程中避免装饰面的磕碰、划伤。

C. 铝板及铝型材包装时要先贴一层保护胶带，然后外包牛皮纸；产品包装后，在外包装上用水笔注明产品的名称、代号、规格、数量、工程名称等。

D. 包装人员在包装过程中发现型材变形、装饰面划伤等产品质量问题时，应立即通知检验人员，不合格品严禁包装。

E. 包装完成后，如不能立即装车发送现场，要放在指定地点，摆放整齐。

F. 对于组框后的窗尺寸较小者可用纺织带包裹，尺寸较大不便包裹者，可用厚胶条分隔，避免相互擦碰。

（3）施工现场成品保护措施

①工地半成品的检查

A. 产品到工地后，未卸货之前，对半成品进行外观检查，首先检查货物装运是否有撞击现象，撞击后是否有损坏，有必要时撕下保护膜进行检查。

B. 检查半成品保护膜是否完善，无保护膜的是否有损伤，无损伤的，补贴好保护纸后再卸货。

②搬运

A. 装在货架上的半成品，应尽量采用叉车，避免多次搬运造成半成品的损坏。

B. 半成品在工地卸货时，应轻拿轻放，堆放整齐。卸货后，应及时组织运输组人员将半成品运输到指定装卸位置。

C. 半成品到工地后，应及时进行安装。来不及安装的物料摆放地点应避开道路繁忙地段或上部有物体坠落区域，应注意防雨、防潮，不得与酸、碱、盐类物质或液体接触。

③堆放

A. 构件进场应堆放整齐，防止变形和损坏，堆放时应放在稳定的枕木上，并根据构件的编号和安装顺序来分类。构件堆放场地应做好排水，防止积水对构件的腐蚀。

B. 待安装的半成品应轻拿轻放，长的铝型材安装时，切忌尾部着地；

C. 五金件、密封膏应放在五金仓库内。

D. 幕墙各种半成品的堆放应通风干燥、远离湿作业。

E. 从木箱或钢架上搬出来的板块及其他构件，需用木方垫起100mm，并不得堆放挤压。

F. 施工现场临时存放的材料，按公司规定的《产品贮存控制程序》进行贮存和维护。

④施工过程中的成品保护措施

A. 拼装作业时的成品保护措施

a. 在拼装、安装作业时，应避免碰撞、重击。减少在构件上焊接过多的辅助设施，以免对母材造成影响。

b. 拼装作业时，在地面铺设刚性平台，搭设刚性胎架进行拼装，拼装支撑点的设置，要进行计算，以免造成构件的永久变形。

B. 吊装过程的成品保护

a. 用吊车卸半成品时，要防止钢丝绳收紧将半成品两侧夹坏。

b. 吊装或水平运输过程中对幕墙材料应轻起轻落，避免碰撞和与硬物摩擦；吊装前应细致检查包装的牢固性。

C. 龙骨安装时的成品保护

a. 施工过程中铁件焊接必须有接火容器，防止电焊火花飞溅损伤单元体及其他材料。

b. 龙骨吊装时对幕墙的撞击及酸碱盐类溶液对幕墙的破坏。

c. 做防腐时避免油漆掉在各产品上。

D. 面材安装时的成品保护。

a. 所有面材用保护膜贴紧，直到竣工清洗前撕掉，以保证表面不轻易被划伤或受到水泥等腐蚀。

b. 玻璃吸盘在进行吸附重量和吸附持续时间检测后方能投入使用。

c. 为避免破坏已完工的产品，施工过程中必须做好保护，防止坠落物损伤成品。

d. 打胶前应先在面材上贴好美纹纸，防止污染面材。

e. 贴有保护膜的型材等在胶缝处注胶时应用手将保护膜揭开，而不允许用小刀直接在玻璃上将保护膜划开，以免利器损伤玻璃镀膜。

f. 在操作过程中若发现砂浆或其他污物污染了饰面板材，应及时用清水冲洗干净，再用干抹布抹干，若冲洗不净时，应采用其他的中性洗洁液清洗或与生产厂商联系，不得用酸性或碱性溶剂清洗。

十、与总包及其他单位的配合措施

1. 与业主方的配合

与业主方配合主要采取以下措施：

（1）定期提供工程进度报告，并认真听取业主的建议，对于合同允许条件下的工程进度延误或超合同条件下施工，必须及时请业主或监理书面认可。

（2）接受按合同规定签发的变更、通知、指令性等，并认真履行承包单位的职责。

（3）按时参加业主召开的例会或专题会，切实贯彻会议精神。

2. 与总包方的配合

（1）服从总包单位的管理，协调质量及进度要求。

（2）尽早提出施工用水、用电方案，配合总包布置用水管道、电源接线箱。

（3）及时报送施工进度及进度计划，参与总包组织的协调会议，积极响应总包指示。

（4）各种材料进厂提前通知总包，以便总包的协调和组织检验。随时保持与总包的联系，积极配合总包的工作。

（5）总包单位应提供全套建筑施工图及有关施工资料，包括风洞试验报告、地震、防火、负荷载及工程一些特殊要求，以便进行施工图设计。总包应提供幕墙施工测量基准点及门洞相关部位装饰面相关基准线。总包单位应提供幕墙、门洞口间隙之间的有关数据。

（6）建筑施工的实际幕墙相关尺寸及预埋位置总包方应以书面形式通知我单位，便于我方根据实际情况"量体裁衣"并与当地质检部共同协商，共同解决。

（7）工程全部完工后，先认真自检，报总包检验，再向监理工程师提交验收申请，经监理复检认可后，转报业主，组织正式竣工验收。在幕墙工程验收合格、办理移交手续后，向总包提供成品保护方案，以方便总包方的成品保护。

3. 与监理方的配合

（1）配合措施项目（表6-18）

表6-18　措　施　项　目

序　号	协调配合内容	由幕墙公司完成	由监理工程师完成
1	工作进度检查	积极配合监理人员的质量监督工作，根据施工进度申报检查	在规定日期内检查申报人申报的工作进度检查
2	工程资料归档	随时接受监理的监督检查，按监理要求提供所需各种施工档案资料	配合分包方归档工程资料，并签字确认
3	工程质量	对监理提出的质量问题及时、认真处理，并提出解决方案，直到验收合格 在施工过程中遇到的有关技术、质量及现场管理问题及时与监理单位反映，并协商解决	及时配合分包单位解决问题

（2）与监理方配合主要采取以下措施

①认真履行合同义务，圆满地执行监理工程师的符合工程合同、有关法规、标准及规范的指示。

②工程用各类主要材料均向监理报送样品、材质证明等有关技术资料，经监理审核批准后再行采购使用。

③随时接受监理人员的监督检查，按监理要求提供所需的各种施工档案资料。工程隐蔽前，在自检查合格的基础上，提前24h书面通知监理。

④及时向监理报送分部分项工程质量自检资料。

⑤对监理人员提出的质量问题及时、认真处理，并提出解决方案，直到验收合格。

⑥在施工过程中遇到的有关技术、质量及现场管理问题及时与监理单位反映，并协商解决。若监理对某些工程质量有疑问，要求复测时，项目人员应给予积极配合并对检测仪器的使用提供方便。

⑦若发现质量事故，及时报告监理和业主，并严格按照共同商定的方案进行处理。

十一、质量事故、人员伤亡及消防应急预案

1. 实施总则

（1）安全消防事故的处理原则：及时抢救人财物，尽最大努力减少损失和影响；不得破坏现场，要及时采取保护措施；要按规定的程序上报和处理事故。

（2）安全消防事故处理要根据不同的事故类型进行分类处理。

（3）安全消防事故发生后，需立即成立安全事故联合处理小组，小组成员包括，项目部、项目管理中心、质量安全部及公司领导组成。

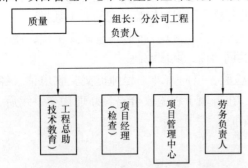

图6-29 安全事故处理小组人员组成机构图

2. 安全事故处理小组人员及职责

（1）安全事故处理小组人员组成机构图（图6-29）

（2）职责范围：

①组长（分公司工程负责人）：

A. 负责事故处理的总体指挥工作；

B. 负责事故处理重大资金使用审批。

②副组长（总助）：

A. 负责事故处理的具体指挥和协调工作；

B. 负责资金使用的分配。

③质量安全部

A. 负责协调外部事故调查工作；

B. 负责指导项目进行事故处理；

C. 负责指导分包队伍处理家属的善后处理工作。

④项目管理中心

A. 负责组织项目部配合事故处理和调查工作；

B. 负责组织项目部对安全隐患进行整改工作；

C. 负责组织分包队伍进行人员和财产抢救工作；

D. 负责组织分包队伍进行伤亡人员的善后处理工作。

⑤项目经理

A. 负责按规定程序上报事故；

B. 负责及时组织项目成员对受伤人员及财产进行抢救；

C. 负责组织人员对事故现场进行保护；

D. 负责接受相关部门对事故的调查；

E. 负责组织人员对隐患进行整改；

⑥劳务负责人

A. 负责组织分包队伍人员配合进行事故调查工作；

B. 负责维护事故现场不被破坏；

C. 负责处理伤亡人员的善后工作及支付相应的医疗和抚恤金额；

D. 负责分包劳务人员的稳定生产工作。

3. 事故处理措施

（1）伤亡事故的处理程序：

第一步：事故发生后，《紧急事故应急预案》要及时启动。同时，第一时间内要做好以下几件事情：

①项目经理及时就近联络医院，把伤者送往医院抢救，由分包人员通知伤者家属，同时派相应人员进行看护。

②项目经理要及时把情况汇报给分公司工程负责人，质量安全部，以上人员接到汇报后，要及时组织本部门相关人员赶赴现场，同时，各自向上层领导汇报。

③项目经理，组织分包人员，对现场进行保护，同时要派项目人员对现场进行拍照。

④现场人员及时向监理及业主方报告事故情况。

第二步：

①公司质量安全部会同项目现场安全管理人员对事故原因进行调查、取证，同时做好相应的记录，形成初步事故原因调查报告。

②初步事故原因调查报告形成后，把此报告申报给发包、监理和业主方进行审查。

③初步事故原因调查报告经现场各方审查通过后，连同其他文件，由公司在24h内逐级向安全和行业主管部门进行报告，同时报告所在地的劳动部门、公安部门、人民检查院、工会等部门。

④现场按"四不放过"（事故原因未查明不放过、责任人未处理不放过、整改措施未落实不放过、有关人员未受到教育不放过）原则对事故进行处理，同时，进行停工整顿。

第三步：伤亡人员的善后处理

①由项目管理中心负责组织人员对伤者进行医疗及补偿事宜，同时做好家属的安抚工作。

②如果伤者经抢救或治疗无效死亡，由工程总助负责按照国家的相应的文件和工伤管理规定对死者家属进行抚恤工作。

第四步：配合调查

①由分公司工程负责人和质量安全部负责接待建委、安全局和公安等系统的调查人员，并做沟通和协调工作；

②事故涉及人员不许随意离开现场，要根据需要，随时听候安排。

（2）消防事故处理程序：

现场在我工作范围内发生火灾事故后，要按以下程序进行操作：

①一般火灾的处理：

A. 首先要组织人员进行抢救和灭火工作，及时把火源扑灭，同时保护好现场；

B. 由项目管理中心组织，把事故原因调查清楚，报公司质量安全部备案；

C. 由项目经理负责配合现场各单位对事件的处理和调查工作；

②严重火灾的处理工作

A. 火灾发生后，要及时拨打119电话；

B. 项目经理要及时通知分公司工程负责人，质量安全部上述人员需组织各自部门的相应人员及时赶到现场，同时，各自向上层领导汇报。

C. 项目管理中心负责组织现场人员进行灾后处理工作，并保护现场不受破坏，负责分包队伍的稳定工作；

D. 项目经理要及时通知项目管理中心分公司工程负责人，质量安全部负责组织对外部消防部门、建委系统和公安等部门的协调工作。

③失窃事故的处理程序

A. 由项目经理负责拨打110报警，并把情况向发包报告情况；

B. 由项目管理中心协助现场处理事故，并把事故处理情况报公司质量安全部备案。

④高空坠落、物体伤人事故应急救援预案

A. 发生高空坠落、物体打击事故后，有现场发现人员立即报告施工队长、安全员，同时上报经理及发包项目经理；

B. 在发包人员指导下，对伤员进行及时救护，并立刻准备车辆送伤员去医院急救，造成重大伤亡事故的，应立即组织应急小组进行救援，并保护好现场，设置警戒线；

C. 由项目管理中心协助现场处理事故，并把事故处理情况报公司质量安全部备案。

⑤机械伤害事故应急救援预案

A. 发生机械伤害事故后，受伤人员或同组人员应立即拉闸限电断电关掉机械，上报组长、安全员及项目经理、发包经理、安全员；

B. 接报后应立即准备车辆送往医院进行抢救，安全人员对事故现场进行保护；

C. 由项目管理中心协助现场处理事故，并把事故处理情况报公司质量安全部备案。

⑥触电安全事故应急救援预案

A. 触电安全事故后，同组人员应立即拉闸断电，并报带班队长、安全员、项目经理及发包经理、安全员；

B. 应立即启动预案小组人员对触电人员进行人工呼吸，并立即拨打120急救电话，叫救护车进行抢救；

C. 组织人员保护好现场，进行触电事故调查，并及时上报公司。

⑦打架斗殴事件的应急救援预案

A. 打架斗殴事件，现场人员应立即上报带班队长、安全员及项目经理进行处理，如有受伤者应根据伤情送往就近医院。

B. 组成员应组织调查打架原因，分清事故责任，给予处罚，触犯刑法的将移送公安部门处理。

⑧爆炸事故应急预案

A. 发生爆炸事件后，第一发现人应立刻通知现场人员撤离，同时上报安全员、项目经理及发包经理，以便迅速组织抢救；

B. 抢救小组立即准备抢救器材，报打120急救电话，及时抢救伤员，此事应立刻报上报公司质量安全部和主管领导；

C. 抢救结束后应着重调查分析事故原因杜绝类似事件发生。

第三节　测　量　放　线

测量放线工作是外装饰幕墙施工的一个关键环节。

测量放线是外装饰幕墙施工工序的第一步，也是关键的步骤，测量放线的结果将会不同程度地给下一步施工材料的生产、定货、安装带来影响，因此测量放线工作一定要安排技术、经验相当丰富的施工人员去负责。

一、常用测量仪器

1. 水准仪（图6-30）

水准仪的主要构成部件由望远镜、管水准器（也叫补偿器）、垂直轴、基座、脚螺旋组成。

使用方法：

首先调节两个脚螺旋使平衡气泡在两个脚螺旋的中间连线上，再按照同样的方法调节第三个脚螺旋，使平衡气泡处于两个脚螺旋的中间连线上。

水准仪的主要作用是建立水平视线测视地面两点之间高差的仪器。在使用时安装在三角架上。

水准仪的圆水准气泡只是粗略整平，一般情况下，只要未偏出圈外就没什么影响，因为自动安平水准仪内置补偿器，稍有偏移补偿器就会起到作用了，它的特点主要是当

图6-30　水准仪

望远镜视线有微量倾斜时，补偿器在重力作用下对望远镜作相对移动，从而能自动而迅速地获得视线水平时标尺读数。

2. 经纬仪（图6-31）

经纬仪是测量水平角和竖直角的仪器。由望远镜、水平度盘、竖直度盘、水准器、基座等组成。

测量时，将经纬仪安置在三脚架上，用垂球或光学对点器将仪器中心对准地面测站点上，与水准仪用同样的方法用水准器将仪器定平，用望远镜瞄准测量目标，用水平度盘和竖直度盘测定水平角和竖直角。

经纬仪是望远镜的机械部分，使望远镜能指向不同方向。经纬仪具有两条互相垂直的转轴，以调校望远镜的方位角及水平高度。

经纬仪在幕墙施工中广泛用于定线、定位、测视已知角度。

3. 垂准仪（图6-32）

图6-31　经纬仪　　　　　　　　　　　图6-32　垂准仪

垂准仪是测量建筑物的垂直度、变形度的仪器，被广泛用于建筑幕墙的测量放线，用于测出建筑结构、幕墙施工的垂直位置。是一种将激光束置于铅直方向以进行竖向准直的仪器。

垂准仪的主要构成有望远镜、水准器、激光管、水平度盘、竖直度盘、基座等。

工作原理是：利用激光束方向性好、发射角小、亮度高、红色可见等优点，形成一条鲜明的准直线，做为定向定位的依据。

4. 全站仪（图6-33）

全站仪，即全站型电子速测仪。是一种集光、机、电为一体的高技术测量仪器，是集水平角、垂直角、距离（斜距、平距）、高差测量功能于一体的测绘仪器系统。因其一次安置仪器就可完成该测量部位全部测量工作，所以称之为全站仪。

全站仪集多功能、高精度、自动化于一身，可直接测出地面点的空间坐标，激光测距还可以测量净距离，随时监控外装饰幕墙面尺寸。功能上，电子数显，无需人工读数，人机对话操作简便，最大限度地消除了人为误差，两到三人即可完成测量工作，效率高。

5. 测距仪（图6-34）

该仪器外形小巧，携带方便，可通过快捷按键进行加减及面积和体积的计算，测量快速且非常可靠，可存储前 10 次的测量结果。与所有 Leica 激光测距仪一样，其激光点清晰可见。即

图6-33　全站仪

使目标位于难以接近的部位，也能发现目标定位点。

6. 计算器（图6-35）

工程测量数据通常需要采用计算器来综合计算，常用的是功能强大的卡西欧计算器。

图6-34　测距仪　　　　　　　　图6-35　计算器

该计算器具有以下功能特点：

（1）数据通讯功能128个内置公式

（2）40个科学常数

（3）高速CPU

（4）26个可变存储器

（5）分数计算器CPU

（6）STAT数据编辑器

（7）标准偏差

（8）回归分析

（9）统计数据

（10）新增Mat A～Mat F六个矩阵，最多可以计算10行×10列的矩阵

（11）赋值句法1——"？A－Z变量"，赋值句法2——"？A－Z变量"，或"List X[ ]，List Y[ ]，List Freq[ ]变量"

（12）新增128个常用数学、物理、电子与测量内置公式供调用，允许用户自定义内置公式，在内置公式中允许使用大、小写英文字母变量与大、小写希腊字母变量，可以使用数字与大、小写英文字母作为变量的下标字符，更能体现内置公式中变量的意义。

二、测量放线

1. 检查测量仪器

在正式开始项目测量放线前，项目技术员要认真检查测量仪器是否有国家计量单位检测合格标识，合格标识是否与测量仪器相对应等。如果没有检测合格标识，要抓紧将测量仪器送国家计量检测单位进行检测，直到检测合格具有合格标识的仪器方可以使用在项目上做测量放线工作。

如果已有的测量仪器经过检测、调试不合格，要抓紧购置新的合格测量放线仪器，避免由此造成施工进度计划的拖延。

2. 测量技术交底

项目技术员组织由幕墙设计师、项目生产经理、测量放线人员参加的技术交底会。

幕墙设计师出具测量放线图纸，图纸中详细标出建筑结构梁高、墙面、每层建筑结构标高等尺寸，同时详细标出幕墙与建筑结构之间的位置关系，幕墙安装与每层建筑标高之间的关系，幕墙与建筑轴线之间所对应的位置关系等。

项目技术员结合设计师出具的测量放线图纸、幕墙施工图纸，做出测量放线规划，详细说明测量放线所注意的关键环节，测量放线所使用的机械、仪器，测量放线所使用的材料，应该制作出什么样的测量放线稳定支架，如何在建筑结构上做出测量放线标记，比如以每层的建筑结构标高为 ±0.000，高出建筑结构标高的标记为 + ×.××，低于建筑结构标高的标记为 − ×.××，同时必须测量建筑结构的垂直度偏差以及平面度偏差，所有的测量线要求必须是闭合的结果，否则将会给下一步正常施工生产带来不必要的麻烦。

测量放线技术交底清楚以后，需要形成书面技术交底记录，交底人、接受交底人都互相签字确认形成交底记录，根据需要份数复印存档，完成测量放线交底工作。

3. 测量放线准备

第一测量放线工作开始前，测量放线人员需要根据建筑规模的大小、建筑幕墙的难易程度等特殊因素生产出测量放线用三角支架，一般情况下三角支架采用施工用的镀锌角钢制作而成（图 6-36、图 6-37）。

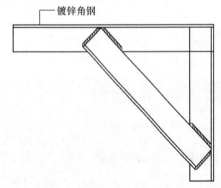
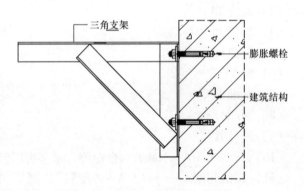

图 6-36　测量辅助三脚架样式示意　　　　图 6-37　三脚架与结构固定示意图

如上图所表示，将三角支架制作以后，根据测量位置需要安装在不影响施工安装的结构梁、墙的外部立面。

第二需要用透明效果好的有机玻璃制作十字放线板，在该透明玻璃板的中间刻画出中心十字交叉线，测量时该交叉线的位置对准垂直中心放好，该中心线一定对准建筑结构图中的轴线，防止由于轴线的走向偏差造成测量放线错误，给下一步施工带来不必要的麻烦（图 6-38）。

第三需要准备测量放线用 50m 甚至更长的卷尺、绘图用三角尺、弹线用墨斗、粉笔、测量标杆等常用工具，同时具有检测合格标识。

第四需要绘制出测量放线图纸，这是测量放线的必要工作，如果只是沿着外装饰图纸，简单的测量出外装饰幕墙能否满足与现有建筑结构的安装，这是远远不够的，这样将不能够

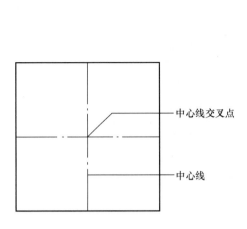

图 6-38　有机玻璃放线板示意图　　　图 6-39　建筑结构梁测量示意

准确地测量出实际建筑结构与建筑结构图纸之间的施工偏差是多少，也就不能够提前预知或提前给设计人员提供出一套完整的测量放线数据，只是等到需要的时候或者发现问题的时候再去找原因，这样将给下一步设计提出生产任务单带来不必要的误差。

如图 6-39 所示，按照不同的幕墙位置结合幕墙墙身施工图纸，绘制出墙身结构梁测量放线图纸，图纸中标明施工图中结构梁的高度尺寸与结构标高之间的关系。测量时注意一定将测量的实际数据标注在相对应的测量图纸中。

如图 6-40 所示，按照不同的幕墙平面施工图绘制出平面测量放线图纸，图纸中详细标明建筑幕墙施工图的建筑结构平面尺寸，在适当的位置标明实际测量的数据。此外根据建筑幕墙施工平整度、垂直度的需要，在每层建议每隔 3～5m 的位置测量出建筑轴线距离结构外口的实际尺寸。

4. 测量放线

根据已经准备好的测量准备，在结合建筑结构施工单位所提供的结构放线图，结构定位点开始测量。

在测量工作开始前首先需要分清楚，这里的测量是对建筑结构主体进行测量，也就是对建筑结构主体进一步给予复核，核实出建筑实际主体结构与建筑结构图纸的偏差，便于实施幕墙施工安装时判断如何消除主体的结构偏差，用以确保建筑幕墙的垂直度及平整度。

如图 6-41 所示，首先我们要沿着建筑主体施工的结构放线原点，采用垂准仪利用准备好的透明有机玻璃板测量出主体结构的垂直线位置，并且将确定好的垂直线位置的有机玻璃板固定牢固，有必要的时候派专人看管，不得移位。

如图 6-42 所示，利用垂准仪利定位好的通过透明有机玻璃板的中心垂直点，结合已经绘制好的测量图纸，在每层的建筑楼板面上采用经纬仪测量并绘制出测量辅助线位置，注意一定要利用墨斗在测量好的点位弹出闭合的直线。

如图 6-43 所示，利用已经在楼板面上弹出的测量辅助闭合直线来进一步测量每层主体的结构边线、预埋板位置，同时还可以采用水准仪测量每层结构梁的水平偏差。需要注意的是整个测量过程都要符合测量图纸所要求测量点的要求，不可以测量简单的几个点的数据就用来代表整个楼面的数据，一定按照测量图纸的要求逐点测量，并且详细记录每个点的真实数据。

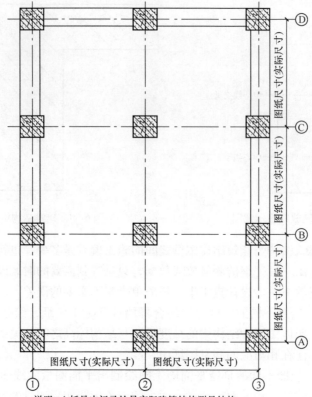

说明：1.括号内记录的是实际建筑结构测量结构。
　　　2.记录时同时测量结构柱、梁的截面尺寸。

图 6-40　建筑结构平面测量示意图

图 6-41　找出建筑结构主体垂线示意　　　图 6-42　绘制每层的测量辅助线示意

图 6-43　利用测量辅助线测量每层的结构边线示意

　　根据已经绘制出的测量图纸，结合详细的测量结果作出详细的测量结果记录，这样记录出的实际结果将会给下一步施工生产带来极大的好处，所以测量结果一定反映出真实结果。

　　根据记录详细的测量图纸，再列出测量数据表与测量图纸共同作为存档的记录（表 6-19 和表 6-20）。

表 6-19　建筑结构标高测量数据记录表

序　号	楼层数	图纸结构标高	实测数据	偏差值	备　注
1					
2					
3					
4					
5					
6					
7					
8					
9					
10					
11					
12					

编制：　　　　　　　　　校对：　　　　　　　　　　　　　　　　审核：

表 6-20　建筑结构垂直度测量数据记录表

序号	楼层数	结构与轴线的图纸数据	实测数据	偏差值	备　注
1					
2					
3					
4					
5					
6					

序 号	楼层数	结构与轴线的图纸数据	实测数据	偏差值	备　注
7					
8					
9					
10					
11					
12					
13					
14					
15					
16					
17					
18					
19					
20					
21					
22					

编制：　　　　　　　　校对：　　　　　　　　　　　　　　审核：

说明：

表 6-19、表 6-20 是示意表，在编制测量数据表的时候，需要根据实际测量结果在测量记录表中反应出来。

在记录偏差值的时候，需要特别分清楚，将理论建筑结构确定为 ±0.00，在记录的时候统一以 mm 为单位，如果是高出理论数据就记录为 + ×.×× （例如实际数据超出理论数据 100mm，就记录为 +100mm），反之如果是低于理论数据就记录为 − ×.××。这样的记录将会清楚地反应出实际建筑结构的具体数据，当然这个数据一定要与测量图纸的数据一一对应。

5. 测量放线应符合下列要求

（1）石材幕墙分格轴线的测量应该与主体结构测量相互配合，其偏差应该及时调整，不得累积；

（2）应该定期对施工安装定位基准线进行校核；

（3）对于高层建筑幕墙的施工测量应在风力不大于 4 级的时间进行。

第四节　石材幕墙的施工

一、幕墙施工所具备的条件

安装建筑幕墙的主体结构，应符合有关结构施工质量验收规范的要求。安装建筑幕墙的钢结构、混凝土结构及砌体结构主体工程，必须按有关施工验收规范及质量评定标准验收合格；还要对建筑物安装幕墙部分的外形尺寸进行复查，要求达到与幕墙配合尺寸在允许偏差的范围，如果偏差过大要进行处理，使其达到要求。

安装施工之前，幕墙安装公司（厂商）应会同土建总承包商检查现场施工操作部位清洁情况、脚手架和起重运输设备运行情况，确认是否具备幕墙施工条件。由于主体结构施工偏差而妨碍幕墙施工安装时，应会同业主和土建总承建商采取相应措施，并在幕墙安装前实施。

二、施工准备

幕墙构件安装前均应进行检验与校正，不合格的构件不得安装使用。检查杆件制作合格证件，只允许有合格证件的杆件上墙安装。杆件运到工地后，应存放在专设的仓库，要求四面能封闭、开启，地面无尘埃，温、湿度适中，杆件应存放在有软垫的货架上，避免变形和损伤表面的氧化膜，上墙安装前应包好保护胶带。

幕墙构件储存时应依照安装顺序排列，储存架应有足够的承载能力和刚度。在室外储存时应采取保护措施。

三、幕墙预埋件的施工

预埋件的施工是外装饰幕墙施工的第一个环节，对于石材幕墙同样如此。预埋件施工的准确度直接影响下一道施工工序的进展，同样由于预埋件的设置偏差将会出现后置预埋件的安装，这将直接影响整个的施工进度计划，同样也会增加建筑幕墙成本的支出。

综上所述，在预埋件施工安装前必须与相关的幕墙设计负责人进行沟通，根据施工需要做好对项目施工人员的预埋件安装技术交底。

根据项目的特点，交底工作要做到准确无误，交底内容做到预埋件的设计规格（必要时根据每个部位的特点，交底说明每个部位预埋件的具体规格），预埋件的埋设水平标高，预埋件埋设的水平方向的间距尺寸。如果拟建石材幕墙的设计效果特殊，且与建筑结构之间的距离、幕墙的水平方向标高、建筑结构楼板的标高、建筑结构楼板或结构梁等的规格尺寸不一致，造成埋件的安装位置都会有不同之处。对于这些特殊部位，交底时一定要特别说明，避免造成埋件设置错误，直接影响石材幕墙的整体施工安装。

预埋件的埋设正常状态下分为以下几个步骤：

1. 读懂埋件设置图纸、分清材料

结合设计师的预埋件设置技术交底，项目部组织所有埋件设置人员共同读懂埋件设置图纸，读懂不同规格埋件的施工安装位置、不同建筑结构的埋件安装位置等。

在读懂预埋件的施工安装图纸外，项目部与所有施工安装人员，还需要深入了解（通过预埋件设置图纸）不同规格预埋件的设计数量，对到场的预埋件根据设计图纸认真核实数量、规格等是否符合设计要求，将材料进行分类堆放，对于不同的规格做出明显标志。

2. 预埋件设置

（1）核实领取材料

根据建筑结构施工绑扎结构钢筋的位置，核实埋件施工图中所对应的部位，从中找出所对应的埋件规格、数量，施工安装班组长填写材料领取申请单（表6-21），经过施工生产经理审核、项目经理批准后方可到材料仓库领取。材料管理员同样根据埋件施工图纸计算出该部位埋件的规格、数量，在核实无误后填写材料出库领料单（表6-22），在施工班组长与材料管理员互相签字后，将材料搬运到所设置的安装部位。

表6-21　材料领取申请单（示意表）

序　号	材料编号	规　格	数　量	使用部位
1				
2				
3				
4				
5				
6				
7				
8				
9				
10				
11				
12				

编制：　　　　　　　　　　　　　　日期：

审核：　　　　　　　　　　　　（技术员）批准：

表6-22　材料出库领料单（示意表）

序　号	材料编号	规　格	数　量
1			
2			
3			
4			
5			
6			
7			
8			
9			
10			
11			
12			

领料人：　　　　　　　　　　　　日期：

材料管理员：　　　　　　　　　　项目经理：

（2）预埋件的施工

根据建筑结构施工测量控制线，复核主体结构钢筋绑扎的位置，看是否符合建筑结构图纸的要求。判定测量结果无误后，将预埋件按照幕墙施工图纸放置在规定的位置，根据设计图纸复核所在位置是否符合幕墙预埋件施工图纸的要求，复核时注意测量预埋件安装中心位置垂直方向的标高偏差不应大于10mm（图6-44），预埋件安装的水平方向中心位置与预埋件设计图纸的水平中心位置距离偏差不应大于20mm（图6-45）。在复核无误后采用绑扎钢丝将预埋件的爪绑扎牢固，必要时可以将预埋件的爪与主体结构钢筋进行辅助点焊固定，防止在浇筑混凝土的时候预埋件位置移动。预埋件的生产标准见图6-46，单元式幕墙常规预埋位置见图6-47。

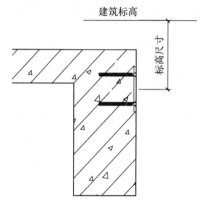

图6-44　预埋件在垂直方向的
标高偏差示意图

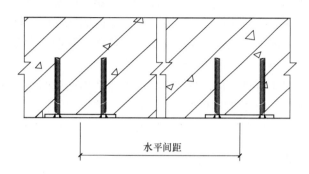

图6-45　预埋件在水平方向与轴线的间距偏差示意图

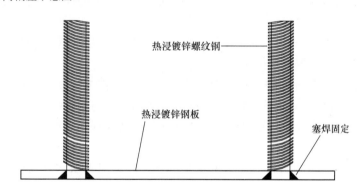

图6-46　预埋件截面样式示意图

在复核无误后，为了不影响建筑主体结构施工进度计划，要及时填写预埋件施工安装自检记录。自检记录仔细说明自检的位置（检查的楼层数、检查的轴线位置、预埋件的规格、预埋件安装的数量等），参加检查的班组长、专职质量检验员等在自检记录单上签字。

在自检记录单填写完整后，及时填写预埋件安装隐蔽工程记录单，报送建筑施工总承包单位质量检验员、项目施工管理监理单位专职监理共同参加预埋件安装隐蔽工程验收记录。

预埋件隐蔽工程验收合格后，要及时协

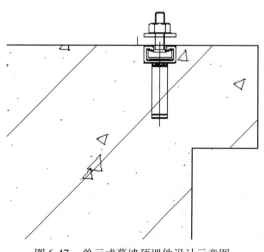

图6-47　单元式幕墙预埋件设计示意图

调专项监理工程师在隐蔽工程验收单上签字，将经过签字确认的验收单要派专职工程资料管理员进行管理，单独放置在档案盒。

预埋件施工隐蔽工程验收合格后及时通报建筑结构施工总承包单位进行混凝土浇筑。待结构模板拆除后要及时安排预埋件施工人员进行预埋件的再次检查，主要检查预埋件是否全部外露、是否有被混凝土覆盖，如果有被混凝土覆盖的预埋件要趁着模板刚刚拆除将预埋件表皮的混凝土敲掉，使预埋件完全外露，以便于下一步施工幕墙时利用。

所有的预埋件施工安装过程都要按照此程序严格进行，否则就有可能造成预埋件施工完成后隐蔽工程验收手续不齐全、预埋件有漏埋、预埋件有没有完全外露等现象，这样将直接影响下道工序的正常进行。

对于新建工程，石材幕墙与主体结构连接的预埋件，应在主体结构施工时按设计要求同步埋设。预埋件应牢固，位置准确，预埋件的位置误差应按设计要求进行复查。当设计无要求时，预埋件的标高偏差不应大于10mm，预埋件位置偏差不应大于20mm。

四、主体受力结构龙骨的安装

幕墙主体龙骨是将杆件（竖向、横向）一件件安装在建筑物主框架上而形成框格体系的。它为下一步安装石材面板创造条件，是幕墙安装中最重要的环节，它的施工质量对幕墙的安全至关重要，要认真对待。

（1）幕墙施工安装过程中，构件存放、搬运、吊装时不应碰撞和损坏；半成品应及时保护；对型材保护膜应采取保护措施。

（2）幕墙连接件与预埋件的连接需要预安装，使连接件与立梃连接的螺孔中心线的位置达到以下要求：标高±3mm；连接件上开孔中心线垂直方向±2mm，左右方向±3mm。按上述要求预安装后安装立柱，将连接件三维方向调整，使立柱在立面与侧面垂直度与标高达到设计要求。

（3）焊接作业时，应对材料表面采取保护措施，因为电弧及火花会烧坏立柱氧化膜或镀锌表面层。

（4）在一层立柱安装完毕后可进行横梁安装。如果采用角码连接方式，横梁安装偏差不取决于横梁安装本身，而取决于立柱上固定横梁角码的位置的准确程度。因此，横梁质量要从立柱上角码安装孔定位及立柱安装角码水平位置抓起才有成效，一旦立柱上角码定位超过偏差，用安装横梁来调整，其效果微乎其微。每层立柱与横梁安装后均应对每个连接点进行隐蔽工程验收并作好记录。

（5）在幕墙金属钢构件安装、焊接完成后应该采取有效的防腐措施。

石材幕墙立柱的安装应符合下列规定：

（1）立柱安装标高偏差不应大于3mm，轴线前后偏差不应大于2mm，左右偏差不应大于3mm。

（2）相邻两根立柱安装标高偏差不应大于3mm，同层立柱安装的最大标高偏差不应大于5mm，相邻两根立柱安装的距离偏差不应大于2mm。

当石材幕墙主立柱龙骨是按照建筑楼层分层安装时，主立柱龙骨是按照每层楼层的建筑标准高度减去预留主立柱伸缩变形余量的长度去安装，主立柱龙骨伸缩变形余量一般是预留20mm。

如图 6-48 所示上一层主立柱龙骨与下一层主立柱龙骨之间预留出 20mm 的伸缩余量（伸缩缝），在伸缩缝位置采用连接芯套将上、下层主立柱龙骨联系起来，安装时注意连接芯套一定要满足上层主立柱龙骨能够沿着芯套自由滑动，当芯套插入上层主立柱龙骨的下端不能够自由滑动时要及时进行修整，直到满足能够自由滑动条件的时候，此时上层的主立柱龙骨方可以安装转接构件与预埋件（后置埋件）固定安装，安装时注意测量龙骨的安装标高。

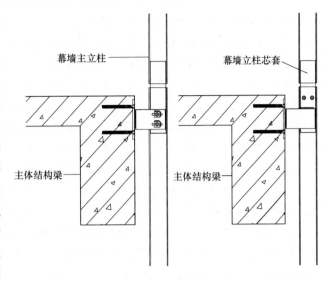

图 6-48　竖向立柱采用螺栓安装示意图

当石材幕墙主立柱龙骨没有按照建筑楼层分层安装时，也就是为了减少幕墙金属构件的生产时间或进一步提高幕墙用金属构件的利用率，根据实际金属钢构件的厂家生产长度（市场上可以采购到的金属构件长度一般是：$L = 6000mm$，特殊条件下金属构件厂商可以根据实际需要生产一定的长度，如 $L = 7500 \sim 10000mm$）进行跨层安装，此时一般该主立柱的上端位置靠近预埋件（后置埋件）的转接金属构件按照图 6-48 所示的安装方法实施施工，主立柱龙骨的下端位置靠近预埋件（后置埋件）的转接金属构件按照图 6-49 所示的安装方法实施施工，特殊说明的是图 6-50 所示的安装转接金属构件的安装螺栓组件的长圆孔一定是平行于建筑结构外立面方向。

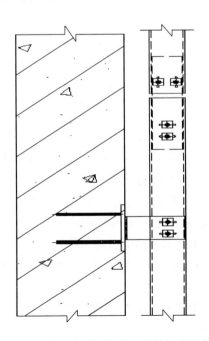

图 6-49　竖向立柱采用螺栓安装伸缩缝示意图

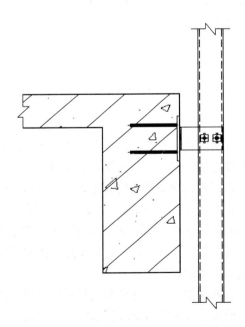

图 6-50　竖向立柱采用螺栓安装跨层示意图

当采用幕墙金属主立柱跨层通长安装时，往往会出现金属主立柱龙骨的接头位置不会与主体连接固定的转接构件重叠，此时要注意金属主立柱与主体建筑结构的转接固定点位置和金属主体立柱之间的预留伸缩缝位置分别安装，建议伸缩缝的下端固定点采用螺栓固定，当安装条件不是完全具备的条件下也可以采用伸缩缝下固定焊接固定的方式。

常规条件下，一般石材幕墙的主立柱是闭口金属材料，此时的伸缩预留缝隙的连接固定芯套安装在闭口型材腔体内侧，按照要求一般是采用螺栓组件安装固定，在定位调节后将固定螺栓组件拧紧达到一定的牢固程度满足刚性连接固定的要求，如图6-51所示。

如图6-52所示，当金属构件不能满足采用螺栓组件进行固定安装时，可以在实施安装主立柱龙骨安装伸缩芯套时采用直接焊接的方式。需要注意的是，金属芯套构件的下端与主立柱闭口腔体的内侧焊接，焊接后将焊接所产生的药渣清理干净，做好防腐处理。金属芯套构件的上端插入上一支主立柱的腔体内满足直线伸缩位移的需要，按照规范、工艺要求采用螺栓组件连接固定，如果因某种材料不能够满足安装螺栓组件固定，也可以经过检查、检测只是满足在垂直直线方向会伸缩位移，在其他方向不会产生位移的变化，此时芯套的上端可以不采用螺栓组件固定。

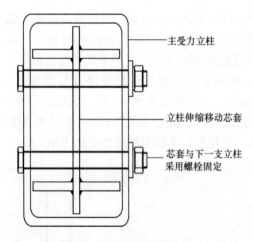

图6-51　标准立柱伸缩芯套安装示意

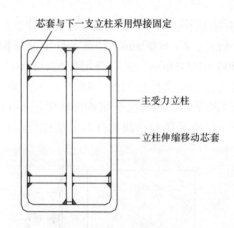

图6-52　立柱伸缩芯套与
立柱腔体焊接安装示意

在实际施工过程中，经常会遇到生产的伸缩芯套金属构件规格偏差较大，不能够满足施工安装需要，但是施工工期、进度计划又没有可以调整等待的时间，当遇到这类问题的时候，建议将石材幕墙的横向龙骨（一般是角钢比较多，材料的壁厚、材质也满足规范所要求）代替金属那套构件临时使用，将石材幕墙用角钢横向龙骨切割满足规范要求的长度（一般是$L = 250 \sim 400mm$），在主立柱腔体内如图6-53所示采用前后对角焊接的方式固定伸缩缝的下端口，焊接后一定要注意按照规范要求做好防腐处理，角钢的上端口直接插入主立柱闭合腔体内侧。

需要注意的是，这种方式只是允许部分面积的石材幕墙安装结构龙骨使用，不提倡一个项目的石材幕墙龙骨安装都采用这种方式。

当石材幕墙的主立柱龙骨采用开口型材料时（如开口槽钢），为了控制主立柱安装后的

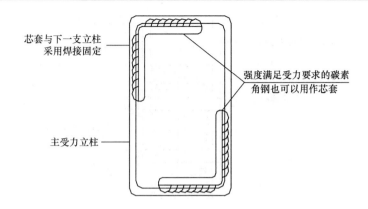

图 6-53　等强角钢代替伸缩芯套与立柱腔体焊接安装示意

扭曲变形问题，参照规范要求，一般是在转接固定安装位置点处生产成闭合腔体，这种方式比较容易安装固定转接金属构件以及伸缩芯套金属构件。如图 6-54 所示。

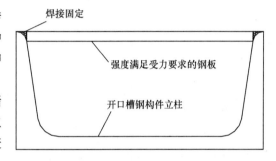

图 6-54　开口型立柱转换成闭口立柱示意

　　无论是闭口型幕墙主立柱、开口型幕墙主立柱，其按照标准每层单独设置安装主立柱时，都可以参照图 6-55 和图 6-56 的原理进行施工。

　　当使用开口型幕墙主立柱时，在每个需要转接特别是与主体结构通过埋件（后置埋件）之间的转接固定，都可以参照图 6-56 所示的原理实施施工。当采用的幕墙金属主立柱安装长度是金属构件的出场原长度，也就是跨层安装时，往往在幕墙主立柱垂直方向的沿直线伸缩转接构件的安装点位置不会与层间梁、柱的安装点位重叠，此时就可以根据幕墙主立柱是开口形式的特点进行连接固定，但是必须满足幕墙开口主立柱的伸缩变形位移要求（图 6-57 ~ 图 6-59），同时必须满足幕墙在荷载作用下的强度要求。

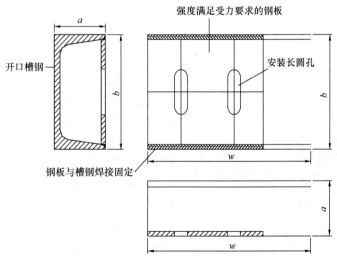

图 6-55　开口型立柱转换成闭口立柱三视示意

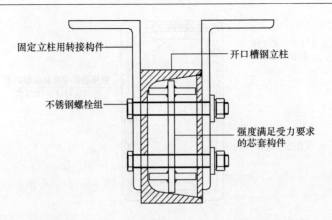

图 6-56　开口型立柱与主体结构、连接芯套安装示意

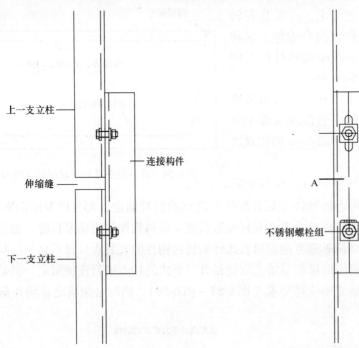

图 6-57　槽钢立柱伸缩位置正立面图

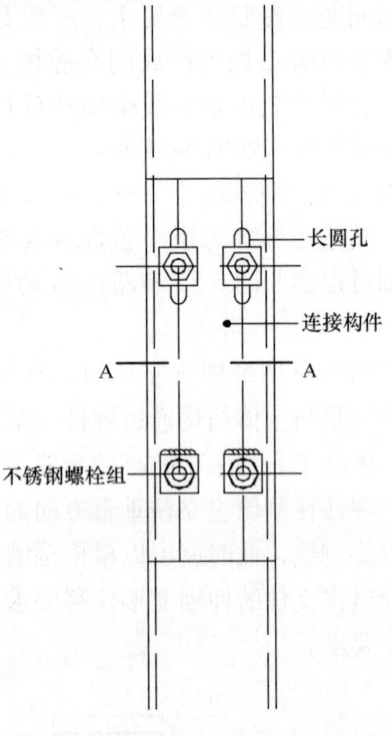

图 6-58　槽钢立柱伸缩位置侧立面图

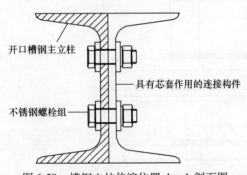

图 6-59　槽钢立柱伸缩位置 A—A 剖面图

石材幕墙横梁的安装应符合下列规定：

（1）横梁应安装牢固，设计中横梁和立柱间留有空隙时，空隙宽度应符合设计要求。

（2）同一根横梁两端或相邻两根横梁的水平标高偏差不应大于 1mm。同层标高偏差：当一幅幕墙宽度不大于 35mm 时，不应大于 5mm；当一幅幕墙宽度大于 35mm 时，不应大于 7mm。

（3）当安装完成一层高度时，应及时进行检查、校正和固定。

石材幕墙的竖向主立柱龙骨与横向龙骨安

装完成后，通常形成网格状，如图 6-60 所示。竖向主立柱与横向龙骨按照石材幕墙图纸要求有规律的排布，竖向主立柱沿着垂直方向平行安装在建筑外立面上，横向次龙骨沿着水平方向平行安装在建筑外立面上。

　　通过图 6-61 就更加容易理解石材幕墙龙骨安装的走向变化，我们按照常规将起点坐标设置为（0，0，0），垂直向上的方向为 Y 轴，通常是建筑幕墙的主竖向立柱龙骨的安装方向，Y 轴的变化是沿着石材幕墙的设计高度变化，此时从坐标上就会反映出（Z 轴、X 轴坐标没有变化都是 0）只有 Y 轴的高度随着石材幕墙的设计安装高度在变化着；水平方向通常设置为 X 轴，所有的幕墙横向次龙骨都沿着 X 轴水平安装在竖向主立柱龙骨之间，此时我们将每一层横向次龙骨的起点都设置为坐标原点，从坐标轴上就会反映出沿着水平方向每一层横向次龙骨的安装（Z 轴、Y 轴坐标没有变化，都是 0），只有 X 轴的水平长度会随着石材幕墙的设计跨度在不断变化着。

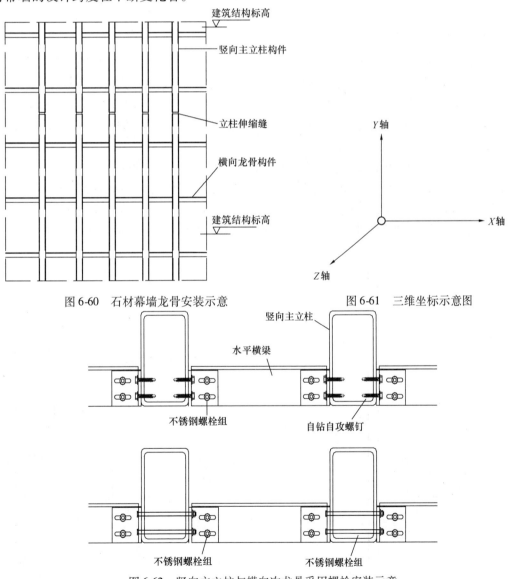

图 6-60　石材幕墙龙骨安装示意　　　　　图 6-61　三维坐标示意图

图 6-62　竖向主立柱与横向次龙骨采用螺栓安装示意

如图 6-62 所示，石材幕墙的横向次龙骨安装在竖向主立柱的内侧，横向次龙骨在安装时采用机械螺栓（螺丝）的连接固定方式，同时满足横向次龙骨的变形伸缩要求。一般是横向次龙骨的两端都采用机械连接的原理安装，也可以按照图 6-63 的方式，一端采用机械连接的安装方式，另一端采用焊接安装的方式，但一定在焊接固定后做好防腐处理。

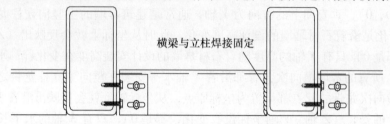

横梁与立柱焊接固定

图 6-63　竖向主立柱与横向次龙骨单侧采用螺栓安装示意

五、防火构造的安装

石材是一种脆性材料，其抗火性能差，在高温情况下容易发生变形、炸裂破碎等状况，因此而造成板块的脱落，火焰会沿着破碎位置向上卷至上层墙面而进入室内（图 6-64）；此外如果防火层处理不到位，火焰所产生的烟雾会窜至上层，造成上层人员的窒息（图 6-65、图 6-66）。

（1）幕墙的防火层托板必须使用经过防腐处理（镀锌）而且厚度不小于 1.5mm 厚的耐热钢板，严禁使用铝质板材代替；

（2）耐热钢板安装必须有一定的搭接余量（搭接余量应为 30~50mm 宽度），所有的搭接位置必须采用防火密封胶封堵，防火密封胶要提供法定检测机构出具的防火检测合格报告；

（3）在合格的防火密封胶施工打胶工序后，注意观察防火密封胶的固化时间，待固化具有一定的硬度后，要抓紧再打一道耐候密封胶给予外表面保护，便于确保防火密封胶的长期

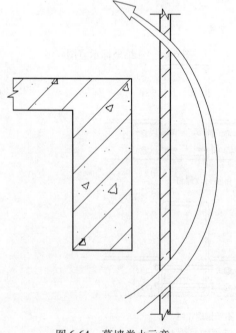

图 6-64　幕墙卷火示意

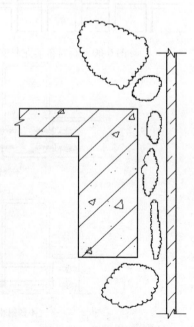

图 6-65　幕墙窜烟示意

有效性;

(4) 防火棉的安装做到不松懈、不遗漏、不留缝隙,防火棉的铺设厚度应不小于 100mm,严禁采用水泥砂浆等干硬性材料来代替防火棉;

(5) 安装完毕后,必须检查所有的防火节点是否密封严密,如有遗漏必须立即修复;

(6) 安装合格的防火体系,必须自检形成记录,及时做好隐蔽验收。

石材幕墙通常是安装在建筑实体结构位置,有时也会安装在结构洞口的位置,当遇到这种情况时,为了防止建筑物在突发火灾时危害到其他人群或财产的损失,通常在实施石材幕墙的施工安装时采取必要的防火安装措施。

由于石材幕墙与玻璃幕墙的装饰板材安装具有一定的特殊性,也就是石材板块在安装时通常与幕墙的主体结构龙骨之间预留出一定的安装调节缝隙,因此石材幕墙的防火材料安装必须在石材板块实施安装后才可以及时安装。

如图 6-67 所示,在主体结构水平梁的位置,沿着水平梁的长度方向安装防火板(按照规范采用厚度 1.5mm 的镀锌钢板),防火板与石材板块之间预留出一定的调节空间,在梁底部防火板安装后,在石材与结构梁之间的空隙填充防火岩棉,防火岩棉的厚度不宜小于 100mm,防火岩棉填充经过验收合格方可以安装结构梁顶部防火钢板。

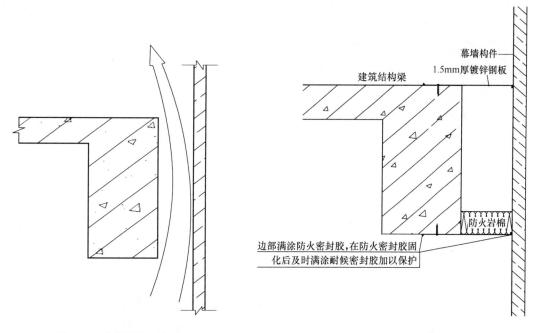

图 6-66　幕墙窜火示意　　　　图 6-67　幕墙防火安装示意图

在防火体系托板以及防火岩棉安装后,必须将防火托板与结构梁和石材板块之间的预留空间以及接触位置打防火密封胶。

如图 6-68 所示,当主体结构出现,同一层的同一个开间或不同的开间之间结构墙体两侧都敞开时,此时必须沿着主体结构墙体的高度方向将两侧边共同封闭,按照图 6-68 所示两个侧边都必须填充防火岩棉。

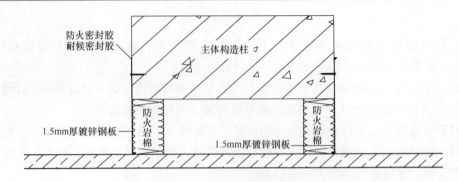

图 6-68　幕墙防火安装示意图

六、石材板块的安装

1. 石材装饰板的安装应符合下列规定

图 6-69　石材板块不合理安装示意

（1）首先应对金属构件、连接件进行检查、测量、调整。

（2）对于石材板块的安装挂件要认真核对其质量是否符合设计要求，其生产质量是否符合国家相关规范要求，对于不满足或不合格的材料坚决重新生产或订货。

（3）对于短槽石材安装方式，首先必须在石材安装短槽内满涂石材干挂专用胶，在充分满涂后再进行石材安装定位，在定位、调节好以后再次涂抹石材干挂专用胶。

（4）严禁将石材板块采用其他措施调节、固定定位后再进行石材干挂专用胶的填充，这样会带来石材挂接槽内空腔，由此带来石材安装后存在安全脱落隐患。图 6-69 就是不合理的安装方式。

如图 6-70 所示，由于石材在定位后从外表面以及侧面填充石材干挂专用密封胶，由于在实际施工过程中，石材外表面与主体结构之间的空间距离受到局限，所以从表面简单检查时填充得比较美观，但是在极短的时间由于受到各种荷载共同作用，出现了石材干挂专用结

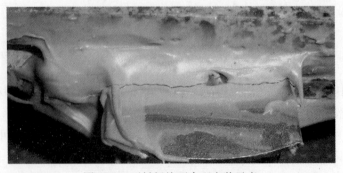

图 6-70　石材板块不合理安装示意

构胶严重开裂的现象。

（5）当石材幕墙的板块挂接安装件采用不锈钢材料时，严禁将不锈钢材质的挂接件直接与碳素结构钢材质的横向或竖向龙骨焊接固定，必须采用机械螺栓固定安装。由于这是两种不同的材质，焊接后一段时间将会出现焊缝开裂脱落，直接给石材幕墙带来严重的安全隐患。如图 6-71 所示就是不合理的安装方式。

（6）在石材板块安装时，石材板块的固定点下口应直接与连接固定的专用挂件体系接触，严禁石材的固定点下口与连接固定的专用挂件体之间预留一定的空隙，板块之间采用螺母、垫片或其他硬质材料来调节石材板块之间的设计装饰缝隙，这样石材板块的重力有一部分或者全部通过硬质垫材自上而下传递到底部石材，几乎没有将板块的重力通过幕墙龙骨传递给主体建筑结构，这将会给石材板块带来受力挤压破碎的安全隐患。如图 6-72 所示就是不合理的安装方式。背栓及分离式短槽安装体系见图 6-73 ~ 图 6-75。

图 6-71　石材板块不合理安装示意

图 6-72　石材板块不合理安装示意

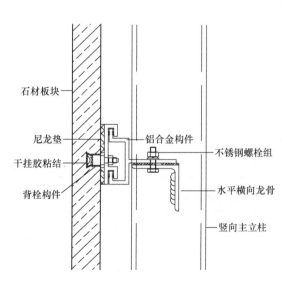

图 6-73　背栓体系安装示意

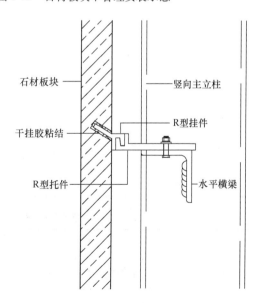

图 6-74　R 型挂件安装示意

509

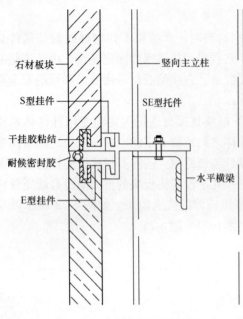

图 6-75　SE 型挂件安装示意

石材板块

S 型挂件

干挂胶粘结

耐候密封胶

E 型挂件

竖向主立柱

SE 型托件

水平横梁

（7）石材板块安装时，左右、上下缝隙大小和高低偏差不应大于 1.5mm。

（8）当石材幕墙是开缝系统施工时，应及时安装防水层材料，严格按照设计方案的要求有组织排水。

（9）石材面板安装质量应该符合表 6-23 ~表 6-26 要求。

表 6-23　通槽式（通长勾）石材面板安装允许偏差

序号	项　目	允许偏差（mm）	检查方法
1	勾长（两端比板宽小的尺寸）	≤1.0	钢尺
2	挂钩锚入深度	±1.0	钢尺

表 6-24　短槽式（通槽短勾式）石板安装允许偏差

序号	项　目		允许偏差(mm)	检查方法
1	挂钩中心线与弧形短槽中心偏差		≤2.0	钢尺
2	挂钩锚入深度允许偏差		±1.0	钢尺
3	同一行石材上端水平偏差	相邻两板块	≤2.0	2m 靠尺
		长度≤35m	≤2.0	
		长度>35m	≤3.0	
4	同一列石材边部垂直偏差	相邻两板块	≤1.0	2m 靠尺
		高度≤50m	≤2.0	
		高度>50m	≤3.0	
5	石材外表面平整度	相邻两块高低差	≤1.0	2m 靠尺
		整幅幕墙	≤3.0	
6	相邻两石材缝宽（与设计值比）		±1.0	钢尺

表 6-25　背栓式石材面板安装允许偏差

序号	项　目	允许偏差（mm）	检　查　方　法
1	挂钩与挂件搭接量(不得小于 5mm)	±1.0	钢尺
2	插件与插槽搭接量(不得小于 5mm)	±1.0	钢尺

表 6-26 立柱、横梁安装允许偏差

项 目		允许偏差(mm)	检 查 方 法
石材幕墙立柱、横梁允许偏差	宽度高度不大于 30m	≤10	经纬仪
	宽度高度大于 30m 不大于 60m	≤15	
	宽度高度大于 60m 不大于 90m	≤20	
	宽度高度大于 90m	≤25	

2. 石材干挂胶的使用应注意下列要求

（1）对金属干挂件要进行除油、除尘，必要时对不光滑的表面进行打磨等处理；

（2）对于生锈的干挂件必须要进行打磨处理；

（3）彻底吹净石材槽口内的粉尘、灰层，保持槽口干燥；

（4）按照石材干挂胶的使用说明，现场按照比例配备，搅拌均匀满足使用即可；

（5）对于粘附在石材外表面的干挂胶，在石材调整、固定后，要及时清理干净，最好是在 20min 以内确保清理掉；

（6）干挂胶的搅拌操作温度不应低于 0℃，当低于该温度时要采取必要的保温措施；

（7）操作人员要佩戴好劳动保护用品，避免给操作人员带来对皮肤、眼睛的刺激；

（8）石材板块在挂接安装后短时间内不宜扰动，夏季 12h 以内，冬季 24h 以内。

3. 石材密封胶的施工要求

密封材料是指能承受接缝位移以达到气密、水密目的而嵌入建筑接缝中的定形和非定形的材料。

成功的密封完全依赖于严格正确的施工程序。施工不仅需要正确熟练的操作技巧，而且必须认真负责，有耐心。大量事实表明，接缝施工缺陷和密封施工不慎是造成渗透的重要原因，且查找漏源、恢复密封十分困难，既费时、费工，又增加不必要的费用。

无论是对结构密封胶还是对耐候密封胶，制定严格的施工程序是非常必要的。通用的施工程序如下：

（1）施工前的准备：

① 技术准备

a. 编制施工进度计划。根据施工进度总进度计划的要求和规定的施工期限以及与其他工序相互协调配合的关系，确定本工序的施工方法和所需施工人员的数量，编制本工序施工进度计划。

b. 对粘结基层的检查与清理。检查粘结基层的表面情况、干燥程度以及接缝的尺寸是否与图纸相符，是否符合施工要求。对于不符合要求的基层要进行处理。

② 辅助材料准备

不定型密封材料施工中所用的辅助材料有背衬材料、隔离条、防污条等。

（2）施工前的检查：确认施工条件、接缝的尺寸、是否有缺陷等。

（3）被粘基材的清洁、干燥：确认被粘基材表面是否干燥，为防止粘结失败对表面的油渍、污垢等必须采用溶剂擦拭法进行清洁。通常使用的溶剂为甲苯、二甲苯、丁酮，如需溶解涂面时则使用正己烷。

（4）施打密封胶：首先一定要将石材之间的缝隙，采用聚氨酯填充材料填充密实、平整，深度适当控制在4mm左右，填充缝隙填满密封胶，在修整接缝前借助外力将密封胶向接缝内压实，将需要修整的接头切割出适当的新粘结口，确保密封胶与被粘结面的充分接触。

（5）修饰：施打密封胶完成后应立即修整接缝。修整时需使修整压力均匀地沿一个方向一次完成，然后迅速除去防污条，防止防污条被粘于密封胶或基材之上。

（6）密封胶的养护：对于耐候密封胶应避开施工现场灰尘较大的交叉施工时期；对于结构密封胶的养护，尤其对单组分结构密封胶应有一定保证环境温度、湿度场所，在冬季寒冷地区尤为重要。

4. 石材幕墙其他主要附材的安装应符合下列规定

（1）防火、保温材料应铺设平整且可靠固定，拼接处不应留缝隙；

（2）冷凝聚水排出管及其附件应与水平构件预留孔连接严密，与内衬板出水孔连接处应密封；

（3）其他通气槽孔及雨水排出口等应按设计要求施工，不得遗漏；

（4）封口应按设计要求进行封闭处理；

（5）建筑幕墙安装用的临时螺栓等，应在构件紧固后及时拆除；

（6）采用现场焊接或高强螺栓紧固的构件，应在紧固后及时进行防锈处理。

七、石材装饰柱的施工

1. 石材圆柱直径的确定

石材装饰圆柱的直径确定，首先要根据已经确定的施工图纸规格进行放线，在不改变石材装饰效果的基础上合理放线。

石材装饰柱的建筑基础结构，一般是有两种类型，第一建筑结构本身就是圆柱形（图6-76），第二就是建筑结构柱是矩形（图6-77）。

当建筑结构本身就是圆柱形时，首先需要根据圆形截面的特殊性，找出圆形截面的切线，并且需要沿着四个方向找出四条切线，四条切线相交成90°成为标准的正方形，根据建筑装饰所要求的圆柱直径效果，以及结构圆柱的实际高度确定采用什么结构形式去实现石材圆形板块的安装。

在放线时，直线与建筑结构柱相交的点当作建筑结构柱的直径通过点，所在建筑结构柱上相对应的两点就确定为圆柱的理论直径所在位置。相交的切线四点就是石材下一道施工工序所依据的关键点。

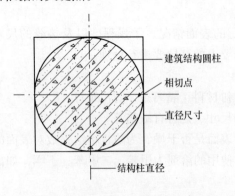
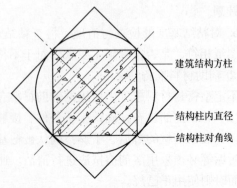

图6-76　圆柱切点、结构直径示意　　　　图6-77　圆柱切点、结构直径示意

当建筑结构柱的结构形式为四方形，此时，可以根据四方形的对角线长度，以此当作设计结构石材柱的内直径基础，以此基础为依据，根据建筑石材装饰柱的外形规格尺寸、建筑结构柱的实际高度，确定石材柱的施工安装方式，根据此方式，依据基础内直径，向外侧平行放大一定的倍数就可以达到建筑师要求的效果。

2. 圆弧板的规格要求（图 6-78、图 6-79）

建筑室内装饰用圆弧板壁厚的最小厚度不应小于 18mm，建筑室外装饰圆弧板壁厚的最小厚度不应小于 35mm。

用游标卡尺或满足测量精度要求的测量器具，测量圆弧板的弦长、高度和最小壁厚。在圆弧板的两个端面处测量弦长，如图 6-78 所示圆弧板高度测量部位所示，弦长、高度、壁厚的尺寸允许偏差精确到 0.1mm。

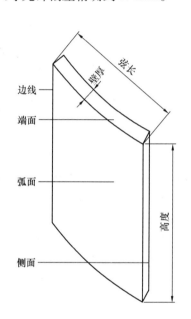

图 6-78　圆柱用圆弧板
各部位名称示意

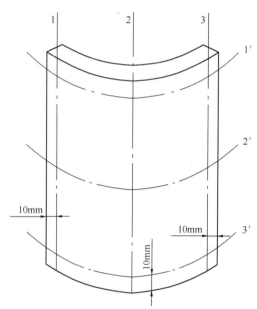

图 6-79　圆弧板各部位测量示意

将平面公差为 0.1mm 的 1000mm 钢平尺分别自然贴放在被检弧面上，用塞尺测量尺面与板面的间隙，测量位置如图 6-79 所示，当被检弧面板高度大于 1000mm 时，用钢平尺沿着被检测母线分段测量。

以最大间隙的测量值表示圆弧板的直线度公差，测量值精确到 0.05mm。

采用尺寸精确度 JS7 的圆弧靠模板自然贴靠被检弧面，圆弧靠模板的弧长与被检弧面的弧长之比应不小于 2:3，用塞尺测量尺面与弧面之间的间隙，测量位置如图 6-80 所示。

用内角垂直度公差 0.13mm，内角边长为 500mm × 400mm 的 90° 钢角尺，将角尺短边紧靠圆弧板端面，用角尺长边紧靠圆弧板的边线，用塞尺测量圆弧板边线与角尺之间的最大间隙。测量圆弧板的四个角，以最大间隙的测量值表示圆弧板的角度公差，测量值精确到 0.05mm。

将圆弧靠模贴靠圆弧板装饰面并使其上的径向刻度线延长线与圆弧板边线相交，将小平尺沿径向刻度线置于圆弧靠模上，测量圆弧板侧面与小平尺之间的夹角（图 6-80）。

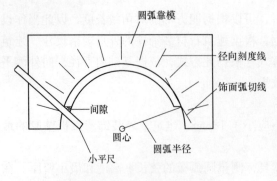

图 6-80　圆弧板弧面测量示意

3. 施工材料准备

（1）挑选色泽、花纹基本相同的板材，进货时派技术人员严格把关，保证板材的规格、尺寸、色泽、花纹和材质的良好，确保整体质量。

（2）石材的加工宜采用先进的电脑设备进行切割、打磨、抛光，尤其是圆弧板等异型石材、拼花板材以及工程要求的各阳角倒角磨光工艺等，更需电脑加工，保证加工的精度，提高加工的质量。运输时，加以装箱保护，严防运输中损伤，造成缺棱掉角及产生裂纹。

4. 龙骨安装

（1）安装前，应根据图纸尺寸认真核实结构尺寸，对超出允许偏差的柱面要进行修正，基层面到饰板面厚度必须满足安装需要，但最小距离不小于 50mm。基层应具有足够的强度和刚度，且表面平整，并要清除基层的尘土、油渍和残留砂浆等。抄平放线：基层处理后，应弹出石材在结构柱上的水平缝隙线和垂直方向的分格线，同时弹出石材柱的中心线。

（2）骨架（龙骨）安装，依据放线的具体位置进行。骨架（龙骨）的固定，常用连接件将骨架（龙骨）与主体结构相连。连接件与主体结构的固定，通常有两种固定方法。一种是在主体结构上预埋铁件，在建筑结构施工过程中同步进行埋设，将预埋铁件与主体结构的钢筋绑扎牢固，转接件与预埋铁件焊接牢固。另外一种是在主体结构上钻孔，然后用化学锚栓将连接件与主体结构相连。由于第一种方法，需要在主体结构施工中将预埋铁件埋设完毕。在此过程中，由于土建施工的误差及土建施工中各种人为因素的影响，尺寸难以控制，在建筑幕墙施工时，会出现部分预埋铁件无法利用，而需要再次进行埋件（后补钢板）的安装来满足实际需要，后补钢板施工现场中往往采用化学锚栓。

（3）如果采用化学锚栓，要保证化学锚栓的埋入深度。因为化学锚栓的拉拔力大小，与埋入的深度有关。这样，就要求冲击钻在混凝土结构上钻孔时，按要求的深度钻孔。当遇到钢筋时，应错开位置，但应固定在结实的位置上。待连接件固定后，可以安装骨架（龙骨）。一般先安装竖向杆件，因为竖向杆件与主体结构相连，竖向杆件就位后，可安装横向杆件。横向龙骨与竖向龙骨应严格按照《金属与石材幕墙工程技术规范》的要求采用角码和螺栓连接，特殊情况时，可以部分采用焊接的方式连接。

（4）骨架的安装，应注意骨架（龙骨）本身的处理。我们采用的大多是钢骨架（龙骨），材料本身在购入时需要采取热浸锌处理，在整体龙骨安装后，所有的焊接部位都必须进行有效的防腐处理，要涂刷防锈漆，其遍数应符合设计要求。骨架（龙骨）安装完毕应进行全面检查，特别是横竖杆件的中心线，需要注意的是：缝挂式圆柱横向龙骨的间隔尺寸应与石板材料的高度相同。

5. 金属挂板的安装

石材装饰柱所用金属挂板与骨架（龙骨）的固定，应严格根据图纸要求的设计位置进行安装。金属挂板与骨架（龙骨）通过螺栓连接，螺栓应该采用不锈钢材质的金属制品，螺栓应配有弹性垫片、平垫片进行有效紧固。

6. 圆柱板材的安装

因天然石材存在色差，进场后经养护处理再将石材编排序号。固定圆柱石材可采用缝挂式或背挂式，在圆柱石材边沿或背面开槽与已固定于骨架（龙骨）上的石材挂件对接，调整好圆柱的水平垂直后即可紧固螺栓，保证石材位置的准确性。

八、石材幕墙施工注意事项

建筑幕墙的初期阶段往往被理解成是一个装饰性构件产品，但随着建筑产品建筑面积、楼体高度等体量的增大，许多建筑特别是商业性的公共建筑，目前基本上是采用建筑幕墙代替了传统的建筑结构墙体，因此建筑幕墙的概念已经不是传统的装饰构件，而是真正意义上的建筑结构受力构件，因此来说对于建筑幕墙的所有材料从设计到安装所有的工序都必须遵循安全的思路去认真对待。

1. 后置预埋件的安装

对于新建建筑，建筑幕墙的安装通常都是随着建筑主体结构的施工开始设置幕墙安装用预埋件，但是由于主体结构施工过程中可能出现的种种原因造成幕墙预埋件实际施工时的利用率大约在80%，因此为了满足建筑幕墙的施工需要，那些找不到或偏差较大不能满足安装要求的预埋件，都将采取后补预埋件的安装方法。

对于改建项目的建筑幕墙，由于当时的建筑没有设计幕墙，或要改变既有幕墙风格等，都要按新建幕墙施工需要设置后补预埋件。

无论是由于哪种原因所造成的后补预埋件，我们都需注意一定将后补预埋件的安装与建筑主体结构严密贴紧，不得出现悬空或安装在建筑抹灰层等面上，造成预埋件的安装不能满足构造的安全及受力要求（图6-81、图6-82）。

图 6-81　后补预埋件安装在疏松的结构找平层上面，并且锚栓的布置也不正确　　图 6-82　后补预埋件安装在疏松的结构找平层上面

2. 主体受力结构龙骨的安装

石材幕墙主体受力结构龙骨大部分均是采用碳素结构钢材，因此考虑到实际施工的方便及其实际钢材的特性与建筑混凝土特性的比较，石材幕墙主体受力结构龙骨的安装既可以采用螺栓的方式设计与施工，同时也可以采用现场焊接的方式设计与施工。

当采用现场电焊连接固定的方式安装幕墙主体结构龙骨的时候，为了幕墙结构的安全以及现场施工的安全需要注意以下操作要点。

（1）主体受力结构钢龙骨之间的焊接至少需要保证一条水平缝隙及一条垂直竖向缝隙的焊接，不能只有一条缝隙的焊接，而且焊接缝隙长度一定要将所接触面完全焊接，不可以采用点焊接的方式，同时焊接以后要随时将焊缝的药皮清理干净，用以确保焊缝的光滑、平整、不夹渣、无气泡（图6-83）。

（2）主体受力结构与钢龙骨之间的焊接接触面必须严密贴紧，不得在有任何缝隙的存在下就直接焊接，否则焊接缝隙会存在受力安全问题（图6-84）。

图6-83 横向龙骨与竖向龙骨点焊固定　　　　　图6-84 横向龙骨与竖向龙骨直接悬空焊接

3. 注意防火安全

当石材幕墙采用焊接方式安装主体受力龙骨的时候，由于现场焊接工作量比较大，往往就会只考虑实施操作的方便而忽视了防火的安全要求，因此不但要求实施焊接工作的人员要持证上岗，还应在现场需要的电焊操作接火装置里面放置细砂等物质防止火花飞溅，同时在每个实施电焊工作的部位都要有专人看火，并要将地面易燃物清理干净（图6-85、图6-86）；在钢材需要现场切割加工的时候，需要在切割机的正面采用不燃或难燃材料制作的挡火装置控制切割火花的飞溅（图6-87）。

4. 施工人员安全

现场施工人员在进入工地现场必须佩戴安全帽、安全带，穿防滑鞋等，而且安全帽一定要带好、带牢固，不能出现风一吹或头一低就脱落的状况。安全带一定要随时悬挂在便于施工的脚手架或其他满足生命安全要求的固定构件上（图6-88）。

对于施工用的钢管式脚手架，在施工使用过程中一定保证满铺脚手板，当条件不能满足的时候至少要保证所施工的作业面满铺脚手板，且一定要将质量合格、无任何开裂、腐蚀的脚手板绑扎牢固（图6-89）。

图6-85 现场焊接没有接火装置

图 6-86　地面存在易燃垃圾、安全网

图 6-87　砂轮切割机火花飞溅

图 6-88　将安全带当作摆设不按要求悬挂

图 6-89　施工人员在没有绑扎、满铺
脚手板的脚手架上施工

5. 施工用电安全

　　建筑幕墙在实施安装操作的时候，往往均是采用三级配电箱设备进行临时用电的连接，但是在选用三级配电箱的时候一定注意选择一箱内有一闸、一漏保、一插座的符合要求的安全配电箱，不要考虑自己的方便随便更改本来合格、安全的配电箱内结构配置，而且严禁在施工现场使用可以随意拉拽的插板式配电连接装置（图 6-90、图 6-91）。

图 6-90　随意改变配置的三级配电箱

图 6-91　现场使用不符合安全要求的电插板

6. 石材板块安装的要求

石材板块在实施安装之前应存放在石材自有的货架上、包装箱内，如果条件不满足可以倾斜摆放在不影响施工的现场建筑主体结构柱的侧面，但是在倾斜放置的时候板块底部必须放置高度在100mm左右的木质垫板或其他柔性材料，此外石材在摆放的时候注意光面与光面相对，严禁将石材板块倾斜放置在施工脚手架的立杆上或水平杆上（图6-92）。

石材板块在实施安装的时候，严禁将安装短槽破坏，一旦有被破坏的石材短槽必须将该板块采取报废处理重新生产，严禁使用短槽破坏的板块（图6-93）。

图6-92 现场石材板块的不安全摆放　　　　图6-93 石材板块的短槽完全破坏

第五节 石材幕墙施工质量及组织方案要求

一、石材幕墙主受力龙骨材料现场质量检验标准

1. 石材幕墙常用钢结构材料种类：

石材幕墙所采用的龙骨材料主要是碳素结构钢材，常用的有槽钢、角钢、矩形钢管等。特殊状况下有时使用铝材。槽钢在石材幕墙中是竖向立柱材料的一种，从材料用量上来计算相比较少，但是从施工上来说又浪费的后期加工费较多，在使用的时候需要表面热浸镀锌处理（图6-94）。角钢在石材幕墙中是横向龙骨材料的一种，同时也是石材幕墙转接件比较适宜的加工材料，在使用的时候需要表面热浸镀锌处理（图6-95）。矩形钢管在石材幕墙中是竖向立柱材料的一种，从材料用量上来计算相比较多，但是从施工上来说后期加工费较少，在使用的时候需要表面热浸镀锌处理（图6-96）。

正常状态下石材幕墙所使用的钢材均是热轧碳素结构钢。当石材幕墙的高度超过40m时，钢材就需要考虑采用高耐候钢，为了更好地保证幕墙的使用寿命，钢型材表面

图6-94 槽钢

均做热浸锌处理。

图 6-95　角钢　　　　　　　　　　　　　　　　图 6-96　矩形钢管

2. 石材幕墙结构龙骨截面厚度现场质量检验标准：

对于石材幕墙竖向受力用结构立柱钢材（槽钢、矩形钢管），钢型材主要受力部位的壁厚不应小于 3.5mm，具体截面壁厚还要符合结构计算书的要求，当结构计算书中材料壁厚大于 3.5mm 时，就要根据结构计算书中的所选用的材料厚度作为现场材料质量验收的依据。

对于石材幕墙横向承受垂直压力、正风压力、组合弯矩受力时，钢型材主要受力部位的壁厚不应小于 3.5mm，具体截面壁厚还要符合结构计算书的要求，当结构计算书中材料壁厚大于 3.5mm 时，就要根据结构计算书中的材料厚作为现场材料质量验收的依据。

3. 石材幕墙钢结构主受力材料热浸镀锌厚度现场质量验收标准：

石材幕墙的龙骨表面需要经过热浸镀锌处理或者其他防腐处理，但是钢材热浸镀锌处理相当于一次退火处理，能有效改善钢材机体的机械性能，消除钢材焊接时的应力，有利于钢材进一步给予加工、焊接，因此钢材防腐处理更好的方案是热浸镀锌处理。

热浸镀锌处理膜层的厚度需要根据钢材截面厚度的不同而不同，不是所有的钢材都是按照同一个膜厚去现场质量验收。因此对于热浸镀锌层厚度的现场验收应符合下表 6-27 的要求。

表 6-27　镀锌层膜厚现场检验表

序号	材料截面最小厚度 t	镀锌层平均膜厚	镀锌层局部膜厚
1	$t \geqslant 6mm$	$>85\mu m$	$>70\mu m$
2	$3mm \leqslant t < 6mm$	$>70\mu m$	$>55\mu m$
3	$1.5mm \leqslant t < 3mm$	$>55\mu m$	$>45\mu m$

4. 石材幕墙主受力钢材现场质量验收标准：

（1）送到施工现场的钢材首先需要具有材料合格证、质保书、材料力学性能检验报告、材料各金属含量检验报告。

（2）钢材现场检验其截面厚度、长度等，检验数据必须满足设计图纸的要求，对于材料截面厚度、长度当图纸描述不详时应以结构计算书中的截面厚度为现场质量验收依据，当图纸中的材料截面厚度、长度与结构计算书中的材料截面厚度、长度互相矛盾时必须取其材料截面厚度、长度的最大值作为现场材料质量验收依据。

（3）材料现场的检验，应将同一送货单或同一时间送达现场的材料分别按照不同型号、规格、分类验收，当同一种型号、规格的材料数量较多时应分不同型号、规格随机抽取10%的数量进行检验，但是最少检验数量不应少于5件；当同种型号、规格的送货数量少于5件时，必须按照验收要求全部验收。

（4）钢材厚度的检验，现场应采用分辨率为0.5mm的游标卡尺或分辨率为0.1mm的金属测厚仪在杆件同一截面的不同部位测量，每一件单独材料的测点不应少于3个并取最小值；

（5）钢材长度检验，应采用分度值为1mm的钢卷尺两侧测量，结果应符合设计要求；

（6）镀锌保护膜厚的检验，应采用分辨率为0.5μm的膜厚检测仪检测，每个独立构件的测点不应少于5个，取平均值，其膜厚应满足以上镀锌层膜厚现场检验表（表6-27）的要求；

（7）钢材表面质量的检验，应在自然光条件下，目测检查，钢材的表面不得有裂纹、气泡、结疤、泛锈、夹杂和折叠，截面不得有毛刺、卷边等现象。

二、石材幕墙预埋件（后置埋件）现场质量验收标准

预埋件代表样式见图6-97，后置埋件代表样式见图6-98。

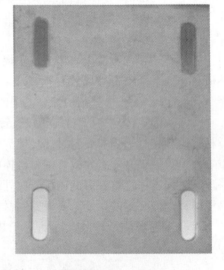

图6-97　预埋件代表样式　　　　　　　　图6-98　后置埋件代表样式

石材幕墙预埋件、后置埋件现场质量验收标准：

（1）送到施工现场的预埋件、后置埋件首先需要具有材料合格证、质保书、材料力学性能检验报告、材料各金属含量检验报告；

（2）材料表面必须进行热浸镀锌处理，镀锌层的表面膜厚平均厚度应不小于85μm，局部镀锌层膜厚应不小于70μm；

（3）板式预埋件、后置埋件的材料钢板厚度不应小于8mm，埋件钢板的表面面积一般不宜小于90000mm²，但最小表面面积不应小于60000mm²；

（4）板式预埋件锚筋的截面直径不应小于φ12的热浸镀锌热轧圆钢或螺纹圆钢，如果锚筋采用的是光面热轧圆钢需要在尾部具有弯钩构造，锚筋的构造长度不应小于180mm，弯钩的构造长度不应小于150mm；如果锚筋采用的是热轧螺纹圆钢，螺纹圆钢的构造长度

不应小于180mm;

（5）板式预埋件锚筋与钢板之间焊接应采用埋入焊接;

（6）后置埋件打孔位置、规格应满足设计要求;

（7）现场应采用分辨率为0.5mm的游标卡尺以及分辨率为$0.5\mu m$的金属膜厚仪对送达现场的预埋件及后置埋件进行规格与热浸镀锌质量的检验，每一件单独材料的测点不应少于3个并取最小值;

（8）钢材的表面不得有裂纹、气泡、结疤、泛锈、夹杂和折叠，截面不得有毛刺、卷边等现象。

三、石材幕墙转接构件现场质量验收标准

转接构件代表样式见图6-99和图6-100。

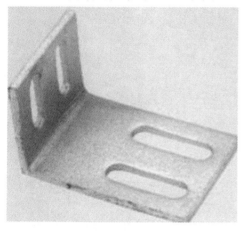

图6-99 转接件代表样式一

图6-100 转接件代表样式二

石材幕墙转接件正常状态下，是采用钢板折弯、冲孔制作而成;有时候是采用不等边角钢切割、冲孔制作而成;有时候是采用槽钢或矩形钢管切割制作而成。但无论采用哪种方式制作而成转接件都必须满足下列验收标准要求。

石材幕墙转接构件现场质量验收标准:

（1）送到施工现场的转接件或者制作转接件所采用的其他材料，首先需要具有材料合格证、质保书、材料力学性能检验报告、材料各金属含量检验报告。

（2）成品钢转接件截面型号、规格等检验数据必须满足设计图纸的要求，对于材料型号、规格图纸描述不详时应以结构计算书中的型号、规格为现场质量验收依据，当图纸中的材料型号、规格与计算书中材料型号、规格出现互相矛盾时，就取其型号、规格的最大值作为现场质量验收依据。

（3）成品转接件材料截面钢板厚度不应小于6mm，材料表面必须进行热浸镀锌处理，镀锌层的表面膜厚平均厚度应不小于$85\mu m$，局部镀锌层膜厚应不小于$70\mu m$。

（4）对于送达现场的成品转接件，应将同一日期送货单的材料分别按照不同型号、规格验收，按照不同型号、规格每次随机抽取10%的数量进行检验，但是最少检验数量不应少于5件;当同种型号、规格的送货数量少于5件时，必须按照验收要求全部验收。

（5）现场应采用分辨率为 0.5mm 的游标卡尺以及分辨率为 0.5μm 的金属膜厚仪对送达现场的成品转接件进行型号、规格与热浸镀锌膜厚质量的检验，每一件单独材料的测点不应少于 3 个并取最小值。

（6）钢材的表面不得有裂纹、气泡、结疤、泛锈、夹杂和折叠，截面不得有毛刺、卷边等现象。

四、石材幕墙石材安装挂件现场质量验收标准

石材幕墙常用的施工安装挂接材料有不锈钢材料的挑挂件 T 型挂件以及铝矽镁材料的挑挂件 T 型挂件及分离式可拆卸组合挂件，无论是哪一种材料所生产的石材幕墙用挂件（不锈钢 304 材质以外）都必须表面经过氧化、喷涂或其他防腐处理，用以满足建筑幕墙的使用寿命要求（图 6-101 ~ 图 6-107）。

图 6-101　不锈钢挑挂件

图 6-102　不锈钢焊接 T 型挂件

图 6-103　不锈钢折弯 T 型挂件

图 6-104　SE 型铝矽镁挂件

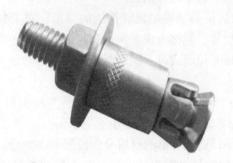

图 6-105　永久膨胀型扩孔背栓

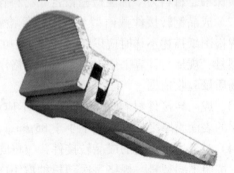

图 6-106　R 型铝矽镁挂件

石材幕墙安装挂件现场质量验收标准：

（1）送到施工现场的石材安装挂件首先需要具有材料合格证、质保书、材料力学性能检验报告、材料各金属含量检验报告。

（2）不锈钢挂件的材料截面厚度不应小于3mm，主受力的材料截面面积不应小于石材幕墙结构计算书的要求。

（3）铝矽镁或铝合金挂件的材料截面厚度不应小于4mm，主受力的材料截面面积不应小于石材幕墙结构计算书的要求。

图 6-107　机械膨胀型扩孔背栓

（4）对于采用背栓体系的安装挂件，石材幕墙用背栓直径不应小于8mm，应使用永久型扩孔背栓，严禁使用机械性扩孔背栓。

（5）现场应采用分辨率为0.5mm的游标卡尺对送达现场的成品挂件进行型号、规格的检验，按照不同型号、规格每次随机抽取10%的数量进行检验，但是最少检验数量不应少于5件；当同种型号、规格的送货数量少于5件时，必须按照验收要求全部验收。

（6）挂件的表面不得有裂纹、气泡、结疤、泛锈、夹杂和折叠，截面不得有毛刺、卷边等现象。

五、石材幕墙密封材料质量验收标准

石材幕墙密封材料包括石材结构安装密封材料以及石材之间接缝密封材料，现场质量验收应该遵循以下要求。

石材幕墙密封材料现场质量验收标准：

（1）送到施工现场的石材幕墙密封材料应该具有材料合格证、产品使用说明书、有效保质年限的质量证书、产品质保书、有效的产品检测报告（产品检测报告的有效期是两年）；

（2）石材幕墙石材与石材之间所采用的石材专用硅酮耐候密封胶应提供有效的"无污染"试验报告及相融性试验报告；

（3）核实产品是否在有效使用期限内；

（4）石材板块与挂件之间所使用的环氧树脂型粘结结构胶应提供粘结抗拉强度检测报告。

六、石材板块现场质量验收标准

用于外装饰干挂幕墙的石材板块应采用花岗石，主要由石英（35%）、长石（45%）和钾形成，一般为深颜色。花岗岩的物理性能应该满足以下要求：石材吸水率应小于0.8%、石材的弯曲强度不应小于$8.0N/mm^2$、石材体积密度不小于$2.5g/cm^3$、石材干燥压缩强度不小于60.0MPa。

石材板块现场质量验收标准：

（1）石材板块的品种、颜色、表面处理形式符合图纸及确认样品的要求；

（2）送达现场石材板块的边长、生产工艺符合图纸设计要求；

（3）表面磨光处理的石材板块最小截面厚度不应小于25mm，表面烧毛、凿毛、机刨或其他粗面处理的截面最小厚度不应小于28mm；

（4）石材背栓孔、短槽槽口等的位置、数量、深度尺寸应满足设计图纸要求；

（5）石材背栓孔、短槽等中心间距不应大于600mm；

（6）石材板块现场质量验收时应具备石材化学成分检验报告、物理性能检验报告、抗冻融检验报告；

（7）石材板块现场验收边长允许偏差范围应在 −1.0 ～ −2.0 范围以内，禁止出现正偏差；

（8）石材板正面的外观缺陷应符合以下规定：缺棱 长度不应超过10mm，板块沿边长不应出现超过 5mm × 2mm 的缺角，每块板裂纹长度不应超过两端顺延至板边总长度为1/10，每块板色斑面积不应超过 20mm × 30mm，每块板色线长度不应超过两端顺延至板边总长度为1/10，每块板光面板材的正面不应出现明显坑窝；

（9）石材板的背栓孔、短槽部位不应出现损坏、崩裂等缺陷，短槽的槽口应打磨成45°倒角，槽内应光滑、洁净；

（10）现场应采用分辨率为0.5mm的游标卡尺、钢卷尺、塞尺对送达现场的成品石材板材进行表面质量、规格的检验，按照不同规格每次随机抽取10%的数量进行检验，但是最少检验数量不应少于10件；当同种型号、规格的送货数量少于10件时，必须按照验收要求全部验收。

七、施工组织设计、施工方案编制标准

任何一个幕墙项目，在项目进入正式施工前首先需要组建一支强有利的项目领导班子。项目经理需要具备非常全面的综合协调素质、管理素质，一个幕墙项目施工组织、管理的是否成功与项目经理有着不可分割的关系。

在一个具有一定素质的项目经理的基础上，还需要配备项目副经理（生产经理），要具备一定的技术素质，具体运行项目生产工作，此外再增加专职安全员、专职的质量管理员、专职的施工技术员、专职的材料管理员、专职项目预算员、专职的档案管理员。这些专职人员都需要具有专业职格证书，做到持证上岗。在项目经理的统一领导下齐心协力共同做好项目的管理工作。

施工组织是指项目经理根据项目特点、结合公司的经营模式所编制的一份组织现场施工的管理文件，是一份组织施工的主体纲领性文件，是符合项目实际状况的主体文件。

施工方案是指对于一个项目而言，具体到某一个分项内容施工所采取的措施，根据这一措施所编制的具体性、特点性的施工措施文件，是一种技术含量较高的技术指导文件。

1. 施工组织编制标准要求：

（1）详细说明项目整体概况，比如"工程名称、工程建设地、工程特点、建设环境特征、工程建设规模、建筑楼层数、建筑高度、建筑结构形式、施工条件、工程建设用途"等；

（2）详细说明幕墙所承包范围概况，比如"南立面①～⑧轴、3～10层是石材幕墙，⑧～①轴、3～10层是构件式玻璃幕墙"；

（3）认真、严谨说明编制依据，一定详细掌握整个合同签订过程中甲乙双方所往来的文件、函件，切不可无中生有、有中生无；

（4）编制过程中所依据的国家、行业现行标准、规范，切不可沿用已经过期、明令作废或禁止的标准；

（5）编制项目组织架构图，具体说明项目部组织人员每个人的具体分工，切记组织架构图不能是只有职务的空头架构，必须具体到每个人对应每个岗位。举例如图 6-108 所示。

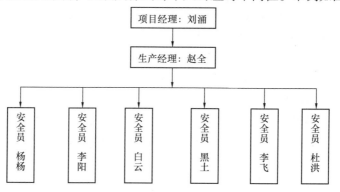

图 6-108　施工组织架构图

（6）根据项目的特点编制施工顺序、施工工艺步骤，施工所采用的材料名称、施工所采用的措施；

（7）综合考虑项目实施状况，编制可行性的施工进度总计划；

（8）根据对项目的预盼性编制施工进度计划的保证措施；

（9）根据项目特点编制可行性特殊环境下的施工方法；

（10）根据项目现场状况编制施工环境保证措施；

（11）施工临时用电的安全保障措施；

2．施工方案编制标准要求：

（1）首先要详细描述分项施工内容、具体部位、建筑结构的特点。

（2）详细描述对于这个分项所采用哪种措施施工；内容具体到采用措施的名称（如脚手架、吊篮），这一措施所采用的材料名称、材料材质。

（3）详细描述该部位方案、措施是如何搭设、如何验收形成措施验收记录，对于特殊方案还需要经过培训后进入施工状态。

（4）切记在高层安装与上部结构施工交叉作业时，结构施工层下方须架设挑出 3m 以上的防护装置。建筑在地面上 3m 左右，应搭设挑出 6m 的水平安全网。

（5）对于采用吊篮措施时，一定按照吊篮使用说明进行操作，切不可超负荷使用，每天班前首先有专职安全员负责检查电源是否开通、吊篮配重是否完全存在，每天下班后一定切断吊篮电源。

（6）当吊篮搭设完成高度高于楼顶其他钢结构、钢设备等高度时，吊篮一定安全闭合防雷设施。

（7）对于特殊吊篮（超规范吊篮）、特殊脚手架方案（悬挑脚手架、大跨度脚手架），一定注意组织安全措施方案的专家论证，目的是做好风险转移的备案。

八、施工测量放线的标准要求

测量放线是建筑幕墙施工生产一个关键环节，如果测量放线方法不当，将会直接造成材料生产上的错误以及给整个施工生产周期带来影响，往往带来我们后期收尾的工作特别多，如果按照此标准将不会出现我们所看到的一些项目后期那么多材料没有确定尺寸，需要现场测量，因此测量放线工作应该满足以下标准要求。

1. 测量放线所具备的工具要求（最低要求）：

（1）一般建筑体量的项目需要高清经纬仪一台；

（2）一般建筑体量的项目需要高清铅直仪一台；

（3）一般建筑体量的项目需要测量塔尺二件；

（4）其他辅助工具材料，应该具有满足测量高度要求数量的直径 2mm 测量钢丝，十字交叉标志的透明测量有机玻璃板，弹线墨斗，测量绘图板及绘图用具；

2. 测量标准要求：

（1）垂直度测量采用铅直仪及带有十字交叉标志的透明有机玻璃板工具，应该以建筑结构测量点位（所有的建筑都具有至少 1 个结构模板控制标准点）参照基准，建筑结构的外围边长都以此点测量，沿着建筑围护结构边长至少每隔 10m 具有 5 个测量点，对于测量沿边长平面度超过 10mm 的部位应该适当增加测量点，认真记录测量数据。

（2）对于建筑标高的测量采用经纬仪结合塔尺工具，同样以 1 个楼层的建筑标高为基准参照，首先将为基准的楼层标高测量闭合，闭合水平标高偏差应小于 5mm，根据这一标准向上或向下延续测量，将所测量的每层标高正确位置标记在建筑结构外延有利于安装使用的部位。

第六节　石材幕墙幕墙保护及清洗

一、保护和清洗总体要求

幕墙的保护是幕墙施工过程中十分值得注意，恰恰又是比较容易忽视的问题。对于幕墙所施工的结构主材、板材、密封材料都应该采取必要的保护措施，使其不会发生变形、变色、破碎等现象。

当幕墙施工进展到龙骨安装基本上完成，或装饰板块已经部分安装的时候，要开始派出专人对已经完成的施工部位采取保护措施，必要时派专人进行循环巡视，特殊情况下可以设置警示线，确保已经完成施工部位的材料不被破坏。

幕墙施工过程中所产生的黏附物，应采取措施及时清洗干净，避免时间相隔太久再进行清洗，会带来对装饰板材表面的破坏，因此在幕墙工程施工过程中应及时制定清洗方案。

在幕墙工程竣工验收前，应该对整个工程从上至下进行一次彻底清洗，主要是清洗石材表面的污渍、返碱、水泥残渣、锈迹等。

根据幕墙施工后外表面的污染特点选择该工程所适用的清洗剂，严禁使用不合格的产品进行石材清洗。

二、清洗材料

石材污渍清洗剂一般是采用不含酸、碱的材料而溶剂制成，该材料容易被石材幕墙的板块所吸收，进而与石材中的硅酸盐类物质发生反应，使石材表面各种物资所污染，达到保护材料使其美观的作用。

石材表面在施工过程中受到污染的因素多种多样，根据常见的石材污染状况，石材清洗材料分为以下类型。

1. 污渍清洗材料

该材料主要是清除石材表面不宜清洗的各种污染源所带来的顽固污渍，其材料具有以下特点：

对被污染的石材表面污渍具有极强的溶解和清洁作用；

对于因水泥返碱所带来的严重颜色变化，可以采用毛刷或纤维棉纱轻轻擦洗就可清洗干净；

该材料不会被石材幕墙的表面装饰效果、凹凸不平等因素而影响清洗施工作业；

该材料溶于水，在将石材表面顽固污渍清洗干净后，及其容易将该材料用水冲洗掉；

2. 除锈清洗材料

该材料主要是清除石材表面的金属污染锈斑，使其在清洗后变回原来的自然外观，其材料具有如下特点：

该材料是一种无机酸物质，不含强酸；

对于石材因金属锈斑污染所带来的颜色变化具有特殊功效；

必须将出现锈斑变化的石材板块满涂该材料，同时保证石材板块的潮湿度，这样会促进颜色改变的速度，在适当的时候将该材料用水冲洗掉；

当石材板块锈斑变化不是太满足要求时，可以重复按照上述步骤操作，直到满足要求。

第七节 工 程 验 收

一、验收准备

建筑石材幕墙在竣工验收前应将幕墙外表面的污渍、灰尘等擦拭干净，彻底清理干净打胶所粘贴的（专用美纹纸、胶带等）附材，彻底清理打胶所出现的翘边、凹凸等。

石材幕墙竣工验收依据有《建筑装饰装修工程质量验收规范》、《金属与石材幕墙工程技术规范》。石材幕墙竣工验收适用范围"建筑高度不大于 100m，抗震设防烈度不大于 8 度"的石材幕墙工程。建筑幕墙在进行竣工验收的时候，幕墙的施工安装已经全部完成，许多部位的施工做法、施工工艺已经被相关装饰材料所遮住，但是有可能这些关键点、关键部位对于幕墙的结构安全性、使用功能性等起着至关重要作用，故此在进行竣工验收的时候，必须认真审查隐蔽工程验收记录，尤其是隐蔽工程中的材料使用、关键节点的做法。

当一个项目由 2 栋以上建筑幕墙所组成时，根据幕墙属于外围护结构的特殊性，在竣工验收时，要求对每栋建筑幕墙单独检查验收。

二、建筑石材幕墙工程竣工验收时应该提交以下资料

1. 石材幕墙竣工图纸，幕墙系统结构计算书；
2. 施工过程中所发生的设计变更文件；
3. 石材幕墙结构材料、五金材料、特殊生产构件材料出厂合格证；
4. 装饰石材生产出场合格证；
5. 对该项目所用石材弯曲强度、耐冻融性、污染性、放射性等复检报告；
6. 石材用结构胶、密封胶的常规试验合格报告、物理性能合格报告；
7. 后置锚栓现场拉拔力检测报告；
8. 施工安装自检记录；
9. 结构龙骨安装、防水安装、防火安装、保温安装、防雷接地系统安装等隐蔽工程验收记录。

三、建筑石材幕墙施工后观感应符合以下规定

1. 装饰石材板块的规格应符合设计图纸要求；
2. 装饰石材的颜色、样式应该符合设计图纸要求；
3. 装饰石材板块之间的缝隙大小应该符合设计图纸要求，允许偏差符合现行规范、行业标准的要求；
4. 当建筑石材幕墙面积较大时，会出现建筑沉降缝、伸缩缝等结构缝隙，其部位的处理应该不影响外装饰效果，符合设计图纸要求；
5. 独立的石材板块不应出现凹坑、缺角、裂缝、色斑等缺陷，即使有也应该在规范所允许的范围内；
6. 石材板块缝隙注胶饱满、密实、连续、均匀、无气泡，宽度和厚度符合设计要求。

四、石材幕墙的施工安装质量要求（表6-28～表6-36）

表6-28 层间石材板块的施工安装验收

项　　目		允许偏差（mm）	检查方法
竖缝及墙面垂直度	幕墙层高不大于3.0m	≤2	经纬仪
	幕墙层高大于3.0m	≤3	
幕墙层高水平度		≤2	2m靠尺、钢板尺
幕墙层高竖缝直线度		≤2	2m靠尺、钢板尺
幕墙层高横缝直线度		≤2	2m靠尺、钢板尺
板块之间接缝宽度		≤1	游标卡尺

表6-29 独立项目石材板块的施工安装验收

项　　目		允许偏差（mm）	检查方法
每平方米石材板块的安装质量	明显划伤和长度>100mm的轻微划伤	不允许	观察
	长度≤100mm的轻微划伤	允许8条	钢卷尺
	划伤、擦伤总面积	≤500mm^2	钢卷尺

续表

项　　目	允许偏差（mm）		检　查　方　法
板块水平度	3		水平仪
板块垂直度	2		垂直检测尺
相邻板块角错位	1		钢卷尺
	光面	毛面	
石材表面平整度	2	3	检测尺、塞尺
石材阳角方正	2	4	角度尺
接缝直线度	3	4	拉线用钢卷尺
接缝高低差	1	—	钢直尺、塞尺
接缝宽度差	1	2	钢直尺

表6-30　石材幕墙工程质量验收的主控项目

项次	质　量　要　求	检　验　方　法
1	石材幕墙工程所用材料的品种、规格、性能和等级，应符合设计要求及国家现行产品标准和技术规范的规定；石材的弯曲强度不应小于8.0MPa；吸水率应小于0.8%；石材幕墙的铝合金挂件厚度不应小于4.0mm，不锈钢挂件厚度不应小于3.0mm	观察；尺量检查；检查产品合格证书、性能检测报告、材料进场验收记录和复验报告
2	石材幕墙的造型、立面分格、颜色、光泽、花纹和图案应符合设计要求	观察
3	石材孔、槽的数量、深度、位置、尺寸应符合设计要求	检查进场验收记录或施工记录
4	石材幕墙主体结构上的预埋件和后置埋件的数量、位置及后置埋件的拉拔力必须符合设计要求	检查拉拔力检测报告和隐蔽工程验收记录
5	石材幕墙的金属框架立柱与主体结构预埋件的连接、立柱与横梁的连接、连接件与金属框架的连接、连接件与石材板面的连接必须符合设计要求，安装必须牢固	手扳检查；检查隐蔽工程验收记录
6	金属框架及连接件的防腐处理应符合设计要求	检查隐蔽工程验收记录
7	金属框架的防雷装置必须与主体结构的防雷装置可靠连接	观察；检查隐蔽工程验收记录和施工记录
8	金属幕墙的防火、保温、防潮材料的设置应符合设计要求，填充密实、均匀、厚度一致	检查隐蔽工程验收记录
9	各种结构变形缝、墙角的连接节点应符合设计要求和技术标准的规定	检查隐蔽工程验收记录和施工记录
10	石材表面和板缝的处理应符合设计要求	观察
11	石材幕墙的板缝注胶应饱满、密实、连续、均匀、无气泡，宽度和厚度应符合设计要求和技术标准的规定	观察；尺量检查；检查施工记录
12	石材幕墙应无渗漏	在易渗漏部位进行淋水检查

表 6-31　石材幕墙工程质量验收的一般规定

项次	质量要求	检验方法
1	石材幕墙表面应平整、洁净、无污染、缺损和裂痕；颜色和花纹应协调一致，无明显色差，无明显修痕	观察
2	石材幕墙的压条应平直、洁净、接口严密、安装牢固	观察；手扳检查
3	石材接缝应横平竖直、宽窄均匀；阴阳角石板压向应正确，板材合缝应顺直；凹凸线出墙厚度应一致，上下口应平直；石材面板上洞口、槽边应套割吻合，边缘应整齐	观察
4	石材幕墙的密封胶缝应横平竖直、深浅一致、宽窄均匀、光滑顺直	观察
5	石材幕墙上的滴水线、流水坡向应正确、顺直	观察；用水平尺检查

表 6-32　每平方米石材的表面质量和检验方法

项次	项目	质量要求	检验方法
1	明显划伤和长度 >100mm 的轻微划伤	不允许	观察
2	长度 ≤100mm 的轻微划伤	≤8 条	用钢尺检查
3	擦伤总面积	≤500mm^2	用钢尺检查

表 6-33　石材幕墙安装的允许偏差和检验方法

项次	项目		允许偏差（mm）		检验方法
			光面	麻面	
1	幕墙垂直度	幕墙高度 ≤30m	10		用经纬仪检查
		30m < 幕墙高度 ≤60m	15		
		60m < 幕墙高度 ≤90m	20		
		幕墙高度 >90m	25		
2	幕墙水平度		3		用水平仪检查
3	板材立面垂直度		3		用垂直检测尺检查
4	板材上沿水平度		2		用 1m 水平尺和钢直尺检查
5	相邻板材板角错位		1		用钢直尺检查
6	幕墙表面平整度		2	3	用 2m 靠尺和塞尺检查
7	阳角方正		2	4	用直角检测尺检查
8	接缝直线度		3	4	拉 5m 线，不足 5m 拉通线，用钢直尺检查
9	接缝高低差		1	—	用钢直尺和塞尺检查
10	接缝宽度		1	2	用钢直尺检查

表 6-34　竖向主要构件安装质量的检验

项次	项　目		允许偏差（mm）	检 验 方 法
1	构件整体垂直度	$h \leqslant 30m$	≤10	用经纬仪检测 垂直于地面的幕墙，垂直度应包括平面内、平面外
		$30m < h \leqslant 60m$	≤15	
		$60m < h \leqslant 90m$	≤20	
		$h > 90m$	≤25	
2	竖向构件直线度		≤2.5	用 2m 靠尺、塞尺检测
3	相邻两竖向构件标高偏差		≤3	用水平仪和钢直尺检测
4	同层构件标高偏差		≤5	用水平仪和钢直尺以构件顶端为测量面进行测量
5	相邻两竖向构件间距偏差		≤2	用钢卷尺在构件顶部测量
6	构件外表面平面度	相邻三构件	≤2	用钢直尺和尼龙线或激光全站仪测量
		$b \leqslant 20m$	≤5	
		$b \leqslant 40m$	≤7	
		$b \leqslant 60m$	≤9	
		$b > 60m$	≤10	

表 6-35　横向主要构件安装质量检验

项次	项　目		允许偏差（mm）	检 验 方 法
1	单个横向构件水平度	$l \leqslant 2m$	≤2	用水平尺测量
		$l > 2m$	≤3	
2	相邻两横向构件间距差	$s \leqslant 2m$	≤1.5	用钢卷尺测量
		$s > 2m$	≤2	
3	相邻两横向构件端部标高差		≤1	用水平尺、钢直尺测量
4	横向构件高度差	$b \leqslant 35m$	≤5	用水平尺测量

表 6-36　石材的表面质量

项　目	质 量 要 求
0.1～0.3mm 宽划伤痕	长度小于 100mm 不多于 2 条
擦伤	不大于 500mm²

五、石材幕墙的后期保养与维护

石材幕墙在竣工验收时，应该向建设单位（建设单位委托的物业管理单位）提供建筑石材幕墙的日常保养及维护说明书，定期对该幕墙进行保养及维护。

幕墙的保养应该根据该项目的幕墙面积、建筑所在地点环境的污染程度，确定幕墙的清洗次数和周期，但对于一个项目而言应该至少每年清洗一次。

石材幕墙在正常使用的保养和维护的同时，还应该在每隔 2 年进行一次全面检查。幕墙的检查应该注意以下要点：

1. 当连接件、紧固安装件发现松动、锈蚀时，要及时进行拧紧、除锈补漆，严重者要及时进行更换。

2. 当发现石材板块松动、破损时，要及时进行修补或根据严重程度落实更换。

3. 当发现密封胶开裂、脱落等现象时，要及时进行修复。

4. 当遇到不可抗力所带来的自然灾害时，在灾害过后应该对幕墙进行彻底大检查，对发生的变化及时处理。

5. 在石材幕墙的日常保养和维护中，应该做到以下安全要求：

① 不得在风力大于4级以及大雨天气下进行幕墙的保养和维护作业；

② 保养和维护所使用的机械设备，应通过专业人员检查运行良好后方可使用，做到安装牢固、安全可靠、操作方便；

③ 当使用机械设备高处作业时，操作人员应具备特种作业上岗证；

④ 凡高处作业人员必须遵守现行行业标准《建筑施工高处作业安全技术规范》的有关规定。

附 录 一

附录 A（仅供参考）
石材幕墙使用维护说明书

工程名称：××××××

工程地点：××××××

建设单位：××××××

幕墙施工单位：××××××

幕墙使用（管理）单位：××××××

第一条 为保证该项目的石材幕墙在正常使用、保养和维护下，达到其设计使用年限，特根据该项目幕墙的特点编制幕墙使用维护说明书。

第二条 依据《建筑结构可靠度设计统一标准》、《金属与石材幕墙工程技术规范》和《建筑施工高处作业安全技术规范》的规定。建筑幕墙属于易于替换的结构件，建筑幕墙设计使用年限属二类，其设计使用年限为 25 年。

第三条 建筑幕墙设计基准期取为 50 年。

1. 本工程建筑幕墙基本风压取×××kN/m²，地面粗糙度类别取×类，风荷载标准值：根据该项目的幕墙高度、地理环境计算出墙面区×××kN/m²；墙角区×××kN/m²。

2. 本工程建筑幕墙抗震按×设防，设计基本地震加速度取 0.×g。

3. 本工程建筑幕墙杆件，采用×××（铝合金、耐候钢、不锈钢等），其强度标准值为：铝合金×××N/mm²，耐候钢 N/mm²，不锈钢×××N/mm²。

4. 本工程建筑幕墙面板采用的花岗石板，厚×××mm，抗弯强度××MPa，含水率 0.6%，放射性核素含量为（A、B、C）级。

5. 建筑幕墙使用钢材，除不锈钢（耐候钢）外，均进行表面处理。

第四条 本工程建筑幕墙花岗石面板，采用通槽通长勾（通槽短勾、短平槽短勾、弧形短槽短勾）、钢销式、单（双）切背栓与主体结构连接。

钢勾采用 T 形勾（L 形勾、SE 形勾），不锈钢勾采用×××（牌号）×××（状态）不锈钢；铝合金勾采用×××牌号、×××状态冲压成型勾（×××牌号、×××状态挤压成型勾）；不锈钢钢销采用×××（牌号）×××（状态）不锈钢。

第五条 建筑幕墙防雷采用全属杆件与已和主体结构防雷体系连通的预埋件（后设锚板，例如用膨胀螺栓固定锚板）连接的方式。

第六条 建筑幕墙层间防火隔断采用在 1.5mm 厚钢板上设置 100mm 厚防火棉。

第七条 建筑幕墙为围护构件，不能承担建筑物上（除幕墙自重以外）的竖向荷载。

第八条 建筑幕墙周围建筑物改扩建时，应将风环境改变对玻璃幕墙的影响进行评估，并根据评估结果采取相应的措施。

第九条 建筑幕墙应按设计的规定使用，并且特别注意以下事项：

1. 不得在建筑幕墙上施加设计以外的任何荷载。不应在支承装置上附加其他设备和重物。

2. 进行室内装修时，室内装修分格应与幕墙杆件协调，并且与幕墙杆件间留变形缝，用防火密封材料填缝，不得紧靠幕墙杆件。

3. 没有通过幕墙公司的同意，不得在建筑幕墙石材表面上设霓虹灯、招牌及广告。

4. 窗帘盒不得固定在建筑幕墙上，窗帘应距建筑幕墙一定距离。

5. 在距建筑幕墙2m范围内不得敷设埋入地下的上、下管道及其他金属管线，以避免反击。

6. 在楼板外缘应设踏脚线，防止物件滚动撞击建筑幕墙使石材板块破损。

7. 不得随意更换石材面板，不得随意改变幕墙分格。

8. 不得随意在建筑幕墙上添加遮阳设施。不得穿越石材面板设置金属管线，根据需要如果必须设置穿越幕墙的金属管线要有防雷设施。

9. 不得将污水或其他含有有害物质的水向建筑幕墙表面排放。

第十条 清洁房间时，不得使用水冲洗，以免水流入防火隔断，使防火棉失效。

第十一条 在屋顶（及有防雷设施处）设置广告牌时，应保护好幕墙防雷体系。

第十二条 不允许用硬物刻划或磨擦石材面层及幕墙金属杆件涂漆或热浸锌表面。

第十三条 建筑幕墙工程验收移交后，使用单位应及时制定幕墙的保养、维护计划与制度。

第十四条 建筑幕墙的保养应按下列要求进行：

1. 应根据幕墙面积灰污染程度，确定清洗幕墙的次数与周期，每年应至少清洗一次，清洗时不允许使用对石材表面有其不良反应的清洗剂擦拭。

2. 清洗幕墙外面的机械设备（如清洗机或吊篮等）应操作灵活方便，对于靠近石材表面的机械构件要采取保护措施以免擦伤幕墙墙面。

第十五条 建筑幕墙的检查与维护应按下列要求进行：

1. 当发现螺栓松动应拧紧或焊牢，当发现连接件锈蚀应除锈补漆；

2. 当发现石材板块松动、开裂、破损时，应及时修复或更换；

3. 对于石材板块的更换，不得直接在幕墙上更换；

4. 当发现密封胶和密封条脱落或损坏，应及时修补与更换；

5. 当发现幕墙构件及连接件损坏，或连接件与主体结构的锚固松动或脱落，应及时更换或采取措施加固修复；

6. 定期检查幕墙排水系统，当发现堵塞，应及时疏通；

7. 当五金件有脱落、损坏或动能障碍时，应及时进行更换和修复；

8. 当遇台风、地震、火灾等自然灾害时，灾后应对玻璃幕墙进行全面检查，并视损坏程度进行维修加固；

9. 对防火隔断每半年检查一次，如发现防火棉受潮应及时更换；

12. 在对建筑防雷系统接地电阻年检时，同时对幕墙防雷每年检测一次，如发现杆件与主体结构不连通，应及时修理。对建筑自身的防雷金属接闪器每年检查一次，如发现锈蚀、搭接不够，应及时修理更换。

第十六条　建筑幕墙在正常使用时，每隔 2 年应进行一次全面的检查，对石材板块、密封条、密封胶、结构胶等应在不利的位置进行检查。

第十七条　在对幕墙进行保养和维修中应符合下列安全规定：

1. 不得在 4 级以上风力及大雨天气进行幕墙外侧的检查、保养与维修工作；

2. 对建筑幕墙进行检查、清洗、保养、维修时所采用的机具设备（清洗机、吊篮）必须牢固、操作方便、安全可靠；

3. 在建筑幕墙的保养与维修工作中，凡属高处作业者，必须遵守现行国家标准《建筑施工高处作业安全技术规范》的有关规定。

第十八条　建筑幕墙三包（包修、包换、包赔）时间为：

1. 石板五年；

2. 金属杆件十年；

3. 结构胶十年；

4. 配件、附件两年。

附录 B

（资料性附录）

表 B.1　插板规格尺寸　　　　　　　　　　　　　　　　　　　　　　mm

型号	l	b_1	t_1	b_2	h	t_2	$k \times c$	a	简　图
CT	50 60 70 80	30 35 40 50 60	3 3.5 4 4.5 5 6	15 20 30 40 50 60 70 80	10 15 20 25 30	3 3.5 4 4.5 5 6	30×11 35×13	10 15 20 25 30	

型号	l	b_1	t	b_2	h	$k \times c$	a	简　图
CY	50 60 70 80	30 35 40 50 60 70 80	3 3.5 4 4.5 5 6	15 20 30 40	10 15 20 25 30	30×11 35×13	10 15 20 25 30	

型号	l	b	t	h	k×c	a	简　图
CR	50 60 70 80	30 35 40 50 60	3 3.5 4 4.5 5 6	10 15 20 25 30	30×11 35×13	10 15 20 25 30	

表 B.2　背栓规格尺寸　　　　　　　　mm

型号	l	d	D	简　图
IA	30 35 40 45 50 60 70 80	3 4 5 6 8 10	6 8 10 12 16 20	

表 B. 3　弯板规格尺寸　　　　　　　　mm

型号	l	b	t	h	$k_1 \times c_1$	$k_2 \times c_2$	a_1	a_2	简　图
WL	50 60 70 80	30 35 40 50 60	3 3.5 4 4.5 5 6	30 40 50 60 70	30×11 35×13	20×11 30×11 35×13	10 15 20 25 30	10 15 20 25 30	

表 B. 4　R 型组合插板规格尺寸　　　　　　　　mm

型号	l	b	h	a	s	f	d	di	简　图
R-型	40 50 60 80 100	28	26	4	12	12	135°	16	

表 B.5　S 型组合插板规格尺寸　　　　　　　　　　　　　　　　　　　　mm

型号	l	b	h	a	s	f	简　图
S-型	40 50 60 80 100	28	16	4	12	12	

表 B.6　E 型组合插板规格尺寸　　　　　　　　　　　　　　　　　　　　mm

型号	l	b	h	a	s	f	简　图
E-型	40 50 60 80 100	28	16	4	12	12	

表 B.7　主托杆 A 型件规格尺寸　　　　　　　　　　　　mm

型号	l	b	h	a	p	f	$k_1 \times c_1$	简　图
主托杆 A	40 50 60 80 100	45 55 65 75 85 95	12	5 10 15 20 25	41	15	30×11 45×11	

表 B.8　主托杆 B 型件规格尺寸　　　　　　　　　　　　mm

型号	l	b	h	a	s	f	$k_1 \times c_1$	简　图
主托杆 B	40 50 60 80 100	45 55 65 75 85 95	12	5 10 15 20 25	30 40 50 60 70 80	15	30×11 45×11	

表 B.9   1-70 型件规格尺寸   mm

型号	l	b	h	a	$k_1 \times c_1$	简　　图
1-70	40 50 60	67	10	6	50×11	

表 B.10   F8 型件规格尺寸   mm

型号	l	b	h	a	s	f	$k_1 \times c_1$	简　　图
F8	40 50 60	58	40 50 60	4	8	7	30×11	

附录二 《石材幕墙实用技术手册》支持单位及人员

1. 全国工商联石材业商会复合板专委会   白利江
2. 北京文惠浩远建筑材料有限公司   宋百会
3. 铁道第三勘察设计院集团有限公司幕墙门窗设计研究所   董 城   赵世磊   唐 虎   吕轶娜   李 力
4. 天津市环渤海石材交易中心有限公司   阚红利
5. 内蒙古和林格尔县石材协会   贾建平
6. 清华大学建筑设计研究院有限公司   汤 涵   曹 军
7. 河北省建筑门窗幕墙行业协会   范玉玲
8. 秦渤装饰工程有限公司   张桂芳
9. 中国绿都园林工程有限公司   刘 伟   李树峰
10. 北京东升昊业石材有限公司   郑李弟
11. 北京星硕辉煌贸易有限责任公司   孙海军
12. 中建三局东方装饰设计工程有限公司   周丙刚
13. 北京宏盛五洋石材有限公司   吕广臣   曹雪芹
14. 北京大龙建设集团   陈建明
15. 北京冠宇东升石材有限公司   荣小堂
16. 北京宜兴长盛石材有限公司   顾才华
17. 北京华松顺昌石材有限公司   吴 昌
18. 北京凤山得宝石材贸易有限公司   纪小珍
19. 北京凯成石业   翁伟华
20. 福建晶璐石业   陈国钦
21. 北京中金源石材有限公司   张士辉
22. 北京宏隆先利石业有限公司   吴振坤
23. 福建溪石股份公司北京分公司   陈剑文
24. 和隆盈石业   李文巧
25. 英良石材集团   刘 良
26. 北京鑫山石源石业   刘爱民
27. 北京泽鼎石业   谢龙光
28. 北京冠华石材有限公司   胡建峰
29. 奥林匹亚石材有限公司   胡 君
30. 北京力丰石材有限公司   杨开波

31. 北京塔星石材有限公司 吕振宗
32. 瑞丰石业 陈书月
33. 北京宏泰石材有限公司 黄福生
34. 天津市华辉岗石有限公司 王小锋
35. 华睿鹏辉石材有限公司 张胜君
36. 北京润诚石材 周 润
37. 北京伊斯贝特复合材料有限公司 罗 丹
38. 新疆明发石材有限公司 蔡德福
39. 北京富源石材有限公司 张再民
40. 长泰三佳石材 黄燕杰
41. 华润石业 尤江南
42. 北京信诚石业 姚友好
43. 北京康利石材有限公司 信峻平

参 考 文 献

[1] 国家质量监督检验检疫总局,中国国家标准化管理委员会. 建筑幕墙 GB/T 21086—2007[S]. 北京:中国标准出版社,2008.

[2] 中华人民共和国建设部. 金属与石材幕墙工程技术规范 JGJ 133—2001[S]. 北京:中国建筑工业出版社,2004.

[3] 中华人民共和国建设部. 玻璃幕墙工程技术规范 JGJ 102—2003[S]. 北京:中国建筑工业出版社,2004.

[4] 中华人民共和国建设部,国家质量监督检验检疫总局. 建筑设计防火规范 GB 50016—2006[S]. 北京:中国标准出版社,2006.

[5] 中华人民共和国建设部,国家质量监督检验检疫总局. 钢结构设计规范 GB 50017—2003[S]. 北京:中国计划出版社,2003.

[6] 中华人民共和国住房和城乡建设部. 建筑物防雷设计规范 GB 50057—2010[S]. 北京:中国计划出版社,2011.

[7] 中华人民共和国住房和城乡建设部,国家质量监督检验检疫总局. 建筑物抗震设计规范(附条文说明)GB 50011—2010[S]. 北京:中国建筑工业出版社,2010.

[8] 中华人民共和国建设部,国家质量监督检验检疫总局. 公共建筑节能设计标准 GB 50189—2005[S]. 北京:中国建筑工业出版社,2005.

[9] 中华人民共和国住房和城乡建设部. 夏热冬冷地区居住建筑节能设计标准 JGJ 134—2010[S]. 北京:中国建筑工业出版社,2010.

[10] 中华人民共和国建设部. 夏热冬暖地区居住建筑节能设计标准 JGJ 75—2003[S]. 北京:中国建筑工业出版社,2003.

[11] 中华人民共和国建设部. 铝合金结构设计规范(附条文说明)GB 50429—2007[S]. 北京:中国计划出版社,2008.

[12] 中华人民共和国工业和信息化部. 天然花岗石荒料 JC/T 204—2011[S]. 北京:中国建材工业出版社,2012.

[13] 中华人民共和国工业和信息化部. 天然大理石荒料 JC/T 202—2011[S]. 北京:中国建材工业出版社,2012.

[14] 国家质量监督检验检疫总局,中国国家标准化管理委员会. 天然石材统一编号 GB/T 17670—2008[S]. 北京:中国标准出版社,2009.

[15] 国家质量监督检验检疫总局,中国国家标准化管理委员会. 天然大理石建筑板材 GB/T 19766—2005[S]. 北京:中国标准出版社,2005.

[16] 国家质量监督检验检疫总局,中国国家标准化管理委员会. 天然花岗石建筑板材 GB/T 18601—2009[S]. 北京:中国标准出版社,2010.

[17] 国家质量监督检验检疫总局,中国国家标准化管理委员会. 天然石灰石建筑板材 GB/T 23453—2009[S]. 北京:中国标准出版社,2010.

［18］ 国家质量监督检验检疫总局，中国国家标准化管理委员会. 天然砂岩建筑板材 GB/T 23452—2009［S］. 北京：中国标准出版社，2010.

［19］ 中华人民共和国国家发展和改革委员会. 干挂饰面石材及其金属挂件 JC 830.1 ~ 830.2—2005［S］. 北京：中国标准出版社，2005.

［20］ 国家质量监督检验检疫总局，中国国家标准化管理委员会. 石材用建筑密封胶 GB/T 23261—2009［S］. 北京：中国标准出版社，2009.

［21］ 中华人民共和国国家经济贸易委员会. 干挂石材幕墙用环氧胶粘剂 JC 887—2001 ［S］. 北京：中国标准出版社，2002.

［22］ 凤仪. 金属材料学［M］. 北京：国防工业出版社，2009.

中国建设幕墙门窗商会联盟

ZHONGGUO JIANSHE MUQIANG MENCHUANG SHANGHUI LIANMENG

　　中国建设幕墙门窗商会联盟由北京、天津、河北、内蒙古、广东等省市、自治区幕墙门窗和相关行业商会、协会、企业于2011年发起成立。

　　中国建设幕墙门窗商会联盟以进一步规范我国建设幕墙门窗市场，加快与国际同行业商会接轨的步伐，推进建设幕墙门窗产业持续、健康发展为宗旨。主要工作是有效整合幕墙门窗及相关行业所有设计、生产、应用、安装、维护、监督检测、标准规范、资质评定、商业流通、职业教育等各方面单位、专家和企业，配合政府相关部门开展提高建设幕墙门窗行业整体素质、完善标准、规范市场、规划设计、研发创新、人才培养、国际市场开拓、商务交流、保护环境等各项工作。

　　同时积极开展为行业构建信息网络，协调会员利益、促进行业发展、自律、开拓海内外市场，协调价格体系，控制设计、选材、施工质量以及职业培训、技术咨询，法规支持，进出口咨询服务等方面工作。现已接纳数百家企业成为会员，并已参与承揽工程、提供技术服务、招投标服务。

　　中国建设幕墙门窗商会联盟与铁道第三勘查设计院集团公司建筑分院合办拥有"建筑工程设计、咨询、监理综合甲级资质"的直属"幕墙门窗工程设计研究所"，可直接开展幕墙门窗工程设计、咨询、监理等业务；同时正在与"内蒙古经贸外语职业学院"、"广州曾城技术学院"联合筹备开设幕墙门窗行业课程，为我国幕墙门窗行业培养高水平专业技术人才。

地址：北京朝阳区十八里店乡西直河西联国际石材城综合办公楼二层　　邮编：100023

电话/传真：010-81505326　　010-81505351

北京爱樂贴有限公司

北京爱乐贴有限公司建立于2001年，是从事建筑幕墙干挂件为主的综合性企业。结合自己的科研力量，自主知识产权研发、生产的"爱乐贴"牌石材幕墙专用产品，于2002-2012年连续被选入华北、西北地区建筑设计标准化办公室联合编审的《建筑构造通用图集》。"质量和信誉永远是生命、创新永远是根本、人才永远是资本、用户永远是上帝、市场永远是衣食父母、创造管理永远是制胜的法宝"。公司追求卓越、永葆美誉，甘作石材干挂件的领航者。

历经数年的艰苦创业，公司已建立起强大的销售网络，形成了一整套集产品研发、生产、销售、服务及市场信息反馈、产品结构分析等全面经营决策的管理体系。公司现有各类技术人员近百名，并聘请了多名建筑幕墙行业专家为高级顾问。在积极吸收国内外先进技术和管理经验的同时，还不断加强企业文化建设，实施品牌战略，使公司发展成为具有国际品质、中国先进、行业名牌的综合性知名企业，让爱乐贴插上思想与智慧的翅膀，在石材幕墙领域遨游飞翔。

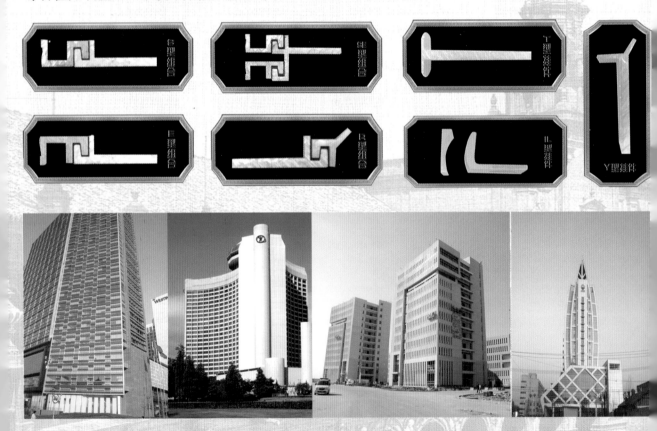

北京爱乐贴有限公司

电话/传真：010-81505335 010-81505351

地址：北京朝阳区十八里店西直河西联国际石材城10排9-10号 邮编：100023

中文网址：bjilt.cn、alibaba.com E-mail：bjilt2005@163.com

   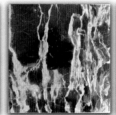 

涞源县森华石材开发有限公司

LAIYUANXIAN SENHUA SHICAI KAIFA YOUXIAN GONGSI

涞源县森华石材开发有限公司创建于2003年3月,位于涞源县走马驿镇教场。经过不懈努力,成为集县内机械化开采加工、销售为一体的石材企业。是中华工商业联合会石材业商会常务理事单位,荣获"十一五"中国石材矿山创新企业称号,是目前世界石材行业内占有闪长岩石材资源最多的公司之一。

我公司主要经营的闪长岩石材矿,名称为"中国黑白麻"和"中国黑红麻",在国内外属于稀有石材品种,业内人士称"闪钻"。经中国建筑材料工业地质勘察中心对石材放射性检测,质量为"A类石材"具有抗高温、耐酸碱、耐风化、无辐射等特点,适应室内外装饰装修。

公司占地面积8000平方米,使用国内最先进的加工设备10台套。年开采石材能力8万立方米,加工能力15万平方米,力争三年内开采石材能力达到16万立方米。

我公司的理念是"诚信、优质、高效、创新",为广大客户提供更多更好的产品,愿与国内外客商携手合作,共创辉煌!

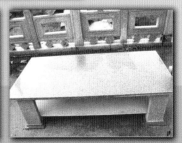

地址:河北省涞源走马驿教场   邮编:074300

电话:0312-7381561   销售热线:18627712577   传真:0312-7381561

E-mail:Senhua_shicai@163.com

青岛润隆石业有限公司
QINGDAO RUNLONG SHIYE YOUXIAN GONGSI

青岛润隆石业有限公司是一家集开采、加工、贸易为一体的现代化综合性石材企业。总部位于青岛平度长乐工业园区，占地面积12.6万平方米，标准化厂房2.87万平方米，成品排板场1.5万平方米。

公司下设：润隆石业有限公司、润隆怡美石材公司、中惠石业有限公司、中惠矿业有限公司。

公司注册资金3017万元，总投资2亿元。先后引进意大利"GASPALI"花岗石砂锯、意大利"PEDRINI"抛光流水线、高压水喷机、电脑桥式切割机、异形加工机、韩国"BOG"石材烧面、洗磨流水线等先进设备40余台套。年产石材砂锯大板20万平方米、石材规格板60万平方米。

公司现有金帝黄麻、山东白麻、紫星、牟平白、樱花红、奇台黄等大中型矿山6座，年产荒料12万立方米。

润隆石业凭借雄厚的技术力量、严谨的质控体系、诚信的经营理念，迄今已发展成为青岛地区规模领先的民营石材企业。

青岛润隆石业有限公司
QINGDAO RUNLONG SHIYE YOUXIAN GONGSI

地　址：青岛.平度.长乐工业园
电话：0532-85381059　　传真：0532-85381196
邮箱：runlong@188.com　　网址：www.runlongstone.com

山东省著名商标

中国名牌365石材基地

山东港华石材有限公司
SHANDONG GANGHUA STONE CO., LTD.

　　山东港华石材有限公司是集矿山开采、加工、设计、安装、经营于一体的省级合资企业，年生产大块石15万立方米，板材60万平方米，列"全国石材百强企业"。公司拥有世界罕见的大型芝麻白"365"花岗岩矿床，储量10亿立方米，列"全国十大矿山之一"，是"国家重点石材出口基地"。

　　芝麻白"365"石材，结构细腻、质地坚硬、色泽白而清晰，是环保饰材A类出口品牌，可替代美国进口石材——"白麻"。

　　装饰效果：外檐火爆板材饰面——自然和谐；室内装饰磨光板材——宽敞明亮；蘑菇石砌墙裙楼座——古朴大方；石刻艺塑衬公园景点——心旷神怡。

　　"365"石材装饰家园，美化世界，是人类与大自然的有机结合，备受行家、专家、用户的赞赏。

地址：山东省莱州市南云峰工业区"365"石材基地
Add: Laizhou City, Shandong, China.
电话 (Tel)：0535-2851410 2853365
邮编 (p.c.)：261429

传真 (Fax)：0535-2851365
手机 (Mobile)：13905452123
E-mail：sdgh737498@yahoo.com.cn
网址 (Http)：www.sdghsc.com